中等专业学校建筑经济与管理专业系列教材

建筑识图与房屋构造

山西省建筑工程学校 高 远 主编
张志明
张小平 编
张艳芳

四川省建筑工程学校 都 俊 主审

中国建筑工业出版社

图书在版编目（CIP）数据

建筑识图与房屋构造/高远主编.—北京：中国建筑工业出版社，2001
中等专业学校建筑经济与管理专业系列教材
ISBN 978-7-112-04644-7

Ⅰ.建…　Ⅱ.高…　Ⅲ.①建筑制图—识图—专业学校—教材②建筑构造—专业学校—教材　Ⅳ.TU204

中国版本图书馆CIP数据核字（2001）第085106号

本书是根据建设部颁发的中等专业学校“物业管理”和“建筑经济与管理”专业教育标准及《建筑识图与房屋构造》教学大纲编写的，内容有：建筑识图基础、建筑构造（民用和工业建筑两部分）和建筑工程施工图的识读与绘制（包括水、暖、电及装饰施工图的识读内容）。根据培养和提高应用能力的需要，增加了CAD识图的内容，并在每章后面配有复习思考题。投影作图、识图部分的作图题，较以往教材有所增加，以利巩固所学知识。

本书是中专“物业管理”及“建筑经济与管理”专业《建筑识图与房屋构造》课程的教材，也可作为工民建、建筑装饰等专业的教材或参考书，亦可供有关专业技术及管理人员参考和自学。

中等专业学校建筑经济与管理专业系列教材

建筑识图与房屋构造

山西省建筑工程学校　高　远　主编
张志明
张小平　编
张艳芳
四川省建筑工程学校　都　俊　主审

*

中国建筑工业出版社出版、发行（北京西郊百万庄）
各地新华书店、建筑书店经销
北京富生印刷厂印刷

*

开本：787×1092毫米　1/16　印张：28½　字数：689千字
2001年12月第一版　2014年1月第十次印刷
定价：**39.00**元
ISBN 978-7-112-04644-7
（17208）

前　　言

《建筑识图与房屋构造》是中国建筑工业出版社出版的中等专业学校“物业管理”和“建筑经济与管理”专业的系列教材之一，是根据建设部颁发的《中等专业学校“物业管理”和“建筑经济与管理”专业培养方案》中相应大纲要求编写。

本书在总体结构和内容安排上，在保证投影作图与识图、常见建筑构造及其新发展的学习与训练的前提下，按照教学大纲以及少而精的原则，对理论性强且与专业识图、制图及将来工作关系不大的内容进行删减，增加计算机绘图介绍、装饰施工图与设备施工图的识读等内容，旨在扩大学生的知识面和专业技能，注重教材的实用性和系统性。

本书编写中，注意总结教学和实际应用中的经验，遵循教学规律。在图样选用、文字处理上注重简明形象、直观通俗，有较强的专业针对性，内容循序渐进、由浅入深、易于自学。

本书作为中等专业学校“物业管理”和“建筑经济与管理”专业《建筑识图与房屋构造》课程的教材使用，也可作为相近专业的教材和教学参考书。本书主要内容有：建筑识图基础、建筑构造知识，以及房屋建筑工程图的识读与绘制。在每章后面均有一定量的复习思考题（或作图、识图习题），来巩固所学知识，提高学生实际运用和动手能力。

本书由四川省建筑工程学校都俊老师主审。

参加本书编写的有：山西省建筑工程学校的高远（第一篇的第一、二、四章，第二篇的第五章，第三篇的第一章及第四章的第一、二节），张志明（第一篇的第一章第四节，第二篇的第二、四章，第三篇的第三、五章及第四章的第三节），张小平（第一篇的第三、五、六章，第二篇的第六、七章及第三篇的第二章），张艳芳（第二篇的第一、三、八章）。

本书由高远任主编。

由于时间仓促，业务水平及教学经验有限，书中难免有缺点和疏漏，恳请各位读者提出批评和改进意见。

目　　录

绪　　论

人们都在一定的建筑空间中生活、工作、学习。建筑空间为人们营造了生活的必要条件。人类文明发展的历史，也就是建筑发展的历史，有理由说，建筑是一个国家科学技术和经济发展的主要标志之一。房屋建筑业在目前我国的产业政策中处于先行的地位，需要大量有专业知识、有能力的各类人才加入到这个行业中。物业管理和建筑经济与管理专业是房屋建筑业中不可缺少的专业内容，对于从事和将要从事物业管理和建筑经济与管理的人员来说，掌握房屋建筑的组成规律、构造原理、构造方法，掌握房屋建筑工程图的识读规律是很重要的，因为他是从事专业工作的前提，也是学好专业课程的基础，所以，《建筑识图与房屋构造》是一门专业基础课。

一、《建筑识图与房屋构造》课程的主要内容

1. 建筑识图基础——介绍建筑制图基本知识，正投影原理，剖面及断面图等知识。

2. 建筑构造——介绍工业与民用建筑的主要组成部分的一般构造原理、主要构造方法以及与建筑构造相关的结构知识。

3. 房屋建筑工程图——介绍房屋建筑工程图识读与绘制的方法。

二、学习《建筑识图与房屋构造》课程的主要任务

《建筑识图与房屋构造》是一门理论性、实践性都很强的专业基础课。建筑识图课程的主要任务是：培养学生的空间想像力、图示表达和读图能力；建筑构造课程的主要任务是：使学生掌握建筑构造的基本原理和常用做法，具有对建筑构造的识别、选用和绘图能力。

三、《建筑识图与房屋构造》课程的学习方法

本课程的建筑识图部分，理论性较强，有些问题及空间分析较抽象，要求学生具有一定的平面和立体几何知识，要求在学习中有认真细致、肯于下苦功的精神；要对所学内容善于分析和运用，提高空间想象、图示表达和识图能力。建筑构造是研究应用技术的课程，初学时往往感到内容松散、缺乏连续性；实际上，房屋建筑构造有它内在的联系，只要注意课本知识与工程实际相联系，认真总结归纳，及时复习巩固定能学好。学习时应注意以下几点：

1. 学习中要做到理论联系实际。识图部分的投影知识内容，要结合理论知识，多看图、多画图、多分析，提高作图表达及空间想像力；专业识图部分，要有意识地加强自己的识图训练，提高识读房屋建筑工程图的能力。

2. 对构造知识的学习应多与自己身边的房屋建筑相结合，注意各部分的组成规律、牢固掌握常用构造的形式、材料及做法。

3. 紧密联系生产实际，多到施工现场参观，在实践中印证学过的内容，对未学过的内容也能建立感性认识，加深对所学内容的理解和记忆。

4. 重视绘图技能的锻炼。认真完成每次作业，不断提高自己的绘图与识读施工图的能力，为学专业课打好扎实基础。

5. 经常阅读有关的报刊资料，关心和了解建筑构造发展的动态和趋势。

总之，只要刻苦、认真和努力，注意与工程实际相结合，定能学好本课程。

第一篇　建筑识图的基本知识

第一章　建筑制图的基本知识

第一节　基 本 制 图 标 准

建筑工程图是表达建筑工程设计意图的重要手段，是建筑施工的主要依据。为使建筑从业人员能够看懂建筑工程图，以及用图纸来交流技术思想，就必须有一个统一的规定作为制图与识图的依据。例如图幅大小、图线画法、字体写法、尺寸标注等……。为此，国家制订了全国统一的建筑工程制图标准，其中《房屋建筑制图统一标准》(GB 50001—2001)是建筑工程制图的基本规定，是各相关专业的通用部分。除此以外还有总图、建筑、结构、给排水和采暖通风等相关专业的制图标准。本节主要介绍《房屋建筑制图统一标准》中的常用内容及基本规定。

一、图纸的幅面规格及形式

建筑工程图纸的幅面规格共有五种，从大到小的幅面代号为 A0、A1、A2、A3 和 A4。各号图纸幅面尺寸和图框形式、图框尺寸都有明确规定，见表 1-1-1 及图 1-1-1～3。

图幅及图框尺寸（mm）　　**表 1-1-1**

尺寸代号＼幅面代号	A0	A1	A2	A3	A4
$b \times l$	841×1189	594×841	420×594	297×420	210×297
c	10			5	
a	25				

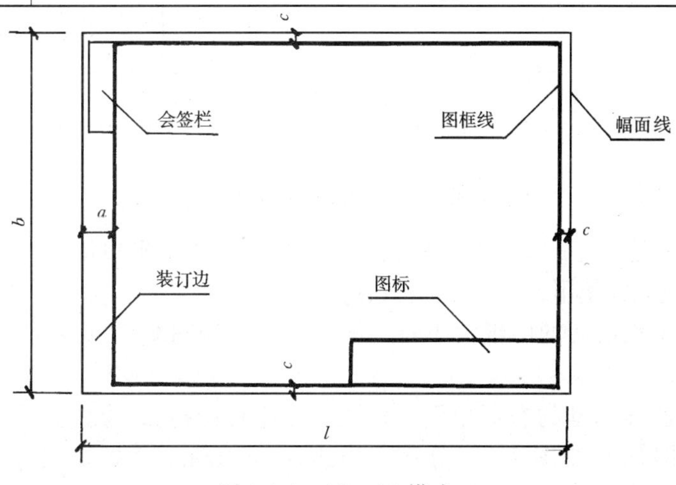

图 1-1-1　A0～A3 横式

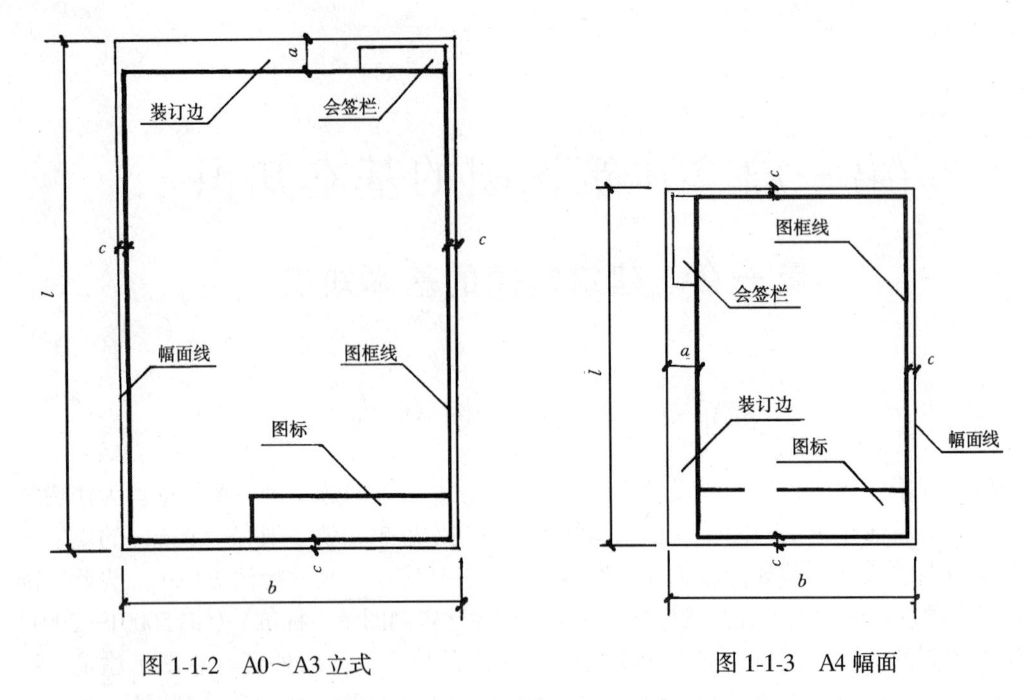

图 1-1-2　A0～A3 立式　　　　图 1-1-3　A4 幅面

图纸幅面尺寸相当于$\sqrt{2}$系列，即 $l=\sqrt{2}b$，l 为图纸的长边尺寸，b 为图纸的短边尺寸。A0 号图幅的面积为 $1m^2$，A1 号为 $0.5m^2$，是 A0 号图幅的对开，其他图幅依次类推，如图 1-1-4 所示。

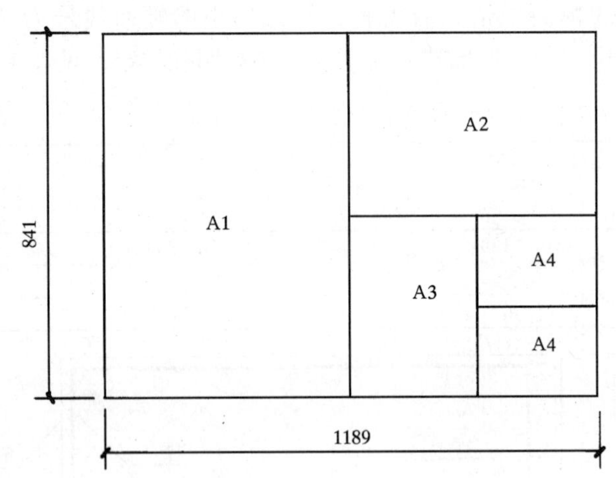

图 1-1-4　由 A0 图幅对裁其他图幅示意

长边作为水平边使用的图幅称为横式图幅；短边作为水平边使用的图幅称为立式图。A0～A3 可横式或立式使用，A4 只能立式使用。

在确定一项工程所用的图纸大小时，不宜多于两种图幅。目录及表格所用的 A4 图幅，可不受此限。

每张图纸都应在图框的右下角设有标题栏（简称图标），位置如图 1-1-1、图 1-1-2、图 1-1-3 所示。图标应按图 1-1-5 分区，长边应为 180mm，短边尺寸宜采用 40、30、50mm。在签字区有设计人、制图人、审核人、审批人等的签字，以便明确技术责任。图

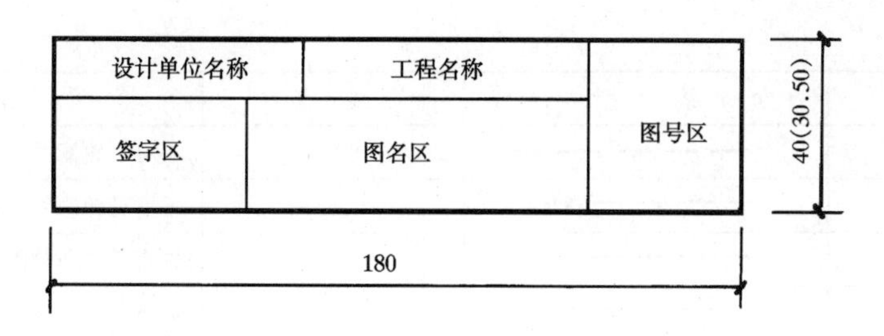

图 1-1-5　标题栏

号区内有图纸类别、图纸的编号、设计的日期等内容。需要相关工种负责人会签的图纸，还设有会签栏，如图 1-1-6。其位置见图 1-1-3。

学校制图作业用的图标，可选用图 1-1-7 格式。制图作业上不用会签栏。

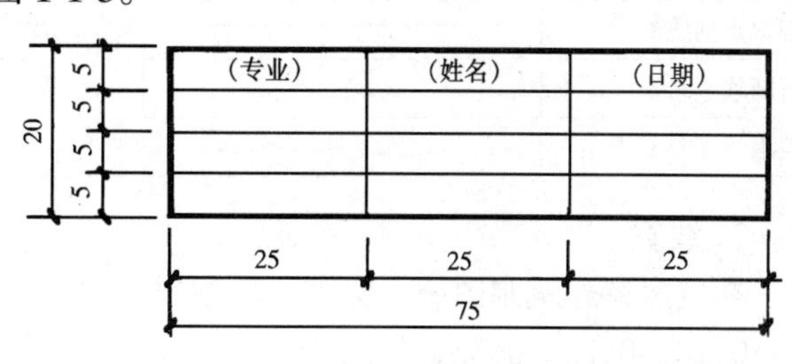

图 1-1-6　会签栏

二、图线及其画法

工程图上所表达的各项内容，需要用不同的线型、不同线宽的图线来表示，这样才能做到主次分明，清晰可辨。为此，《房屋建筑制图统一标准》做了相应规定。

1. 线型

建筑工程图上的线型有：实线、虚线、点划线、双点划线、折断线和波浪线共六种。其中有的线型还分粗、中、细三种线宽。各种线型的规定及一般用法详见表 1-1-2。

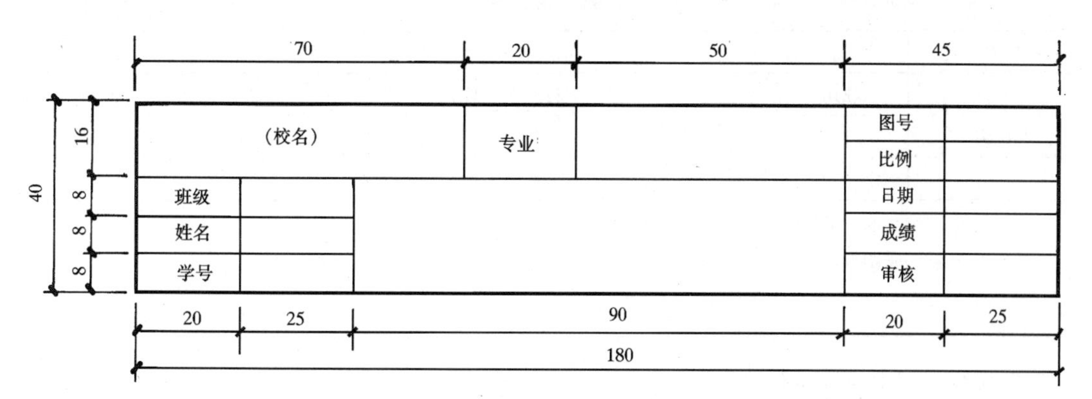

图 1-1-7　作业用图标

线　型　和　线　宽　　　　表 1-1-2

名　称	线　型	线　宽	一　般　用　途
粗实线	————	b	主要可见轮廓线
中实线	————	0.5　b	可见轮廓线
细实线	————	0.35b	可见轮廓线、图例线等
粗虚线	— — — — —	b	见有关专业制图标准

续表

名　称	线　型	线　宽	一　般　用　途
中虚线	— — — — —	0.5b	不可见轮廓线
细虚线	— — — — —	0.35b	不可见轮廓线，图例线等
粗点划线	—— · —— · —	b	见有关专业制图标准
中点划线	—— · —— · —	0.5b	见有关专业制图标准
细点划线	—— · —— · —	0.35b	中心线对称线等
粗双点划线	—— ·· —— ·· —	b	见有关专业制图标准
中双点划线	—— ·· —— ·· —	0.5b	见有关专业制图标准
细双点划线	—— ·· —— ·· —	0.35b	假想轮廓线，成型前原始轮廓线
折断线	——/\/——	0.35b	断开线
波浪线	～～～	0.35b	断开线

2. 线宽

在《房屋建筑制图统一标准》中规定，线的宽度 b，应从下列线宽系列中选取：

0.18、0.25、0.35、0.5、0.7、1.0、1.4、2.0mm

每个图样，应根据复杂程度与比例大小，先确定基本线（即粗线）的宽度 b，由此再确定中线 0.5b，最后确定细线 0.35b 的宽度。图样中的粗、中、细线形成一组，叫做线宽组，如表 1-1-3 所示。绘图时从中选用适当的线宽组。表 1-1-4 为图框线、标题栏、线的宽度要求，绘图时选择使用。在同一张图纸内相同比例的各图样应选用相同的线宽组。

线　宽　组　　　　**表 1-1-3**

线　宽　比	线　宽　组　(mm)					
b	2.0	1.4	1.0	0.7	0.5	0.35
0.5b	1.0	0.7	0.5	0.35	0.25	0.18
0.35b	0.7	0.5	0.35	0.25	0.18	

注：1. 需要缩微的图纸不宜采用 0.18mm 线宽。

2. 在同一张图纸内，各不同线宽组中的细线，可统一采用较细线宽组的细线。

图框线、标题栏线的宽度（mm）　　　　**表 1-1-4**

幅面代号	图框线	标题栏外框线	标题栏分格线会签栏线	幅面代号	图框线	标题栏外框线	标题栏分格线会签栏线
A0、A1	1.4	0.7	0.35	A2、A3、A4	1.0	0.7	0.35

3. 图线的画法

在绘图时，相互平行的两条线，其间隙不宜小于粗线的宽度，且不宜小于 0.7mm（图 1-1-8（a））。虚线、点划线、双点划线的线段长度和间隔，宜各自相等（图 1-1-8（b））。一般情况下虚线线段的长度为 3～6mm，间隔为 1～1.5mm；点划线的线段长度为 10～20mm，间隔（包括其中的点）约为 2～3mm；双点划线线段长度为 10～20mm，间隔（包括其中的双点）约为 3～5mm。虚线及点划线的画法见图 1-1-8（b）。

虚线与虚线相交或虚线与其他线相交时，应交于线段处；虚线在实线的延长线上时，两者相汇处应有空隙（1mm 左右），不能与实线连接。点划线与点划线相交或点划线与其他线相交时也应交于线段处；点划线或双点划线的端部不应是点。在较小的图形中，点划线或双点划线绘制有困难时，可用实线代替。圆的中心线应用细点划线，两端伸出圆周 2～3mm；圆的直径较小时，点划线可用细实线代替，伸出圆周的长度缩短为 1～2mm。以上各交接画法如图 1-1-8（*c*）、（*d*）、（*e*）所示。

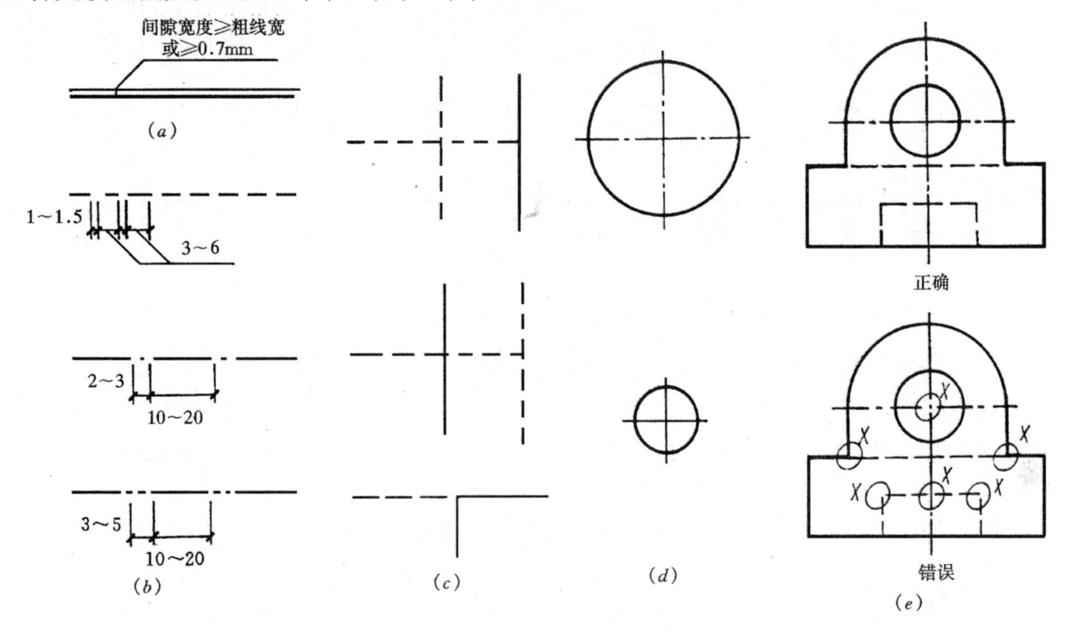

图 1-1-8　图线的画法

（*a*）两线的最小间隔；（*b*）线的画法；（*c*）交接；（*d*）圆的中心线画法；（*e*）举例

三、图上字体

工程图上的字体有汉字、拉丁字母、阿拉伯数字和罗马数字等，这些字体的书写应规范清晰、字体端正、排列整齐。

图纸中字体的大小应按图样的大小、比例等具体情况来定，但应从规定的字高系列中选用。字高系列有 2.5mm、3.5mm、5mm、7mm、10mm、14mm、20mm 等。字高也称字号，如 5 号字的字高为 5mm。当需要写更大的字时，其字高应按$\sqrt{2}$的比值递增。

（一）汉字

图纸上的汉字应写长仿宋体字，字的高与宽的关系，应符合表 1-1-5。字高是字宽的$\sqrt{2}$倍。

长仿宋体字高宽关系表（mm）　　**表 1-1-5**

字高（字号）	20	14	10	7	5	3.5	2.5
字　宽	14	10	7	5	3.5	2.5	1.8

在实际应用中，汉字的字高应不小于 3.5mm。长仿宋体字的示例如图 1-1-9 所示。

长仿宋体字的书写要领是：横平竖直，注意起落，结构匀称，填满方格。

横平竖直：横笔基本要平，可顺运笔方向稍许向上倾斜 2°～5°。竖笔要直，笔画要刚劲有力。

图 1-1-9　长仿宋字示例

注意起落：横、竖的起笔和收笔，撇、钩的起笔，钩折的转角等，都要顿一下笔，形成小三角和出现字肩，这些都是仿宋字书写中的最重要的特征；撇、捺、挑、钩等的最后出笔的末端应为渐细的尖角，写时要干脆利落、一气呵成。几种基本笔画的写法如表 1-1-6。

结构匀称：笔画布局要均匀，字体的构架形态要中正疏朗、疏密有致，其中应做到以下几点。

1. 字形基本对称的，应保持其对称。如图 1-10 中的平、面、基、土、木等。

2. 有一竖笔居中的字，应保持笔画直而立中。如图 1-10 中的术、审、市、正、水等。

3. 有三、四道横画或竖画的字，同向笔画间应大致平行等距。如图 1-1-10 中的直、垂、非、里等。

4. 要注意偏旁在字中所占比例，一般笔画多的偏旁所占的比例大，否则就小。像柜、轴、孔、抹、粉，其偏旁约占 1/2；像棚、械、混、缝，其偏旁约占 1/3；而凝字的“冫”只占字的 1/4 左右。如图 1-1-10 所示。

仿宋字基本笔画的写法　　　　**表 1-1-6**

名称	横	竖	撇	捺	挑	点	钩
形状	一	丨	丿	㇏	㇀ ㇀	丶丶	亅乚
笔法	一	丨	丿	㇏	㇀ ㇀	丶丶	亅乚

平 面 基 土 木　术 审 市 正 水　直 垂 四 非 里

柜 轴 孔 抹 粉　棚 械 缝 混 凝　砂 以 设 纵 沉

图 1-1-10　长仿宋体字的布局

5. 左右笔画间要注意穿插呼应。如图 1-1-10 中的砂、以、设、纵、沉，它们中右面部首的“丿”画，均穿插到了左面偏旁区，可使这类字显得自然、匀称。

在写长仿宋字前应先打格（有时也可在纸下垫字格），然后书写，汉字字高最小为3.5mm。练写时用铅笔、钢笔或蘸笔，不宜用圆珠笔。在描图纸上写字应用黑色墨水的钢笔或蘸笔书写。要想写好仿宋字，平时就要多看、多摹、多练，体会书写要领及字体的结构规律，持之以恒，定能写好。

（二）数字和字母

图纸中表示数量的数字应用阿拉伯数字书写。阿拉伯数字、罗马数字或拉丁字母的字高应不小于2.5mm，书写时不得潦草，以免造成误读。书写前也应打格（按字高画上下两条横线），或在描图纸下垫字格，便于控制字体的高度。数字和字母有正体和斜体两种写法，但同一张图纸必须统一。如写成斜体字，其斜度应是从字的底线逆时针向上倾斜75°。不论写正体或斜体字，笔画都要粗细一致（简称等线体）。夹在汉字中的阿拉伯数字、罗马数字及拉丁字母其字高宜比汉字字高小一号。阿拉伯数字、罗马数字和拉丁字母的书写有一般字体和窄体字两种，其字体如图 1-1-11 所示。

四、图样的比例

图形与实物相对应的线性尺寸之比称为图样的比例。线性尺寸就是直线方向的尺寸，如长、宽、高尺寸等，所以，图样的比例是线段之比而不是面积之比。

比例的大与小，是指比值的大与小。如图样上某线段长为10mm，实际物体上与其对

(a)

图 1-1-11　字母、数字示例（一）

（a）一般字体（笔画宽度为字高的 1/10）

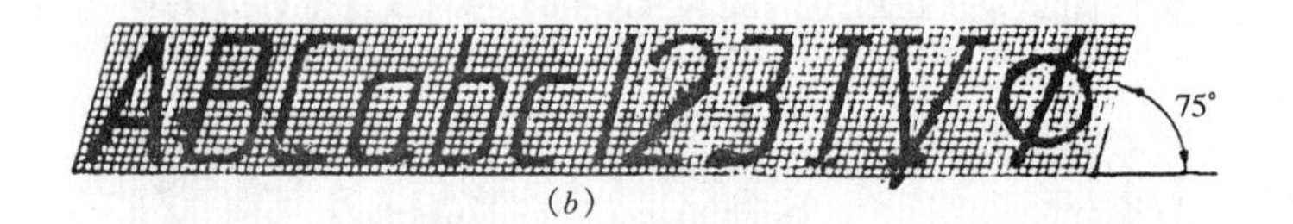

(*b*)

图 1-1-11　字母、数字示例（二）

(*b*）窄体字（笔画宽度为字高的 1/14）

应的线段长也是 10mm 时，则比例为 1 比 1，写成 1∶1。如果图样上某线段的长为 10mm，而实际物体对应部位的长为 1000mm 时，则比例为 1 比 100，写成 1∶100。

比例中比值大于 1 的，称为放大的比例，如 5∶1；比值小于 1 的，称为缩小的比例，如 1∶100。建筑工程图常采用缩小的比例，如表 1-1-7 所示。

建筑工程图选用的比例　　　　**表 1-1-7**

常用比例	1∶1 1∶100	1∶2 1∶200	1∶5 1∶500	1∶10 1∶1000	1∶20	1∶50
可用比例	1∶3 1∶150	1∶15 1∶250	1∶25 1∶300	1∶30 1∶400	1∶40 1∶600	1∶60

图 1-1-12 是同一扇门用不同比例画出的门立面图。注意：无论用何种比例画出的图样，所标的尺寸均为物体的实际尺寸，不是图形本身的尺寸！

为使作图快捷准确，可利用比例尺确定图线长度，如图 1-1-33 所示的三棱比例尺。

比例应以阿拉伯数字表示，如 1∶100、1∶10、1∶5 等。比例宜注写在图名的右侧，字的底线应取平；比例的字高应比图名的字号小1或2号，如图1-1-13所示。

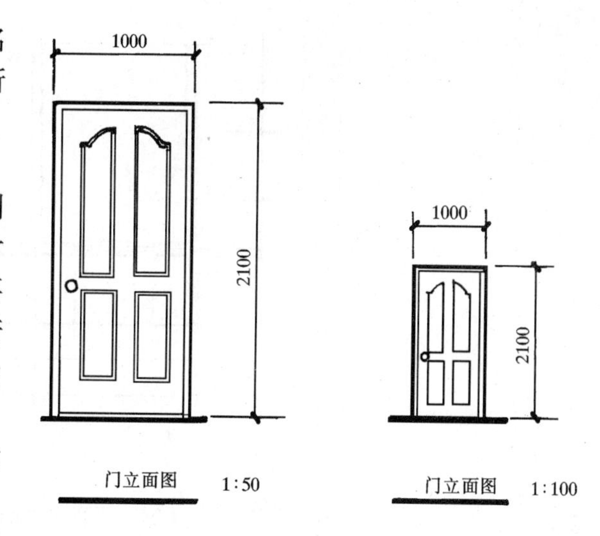

图1-1-12 用不同比例绘制的门立面图

五、尺寸标注

建筑工程图除了按一定比例绘制外，还必须注有准确详尽的尺寸，才能全面表达设计意图，满足工程要求，才能准确无误地按图施工，所以，尺寸标注是一项十分重要的内容。

（一）尺寸的组成及一般尺寸的标注

图样上的尺寸是由尺寸界线、尺寸线、尺寸起止符号和尺寸数字四部分组成，如图1-1-14所示。

在尺寸标注中，尺寸界线、尺寸线应用细实线绘制。线性尺寸界线，一般应与尺寸线垂直，其一端应离开图样轮廓线不小于2mm，另一端宜超出尺寸线2～3mm。必要时，图样轮廓线可用作尺寸界线，如图1-1-15所示。

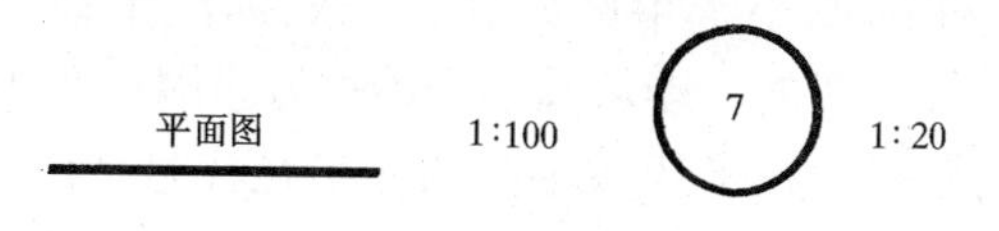

图1-1-13 比例的注写

尺寸线应与被注长度平行，且不宜超出尺寸界线。注意，任何图线均不得用作尺寸线。尺寸线与图样最外轮廓线的间距不宜小于10mm，平行排列的尺寸线的间距，宜为7～10mm，并保持一致，如图1-1-16。

尺寸起止符号一般应用中粗斜短线绘制，其倾斜方向与尺寸界线成顺时针45°角。半径、直径、角度、弧长等的尺寸起止符号，用箭头表示，如图1-1-17所示。

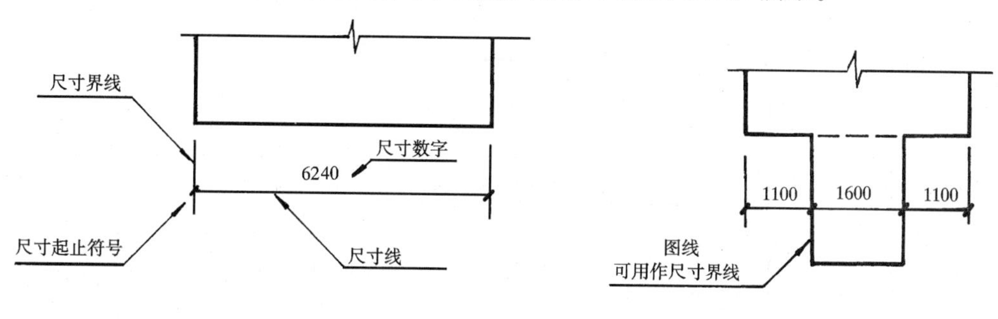

图1-1-14 尺寸的组成

图1-1-15 尺寸界线

图样上的尺寸大小，应以数字表达为准，不得从图上直接量取。尺寸数字应注写在水平尺寸线的上方中部；或竖向尺寸线的左方中部，此时竖向尺寸数字的字头应朝左！尺寸数字注写时应离开尺寸线约1mm，尺寸数字的大小要一致，数字的字号一般大于或等于3.5号，通常选用3.5号字，如图1-1-18所示。

（二）圆、圆弧、球及角度等的尺寸标注

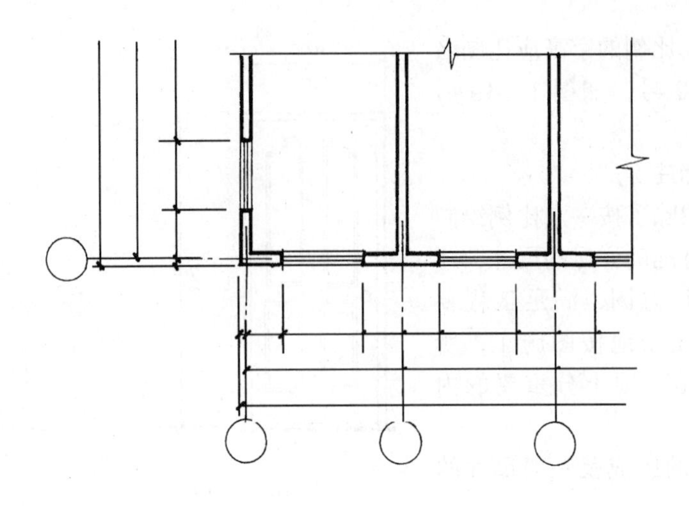

图 1-1-16　平行排列的尺寸

圆或者大于半圆的弧，一般标注直径。尺寸线通过圆心，两端与圆弧相交，用箭头作为尺寸的起止符号，并在直径数字前加注直径代号“ϕ”。较小圆的尺寸可标注在圆外。球体的尺寸标注与圆的尺寸标注方法一样，只是在注写球体的直径时，在直径代号前加注字母“S”。有关圆、圆弧及球体的尺寸标注方法，如图 1-1-19 所示。

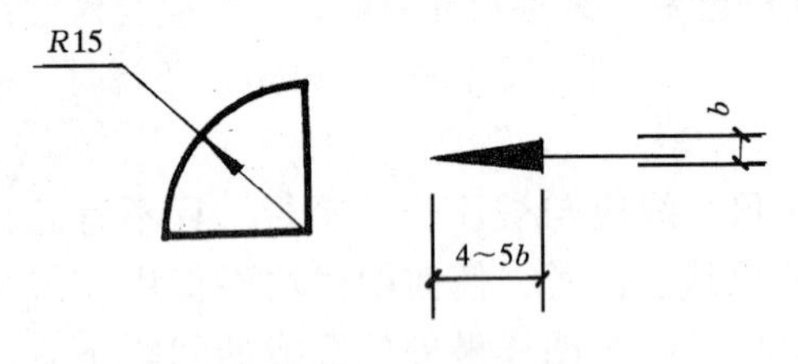

图 1-1-17　箭头起止符号

半圆或小于半圆的弧，一般标注半径尺寸。尺寸线的一端从圆心开始，另一端用箭头指向圆弧，在半径数字前加注半径代号“R”。较小圆弧的尺寸可引出标注，较大圆弧的尺寸线，可画成折断线，但其延长线应对准圆心。在小于或等于半球体的投影图上标注尺寸时，应在半径代号前加注字母“S”。有关半径、半球体等的尺寸标注方法，如图1-1-19所示。

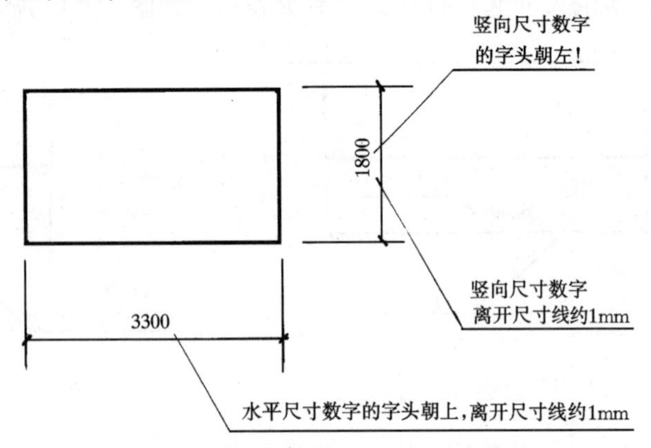

图 1-1-18　水平及竖向尺寸数字的注写

角度的尺寸线用圆弧表示，其圆心为角的顶点，角的两边为尺寸界线。角度的起止符号应用箭头表示，如没有足够位置画箭头，可以画圆点代替。角度数字无论角的方向朝向哪里，均应水平书写，如图 1-1-20（a）所示。

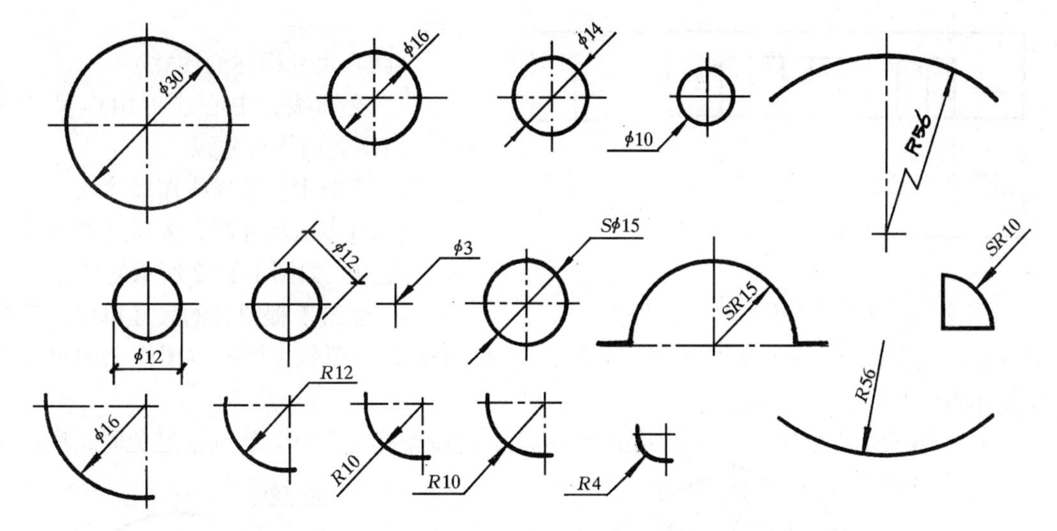

图 1-1-19　直径、半径、球体的尺寸标注

弧长的尺寸线应采用与圆弧同心的圆弧线表示，尺寸界线应垂直于该圆弧的弦，起止符号要用箭头表示，弧长数字的上方应加画圆弧符号“⌒”，如图 1-1-20（*b*）所示。标注弦长时，尺寸线应与弦长方向平行，尺寸界线与弦垂直，起止符号用 45°倾斜的中实线短划表示，如图 1-20（*c*）所示。

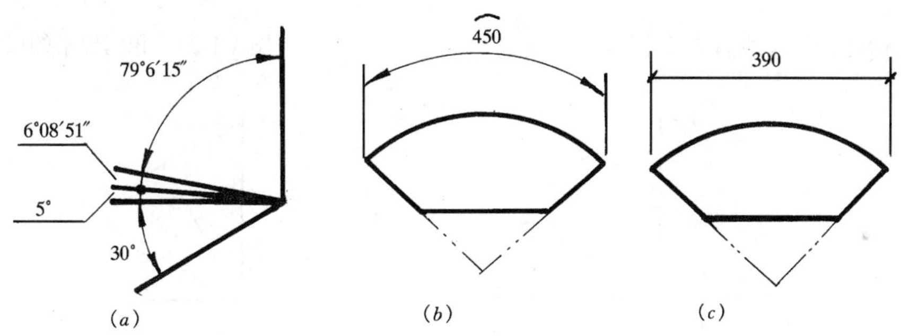

图 1-1-20　角度、弧长、弦长的标注

（*a*）角度的标注；（*b*）弧长的标注；（*c*）弦长的标注

斜边需标注坡度（直线或平面与水平面之间的倾斜关系）时，用由斜边和水平线构成的直角三角形的对边与底边之比来表示，或在坡度较小时换算成百分比。标注时应在坡度数字下加画坡度符号，坡度符号的箭头，应指向下坡方向。坡度也可用直角三角形的形式标注。有关坡度的标注，如图 1-1-21 所示。

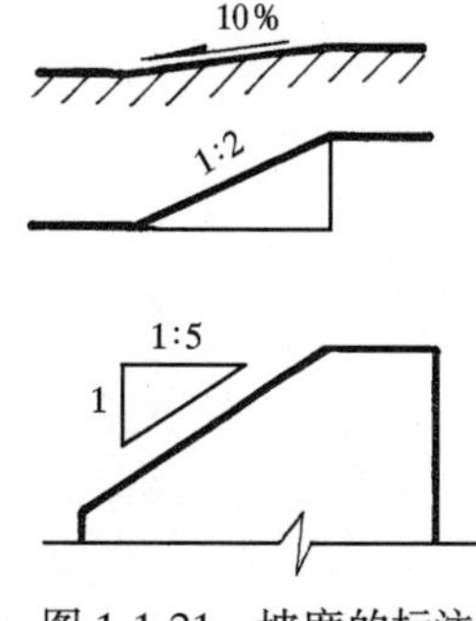

图 1-1-21　坡度的标注

（三）等长尺寸、单线图、相同要素的尺寸标注

对于连续排列的等长尺寸，可用“个数×等长尺寸＝总长”的形式标注，如图 1-1-22 所示。

对于桁架简图、钢筋简图、管线图等单线图在标注尺寸时，可直接将尺寸数字注写在杆件或管线的一侧，如图 1-1-23 所示。

当形体内的构造要素（如孔、槽等）有相同处，可仅标注其中一个要素的尺寸，并在尺寸数字前注明个数，如图 1-1-24

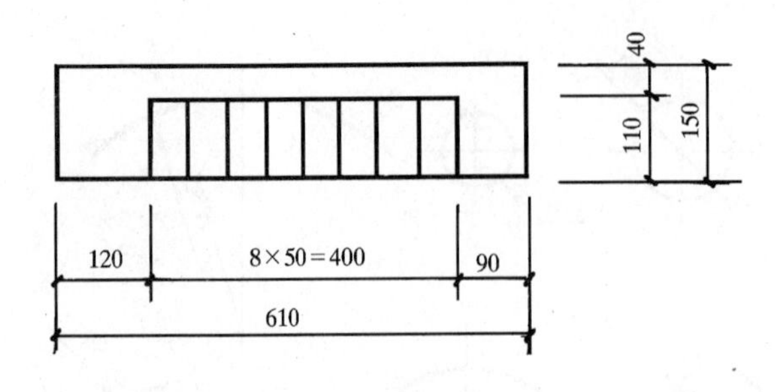

图 1-1-22　有等长尺寸的标注

所示。

（四）尺寸标注的注意事项

1. 轮廓线、中心线可用作尺寸界线，但不能用作尺寸线。

2. 不能用尺寸界线作尺寸线。

3. 有多道尺寸时，大尺寸在外、小尺寸在内。如图 1-1-22 所示的尺寸。

4. 建筑工程图上的尺寸单位，除标高和总平面图以米（m）为单位外，一般以毫米（mm）为单位。因此，图样上的尺寸数字均不再注写单位。

5. 尽量避免在如图 1-1-25 所示的 30°角阴影范围中标注尺寸。当无法避免时，应按从

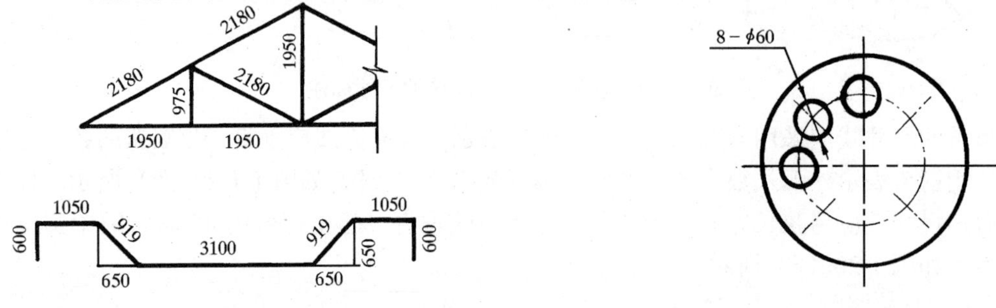

图 1-1-23　单线图的尺寸标注

图 1-1-24　相同要素的尺寸标注

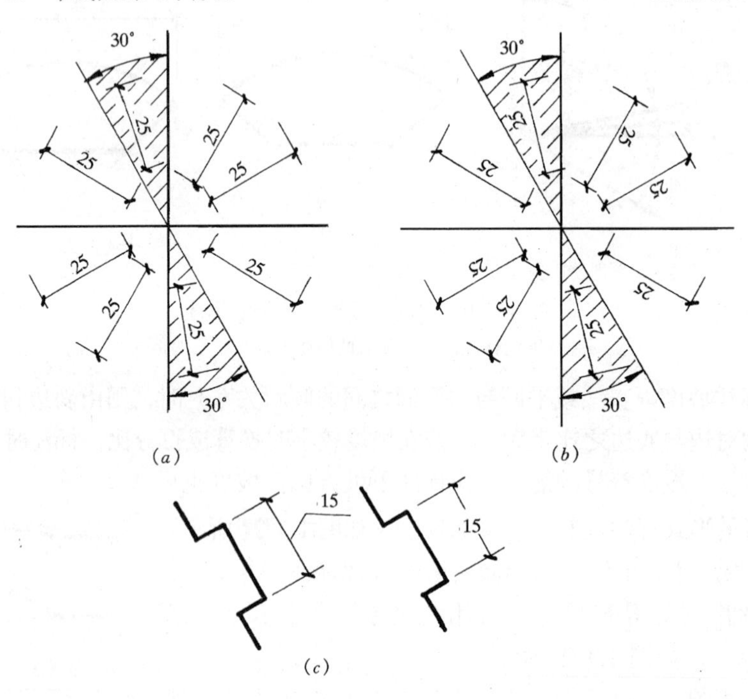

图 1-1-25　斜向尺寸的标注

（*a*）正确（注意在 30°阴影区的标法）；（*b*）错误；（*c*）正确

左方读取的方向来注写该倾斜范围的尺寸，或引出标注，如图 1-1-25 所示。

6. 同一张图纸所标注的尺寸数字应大小一律，不能忽大忽小，通常选用 3.5 号字书写。

7. 尺寸界线相距很近时，尺寸数字可注写在尺寸界线的外侧近旁，或上下错开，或用引出线引出后再行标注。尺寸界线相距太近时可以小圆点代替 45°斜实线的起止符号，如图 1-1-26 所示。

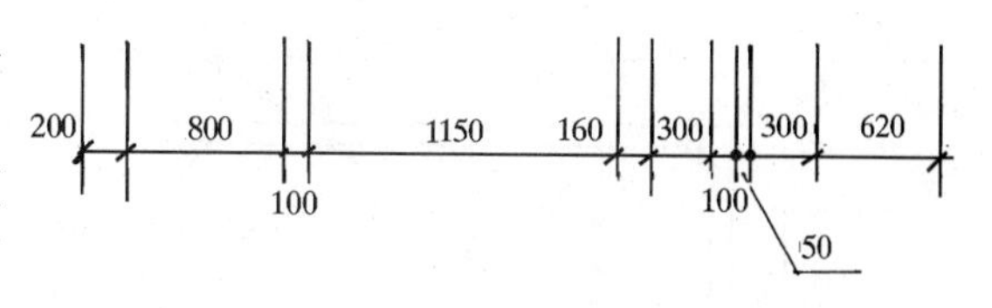

图 1-1-26　密集尺寸的标注

第二节　制图工具及其使用

学习建筑制图，必须正确掌握制图工具的使用，并通过练习逐步熟练起来，这样才能保证绘图质量，提高绘图速度。

一、图板

图板是用来铺贴图纸及配合丁字尺、三角板等进行作图的工具。图板面要平整、相邻边要平直，如图 1-1-27。图板市面有售，板面一般采用椴木夹板，边框用水曲柳等硬木制作。保存及使用时不要沾水，避免受潮，不要在板面上直接用刀子刻划，注意保护边框，勿受磕碰。学习时多用 1 号或 2 号图板。

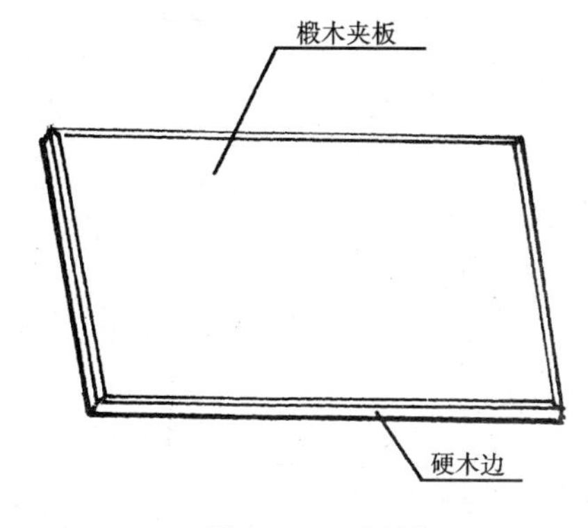

图 1-1-27　图板

二、丁字尺

丁字尺用于画水平线，其尺头沿图板左边缘上、下移动到所需画线的位置，然后左手压紧尺身，右手执笔自左向右画线，如图 1-1-28（*a*）所示。应注意，图 1-1-28（*b*）所示的方法是错误的，应避免。

丁字尺目前多由有机玻璃制作，因其材质较脆，保存及使用中应防止磕碰、折压。丁字尺的长度应与选用图板的长度相配套。

三、三角板

三角板可配合丁字尺画竖直线，但应自下而上地画，以使眼睛看到完整的画线过程，如图 1-1-29（*a*）所示；也可配合画与水平线成 30°、45°、60°、75°及 15°的斜线，这些斜线也都应自左向右地画出，如图 1-1-29（*b*）所示。用两块三角板配合，也可画任意直线的平行线或垂直线，如图 1-1-29（*c*）所示。

四、绘图墨水笔和墨线笔

为了复制蓝图，需将图样描在描图纸上，这时需用绘图墨水笔或墨线笔来描绘。绘图墨水笔（简称针管笔）的笔头为一针管，针管有粗细不同的规格，内配相应的通针，使用方法为：画线时笔尖与纸面应尽量保持垂直，如发现墨水不畅通，应上下抖动笔杆使通针将针管内的堵塞物捅出。针管的口径有 0.18～1.4mm 等多种，可根据图线的粗细选用，因其使用和携带均方便，是目前使用较多的描图工具，如图 1-1-30。它还可以配合模板绘

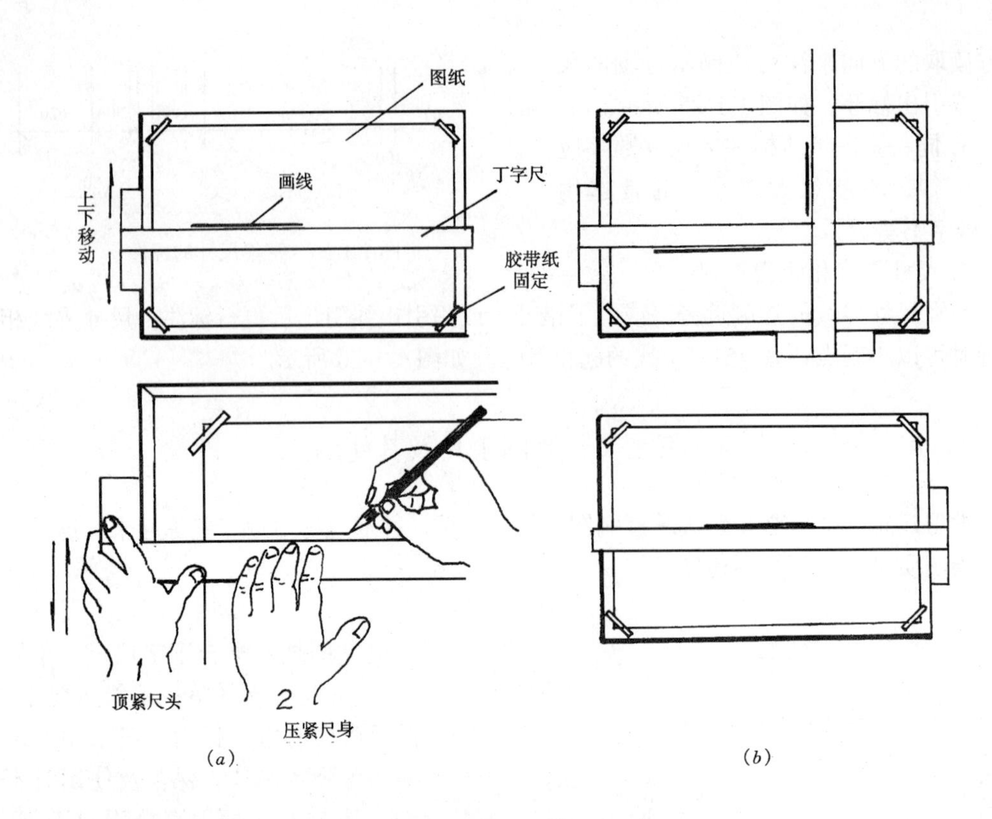

图 1-1-28　丁字尺的正、误用法

(a) 正确用法；(b) 错误用法

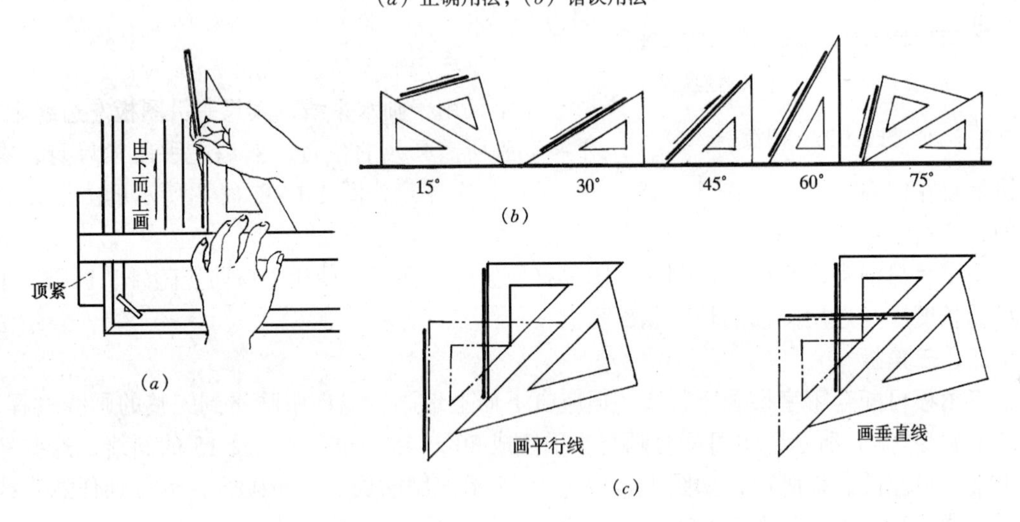

图 1-1-29　三角板的使用方法

(a)用三角板配合丁字尺画竖直线；(b)用三角板配合丁字尺画各种角度斜线；(c)画任意直线的平行和垂直线

图，速度快、质量好，所以应用广泛。用完后的保养方法是：将笔内绘图墨水挤去，用清水洗净、甩干备用。目前多见的绘图墨水笔有 0.3、0.6、0.9mm 三种一套盒装的，也有单支的。

传统的描图工具是墨线笔（也称鸭嘴笔），笔间注入绘图墨水后，可画直线或曲线。

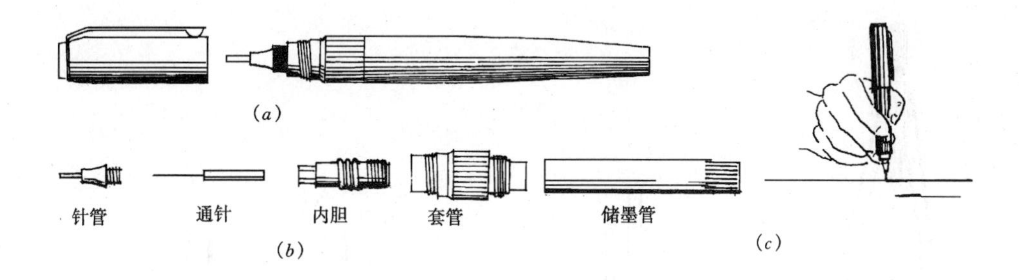

图 1-1-30　绘图墨水笔

(a) 外观；(b) 内部组成；(c) 画线时针管与图面尽量保持垂直，速度要匀

用蘸笔或其他工具向笔叶间加墨，每次加入墨水高度约为 4～6mm。松紧笔上的螺丝，可调节线的宽窄。墨线笔的使用，见图 1-1-31 所示。

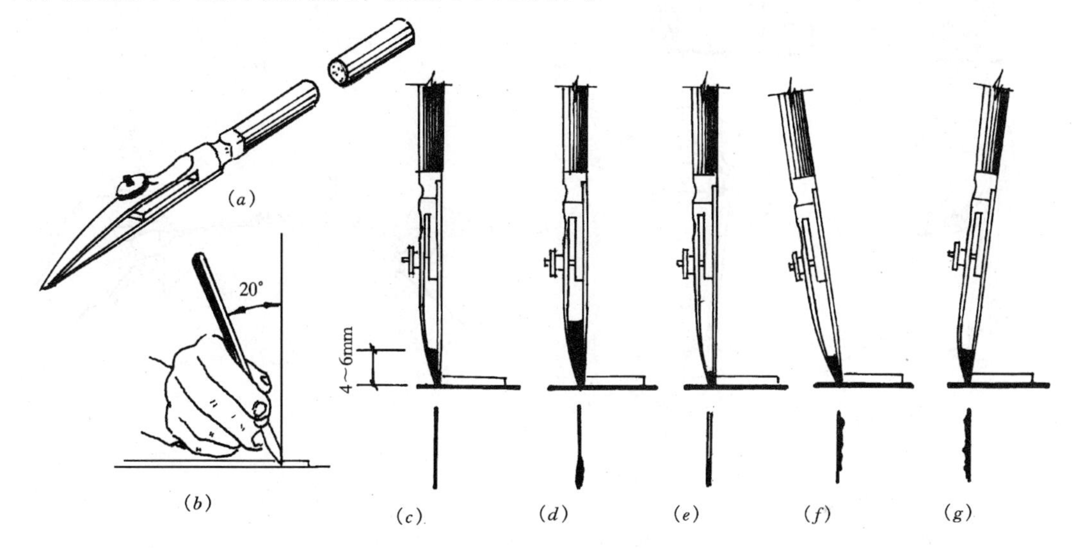

图 1-1-31　墨线笔的使用

(a) 墨线笔；(b) 用法；(c) 正确；(d) 墨太多；(e) 墨太少；(f) 笔外斜；(g) 笔内斜

五、圆规和分规

圆规是画圆及圆弧的主要工具。常用的是四周圆规。定圆心的钢针应选用有台肩一端的针尖扎在圆心处，以防圆心孔扎深和扩大，影响画圆及圆弧的质量。圆规的另一条腿上有插接构造，可插接铅芯插腿、墨线笔插腿及用于作分规的钢针插腿，如图 1-1-32 (a)、(b) 所示。在画圆或圆弧前，应将定圆心的钢针的台肩调整到与铅芯或墨线笔头的端部平齐，不要让针尖与笔头平齐。当用铅芯画圆时，铅芯应伸出铅芯夹套 6～8mm，并将铅芯削磨成 75°左右的斜面，如图 1-1-32 (c) 所示。在用圆规画线时，应使圆规按顺时针向转动，并从右下角开始略向画线方向倾斜画出，如图 1-1-32 (d) 所示。画较大圆或圆弧时，应使圆规的针尖和笔尖垂直于纸面，如图 1-1-32 所示。

分规与圆规相似，只是两腿均装有尖锥状的钢针。既可用它量取线段的长度，也可用它等分直线段或圆弧。分规的两针尖合拢时应对齐，如图 1-1-33 所示。

六、比例尺

比例尺是直接用来放大或缩小图线长度的量度工具，有它可以减少计算、提高绘图的

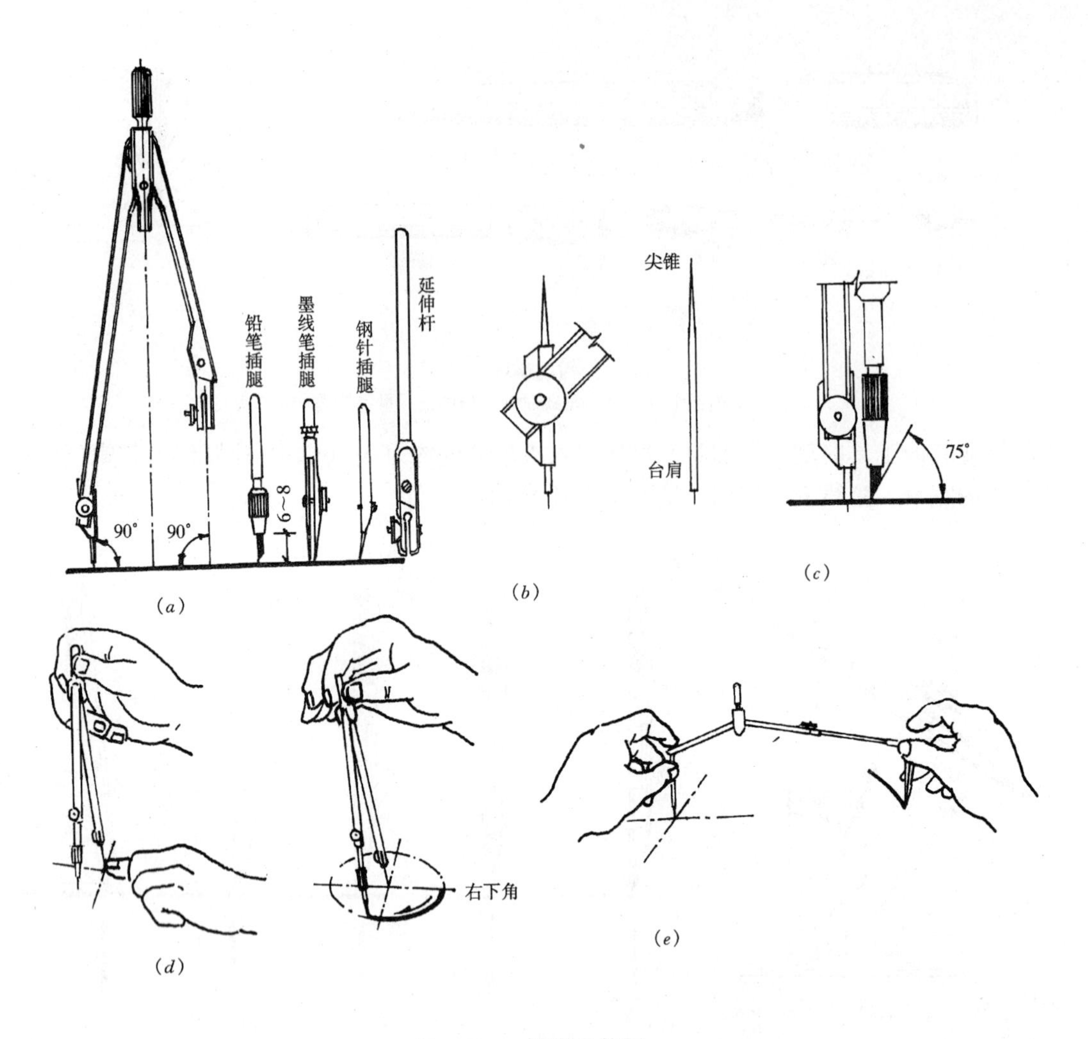

图 1-1-32　圆规的使用

(a) 圆规及插腿；(b) 圆规上的钢针；(c) 圆心钢针略长于铅芯；(d) 圆的画法；(e) 画大圆时加延伸杆

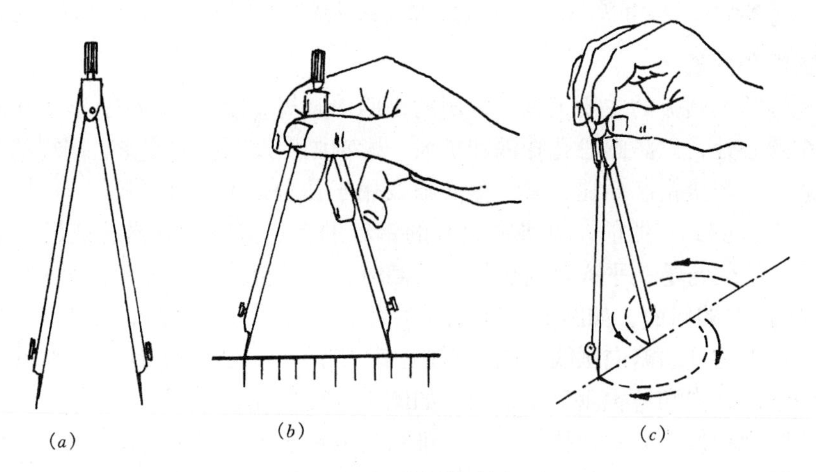

图 1-1-33　分规的用法

(a) 分规；(b) 量取长度；(c) 等分线段

速度和准确性。目前多用三棱柱形的三棱比例尺，尺面共有六种不同比例，从 1:100 到 1:600；另一种比例尺是有机玻璃直尺，上有三种不同的比例。三棱比例尺用于量度相应比例的尺寸，不能用于画线，如图 1-1-34 所示。

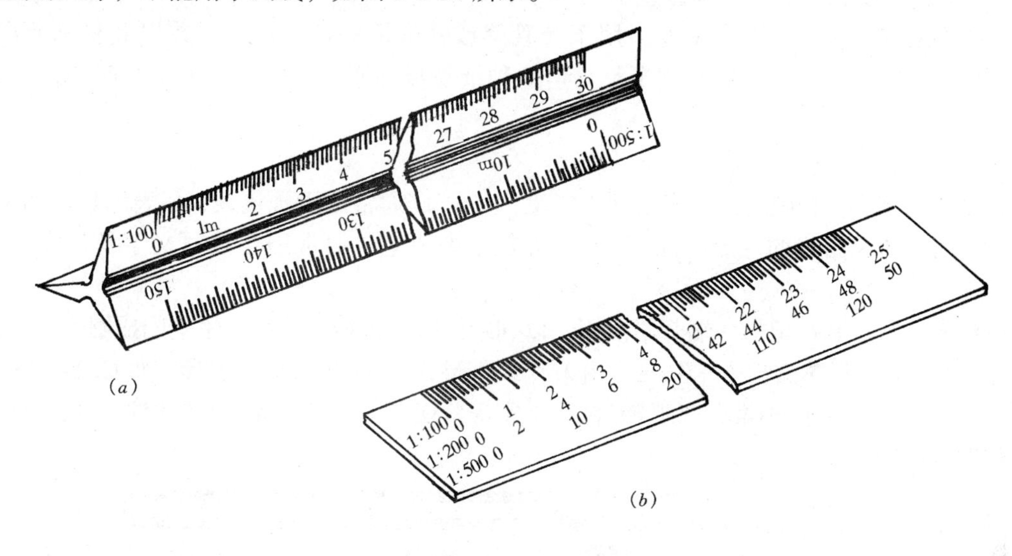

图 1-1-34　比例尺

（a）三棱比例尺；（b）比例直尺

七、制图模板

人们为了在手工制图的条件下提高制图的质量和速度，把建筑工程等专业图上常用的符号、图例或比例尺等，刻画在透明的塑料薄板上，制成供专业人员使用的尺子就是制图模板。建筑制图中常用的模板有：建筑模板、结构模板、给排水及暖通模板等。学习阶段拥有一块建筑模板，对于学习建筑制图还是很有帮助的，如图 1-1-35 所示。

八、制图用品

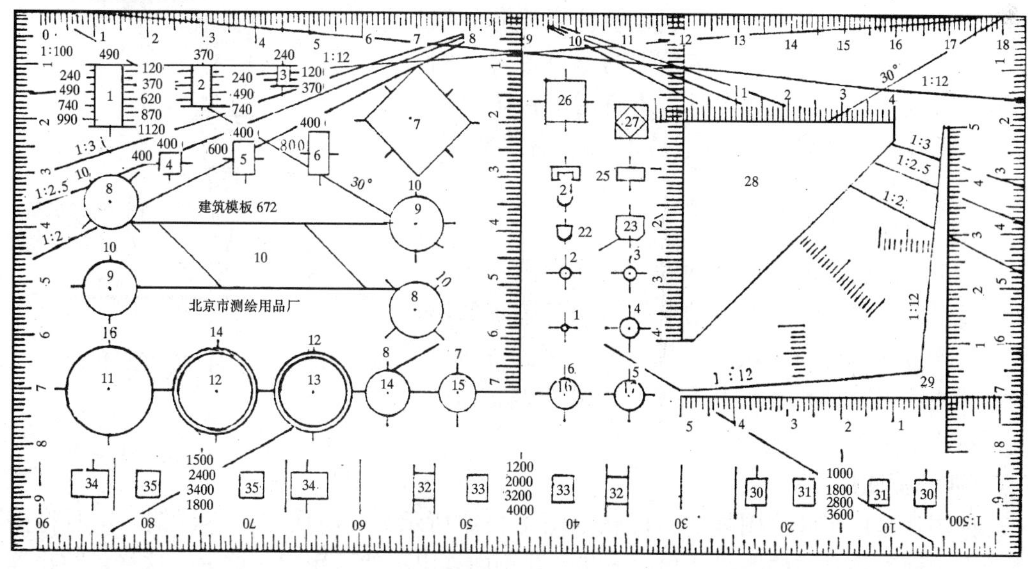

图 1-1-35　建筑模板

（一）图纸

图纸有绘图纸和描图纸两种。绘图纸用于画铅笔图或墨线图，要求纸面洁白、质地坚实，并以橡皮擦拭不起毛、画墨线不洇为好。

描图纸（也称硫酸纸）是专门用于针管笔或鸭嘴笔等描图用的，并以此复制蓝图，所以要求其透明度好、表面挺刮平整。但这种纸易吸湿变形，故使用和保存时要注意防潮。

（二）绘图铅笔

绘图铅笔有多种硬度：H 表示硬芯铅笔，H～3H 通常用于画稿线；B 表示软芯铅笔，B～3B 用于加深图线的色泽；HB 表示中等软硬的铅笔，通常用于注写文字及加深图线等。

铅笔应从没有标记的一端开始使用，以利绘图时分辨铅芯硬度。铅笔削成圆锥形，长约 20～25mm，铅芯露出 6～8mm，用刀片或细砂纸削磨成尖锥或楔形，如图 1-1-36 所示。尖锥形铅芯用于画稿线、细线和注写文字等，楔形铅芯可削成不同的厚度，用于加深各种宽度的图线。

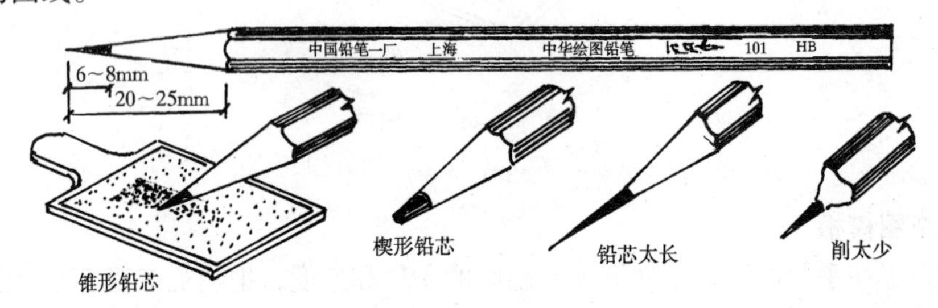

图 1-1-36　绘图铅笔

画线时握笔要自然，速度、用力要均匀。用尖锥形铅芯画较长的线段，应边画边缓慢地在手中旋转，且始终与尺寸边缘保持一定角度。

自动铅笔也可用于绘图，但也应注意铅芯的软硬。用其画稿线时，可选铅芯较细的笔将铅芯在细砂纸上磨成 75°左右的斜锥形，并使用带台阶边的尺子来画线，这样画线铅芯不易折断且画线准确，如图 1-1-37 所示。

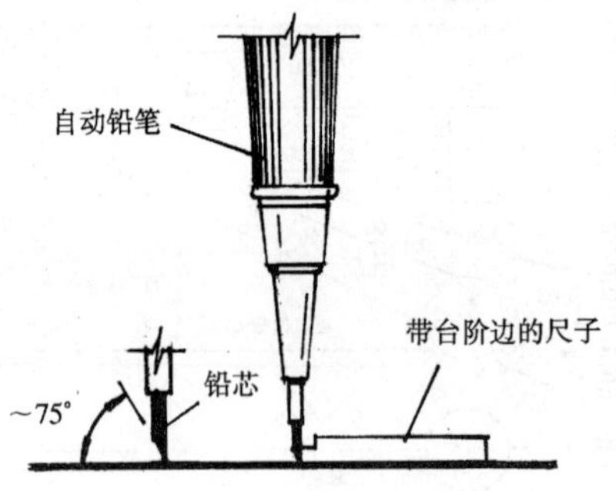

图 1-1-37　自动铅笔画稿线

（三）绘图墨水

用于绘图的墨水一般有两种：普通绘图墨水和碳素墨水。绘图墨水快干易结块，适用于传统的鸭嘴笔；碳素墨水不易结块，适用于针管笔。目前市场上有些签字笔墨水，因其耐水、耐晒性差、色泽浅，不适于描图。

（四）擦图片

擦图片是用于修改图样的，形状如图 1-1-38 所示，其材质多为不锈钢。用时将擦图片盖在图面上将有错的图线从相应形状的孔洞中露出，然后用橡皮擦去，这样可防止擦去近旁画好的图线，有助于提高绘图速度。

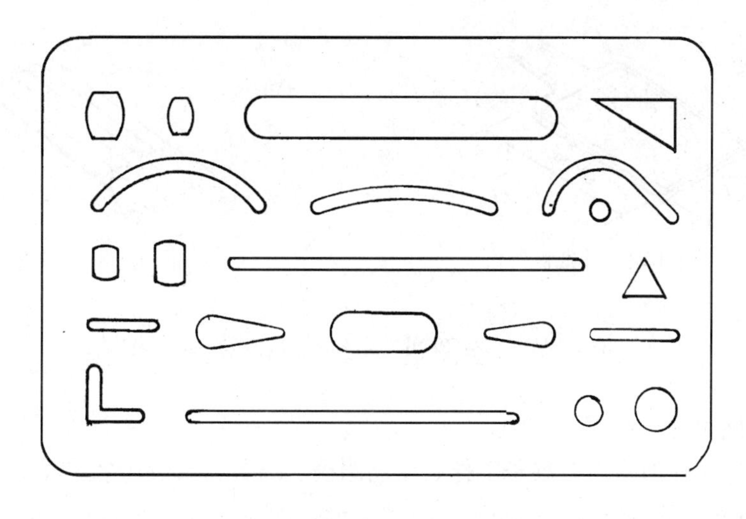

图 1-1-38　擦图片

（五）绘图蘸笔

绘图蘸笔用于书写墨线字体，因其比普通蘸笔的笔尖细，所以写出的字笔画细、显得清秀，同时也可用于写字号较小的字。写字时每次蘸墨水不宜过多，并应保持笔杆部分的清洁，如图 1-1-39。

（六）其他用品

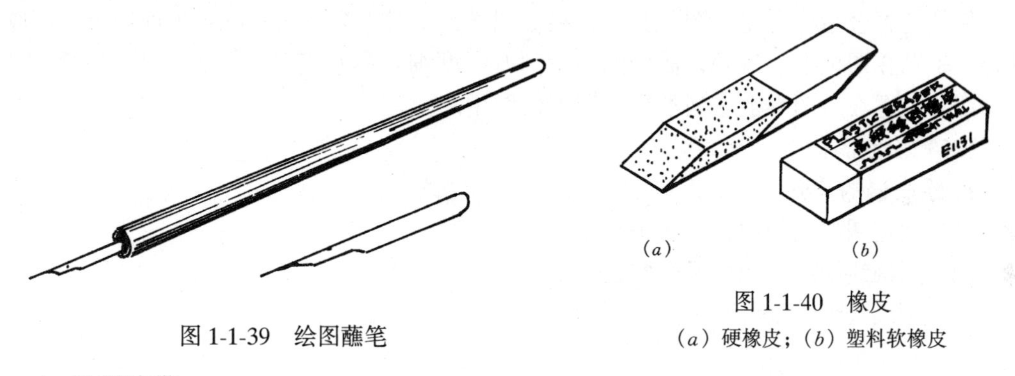

图 1-1-39　绘图蘸笔

图 1-1-40　橡皮
(a) 硬橡皮；(b) 塑料软橡皮

1. 透明胶带

透明胶带用于在图板上固定图纸，通常使用 1cm 宽的胶带粘贴。不要用普通图钉来固定图纸。

2. 橡皮

橡皮有软硬之分。修整铅笔线多用软质的，修整墨线多用硬质的，如图 1-1-40 所示。

3. 砂纸

铅笔用小刀削去木质部分，然后再用细砂纸将铅芯磨成所需形状。砂纸可用双面胶带固定在薄木板或硬纸板上，做成如图 1-1-41 的形状。

4. 排笔（或板笔）

用橡皮擦拭图纸后，会产生很多的橡皮屑。要用排笔及时地清除干净，如图 1-1-42 所示。用手抹、嘴吹的方法容易污染图面且不卫生。

另外，绘图时还需要裁纸、削笔用的小刀及修刮描图纸墨线用的双面刀片等用品。

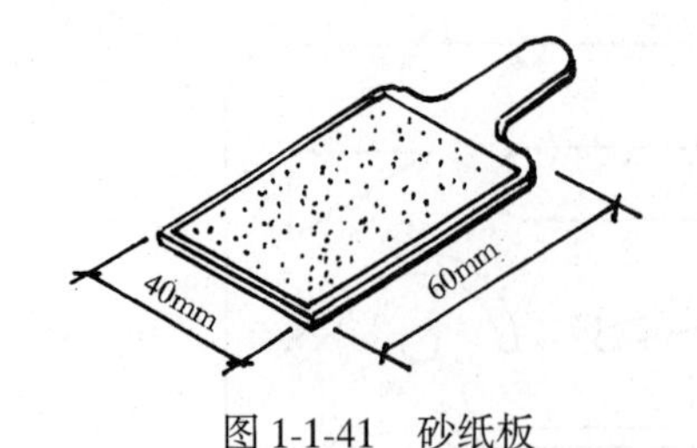

图 1-1-41　砂纸板

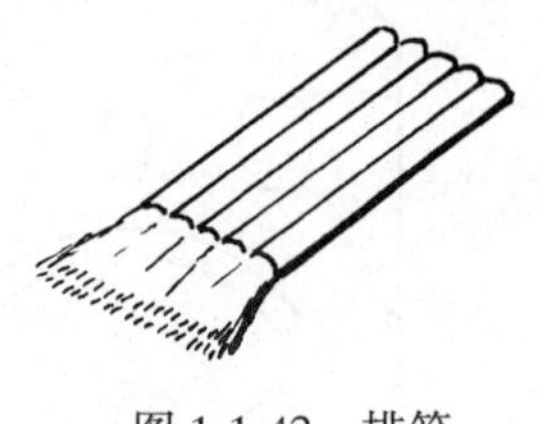

图 1-1-42　排笔

第三节　绘图过程及图样的复制、保存

一、绘图过程

全部绘图工作通常需有准备工作、绘制图稿、描图、校核几个过程。

(一) 准备工作

绘制工程图必须具备下列工具、仪器，如图板、丁字尺、三角板、比例尺、曲线板、圆规、分规、绘图针管笔或墨线笔及毛刷等。还应准备 HB、2H、3H 绘图铅笔、绘图橡皮、刀片、墨水、砂纸、胶带、绘图纸、描图纸等绘图用品。

上述工具、仪器有各种不同型号、规格及尺寸，应根据图纸情况选用适宜的型号、规格，以利于提高绘图质量及速度。绘图前还应做好布置绘图板、裁图纸、固定图纸、削铅笔、灌墨水等多项工作。首先，选好图板使平整面向上、平直边在左，放置合适并调整高度，使其位置合适能方便画图。其次，根据图样大小裁出合适的图纸且光面向上，用胶带纸将其平贴在图板上。最后，需用的铅笔削好、磨细，墨水笔灌好墨水，并把各种工具、仪器用品放置在绘图桌上适当位置，以方便取用。

(二) 绘制图稿

1. 绘底稿的步骤

(1) 确定图幅及图框，并用细线绘出。

(2) 用细线绘出标题栏及会签栏。

(3) 用细线绘出轴线和形体主要轮廓线。

(4) 画出细部。

(5) 检查无误后擦去多余线段。

2. 注意事项

为使图样画的准确、整洁，打底应采用较硬的铅笔 2H 或 3H，画出轻淡的底稿线，不应过分用力，使图纸出现刻痕；线型也不需区分，到加深时再予考虑。

(三) 描绘铅笔图

1. 成图步骤

(1) 按先定位轴线后轮廓线，先细线后粗线，先曲线后直线，先水平线后垂直线的原则，由上至下，由左至右，按不同线型，把图线全部加深。

(2) 用规范的字体注写尺寸和说明。

2. 注意事项

不要用手摸图纸，以免汗渍和铅黑污染图面，图线可用 HB～2B 等较软铅笔绘制，图线无论粗细，颜色深浅应一致，较长图线绘制时应适当转动铅笔以保证图线始终粗细、深浅不变。

（四）描绘墨线图

1．步骤与顺序同铅笔图。

2．注意事项

墨线图一般应用描图纸绘制以便于修改，可在描图纸上打出底稿后直接上墨，亦可在绘好的铅笔图上蒙上描图纸然后上墨，近年来，国内大部分设计单位均采用直接打稿上墨的方式绘图，以节约成本并提高效率。在绘图纸上上墨因不便修改所以使用不多。

墨线应用针管笔绘制，应保证针管通畅，灌墨不易太满，以免溢漏污染图纸。

画错图线后应用双面刀片细致抖动刮除，刮时在描图纸下垫一平整硬物，如三角板等，不能刮破图纸，刮后用橡皮擦净，再用手指甲将修刮处压光。绘图纸上画错后又难于刮除的可用颜料覆盖，颜料应与绘图纸颜色一致。

刮除过的地方应用橡皮擦一下，以去除起毛现象。

（五）图样的校对检查

整张图纸画完后，应经细致的检查、校对、修改才算最后完成。

首先，应检查图样上图线交接，粗细、线型的对错，并校对尺寸关系是否正确。

其次，应检查多个相关图样之间的关系尺寸的对错，之后，交由别人进行校对检查，多年绘图实践证明，这是最有效的一道纠错程序。

二、图样的复制、保存

（一）图纸复制

1．复制设备

目前，我国工程界大量使用的图纸是把描图纸上图样用晒图机复制到晒图纸上形成的“蓝图”，因此，晒图机是主要的图纸复制设备，分有氨和无氨两种类型。

近年来，大型工程图纸复印机亦有应用，该设备所用底图可为任何图纸，但现时成本较高。

2．复制方法

一般我们把手绘的图纸称为底图，把复制好图样的晒图纸称“蓝图”或“图纸”，复制过程为成图。

首先，把底图覆盖在晒图纸的有药面上，然后送入晒图机，晒图机的传动机构带动图纸在机箱内完成晒图和薰图两步工作，复制工作就完成了。复制好的图纸应依图幅线拆去多余部分使其尺寸符合国标规定。

工程图复印与一般文稿复印原理相同。

（二）图样的保存

1．图纸的编排顺序

工程图纸应按专业顺序编排，一般应为图纸目录、总图及说明、建筑图、结构图、给水排水图、采暖通风图、电气图、动力图……。以某专业为主体的工程，应突出该专业的图纸。

各专业的图纸，应按图纸内容的主次关系系统排列。

2．图纸折叠与装订

（1）折叠图纸时应将图面折向对方，使图标露在外面，图纸可折叠成 A4 幅面的大小

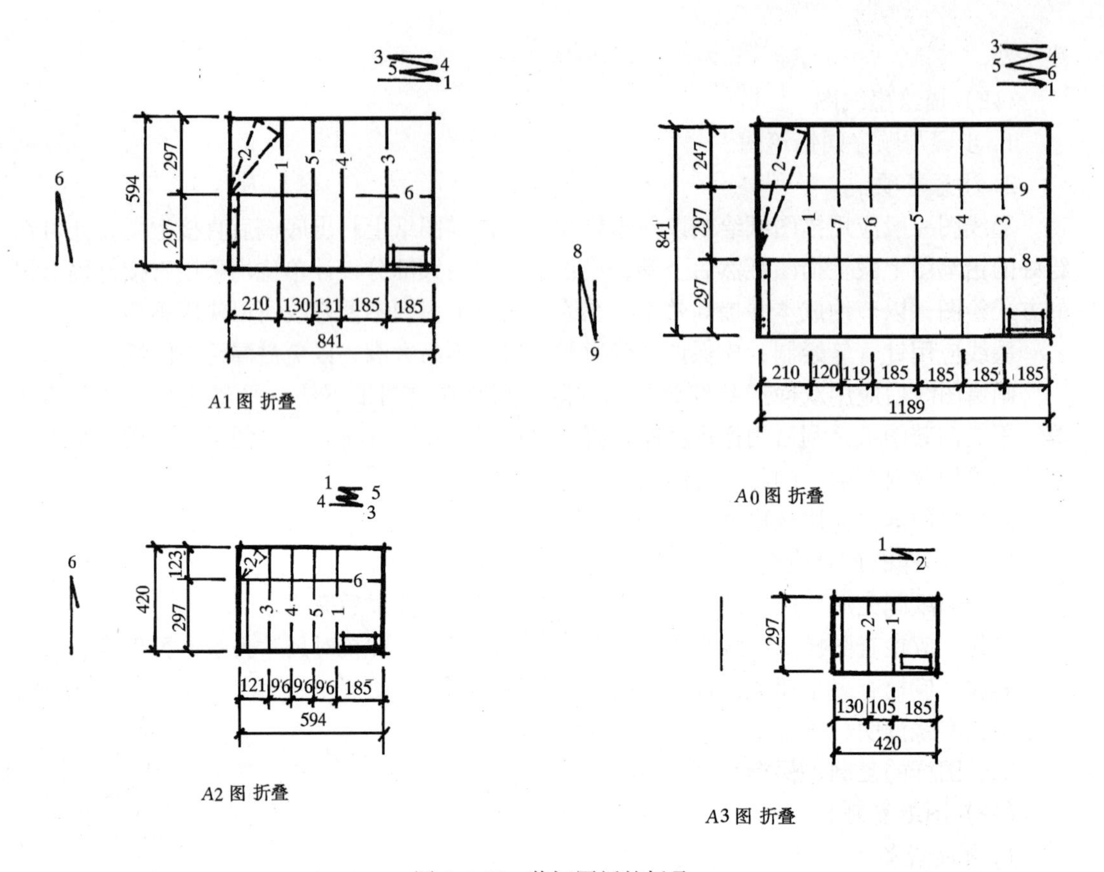

图 1-1-43　装订图纸的折叠

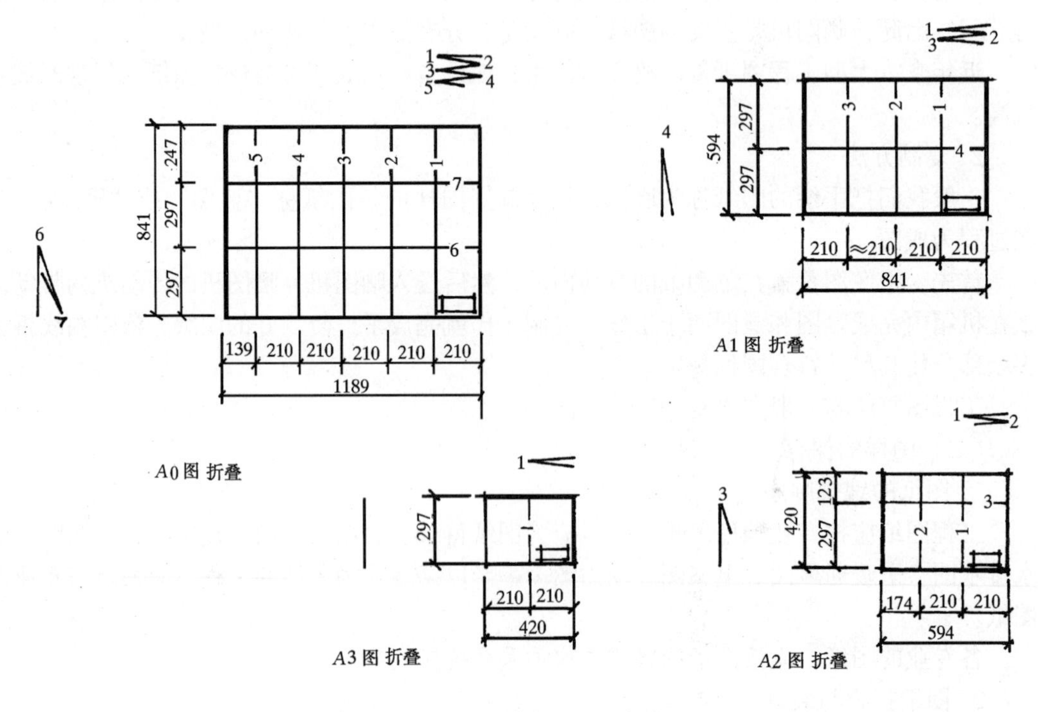

图 1-1-44　不装订图纸的折叠

(210mm×297mm)，装订的图纸也可折叠成A3幅面的大小（297mm×420mm）。

（2）折叠后需要装订成册的图纸可采用图1-1-43的折叠方法。

折叠后在装订边处垫入厚纸条，使装订边处厚度与折叠后图纸厚度相等，然后用装订机装订成册。

折叠后不装订的图纸，可采用图1-1-44的折叠方法。

3. 图纸保存注意事项

图纸应避免阳光照晒，应放置在干燥处，避免受潮，并应防水浸及虫蛀。

第四节　计算机制图及辅助设计简介

计算机绘图及辅助设计在我国普及发展的非常迅速，目前计算机绘图已是设计单位的主要绘图手段，根据建设部要求，施工图计算机出图率应达75%以上。

计算机绘图有出图精度高、速度快、修改方便等优点，而且还有辅助设计方面的软件支持，可完成经济指标分析、结构计算、方案优化等诸多设计工作，其发展趋势终究会取代人工绘图，使设计工作进入一个全新的时代。

一、计算机设备

1. 输入设备

给计算机输入命令、数据等信息的设备，有键盘、鼠标、数字化仪、扫描仪等。

2. 主机

由中央处理器（CPU）、内存（RAM）、外存（硬盘、软盘）、主电路板、电源、机箱组成，是计算机核心部分。

3. 输出设备

输出数据的设备有显示器、打印机、绘图仪等，显示器应有1024×768以上分辨率，并配8M以上显存，外存可用作输入、输出及贮存信息，所以亦称为输入输出设备。

完成计算机绘图工作，一般要求计算机有较高配置，如CPU采用奔腾Ⅱ450，或奔腾Ⅲ；内存采用64M，越大越好；外存硬盘10G左右；主板频率采用133M；显示器采用15″以上，分辨率为1024×768、16M色并配8M显存，就可较好完成施工图、辅助设计、渲染图等设计及绘图工作。

二、计算机软件

1. 绘图软件

目前，计算机绘图软件的应用以AutoCAD最多，现行版本为14.0或2000，可做建筑、机械、电子等各种绘图工作。

2. 辅助设计软件

可自动处理各种设计数据，之后形成绘图数据，完成绘图工作的软件，如建筑及结构辅助设计软件等。

此类软件与专业结合较紧密，目前建筑设计软件有建筑设计软件ABD，结构设计软件PK、PM等多种版本，图1-1-45是用ABD软件设计的一座别墅的平面、立面和剖面图。

3. 其他绘图软件

计算机处理图形及图像的能力非常强，近年来，建筑效果图、建筑方案、设计也普遍

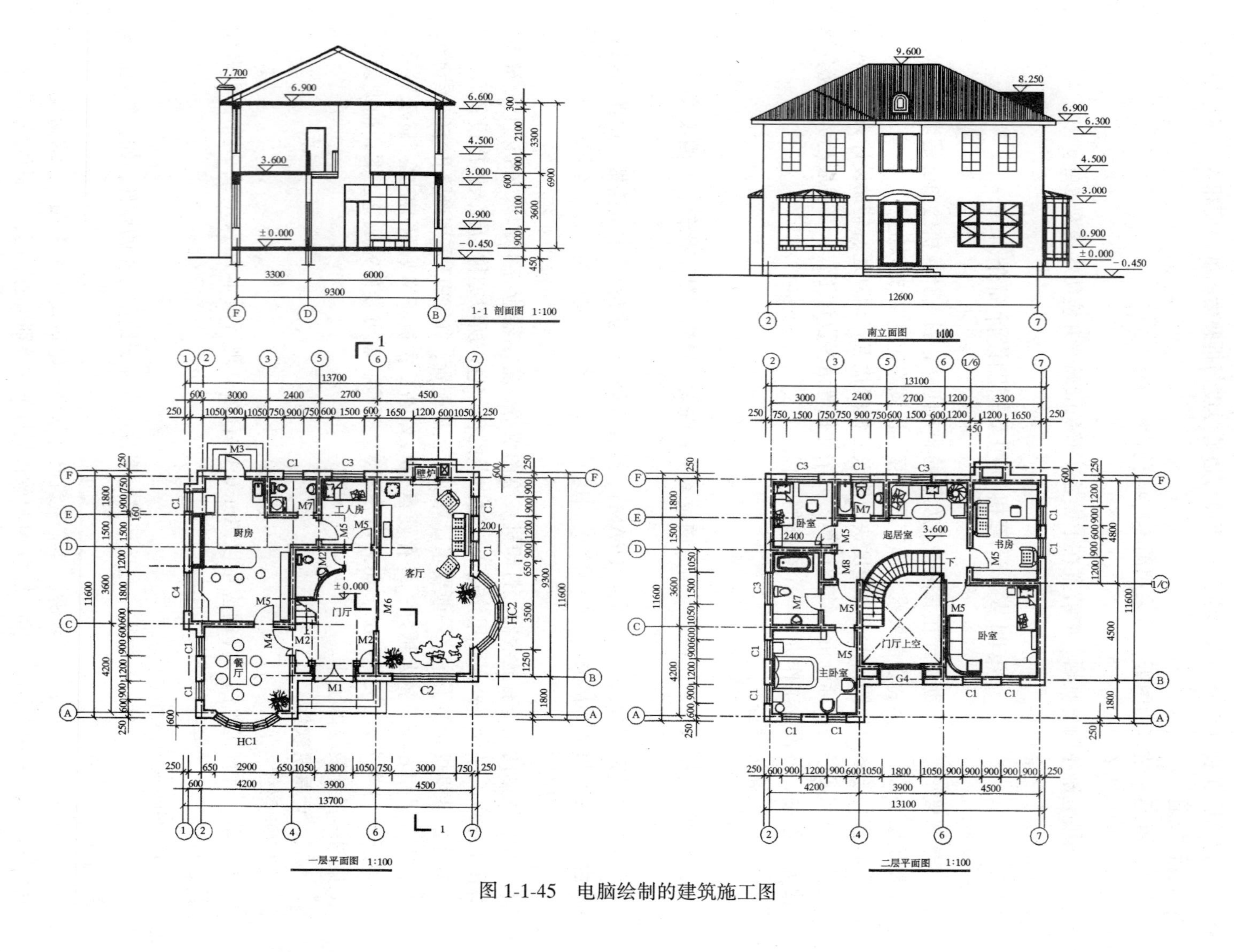

图 1-1-45 电脑绘制的建筑施工图

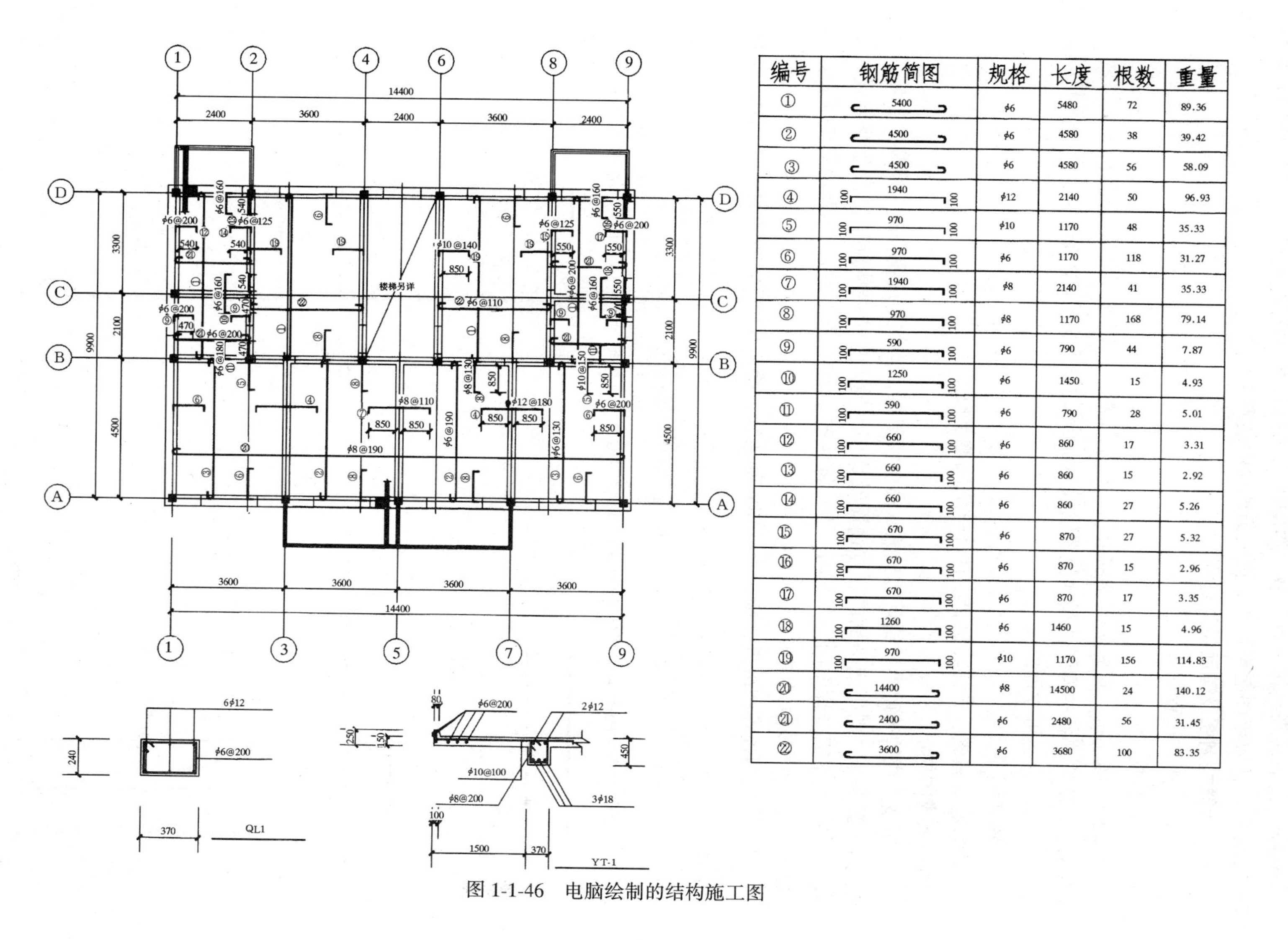

编号	钢筋简图	规格	长度	根数	重量
①	5400	ϕ6	5480	72	89.36
②	4500	ϕ6	4580	38	39.42
③	4500	ϕ6	4580	56	58.09
④	100 1940 100	ϕ12	2140	50	96.93
⑤	100 970 100	ϕ10	1170	48	35.33
⑥	100 970 100	ϕ6	1170	118	31.27
⑦	100 1940 100	ϕ8	2140	41	35.33
⑧	100 970 100	ϕ8	1170	168	79.14
⑨	100 590 100	ϕ6	790	44	7.87
⑩	100 1250 100	ϕ6	1450	15	4.93
⑪	100 590 100	ϕ6	790	28	5.01
⑫	100 660 100	ϕ6	860	17	3.31
⑬	100 660 100	ϕ6	860	15	2.92
⑭	100 660 100	ϕ6	860	27	5.26
⑮	100 670 100	ϕ6	870	27	5.32
⑯	100 670 100	ϕ6	870	15	2.96
⑰	100 670 100	ϕ6	870	17	3.35
⑱	100 1260 100	ϕ6	1460	15	4.96
⑲	100 970 100	ϕ10	1170	156	114.83
⑳	14400	ϕ8	14500	24	140.12
㉑	2400	ϕ6	2480	56	31.45
㉒	3600	ϕ6	3680	100	83.35

图 1-1-46　电脑绘制的结构施工图

采用计算机来完成，这方面应用的软件有三维动画软件 3DSMAX 和图形图像处理软件 Photoshop，前者用来制作建筑模型，然后形成建筑效果图或建筑动画；后者用来做图像的后期处理，使效果图能更真实、更完美地反映建筑的风貌。

三、计算机制图及辅助设计过程

辅助设计工作过程如下：

1. 输入数据

如设计一幢建筑，首先输入楼层层高、底层标高、轴网各开间进深尺寸、墙体厚度、门窗尺寸、位置，各种构配件尺寸位置输入全部为人机对话方式，每输入一步计算机就完成一步，如不合适可立即修改。

2. 建立模型

数据输入完成后，计算机自动计算并形成建筑模型。

3. 生成图样

在模型生成的基础上，给计算机输入命令及数据，使其形成各种施工图样，如输入绘建筑施工图命令，则生成平面图、立面图及详图，输入生成结构施工图命令及荷载数据等，生成结构平面及详图如图 1-1-46。为一栋住宅楼的某层结构平面图及钢筋统计表。

4. 细部处理及标注

对已形成的各种图纸进一步完善，如局部装饰、绘制尺寸、文字标注，加图框、填图名等等。

复 习 思 考 题

1. 建筑工程图纸的图幅代号有哪些？图纸的长短边有什么比例关系？A2 和 A3 的图幅尺寸是多少？

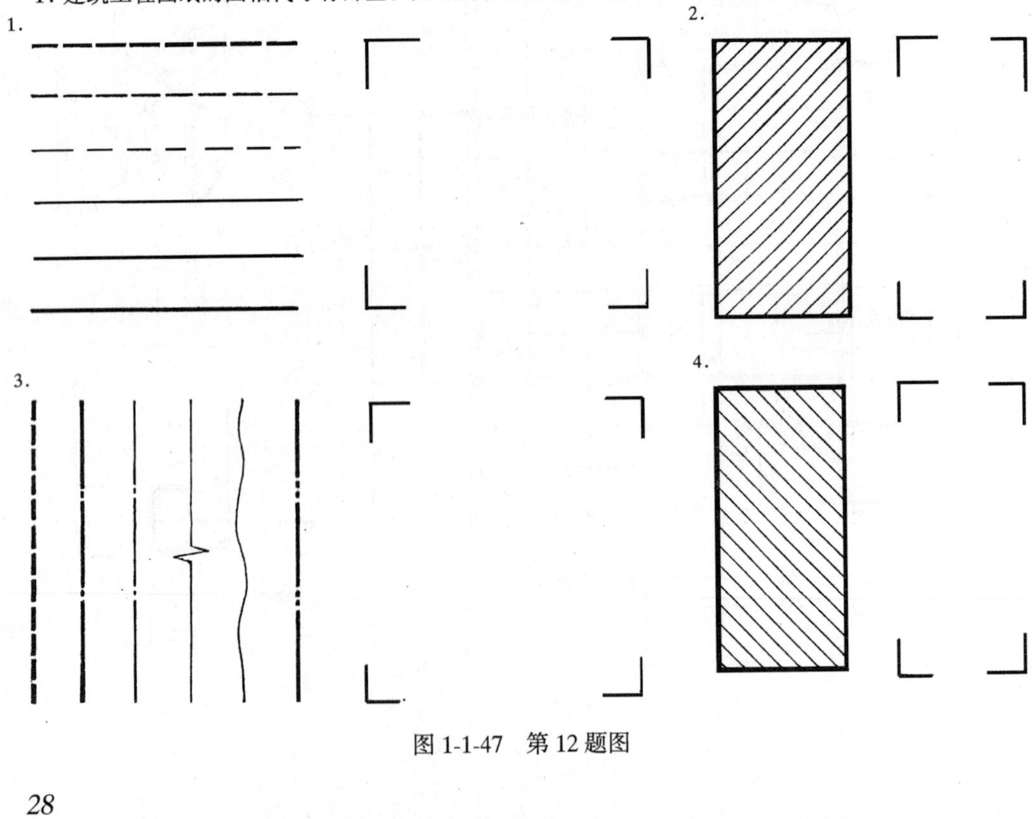

1.

2.

3.

4.

图 1-1-47 第 12 题图

2. 图线有哪些线型？画各种线型都有什么要求？虚线、点划线与自身相交或与其他图线相交接时有什么要求？

3. 什么是线宽和线宽组？图样中的线宽如何确定？

4. 长仿宋字有什么书写要领？字高与字宽有什么关系？

5. 什么是图样的比例？其大小是指什么？

6. 尺寸标注是由哪些部分组成的？各部分都有哪些要求？

7. 什么情况下要注写直径尺寸？什么情况下注写半径尺寸？

8. 连续等长尺寸如何简化标注？

9. 尺寸标注中有哪些注意事项？尺寸能否从图中直接量取？

10. 制图常用工具有哪些？简述各自的用途。在用铅笔绘图时，有哪些要求？

11. 用圆规画圆时有什么应注意的地方？

12. 在每题的框格中，画出同左图的图线和图形，如图 1-1-47 所示。

13. 自备 A4 图纸铅笔抄绘如图 1-1-48 所示图形。要求：1. 画出图框、标准栏（按图 1-1-7 画出）；2. 按 1∶1 比例，并按图示线型、线宽铅笔抄绘；3. 图内汉字写 7 号长仿宋字，数字按 3.5 号字写出；4. 绘图步骤：(1) 在图板上固定图纸（白图纸）；(2) 画图框、标题栏稿线（用 2H 铅笔）；(3) 布置图面，做到均衡匀称；(4) 画图形稿线（先上后下，先左后右，先曲线后直线）；(5) 检查并修改；(6) 按图示的线型、线宽（粗 0.7mm、中 0.35mm，细 0.25mm）加深加粗、标注汉字及尺寸数字，汉字写长仿

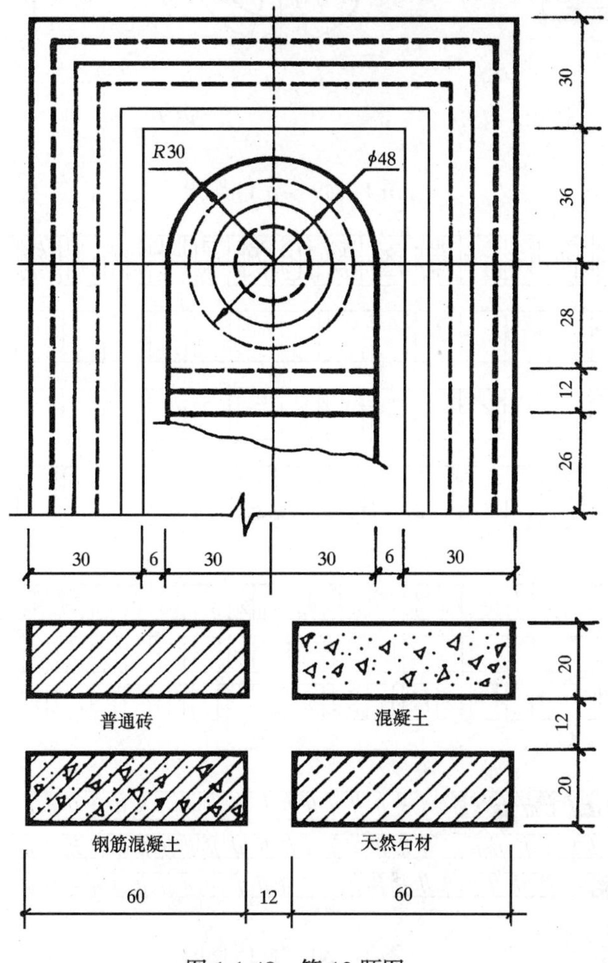

图 1-1-48　第 13 题图

宋体字。填写标题栏，图名为线型练习。

14. 根据指定比例，在图样上标注尺寸。直接量取尺寸，单位为毫米（四舍五入），如图 1-1-49。

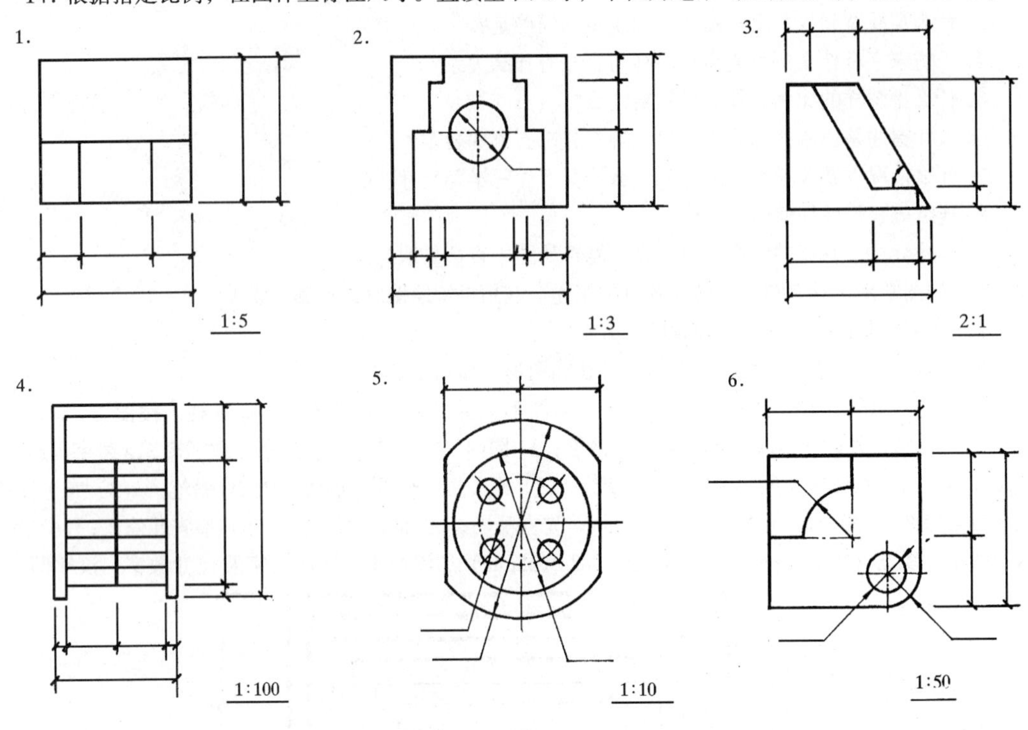

图 1-1-49　第 14 题图

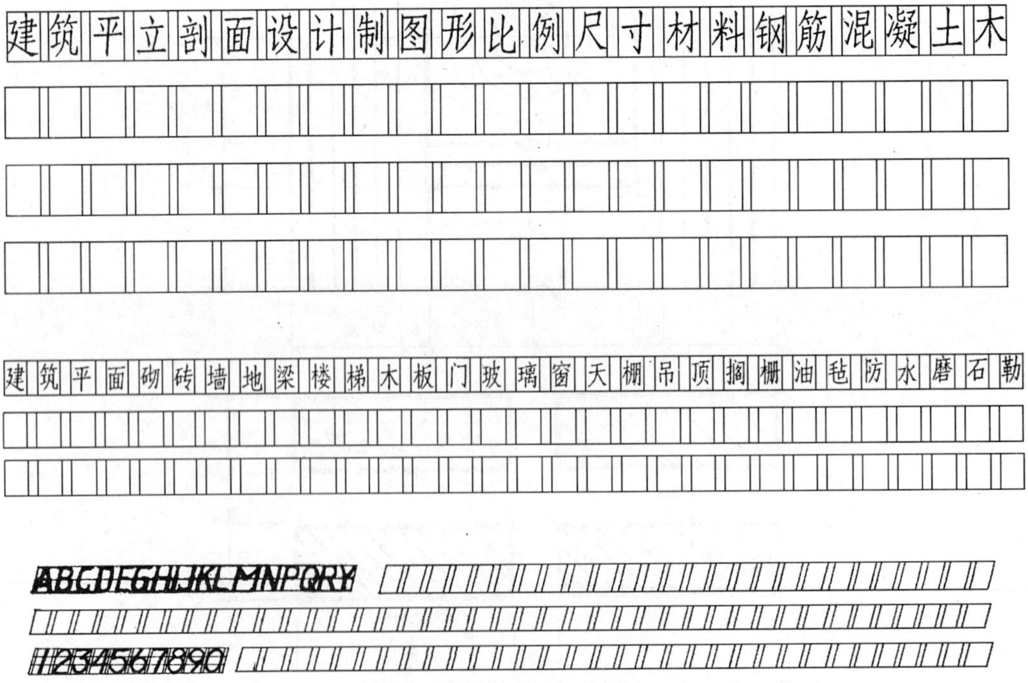

建筑平立剖面设计制图形比例尺寸材料钢筋混凝土木

建筑平面砌砖墙地梁楼梯木板门玻璃窗天棚吊顶搁栅油毡防水磨石勒

ABCDEGHIJKLMNPQRY

1234567890

图 1-1-50　第 15 题图

15. 长仿宋字及数字练习（也可自备纸张按相应字高打好字格，用铅笔进行摹写练习），如图1-1-50。

16. 绘图工作有几个过程？

17. 绘图样底稿时应注意哪些事项？

18. 描墨线图时应注意哪些事项？

19. 图纸保存时应注意哪些事项？

20. 计算机设备由哪几部分组成？

21. 计算机软件有哪几类？

22. 计算机制图及辅助设计分哪几个过程？

第二章 投影的基本知识

建筑工程或其他工程的施工图都是用相应的投影方法绘制的投影图。工程中用得最多是正投影图，而在表达建筑物造型及其效果时需采用透视图或轴测图。本章主要介绍投影的形成、分类、三面正投影图及几何元素点、直线、平面的正投影规律等内容。

第一节 投影的基本概念和分类

在日常生活中人们对“形影不离”这个自然现象是习以为常的，只要有物体、光线和承受落影的面，就会在附近的墙面、地面等处留下物体的影子，这就是自然界的投影现象。人们从这一现象中认识到光线、物体和影子之间的关系，归纳出了在平面上表达物体形状、大小的投影原理和作图方法。

一、投影、投影法及投影图

自然界的物体投影与工程制图上所反映的投影是有区别的，前者一般是外部轮廓较清晰而内部则混沌一片，而后者则不仅要求外部轮廓清晰，同时也要反映内部轮廓，这样才能符合清楚表达工程物体形状及大小的要求。所以要形成工程制图所要求的投影，应有三个假设：一是假设光线能穿透物体；二是光线在穿透物体的同时能反映其外部和内部的轮廓(看不见的轮廓用虚线表示)；三是对形成投影的光线的射向也作相应的选择，以得到不同的投影。

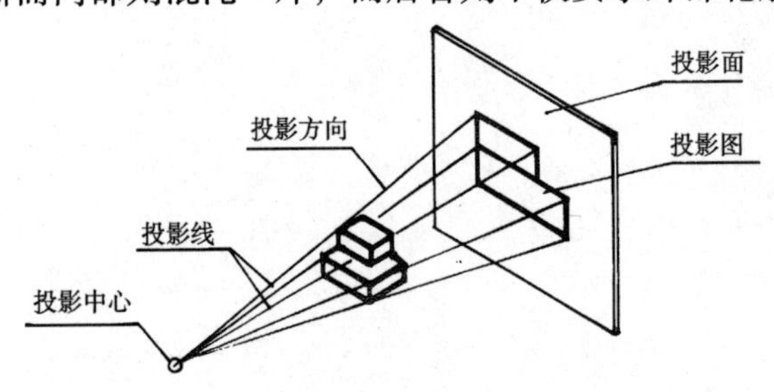

图 1-2-1 投影图的形成

在制图上，把发出光线的光源称为投影中心，光线称为投影线。光线的射向称为投影方向，落影的平面称为投影面。影子的内外轮廓称为投影。用投影表示物体的形状和大小的方法称为投影法，用投影法画出的物体的图形称为投影图。制图上投影图的形成如图 1-2-1 所示。

二、投影的分类及其概念

投影分中心投影和平行投影两大类。

由一点发出投影线所产生的投影称为中心投影，如图 1-2-2（*a*）所示。

由相互平行的投影线所产生的投影称为平行投影。根据投影线与投影面的夹角不同，平行投影又可分为两种：平行投影线倾斜于投影面的投影称为斜投影，如图 1-2-2（*b*）中斜投影所示；平行投影线垂直于投影面的投影称为正投影，如图 1-2-2（*c*）中的正投影。正投影条件下使物体的某个面平行投影面，则该面的正投影可反映其实际形状，标上尺寸就可知其大小，所以，一般工程图样都选用正投影的原理绘制。我们把运用正投影法绘制

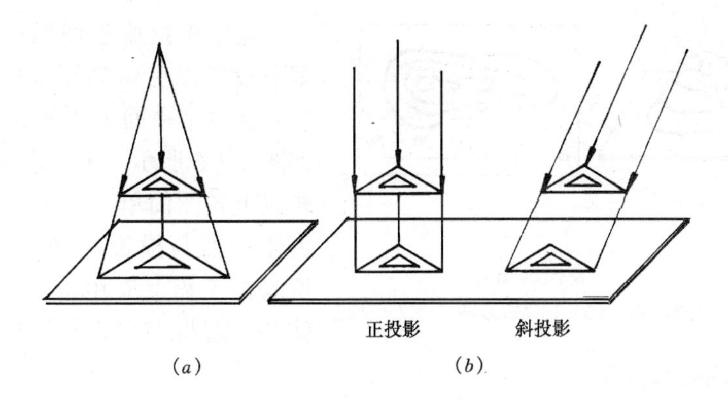

图 1-2-2　投影的分类
（a）中心投影；（b）平行投影

的图形称为正投影图，如图 1-2-3 所示。

三、工程中常用的投影图

为了清楚地表示不同的工程对象，满足工程建设的需要，在工程中人们应用上述的投影方法，总结出四种常用的投影图。

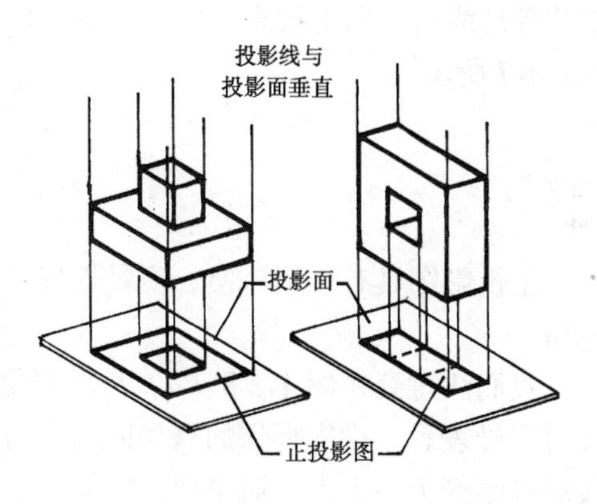

图 1-2-3　正投影图

1. 透视投影图

运用中心投影的原理绘制的具有逼真立体感的单面投影图称为透视投影图（简称透视图）。它的特点是真实、直观、有空间感，符合人的视觉习惯，但绘制复杂，形体的尺寸不能直接在图中度量和标注，所以不能作为施工的依据，仅用于建筑、室内设计等方案比较，以及工艺美术、广告宣传画等，如图 1-2-4 所示。

2. 轴测投影图

图 1-2-5 所示是轴测投影图，它是运用平行投影的原理，只需在一个投影面上作出的具有较强立体感的单面投影图。它的特点是作图较透视图简单、快捷，相平行的线可平行画出；但立体感稍差，表面形状有失真，只作为工程上的辅助图样。

3. 正投影图

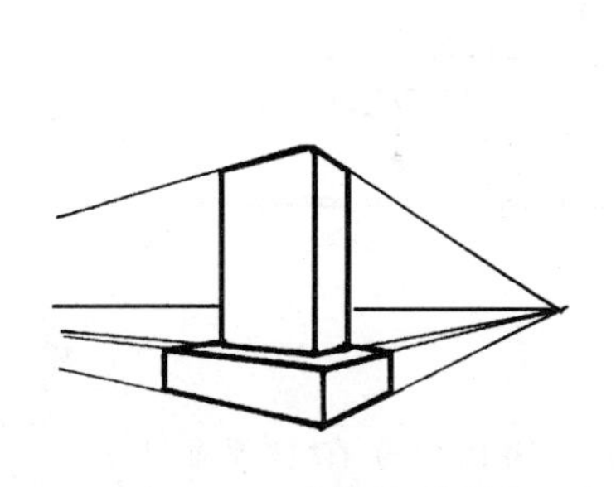

图 1-2-4　形体的透视图

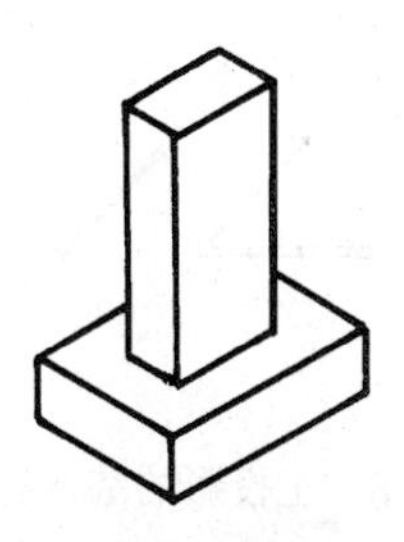

图 1-2-5　形体的轴测投影图

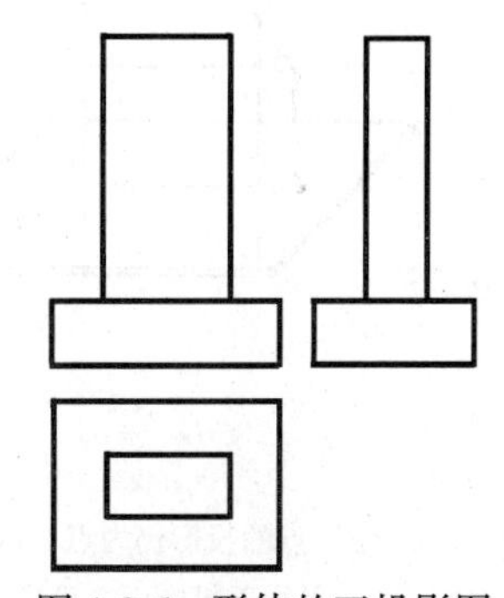

图 1-2-6　形体的正投影图

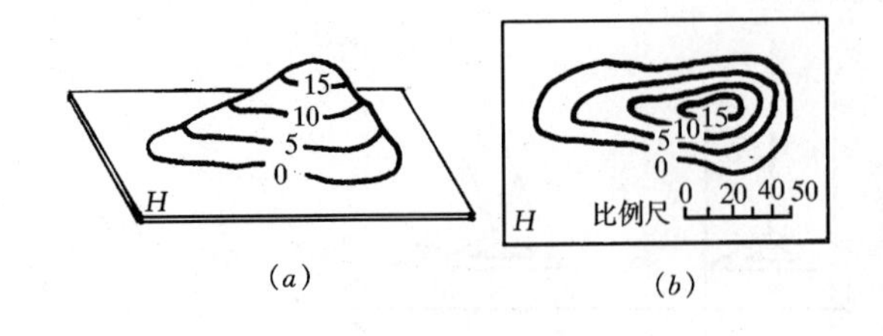

(a)　　　　(b)

图 1-2-7　标高投影图
(a) 立体状况；(b) 标高投影图

运用正投影法使形体在相互垂直的多个投影面上得到正投影，然后按规则展开在一个平面上所形成的多面投影图，如图 2-1-6 所示。正投影图的特点是作图较以上各图简单，便于度量和标注尺寸，形体平面与投影面平行时能反映实形，所以在工程上应用最广，但缺点是无立体感，需将多个正投影图结合起来分析想象，才可得出立体形象。

4. 标高投影图

标高投影图是一种标有高度数值的水平正投影图。在建筑工程上，常用来表示地面的起伏变化。作图时，用一组等距的水平剖切平面切割地面，其交线称为等高线，将不同高度的等高线自上向下投影在水平的投影面上时，便得到了等高线图，也称标高投影图，如图 2-1-7 所示。

第二节　正投影的基本特性

正投影图具有作图简便、度量性好、能反映实形等优点，所以在工程实际中得到广泛应用。

我们注意到在图 1-2-8 (a) 所示的正投影状况下，空间点的投影仍为点（空间点用大写字母表示，投影得到的点用同名小写字母表示）。当直线与平面垂直于投影面时，直线的投影变为一个点，而平面的投影变为一条直线，这类具有收缩、积聚性质的正投影特性称为积聚性，如图 1-2-8 (b) 所示。

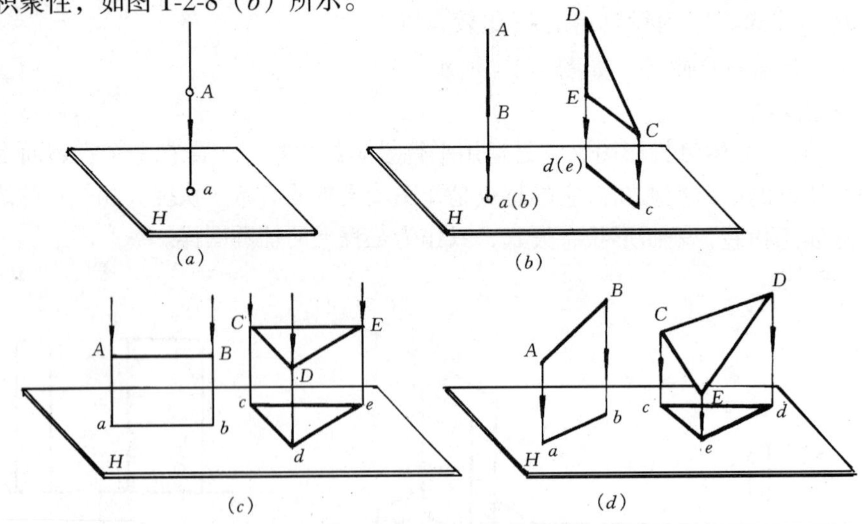

图 1-2-8　正投影的基本特性
(a) 点的投影仍为点；(b) 直线和平面垂直于投影面，投影呈现积聚性；(c) 直线和平面平行于投影面，投影呈现平行性；(d) 直线和平面倾斜于投影面，投影呈现类似性

当直线与平面平行于投影面时，从图 1-2-8（c）中看出，它们的投影分别反映实长和实形。在正投影中具有反映实长或实形的投影特性，称为显实性。

当直线与平面既不垂直也不平行于投影面时，从图 1-2-8（d）中看出，它们的投影都比实际的要短、要小，但仍反映其原来的类似形状，在正投影中所具有的此类特性称为类似性。

为了叙述方便，在以下各章节中除特别说明者外，凡提投影均指正投影。

第三节　三 面 投 影 图

为了确定形体的形状及其空间位置，通常需要用三个互相垂直的投影面来反映其投影。

一、三面投影体系及形体的投影

如图 1-2-9（a）是一个两面垂直的三面投影体系，图中标注 H 的水平位置平面，称为水平投影面（简称 H 面）；标注 V 并与 H 面垂直的正立平面，称为正立投影面（简称 V 面）；标注 W 同时与 H、V 面垂直的侧立平面，称为侧立投影面（简称 W 面）。运用

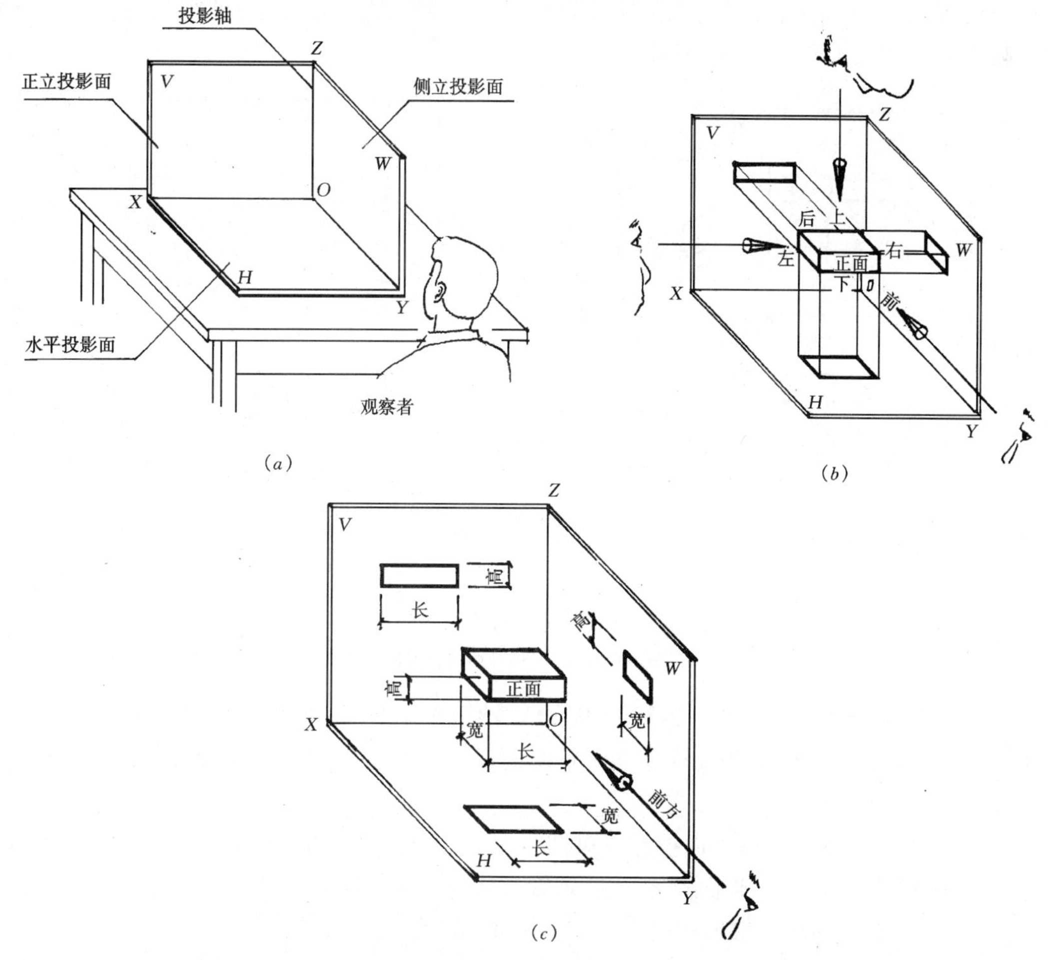

图 1-2-9　三面投影体系

（a）三面投影体系的立体示意；（b）长方体在三面投影体系中的投影；（c）长宽高在投影体系中的约定

正投影法，形体在该体系中就会得到三个不同方向的正投影图，即从上向下得到反映顶面状况的 H 面投影；从前向后得反映前面（亦称正面）状况的 V 面投影；从左向右得到反映左侧面状况的 W 面投影，如图 1-2-9（*b*）。

三面投影体系中两个投影面之间的交线称为投影轴，H 与 V 面相交得 X 轴，H 与 W 面相交得 Y 轴，V 与 W 面相交得 Z 轴。三轴相交的交点称为投影原点。此时如将投影轴转为直角坐标轴，就可以用数学的方法确定形体在投影体系中的位置，并可确定其大小，如图 1-2-9 所示。

空间的形体。都有长、宽、高三个方向的尺度。为使绘制和识读投影图方便，有必要对形体的长、宽、高三个方向，作统一的约定：首先确定形体的正面（通常选择形体有特征的那个面作为正面），此时其左右方向的尺寸称为长度；前后方向的尺寸称为宽度；上下方之间的尺寸称为高度。长宽高在投影体系中的约定如图 1-2-9（*c*）所示。

二、三面投影体系的展开与三面投影关系

要得到需要的投影图，还需将图 1-2-9 中的形体移去，并将三面投影体系按图 1-2-10（*a*）的方法展开：即 V 面（包括其投影图）不动，H、W 面沿 Y 轴分开，H 面绕 X 轴向下旋转 90°、W 面绕 Z 轴向右后方旋转 90°与 V 投影面共面，此时便得到所要求的三面正投影图，如图 1-2-10（*b*）所示。

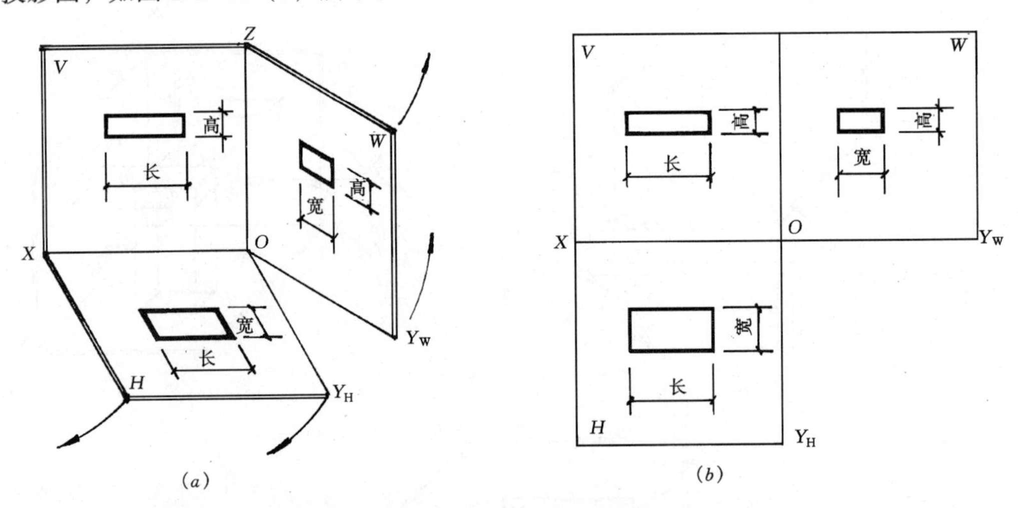

图 1-2-10 三面投影体系的展开

（*a*）展开示意；（*b*）展开后的投影面及投影图

注意，由于展开的关系，属于 H 面的 Y 轴记作 Y_H，属于 W 面的 Y 轴记作 Y_W（Y 轴是 H、W 的公有线）。为简化作图，投影面边框可不画，而只用投影轴划分投影区，如图 1-2-11 所示。

从图 1-2-11 的长方体三面投影图可知：H 及 V 面投影，在 X 轴方向均反映形体的长度，且互相对正；V 及 W 面投影，在 Z 轴方向均反映形体的高度，且互相平齐；H、W 面投影，在 Y 方向均反映形体的宽度，且彼此相等。各投影图中的这些关系，称为三面正投影图的投影关系，为简明起见可归纳为："长对正，高平齐，宽相等"。这九个字是绘制和识读投影图的重要规律。

为表明形体的水平投影与侧面投影之间的投影关系，作图时可以用过原点 O 作 45°斜线的方法求得，如图 1-2-11 所示。

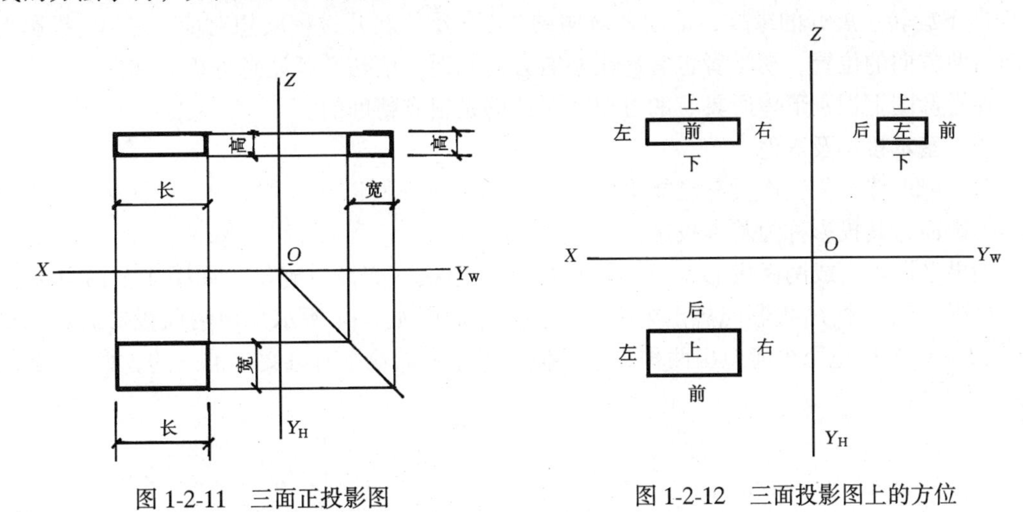

图 1-2-11　三面正投影图　　　　图 1-2-12　三面投影图上的方位

三、三面投影图上反映的方位

如将图 1-2-9（*b*）展开，可得图 1-2-12。从图中可知形体的前、后、左、右、上、下

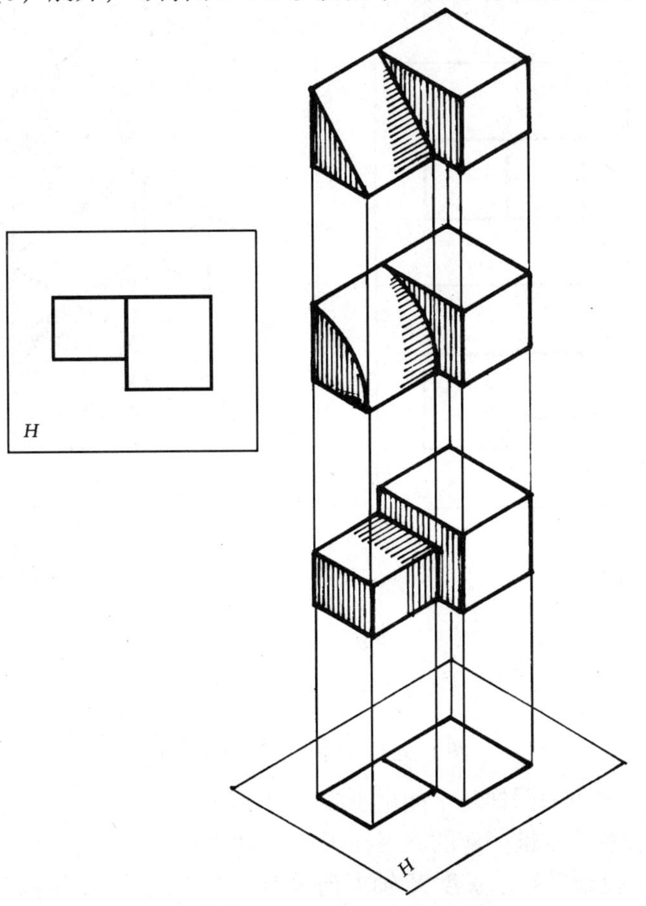

图 1-2-13　单面投影的多解示例

六个方位，在三面投影中的每个投影图都相应地反映出其中的四个方位。如 *H* 面投影图四周反映形体左、右、前、后的方位，注意此时的前方，位于投影图的下侧，这是由于 *H* 面向下旋转、展开的缘故，请读者对照图 1-2-9 及其展开过程联想对应。在 *W* 投影上的前后两方向的位置，初学者也常易跟左右方向相混，请初学者注意分析、掌握。

在投影图上识别形体所具有的方位，对读图是很有帮助的。

四、基本投影及其他

对一般形体，用三面投影已能确定其形状和大小，所以 *H*、*V*、*W* 三个投影面称为基本投影面，其投影称为基本投影。

如果采用单面或两面投影，有的形体的空间形状不能惟一确定。如图 1-2-13 所示的单面投影，同一个 *H* 投影能想出至少三个答案，而图 1-2-14 所示采用两面投影时，同样一组 *H*、*V* 投影也至少能想出两种答案，但如果用三面投影时答案是惟一的，如图1-2-15 所示。

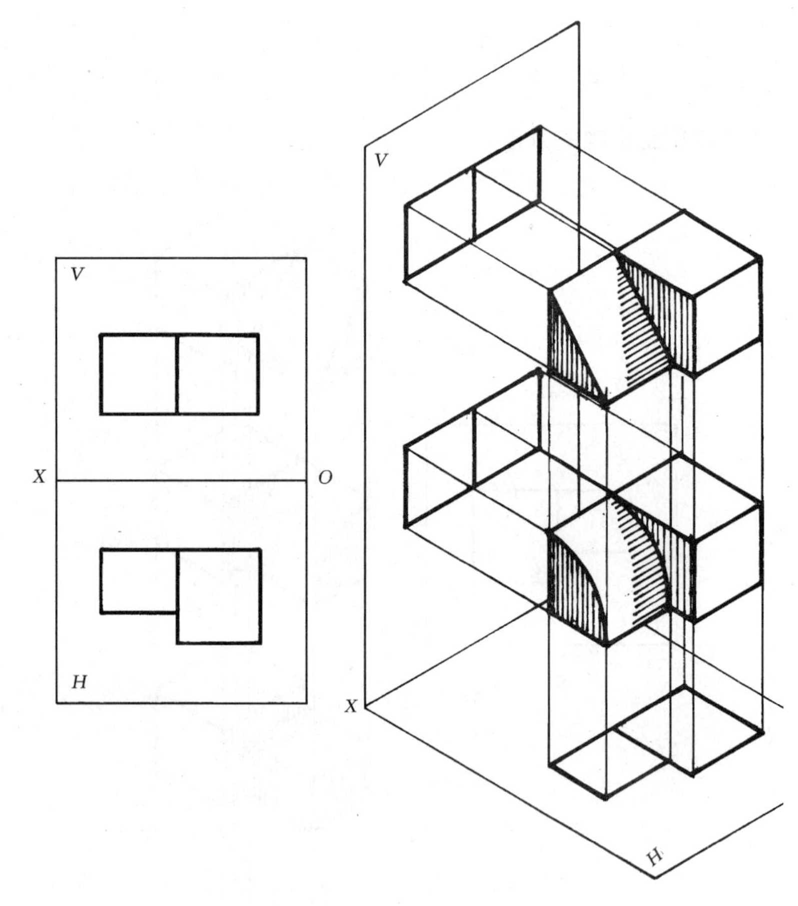

图 1-2-14　两面投影的多解示例

很显然，一图多解的图样是不能用于施工制作的。

单面及两面投影没有惟一解的原因在于：单面投影只反映形体两个坐标方向的内容。如图 1-2-13 的 *H* 投影只显示长度 *X* 轴方向及宽度 *Y′* 轴方向的情况，来反映第三坐标 *Z* 方向即高度方向的内容。而双面投影中（图 1-2-14）尽管 *H* 面反映长宽（*X*、*Y* 轴）方

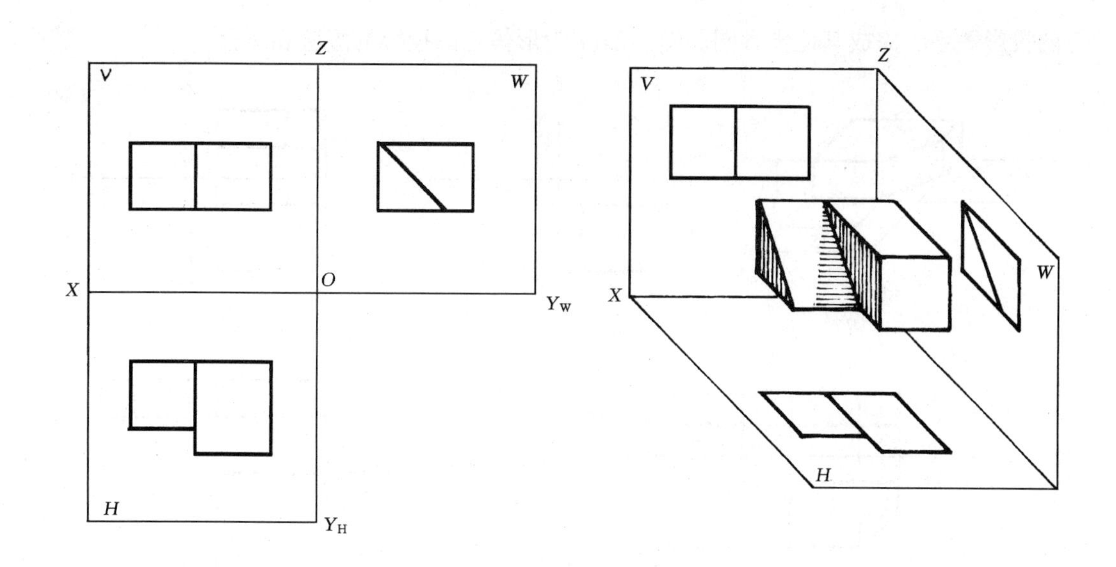

图 1-2-15　三面投影的答案

向情况，V 面反映长高（X、Z 轴）方向情况，即 X、Y、Z 轴向均有相应投影，但因 H、V 都不是特征投影。故答案不能惟一确定，只有在 W 上投影后才有其特征投影。所

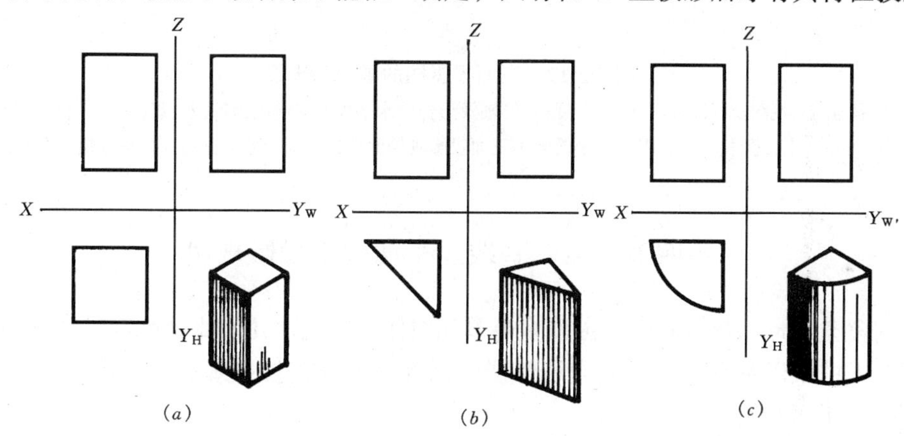

图 1-2-16　特征投影（H 面）

（a）长方体；（b）三棱柱体；（c）1/4 圆柱体

谓特征投影是指一形体区别于另一形体投影的特殊的轮廓形状。如图 1-2-16 所示的 H 投影，是区别各形体的特征投影，而它们的其他投影都是矩形无特征，故无法区分。

由以上分析可知，当投影图选择合理时，两个乃至一个（但需加上说明的）投影图也能准确反映形体。但在初学阶段，三面投影图的读绘有助于空间想像力的培养，同时其自身也能准确反映形体的形状、大小，故三面投影是本章学习的重点。有关投影数量的选择将在第四章介绍。

五、三面投影图的画法

要作形体的三面投影，必须先使形体在投影体系中位置平稳，然后选定形体的正面，再开始画图。画图时一般先画最能反映形体特征的投影，然后根据长对正、高平齐、宽相

等的投影关系，完成其他投影图。图 1-2-17 为形体三面投影的画法和步骤。

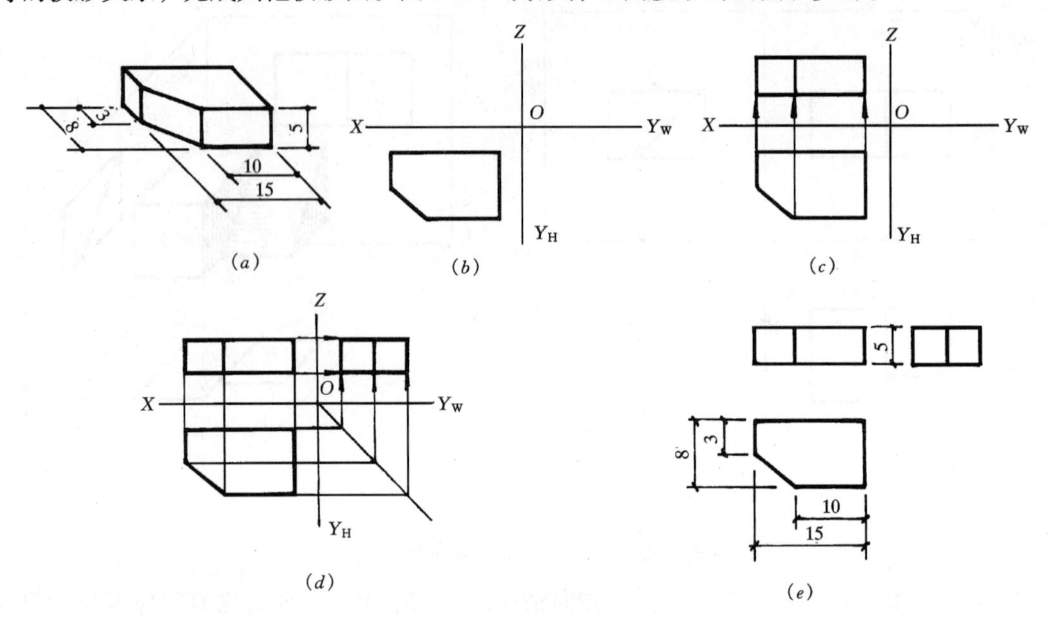

图 1-2-17　三面投影图的画法和步骤

（a）已知形体的直观图及各部分尺寸；（b）画投影轴及形体的水平投影（此图为特征投影）；（c）根据水平投影及形体的高作其正面投影；（d）根据水平投影和正面投影画侧面投影；（e）擦去作图线，整理描深并标注尺寸

第四节　点、直线、平面的正投影规律

任何复杂的形体都可看做是由许多简单几何体所组成。几何体又可看做是由平面或曲面、直线或曲线以及点等几何元素所组成。因此，研究正投影规律应从简单的几何元素点、直线、平面开始。

一、点的投影及标记

点在任何投影面上的投影仍是点。如图 1-2-18 所示为 A 点的三面投影立体图及其展开图。制图中规定，空间点用大写字母（如 A、B、C……）表示；投影点用同名小写字母表示。为使各投影点号之间有区别：H 面记作 a、b、c……；V 面记作 a'、b'、c'……；W 面记作 a''、b''、c''……。点的投影用小圆圈画出（直径小于 1mm），点号写在其投影的近旁，并在所属的投影面区域中。

二、点的三面投影规律

图 1-2-20 为空间点 A 在三投影体系中的投影，即过 A 点，向 H、V、W 面作垂线（称为投影连系线），所交之点 a、a'、a'' 就是空间点 A 在三个投影面上的投影。

从图中看出，由投影线 Aa'、Aa 所构成的平面 P（$Aa'a_xa$）与 OX 轴相交于 a_x，因 $P \perp V$、$P \perp H$，即 P、V、H 三面互相垂直，由立体几何可知，此三平面两两的交线互相垂直，即 $a'a_x \perp OX$，$aa_x \perp OX$，$a'a_x \perp aa_x$，故 P 为矩形。当 H 面旋转至与 V 面重合

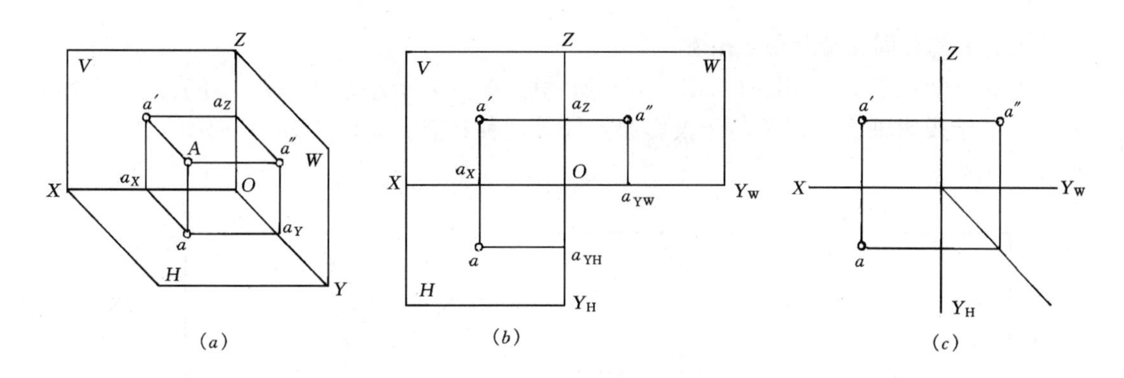

图 1-2-18　点的三面投影图

（a）直观图；（b）展开图；（c）投影图

时 a_x 不动，且 $aa_x \perp OX$ 的关系不变，所以 a'、ax、a 三点共线，即 $a'a \perp OX$。

同理，可得到 $a'a'' \perp OZ$，$aa_{YH} \perp OY_H$、$a''a_{YW} \perp OY_W$。

还可从图中看出：

$a'a_x = a_Z o = a''a_Y = a''a_{YW} = Aa$，反映 A 点到 H 面的距离；

$aa_x = a_{YH}o = a_{YW}O = a''a_z = Aa'$，反映 A 点到 V 面的距离；

$a'a_z = a_x o = aa_Y = aa_{YH} = Aa''$，反映 A 点到 W 面的距离。

综上所述，点的三面投影规律是：

（1）点的任意两面投影的连线垂直于相应的投影轴。

（2）点的投影到投影轴的距离，反映点到相应投影面的距离。

以上规律是“长对正、高平齐、宽相等”的根据所在。根据以上规律，只要已知点的任意两投影。即可求其第三投影。

【例 2-1】　已知一点 B 的 V、W 面投影 b'、b''，求 b，如图 1-2-19（a）所示。

【解】　（1）按第一条规律过 b' 作垂线并与 OX 轴相交于 bx；

（2）按第二条规律在所作垂线上截取 $b_x b = b_z b''$ 得 H 面投影 b，即为所求。

作图时也可借助于过 o 点所作 45°斜线 Ob_o，因 $Ob_{YH} b_o b_{YW}$ 是正方形，故 $ob_{YH} = Ob_{YW}$。作图过程如图 1-2-19（b），完成图如图 1-2-19（c），代号 b_o、b_x、b_{YH}、b_{YW} 省略不写。

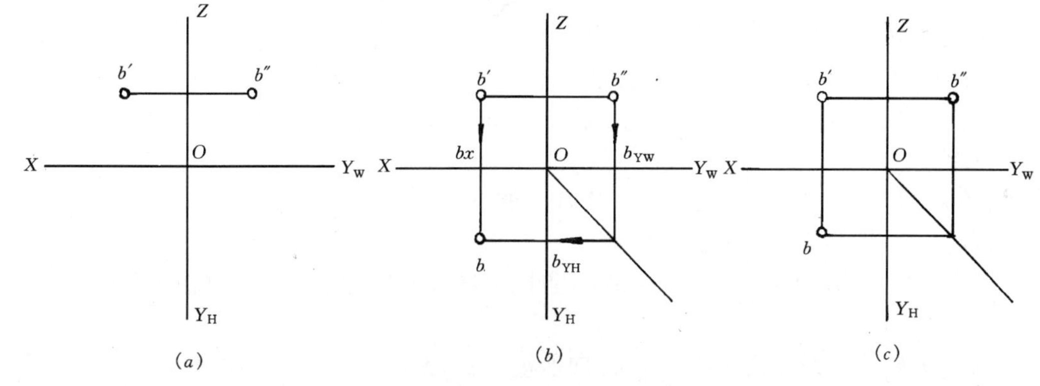

图 1-2-19　已知点的两面投影求第三面投影

（a）已知条件；（b）作图过程；（c）完成图

三、点的空间位置及相应投影

点的空间位置除了如图 1-2-18（a）所示的 A 点处于悬空状态外，还有点落于投影面上、落于投影轴上，以及落于投影原点处等三种状态，如图 1-2-20 所示的 A、B、C 点。

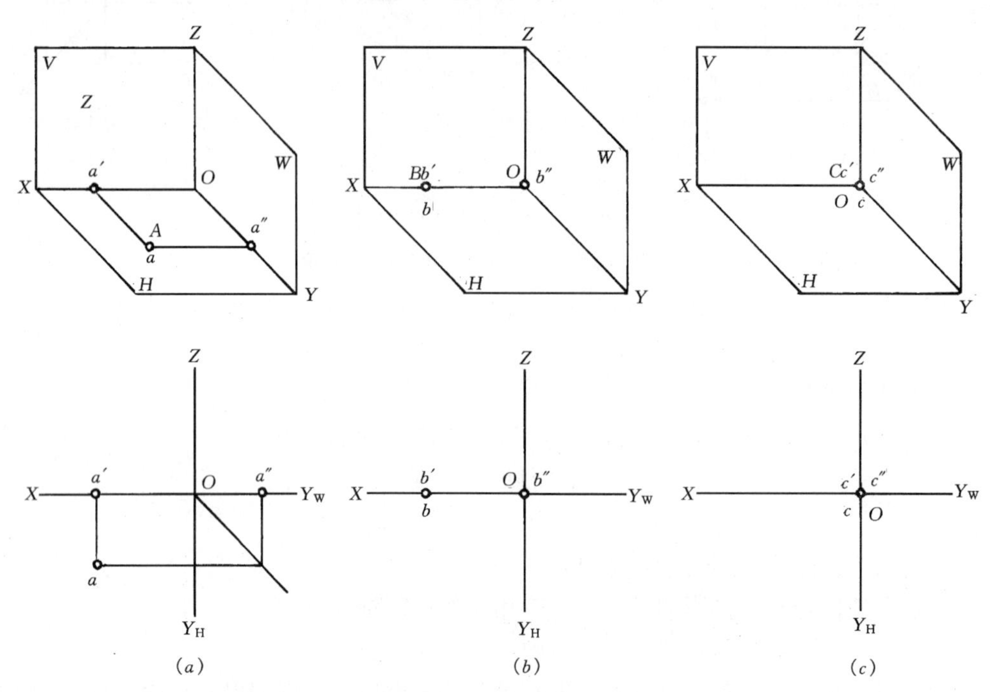

图 1-2-20　点在投影面、投影轴和投影原点处的投影

（a）点在投影面上；（b）点在投影轴上；（c）点在投影原点上

四、点的投影与坐标

研究点的坐标，也是研究点与投影面的相对位置。可把三个投影面看做坐标面，投影轴看做坐标轴，如图 1-2-18 所示，这时：

A 点到 W 面的距离为 x 坐标；

A 点到 V 面的距离为 y 坐标；

A 点到 H 面的距离为 z 坐标；

空间点 A 如用坐标表示，可写成 A（x，y，z）。如已知一点 A 的三投影 a、a'、a''，就可从图上量出该点的三个坐标；反之，如已知 A 点的三个坐标，就能做出该点的三面投影。

【例 2-2】　已知 B（4，6，5），求 B 点的三投影。

【解】　作图步骤如图 1-2-21 所示。

（1）画出三轴及原点后，在 x 轴自 o 点向左量取 4 单位得 b_x 点，如图 1-2-21（a）所示。

（2）过 b_x 引 OX 轴的垂线，由 b_x 向上量取 $z=5$ 单位，得 V 面投影 b'，再向下量取 $y=6$ 单位，得 H 面投影 b，如图 1-2-21（b）所示。

（3）过 b' 作水平线与 z 轴相交于 b_z 并延长，量取 $b_zb''=b_xb$，得 W 面投影 b''，如图

1-2-21（c）所示。b、b'、b''即为所求。作出 b、b'之后，也可利用 45°斜线求出 b''。

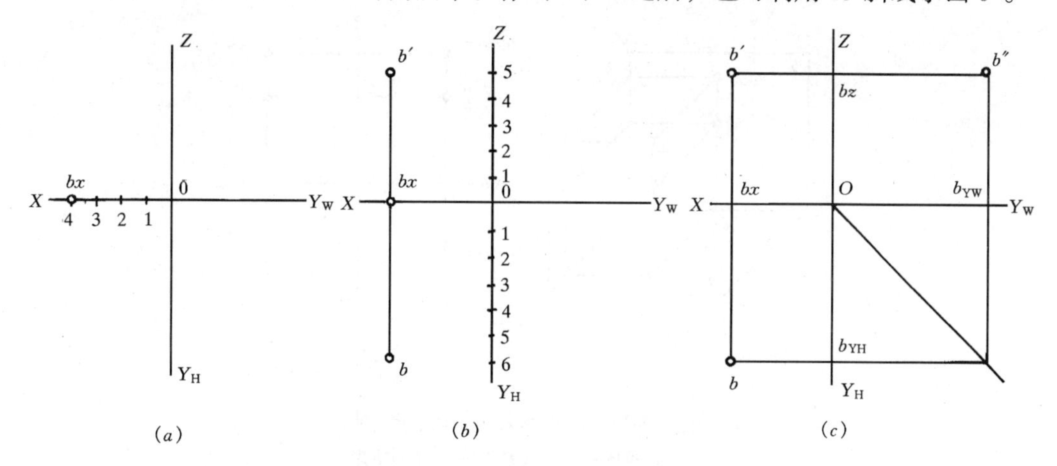

图 1-2-21 已知点的坐标，求点的三面投影

五、两点的相对位置及重影

1. 两点的相对位置

空间两点的相对位置，可根据两点的三个坐标进行判别，由方位规律可知，X 轴即指左右，Y 轴方向指前后，Z 轴方向指上下。从图 2-2-24（a）中可看出，$x_a < x_b$，$y_a < y_b$，$z_a > z_b$，故知 A 点在 B 点的右、后、上方，图 1-2-22（b）为其直观图。

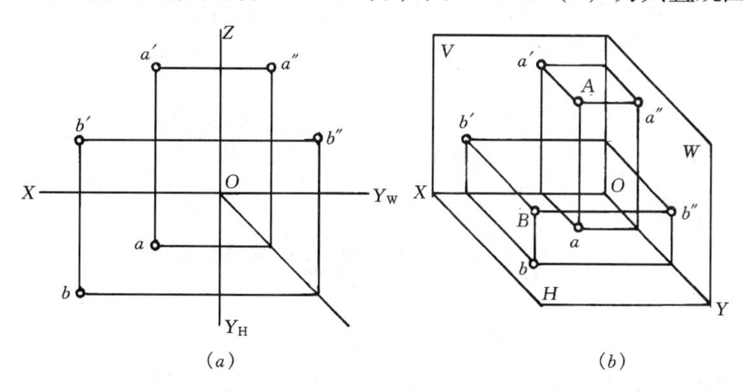

图 1-2-22 两点的相对位置

（a）投影图；（b）直观图

2. 重影点及其可见性

当空间两点位于某一投影方向的同一条投影线上时，则此两点的投影重合，此重合的投影称为重影，空间的两点称为重影点。

如图 1-2-23（a）所示，A、B 两点在同一投影线上，且 A 在 B 之上，则 H 面 a、b 两投影重合，此重合投影称为 H 面重影，但其他两同面投影则不重合。至于 a、b 两点的可见性，可从图 1-2-23（b）的 V 面投影或 W 面投影进行判别，由于 a'高于 b'（或 a''高于 b''），故知 A 点在上 B 点在下，回到重影处可知 a 为可见 b 为不可见。为了区别起见，不可见的投影点的代号写在可见点的后面，并加括号表示，如图 1-2-23（b）中 H 面的 a（b）。除了在 H 面上形成重影外，也可在 V、W 上形成重影，如图 1-2-24 中的

C、D 两点的 V 面重影，及 E、F 两点的 W 面重影。

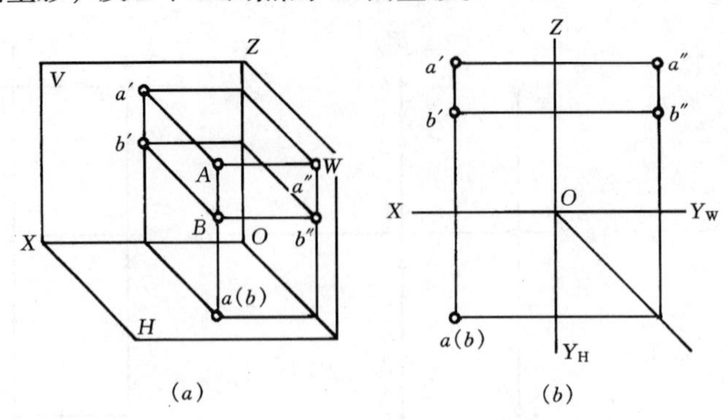

图 1-2-23　一重影及可见性的判别

（a）直观图；（b）投影图——H 面重影

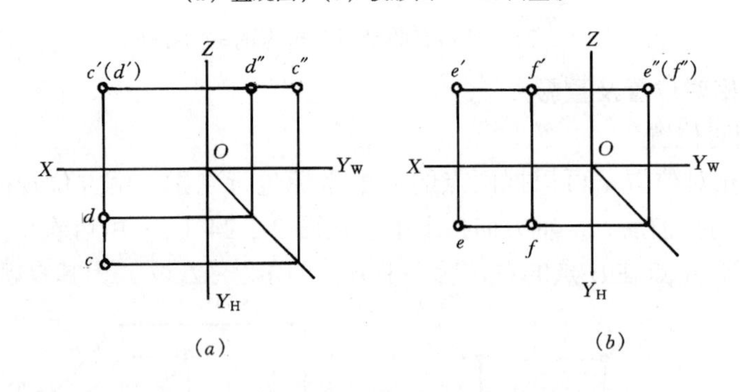

图 1-2-24　V 面及 W 面的重影

（a）V 面重影；（b）W 面重影

第五节　直线的正投影规律

直线是点沿着某一方向运动的轨迹。当已知直线的两个端点的投影，连接两端点的投影即得直线的投影，如图 1-2-25 所示。直线与投影面之间按相对位置的不同可分为：一般位置直线、投影面平行线和投影面垂直线三种，后两种统称为特殊位置直线。

一、一般位置直线

对三个投影面均倾斜的直线称为一般位置直线，亦称倾斜线。

图 1-2-25（a）为一般位置直线的直观图，直线和它在某一投影面上的投影所形成的锐角，称为直线对该投影面的倾角。对 H 面的倾角用 α 表示，对 V、W 面的倾角分别用 β、γ 表示。从图 1-2-25（b）中看出，一般位置直线的投影特性为：

1. 直线的三个投影仍为直线，但不反映实长；

2. 直线的各个投影都倾斜于投影轴，并且各个投影与投影轴的夹角，都不反映该直线与投影面的真实倾角。

二、投影面平行线

只平行于一个投影面，倾斜于其他两个投影面的直线，称为某投影面的平行线。它有

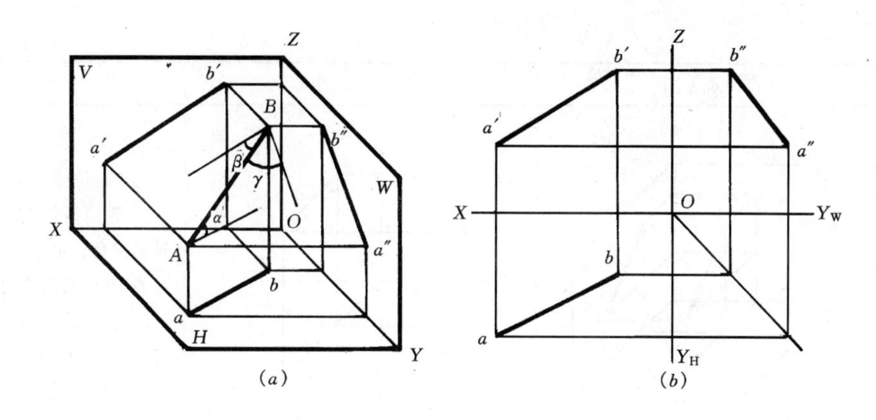

图 1-2-25　一般位置直线

（a）直观图；（b）投影图

三种状况：

（1）水平线：与 H 面平行且与 V、W 倾斜的直线，如表 1-2-1 中的 AB 直线。

（2）正平线：与 V 面平行且与 H、W 倾斜的直线，如表 1-2-1 中的 CD 直线。

（3）侧平线：与 W 面平行且与 H、V 倾斜的直线，如表 1-2-1 中的 EF 直线。

由表 1-2-1 各投影面平行线的投影特性，可概括出它们的共同特性为：

投影面平行线在它所平行的投影面上的投影反映实长，且该投影与相应投影轴的夹角，反映直线与其他两个投影面的倾角；直线在另外两个投影面上的投影分别平行于相应的投影轴，但不反映实长。

投影面平行线的投影特性　　**表 1-2-1**

名　称	直　观　图	投　影　图	投　影　特　性
水平线	Z V a′ b′ a″ A β γ b″ W X O B a b H Y	Z a′ b′ a″ b″ X O Y_W a β γ b Y_H	1. 水平投影反映实长 2. 水平投影与 X 轴和 Y 轴的夹角分别反映直线与 V 面的倾角 β 和 γ 3. 正面投影和侧面投影分别平行于 X 轴及 Y 轴，但不反映实长
正平线	Z V d′ D d″ c′ C α γ W X D c″ c d H Y	d′ Z d″ γ c′ α c″ X O Y_W c d	1. 正面投影反映实长 2. 正面投影与 X 轴和 Z 轴的夹角，分别反映直线与 H 面和 W 面的倾角 α 和 γ 3. 水平投影及侧面投影分别平行于 X 轴及 Z 轴，但不反映实长

名　称	直　观　图	投　影　图	投　影　特　性
侧平线	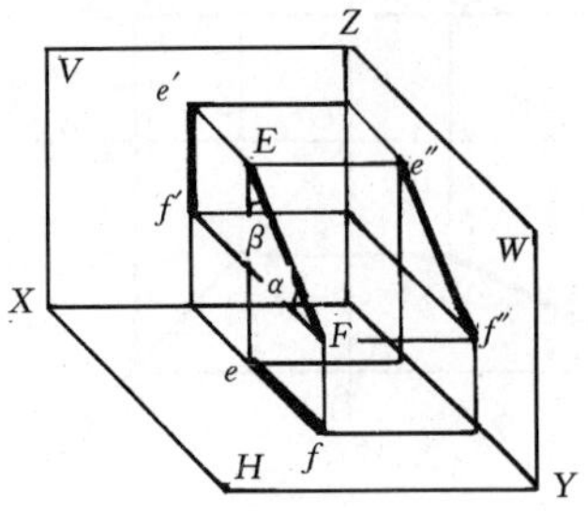	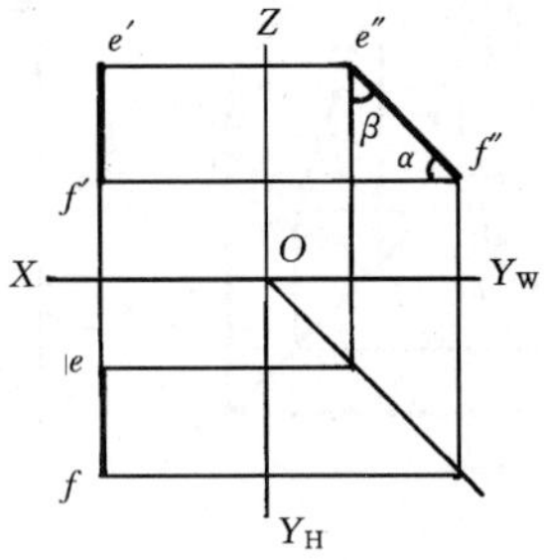	1. 侧面投影反映实长 2. 侧面投影与 Y 轴和 Z 轴的夹角，分别反映直线与 H 面和 V 面的倾角 α 和 β 3. 水平投影及正面投影分别平行于 X 轴及 Z 轴，但不反映实长

三、投影面垂直线

只垂直于一个投影面，同时平行于其他两个投影面的直线。投影面垂直线也有三种状况：

1. 铅垂线　只垂直于 H 面，同时平行于 V、W 面的直线，如表 1-2-2 中的 AB 线。

2. 正垂线　只垂直于 V 面，同时平行于 H、W 面的直线，如表 1-2-2 中的 CD 线。

3. 侧垂线　只垂直于 W 面，同时平行于 V、H 面的直线，如表 1-2-2 中的 EF 线。

综合表 1-2-2 中的投影特性，可得投影面垂直线的共同特性为：

投影面垂直线在它所垂直的投影面上的投影积聚为一点；直线在另两个投影面上的投影反映实长且平行于相应的投影轴。

投影面垂直线的投影特性　　**表 1-2-2**

名　称	直　观　图	投　影　图	投　影　特　性
铅垂线	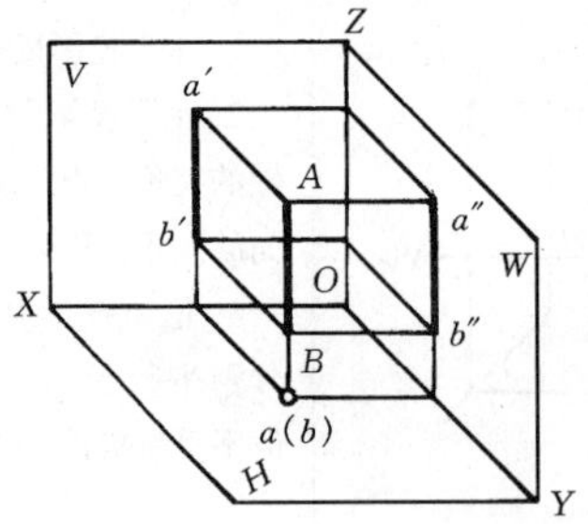	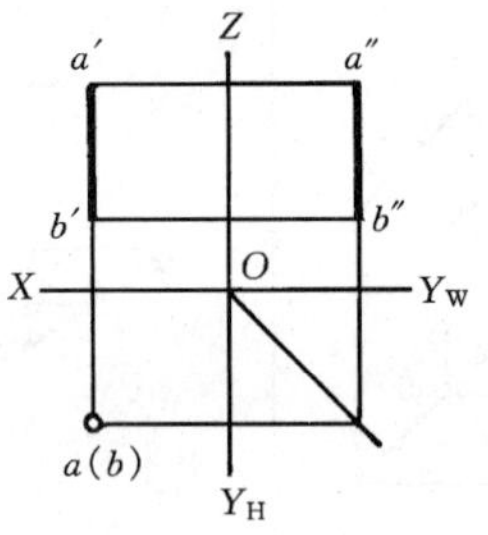	1. 水平投影积聚成一点 2. 正面投影及侧面投影分别垂直于 x 轴及 z 轴，且反映实长
正垂线	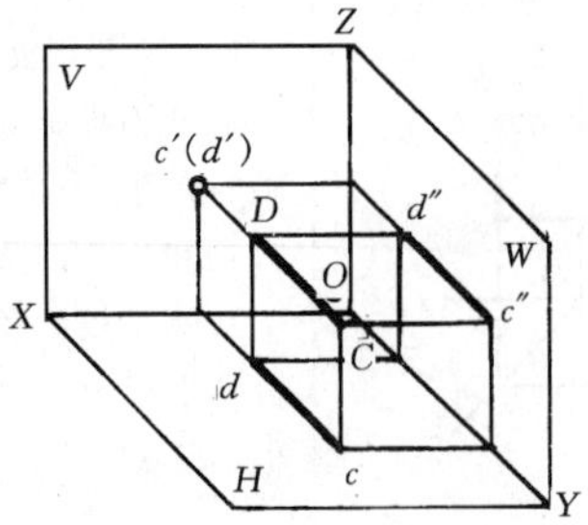	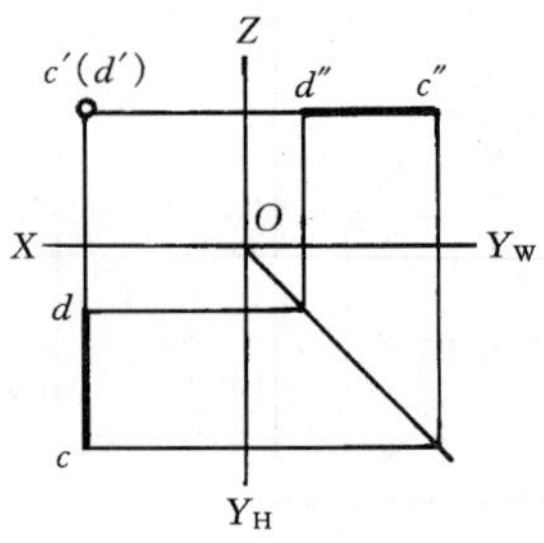	1. 正面投影积聚成一点 2. 水平投影及侧面投影分别垂直于 x 轴及 z 轴，且反映实长

续表

名　称	直　观　图	投　影　图	投　影　特　性
侧垂线			1. 侧面投影积聚成一点 2. 水平投影及正面投影分别垂直于 Y 轴及 Z 轴，且反映实长

四、直线投影的识读

识读直线的投影图，判别它们的空间位置，主要是根据直线在三投影面上的投影特性来确定。

【例 2-3】　试判别图 1-2-26 所示几何体三面投影图中直线 AB、CD、EF 的空间位置。

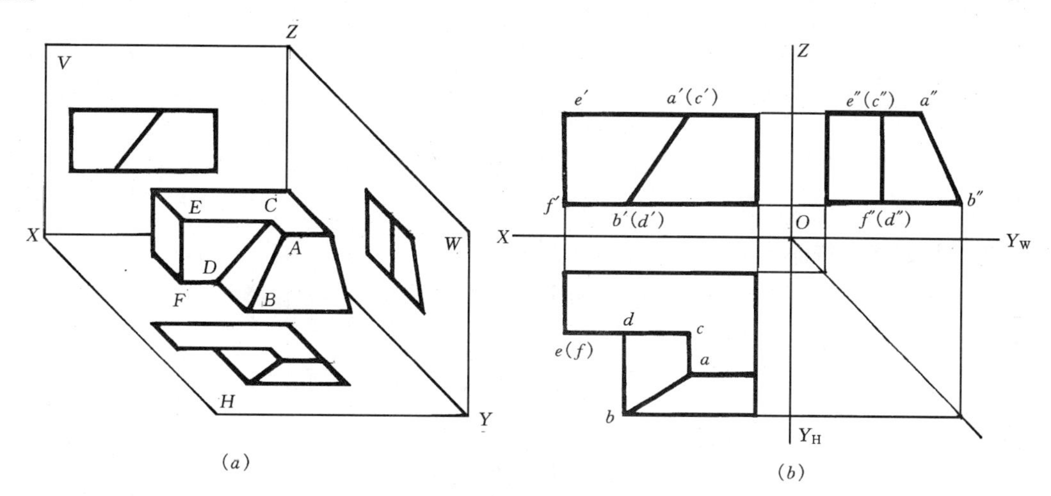

图 1-2-26　直线的空间位置
(a) 直观图；(b) 投影图

判别：图中直线 AB 的三个投影都呈倾斜，故它为投影面的一般位置线；直线 CD 在 H 和 W 面上的投影分别平行于 OX 轴和 OZ 轴，而在 V 面上的投影呈倾斜，故它为 V 面的平行线（即正平线）；直线 EF 在 H 面上的投影积聚成一点，在 V 面 W 面上的投影分别垂直于 OZ 轴和 OY_W 轴，故它为 H 面的垂直线（即铅垂线）。

第六节　平面的正投影规律

平面是直线沿某一方向运动的轨迹。平面可以用平面图形来表示，如三角形、梯形、圆形等。要作出平面的投影，只要作出构成平面形轮廓的若干点与线的投影，然后连成平面图形即得。平面与投影面之间按相对位置的不同可分为：一般位置平面、投影面平行面和投影面垂直面，后两种统称为特殊位置平面。

一、一般位置平面

与三个投影面均倾斜的平面称为一般位置平面，亦称倾斜面。

图 1-2-27 所示为一般位置平面的投影，从中可以看出，它的任何一个投影，既不反映平面的实形，也无积聚性。因此，一般位置平面的各个投影，为原平面图形的类似形。

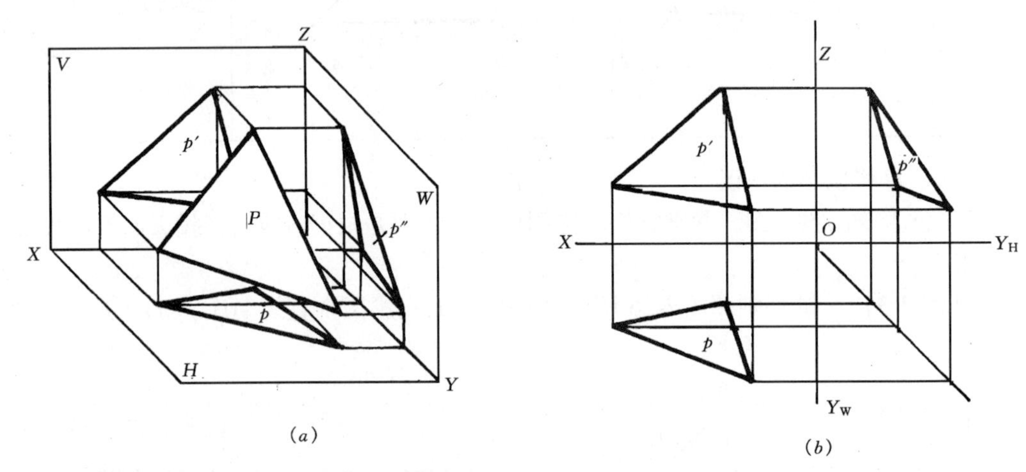

图 1-2-27　一般位置平面的投影

(a) 直观图；(b) 投影图

二、投影面平行面

平行于某一投影面，因而垂直于另两个投影面的平面，称为投影面平行面。投影面平行面有三种状况：

(1) 水平面：与 H 面平行，同时垂直于 V、W 面的平面，如表 1-2-3 中的 P 平面。

投影面平行面的投影特性　　　　**表 1-2-3**

名 称	直 观 图	投 影 图	投 影 特 性
水平面			1. 水平投影反映实形 2. 正面投影及侧面投影积聚成一条直线，且分别平行于 X 轴及 Y 轴

续表

名称	直观图	投影图	投影特性
正平面	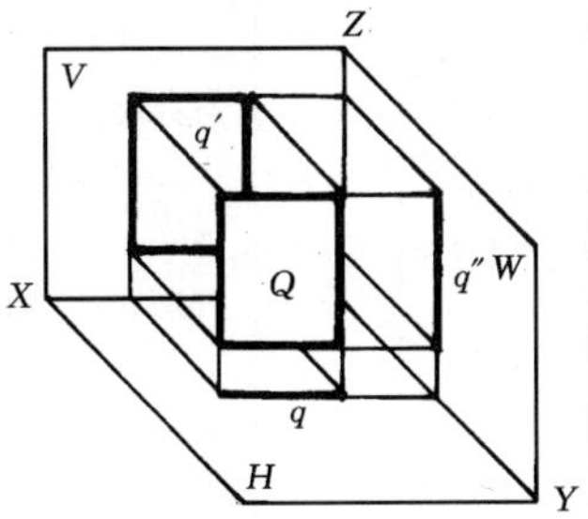	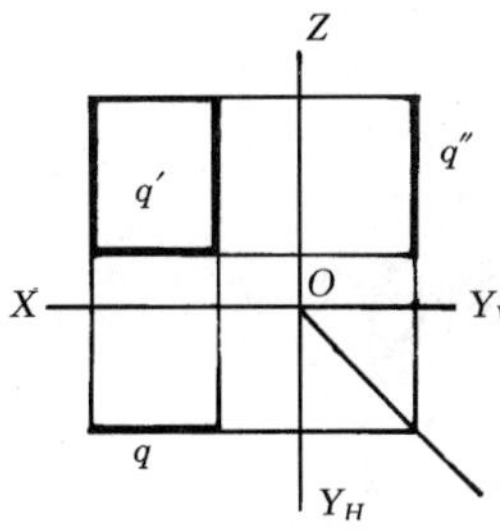	1. 正面投影反映实形 2. 水平投影及侧面投影积聚成一条直线，且分别平行于 X 轴及 Y 轴
侧平面	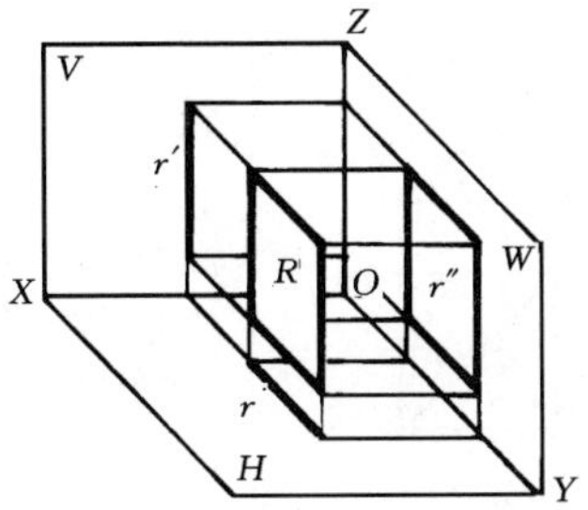	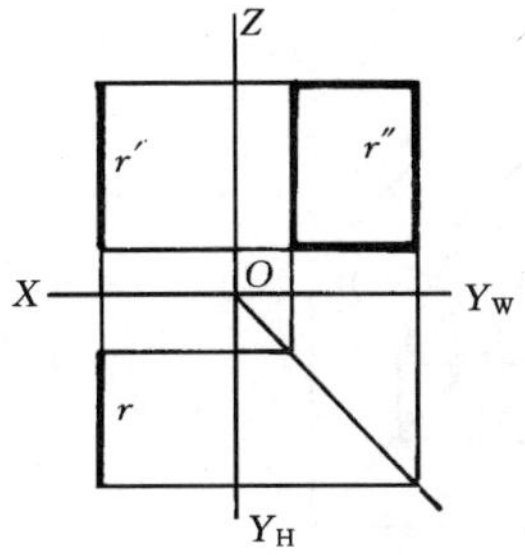	1. 侧面投影反映实形 2. 水平投影及正面投影积聚成一条直线，且分别平行于 Y 轴及 Z 轴

(2) 正平面：平行于V面，同时垂直于 H、W 面的平面，如表1-2-3中的 Q 平面。

(3) 侧平面：平行于 W 面，同时垂直于 V、H 面的平面。如表1-2-3中的 R 平面。

综合表1-2-3中的投影特性，可得投影平行面的共同特性为：

投影面平行面在它所平行的投影面的投影反映实形，在其他两个投影面上投影积聚为直线，且与相应的投影轴平行。

三、投影面垂直面

垂直于一个投影面，同时倾斜于其他投影面的平面称为投影面垂直面。投影面垂直面也有三种状况：

(1) 铅垂面：垂直于 H 面，倾斜于 V、W 面的平面，如表1-2-4中的 P 平面。

投影面垂直面的投影特性 **表1-2-4**

名称	直观图	投影图	投影特性
铅垂面	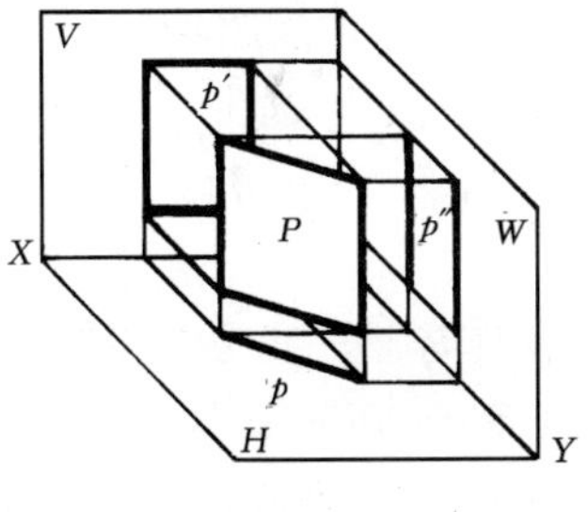	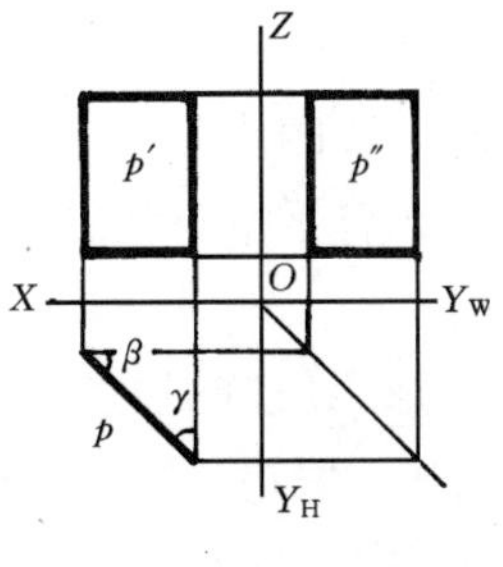	1. 水平投影积聚成一条斜直线 2. 水平投影与 X 轴和 Y 轴的夹角，分别反映平面与 V 面和 W 面的倾角 β 和 γ 3. 正面投影及侧面投影为平面的类似形

续表

名 称	直 观 图	投 影 图	投 影 特 性
正垂面	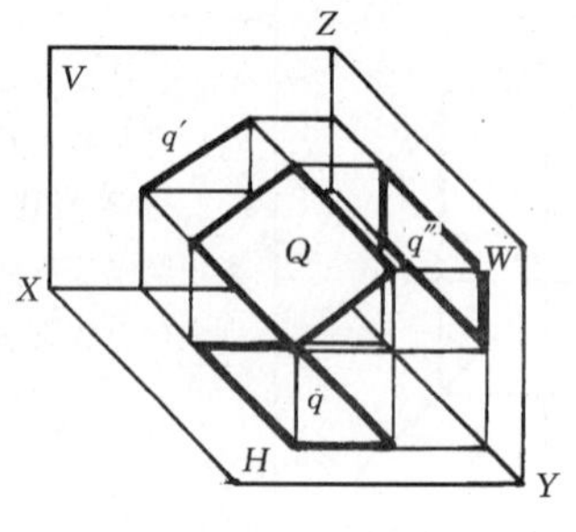	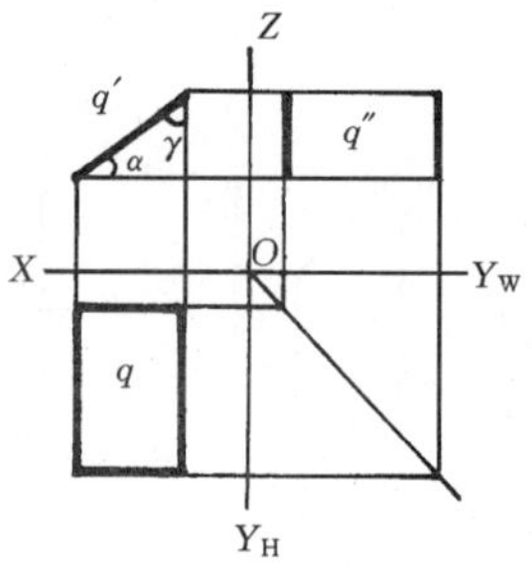	1. 正面投影积聚成一条斜直线 2. 正面投影与 X 轴和 Z 轴的夹角，分别反映平面与 H 面和 W 面的倾角 α 和 γ 3. 水平投影及侧面投影为平面的类似形
侧垂面	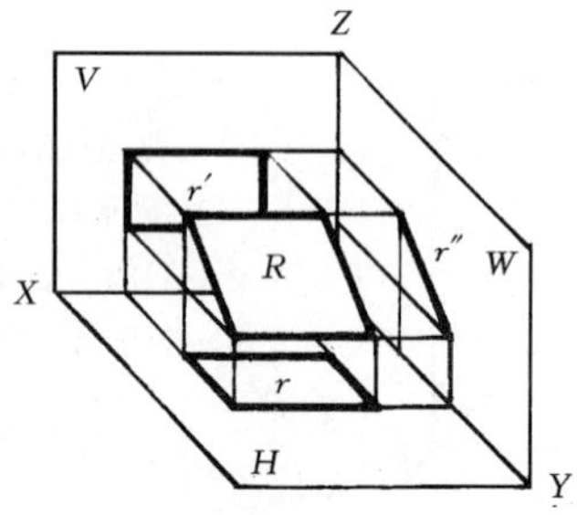	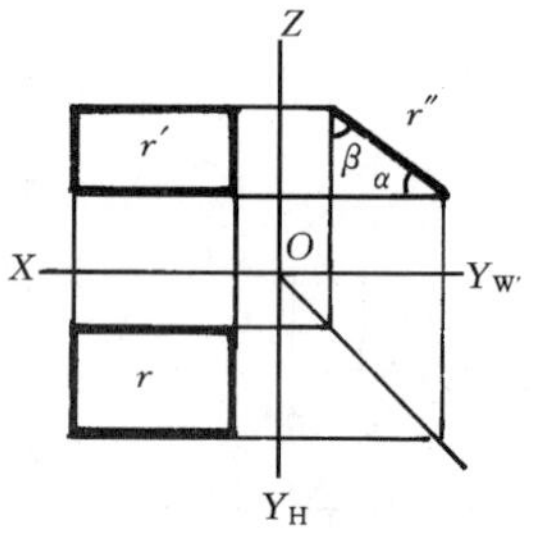	1. 侧面投影积聚成一条斜直线 2. 侧面投影与 Y 轴和 Z 轴的夹角，分别反映平面与 H 面和 V 面的倾角 α 和 β 3. 水平投影及正面投影为平面的类似形

(2) 正垂面：垂直于 V 面，倾斜于 H、W 面的平面，如表 1-2-4 中的 Q 平面。

(3) 侧垂面：垂直于 W 面，倾斜于 H、V 面的平面，如表 1-2-4 中的 R 平面。

综合表 1-2-4 中的投影特性，可得投影面垂直面的共同特性为：

投影面垂直面在它所垂直的投影面上的投影积聚为一斜直线，它与相应投影轴的夹角，反映该平面对其他两个投影面的倾角；在另两个投影面上的投影反映该平面的类似形，且小于实形。

四、平面投影的识读及作图

【例 2-4】 根据直观图在三投影图上标出 P、Q、R、S 平面的投影，并完成表中的填空，如图 1-2-18 所示。

从直观图中看出 P 平面是与三投影面均倾斜的一般位置平面，故 P 的投影位置应如图 1-2-28 (b) 所示的 p、p'、p''线框；Q 是一个与 W 面垂直的三角形平面，是侧垂面，其 q''应为一条斜直线，图 (b) 中 q、q'、q''即为其投影位置；R 是梯形且为侧平面，故在 W 上应反映其实形，故 W 上的梯形线框即为 r''，而 R 的其他投影均为积聚投影，如图中的 r、r'；S 是个五边形，从图中看出它是正平面，故在 V 面上反映它的实形 S'，其他面上的投影都为积聚投影，且平行于相应的投影轴，如 S、S''。P、Q、R 及 S 的具体位置见图 1-2-28 中的表格。

【例 2-5】 已知等腰三角形 ABC 的顶点 A，过点 A 作等腰三角形的投影。该三角形为铅垂面，高为 25mm，$\beta = 30°$，底边 BC 为水平线，长等于 20mm，如图 1-2-29 所示。

因等腰三角形 ABC 是铅垂面，故水平投影积聚成一条与 X 轴成 $\beta = 30°$角的斜直线。

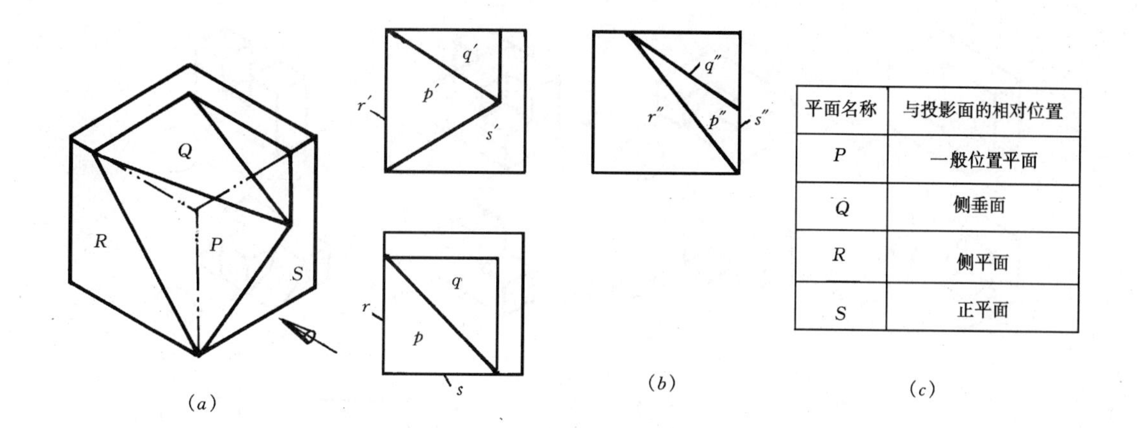

图 1-2-28　形体中平面的空间位置

(*a*) 直观图；(*b*) 投影图；(*c*) 填表

三角形的高是铅垂线，在正面投影反映实长（=25mm）。底边 *BC* 在水平投影上反映实长（=20mm），正面投影平行于 *X* 轴。

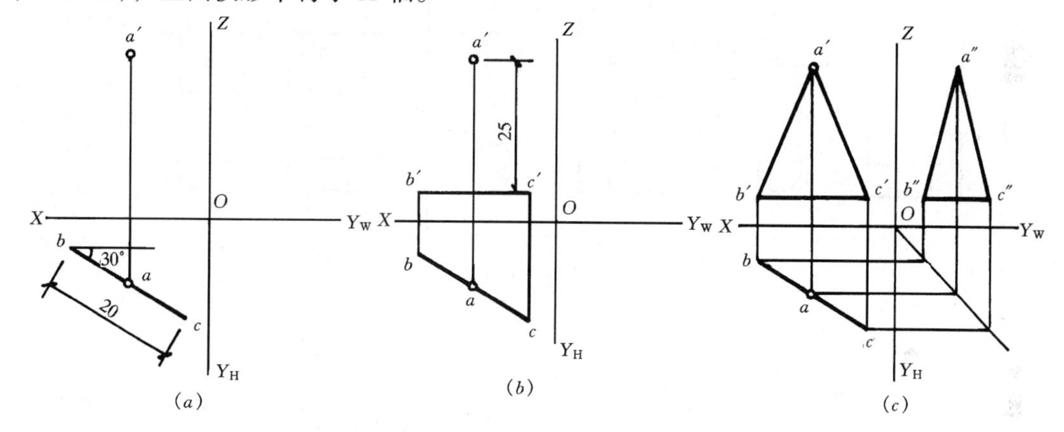

图 1-2-29　作等腰三角形的投影

(*a*) 过 *a* 作 *bc* 与 *x* 轴成 30°，且使 *ba* = *ac* = 10mm；(*b*) 过 *a*′向正下方截取 25mm，并作 BC 的正面投影 *b*′*c*′；(*c*) 根据水平投影及正面投影，完成侧面投影

复 习 思 考 题

1. 投影分哪几类？什么是正投影？
2. 正投影有哪些基本特性？正投影图有哪些特点？
3. 三面投影体系有哪些投影面？它们的代号及空间位置如何？
4. 三面投影体系是如何展开成投影图的？三个投影之间有什么关系？
5. 在投影中形体的长宽高是如何确定的？在 *H*、*V*、*W* 投影图上各反映哪些方向尺寸及方位？
6. 什么是基本投影面？
7. 由投影图选择立体图，如图 1-2-30 所示。
8. 根据立体图画三面投影图，比例 1:1，尺寸从图上量取，如图 1-2-31 所示。

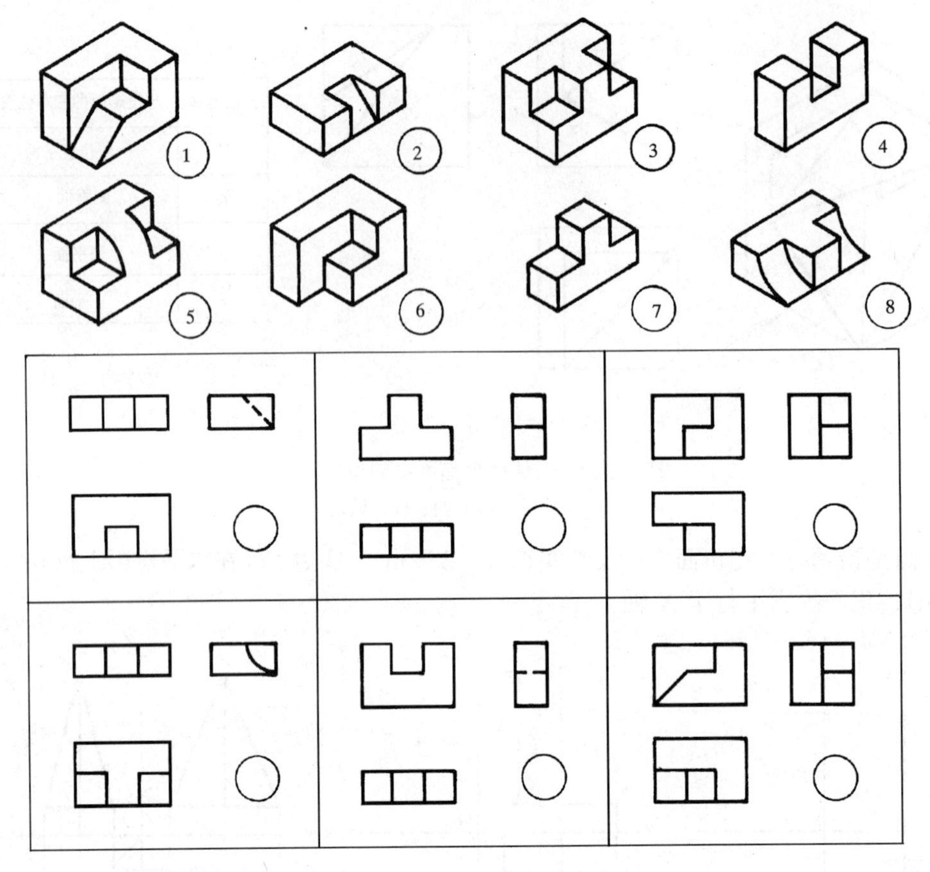

图 1-2-30　第 7 题图

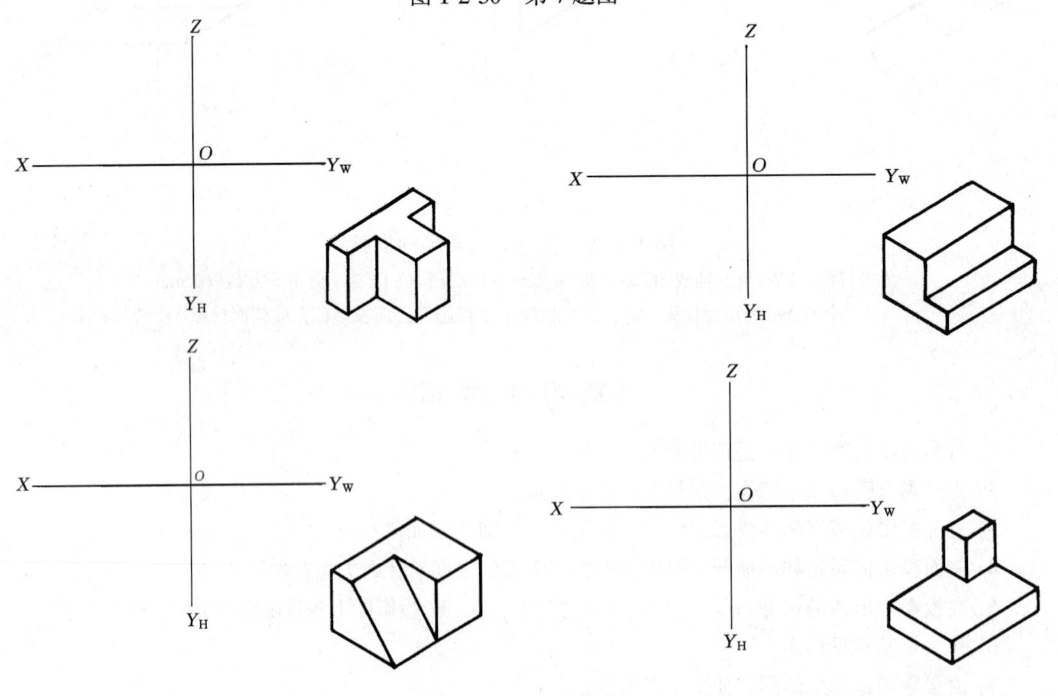

图 1-2-31　第 8 题图

9. 试述点的三面投影规律。

10. 已知点的两投影，求第三投影（图 1-2-32）。

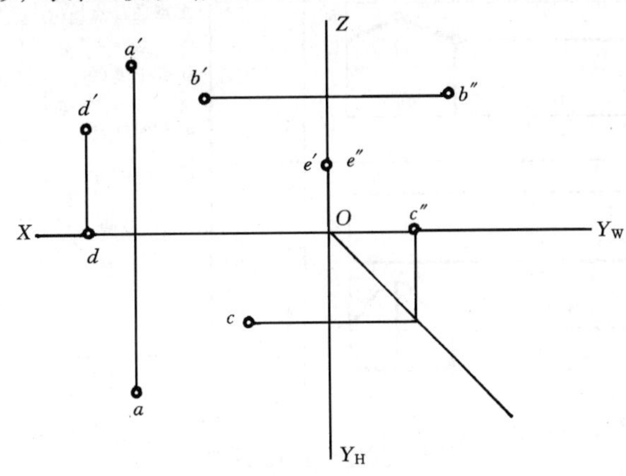

图 1-2-32　第 10 题图

11. 根据表中所给距离，作出点的三投影（图 1-2-33）。

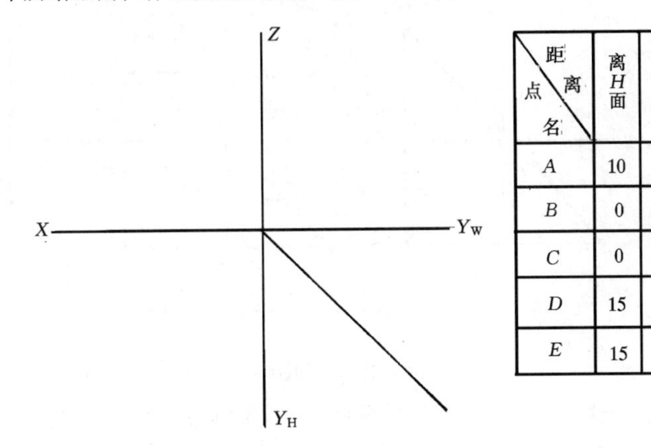

点名＼距离	离 H 面	离 V 面	离 W 面
A	10	6	12
B	0	14	0
C	0	8	20
D	15	0	5
E	15	20	0

图 1-2-33　第 11 题图

12. 已知表中各点的坐标，作点的三投影（图 1-2-34）。

13. 判别图 1-2-35 中 A、B、C、D、E 五点的相对位（填入表中），其中出现的重影，是哪两点的？

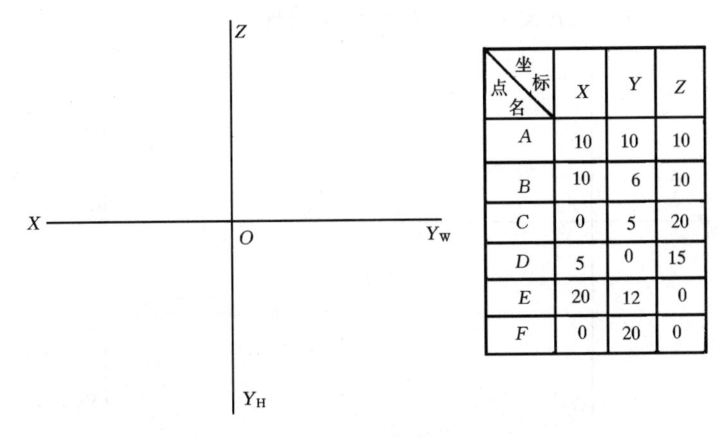

点名＼坐标	X	Y	Z
A	10	10	10
B	10	6	10
C	0	5	20
D	5	0	15
E	20	12	0
F	0	20	0

图 1-2-34　第 12 题图

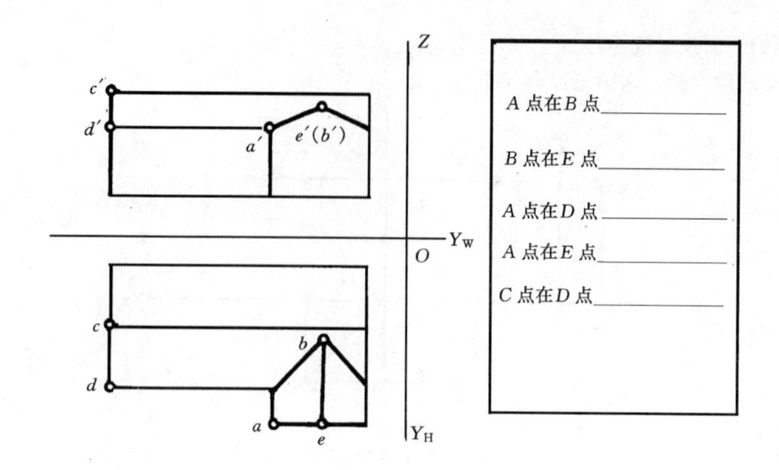

图 1-2-35　第 13 题图

并是什么方向的重影？

14. 作直线的第三投影，并完成填空（图 1-2-36）。

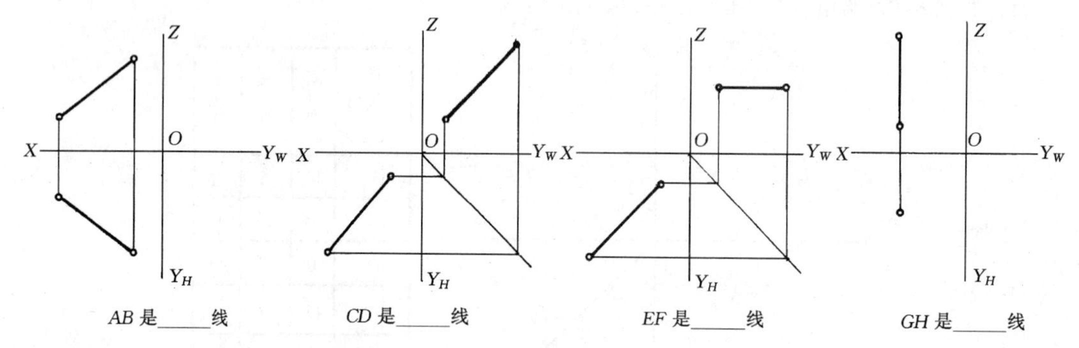

图 1-2-36　第 14 题图

15. 试述一般位置直线、投影面平行线及投影面垂直线的投影特性。

16. 作直线的投影

（一）已知直线 CD 端点 C 的两投影，CD 长 20mm 且垂直于 V 面，求其投影（图 1-2-37（一））。

（二）已知 $EF /\!/ V$ 面，E、F 离 H 面分别为 3 和 14mm，求其投影（图 1-2-37（二））。

17. 平面的空间位置有哪些？都有哪些投影特性？

18. 垂直面、平行面对三投影面来讲又各有哪些空间位置？

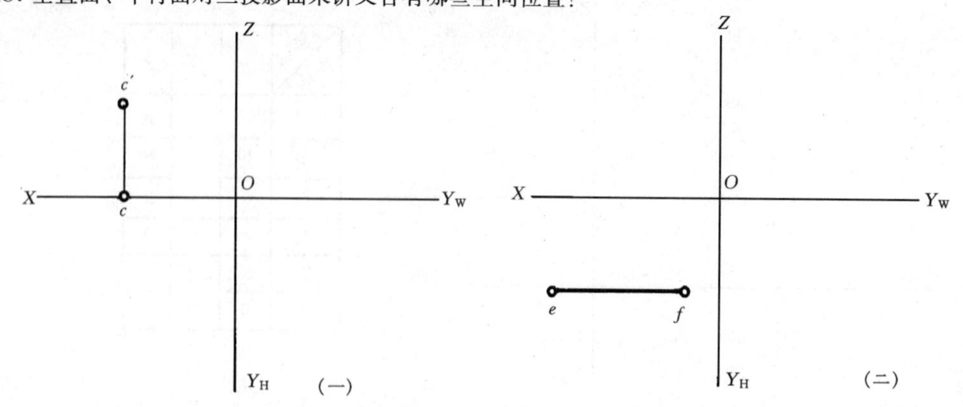

图 1-2-37　第 16 题图

19. 补全平面的第三投影，并指出其空间位置（图 1-2-38）。

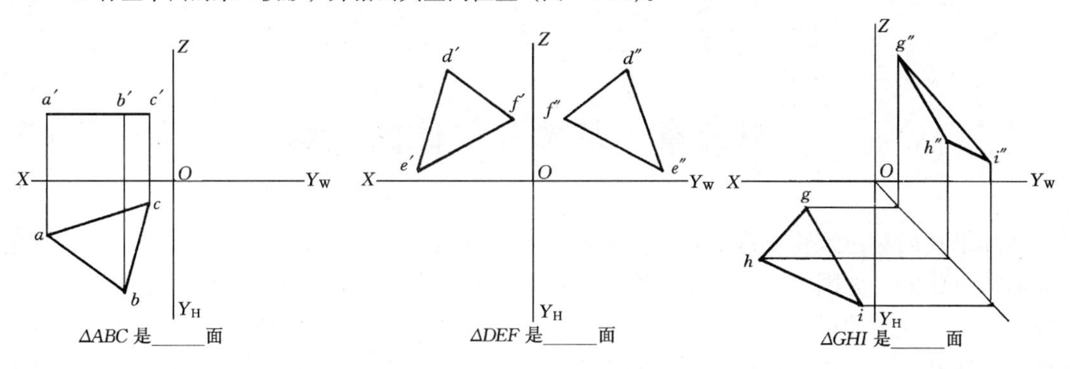

图 1-2-38　第 19 题图

20. 过 B 点作平行 V 面的等边三角形，边长为 20mm，底边经 B 点且与 H 面等距，试完成该三角形的 V、H 投影。

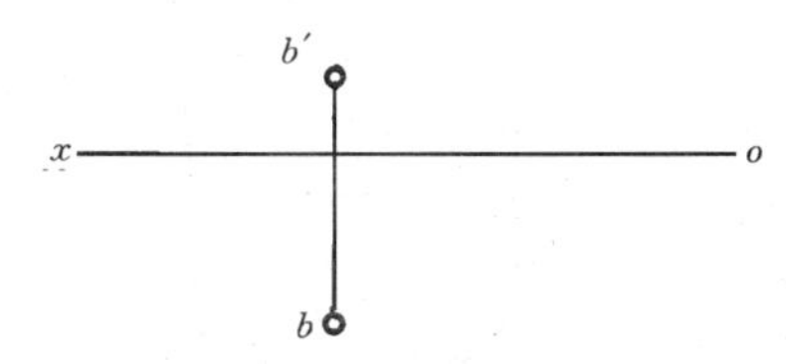

图 1-2-39　第 20 题图

第三章　基本几何体的投影

如果我们对建筑物或构筑物进行分析，可以看出这些建筑物或构筑物都是由最简单的几何体组成的。如图 1-3-1 所示。室外台阶是由两个四棱柱组成的，水塔是由两个圆柱组成，还有建筑中的梁柱等。我们把这些组成建筑最简单的几何体叫做基本几何体或基本体。这些基本体是由各种形状的表面围成的，所以研究基本体的投影，实质上是研究基本体表面上的点、线、面的投影。为了研究方便，根据其表面的形状不同，把基本体分为两种，平面体和曲面体。

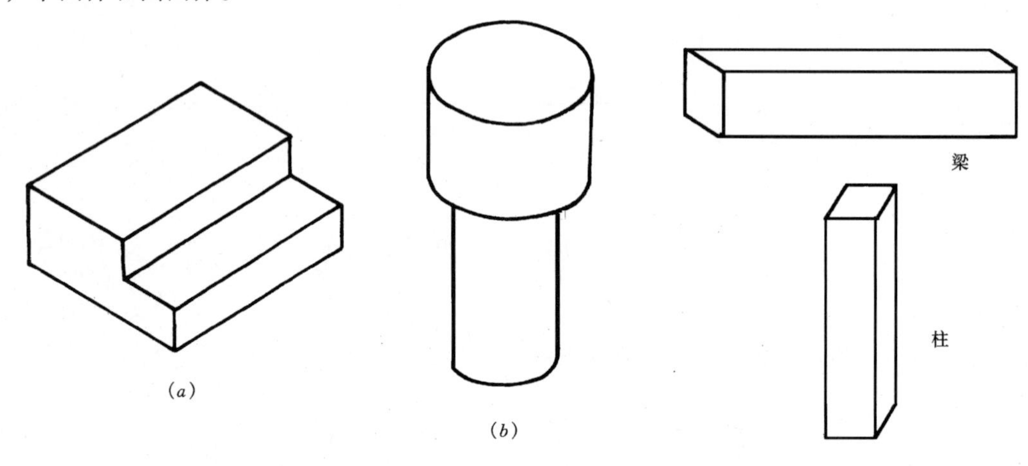

图 1-3-1　建筑构件的组成
(*a*) 台阶；(*b*) 水塔

第一节　平面体的投影

平面体是指基本体的表面由平面围成的形体、有棱柱、棱锥、棱台等。

一、棱柱的投影

棱柱是指由两个互相平行的多边形平面，其余各面都是四边形，且每相邻两个四边形的公共边都互相平行的平面围成的形体。这两个互相平行的平面称为棱柱的底面，其余各平面称为棱柱的侧面，侧面的公共边称为棱柱的侧棱，两底面之间的距离叫做棱柱体的高，如图 1-3-2 所示。棱柱有三棱柱、四棱柱、五棱柱等。

下面以五棱柱为例说明棱柱的投影。

如图 1-3-3 所示，该五棱柱是我国传统的两坡屋面的建筑，习惯上门和窗安装在建筑的前墙上，作图时应将该面平行于正立投影面，这样该建筑的正面投影将反映建筑的外貌特征。这个五棱柱有七个平面组成，分别为前、后两个屋面，前、后两个墙面和左、右两个山墙及地面。

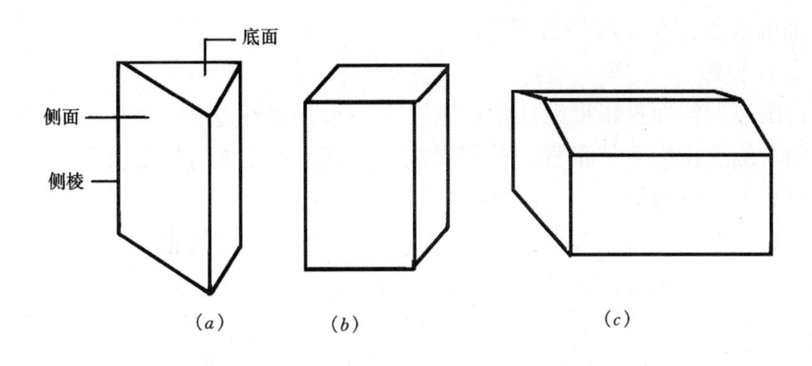

图 1-3-2　棱柱体

(a) 三棱柱；(b) 四棱柱；(c) 五棱柱

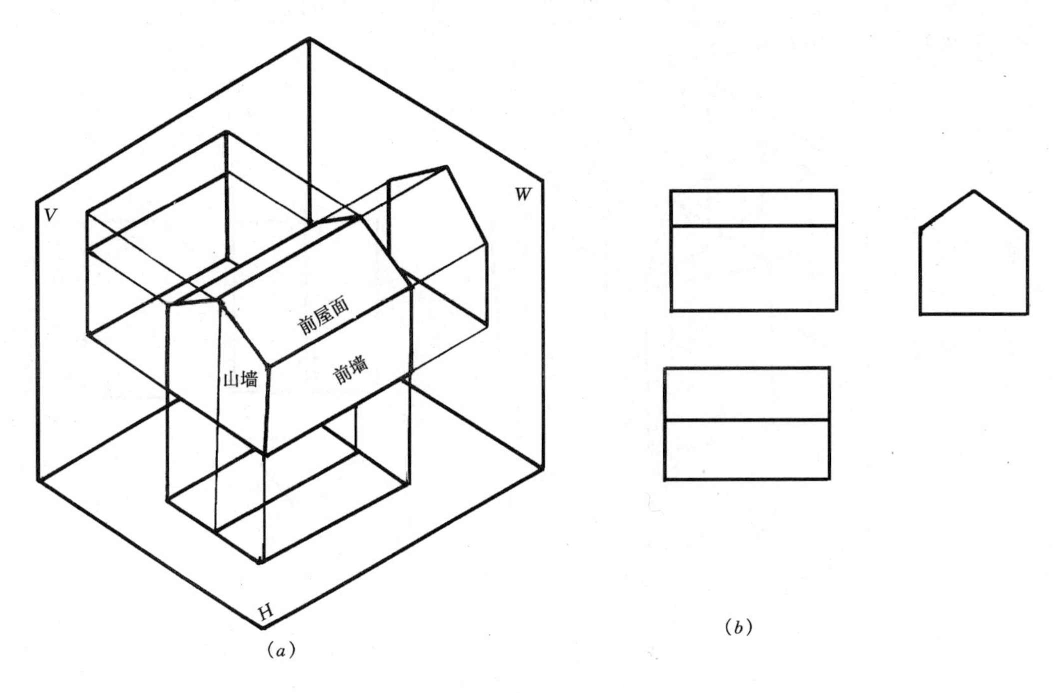

图 1-3-3　五棱柱的投影

(a) 直观图；(b) 投影图

1. 作水平投影

地面为水平面，水平投影反映实形，是矩形；前、后屋面是侧垂面，水平投影是不反映实形的矩形，与地面水平投影重合，且平分水平投影；前、后墙面为正平面，水平投影积聚成平行于 OX 轴的线，与地面水平投影的前、后线重合；山墙是侧平面，水平投影积聚成平行于 OY 轴的线，与地面水平投影的最左、最右边线重合，因此，该五棱柱的水平投影是两个相等的矩形。

2. 作正面投影

前、后墙面的正面投影重合在一起是反映实形的矩形。前、后屋面的正面投影也重合在一起，为不反映实形的矩形，在前、后墙面正面投影的上方。左、右山墙的正面投影都积聚成为平行于 OZ 轴的线段，且在墙面和屋面投影的左、右两侧。地面的正面投影为平

行于 OX 轴的线段，在图形的最下边。

3. 作侧面投影

左、右山墙的侧面投影反映实形，重合在一起，为五边形，其余前、后墙面，前、后屋面和地面与侧立投影面都垂直，都积聚成为线段，并与五边形重合在一起，所以该五棱柱的侧面投影为一五边形。

从上面可以看出，作五棱柱的投影，就是作其各表面的投影，按其相对位置分别作业即为五棱柱的投影，也可以作各侧棱、底边的投影，结果是一致的。

从图 1-3-3 看到，五棱柱的三个投影中有一个投影是五边形，而另两个投影都是矩形。如图 1-3-4 所示，作三棱柱的投影，其一个投影是三角形，另两个投影为矩形。从而得出：棱柱的三个投影中有一个投影为多边形，另两个投影为矩形。反之，当一个形体的三个投影中有一个投影为多边形，另两个投影为矩形时，就可以判断该形体为棱柱体，从多边形的边数可以得出棱柱的棱数。

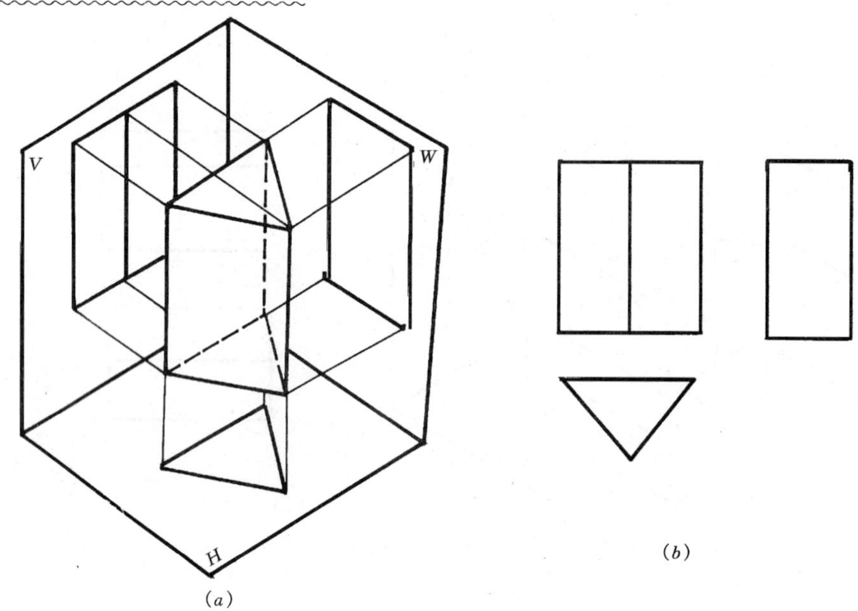

图 1-3-4　三棱柱的投影

(a) 直观图；(b) 投影图

二、棱锥的投影

棱锥是指由一个平面是多边形，其余各平面为一个公共顶点的多个三角形围成的几何体。如图 1-3-5 所示。该多边形为棱锥的底面，其余各面为侧面，相邻侧面的公共边为侧棱，从顶点向底面作垂线，顶点到垂足之间的距离叫做棱锥的高。根据侧棱的棱数，有三棱锥、四棱锥和五棱锥等。

下面以五棱锥为例，作棱锥的投影。如图 1-3-6 所示，为了作图方便，使五棱锥的底面为水平面，且底边 DE 平行于正立投影面。

1. 作水平投影

底面 $ABCDE$ 是水平面，水平投影反映实形，其余各侧面除 SDE 是侧垂面外，都是一般位置平面，水平投影都不反映实形，它们的水平投影都是以底面水平投影各边为边的

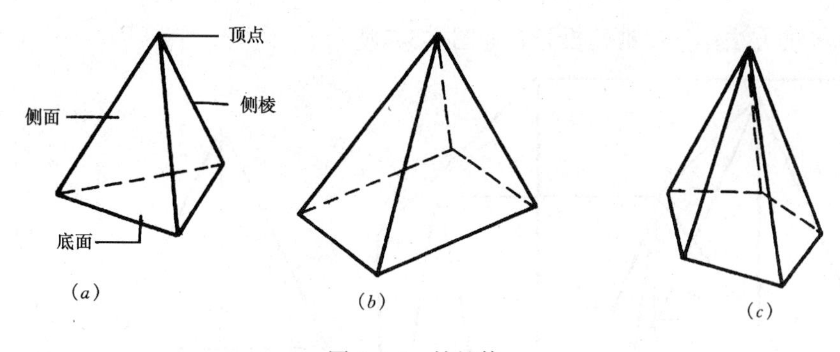

图 1-3-5　棱锥体

（*a*）三棱锥；（*b*）四棱锥；（*c*）五棱锥

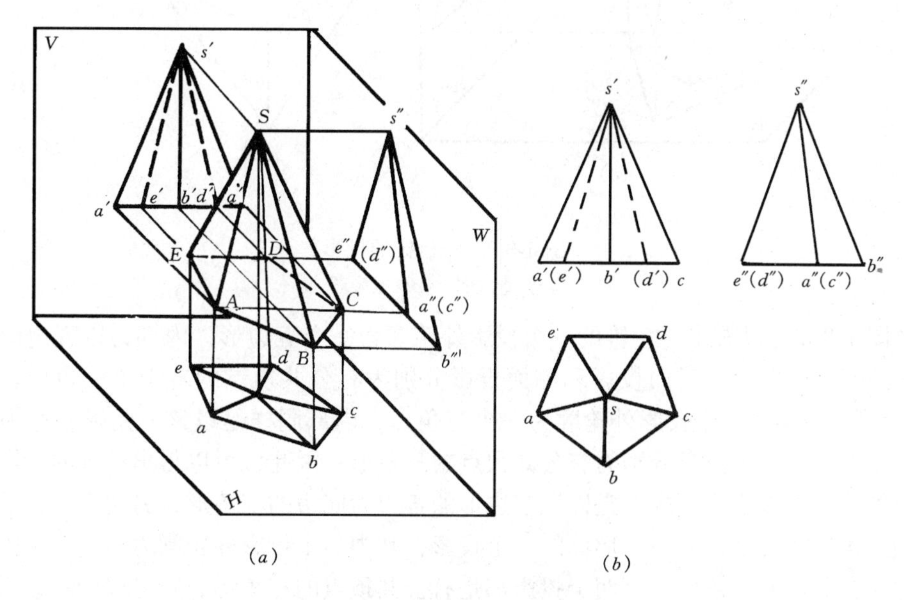

图 1-3-6　五棱锥的投影

（*a*）直观图；（*b*）投影图

三角形，且都在水平投影之内。

2. 作正面投影

底面的正面投影积聚成平行于 *OX* 轴的线段，其余各侧面的正面投影都不反映实形，为具有一个公共顶点 *S* 的三角形，其中 *SAE*、*SED*、*SCD* 不可见，$s'e'$、$s'd'$ 为虚线。

3. 作侧面投影

底面的侧面投影积聚成平行于 *OY* 轴的线，*SDE* 为侧垂面，也积聚成一线段，而 *SAB* 与 *SBC*，*SAE* 与 *SCD* 的侧面投影两两重合在一起，形成两个三角形。

该五棱锥的投影也可根据其自身的特点作其投影：

（1）作出底面 *ABCDE* 的三个投影。

（2）作顶点 *S* 的水平投影 *s*，*s* 在 *abcde* 的中心。根据五棱锥的高度作业顶点 *S* 的正面投影 s'，并求其侧面投影 s''。

（3）将顶点 *S* 的三个投影分别与底面五边形 *ABCDE* 的三面投影的各顶点连起来，即为五棱锥的三面投影。

用同样的方法作三棱锥的投影，如图 1-3-7 所示。

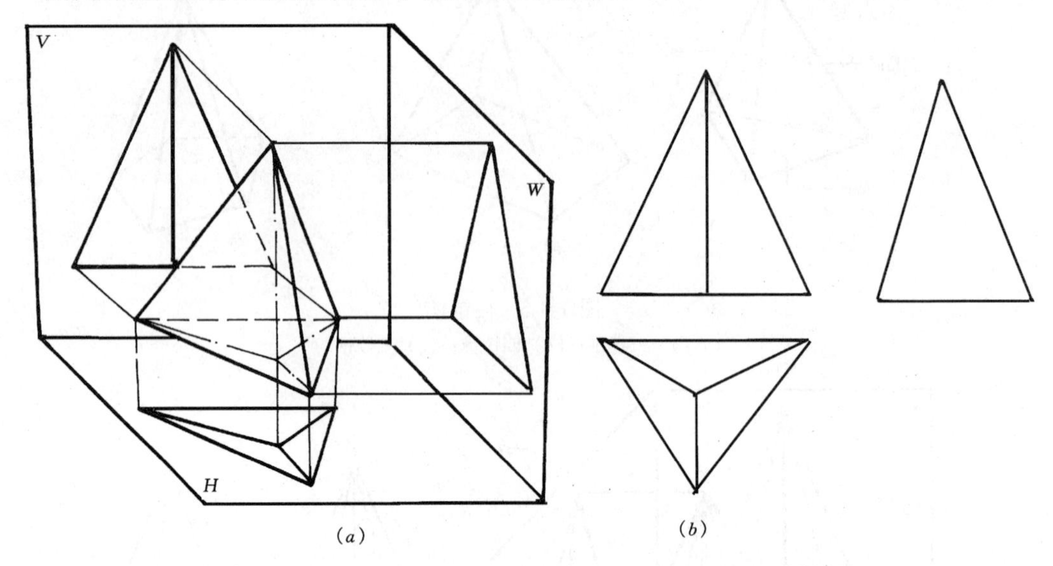

图 1-3-7　三棱锥的投影

(*a*) 直观图；(*b*) 投影图

从图 1-3-6 可以看出五棱锥的一个投影外轮廓为一个五边形，内部为以五边形的各边为底边的五个三角形，正面投影和侧面投影分别为有公共顶点的若干个三角形。再从图 1-3-7 看到三棱锥的一个投影外轮廓为一个三角形，内部同样是以该三角形各边为底边的三个三角形，另两个投影分别为有公共顶点的三角形。因此，可以得出棱锥的投影中有一个投影外轮廓为多边形，内部是以该多边形的各边为底边的三角形，另两个投影是有公共顶点的三角形。反之，当一个形体的三个投影，其中一个投影外轮廓为多边形，内部是以该多边形为底边的三角形，另两个投影都是有公共顶点的三角形，则可以判断该形体为棱锥，多边形的边数为棱锥的棱数。

三、棱台的投影

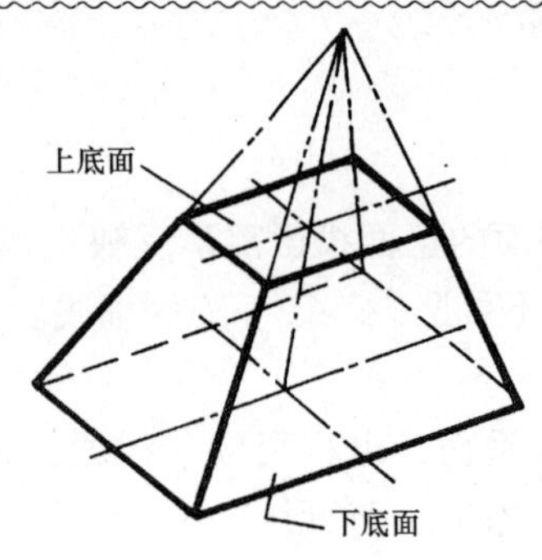

图 1-3-8　棱台

棱台是用平行于棱锥底面的平面切割棱锥后，底面与截面之间剩余的部分，如图 1-3-8 所示。截面与原底面称为棱台的上、下底面，其余各平面称为棱台的侧面，相邻侧面的公共边称为侧棱。上、下底面之间的距离为棱台的高，棱台分别有三棱台、四棱台、五棱台等。

下面以三棱台为例，说明棱台的投影，如图 1-3-9 所示。

为作图方便，让上、下底面平行于水平投影面，*EF* 和 *BC* 平行于正立投影面。

1. 作水平投影

上底面和下底面为水平面，水平投影反映实形，为两个相似的三角形。其余各侧面倾斜于水平投影面，水平投影不反映实形，是以上、下底面水平投影相应边为底边的梯形。

2. 作正面投影

上、下底面的正面投影积聚成平行于 *OX* 轴的线段，侧面 *ACFD* 和 *ABED* 为一般位

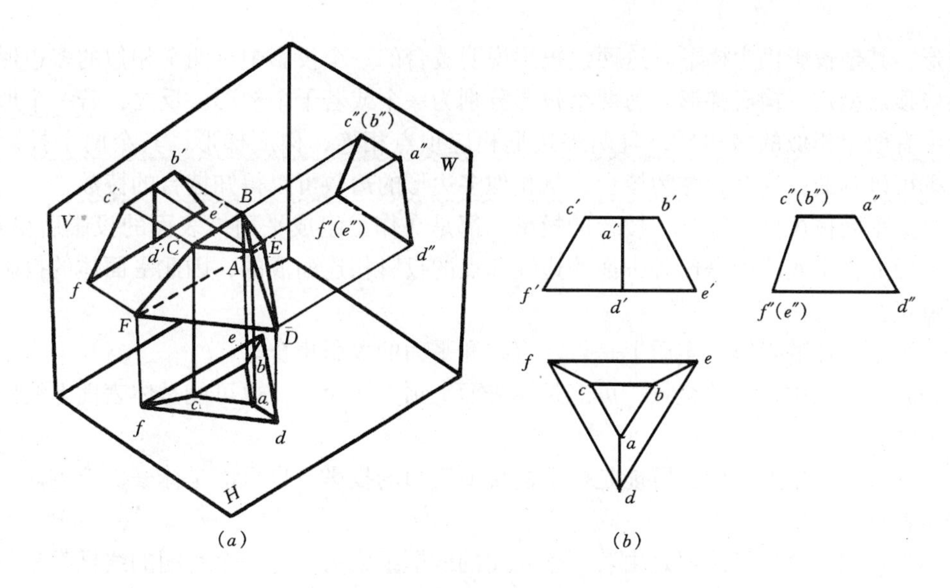

图 1-3-9　三棱台的投影

（a）直观图；（b）投影图

置平面，其正面投影仍为梯形，$BCFE$ 为侧垂面，正面投影不反映实形，仍为梯形，并与另两个侧面的正面投影重合。

3．作侧面投影

上，下底面的侧面投影分别积聚成平行于 OY 轴的线，侧垂面 $BCFE$ 也积聚成倾斜于 OZ 轴的线段，而 $ACFD$ 与 $ABED$ 重合成为一梯形。

用同样的方法作四棱台的投影，如图 1-3-10 所示。

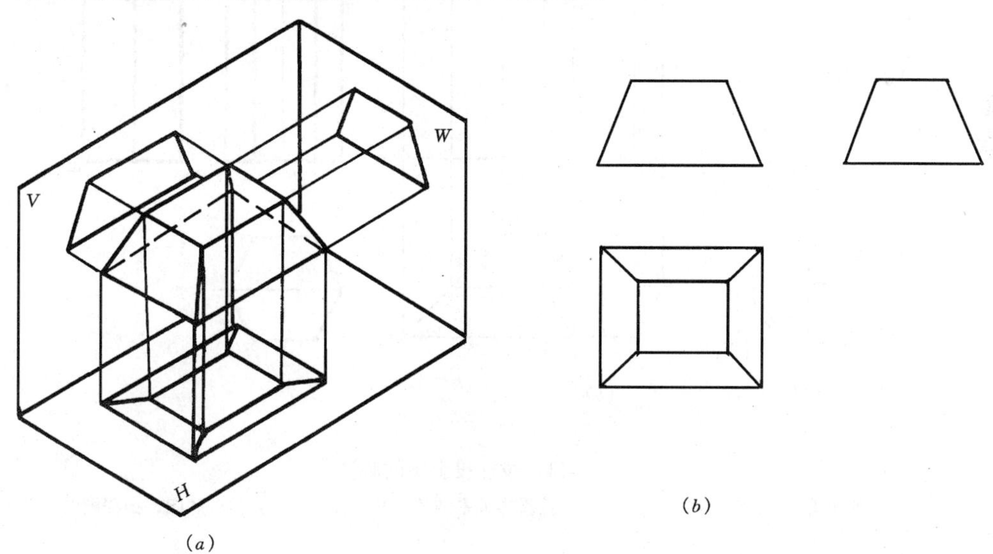

图 1-3-10　四棱台的投影

（a）直观图；（b）投影图

从图 1-3-9 可见，三棱台的三个投影，其中一个投影中有两个相似的三角形，且各相应顶点相连，另两个投影都是梯形。从图 1-3-10 可见四棱台有一个投影中有两个相似的四边形，其余投影仍为梯形。这两组投影说明棱台的一个投影中有两个相似的多边形，且各相应顶点相连，构成梯形，另两个投影分别为一个或若干个梯形。反之，若一个形体的投影中有两个相似的多边形，且两多边形相应顶点相连，构成梯形，其余两个投影为梯形，则可以判断：这个形体为棱台，从相似多边形的边数可以得知棱台的棱数。

以上平面体棱柱、棱锥、棱台的投影，都是在作出组成平面体表面的投影后得到的，而作表面的投影实质上是作各表面的边线和点的投影相连而成的，因此平面体的投影具有如下特点：

（1）平面体的投影，实质上是点、直线和平面的投影集合。

（2）投影图中线段的交点，可能是体表面上顶点的投影，也可能是体表面上线段的积聚投影。

（3）投影图中的线段，可能是体上侧棱或底边的投影，也可能是体表面上侧面、底面的积聚投影。

（4）任何一个投影图都是由若干个封闭的线框组成的，每一个封闭的线框都是一个侧面或底面的投影。

（5）投影图中凡实线组成的线框都表示看得见的平面，而线框中只要有一条虚线，则表示该平面为不可见。

四、平面体的画法和尺寸标注

（一）平面体的画法

画平面体投影图时应先画水平投影，再按投影关系，作另两个投影，如图 1-3-11 和图 1-3-12 所示。

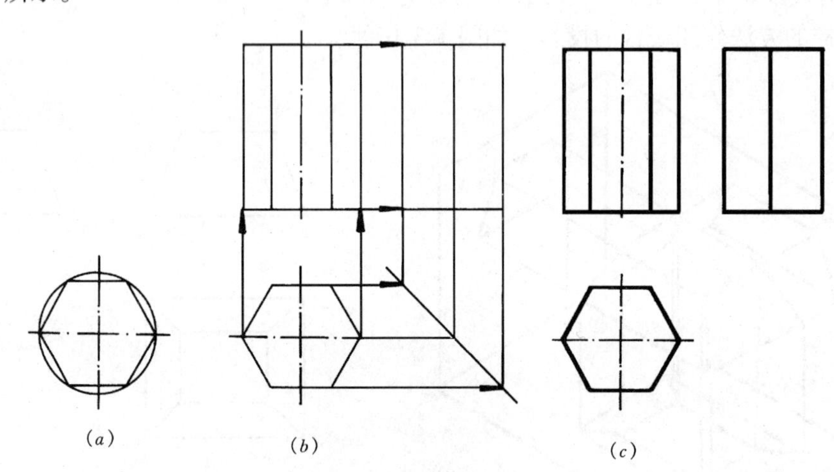

图 1-3-11　棱柱投影图的画法

（a）画轴线、中心线及水平投影；（b）按投影关系画其他两个投影；（c）检查底图，描深图线

（二）平面体的尺寸标注

平面体只要注出它的长、宽和高的尺寸就可以确定它的大小。尺寸一般注在反映实形的投影上，尽可能集中标注在一两个投影的下方和右方，必要时才注在上方和左方。一个尺寸只需标注一次，尽量避免重复。正多边形（如正五边形，正六边形）的大小可标注其外接圆的直径长度。平面体的尺寸标注如表 1-3-1 所示。

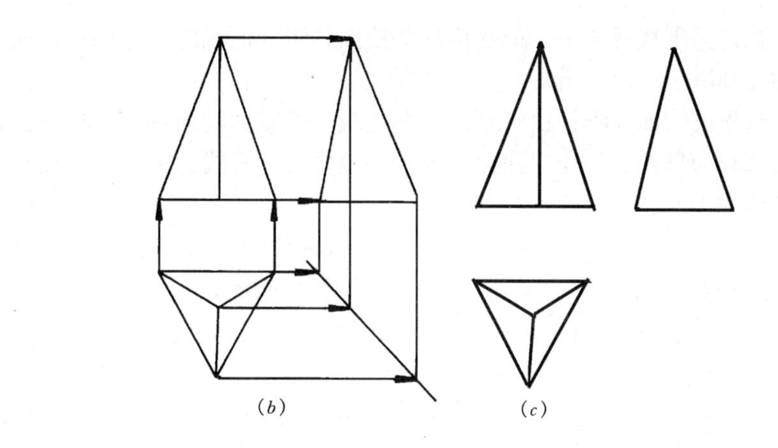

图 1-3-12　棱锥投影图的画法

（a）画轴线及水平投影；（b）按投影关系画其他两个投影；（c）检查底图，描深图线

平面体的尺寸标注　　**表 1-3-1**

四棱柱体	三棱柱体	四棱柱体
三棱锥体	五棱锥体	四 棱 台

第二节　曲 面 体 的 投 影

曲面体是指体的表面是由曲面或由平面和曲面围成的体，如圆柱、圆锥、圆台、球体

等。在许多现代建筑中，都是由这些曲面体组合而成的。例如：前面提到的水塔，还有电厂的冷却塔、拱形建筑等。

这里讲的曲面都是由一直线或曲线绕一定轴回转而成的，称为回转曲面。运动的直线或曲线称为母线，母线在曲面上的任一位置称为素线，由这些曲面或回转曲面与平面围成的立体称为回转体。

一、圆柱体的投影

1. 圆柱体的形成

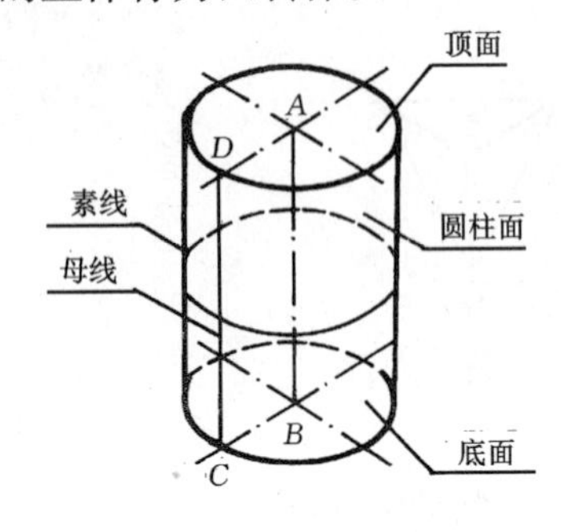

图 1-3-13 圆柱的形成

如图 1-3-13 所示，一线段 CD 绕着与其平行的另一线段 AB 旋转一周，所得轨迹如一圆柱面，线段 CD 为母线，AB 为轴线，这时的圆柱面可以看做是由母线 CD 运动过程中的所有素线的集合。如果 $AB=CD$，把 B 与 C、A 与 D 连起来，则形成一矩形，此时再让该矩形绕着 CD 旋转，AD、BC 两线段旋转后形成圆平面，DC 旋转后形成圆柱面，圆柱面与两个圆平面围成一回转体，叫做圆柱体。即圆柱体是由两个互相平行且相等的圆平面和一圆柱面组成的，两圆平面之间的距离叫做圆柱体的高。

在近代建筑中，圆柱体结构采用非常多，如北京工人体育馆等。

2. 作圆柱体的投影

如图 1-3-14 所示的圆柱体，两个底面为水平面，它们的水平投影重合在一起，是反映实形的圆。正面投影和侧面投影分别积聚成平行于 OX 轴和 OY 轴的线段，且四线段长度相等，为圆柱的直径，两线段的距离为圆柱体的高。

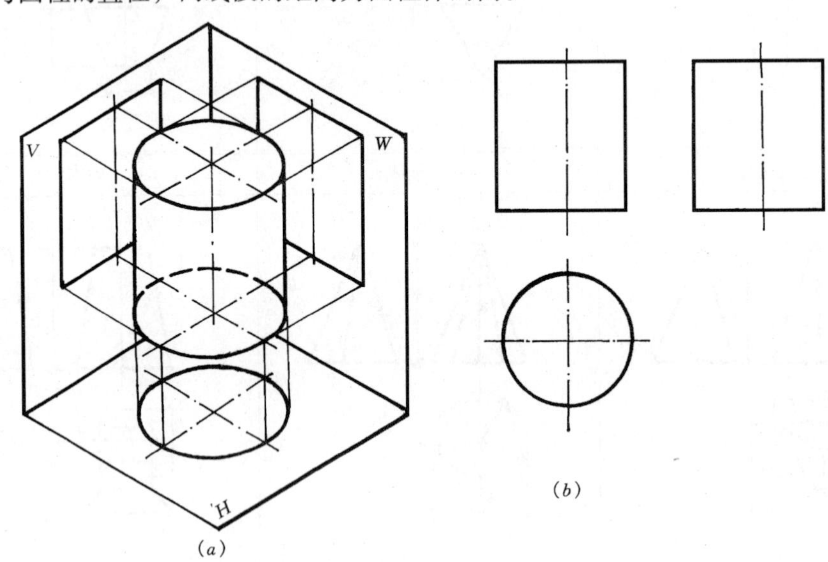

图 1-3-14 圆柱体的投影

圆柱面是光滑的曲面，其上所有素线为铅垂线，因此圆柱面也垂直于水平投影面，水平投影积聚成与上、下底面水平投影全等且同心的圆。正面投影是看得见前半个圆柱面和看不见的后半个圆柱面轮廓投影的重合，形成矩形。也可以这样说，圆柱上最左、最右两条素线的投影与上、下两底面在正立面上的投影构成矩形，侧面投影与正面投影相同，看得见的左半个圆柱面和看不见的右半个圆柱面轮廓投影重合，形成矩形，同样可以看做是圆柱面最前、最后两条素线的投影与上、下两底圆侧面投影形成矩形。

因此，圆柱体的三个投影分别是：一个圆和两个全等的矩形。

二、圆锥体的投影

1. 圆锥体的形成

如图 1-3-15 所示，线段 *SA* 绕着与它相交的另一线段 *SO* 旋转，所形成的曲面叫做圆锥面，*SA* 为母线，*SO* 为轴线，圆锥面也可看做由无数条相交于一点并与轴线 *SO* 保持一定角度的素线的集合，若将 *SAO* 连成一直角三角形，使 *SAO* 绕着一直角边 *SO* 旋转一周，*AO* 旋转一周形成一圆平面与 *SA* 旋转形成的圆锥面组成一回转体，这个回转体叫做圆锥体。*S* 叫做顶点，圆平面叫做底面，顶点 *S* 到底面的距离叫做圆锥体的高，近代建筑中，圆锥体在工程中应用广泛，如图 1-3-16 所示水塔的上部形体。

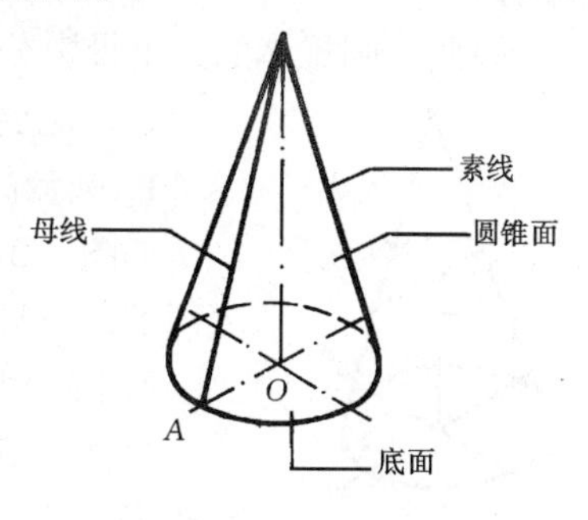

图 1-3-15　圆锥体的形成

2. 作圆锥体的投影

如图 1-3-17 所示，圆锥体处于三面投影体系中，底面平行于水平投影面，圆锥体的高与水平投影面垂直。

底面平行于水平投影面，其水平投影反映实形，正面投影和侧面投影分别积聚成平行于 *OX* 轴和 *OY* 轴的线，线长为底圆的直径。

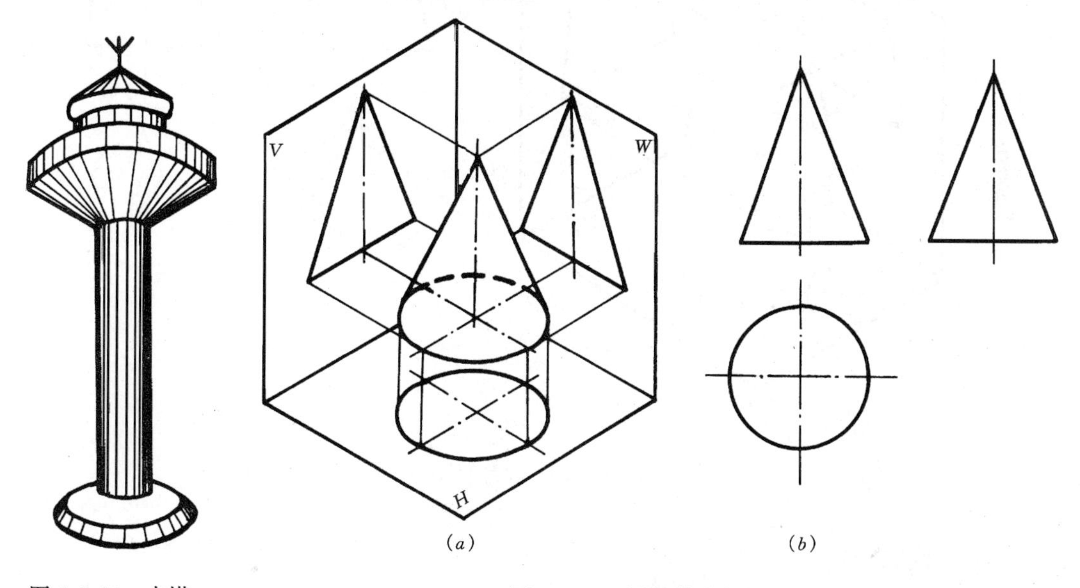

图 1-3-16　水塔

图 1-3-17　圆锥体的投影

(*a*) 直观图；(*b*) 投影圆

圆锥面为光滑的曲面，其水平投影也为一圆，且与底面的水平投影重合，顶点的水平投影在圆心上。圆锥上最左、最右、最前、最后四条特殊素线的水平投影正好与底圆水平投影的中心线重合。圆锥面的正面投影是看得见的前半个圆锥面和看不见的后半个圆锥面轮廓投影的重合，可以看成是最左、最右素线的投影与底面的正面投影构成的等腰三角形。侧面投影是看得见的左半个圆锥面和看不见的右半个圆锥面轮廓投影重合，也是最前、最后素线的投影与底面的侧面投影构成与正面投影全等的三角形。三角形的高为圆锥体的高。

因此，圆锥体的三个投影分别是：一个圆和两个全等的等腰三角形。

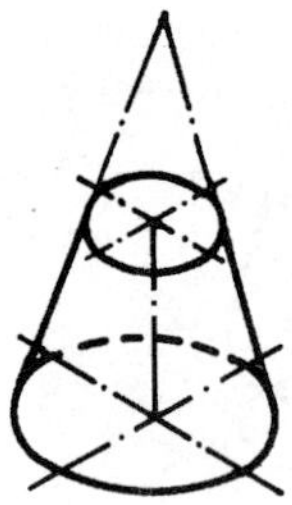

三、圆台的投影

1. 圆台的形成

如图 1-3-18 所示，将圆锥用平行于底面的平面切割，截面和底面之间的部分即为圆台，截面和底面之间的距离是圆台的高。

图 1-3-18 圆台的形成

2. 圆台的投影

如图 1-3-19 所示，将圆台置于三面投影体系中，底圆平行于水平投影面。上、下底圆平行于水平投影，水平投影反映实形，是两个直径不等的同心圆。圆台正面投影和侧面投影都是等腰梯形。梯形的高为圆台的高，梯形的上底长度和下底长度是圆台上、下底圆的直径。

因此，圆台的投影分别是：一个投影中有两个同心圆，另两个投影为等腰梯形。

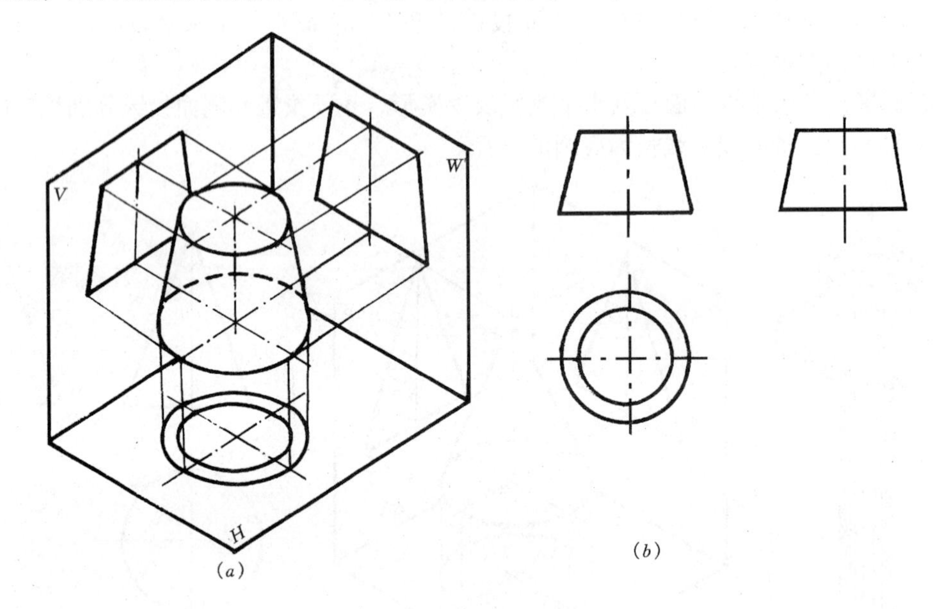

图 1-3-19 圆台的投影

(a) 直观图；(b) 投影图

四、球体的投影

1. 球体的形成

如图 1-3-20 所示，一圆周绕着其一直径旋转，所得轨迹为球面，直径为轴线，圆周为母线（曲母线），球面自动封闭形成回转体，称为球体。目前，我国众多的科技馆，天文馆都采用球形建筑，石油和化工厂房中也常用球形贮料罐。建筑屋面也不少采用半球或球冠形成，如图 1-3-21 所示的球形屋面。

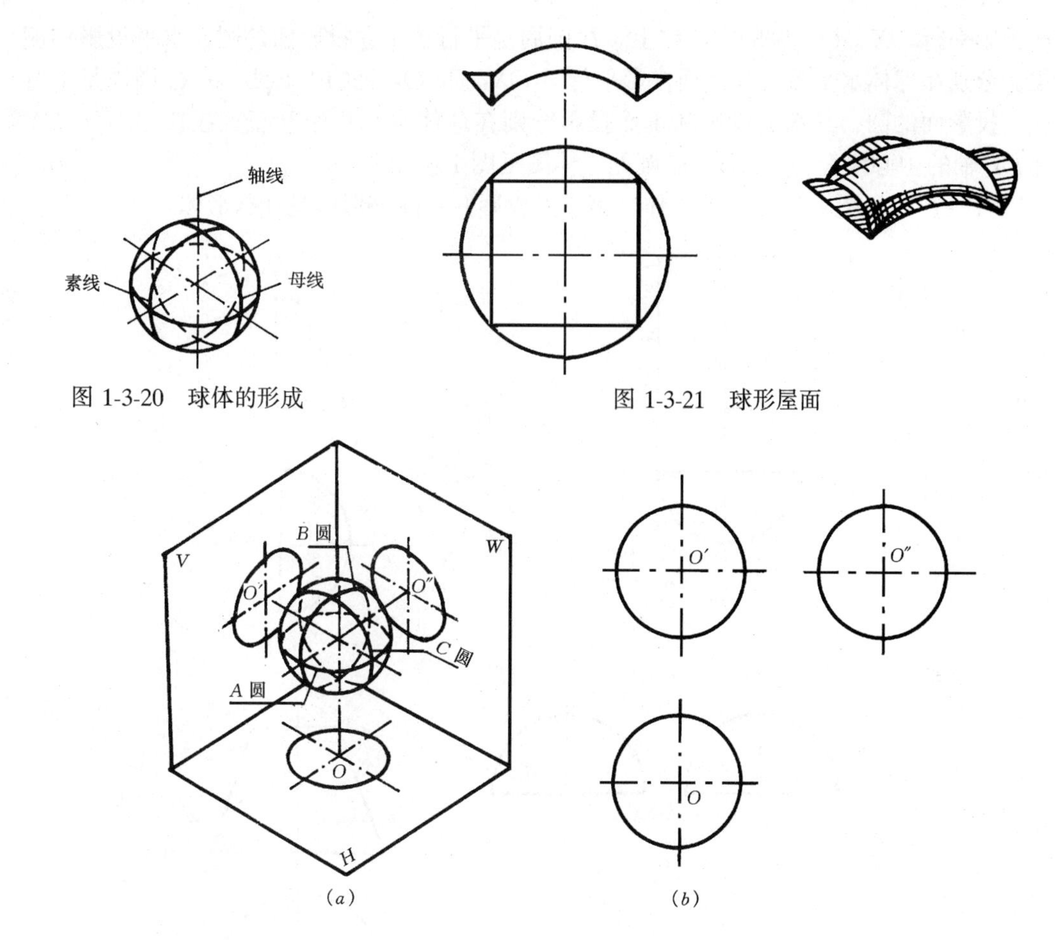

图 1-3-20　球体的形成

图 1-3-21　球形屋面

图 1-3-22　球体的投影

（a）直观图；（b）投影图

2. 作球体的投影图

如图 1-3-23 所示，球体处于三面投影体系中，球体的水平投影：上半个球面与下半个球面重合，其投影为圆，圆的直径是球体的直径。球体的正面投影：前半个球面与后半个球面重合，其投影也是圆，直径是球体的直径。球体的侧面投影：左半个球面与右半个球面重合，投影仍为圆，直径仍为球体的直径。

所以，球体的三个投影都是圆，而且直径相等，都是球体的直径。

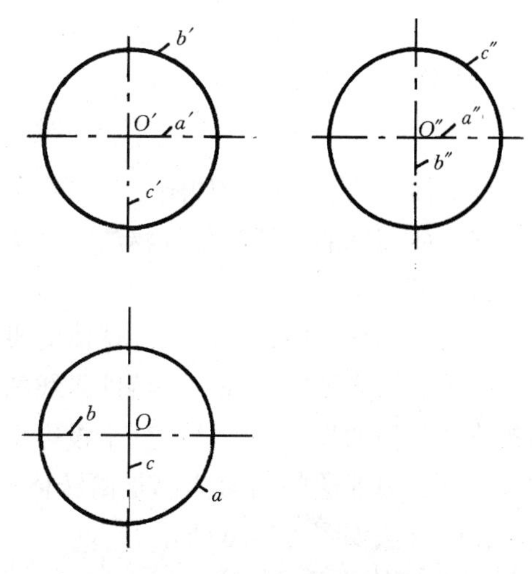

图 1-3-23　球体上平行于投影面的最大圆周的投影

球体的三个投影是三个直径相等的圆，这三个圆实质上也是球体表面上分别平行于三个投影面得的最大直径圆周的投影，如图 1-3-23 所示。图中 A 圆周是平行于水平投影面的圆。其正面投影，侧面投影分别在球体正面投影、

侧面投影平行 OX、OY 轴的中心线上，B 圆周是平行于正立投影面的圆，水平投影和侧面投影分别在球体水平投影和侧面投影平行于 OX、和 OZ 轴的中心线上；C 圆周是平行于侧立投影面的圆，其水平投影和正面投影分别在球体水平投影和正面投影平行于 OY 轴和 OZ 轴的中心线上，A、B、C 圆的立体图见图 1-3-22。

【例 3-1】 如图 1-3-24 所示，作其第三面投影并判断该形体是什么形体。

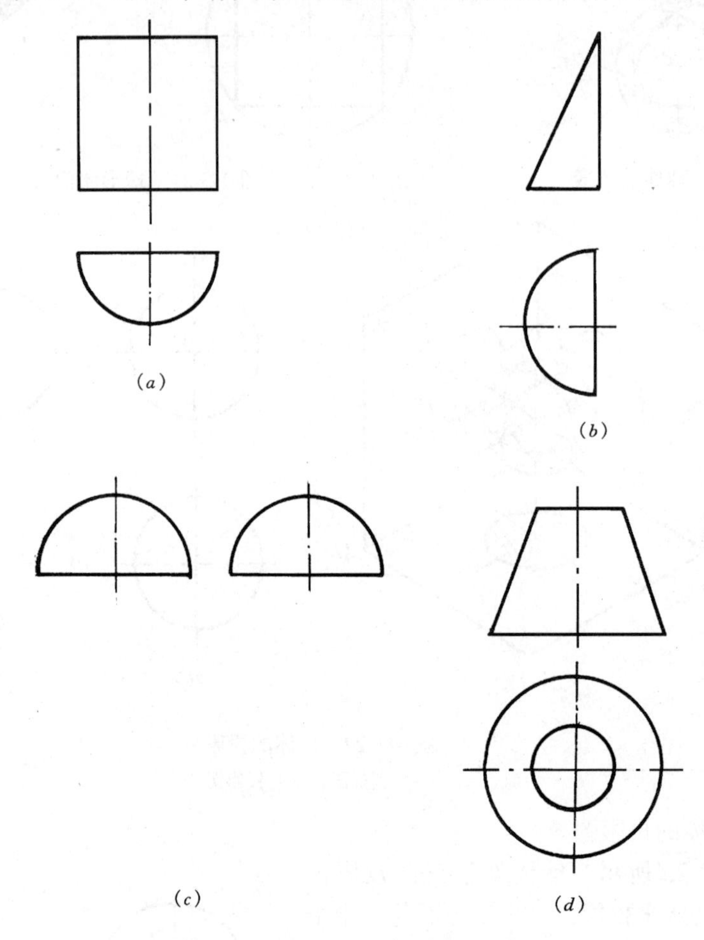

图 1-3-24 已知形体的两个投影

作形体的第三面投影如图 1-3-25。

五、曲面体的画法和尺寸标注

1. 曲面体的画法

从前面圆柱、圆锥、圆台和球体的投影可以看出，曲面体的投影都是轮廓的投影，而这些轮廓在投影图中体现的是特殊素线的投影。如圆柱、圆锥是最前、最后、最左、最右四条特殊素线的投影，球体的三个投影是平行于三个投影面的三个最大圆周的投影，作图时应注意。另外这些曲面体都是回转体，都有轴线，作图时应先作出轴线的投影或中心线，作图方法如图 1-3-26 所示。

2. 曲面体的尺寸标注

曲面体只要注出其直径和高即可，如表 1-3-2 所示。

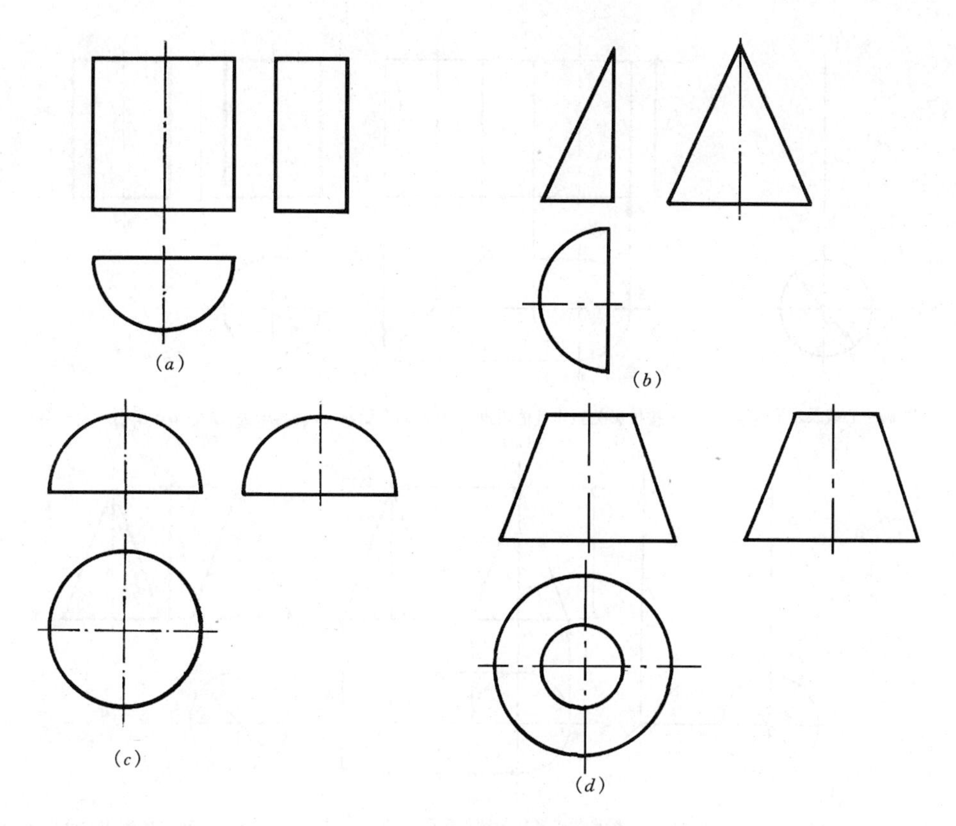

图 1-3-25　作形体的第三面投影

（*a*）半圆柱；（*b*）半圆锥；（*c*）半球体；（*d*）圆台

曲面体的尺寸标注 **表 1-3-2**

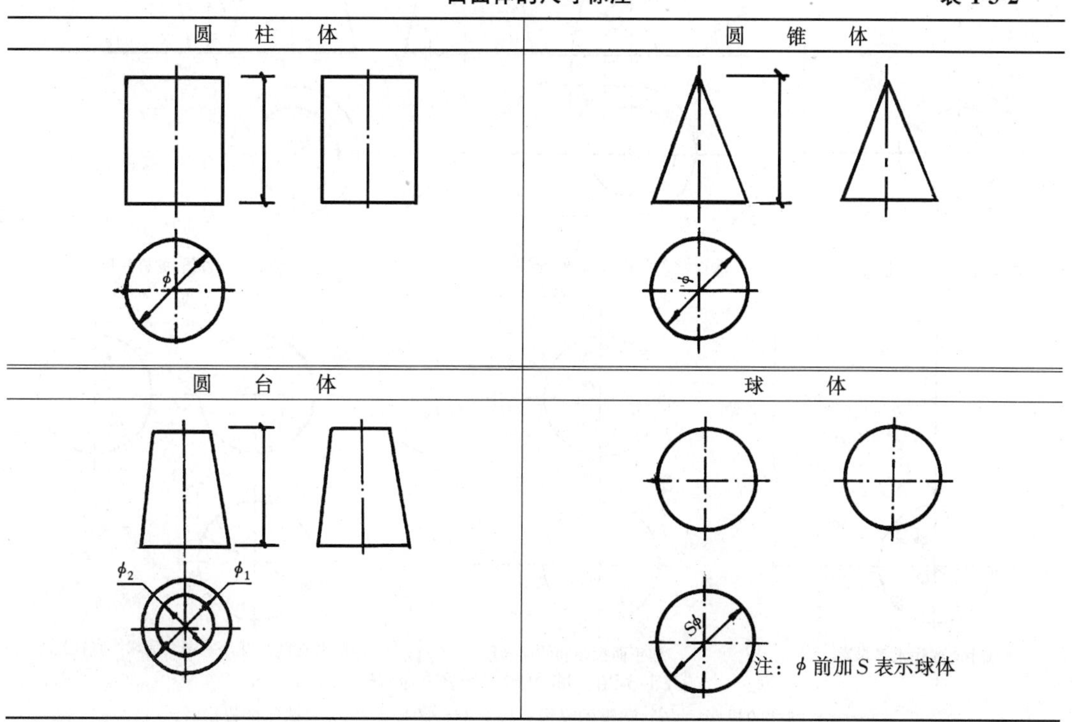

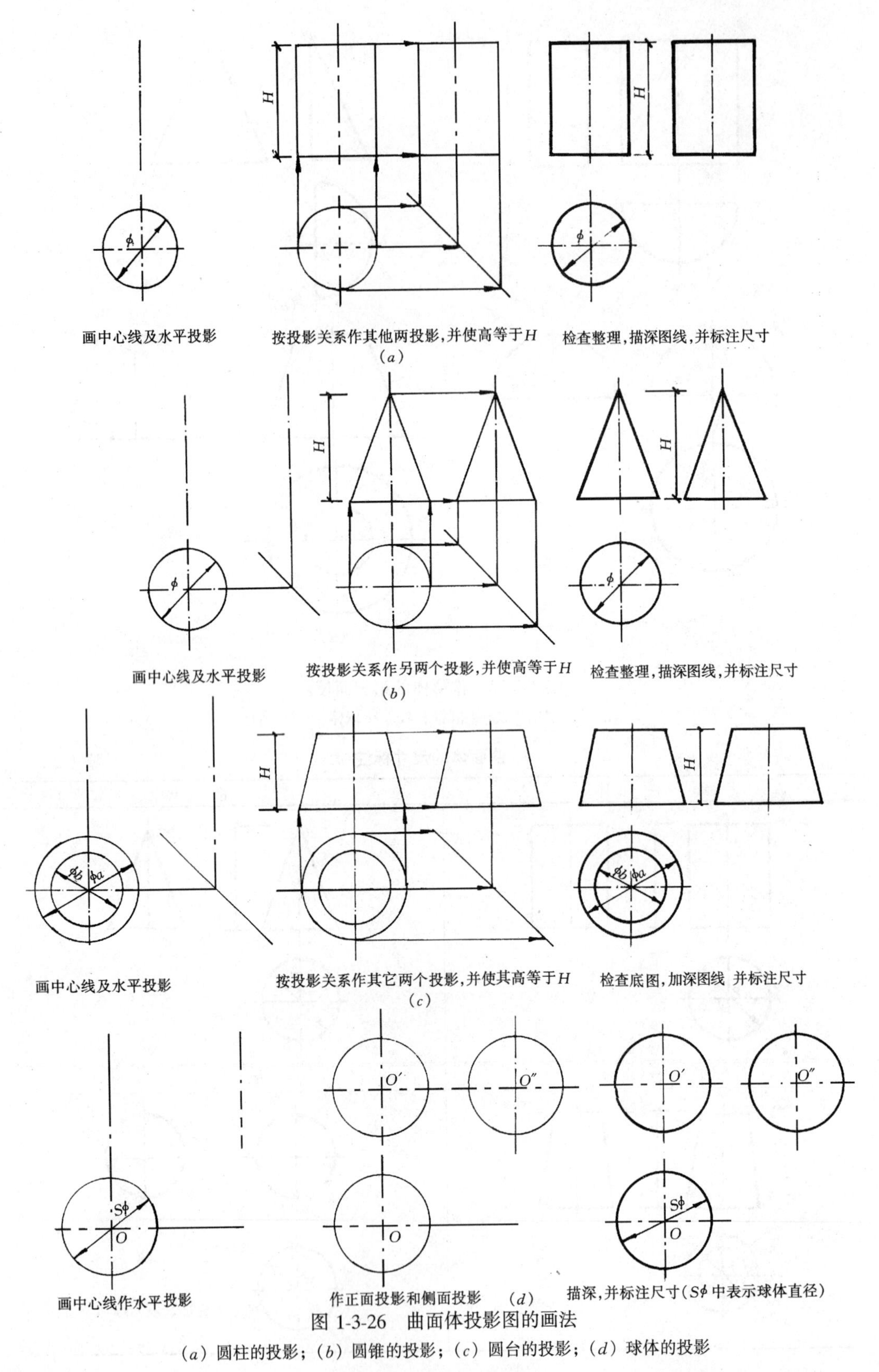

图 1-3-26 曲面体投影图的画法

(a) 圆柱的投影；(b) 圆锥的投影；(c) 圆台的投影；(d) 球体的投影

第三节　在基本几何体表面取点、取线的投影作图

一、平面体表面上的点和直线

平面体表面上的点和直线，实质上就是直线上的点或平面上的点和直线，不同之处是平面体表面上的点和直线存在着判断可见性的问题。

（一）棱柱体表面上的点和直线

如图 1-3-27 所示，在三棱柱上有两点 *K*、*L* 和线段 *MN*。

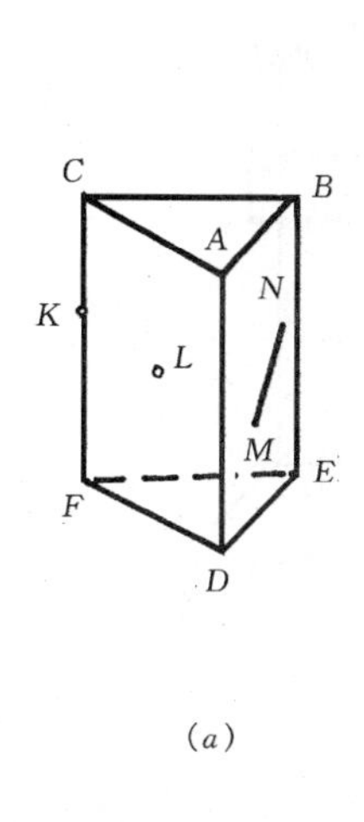

（*a*）

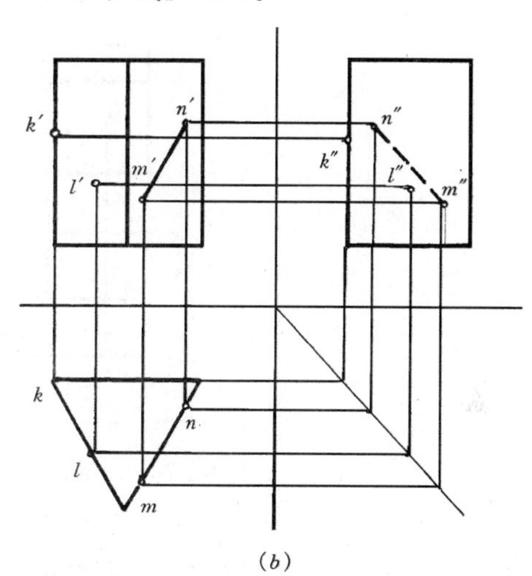

（*b*）

图 1-3-27　三棱柱表面上的点和线段

（*a*）直观图；（*b*）投影图

点 *K* 在侧棱 *CF* 上，该侧棱为铅垂线，水平投影积聚为一点，因此点 *K* 的水平投影也在该积聚点上，另两个投影分别在 *CF* 的正面投影和侧面投影上，且符合点的投影规律。点 *L* 在侧面 *ACFD* 上，*ACFD* 为铅垂面，水平投影积聚成为一线段，点 *L* 的水平投影应在该线段上。*ACFD* 的正面投影和侧面投影都是矩形，不反映实形，点 *L* 的正面投影和侧面投影也分别在这两个矩形中，也应符合点的投影规律。由于侧棱 *CF* 和侧面 *ACFD* 的三个投影都为可见，所以点 *K* 和 *L* 的三个投影也都可见。

线段 *MN* 在 *ABED* 上。作 *MN* 的投影，只要作出首尾点 *M* 和 *N* 的三个投影，再将这三个投影的同名投影连起来即可，如图中所示。而点 *M*、*N* 的投影作图方法和点 *L* 的作图方法相同，这里就不再叙述。但由于平面 *ABED* 的侧面投影与 *ACFD* 的侧面投影重合，且被 *ACFD* 挡住，为不可见平面，因此，线段 *MN* 的侧面投影也不可见，用虚线表示。

【例 3-2】　已知双坡屋面建筑表面上的点 *M*、*N* 和烟囱的底面 *ABCD* 的一个投影，求另外两个投影面上的投影，如图 1-3-28 所示。

点 *M* 在前墙上，前墙为正平面，水平投影和侧面投影都积聚在双坡屋面建筑最前面的线段上；点 *M* 的水平投影和侧面投影可直接过 m' 作 *OX* 轴与 *OZ* 轴的垂线与前墙水平投影和侧面投影相交即得。点 *N* 在前屋面上，前屋面为侧垂面，其侧面投影积聚成为一

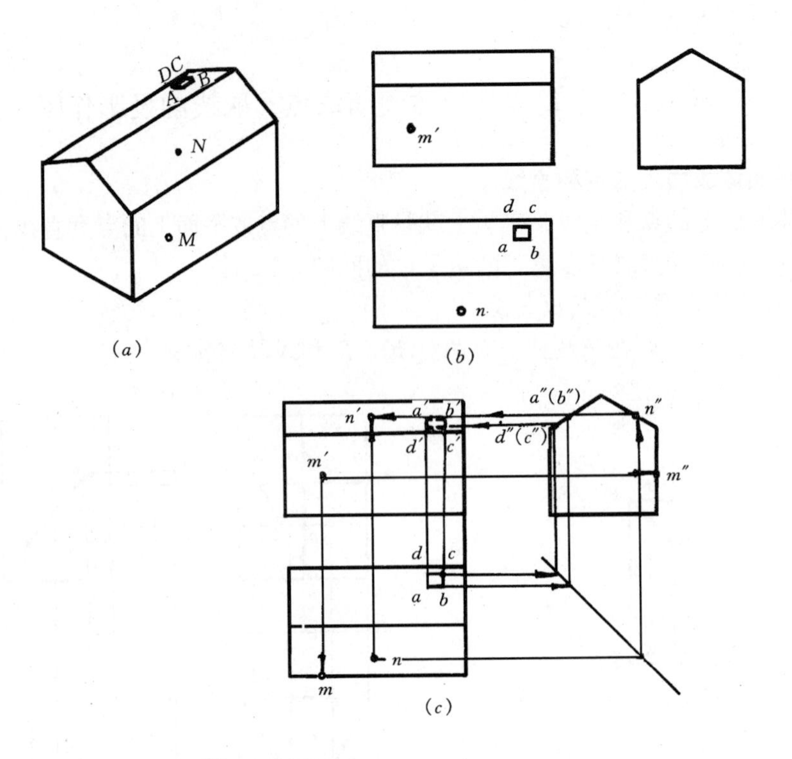

图 1-3-28　双坡屋面建筑上的点和线段

（a）直观图；（b）已知条件

条倾斜于投影轴的线段，因此作点 N 的侧面投影和正面投影时，可先作侧面投影，再通过水平投影和侧面投影作其正面投影。

烟囱的底面 $ABCD$ 在后屋面上，后屋面为侧垂面，侧面投影与前屋面对称地积聚成线段，因此先作点 A、B、C、D 四点的侧面投影，然后按已知点的两面投影作第三面投影的方法作出四点的正面投影。因为后屋面的正面投影与前屋面正面投影重合且被前屋面所挡，后屋面正面投影不可见，点 A、B、C、D 的正面投影也不可见，四点用虚线连起来。

（二）棱锥体表面上的点和线

如图 1-3-29 所示，在三棱锥 $SABC$ 上有两点 E、D 和线段 MN。

点 D 在侧棱 SA 上，SA 为一般位置直线，其三个投影既不积聚成点，也不反映实长，因而点 D 的三个投影按一般位置直线上点的投影作图。点 E 在侧面 SAB 上，该平面为一般位置平面，为了作图方便，先在平面 SAB 上过点 E 和 S 作一辅助直线与 AB 交于 K 点，则点 E 成为 SK 线上的一点。作出 SK 的三面投影 sk、sk'、sk''。再将点 E 的三面投影作在 SK 的三面投影上。由于侧棱 SA 与平面 SAB 的三个投影都可见，点 D 和 E 的三个投影也可见。

线段 MN 在平面 SBC 上，先作出点 M 和 N 的三面投影，再将同面投影连起来。点 M 的投影与点 D 的投影作图方法相同，点 N 的投影与点 E 的投影作图方法相同，但由于平面 SBC 的侧面投影不可见，点 N 的侧面投影也不可见，应加括号，同样 MN 的侧面投影也不可见，用虚线表示。

【例 3-3】　已知五棱锥的两个投影及其上点和线段的一个投影，求作五棱锥的第三

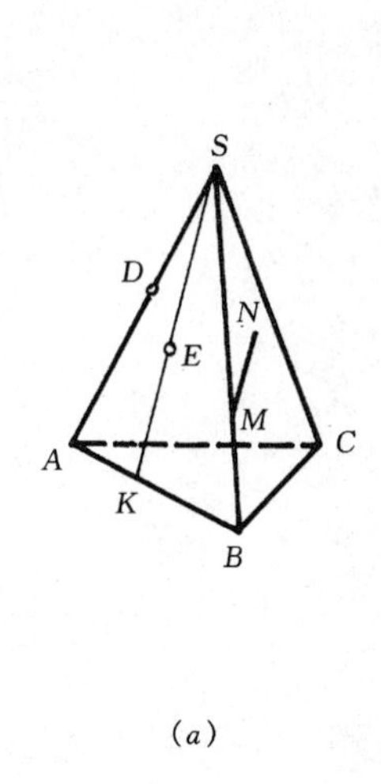

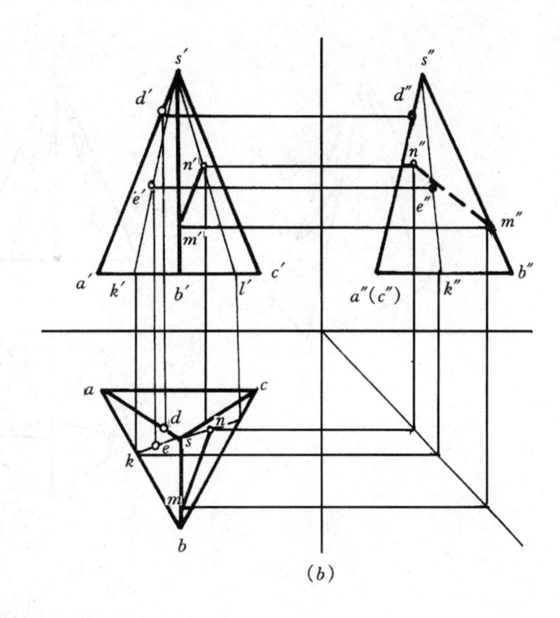

图 1-3-29　三棱锥表面上的点和线

（*a*）直观图；（*b*）投影图

面投影，并求其上点和线段的另两面投影。如图 1-3-30 所示。

1. 作五棱锥的侧面投影

五棱锥的底面为水平面，侧面投影是平行于 *OYW* 轴的线段，将底面上各交点的位置求出，作出顶点 *S* 的侧面投影，将顶点侧面投影和底面各交点的侧面投影连起来即可。

2. 作表面上点的投影

点 *D* 在左后下侧的底边上，它的三个投影也在该底边的三个投影上，因为该底边的正面投影不可见，所以点 *D* 的正面投影也不可见，加括号。

点 *E* 在左前侧面上，该侧面是一般位置平面。过点 *E* 和顶点 *S* 作一辅助线与底边交于 *I* 点（在 *H* 面上连 *SI*），点 *E* 为 *SI* 线上一点，作出 *SI* 的正面投影和侧面投影，再利用直线上求点的作图方法将点 *E* 的正面投影和侧面投影作出。*E* 点三投影均可见。

3. 作线段 *AB*、*BC* 的投影

点 *A* 和点 *B* 都为侧棱上的点（点 *A* 在最前侧棱，点 *B* 在右前侧棱上），所以按线上点直接作出，点 *C* 在一般位置平面上（也在右后侧棱上），作法与点 *E* 的作法一致。最后将 *A*、*B*、*C* 三点的三面投影按要求连起来。由于 *B* 点、*C* 点的侧面投影不可见，所以 *AB*、*BC* 的侧面投影也不可见，应用虚线表示。*C* 点的正面投影不可见，*BC* 的正面投影也应用虚线表示。

从［例 3-2］，［例 3-3］可以看出：

1. 作平面体侧棱或底边上的点的投影，可直接按直线上点的投影作图。

2. 作平面上点的投影时，应分两种情况：

① 当点所在的平面具有积聚性，应先作积聚线上的一点，再求另一投影。

② 当点所在平面是一般位置平面，则必须在该平面上过所求点作辅助线，利用辅助线作点的投影。

3. 在平面上作线段时，只要作出线段上首尾点的投影，再将这两点连起来，判别可

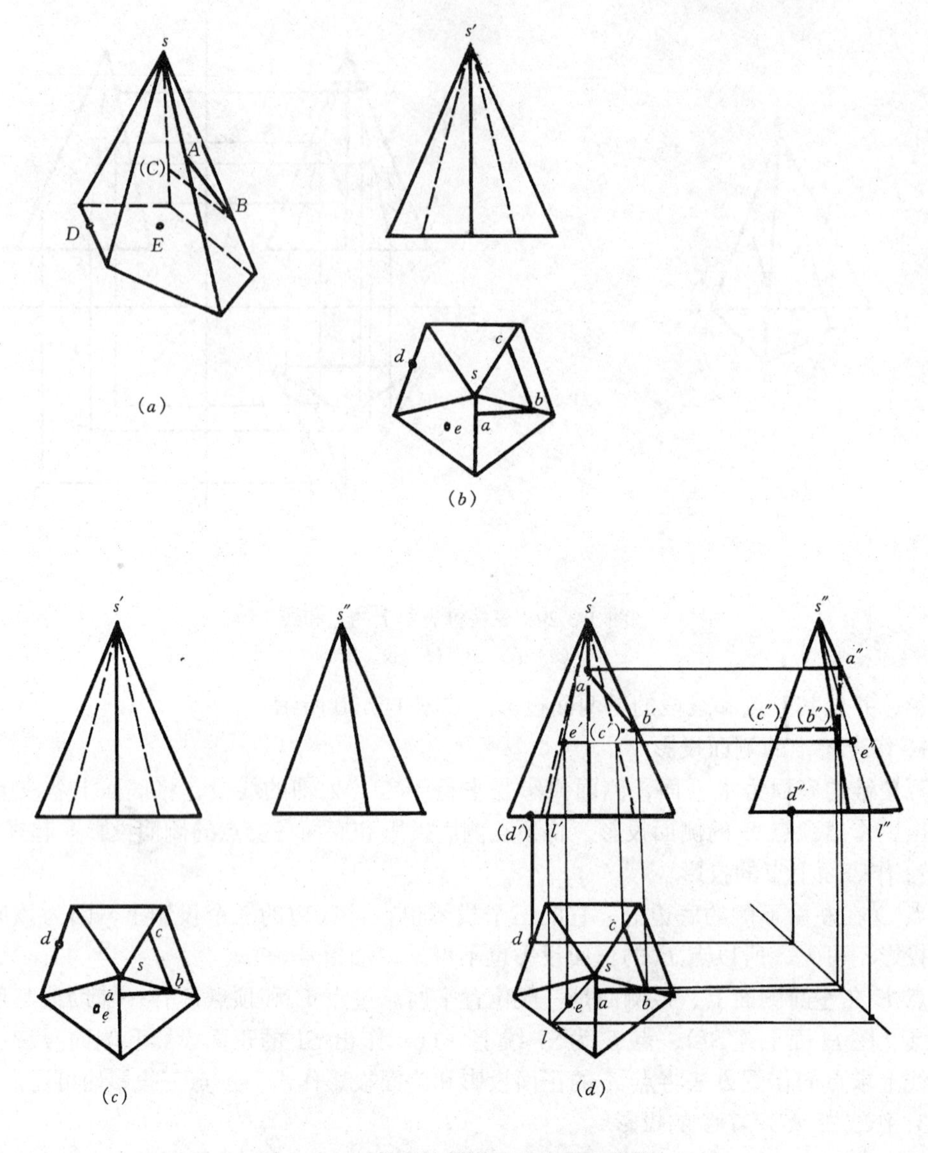

图 1-3-30　作五棱锥表面上的点和线段

（*a*）直观图；（*b*）已知条件；（*c*）作侧面投影；（*d*）作点和直线段

见性即可。

二、曲面体表面上的点和线

（一）圆柱体表面上的点和线

如图 1-3-31 所示，在圆柱上有两点 M、N。点 M 在圆柱的最左素线上，该素线的水平投影积聚成为一点，在圆柱水平投影——圆的最左一点，正面投影在圆柱正面投影的最左轮廓线上，侧面投影在圆柱侧面投影的中心线上。那么点 M 的三面投影应分别在该素线的同名投影上。点 N 不在轮廓素线上，而在圆柱面的右前方。我们知道，圆柱面是所有素线的集合，圆柱面上所有平行于圆柱轴线的线都是素线，因此，可以过点 N 作平行于轴线的直线，则该线为圆柱体的素线，点 N 在该素线上，该素线为铅垂线，所以点 N 按直线上作点的方法可以求得。由于点 N 在圆柱体的右前方，侧面投影不可见。

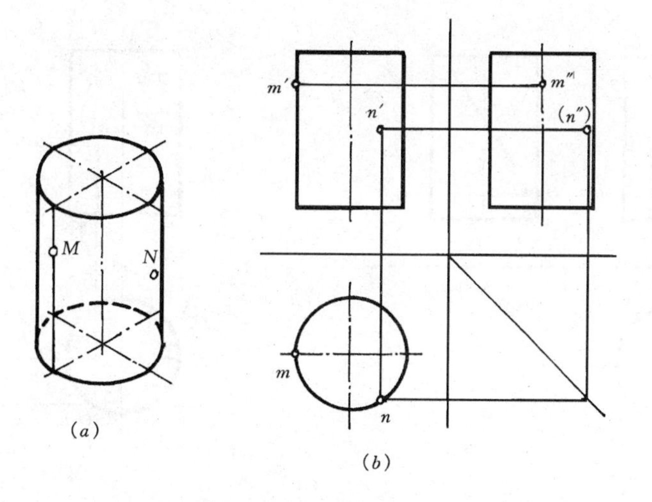

图 1-3-31　圆柱体表面上的点

（a）直观图；（b）投影图

作前述曲面体表面上的线段时，除了圆柱、圆锥体上的素线为直线外，其余的全部为曲线。在作图时，为了准确，应在该曲线上多作几个点（至少三个点）的投影，再用光滑的曲线将这些点连起来，并判别可见性。

【例 3-4】　如图 1-3-32 已知圆柱体上两线段 AB 和 KL 的一个投影，完成其另两个投影。

从图中可以看出 AB 为圆柱体上素线的一部分，所以 AB 是直线段，其水平投影积聚在圆周的前半部分，将 A、B 两点的侧面投影作出，由于 A、B 两点位于圆柱体的右前方，侧面投影不可见，用虚线将 a''，b''连起来。

KL 不是素线，是曲线，为了作图准确，在 $k''l''$ 上再取一点 m''（m''在最左素线上，是 KL 线段正面投影的转折点，也是特殊素线上点，其水平投影和正面投影可直接作出）由于圆柱的水平投影积聚成圆周，过 k''、l''作 OY 轴垂线与圆周左半部分的交点为 k、l，由 k''、l''、k、l 作其正面投影 k'、l'。由于 K 在圆柱的后半部分，所以 k'不可见，用光滑的曲线将$(k')m'l'$连起来。注意：$(k')m'$ 在圆柱体后半部分，用虚线连接，$m'l'$在前半部分用实线连接。KL 线段的水平投影与圆柱面水平投影重合一起。

（二）圆锥体表面上的点和线

如图 1-3-33 所示，在圆锥上有两点 M 和 N，N 点在最右素线上，其三面投影应在该素线的同面投影上，该素线的侧面投影不可见，所以点 N 的侧面投影应加括号。

点 M 在左前方一般位置。作图时，先将 M 和顶点 S 连起来并延长与底边交于点 A，SA 即为圆锥面上的一条素线，M 点为 SA 素线上的一点，将 SA 的三个投影作出，再将 M 点的三个投影作于 SA 的三个投影上即可。这种用素线作为辅助线求圆锥体表面上点的方法，叫做素线法。

M 点的投影也可以采用纬圆法求得。

如图 1-3-34 所示，圆锥体母线绕着轴线旋转，母线上任一点都随着母线转动，其转动的轨迹是垂直于圆锥体轴线的圆，这个圆叫做纬圆。纬圆水平投影是圆锥水平投影的同心圆，正面投影和侧面投影是平行于 OX 轴和 OY 轴的线，线长是纬圆的直径。当已知

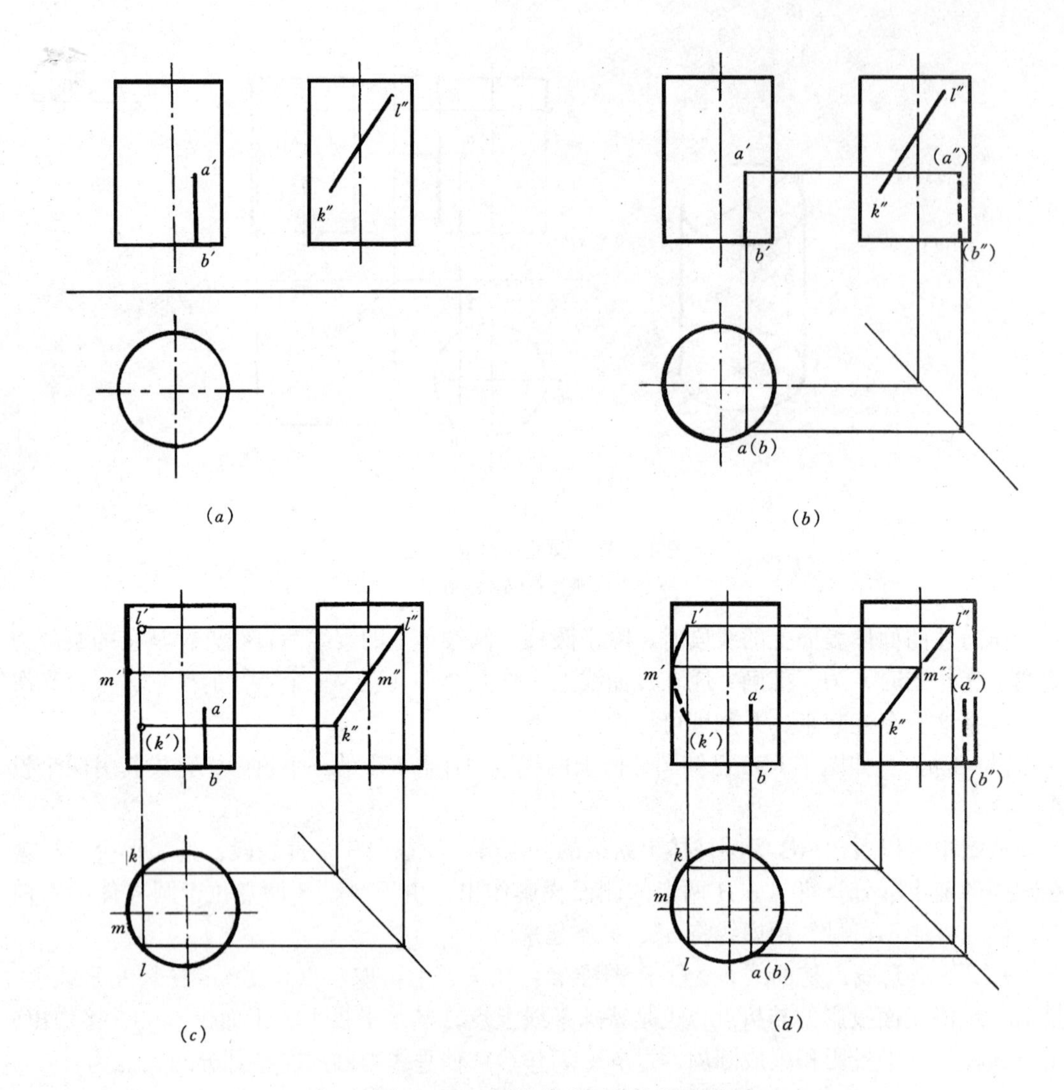

图 1-3-32　圆柱体表面上的线段

（*a*）已知条件；（*b*）作 *AB* 的投影；（*c*）作 *KL* 的投影；（*d*）用直线将 *AB* 连起来，用光滑曲线将 *KL* 连起来

M 的正面投影求其他两个投影时，可过 m' 作平行于 *OX* 轴的线与圆锥左、右轮廓线交于 b'，d'，$b'd'$ 即为纬圆的正面投影。以 $b'd'$ 为直径，以 *S* 为圆心在圆锥水平投影中作圆，即为辅助圆（纬圆）的水平投影。过 m' 作 *OX* 轴的垂线交纬圆水平投影于 *m*，再利用点的投影规律作出点的侧面投影。这种利用纬圆为辅助线作回转体曲表面上点的方法叫做纬圆法。

圆锥体表面上线段的作图方法和圆柱体表面上的作用方法一样，这里不再重叙。

【例 3-5】　已知圆锥体表面上的线段 *AB* 的正面投影，求其水平投影和侧面投影，如图 1-3-35 所示。

圆锥面上的线段除素线是直线外，其余的全部为曲线，因此，线段 *AB* 是曲线，为了作图准确，在 *AB* 线段上另取一点 *C*，将 *C* 取在最前素线上，这样点 *C* 也是线段 *AB* 侧面投影的转折点。点 *C* 在最前素线上，先作侧面投影，再由侧面投影作水平投影。

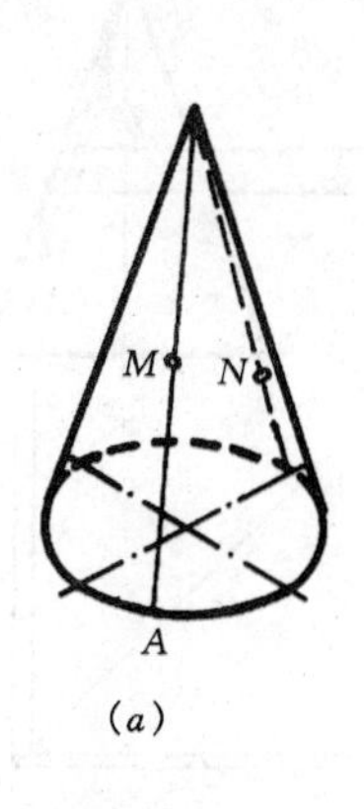

(a)

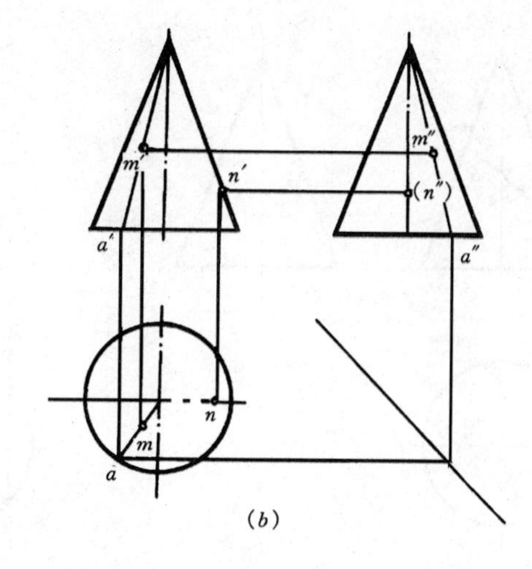

(b)

图 1-3-33 圆锥体表面上的点

(a) 直观图；(b) 投影图

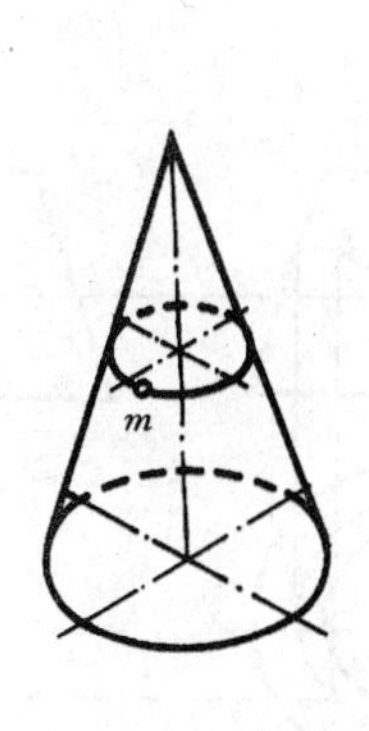

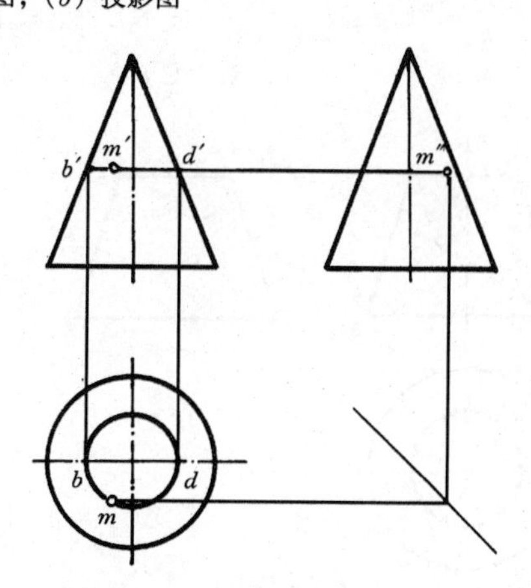

图 1-3-34 用纬圆法求圆锥体表面上的点

点 B 在右前侧面上，而点 A 在左前侧面上，它们均不在特殊素线上，用素线法或纬圆法作。图中采用素线法。用光滑的曲线将 A、B、C 三点连起来，注意 BC 线段的侧面投影不可见，用虚线表示。

（三）圆台表面上的点和线

由于圆台是由圆锥切割而成的，因此圆台表面上的点和线的作图方法应和圆锥表面上的点和线的作图方法一样，但因为圆台表面上的素线不易作出，因此在作图时，一般用纬圆法。

【例 3-6】 如图 1-3-36 求圆台表面上点和线的另两个投影。

点 K 在上底圆，上底圆为水平面，正面投影和侧面投影都积聚成为平行于 OX 轴和 OY 轴的线段，即两梯形的上底线段。过 K 作 OX 轴和 OY 轴的垂线与上底线交点即为 K 点的正面投影和侧面投影。

MN 线段为曲线，在中部取一点 L，L 是 MN 曲线与最前素线的交点。先作 L 的侧面投影，再作水平投影。M 在最左素线的最下方，其水平投影在圆台水平投影的最左方，侧面投影在圆台侧面投影中心线最下方。N 点是一般位置点，利用纬圆法作图，过 n' 作

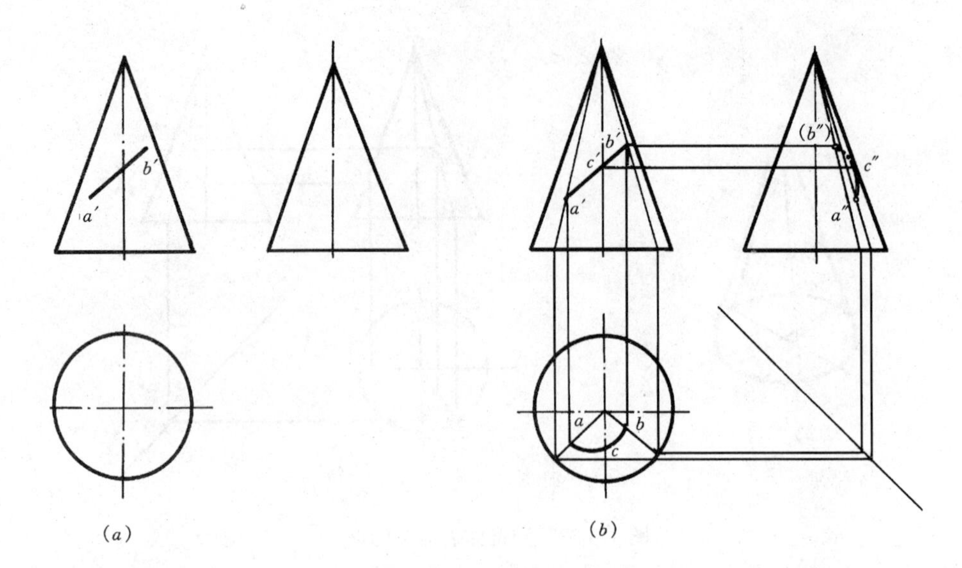

图 1-3-35　求圆锥体表面上的线段

（a）已知条件；（b）作线段的投影图

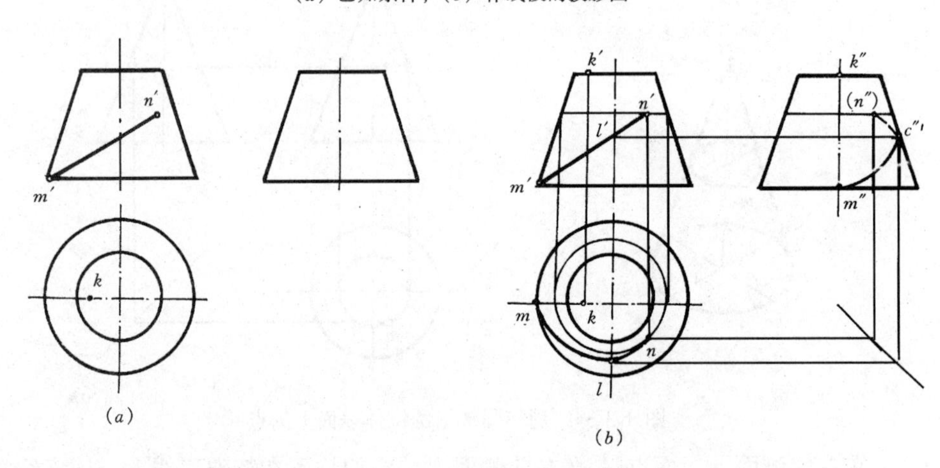

图 1-3-36　圆台表面上的点和线

（a）已知条件；（b）作点和线段的投影图

OX 轴平行线与圆台正面投影的最左、最右素线交于 a'，b' 两点，$a'b'$ 即为纬圆的正面投影，$a'b'$ 的线长是纬圆的直径，纬圆的水平投影是以圆台水平投影的圆心为圆心，以 $a'b'$ 为直径作的圆。过 n' 作 OX 轴垂线与纬圆水平投影的前半部分的交点即为 N 点水平投影，利用点的投影规律作出 N 点的侧面投影，该投影不可见，应加括号。将 ML、NL 的水平投影和侧面投影用光滑的曲线连起来。由于 N 点侧面投影不可见，LN 的侧面投影也不可见，用虚线连接。

（四）球体表面上的点和线

由于球体的素线为曲线，其表面上点和线的投影只能利用纬圆法求得。

如图 1-3-37 所示，球体表面上有 M、N、K 三点。

点 M 在平行于水平投影面的最大圆周上，也在球体的最前一点，所以其水平投影和侧面投影都在球体水平投影和侧面投影的最前方。

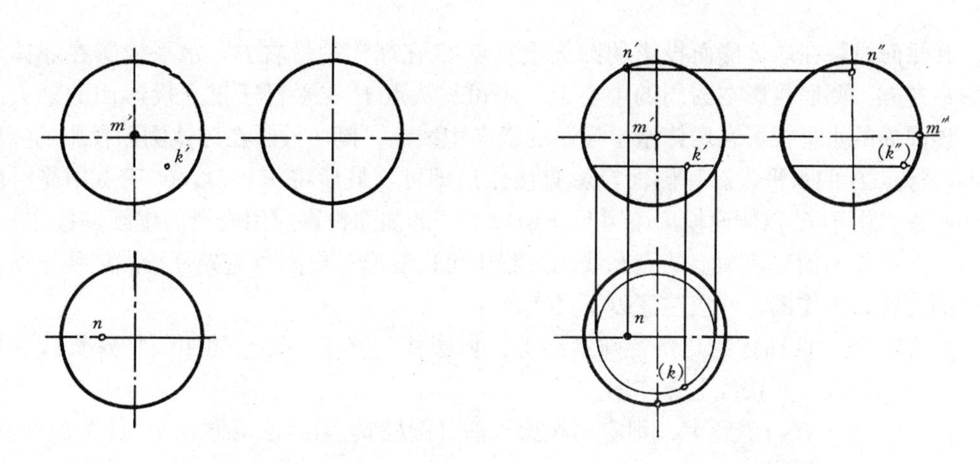

图 1-3-37　球体表面上的点

点 N 在球体水平投影平行于 OX 轴的中心线上，该中心线是球体上平行于正立面的最大圆周的水平投影，所以点 N 在球体上平行于正立面的最大圆周上（并在具左上位置），该圆周的正面投影是球体正面投影的圆，侧面投影在球体侧面投影平行于 OZ 轴的竖向中心线位置上。

点 K 在一般位置，且为球面的右前下方，可用纬圆法求得。纬圆的作图方法与圆锥体纬圆的作图方法完全相同，这里不再重叙。

【例 3-7】　如图 1-3-38，已知球体上点 A 和线段 BC 的一个投影，作另两个投影。

点 A 不在球体的三个特殊圆周上，在一般位置上，利用纬圆法求。以球体水平投影的圆心为圆心，以圆心到点 A 的水平投影（a）的距离为半径作圆，此圆即为过 A 点纬圆的水平投影，该水平投影与横向中心线交于 1 点和 2 点，过 1 点和 2 点作 OX 轴的垂线，延长与球体正面投影圆周下半部分（因为点 A 在球体下半部分）的交点 $1'$、$2'$。连 $1'$、$2'$即为纬圆的正面投影，点 A 的正面投影是过 a 作 OX 轴垂线与 $1'2'$的交点。利用 a 和 a'，可求得侧面投影 a''。

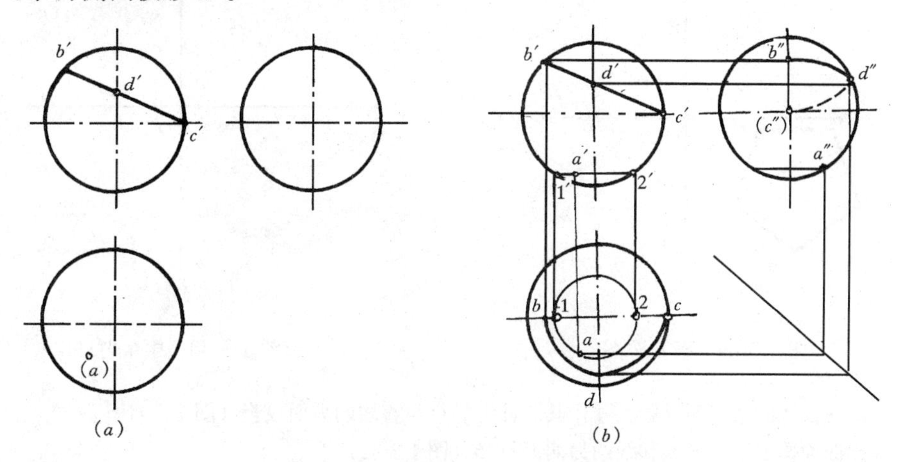

图 1-3-38　球体上的点和线段

（a）已知条件；（b）作球体表面上点和线段

作 BC 投影时，先在 BC 上取点 D，即 BC 与球体上平行于侧面投影的最大圆周的交点。其侧面投影在球体侧面投影的圆周上。点 C 在球体的最右方，水平投影在球体水平投影最右方，侧面投影在圆周的中心上，不可见。点 B 在平行于正立投影面的最大圆周上，该圆周的水平投影在球体水平投影的横向中线上，侧面投影在球体侧面投影的竖向中线上。将点 B 的水平投影和侧面投影直接作出即可。最后将 B、D、C 三点用光滑的曲线连起来。由于 C 点侧面投影不可见，所以 DC 的侧面投影应用光滑的虚线连接。

从上面作曲面体表面上的点和线的过程中可以看出，作图时应先分析点或线段所在曲面体的位置，再作图，并应注意以下几点：

1. 如果点在曲面体的几条特殊素线上，如圆柱、圆锥、圆台的四条特殊素线和球体上三个特殊圆周，则按线上点作图。

2. 如果点不在特殊线上，则应用积聚性法（圆柱）、素线法（圆锥）、纬圆法（圆锥、圆台和球体）作图。

3. 如为曲面体上的线段，为了作图准确，应在曲线首尾点之间取若干点（一般至少应在特殊线上取一点或中间取一点），用光滑曲线连起来，并判别可见性。

复习思考题

1. 什么叫基本几何体？分哪几类？举例说明。

2. 棱柱体、棱锥体的投影有什么特点？

3. 什么是母线？什么是素线？简述圆锥体是怎样形成的。

4. 基本几何体表面的点、线的可见性是如何判别的？

5. 什么是素线性？什么是纬圆法？各有什么适用范围？

6. 已知五棱柱高 20mm，底面与 H 面平行且相距 5mm，试作五棱柱的三面投影图（图 1-3-39）。

7. 已知正四棱锥体底面边长 15mm、高 20mm，底面与 H 面平行，相距 5mm，且有一底边与 V 面成 30°，试作此正四棱锥体的三面投影图（图 1-3-40）。

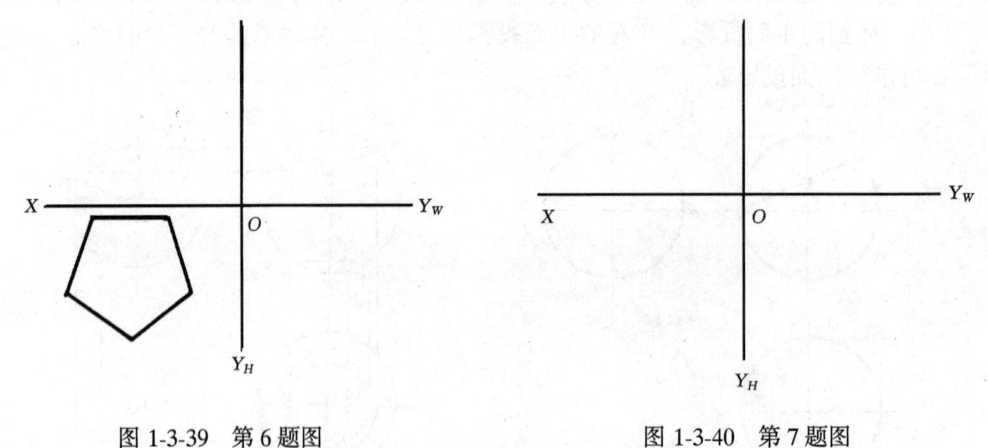

图 1-3-39　第 6 题图　　　图 1-3-40　第 7 题图

8. 补出曲面体的第三面投影，并作其表面上的点与直线的另面投影（图 1-3-41）。

9. 作出曲面体表面上的点和线的另两面投影（图 1-3-42）。

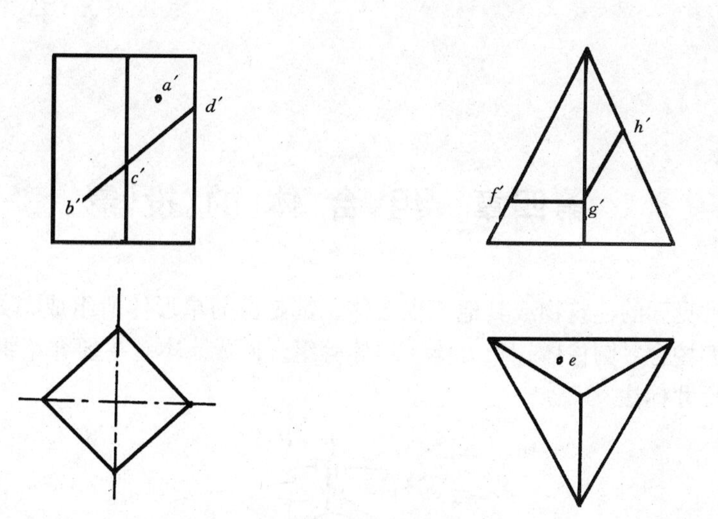

图 1-3-41　第 8 题图

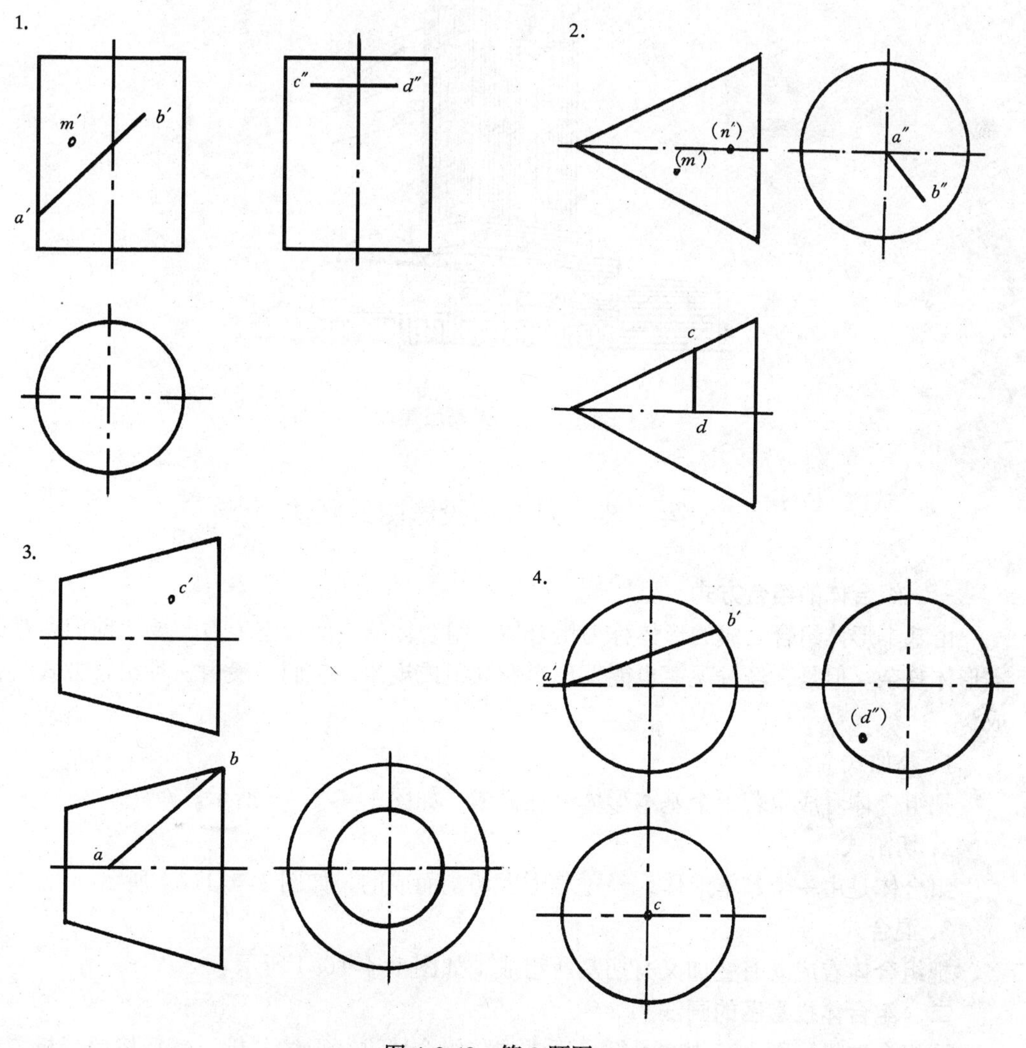

图 1-3-42　第 9 题图

第四章　组 合 体 的 投 影

我们日常见到的建筑物或其他工程形体，都是由简单形体所组成，如图 1-4-0 所示高层建筑是由四棱台、圆柱体、长方体、球体等组合而成。本章主要介绍组合体投影图的画法、识读及尺寸标注。

图 1-4-0　某高层建筑

第一节　组合体投影图的画法

一、组合体的组合方式

由基本形体组合而成的形体称为组合体。组合体从空间形态上看，要比前面所学的基本形体复杂。但是，经过观察也能发现它们的组成规律，它们一般由三种组合方式组合而成：

1. 叠加式

把组合体看成由若干个基本形体叠加而成，如图 1-4-1(*a*) 所示。

2. 切割式

组合体是由一个基本形体，经过若干次切割而成的，如图 1-4-1(*b*) 所示。

3. 混合式

把组合体看成既有叠加又有切割所组成，如图 1-4-1(*c*) 所示。

二、组合体投影图的画法

画组合体投影图也有规律可循，通常先将组合体进行形体分析，然后按照分析，从其

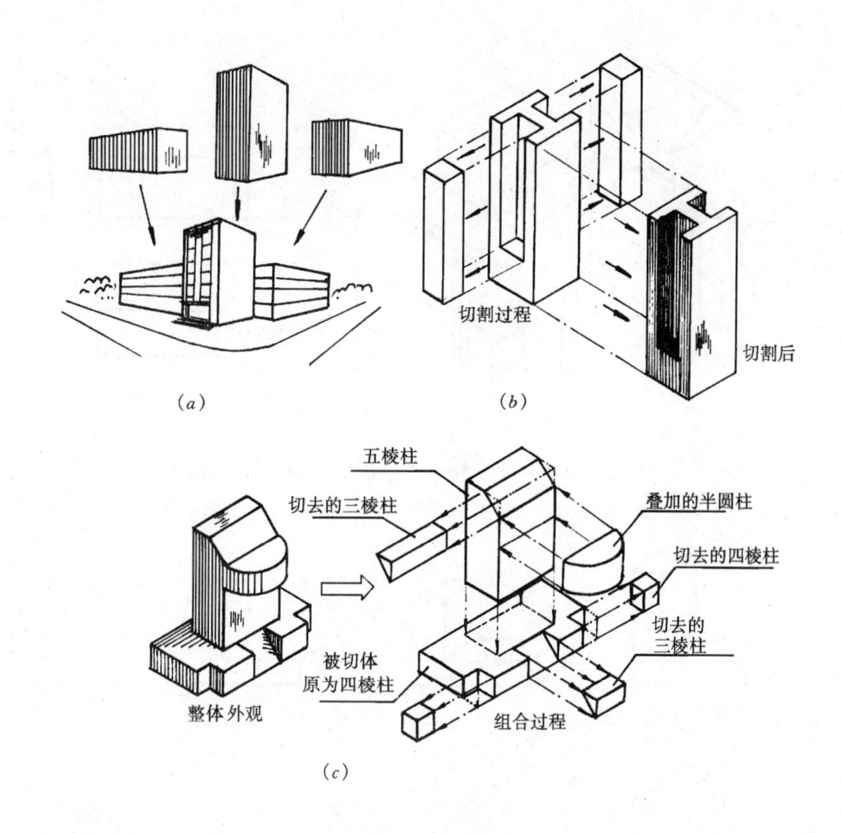

(*a*)　(*b*)　(*c*)

图 1-4-1　组合方式

(*a*) 叠加式组合体；(*b*) 切割式组合体；(*c*) 混合式组合体

基本体的作图出发，逐步完成组合体的投影。

(一) 形体分析

一个组合体，可以看成由若干基本形体按一定组合方式、位置关系组合而成。对组合体中基本形体的组合方式、位置关系以及投影特性等进行分析，弄清各部分的形状特征及投影表达，这种分析过程称为形体分析。

如图 1-4-2 所示为房屋的简化模型，从形体分析的角度看，它是叠加式的组合体：屋顶是三棱柱构成，屋身和烟囱是长方体，而烟囱一侧小屋则是由带斜面的长方体构成。位置关系中烟囱、小屋均位于大屋形体的左侧，它们的底面都位于同一水平面上。由图 1-4-2(*b*) 可见其选定的正面方向，所以在正立投影上反映该建筑形体的主要特征和位置关系，侧立投影反映形体左侧及屋顶三棱柱的特征，而水平投影则反映其组成部分前后左右的位置关系，如图 1-4-2(*c*) 所示。

值得注意的是有些组合体在形体分析的位置关系中为相切或平齐时，其分界处是不应画线的，如图 1-4-3 所示，否则与真实的表面情况不符。

(二) 确定组合体在投影体系中的安放位置

在作图前，需对组合体在投影体系中的安放位置进行选择、确定，以利于清晰、完整地反映形体。

1. 符合平稳原则

形体在投影体系中的位置，应重心平稳，使其在各投影面上的投影图形尽量反映实

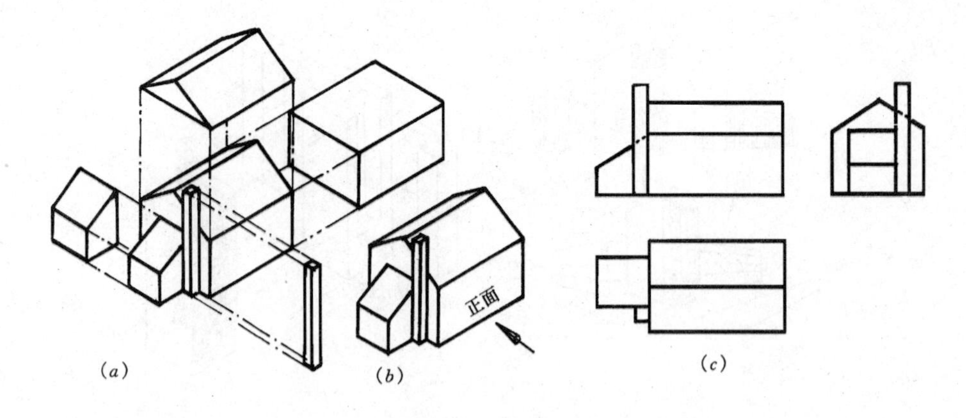

图 1-4-2　房屋的形体分析及三面正投影图

（a）形体分析；（b）直观图；（c）房屋的三面正投影图

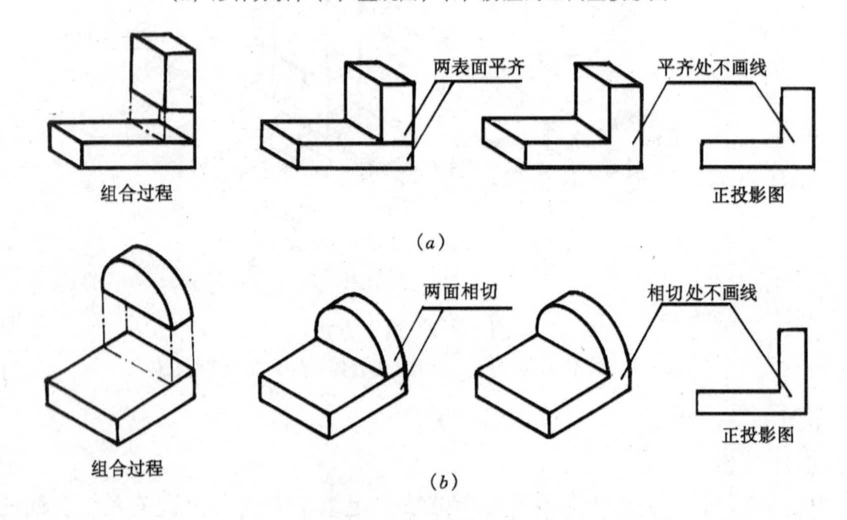

图 1-4-3　形体表面的平齐与相切

（a）表面平齐；（b）表面相切

形，符合日常的视觉习惯及构图的平稳原则。如图 1-4-2 所示的房屋模型，体位平稳，其墙面均与 V、W 面平行，反映实形。

2. 符合工作位置

有些组合体类似于工程形体，比如像建筑物、水塔等，那么在画这些形体投影图时，应使其符合正常的工作位置，以利理解，如图 1-4-4 所示为水塔的两面投影，不能躺倒画出。

3. 摆放的位置要显示尽可能多的特征轮廓

形体在投影体系中的摆放位置很多，但最好使其主要的特征面平行于基本投影面，而使其反映实形。通常我们把组合体上特征最明显（或特征最多）的那个面，平行正立投影面摆放，使正立投影反映特征轮廓。如建筑物的正立面图，一般都用于反映建筑物主要出入口所在墙面的情况，以表达建筑物的主要造型及风格。如图 1-1-2 所示的 V 投影，较好地反映了房屋正立面的主要特征。对于较抽象的形体，则将最能区别于其他形体的那个面，作为特征来确定，如三棱柱的三角形侧面，圆柱的圆形底面等。

（三）确定投影图的数量

确定的原则是：以最少的投影图，反映尽可能多的内容。如果特征投影选择合理，同时又符合组合体中基本形的表达要求，有的投影即可省略。如图 1-4-5 所示为混合式的组合体，它的底板是半圆柱圆孔和长方体组成，上部为长方体挖去半圆槽而成。对圆柱、圆孔形体一般只需两个投影即可表达清楚，但对长方体，则需三个投影。而对于该组合体来说，上部为长方体上挖去半圆槽，所以具有区别一般长方体的特征，所以该组合体只需两个投影图即可表达。

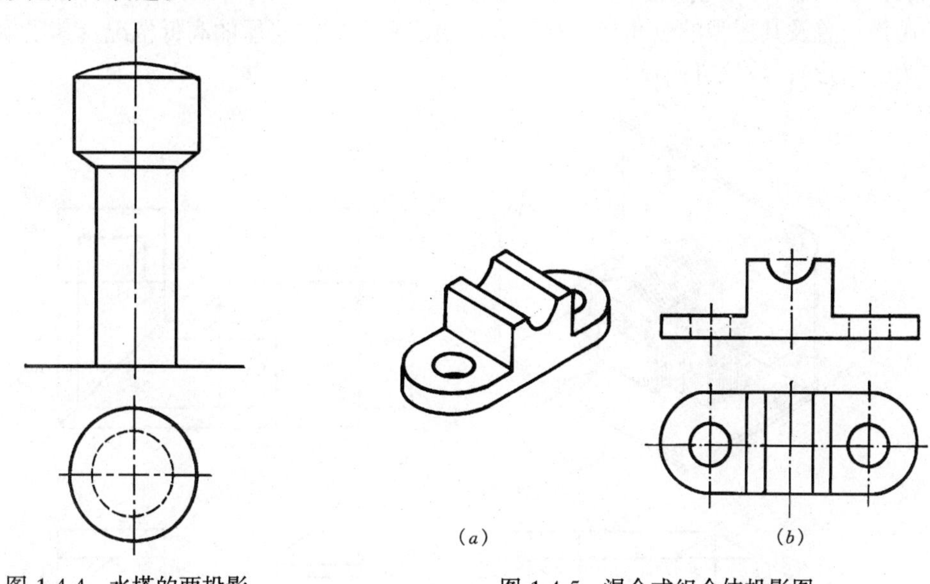

图 1-4-4　水塔的两投影

图 1-4-5　混合式组合体投影图
（*a*）直观图；（*b*）投影图

（四）选择比例和图幅

为了作图和读图的方便，最好采用 1∶1 的比例。但工程物体有大有小，无法按实际大小作图，所以必须选择适当的比例作图。当比例选定以后，再根据投影图所需面积大小，选用合理的图幅。

（五）作投影图

画组合体投影的已知条件有两种：一是给出组合体的实物或模型；二是给出组合体的直观图。不论哪一种已知条件，在作组合体投影时，一般应按以下步骤进行：

1. 对组合体进行形体分析；

2. 选择摆放位置，确定投影图数量；

3. 选择比例与图幅；

4. 作投影图。

其中作图步骤是：

（1）布置投影图的位置。根据组合体选定的比例、计算每个投影图的大小，均衡匀称地布置图位，并画出各投影图的基准线。

（2）按形体分析分别画出各基本形体的投影图。

（3）检查图样底稿，校核无误后，按规定的线型描深图线。

【例 4-1】 已知图 1-4-6(a) 的组合体，画出它的三面正投影图。

作图方法：

1. 形体分析

该组合体类似于一座建筑物，它由左、中、右三个长方体作为墙身，中间的屋顶为三棱柱，左右屋顶为斜四棱锥体，前方雨篷为 1/4 圆柱体的若干基本形体叠加而成。

2. 选择摆放位置及正立投影方向

摆放位置如图 1-4-6(a) 所示，其中长箭头为正立投影方向，因为该方向显示了中间房屋的雨篷位置及其屋顶的三角形特征，同时也反映了左右房屋的高低情况及其屋顶的特征（也为三角形），故该方向反映的特征最多。

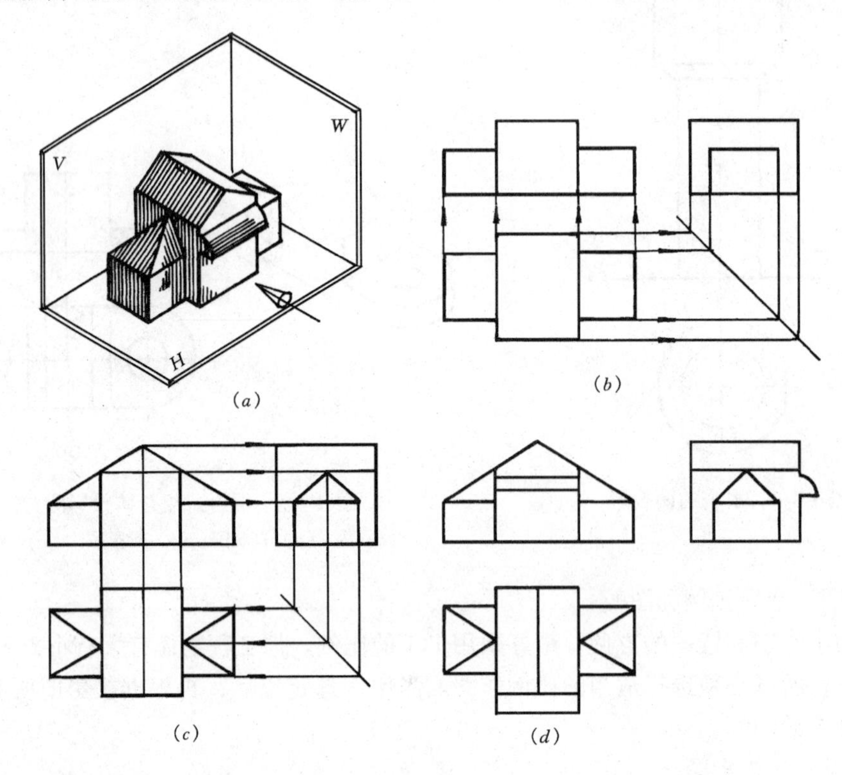

图 1-4-6 画组合体投影图

(a) 摆放位置；(b) 画墙身；(c) 画屋顶；(d) 画雨篷并完成全图

3. 作投影图（如图 1-4-6(b)、(c)、(d) 所示）

(1) 按形体分析，按叠加顺序画图。先画三组墙身的长方体投影。从 H 面开始画，再画 V、W 投影。

(2) 叠加屋顶的三面投影，从反映实形较多的 V 面投影开始，然后画 H 和 W 面投影。

(3) 画雨篷形体的三面投影，先从 W 投影开始，因为此投影上反映 1/4 圆柱的圆弧特征。

(4) 检查稿图有无错误和遗漏。

(5) 加深加粗图线，完成作图。

【例 4-2】 画出图 1-4-7(a) 所示组合体的三面投影图。

作图方法：

1. 形体分析

该组合体是由下方叠加两个高度较小的长方体，左方叠加一个三棱柱体；以及后方叠加长方体，同时在其略靠中的位置挖去一个半圆柱体及长方体后组合而成的组合体，属于既有叠加又有切割的混合式组合体。

2. 选择摆放位置及正立投影方向

摆放位置及正立投影方向如图 1-4-7(a) 所示，使孔洞的特征反映在正立投影上。

3. 作投影图

(1) 按形体分析先画下方两长方体的三投影。如图 1-4-7(b) 所示，先从 V 面投影开始作图。

(2) 画出后方长方体及挖去孔洞的三投影，如图 1-4-7(c) 所示。先作反映实形的 V 面投影，再作其他投影。

(3) 作出叠加左方三棱柱的三面投影，如图 1-4-7(d)。先作反映实形的 W 面投影，再作 H、V 投影，因 W 投影方向孔洞、台阶形轮廓均不可见，故用虚线表示。

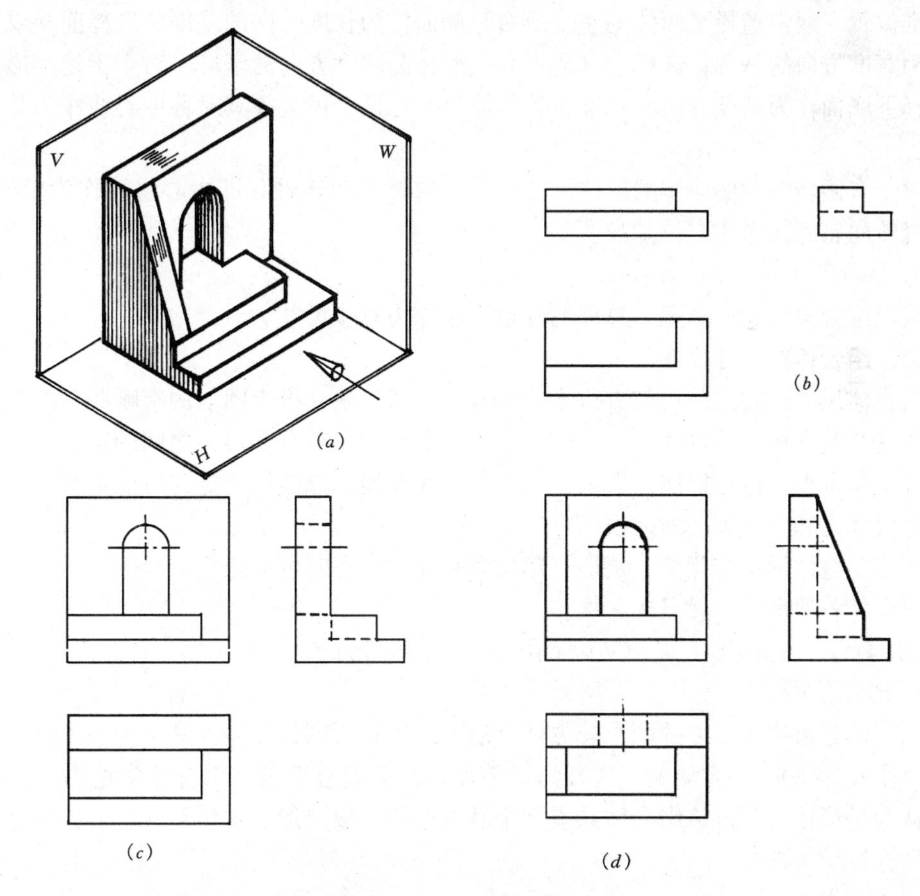

图 1-4-7 画组合体投影图

(a) 摆放位置；(b) 画下方长方体；(c) 叠加后方长方体并挖孔；

(d) 叠加左侧三棱柱，完成作图

(4) 检查并加深加粗图线，完成作图。

第二节　组合体投影图的尺寸标注

在实际工程中，没有尺寸的投影图是不能用于施工生产和制作的。组合体投影图也只有标注了尺寸，才能明确它的大小。

一、组合体尺寸的组成

组合体尺寸由三部分组成：定形尺寸、定位尺寸和总体尺寸。

1. 定形尺寸

用于确定组合体中各基本形体自身大小的尺寸称为定形尺寸。通常由长、宽、高三项尺寸来反映。这部分内容在第三章已有介绍。

2. 定位尺寸

用于确定组合体中各基本形之间相互位置的尺寸称为定位尺寸。定位尺寸在标注之前需要确定定位基准。所谓定位基准，就是某一方向定位尺寸的起止位置。

对于由平面体组成的组合体，通常选择形体上某一明显位置的平面或形体的中心线作为基准位置。通常选择平面体的左（或右）侧面作为长度方向的基准；选择前（或后）侧面作为宽度方向的基准；选择上（或下）底面作为高度方向的基准。对于土建类形体，一般选择下底面作为高度方向的基准；若形体有对称性，可选择其对称中心线作为某方向的基准。

对于有回转轴的曲面体的定位尺寸，通常选择其回转轴（即中心线）作为定位基准，不能以转向轮廓线作为定位基准。

3. 总体尺寸

确定组合体总长、总宽、总高的外包尺寸称为总体尺寸。

二、组合体的尺寸标注

组合体尺寸标注之前也需进行形体分析，弄清反映在投影图上的有哪些基本形体，然后注意这些基本形体的尺寸标注要求，做到简洁合理。各基本形体之间的定位尺寸一定要先选好定位基准，再行标注，做到心中有数，无遗漏。总体尺寸标注时注意核对其是否等于各分尺寸之和，做到准确无误。

由于组合体形状变化多，定形、定位和总体尺寸有时可以兼代。

组合体各项尺寸一般只标一次。

【例 4-3】　标注图 1-4-7(d) 所示组合体投影图的尺寸。

1. 形体分析

该形体是由位于下方的两个长方体、后方高度较大的长方体（其中挖去了 1/2 圆柱体和一个小长方体）、在左侧的三棱柱体经叠加切割后组合而成。组合体中挖去或切去的部分也认为是形体。所以该组合体共有六个基本形体。故定形、定位尺寸，需针对这六个形体分别标注。

2. 尺寸标注

(1) 标定形尺寸

尺寸标注一般按从小到大的顺序进行，并把一个基本形体的长、宽、高依次标完后，再标其他形体的尺寸，以防遗漏。

现从小形体开始标注：如 1/2 圆柱孔的定形尺寸为 V 面的 $R4$ 及 H 面的 6；长方孔高和长的定形尺寸为 V 面的 11 和 8（半圆孔直径），宽为 H 面上的 6；后方长方体的长和高为 V 面上的 28、27，宽也为 H 面上的 6。注意，在 W 面上三棱柱反映其高和宽，尺寸分别为 19 和 8，长在 V 面的对应线框内，尺寸为 3。其余小尺寸均为下方两长方体的定形尺寸，如图 4-2-1 所示。

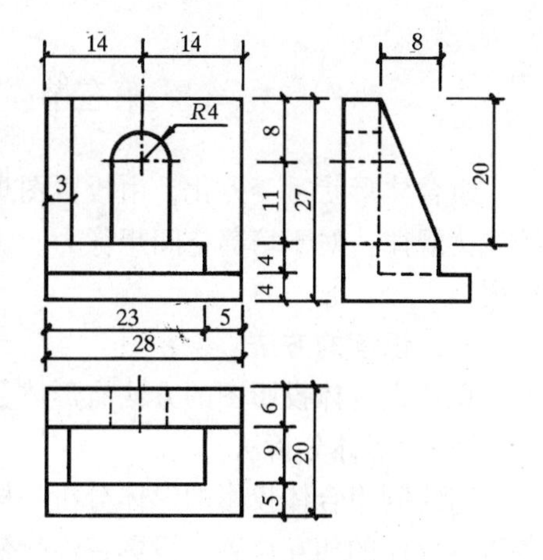

图 1-4-8　组合体的尺寸标注

（2）标定位尺寸

先定基准面：长度方向以形体左侧面、宽度方向以后侧面、高度方向以下底面作为定位尺寸的基准。

从图中看出：1/2 圆柱孔长度方向的定位尺寸为 V 面的 14，高度方向为 $11+2\times4=19$（间接定出），宽度方向因孔的后侧面与宽度基准重合而不需标注；长方孔的长、宽定位与圆孔相同，所不同的是高度定位尺寸为 V 面的 $4+4=8$（亦为间接定出）；后方长方体及下方长方体因其侧面与相应长宽高基准面重合，故不需标准定位尺寸。三棱柱的定位尺寸宽为 H 面上的 6，高为 V 面上的 $4+4=8$，长度方向定位尺寸因其左侧面与基准面重合不需标注。

（3）标总体尺寸

从图中可见，总长为 28、总高为 27、总宽为 20。

三、尺寸标注中的注意事项

尺寸标注合理、布置清晰，对于识图和施工制作都会带来方便，从而提高工作效率，避免错误发生，所以十分重要。在布置组合体尺寸时，除应遵守第一篇第一章第一节尺寸标注的有关规定外，还应做到以下几点：

1. 尺寸一般应布置在图样之外，以免影响图样清晰，所以，在画组合体投影图时，应注意适当拉大两投影图的间距。但有些小尺寸，为了避免引出标准的距离过远，也可标注在图内，如图 1-4-8 中的 $R4$ 和 3，但尺寸数字尽量不与图线相交。

2. 尺寸排列要注意大尺寸在外，小尺寸在内，并在不出现尺寸重复的前提下，尽量使尺寸构成封闭的尺寸链，如图 1-4-8 中 V 面上竖向的两道尺寸，以符合建筑工程图上尺寸的标注习惯。

3. 反映某一形体的尺寸，最好集中标在反映这一形体特征的投影图上。如图 1-4-8 中半圆孔及长方孔的定形尺寸，除孔深尺寸外，均集中标在了 V 面投影图上。

4. 两投影图相关的尺寸，应尽量标在两图之间，以便对照识读。

5. 为使尺寸清晰、明显，尽量不在虚线图形上标注尺寸。如图 1-4-8 中的圆孔半径 $R4$，注在了反映圆孔实形的 V 投影上，而不注在 H 面的虚线上。

6. 斜线的尺寸，采用标注其竖直投影高和水投影长的方法，如图 1-4-8 W 面上的 8 和 20，而不采用直接标注斜长的方法。

第三节　组合体投影图的识读

组合体形状千变万化，由投影图想象空间形状往往比较困难，所以掌握组合体投影图的识读规律，对于培养空间想像力、提高识图能力，以及今后识读专业图，都有很重要的作用。

一、识读的方法

识读组合体投影图的方法有形体分析法、线面分析法等方法。

（一）形体分析法

与绘制组合体投影的形体分析一样，此时分析投影图上所反映的组合体的组合方式，各基本形体的相互位置及投影特性，然后想象出组合体空间形状的分析方法，即为形体分析法。

一般来说，一组投影图中总有某一投影反映形体的特征要多些。比如正立面投影通常用于反映形体的主要特征，所以，从正立面投影（或其他有特征投影）开始，结合另两个投影进行形体分析，就能较快地想象出形体的空间形状。

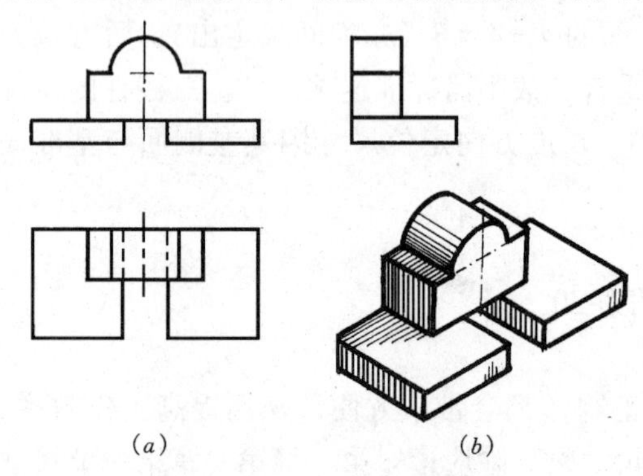

图 1-4-9　形体分析法
（*a*）投影图；（*b*）直观图

如图 1-4-9 所示的投影图，特征比较明显的是 *V* 面投影，结合观察 *W*、*H* 面投影可知，该形体是由下部两个长方体上叠加一个中间偏后位置的长方体（后表面与下部两长方体的后表面平齐），然后再在其上叠加一个宽度与中间长方体相等的半圆柱体组合而成。在 *W* 投影上主要反映了半圆柱、中间长方体与下部长方体之间的前后位置关系；在 *H* 投影上主要反映下部两个长方体之间的位置关系。综合起来就很容易地想象出该组合体的空间形状。

（二）线、面分析法

为了读懂较复杂的组合体的投影图，还需用另一种方法——线面分析法。它是由直线、平面的投影特性，分析投影图中线和线框的空间意义，从而想象其空间形状，想出整体的分析方法。这种方法在运用时，需用到本篇第二章所介绍的直线、平面的投影特性。

观察图 1-4-10(*a*) 所示，并注意各图的特征轮廓，可知该形体为切割体。因为 *V*、*H* 面投影有凹形，且 *V*、*W* 投影中有虚线，那么 *V*、*H* 投影中的凹形线框代表什么意义呢？经“高平齐”、“宽相等”对应 *W* 投影，可得一斜直线如图 1-4-10(*b*)。根据投影面垂直面的投影特性可知该凹形线框代表一个垂直于 *W* 面的凹字形平面（即侧垂面）。结合 *V*、*W* 面的虚线投影可知，该形体为顶面有侧垂面的四棱柱在后方中间切去一个小四棱柱后得到的组合体，如图 1-4-10(*b*) 中的直观图。

二、识读要点

识读投影图除注意运用以上方法外，还需明确以下几点，以提高识读速度及准确性。

（一）联系各个投影想象

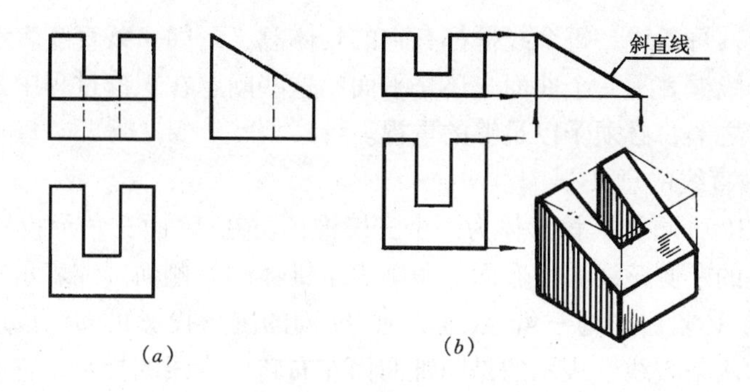

图 1-4-10　线面分析法

（a）投影图；（b）线面分析过程

要把已知条件所给的投影一并联系起来识读，不能只注意其中一部分。如图 1-4-11 所示，若只把视线注意在 V、H 上，则至少可得右下方所列的三种答案。

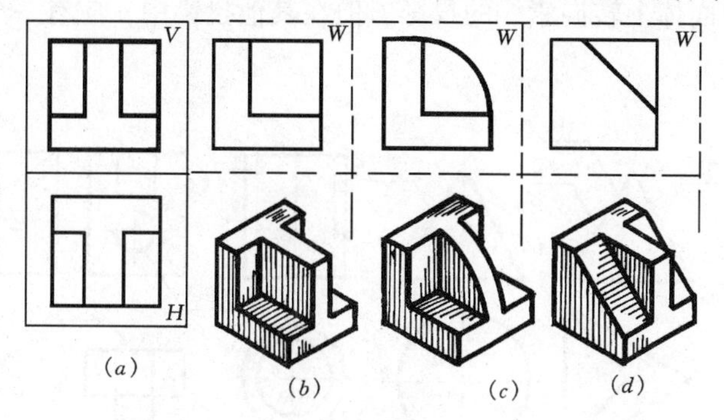

图 1-4-11　把已知投影联系起来看

（a）只注意 V、H；（b）答案 1；（c）答案 2；（d）答案 3

由于答案没有惟一性，显然不能用于施工制作。只有把 V、H 面投影和（b）、（c）、（d）中任何一个（作为 W 投影）联系起来识读，才能有惟一准确的答案。

（二）注意找出特征投影

图 1-4-12 所示的 H 投影，均为各自形体的特征投影（或称特征轮廓）。能使一形体区别于其他形体的投影，称为该形体的特征投影。找出特征投影，有助于想象组合体空间形状。

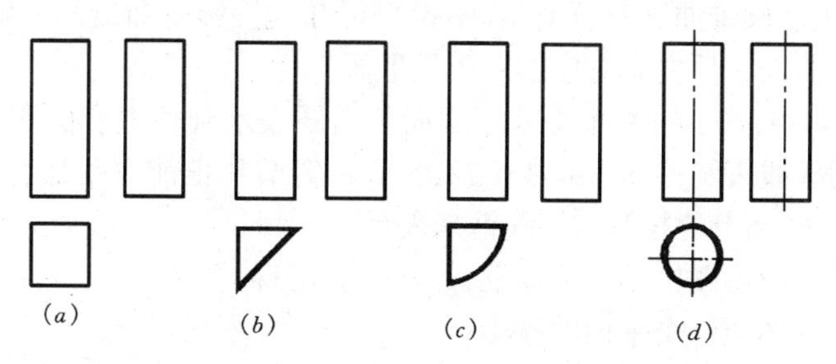

图 1-4-12　H 面投影均为特征投影

（a）长方体；（b）三棱柱体；（c）1/4 圆柱体；（d）圆柱体

（三）明确投影图中直线和线框的意义

在投影图中，每条线、每个线框都有它的具体意义。如一条直线表示一条棱线、还是一个平面？一个线框表示一个曲面、还是平面？这些问题在识读过程中是必须弄清的，是识图的主要内容之一，必须予以足够的重视。

1. 投影图中直线的意义

由图 1-4-13(a) 可知，该形体为一个三棱锥体，在 V 面三角形投影的两腰线中，左面一条表示锥体的左侧棱线，而右面一条则表示锥体的右侧面（或表示右前及右后侧棱）。图 1-4-13(b) 的 V 投影也为三角形，但对照 H 面的圆形投影可知，该形体为圆锥体，V 面三角形投影的两条腰线，表示的是圆锥曲面左右转向素线的投影，它既不是棱线也不是平面。

由上述可知，投影图中的一条直线，一般有三种意义：

(1) 可表示形体上一条棱线的投影；

(2) 可表示形体上一个平面的积聚投影；

(3) 可表示曲面体上转向素线的投影，但在其他投影中，应有一个具有曲线图形的投影。

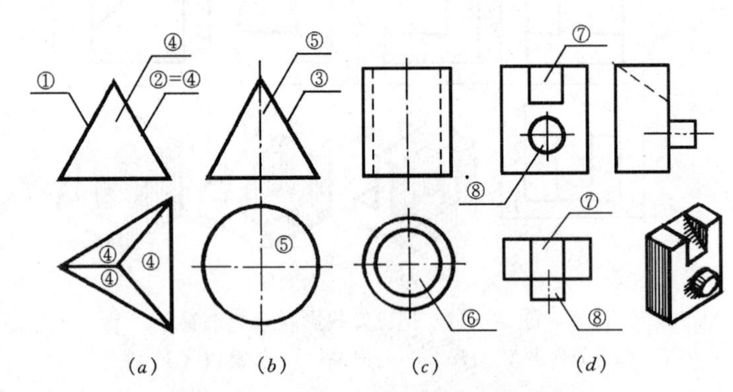

图 1-4-13　投影图中线和线框的意义

(a) 三棱锥体；(b) 圆锥体；(c) 圆筒体；(d) 带有槽口并叠加圆柱的形体

① 棱线的投影；② 平面的积聚投影；③ 曲面体转向线的投影；④ 平面的投影线框；⑤ 曲面的投影线框；⑥ 孔洞的投影；⑦ 槽口的投影；⑧ 叠加体的投影

2. 投影图中线框的意义

图 1-4-13(a)、(b) 中 V 面投影的线框均为三角形，可前者表示平面（前侧面及后侧面），而后者则表示圆锥曲面；再对应 H 投影可知，投影有曲线的，则其对应的 V 投影线框肯定是圆锥曲面，反之其对应的一般是平面。

再观察图 1-4-13(c) 的两面投影，H 面的内圆表示圆柱上有圆孔的投影，圆孔在 V 上不可见，故用虚线表示；图 1-4-13(d) 表示有斜槽和正前方叠加有圆柱的组合体投影图，它们在 V、H 面上的投影均用线框来表示。

由上述可知，投影图中的一个线框，一般也有三种意义：

(1) 可表示形体上一个平面的投影；

(2) 可表示形体上一个曲面的投影，但其他投影图应有一曲线形的投影与之对应；

(3) 可表示形体上孔、洞、槽或叠加体的投影。

然而，一条直线、一个线框在投影图中的具体意义，还需联系具体投影图及其投影特性来分析才能确定。

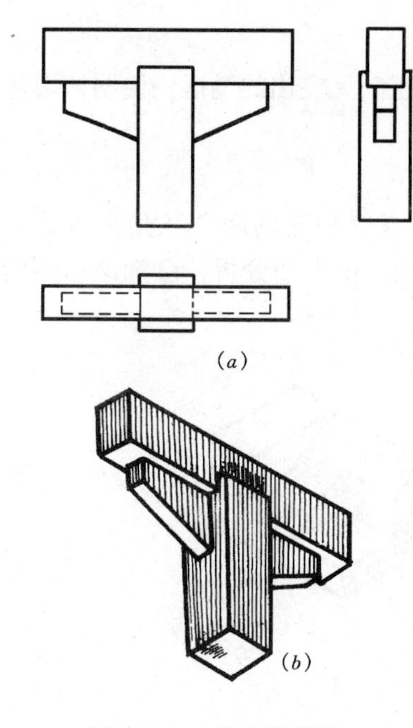

图 1-4-14 柱头的投影
（*a*）投影图；（*b*）仰视直观图

三、识图步骤

1. 认识投影抓特征

大致浏览已知条件有几个投影图，并注意找出特征投影。如图 1-4-14 所示柱头的投影有三个：*V* 面投影反映了柱头构造的主要特征，上部为梁、下部为柱，梁下的梯形部分为梁托，*H*、*V* 投影反映了这些构件间的位置关系。

2. 形体分析对投影

注意特征投影后，就着手形体分析。首先注意组合体中各基本形体的组成、表面间的相互位置怎样。如图 1-4-14 所示柱头各构件均为四棱柱体，叠加组合时以柱子为中心，上部为大梁，左右为梁托，柱子与其他构件的前后表面不平齐，所以在 *H*、*V* 投影上梁托与梁的前后表面投影与柱身的投影不重合，空间有错落，*H* 面上梁托不可见，用虚线表示。然后利用“三等关系”对投影，检查分析结果是否正确。

3. 综合起来想整体

对于图 1-4-14 的投影经以上两步的分析，即可想象出图中所给出的立体形状了。

形体的投影图比较复杂、较难理解时，就需进行线面分析。

4. 线面分析解难点

即用线面分析法对难理解的线和线框，根据其投影特性进行分析，同时根据本节提出的线和线框的意义进行判断和选择，然后想出形体细部或整体的形状，如图 1-4-10 所示的分析过程就是一个例子。现再举例说明。

【例 4-4】 识读图 1-4-15 的三投影图，想出其空间形状。

识读过程如下：

(1) 认识投影抓特征

从三投影的外轮廓看，形体无明显特征，三个投影的外轮廓均为矩形线框，所以由此联想的形体仅为长方体。如图 1-4-16 所示。然而，各投影图内部还有很多线框，尚需经过形体分析、线面分析才能确定。

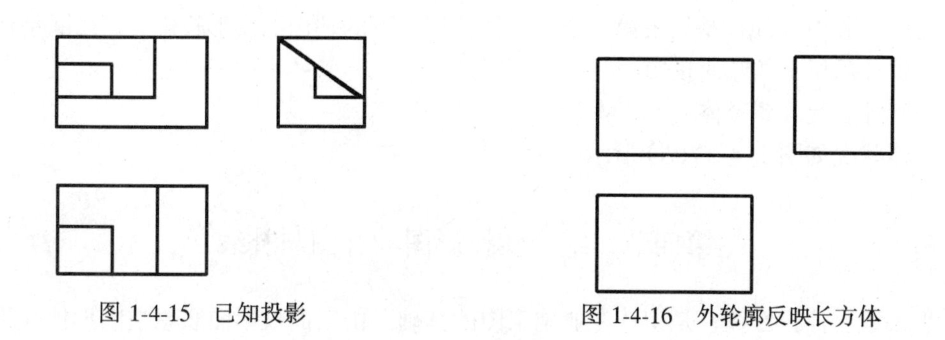

图 1-4-15 已知投影　　图 1-4-16 外轮廓反映长方体

(2) 分析形体对投影

各投影图内均有不同形状的线框，而外轮廓却平直方正，无突出的线框，说明该形体是长方体经切割若干次后形成的较复杂的形体。

(3) 线面分析攻难点

细看投影图中各线框可发现，W 投影上的斜直线及与它相连的两个三角形 S''、t''（见图 1-4-17(a) 中的 W 投影），是内部线框中的主要特征。由上面分析，已知该形体为

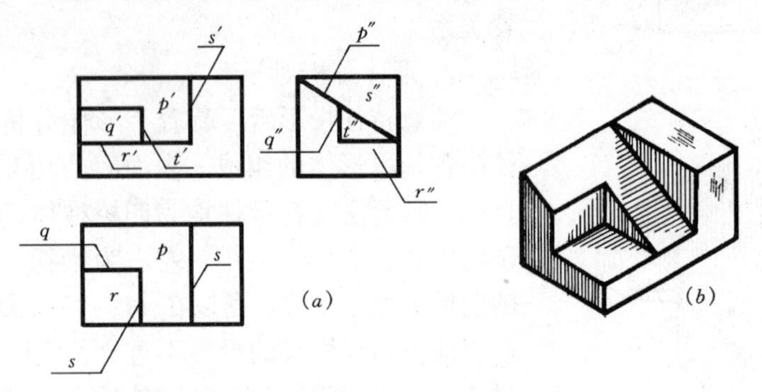

图 1-4-17　线面分析及直观图

(a) 线面分析；(b) 直观图

切割长方体得到的，所以 W 面上的两个三角形线框，有可能是切去两个三棱柱、或切去两个三棱锥、或切去一个三棱柱和一个三棱锥的投影。看来，切去三棱锥的情况是不可能的，因为在 V、H 面投影内无三角形线框的投影与之对应，所以，形体最终只能是切去两个三棱柱（长度小于长方体的长度），W 面投影上的两个三角形线框即为其特征。

具体线面分析如下（如图 1-4-17(a) 中的标注）

W 面上的斜直线（记作 p''）是形体切去一个三棱柱后的一个表面的积聚投影，对应的 V 面投影是“┓”线框 p'，再对应 H 面投影也为“┓”形线框（记作 p）。故由投影特性，可知 P 面为侧垂的“┓”形平面。

W 面上的竖向短直线 q''，经高平齐对 V 面得“▭”形线框 q'，以宽相等对 H 面投影得一水平短线 q，所以据投影特性可知，为一“▭”形的正平面。

W 面内的横直线 r''，向 V 对投影可得一横直线 r' 与之平齐，经 r'' 向 H 面对投影则有一矩形线框 r 与之“宽相等”，而 r 和 r' 也能“长对正”。所以 W 面 r'' 也代表一个平面，且为矩形水平面。

W 面内的两个三角形线框 s''、t''，经对投影，也都符合侧平面的投影特性，读者可自行对应。其中 s'' 线框是切去第一个大三棱柱后留下的端面的实形投影，t'' 线框是切去第二个三棱柱后留下的端面投影。

(4) 综合起来想整体

立体状况如图 1-4-17(b) 所示。

第四节　组合体投影图的补图与补线

识读组合体投影图，是识读专业施工图的基础。由三面投影图联想空间形体是训练识

图能力的一种有效方法。但也可通过给出两面投影补画第三投影（简称补图或知二求三）；或给出不完整的有缺线的三面投影，补全图样中图线的方法（简称补线），来训练画图和识图能力。

补图或补线过程中所用的分析方法，仍是形体分析法和线面分析法，或通过画轴测图帮助构思的方法。但它们与给出三投影图的识图过程比较，在答案的多样性、解题的灵活性以及投影知识的综合应用上，都将有所加大。

无论是补图还是补线，都是基于点、直线、平面及基本形体投影特性的熟练掌握基础上的。

一、补图

【例 4-5】 识读图 1-4-18(a) 的两面投影，补出 H 面投影。

(一) 识读

1. 粗看已知投影图，最醒目的是在 V 上有半圆曲线，结合 W 上虚线分析，可知为形体下部挖去了一个半圆柱体。再注意其他外轮廓投影，可知形体是由长方体切去左、右下方两个三棱柱及正下方的半圆柱体，又在上方叠加了一前一后的两长方体而成，如图 1-4-18(b) 所示。

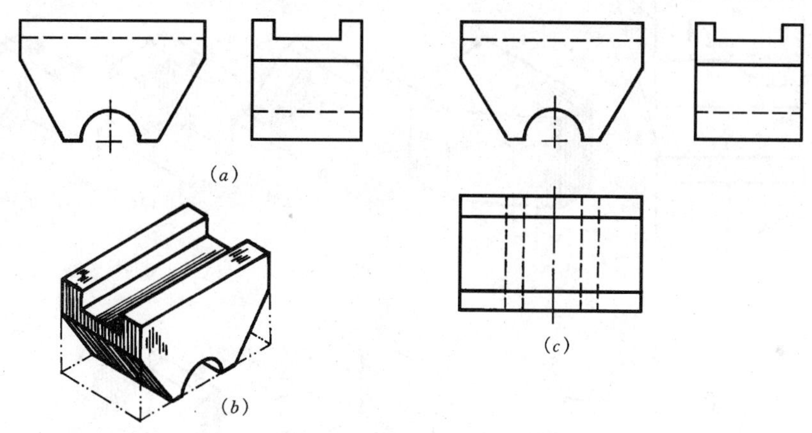

图 1-4-18 由两面投影求第三面投影

(a) 已知的两面投影；(b) 直观图；(c) 补出 H 面投影后的三面投影

2. 在线面分析时，一般先从斜线、曲线等有显著特征的投影开始。本例 V 面上的斜直线，是切去左右两角以后的侧表面的积聚投影，该平面的形状，经对应 W 投影可得一矩形线框。所以，V 面投影中左右下方的两条斜直线代表的是两个矩形正垂面。根据正垂面的投影特性，还需在 H 面上对应画出框形线框。V 面半圆曲线代表正垂位置的半圆柱曲面的积聚投影，所以，在 H 面上的对应位置还应画上圆柱面的矩形投影（中间靠点划线的两虚线)。上方两长方体的位置特征在 W 上反映，在 H 面作出的将一个“目”字形实线线框，如图 1-4-18(c) 所示。

(二) 补图——画出 H 面投影

1. 先画未切割时的长方体 H 投影；

2. 再画切去左、右两角以后形成两正垂面的矩形线框，以及底部半圆槽的矩形线框(用虚线表示)；

3. 最后画出上部叠加长方体后的 H 投影；

4. 检查后加深加粗图线，画出半圆槽的中心线，如图 1-4-18(*c*) 所示。

【例 4-6】 已知形体 V、H 投影，如图 1-4-19(*a*) 所示，完成其 W 投影。

(一) 识读

1. 根据 V、H 投影的外轮廓可想出如图 1-4-19(*b*) 所示的五棱柱体，它是由长方体切去左前角而成，但这仅仅是外部特征。

2. 进一步对投影、分析形体，可知该形体为既有叠加又有切割的混合式组合体。

首先组合体中的下方形体是个有斜面（反映在 V 面是一条斜线）的五棱柱体，后方叠加了一个长方体，右前上方又叠加一个既像三棱柱又像长方体，或者还可能是有圆柱曲面的三棱柱体，有这么多答案的原因是已知该位置的两投影都没有明显的特征。对于本题三棱柱、有圆柱曲面的三棱柱是正确的，对于这部分投影线框，至少有两个答案，如图 1-4-19(*c*) 所示。对多答案的投影，一般选择常人容易联想的、尽量简单的那个答案，所以，对于该部分形体则选三棱柱为最终答案。

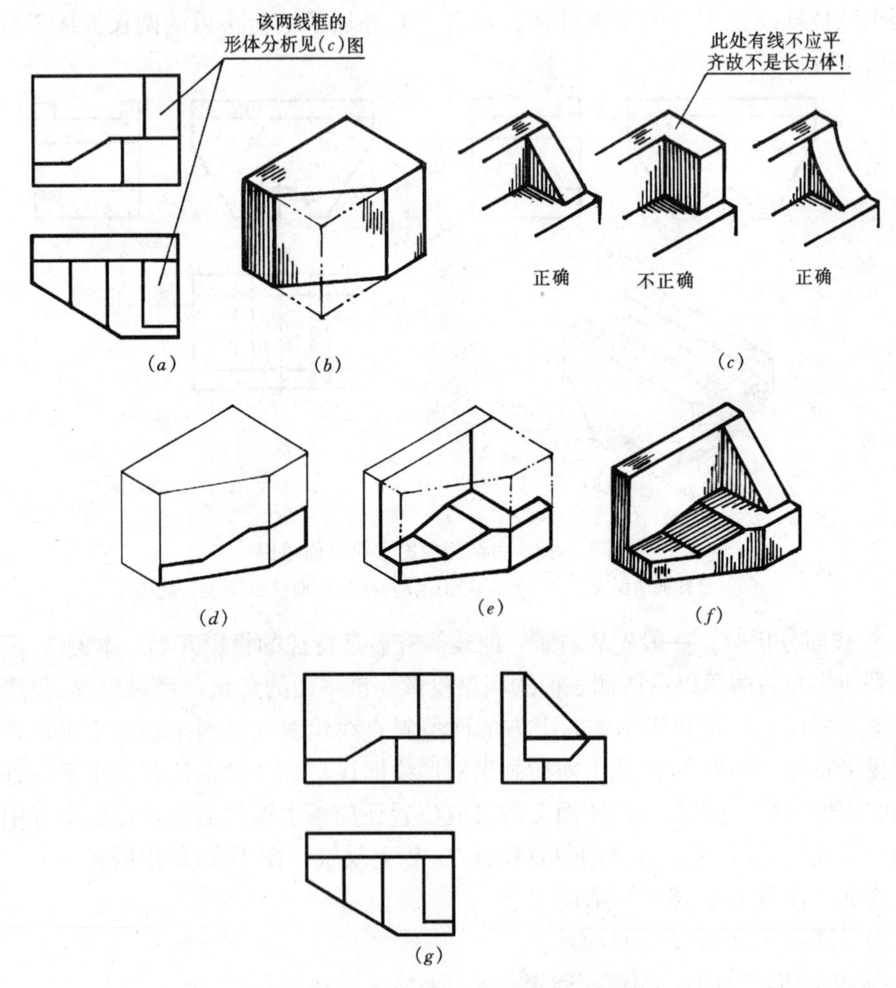

图 1-4-19 已知两面投影求第三面投影

(*a*) 已知两面投影；(*b*) 抓特征：五棱柱；(*c*) 右前方形体的分析；(*d*) 下方形体前表面的直观图；(*e*) 下方形体与后部上方形体的直观图；(*f*) 整体外观；(*g*) 补出 W 面后的三面投影

3. 进行线面分析。由 H 面中的斜直线对 V 面投影的相应线框，可得其为铅垂位置的六边形平面，所以根据铅垂面的投影特性，在 W 面的对应位置上，也应有一个六边形的投影线框。同理，V 面上的斜直线经对应 H 面投影可知，该斜直线代表一个梯形的正垂面，所以根据正垂面的投影特性，在 W 面对应位置上也应画一个梯形线框。立体的想象过程如图 1-4-19(d)～(f) 所示。这种想象过程，相当于把某个投影面的正投影图，平移后画到了形体外轮廓直观图上，然后按已知条件及分析出的结论，向内部切割或进行叠加，帮助在较短时间内想出该立体的形状，这种方法称移图法。

4. 结合图 1-4-19(c) 中的选择，可想出该组合体的整体形状，如图 1-4-19(f) 所示。

（二）补图

1. 先画图 1-4-19(b) 外轮廓形体的 W 投影

2. 再由下向上画出六边形和梯形线框。

3. 最后画出左前上方三棱柱的三角形线框，并擦去多余图线。

4. 检查后加深加粗、完成作图，如图 1-4-19(g) 所示的 W 投影。

由以上举例可知，由两投影求第三投影，答案有时不止一个。如图 1-4-20(a) 所示，由 V、W 投影求 H 投影时，图中列出了三种答案。对于多解题目的处理原则是：

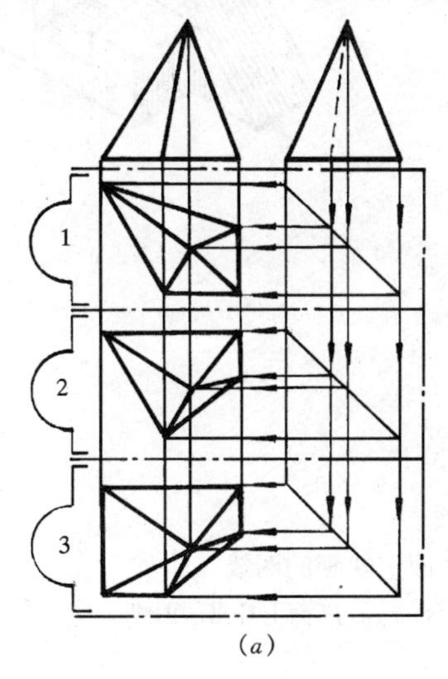

(a)

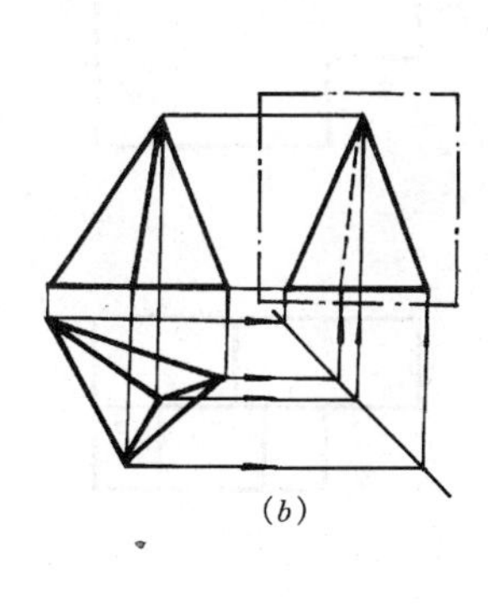
(b)

图 1-4-20　棱锥体的多种答案

(a) 棱锥体的多种答案；(b) 由 V、H 投影补 W 投影，答案容易确定

1. 只要符合投影关系（长对正、高平齐、宽相等），任一种答案均可。

2. 土建类形体优先考虑。

3. 直线的意义按平面的积聚投影→棱线的投影→曲面体转向轮廓线的投影的顺序考虑，答案必在其中。

4. 如果两已知投影都是平面的积聚投影时，往往其形状的确定成了难点。如图 1-4-20(a) V、W 投影中三角形底边线，无疑是代表一个水平面，但它的答案至少想出三种，一般以选择简单的为好。如果像图 1-4-20(b) 给出 V、H 面投影时，求 W 面投影比较容易且答案也是惟一的，原因是 H 面反映了底面的形状特征。

补图是识图的练习方法，不是生产图，故局部多解的情况时常遇到，如无特殊要求，一般只答一解。

二、补线

【例 4-7】 试补出图 1-4-21(a) 所示 H 面投影图上缺画的图线。

(一) 分析

观察 V 面外轮廓可知，形体是带有正垂面（斜直线表示）的四棱柱体，再看 W 面外轮廓可知，在四棱柱前，还有一个高度较小的长方体，中间横向有一条虚线。再对应 V 面可见，该长方体中间上方切去一个小长方体，形成一个凹字形槽口。

由此可见，V 面的斜直线是代表一个矩形的正垂平面，因为 W 面上对应的投影是一个矩形线框，所以在 H 面投影上也应对应画出一个类似的矩形线框，前方形体 V 投影。为凹字形的折线，即有三个水平面及两个侧平面，所以 H 面上对应位置是三个矩形线框，呈“四”字形，直观图如图 1-4-21(b) 所示。

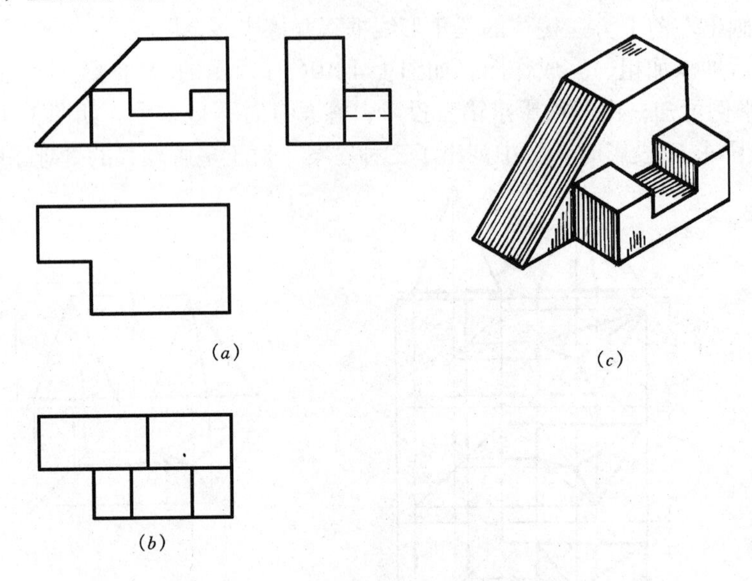

图 1-4-21 补出 H 面上缺画的图线

(a) 已知条件；(b) 直观图；(c) 在 H 面上补出的图线

(二) 补线

1. 根据以上分析，先画后方四棱柱上正垂面的 H 面投影，它是一个矩形线框；
2. 画出前方开槽形体的 H 面投影，它是一个“四”字形线框。
3. 检查并深加粗，完成作图，如图 1-4-21(c) 所示。

复 习 思 考 题

1. 什么叫做组合体？组合体的组合方式有几种？
2. 画组合体投影图时有哪些主要步骤？
3. 什么是形体分析法和线面分析法？
4. 组合体应标注哪三类尺寸？标注尺寸时应注意哪些问题？
5. 由直观图画形体的三面正投影图，比例 1:1，不标尺寸，题图如图 1-4-22 所示。
6. 已知组合体的两面投影，完成其第三面投影，题图如图 1-4-23 所示。

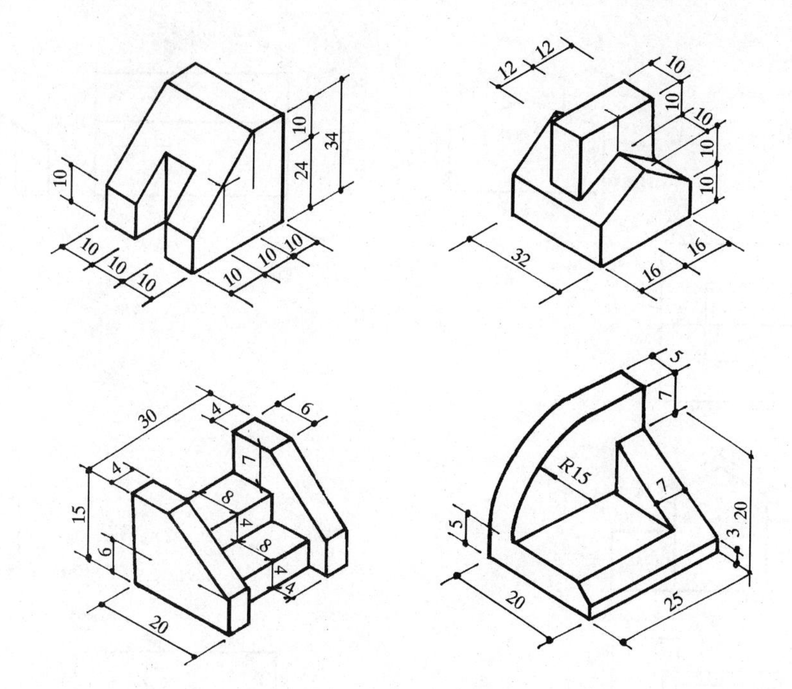

图 1-4-22　第 5 题图

7. 已知建筑形体的两面投影（图 1-4-24），试完成其第三面投影。

8. 根据直观图补绘投影图中缺画的图线，题图如图 1-4-25 所示。

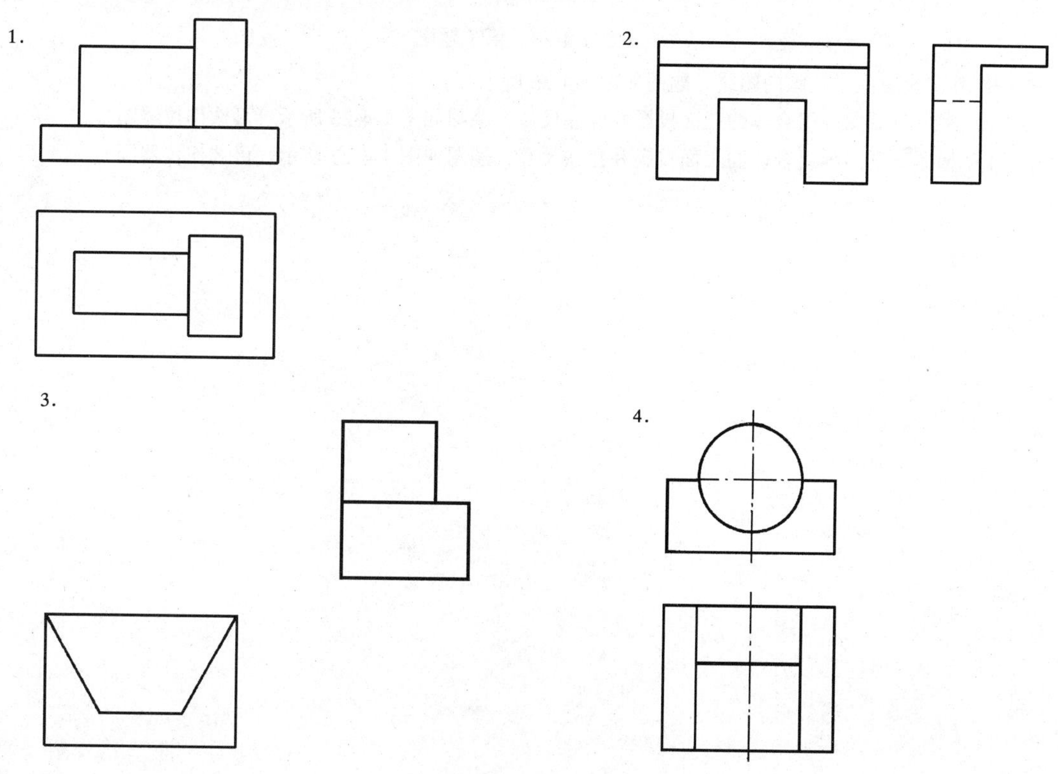

图 1-4-23　第 6 题图

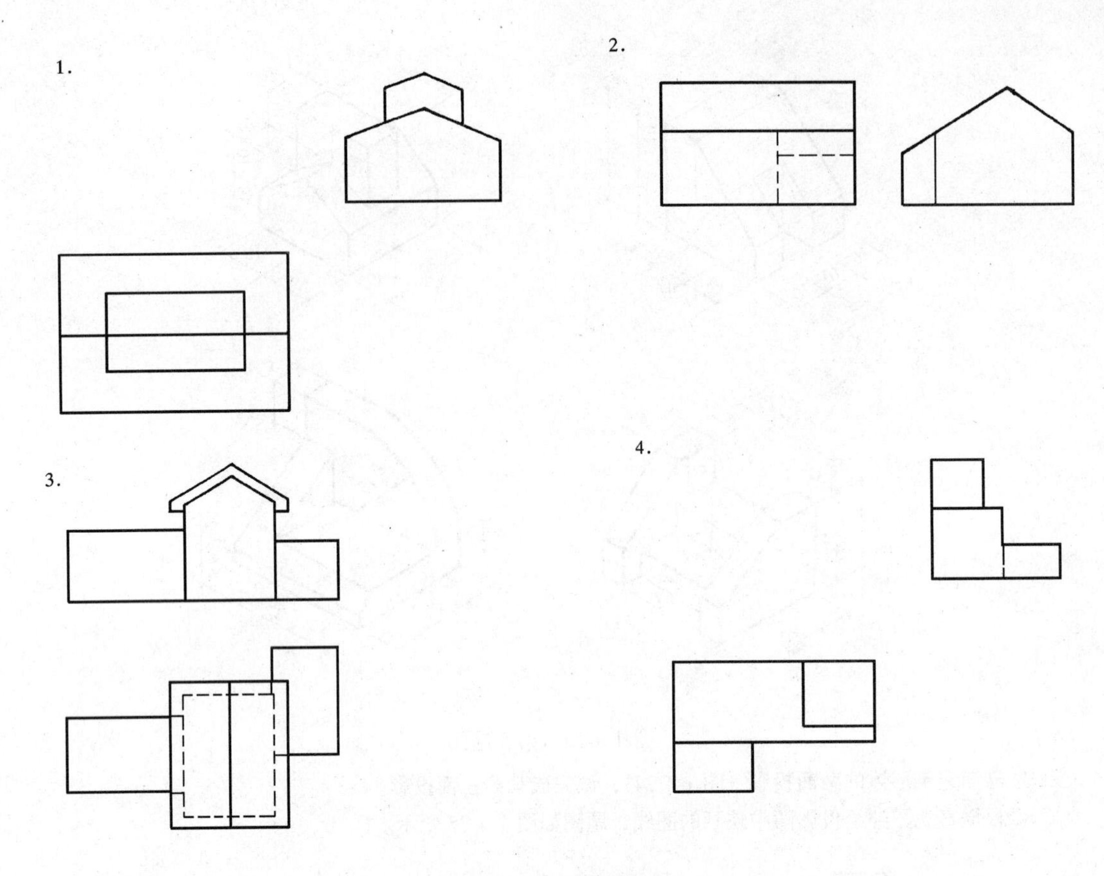

图 1-4-24　第 7 题图

9. 补出投影图中缺画的图线，题图如图 1-4-26 所示。

10. 根据直观图画组合体的三面投影并标注尺寸，题图如图 1-4-26 所示（可选作仪器图）。

11. 根据直观图画组合体的三面投影并标注尺寸，题图如图 1-4-27 所示（可选作仪器图）。

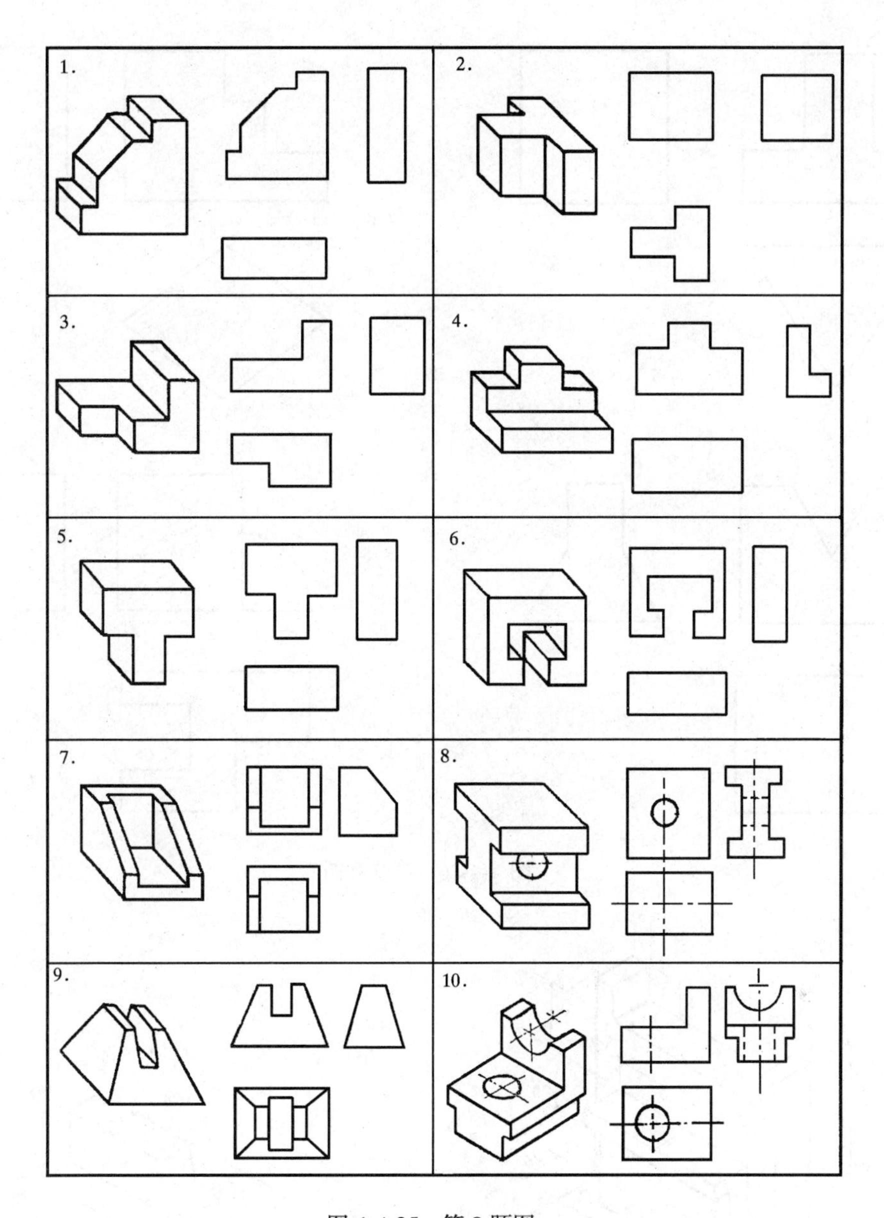

图 1-4-25　第 8 题图

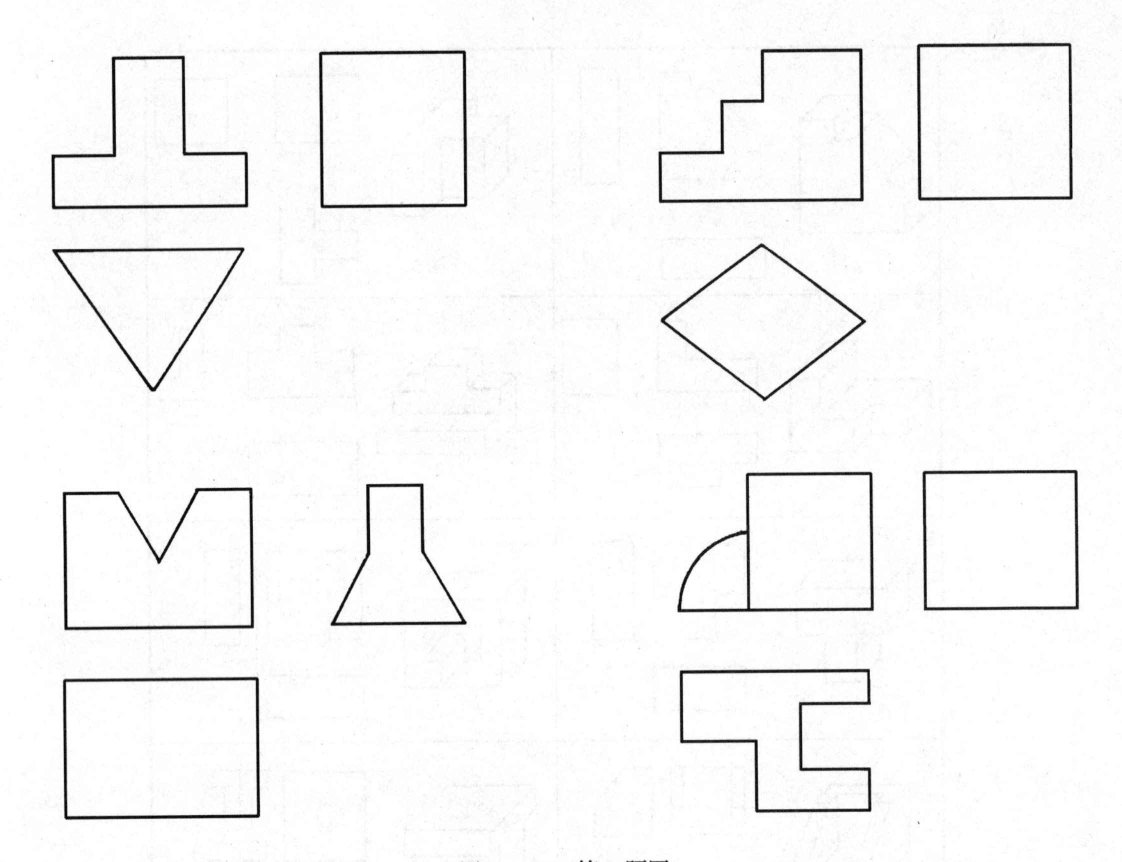

图 1-4-26　第 9 题图

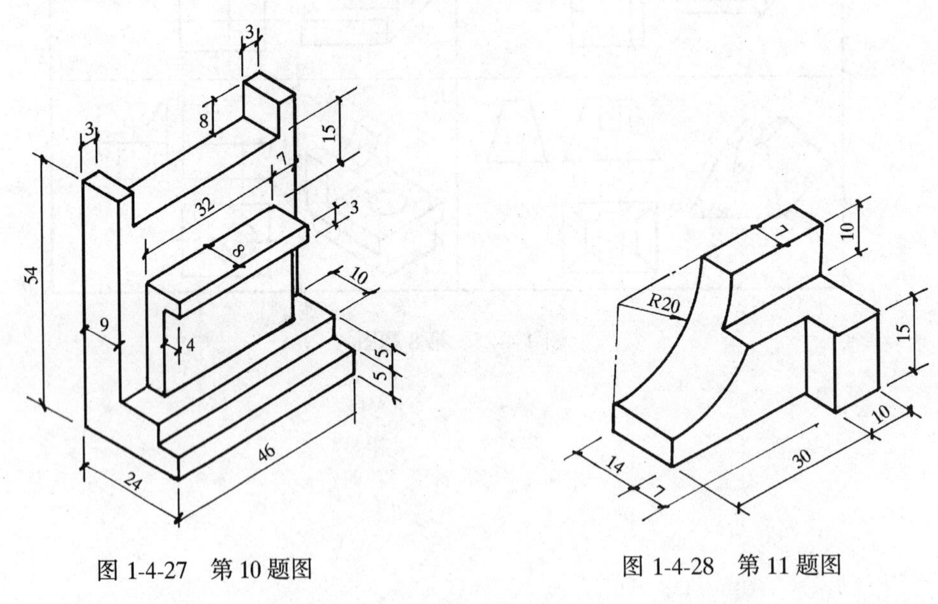

图 1-4-27　第 10 题图　　　图 1-4-28　第 11 题图

第五章　轴　测　投　影

从前面讲的投影知识我们知道，正投影的每个投影只能反映形体的两个尺度，要想表达一个完整的形体，必须用两个或两个以上的图形，识读时需要将这几个投影图用正确的方法联系起来，才能想象出其空间形状。所以正投影虽然具有能够完整、准确地表达形体形状的特点，但其图形的直观性差，识读较难。为了便于读图，在工程图中用一种具有立体感的投影图来表达形体，作为辅助图样，这样的图称为轴测投影图，简称轴测图，如图1-5-1所示。

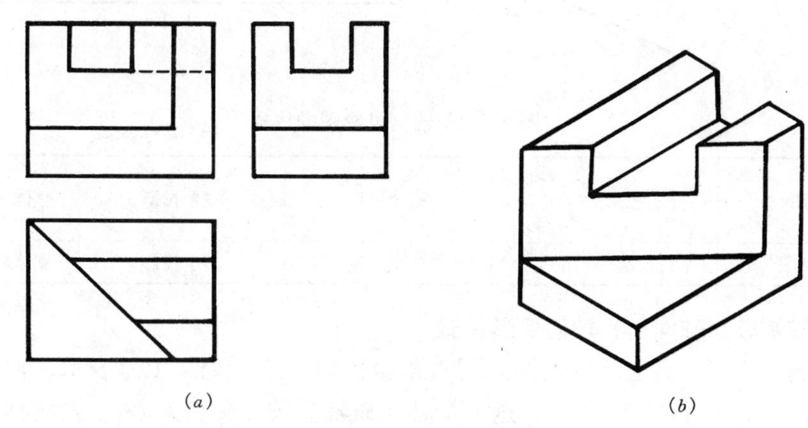

图1-5-1　形体的正投影图和轴测投影图
（a）正投影图；（b）轴测

第一节　轴测投影图的形成与类型

一、轴测图的形成

如图1-5-2所示，在作形体投影图时，选取适当的投影方向将形体连同确定形体长、宽、高三个尺度的直角坐标轴用平行投影的方法一起投影到一个投影面上，得到的投影图称为轴测投影。应用轴测投影的方法绘制的投影图叫做轴测投影图，那个投影面叫做轴测投影面。

二、轴测投影的分类

轴测投影根据投影方向与轴测投影面是否垂直可分为两类。当轴测投影方向垂直于轴测投影面时，得到的轴测投影图叫做正轴测投影图，简称正轴测图。当轴测投影方向倾斜于轴测投影面时，所得到的轴测投影图叫做斜轴测投影图，简称斜轴测图。

三、轴测投影的特点

轴测投影图与正投影图比较，其特点如下：

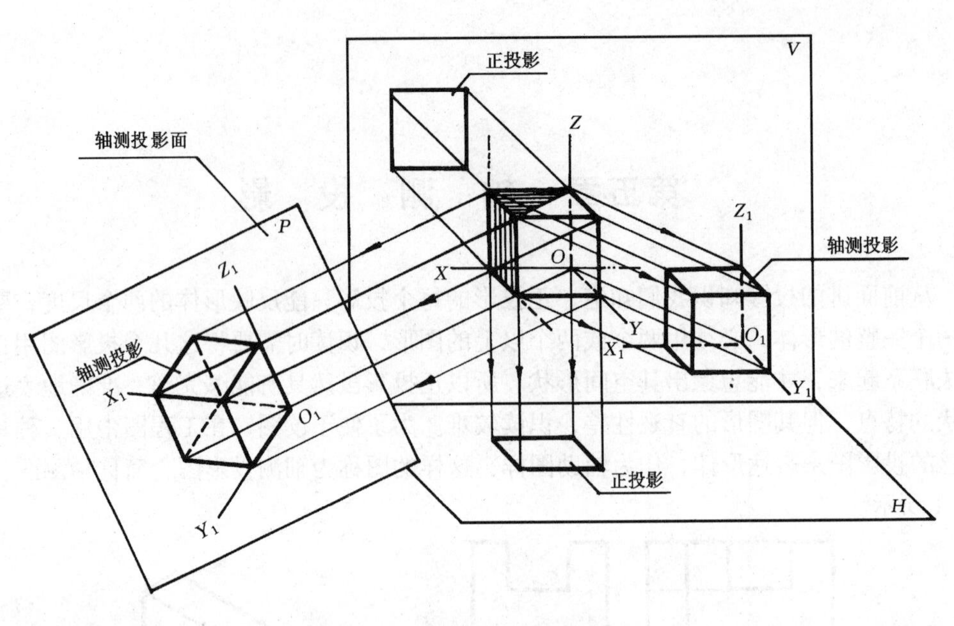

图 1-5-2　轴测投影图的形成

轴测图	平行投影＜正投影、斜投影	三个尺度	一个投影	立体感强、度量差
正投影图	平行投影——正投影	两个尺度	多个投影	立体感差、宜度量

四、轴测轴、轴间角和轴向变形系数

形体的长、宽、高三个尺度原来用直角坐标轴 OX、OY、OZ 表示，轴测投影后分别用 O_1X_1、O_1Y_1、O_1Z_1 表示，这三个轴叫做轴测轴，交点为 O_1。轴测轴之间的夹角叫做轴间角，分别是 $X_1O_1Y_1$、$Y_1O_1Z_1$、$Z_1O_1X_1$，且这三个轴间角之和是 360°。在轴测投影中，平行于空间坐标轴方向的线段，其投影长度与空间长度之比，称为轴向变形系数，分别用 p、q、r 表示。

$$p=\frac{O_1X_1}{OX}\quad q=\frac{Q_1Y_1}{OY}\qquad r=\frac{O_1Z_1}{OZ}$$

1. 正等测图

当形体的三条直角坐标轴与轴测投影面倾角相等时，所得到的正轴测投影图称为正等测图，简称正等测，如图 1-5-3(a)。

由于三个直角坐标轴与轴测投影面倾角相等，所以正等测图的三个轴间角相等，即 $X_1O_1Y_1=Y_1O_1Z_1=Z_1O_1X_1=120°$，且轴向变形系数也相等。根据计算得出（本书在计算方面不作叙述），$p=q=r=0.82$，为了作图方便，常使 $p=q=r=1$。这里"1"称作简化系数，用简化系数作出的轴测图，比实际的轴测图略大，大约是实际轴测图的 1.22 倍。由于这里介绍的轴测图是作为识图的辅助手段，重视形体的"形状"而忽略其"大小"，所以画图时常用简化系数。

2. 斜轴测图

当投影线互相平行且倾斜于轴测投影面时，得到的投影图称为斜轴测投影。斜轴测投影又可分为正面斜轴测和水平斜轴测两种。

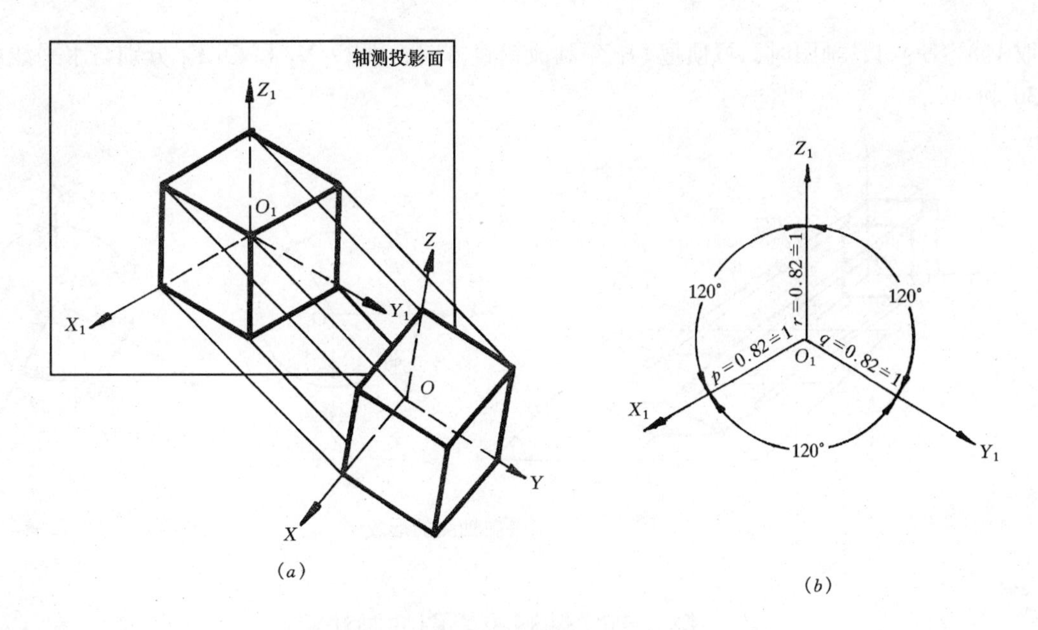

图 1-5-3　正等测图的形成、轴间角及轴向变形系数

（a）直观图；（b）轴测轴、轴间角及轴向变形系数

（1）当形体的 OX 轴和 OZ 轴决定的坐标面平行于轴测投影面，而投影线倾斜于轴测投影面时，得到的轴测投影称为正面斜轴测投影。如图 1-5-4(a) 所示，由于 OX 轴与 OZ 轴平行于轴测投影面，所以 $p=r=1$，$\angle X_1O_1Z_1=90°$，而$\angle X_1O_1Y_1$ 与$\angle Y_1O_1Z_1$ 常取 135°，$q=0.5$。这样得到的投影图，形体的正立面不发生变形，只有宽度变化，是原宽度一半。

工程图中，表达管线空间分布时，常将正面斜轴测图中的 q 取 1，即 $p=q=r=1$，叫做斜等测图。

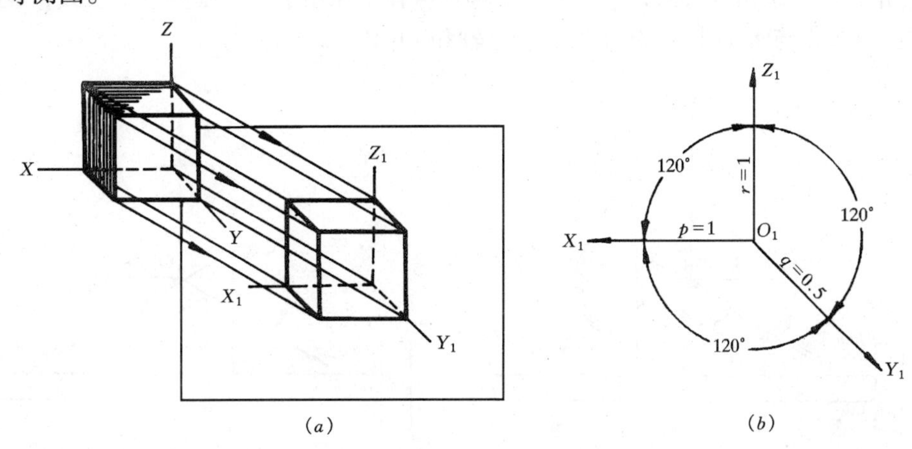

图 1-5-4　正面斜轴测图的形成

（2）水平斜轴测图

如图 1-5-5(a) 所示，当形体的 OX 轴和 OY 轴所确定的坐标面（水平面）平行于轴测投影面，而投影线与轴测投影面倾斜一定角度时，所得到的轴测投影称为水平斜轴测。由于 OX 轴与 OY 轴平行于轴测投影面，所以 $p=q=1$，$\angle X_1O_1Y_1=90°$，而$\angle Z_1O_1X_1$

取 120°，$r=1$，画图时，习惯把 O_1Z_1 画成铅直方向，则 O_1X_1 和 O_1Y_1 分别与水平线成 30°和 60°。

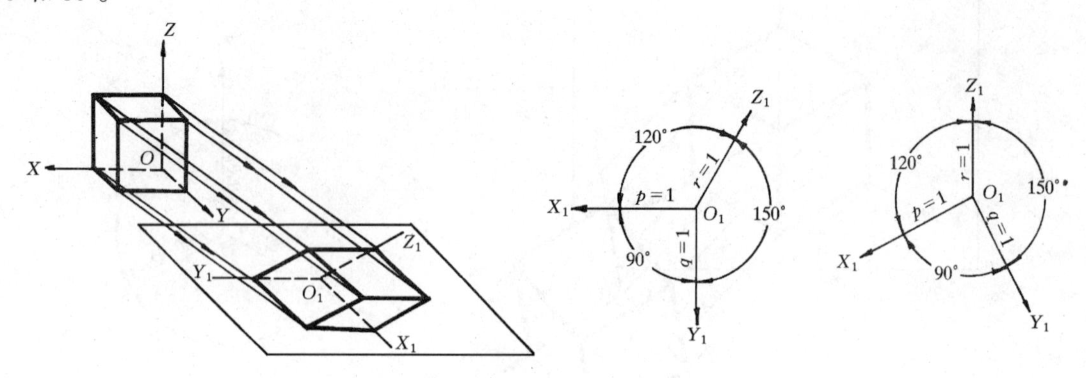

图 1-5-5　水平斜轴测的形成

第二节　轴测投影图的画法

画形体的轴测图时，主要采用坐标法。坐标法是把形体表面上各顶点以坐标的形式投影到轴测投影面上，再依次连接各点，即得该形体的轴测图。同时，由于轴测投影属于平行投影，必然具备平行投影的特点：① 形体上原来互相平行的线段，轴测投影后仍然平行。② 形体上原来互相平行的线段长度之比等于相应的轴测投影之比。这样以坐标法为基础，利用这两个特点作图将更简捷。

一、平面体的正等测图画法

画正等测图时，首先应用丁字尺配合三角板作轴测轴，如图 1-5-6 所示，先用丁字尺配合三角板画一条铅垂直线，作为 O_1Z_1 轴，再在下面用丁字尺画一条水平线，在其下方用 30°三角板作与水平线成 30°角的 O_1X_1 轴和 O_1Y_1 轴。

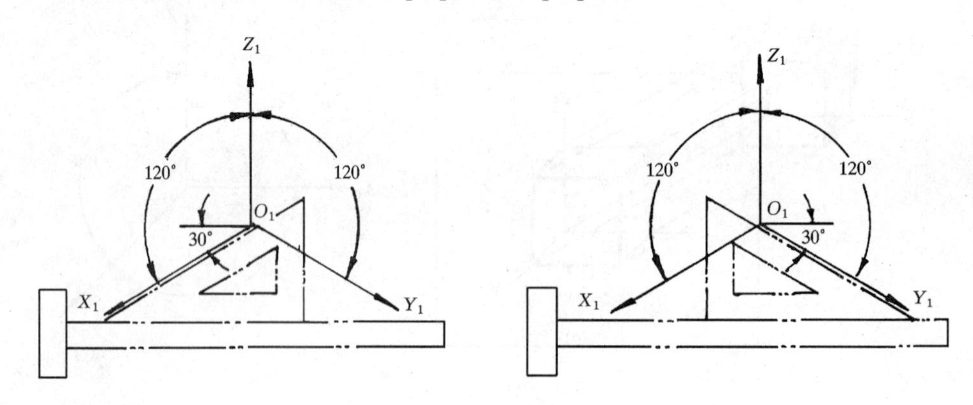

图 1-5-6　正等测轴测轴的画法

在作图时，要尽量将坐标法和平行投影的特点有效地利用起来。如图 1-5-7，在作四棱台的投影时，先将四棱台的底面三个顶点的坐标投影到轴测投影面上(原点 O，为一个顶点)，再利用平行投影的特点将第四点的轴测投影作出。由于四棱台上底面的四个顶点的水平投影在下底面水平投影之内，所以作图时，先将上底面的四个顶点画在下底面上，再让其沿着 Z_1 轴方向向上延伸，延伸的长度是四棱台的高，这样上底面的四个顶点的轴测投影就得到了，将四个顶点的投影依次连接，并与下底的顶点连起来即得四棱台的轴测投影。

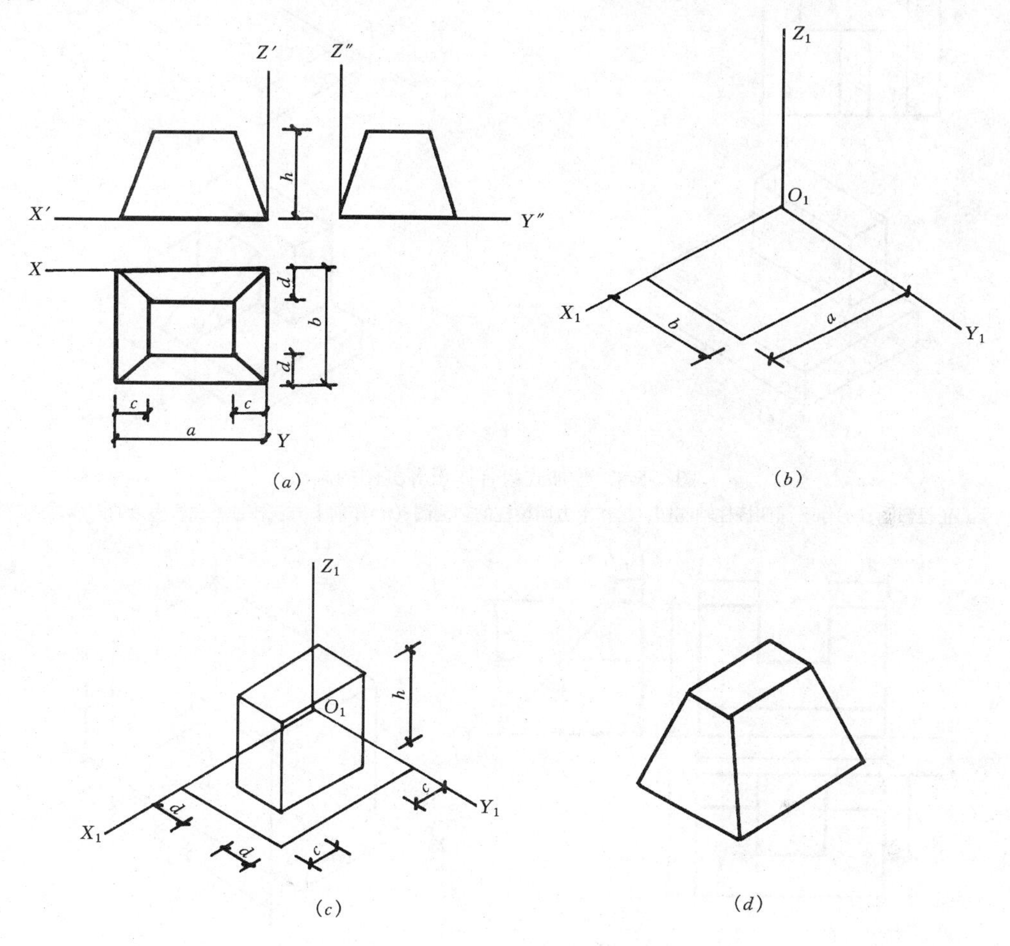

图 1-5-7　四棱台的正等测图的画法

（a）在正投影图上定出原点和坐标轴位置；（b）画轴测轴，在 O_1X_1 和 O_1Y_1 上分别量取 a 和 b，画出四棱台底面的轴测图；（c）在底面上用坐标法根据尺寸 c、d 和 h 作棱台各角点的轴测图；（d）依次连接各点，擦去多余的线并描深，即得四棱台的正等测图

在作叠加式组合体轴测图时，应先分析清楚该组合体由几个基本体叠加而成，各基本体相对位置如何，再按照实际情况依次作出各基本体的轴测图，擦去多余的图线，即得叠加式组合体的轴测图。

如图 1-5-8(a) 所示，作出该叠加式组合体的正等轴测图。

该组合体是由两个四棱柱和一个三棱柱叠加而成的，作图时，应先作最下面的一个四棱柱的轴测图，再做后面的四棱柱轴测图，最后作三棱柱的轴测图。如图 1-5-8 所示。

作切割式组合体的轴测图时，应先画出该组合体没有被切割以前形体的轴测图，再按照要求将需切去的部分切割。如图1-5-9(a)所示。该形体是由一个四棱柱两次切割而成

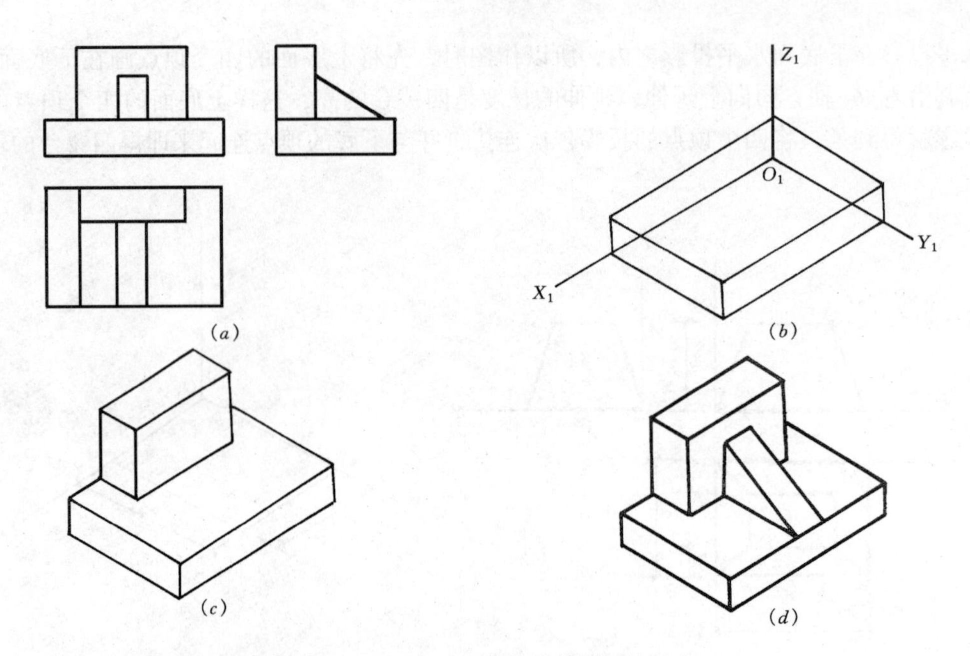

图 1-5-8　叠加式组合体正等测图的画法

(a)正投影图;(b)作下面四棱柱轴测图;(c)作上方四棱柱的轴测图;(d)作前上方三棱柱并擦去多余的图线,再描深

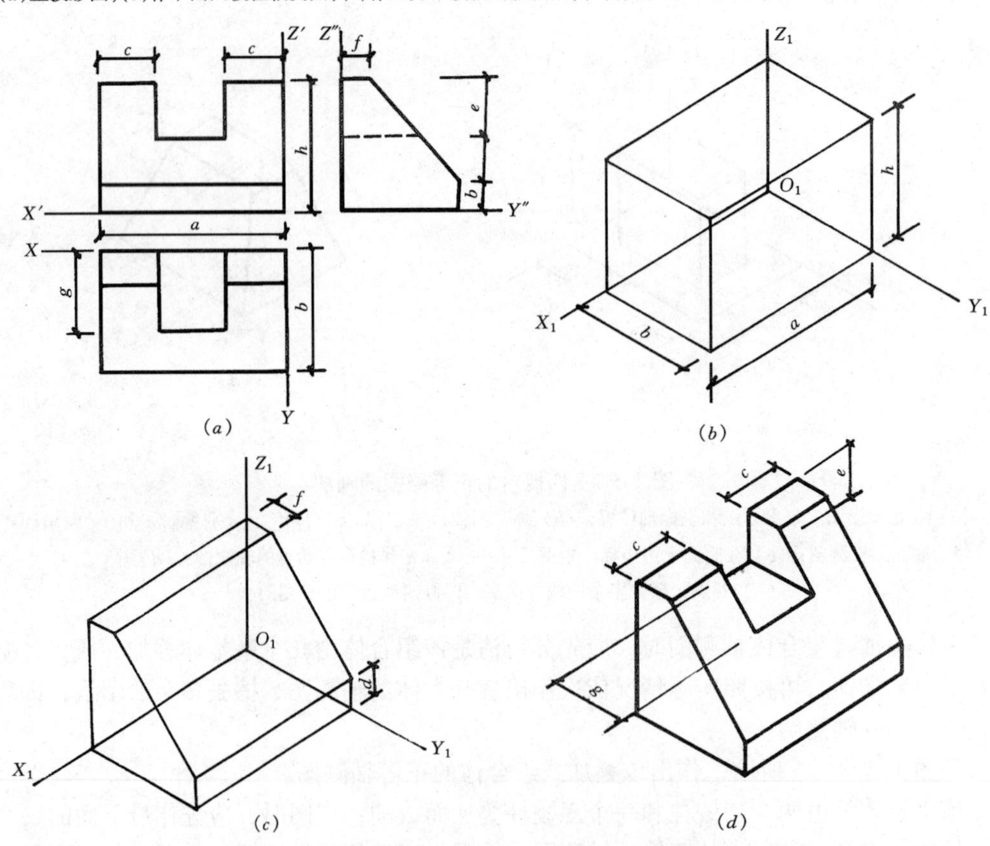

图 1-5-9　切割式组合体正等测图的画法

(a) 在正投影图上定出原点和坐标轴的位置;(b) 画四棱柱的轴测图;(c) 在四棱柱上切去一个三棱柱;(d) 在 (c) 图的基础上再切去第二部分、描深,即得该形体的正等测图

的，第一次被侧平面切去一个三棱柱，第二次又从前向后切去一部分，作图步骤如图1-5-9(b)、(c)、(d)所示。

【例 5-1】 作图 1-5-10(a)所示组合体的正等测图。

该组合体是一个综合式的组合体，既有叠加，也有切割。组合方式是，先由两个长度相等的四棱柱上下叠加，且上面四棱柱上方被切去一个小四棱柱，下面四棱柱的前方被切去一个小三棱柱。作图时，应先叠加，后切割，作图步骤如图 1-5-10。

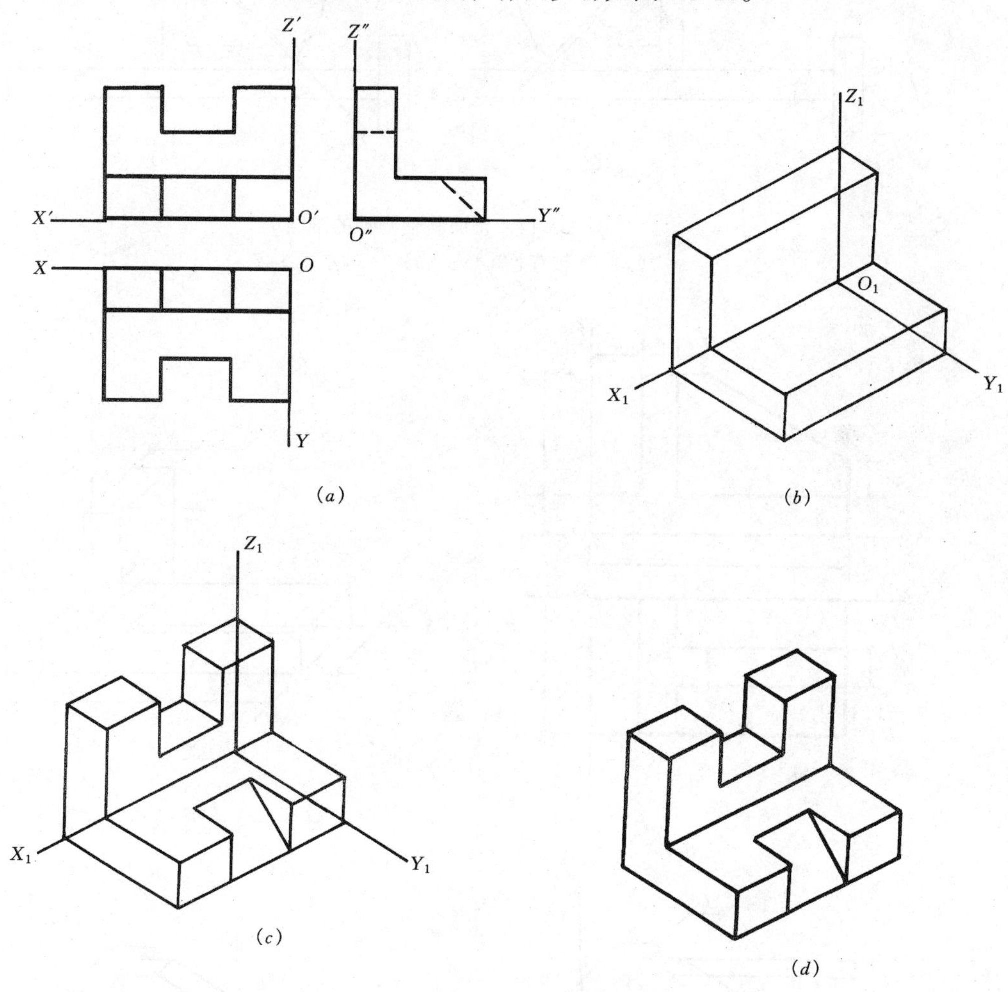

图 1-5-10 综合式组合体的正等测图画法

(a) 在正投影图上定出坐标轴的位置；(b) 画轴测轴，并将四棱柱叠加起来；(c) 按要求切去一个四棱柱和一个三棱柱；(d) 擦去多余的线，描深，即得综合式组合体的轴测图

二、平面体的正面斜轴测图的画法

画正面斜轴测时，一般仍将 O_1Z_1 轴画成铅垂线，用丁字尺画 O_1X_1 轴，再用丁字尺配合 45°三角板画出 O_1Y_1 轴，如图 1-5-11 所示。

正面斜轴测图的作图方法和正等测图的作图方法基本一致，只是轴间角和轴向变形系数不同而已。

【例 5-2】 作出如图 1-5-12(a)所示的正面斜轴测图。

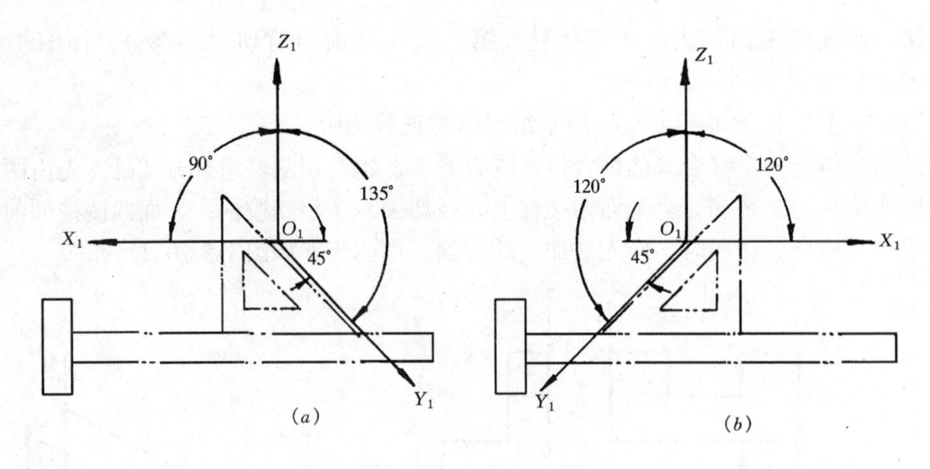

图 1-5-11 正面斜轴测轴的画法

（a）Y_1 轴右下斜 45°；（b）Y_1 轴左下斜 45°

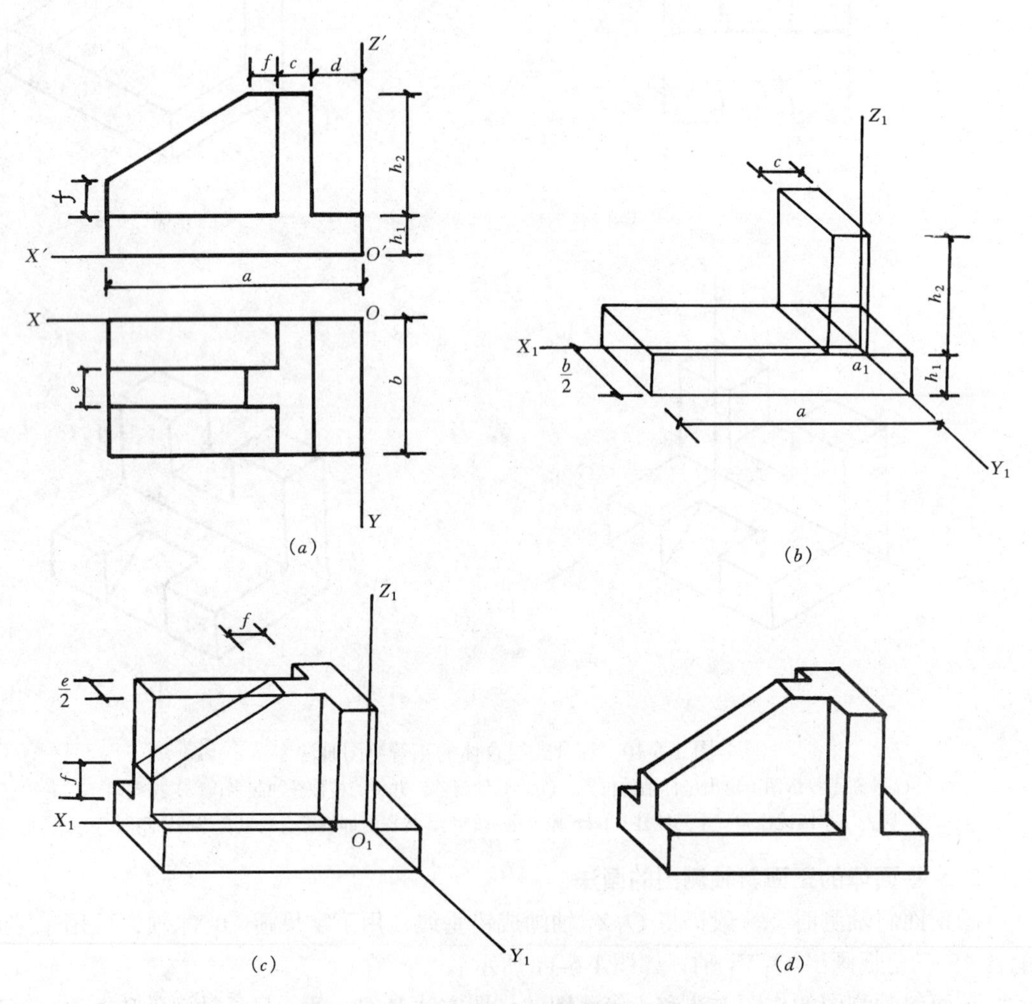

图 1-5-12 组合体的正面斜轴测图的画法

（a）在正投影图中定坐标轴；（b）画轴测轴，并作两个四棱柱的轴测图；（c）叠加第三个四棱柱，并切去一个三棱柱，变成五棱柱；（d）擦去多余的图线，描深，即得该形体的正面斜轴测图

该形体是由两个四棱柱、一个五棱柱叠加而成，其中左上方的五棱柱是由四棱柱切去一角而得。作图时，仍采用先叠加后切割的方法，作图步骤如图 1-5-12(b)、(c)、(d) 所示。

由于在作正面斜轴测图时，形体 OX 轴和 OZ 轴决定的坐标面（正立面）平行于轴测投影面，所以该面在轴测投影时不变形，根据这个特点，对于一些形体的正立面较复杂而其所有宽度方向尺寸又一致的形体，可以采用一些简便作图方法。

【例 5-3】 作如图 1-5-13 细石混凝土花格块的正面斜轴测图。

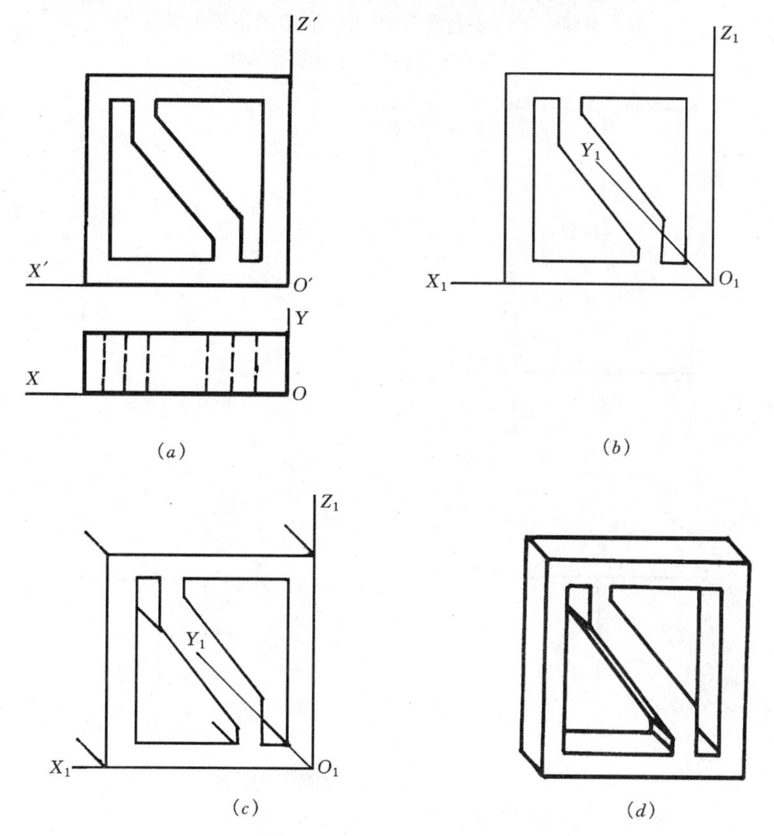

图 1-5-13 花格块的正面斜轴测图

(a) 在正投影图上定出坐标轴；(b) 画斜二测图轴测轴，并在 $X_1D_1Z_1$ 坐标面上画出正面图；(c) 过各角点作 Y_1 轴平行线，长度等于原宽度的一半；(d) 补全看得见的线，加深即得其正面斜二测图

当形体的正立面上有圆时，采用正面斜轴测投影不会发生变形，如图 1-5-14，作其正面斜轴测图。

斜等轴测图的画法和正面斜轴测图的画法完全相同，只是 $P=g=r=1$。

【例 5-4】 作图 1-5-15 所示直线 AB、CD、EF、GH 的斜等轴测图。

三、平面体的水平斜轴测图的画法

画水平斜轴测时，仍将 O_1Z_1 轴画成铅直线，用丁字尺和 30°三角板画出 O_1X_1 轴和 O_1Y_1 轴，如图 1-5-16 所示。

平面体的水平斜轴测图的画法也和正等测图的作图方法一样，也只是轴间角和轴向变

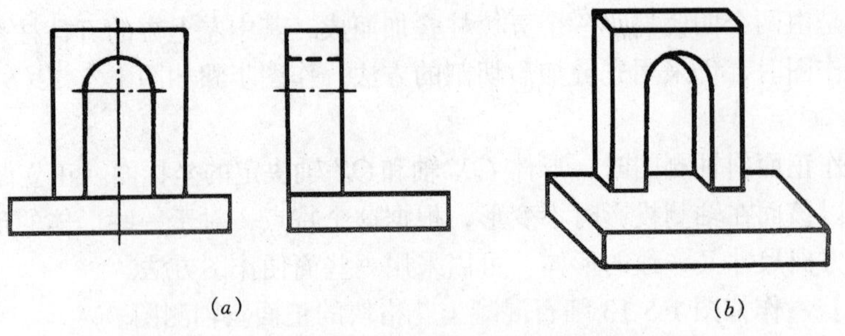

图 1-5-14　带有平行于正面圆的形体的正面斜轴测图

（a）正投影图；（b）正面斜轴测图

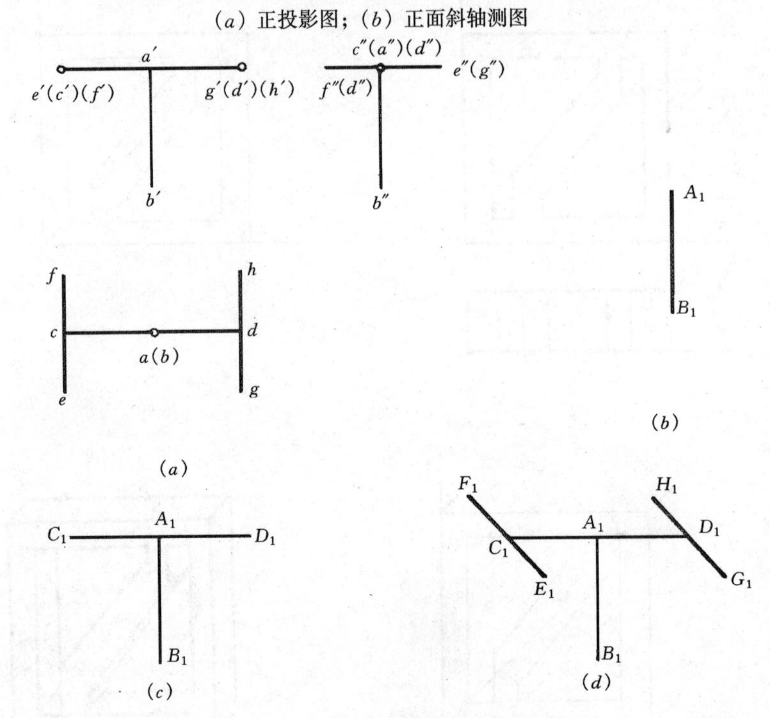

图 1-5-15　直线的斜等测图的画法

（a）已知各直线的三面投影图；（b）作铅垂线 AB 的轴测图 A_1B_1；（c）作 CD 的轴测图 C_1D_1 使 $C_1D_1 = CD$；（d）作 EF，GH 的轴测图 E_1F_1，G_1H_1，使 $E_1F_1 = ef$，$G_1H_1 = gh$，45°方向画出

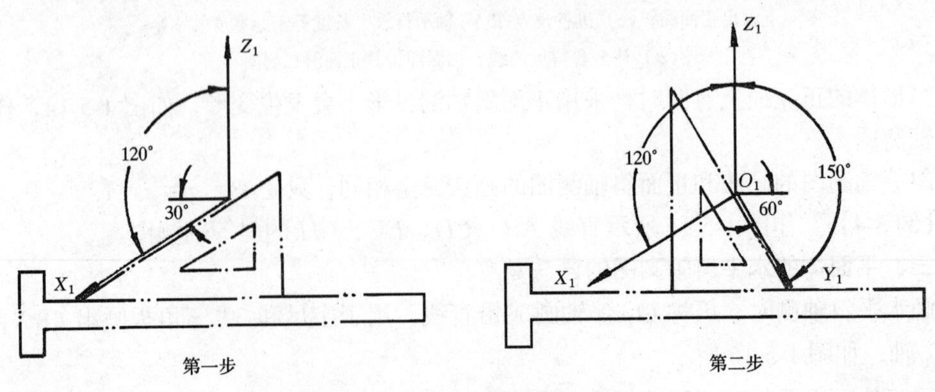

图 1-5-16　水平斜轴测轴的画法

形系数发生变化。

【例 5-5】 作如图 1-5-17（*a*）所示的水平斜轴测图。

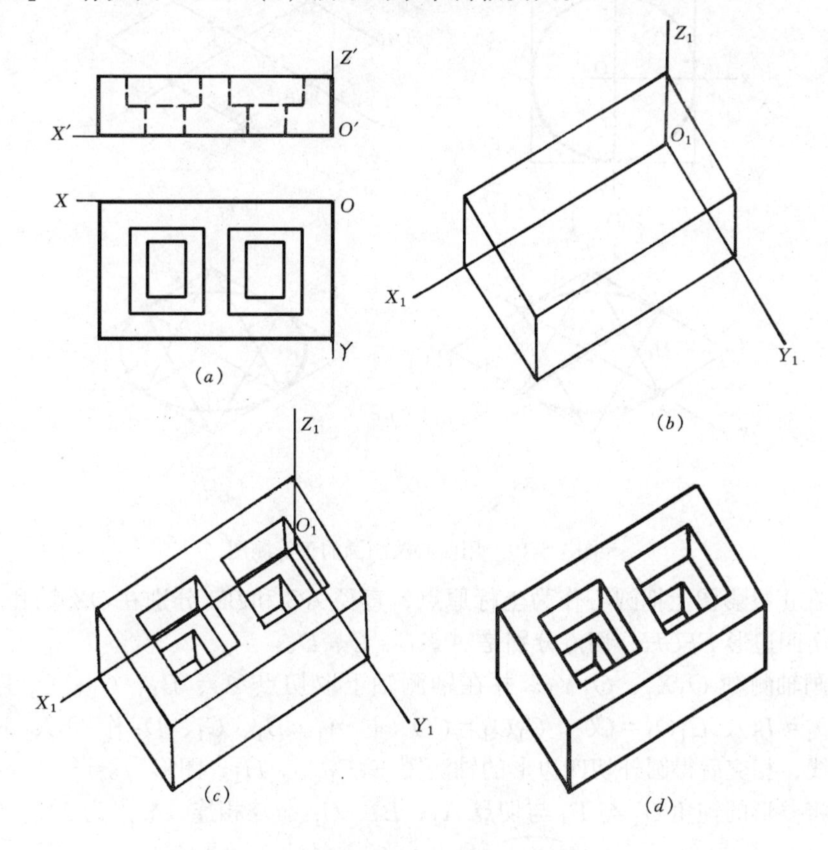

图 1-5-17 形体水平斜轴测图的作图方法

（*a*）正投影图；（*b*）画水平斜轴测轴并作四棱柱的轴测图，（*c*）切割去四棱柱，（*d*）擦去多余线描深

四、带有平行于坐标面的圆的轴测图的画法

随着建筑技术的不断提高，建筑的形状变得越来越复杂，曲面体的应用也越来越广泛，这里只介绍带有平行于坐标面的圆的形体轴测图的作图方法。

1. 曲面体的正等测图的画法

当形体上带有平行于坐标面的圆时，该圆的正等测图是椭圆，如图 1-5-18 所示。各椭圆的长轴都在圆的外切正方式轴测图的长对角线上，短轴都在短的对角线上，长轴的方向分别与相应的轴测轴垂直，短轴的方向分别与相应的轴测轴平行。椭圆的作图方法常采用四心法近似地作图，如图 1-5-19 为平行于 OX 轴和 OY 轴所决定的坐标面的圆正等测图的作图步骤：

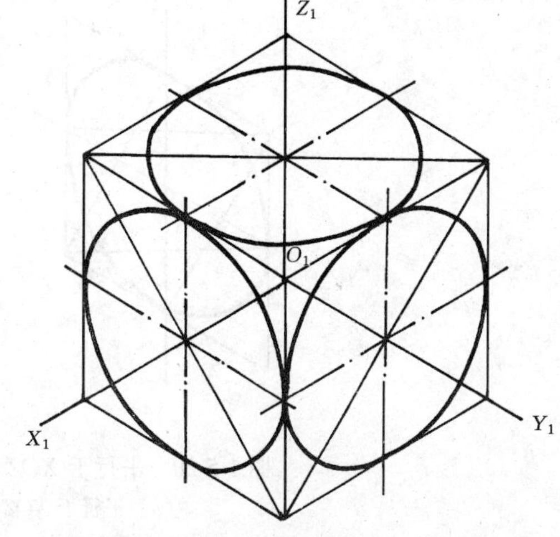

图 1-5-18 平行于坐标面圆的正等测图

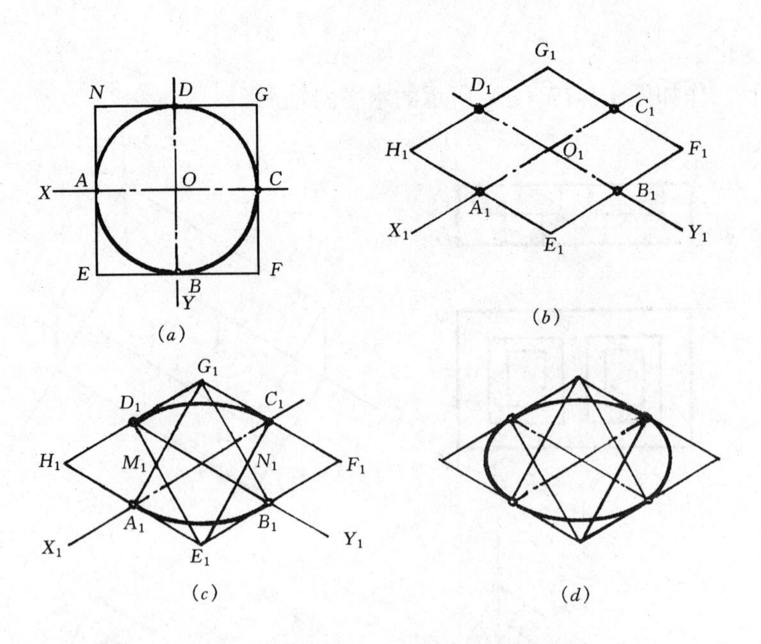

图 1-5-19 用四心法画圆的正等测图

（a）在正投影图上把圆心作为坐标原点，直径 AC 和 BD 分别在 OX 轴和 OY 轴上，作圆的外切四边形 $EFGH$，切点分别是 A、B、C、D。

（b）画轴测轴 O_1X_1、O_1Y_1，并在轴测轴上取切点 A_1、B_1、C_1、D_1 且 $A_1O_1=AO$，$B_1O_1=BO$，$C_1O_1=CO$，$C_1O_1=CO$，过 A_1、B_1、C_1、D_1 作 O_1X_1 轴和 O_1Y_1 轴的平行线，相交后得圆外切四边形的轴测图 E_1F_1、G_1H_1，图形为菱形。

（c）将菱形的钝角 G_1 与 E_1 与切点 A_1、B_1、C_1、D_1 相连，交点为 M_1、N_1，以 E_1 为圆心，以 E_1D_1 为半径作圆弧 $\overset{\frown}{D_1C_1}$，以 G_1 为圆心，以 A_1G_1 为半径作圆弧 $\overset{\frown}{A_1B_1}$。

（d）以 M_1 为圆心，以 A_1M_1 为半径作圆弧 $\overset{\frown}{A_1D_1}$，以 N_1 为圆心，以 B_1N_1 为半径作圆弧 $\overset{\frown}{B_1C_1}$，四段圆弧 $\overset{\frown}{A_1B_1}$、$\overset{\frown}{B_1C_1}$、$\overset{\frown}{C_1D_1}$、$\overset{\frown}{A_1D_1}$ 相连构成椭圆。

当圆平行的坐标面不同，其轴测投影椭圆的方向也不同，如图 1-5-20 为平行于 OX

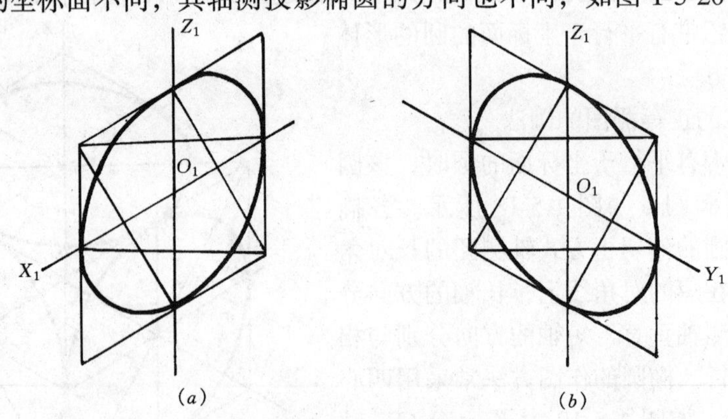

图 1-5-20 平行于 XOZ、YOZ 坐标面的圆的正等测图

（a）平行于 XOZ 坐标面的圆的正等测图；

（b）平行于 YOZ 的坐标面的圆的正等测图

轴与OZ轴决定的坐标面和平行于OY轴和OZ轴决定的坐标面的圆的正等测图。

【例 5-6】 作图 1-5-21（*a*）所示的形体的正等测图

该形体是由两个四棱柱，一个圆柱叠加而成，右侧的四棱柱上方被切去一个小四棱柱，所以该形体是一个综合式形体。作图时应采用先叠加后切割的方法，作图方法如图 1-5-21（*b*）、（*c*）、（*d*）。

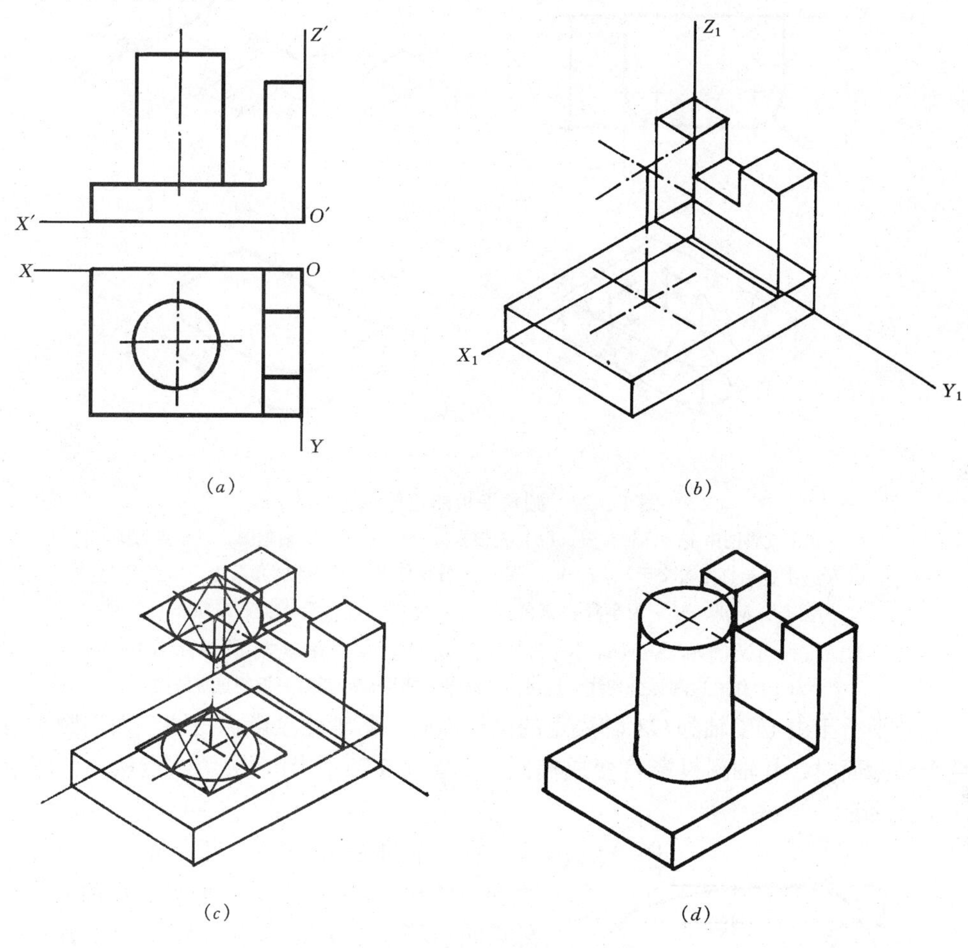

图 1-5-21 作组合体的正等测图

(*a*)正投影图，在图上选好坐标原点及坐标轴；(*b*)作平面体的轴测图，并根据圆柱的位置、直径和高，作圆柱轴线及上、下底圆的中心线；(*c*)用四心法画圆柱上、下底圆的轴测图；(*d*)作公切线擦去多余线描深

圆角的正等测图，也可按上述近似法求得，但实际上是作 1/4 椭圆，所以作图时，可以先延长与圆角相切的两边线，使之成直角。先按直角作出它的正等测图。由于直角所处的位置不同，其正等测投影可能是钝角和锐角。分别以钝角或锐角的顶点为圆心，以圆弧 R 为半径画弧和两直角边的轴测投影交于两点，这两点即为圆弧和直角两边相连接的连接点（切点），过这两个切点作所在边线的垂线，两垂线的交点即为圆角的圆心，再以该圆心到切点的距离为半径画圆弧与两直角边相切得圆角的正等测图，如图 1-5-22 所示为平板圆角的正等测图。

2. 曲面体的正面斜轴测图的画法。

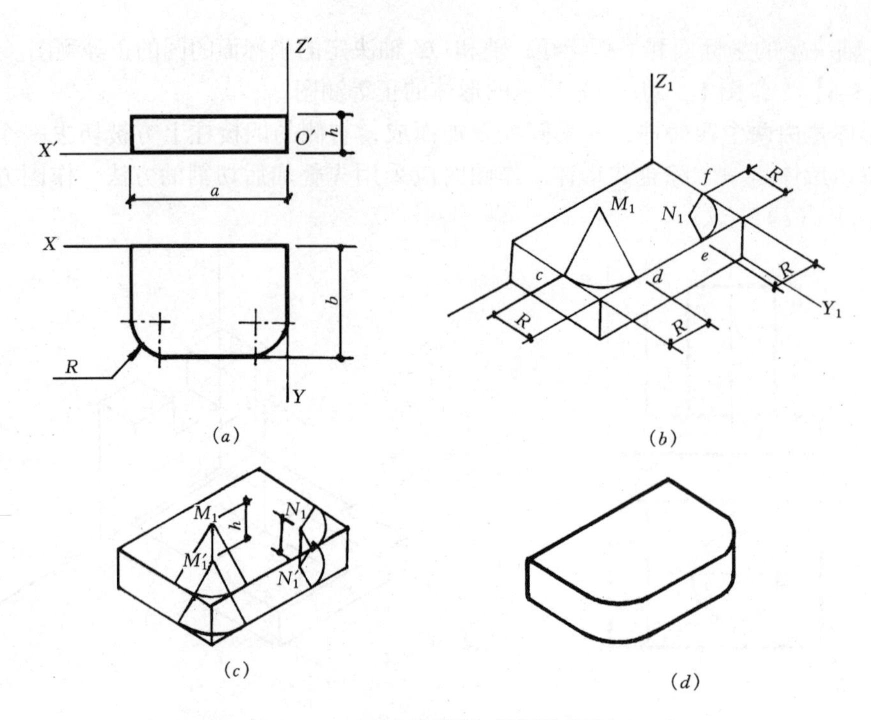

图 1-5-22 圆角平板的正等测图画法

(a) 在正投影图中定坐标轴位置；(b) 先根据 a、b、h 作平板轴测图，以角点为圆心，以 R 为半径与直角边交于 c、d、e、f 点，过各点作直线垂直于圆角两边，以交点 M_1、N_1 为圆心，M_1c、N_1e 为半径作圆弧；(c) 过 M_1、N_1 沿 O_1Z_1 方向作直线量取 $M_1M'_1=N_1N'_1=h$，以 M'_1、N'_1 为圆心分别以 M_1C_1、N_1e 为半径作弧得底面圆弧；(d) 作右边圆弧公切线，擦去多余线条并描深，即圆角平板的正等测图

当圆平行于由 OX 轴和 OZ 轴决定的坐标面时，其轴测投影仍是圆。而当圆平行于其他两个坐标面时，其轴测投影将变成椭圆。如图 1-5-23 作图时采用八点法，作图步骤如图 1-5-24 所示。

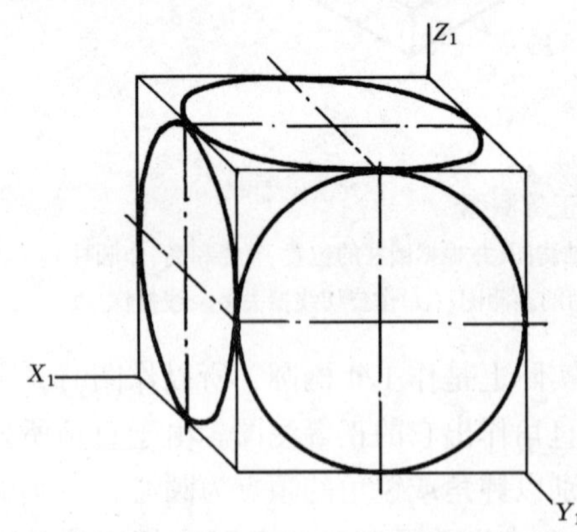

图 1-5-23 平行于坐标面的圆的正面斜轴测图

(a) 在正投影图上，把圆心作为坐标原点，直径 AC 和 BD 分别在 OX 轴和 OY 轴上，作圆的外切四边形 $EFGH$，切点分别为 A、B、C、D，将对角线连起来与圆周交于 1、2、3、4 四点。以 HD 为直角三角形斜边作直角三角形 HMD，再以 D 为圆心，以 DM 为半径作圆弧和 HG 交于 N 点，过 N 作 HE 平行线与对角线交于 1、4 点，利用对称性再求出 2、3 点。

(b) 作正面斜轴测轴 O_1X_1、O_1Y_1，并在其上取 A_1、B_1、C_1、D_1 四点，使得 $A_1O_1=O_1C_1=AO$，$B_1O_1=D_1O_1=\frac{1}{2}BO$（按斜二测作图），过 A_1、B_1、C_1、D_1 四点分别作 O_1X_1 轴、O_1Y_1 轴的平行线，四线相交围成平行四边形 $E_1F_1G_1H_1$，该平行四边形即为圆外切四边形的正面斜二测图，A_1、B_1、C_1、D_1 四点为切点。

（c）以 H_1D_1 为斜边作等腰直角三角形 $H_1M_1D_1$，以 D_1 为圆心，D_1M_1 为半径作弧，交 H_1G_1 于 N_1、K_1，过 N_1、K_1 作 E_1H_1 的平行线与对角线交于 1_1、2_1、3_1、4_1 四点。

（d）依次用曲线板将 A_1、1_1、B_1、2_1、C_1、3_1、D_1、4_1、A_1 连起来即得圆的正面斜二测图。

平行于 YOZ 决定的坐标面的正面斜二测图如图 1-5-25 所示。

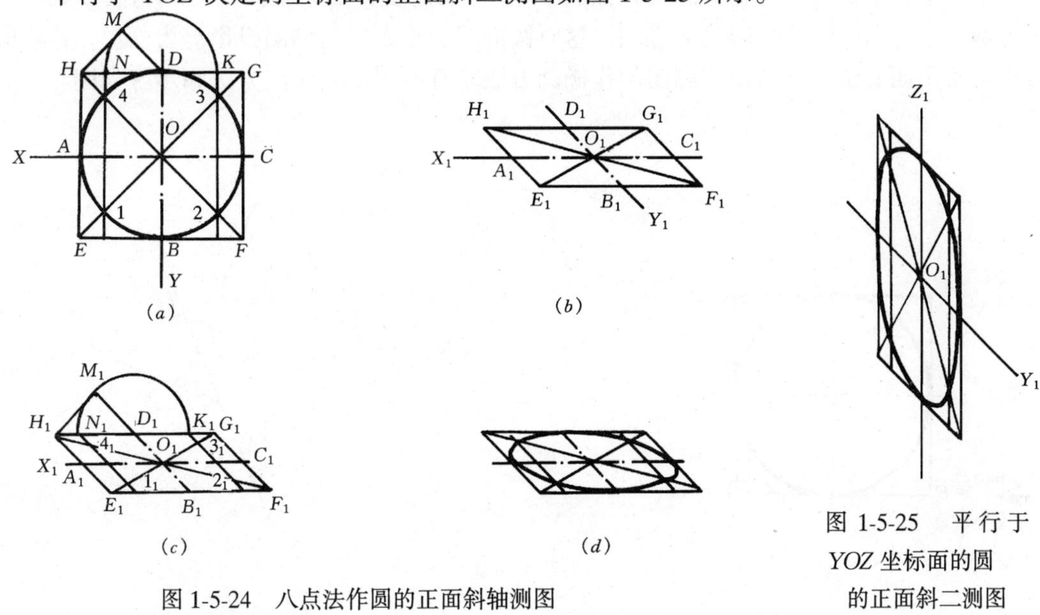

图 1-5-24　八点法作圆的正面斜轴测图

图 1-5-25　平行于 YOZ 坐标面的圆的正面斜二测图

【例 5-7】　作如图 1-5-26（a）所示的正面斜轴测图。

该形体为叠加式组合体，下面由一个四棱柱和一个半圆柱前后叠加而成，上面由一个

图 1-5-26　曲面体正面斜轴测图画法

（a）正投影图；（b）先作两个四棱柱叠加，并作上方半圆柱。用四心法作前半圆柱。沿 Y_1 轴轴向变形系数 $q=0.5$；（c）擦去多余的图线，描深，即得形体的正面斜二测图

四棱柱和一个半圆柱上下叠加而成，上面的半圆柱的圆平行于 OX 和 OZ 轴决定的坐标面，轴测投影后不变形，仍为圆；下面的半圆柱的圆平行于 OX 和 OY 轴决定的坐标面，轴测投影图用八点法作。

3. 曲面体的斜等测图的画法

平行于坐标面的圆的斜等测图，如圆平行于 XOZ 坐标面，轴测投影仍为圆，如平行于另两个坐标面，轴测投影将为椭圆。这时圆的外切正方形的轴测投影仍为菱形，作椭圆时仍可采用四心法，但与正等测图的作椭圆方法略有不同，其作图方法和步骤如图 1-5-27 所示。

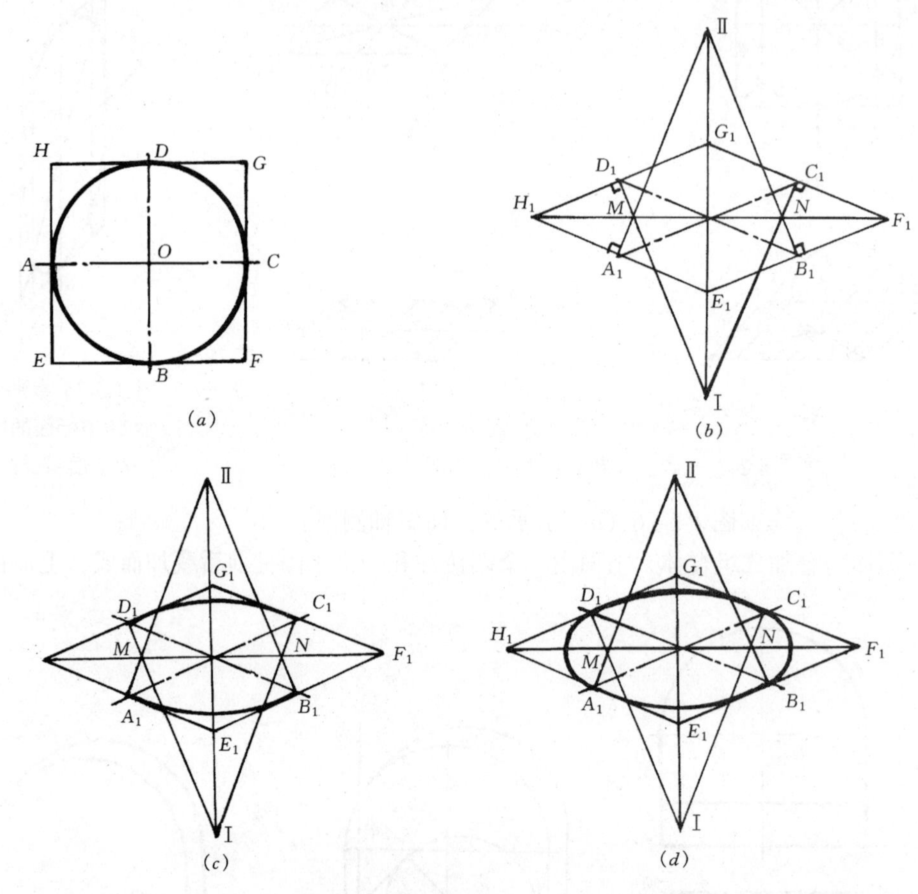

图 1-5-27　用四心椭圆法作圆的斜等轴测图

(a) 作圆的外切正方形 $EFGH$ 与圆相切于 A、B、C、D；(b) 作圆外切正方形及直径 A_1C_1、B_1D_1，过 A_1、B_1、C_1、D_1 分别作各边的垂直线交菱形对角线及其延长线上于Ⅰ、Ⅱ、M_1、N 点；(c) 以Ⅰ和Ⅱ为圆心，ⅠD_1 和ⅡA_1 为半径作圆弧 $\overset{\frown}{D_1C_1}$ 和 $\overset{\frown}{A_1B_1}$；(d) 以 M 和 N 为圆心，MA_1 和 NB_1 为半径，作圆弧 $\overset{\frown}{A_1D_1}$ 和 $\overset{\frown}{B_1C_1}$ 与 $\overset{\frown}{A_1B_1}$ 和 $\overset{\frown}{C_1D_1}$ 连成椭圆即为所求

第三节　轴测投影图的选择

轴测图能将形体的立体形状直观地反映出来，但对于一个形体，采用轴测图的种类不

同、采用的投影方向不同，得到的轴测图效果也不同。因此，选择时应对形体认真分析，选择合理的投影方法作图。

一、轴测图种类的选择

1. 作图方便

对于同一个形体，选用不同种类的轴测图。其作图的复杂程度将不相同，图示效果也不相同。对于一般的形体而言，由于正等测图的轴向变形系数相等且等于1，轴间角相等为120°，作图较容易。但对于一些正面形状比较复杂或宽度相等的形体，则由于正面斜轴测图的正立面不发生变形，作图较容易，如图1-5-28所示。

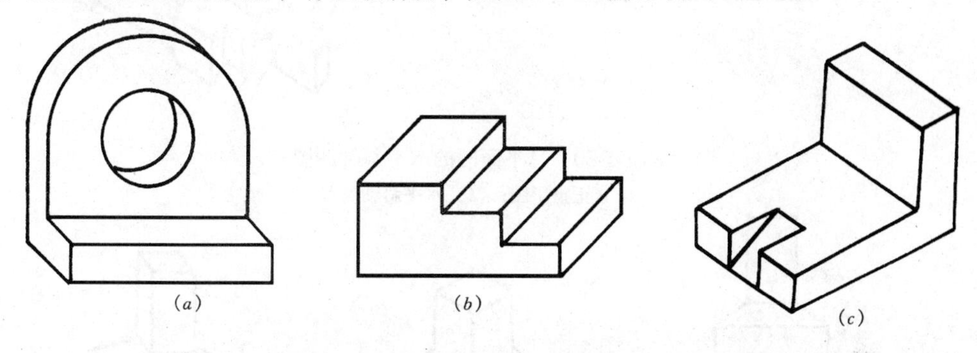

图1-5-28　轴测图比较

(a) 正面不发生变形（正面斜轴测图）；(b) 宽度相等（正面斜轴测图）；(c) 正等测图

2. 尽量减少被遮挡

对于一些内部有孔洞的形体，如是前后穿孔的，则选用正面斜轴测图比正等测图效果更直观，如是上下穿孔的形体，选用正等测图则比选用正面斜轴测直观，如图1-5-29是两种轴测图的比较。

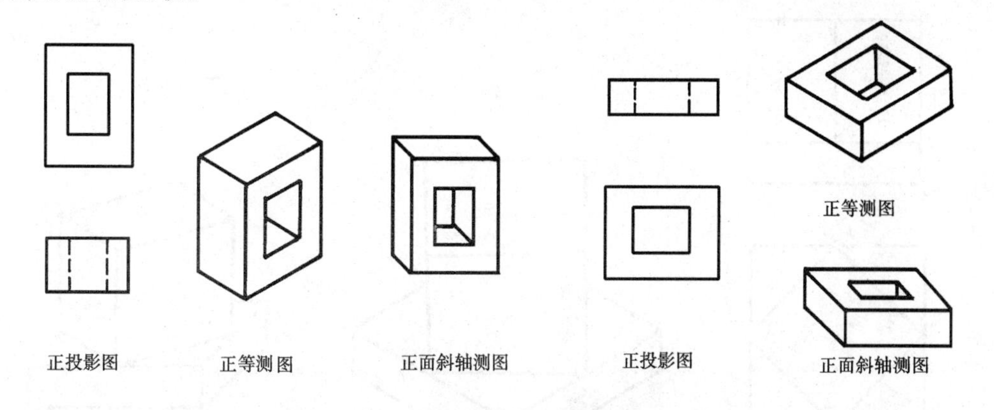

图1-5-29　正等测图与正面斜轴测图比较

但对于一些内容比较多的俯视图，如建筑平面的俯视图或某一建筑群的俯视图，采用水平斜轴测图将更为直观，如图1-5-30所示。

3. 要避免转角处的交线投影成一直线

如图1-5-31所示，基础的转角处交线，恰好位于与V面成45°倾角的铅垂面上，这个平面与正等测的投影方向平行，结果转角处的交线在正等测图上投影成直线。还有左右对称的形体，投影后重叠在一起，如图1-5-32所示。

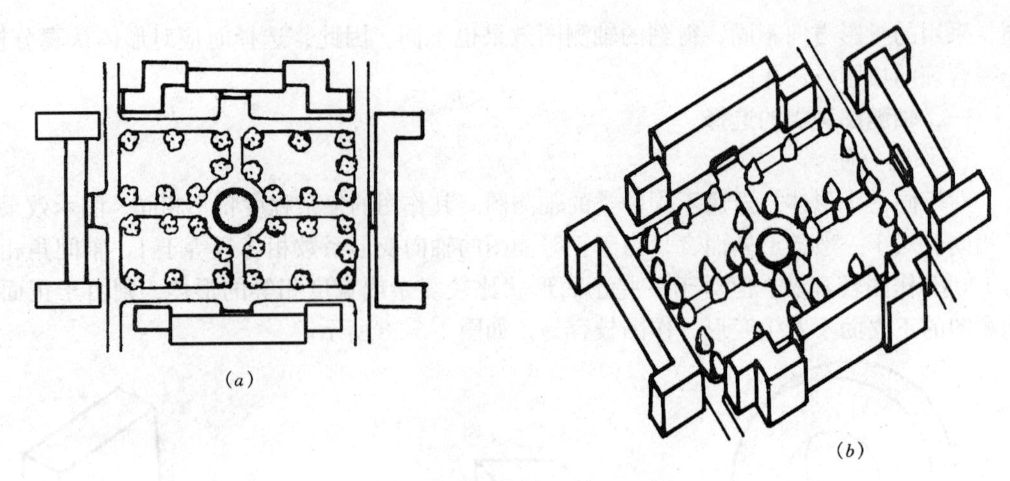

图 1-5-30　总平面图的水平斜轴测图
（a）正投影图；（b）水平斜轴测图

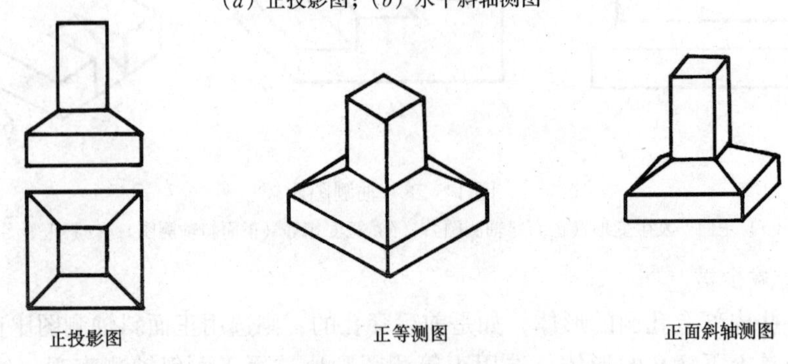

图 1-5-31　避免转角交线投影成直线

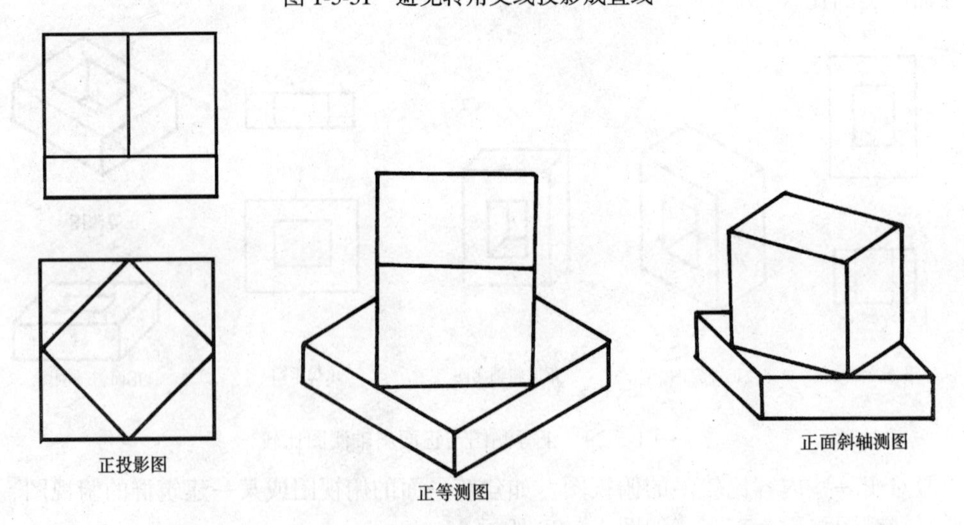

图 1-5-32　避免投影左右对称图形

二、投影方向的选择

作形体轴测图时，不仅要选择好轴测图的种类，而且还要合理地选择投影方向，投影方向选择不当，其轴测投影图的直观效果将完全不同，如图 1-5-33 所示的挡土墙的正面斜二测图，从图中可以看出（*b*）图的直观效果比（*c*）图的直观效果更好。

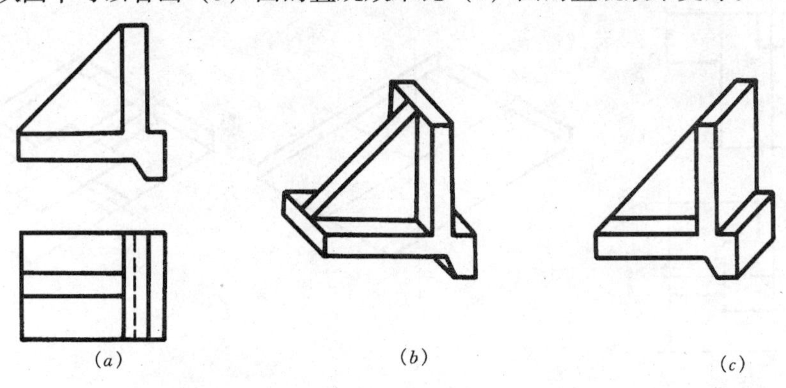

图 1-5-33　投影方向的选择

（*a*）正投影图；（*b*）从左前上方向右后下方投影；（*c*）从右前上方向左后下方投影

作形体轴测图时，常用的投影方向有四种，即从左前上方向右后下方投影；从右前上方向左后下方投影；从左前下方向右后上方投影；从右前上方向左后上方投影，如图 1-5-34 所示。

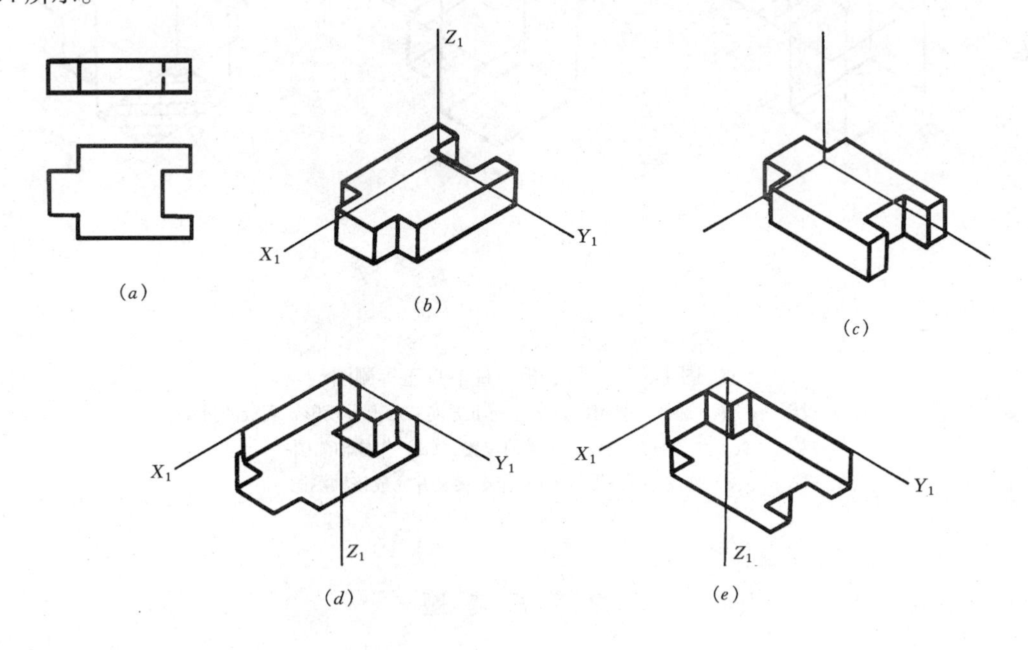

图 1-5-34　常用的几种投影方向

（*a*）正投影图；（*b*）从左前上方向右后下方投影；（*c*）从右前上方向左后下方投影；

（*d*）从右前下方向左后上方投影；（*e*）从左前下方向右后上方投影

【例 5-8】　根据柱顶节点的投影图，作正等测图，如图 1-5-35 所示。

从图（*a*）中可以看出，只有选择从下向上的投影方向，才能把柱顶节点表达清楚，否则，如从上往下投影，将只能看到楼板。作图方法、步骤、如图 1-5-35（*b*）、（*c*）、（*d*）、（*e*）、（*f*）所示。

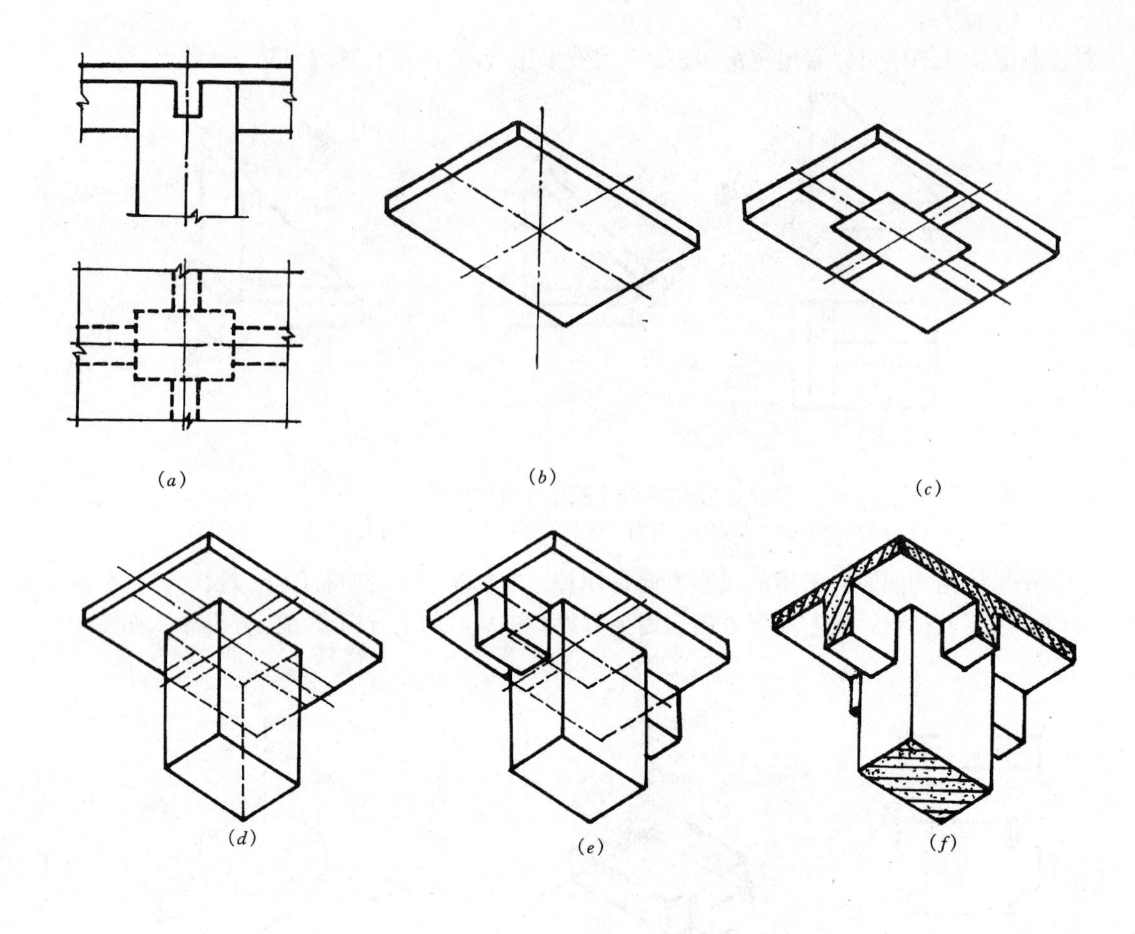

图 1-5-35　梁、板、柱节点正等测图

（*a*）正投影图；（*b*）选择正等测图，从左前下方向右后上方投影，画板的投影图；
（*c*）画出柱、主梁、次梁的位置；（*d*）作柱轴测图；
（*e*）作主梁轴测图；（*f*）作次梁、并完成该轴测图

复习思考题

1. 根据正投影图，作正等测图，如图 1-5-36 所示。
2. 根据正投影图，作正面斜二测图，如图 1-5-37 所示。
3. 根据正投影图，画水平斜轴测图。
4. 作下列建筑构件的轴测图（轴测图种类自选）。

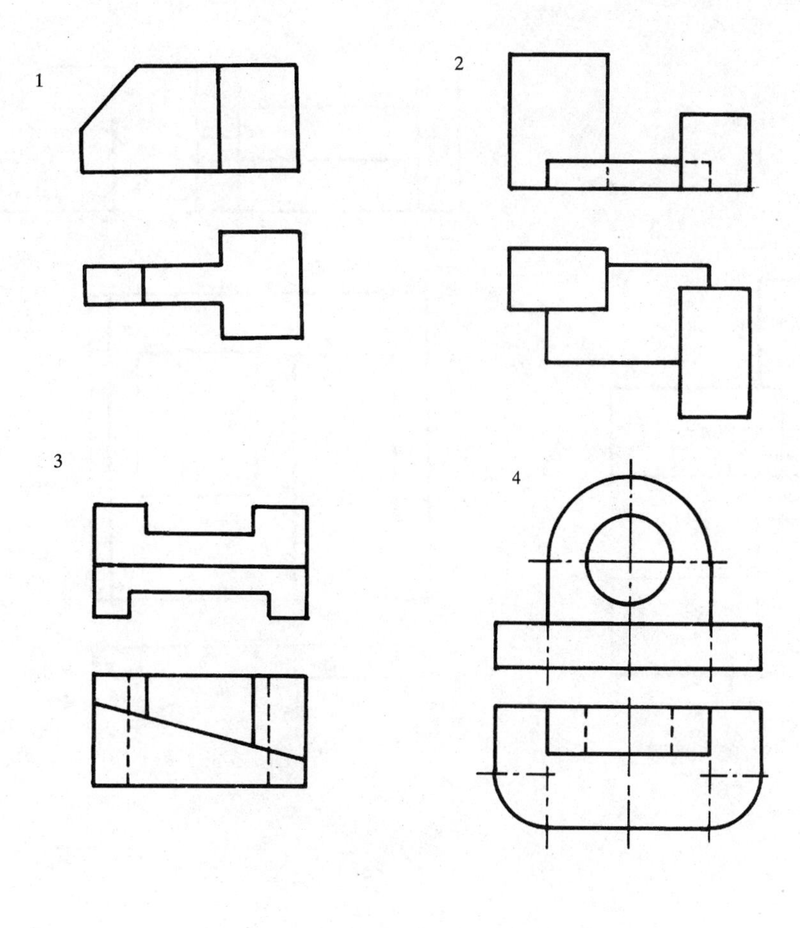

图 1-5-36　第 1 题图

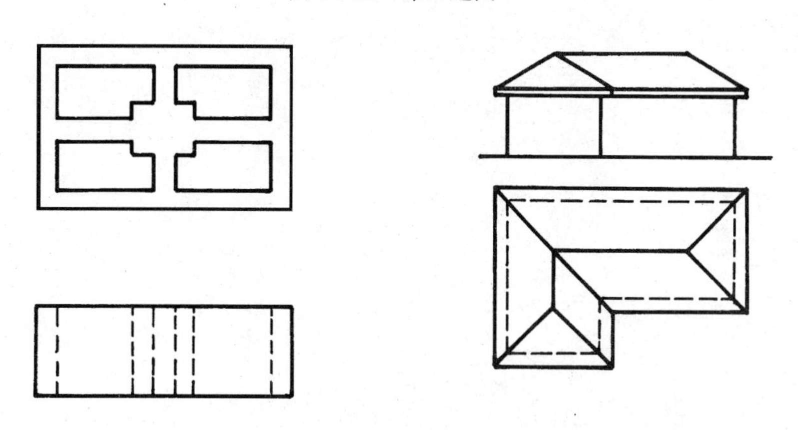

图 1-5-37　第 2 题图

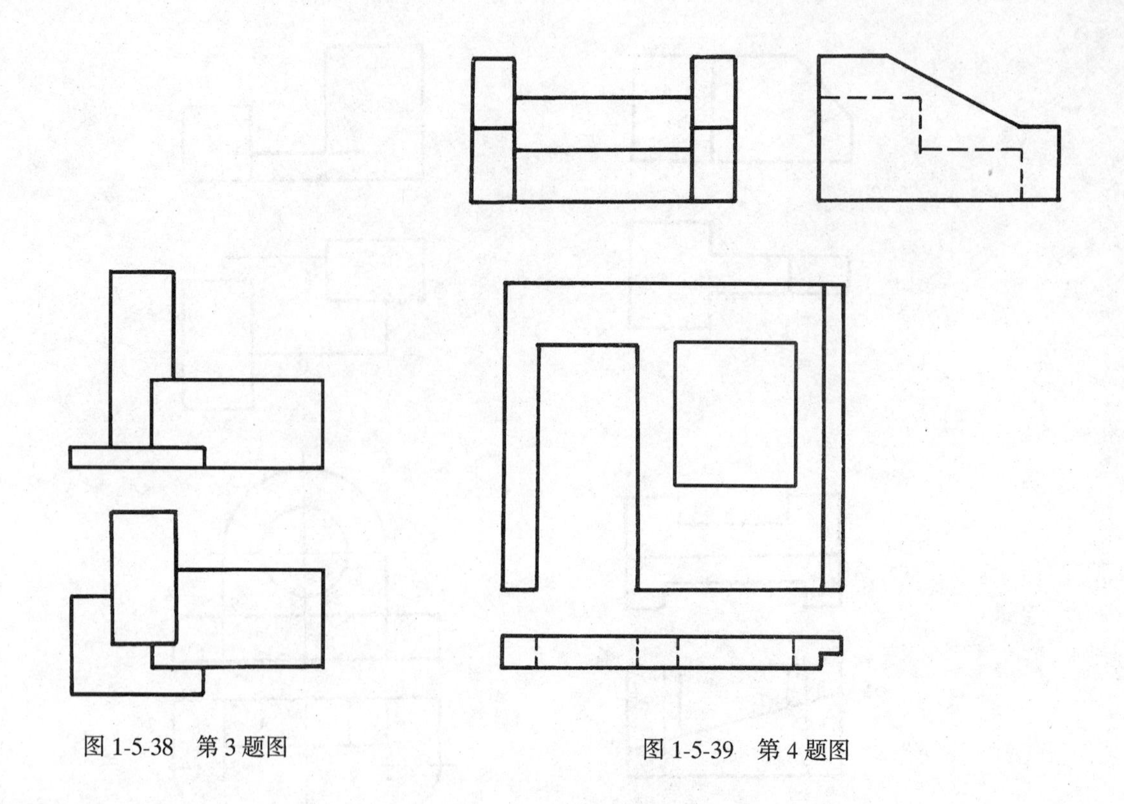

图 1-5-38　第 3 题图

图 1-5-39　第 4 题图

第六章　剖面图与断面图

第一节　剖面图的种类及画法

一、剖面图的形成

从前面的知识我们知道，作形体投影图时，可见轮廓线用实线表示，不可见轮廓线用虚线表示，这样对于如图 1-6-1 所示的形状比较简单的形体能较清楚地反映出其形状。但是

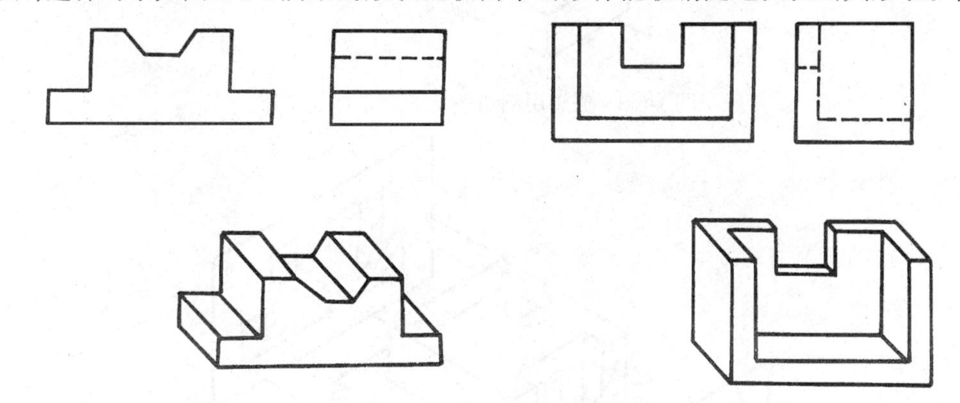

图 1-6-1　正投影图反映形体的形状

对于较复杂的形体，例如一幢建筑，作其从上向下的水平投影图，除了屋顶是可见轮廓以外，其余的如建筑内部的房间、走廊、楼梯、门窗、基础、梁、柱等都是不可见部分，则该建筑的平面图中，除建筑屋顶的可见内容（四条边线）为实线，其余的全部用虚线表示，必然形成虚线与虚线、虚线与实线交错、混淆不清的现象，既不利于标注尺寸，也不容易读图。为了解决这个问题，可以假想地用一个平面将形体切开，让它的内部构造暴露出来，使形体中不可见的部分变成可见部分，从而使虚线变成实线，这样既便于标注尺寸，又利于识图。

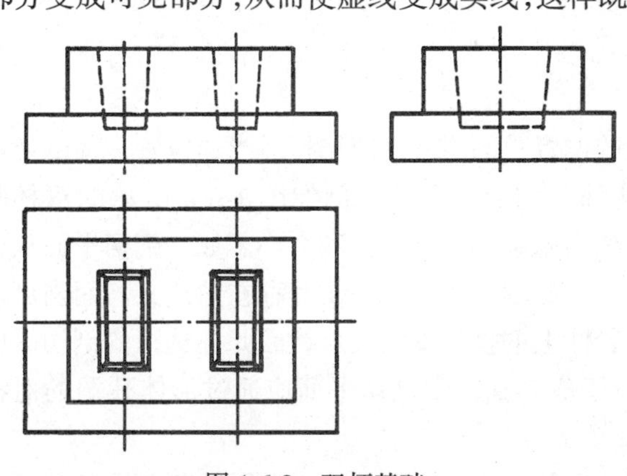

图 1-6-2　双杯基础

如图 1-6-2 所示，双杯基础的三面投影图，其正面投影和侧面投影都出现了虚线，从而使图面不清楚，杯口深度无法标注。

假想用两个平面 P 和 Q 将基础剖开，如图 1-6-3 和图 1-6-4 所示，然后将 P、Q 和 P、Q 前面的形体移走，将留下部分的半个基础作正面和侧面投影，则投影图全部变成实线。用一个假想的剖切平面将形体剖切开，移去介于观察

者和剖切平面之间的部分，作出剩余部分的正投影叫做剖面图。

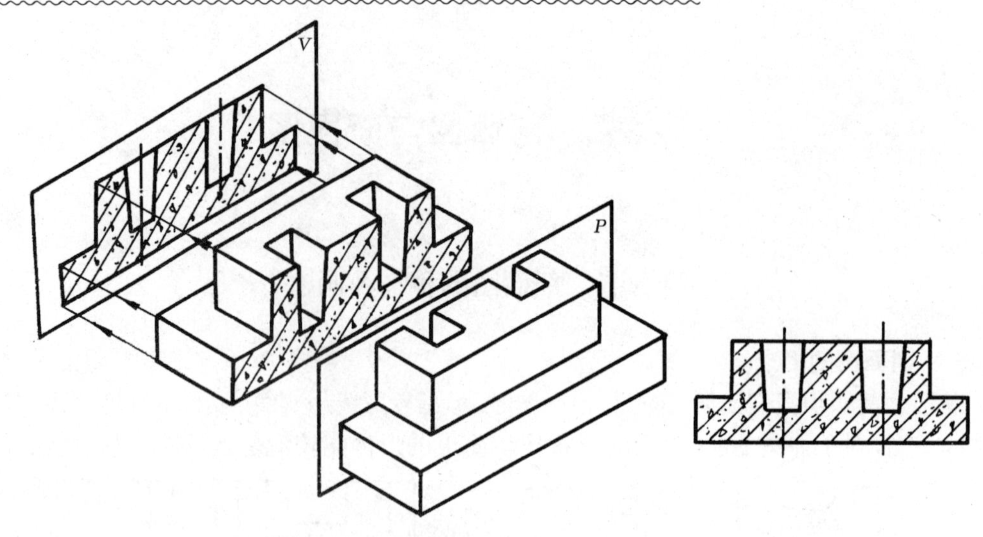

图 1-6-3　假想用剖切平面 *P* 将形体剖切开

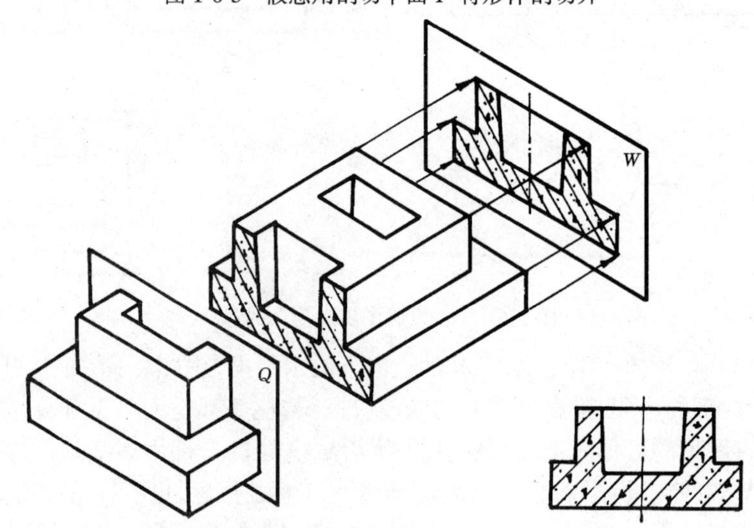

图 1-6-4　假想用剖切平面 *Q* 将形体剖切开

二、剖面图的表示方法

（一）确定剖切平面的位置和数量

作形体剖面图时首先应确定剖切平面的位置，剖切平面应选择适当的位置，使剖切后画出的图形能确切、全面地反映所要表达部分的真实形状。例如图 1-6-4 所示的双杯基础，Q 平面通过基础的杯口，剖面图中反映出基础杯口的形状和大小。如果剖切平面从两杯口之间剖切，则剖面图不反映杯口的大小，此剖面图就失去了其存在的意义。而当剖切平面平行于投影面时，其被剖切的面在投影面上的投影反映实形，因此，选择的剖切平面应具备这样两个条件：① 剖切平面应平行于投影面。②剖切平面应通过形体孔洞的对称面、轴线或有代表性的位置。

其次应确定剖切平面的数量即剖面图的数量。不同的形体，需要画的剖面图的数量就不同，一般与形体的复杂程度有关。较简单的形体可不画或少画剖面图，而较复杂的形体则应多画几个剖面图来反映其内部复杂的形状。

（二）画剖面图

画剖面图时，虽然用剖切平面将形体剖切开，但剖切是假想的，因此画其他投影图时，仍应完整地画出，不受剖面图的影响。

为了将形体内空腔和实体区分开，《房屋建筑制图统一标准》规定：画剖面图时，剖切平面的接触部分（即实体）的轮廓用粗实线表示，剖切平面后面的可见部分的轮廓用细实线表示，在后面的专业图中有时规定用中粗实线表示。

（三）剖切符号的画法

由于剖面图本身不能反映剖切平面的位置，就必须在其他投影图上标出剖切平面的位置及剖切形式。在建筑工程图中用剖切符号表示剖切平面的位置及其剖切开以后的投影方向。《房屋建筑制图统一标准》中规定剖切符号由剖切位置线及剖视方向线组成，均以粗实线绘制。剖切位置线的长度为6～10mm，剖视方向线应垂直于剖切位置线，长度应短于剖切位置线，宜为4～6mm。绘图时，剖切符号不应与图面上的图线相接触。为了区分同一形体上的几个剖面图，在剖切符号上应用阿拉伯数字加以编号，数字应写在剖视方向线一边。在剖面图的下方应写上带有编号的图名，如“X—X剖面图”，如图1-6-5。

（四）画材料图例

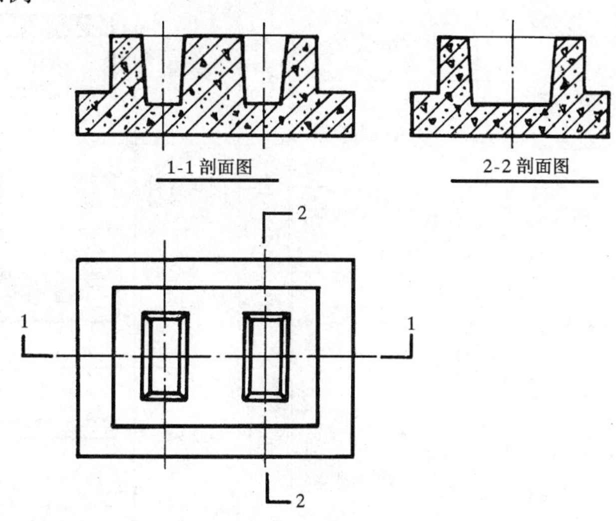

图1-6-5　剖切符号的画法

在剖切时，剖切平面将形体切开，从剖切开的切面上能了解到形体所采用的材料，因此，在切面上应表示出该形体所用的材料。《房屋建筑制图统一标准》中将常用建筑材料做了规定画法，如表1-6-1所示。

如未注明该形体的材料，应在相应的位置画出同向，同间距并与水平线成45°角的细实线，也叫剖面线。画剖面线时，同一形体在各个剖面图中剖面线的倾斜方向和间距要一致。

在钢筋混凝土构件图中，当剖面图主要用于表达钢筋的布置时，可不画材料图例。

建筑材料图例　　　表 1-6-1

序号	名　称	图　例	说　明
1	自然土壤		包括各种自然土壤
2	夯实土壤		
3	砂、灰土		靠近轮廓线点较密的点
4	砂砾石、碎砖、三合土		
5	天然石材		包括岩层、砌体、铺地、贴面等材料
6	毛石		
7	普通砖		1. 包括砌体、砌块 2. 断面较窄，不易画出图例线，可涂红
8	耐火砖		包括耐酸砖等
9	空心砖		包括各种多孔砖
10	饰面砖		包括铺地砖、陶瓷锦砖、人造大理石等
11	混凝土		1. 本图例仅适用于能承重的混凝土及钢筋混凝土 2. 包括各种强度等级、骨料、添加剂的混凝土 3. 在剖面图上画出钢筋时不画图例线 4. 如断面较窄，不易画出图例线，可涂黑
12	钢筋混凝土		
13	焦渣矿渣		包括与水泥、石灰等混合而成的材料
14	多孔材料		包括水泥珍珠岩、沥青珍珠岩、泡沫混凝土、非承重加气混凝土，泡沫塑料、软木等
15	纤维材料		包括麻丝、玻璃棉、矿棉、木丝板、纤维板等
16	松散材料		包括木屑、石灰、木屑、稻壳等
17	木材		1. 上图为横断面，为垫木、木砖、木龙骨 2. 下图为纵断面
18	胶合板		应注明×层胶合板
19	石膏板		
20	金属		1. 包括各种金属 2. 图形小时可涂黑
21	网状材料		1. 包括金属、塑料等网状材料 2. 注明材料
22	液体		注明名称
23	玻璃		包括平板玻璃、磨砂玻璃、夹丝玻璃、钢化玻璃等
24	橡胶		
25	塑料		包括各种软、硬塑料，有机玻璃
26	防水卷材		构造层次多和比例较大时采用上面图例
27	粉刷		本图例点以较稀的点

三、画剖面图应注意的问题

1. 为了使图形更加清晰，剖面图中应省略不必要的虚线。如图 1-6-3 所示，基础底板厚度及形状在剖面图中并未用虚线画出，可结合投影图读出底板的形状及厚度。

2. 由于剖面图的剖切是假想的，所以除剖面图外，其他投影图仍应完整画出。

3. 当剖切平面通过肋、支撑板时，该部分按不剖绘制，如图 1-6-6 所示。

4. 剖切平面应避免与形体表面重合，不能避免时，重合表面按不剖画出，如图 1-6-7 所示。

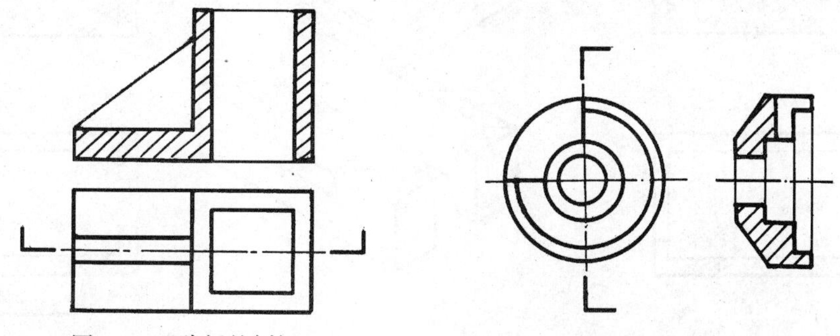

图 1-6-6　肋板的剖切　　　　图 1-6-7　剖切平面通过形体表面

四、剖面图的种类

由于形体的形状变化多样，对形体作剖面图时所剖切的位置、方向和范围也不同，常用的剖面图有：全剖面图、半剖面图、阶梯剖面图、展开剖面图和局部剖面图五种。

（一）全剖面图

用一个剖切平面将形体完整地剖切开，得到的剖面图，叫做全剖面图。全剖面图一般应用于不对称的建筑形体，或虽然对称、但外形比较简单，或在另一投影中已将它的外形表达清楚的形体。如图 1-6-8 所示，该形体虽然对称，但比较简单，分别用正平面、侧平面和水平面剖切形体得到 1—1 剖面图、2—2 剖面图和 3—3 剖面图。

再如图 1-6-9 所示，作建筑形体的水平剖面图，剖切平面比窗台略高一些。1—1 剖面图将门窗洞口的位置、尺寸全部反映出来。

【例 6-1】　如图 1-6-10（*a*）所示，作该构件的 1—1、2—2 剖面图。

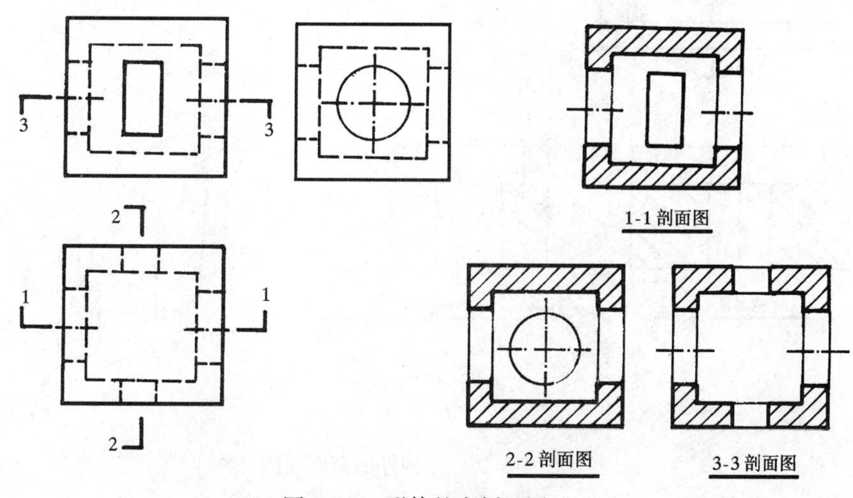

图 1-6-8　形体的全剖面图

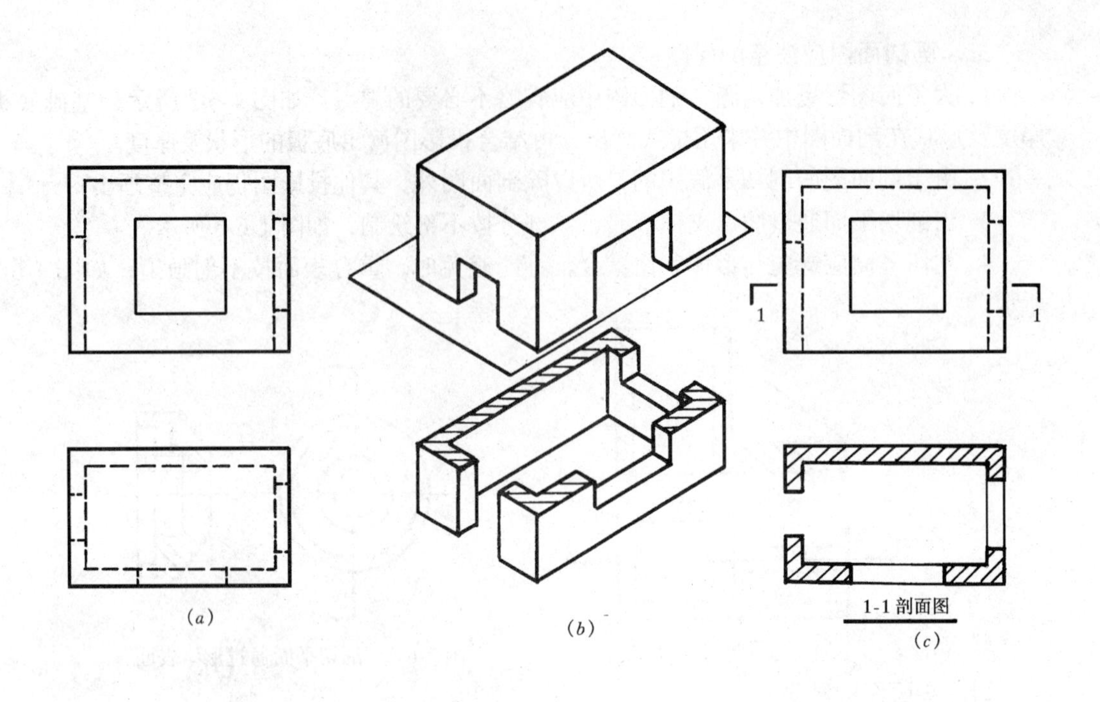

图 1-6-9　建筑形体的水平全剖面图
（a）正投影图；（b）立体图；（c）剖面图

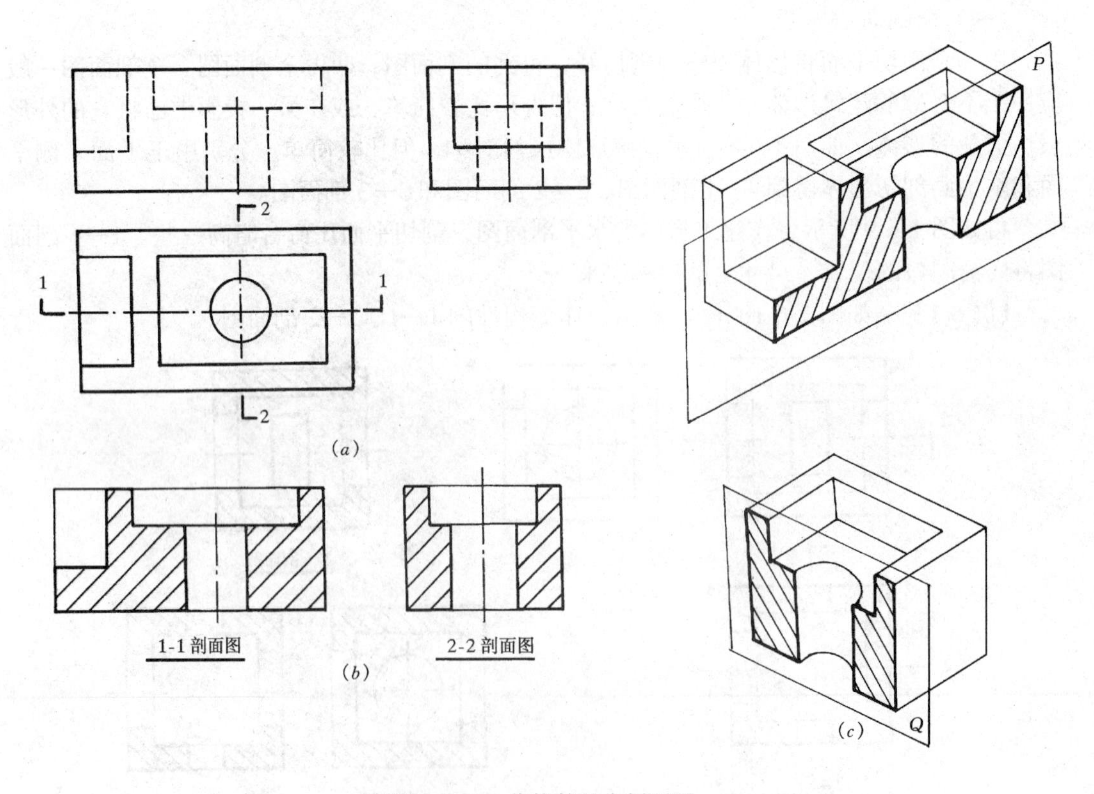

图 1-6-10　作构件的全剖面图
（a）正投影图；（b）剖面图；（c）直观图

该形体是由一个四棱柱三次切割而成的，形体左边被切去一个四棱柱，右上方被切去一个四棱柱，且在该四棱柱的下方切去一个圆柱，该形体前后对称。

1—1 剖切平面是正平面，从前后对称面将形体剖切开，其形状如图 1-6-10（*b*）中 1—1 剖面直观图。

2—2 剖切平面是侧平面，其形状如图 1-6-10（*b*）中 2—2 剖面直观图。

图 1-6-10（*c*）是剖面图。

（二）半剖面图

如果形体是对称的，画图时常把形体投影图的一半画成剖面图，另一半画成外形图，这样组合而成的投影图叫做半剖面图。这种作图方法可以节省投影图的数量，而且从一个投影图可以同时观察到立体的外形和内部构造。

如图 1-6-11 所示，为一个杯形基础的半剖面图，在正面投影和侧面投影中，都采用了半剖面图的画法，以表示基础的外部形状和内部构造。

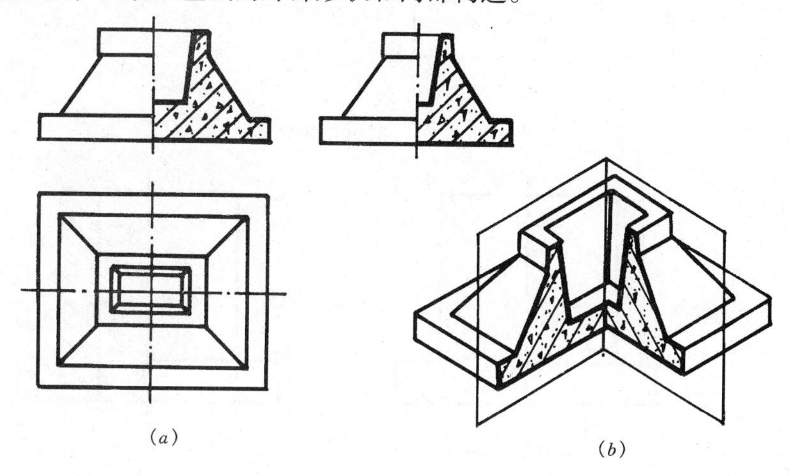

（*a*）　　（*b*）

图 1-6-11　杯形基础的半剖面图

（*a*）正投影图；（*b*）直观图

画半剖面图时，应注意：

1. 半剖面图和半外形图应以对称面或对称线为界，对称面或对称线画成细点划线。
2. 半剖面图一般应画在水平对称轴线的下侧或垂直对称轴线的右侧。
3. 半剖面图一般不画剖切符号。

【例 6-2】　画出如图 1-6-12 所示的半剖面图。

该形体前后左右对称，所以可以将正立面投影图和侧立面投影图都改成半剖面图，如图 1-6-13 所示。

对于有些左、右对称的建筑，其水平剖面图也可以根据实际情况作半剖面图，从而减少投影图的数量。

（三）阶梯剖面图

如图 1-6-14（*a*）所示，形体上有两个孔洞，但这两个孔洞不在同一轴线上，如果作一个全剖面图，不能同时剖切两个孔洞，因此，可以考虑用两个相互平行的平面通过两个

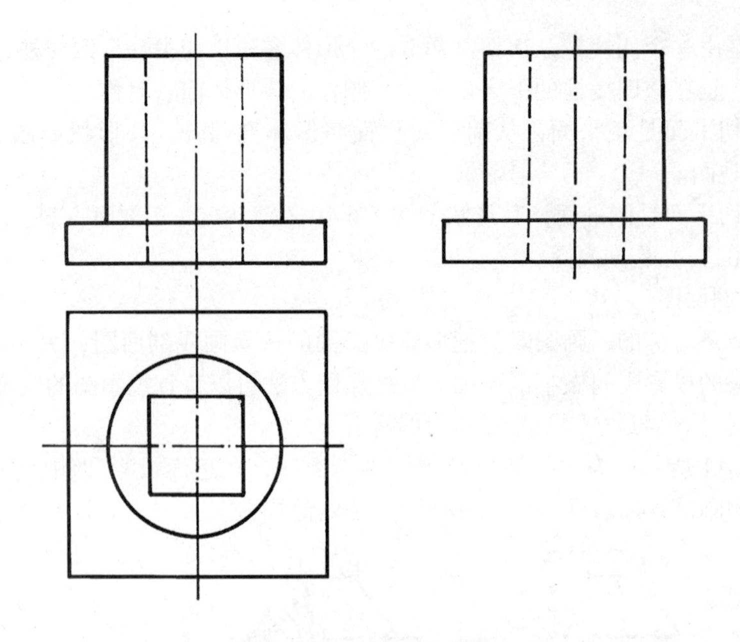

图 1-6-12　形体正投影图

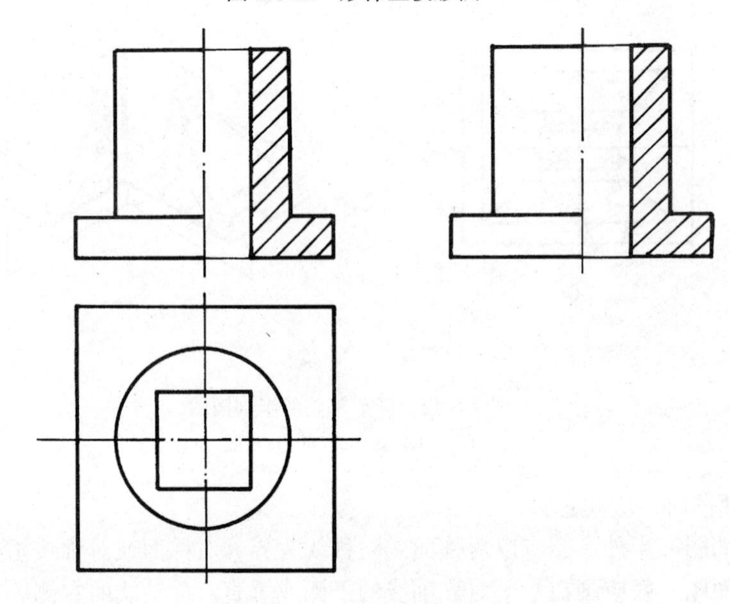

图 1-6-13　形体的半剖面图

孔洞剖切。如图 1-6-14（a），这样在同一个剖面图上将两个不在同一方向上的孔洞同时反映出来。这种用两个或两个以上互相平行的剖切平面将形体剖切开，得到的剖面图叫做阶梯剖面图。

需注意，由于剖切平面是假想的，所以剖切平面转折处由于剖切而使形体产生的轮廓线不应在剖面图中画出。

【例 6-3】　如图 1-6-15，已知构件的两个投影，作 1—1 剖面图。

该形体是由三部分组成的，左面是一个四棱柱形的池子，右面也是一个四棱柱状的池子，两池子靠在一起，并连通，在右面池子下方还相连一个四棱柱，该四棱柱中切去一倒

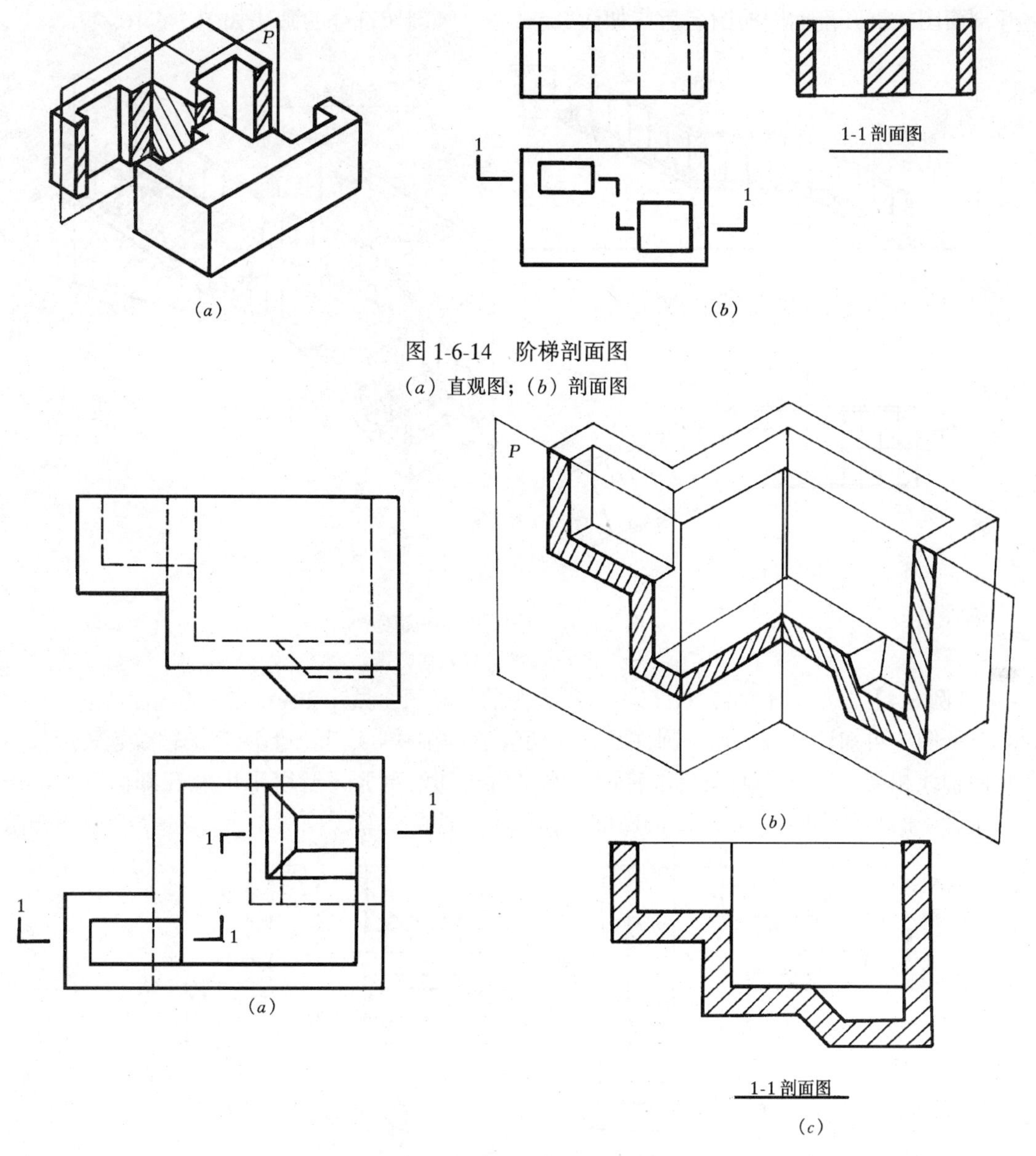

图 1-6-14　阶梯剖面图

（a）直观图；（b）剖面图

图 1-6-15　构件的阶梯剖面图

（a）投影图；（b）直观图；（c）剖面图

四棱台。

1—1 剖切平面是一个阶梯剖切平面，将三部分全部剖切，如图中所示。

（四）展开剖面图

有些形体，由于发生不规则的转折或圆柱体上的孔洞不在同一轴线上，采用以上三种剖切方法都不能解决，可以用两个或两个以上相交剖切平面将形体剖切开，所得到的剖面图，经旋转展开，平行于某个基本投影后再进行正投影称为展开剖面图。如图 1-6-16 为一个楼梯展开剖面图，由于楼梯的两个楼梯段之间在水平投影图上成一定夹角，如用一个或两个平行的剖切平面都无法将楼梯表示清楚，因此可以用两个相交的剖切平面进行剖切，移去剖切平面和观察者之间的部分，将剩余楼梯的右面部分旋转至与正立投影面平行后，便可得到展开剖面图。展开剖面图的图名后应加注“展开”字样，剖切符号的画法如图 1-6-16。

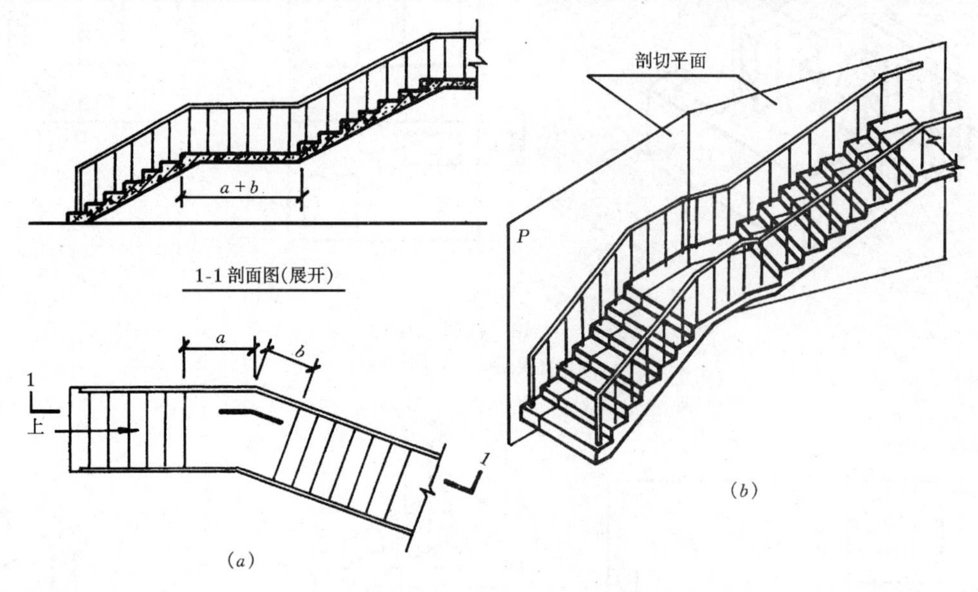

图 1-6-16 楼梯展开剖面图

(a) 水平投影图；(b) 直观图

【例 6-4】 如图 1-6-17 (a) 为一检查井的投影图，试作 1—1、2—2 剖面图。

从图中可知该检查井是一圆柱状井，两管子不在一直线上，但两管子轴线延长后都与竖向轴线相交。1—1 剖面图要求将两个水平管子同时剖开，所以采用展开剖面图。由于两个管子的高度不同，作 2—2 剖面图时，为了将这两个管子同时剖开，2—2 剖面图作阶

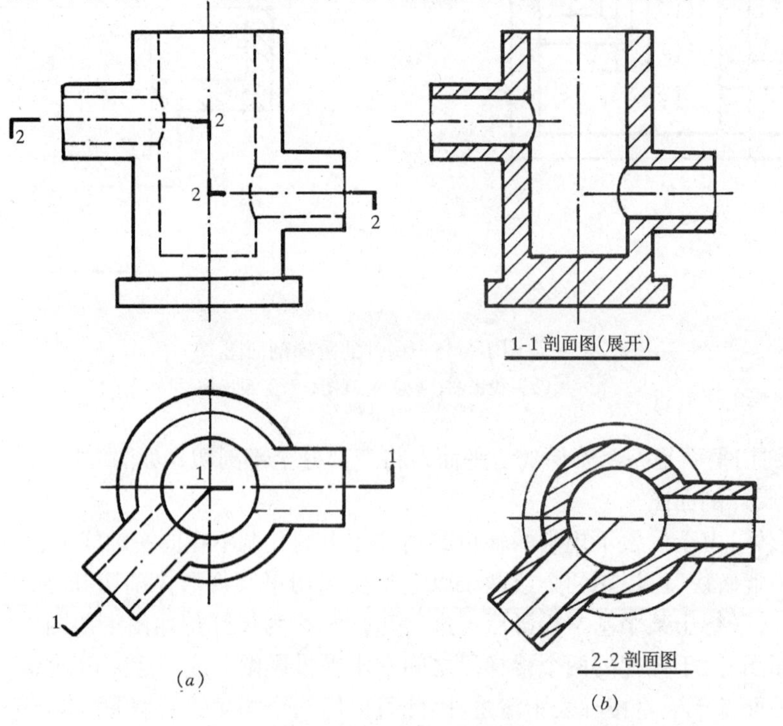

图 1-6-17 检查井展开剖面图

梯剖面图。1—1 剖面图，2—2 剖面图如图 1-6-17（b）所示。

有时也将展开剖面图叫做旋转剖面图。从楼梯展开剖面图也可以看出，为了使楼梯剖面图能如实地反映楼梯切面，在作剖面图时，将楼梯右半部分向后转动一定角度（即两剖切平面的夹角），使楼梯切面平行于投影面，在投影面上反映楼梯的真实形状。

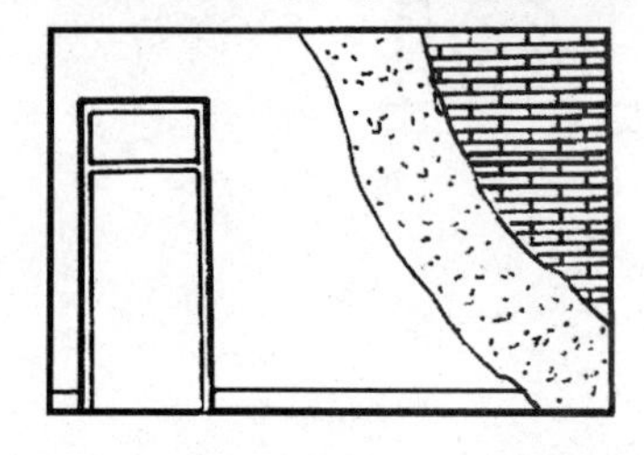

图 1-6-18　墙体分层剖面图

（五）分层剖面图和局部剖面图

对一些具有不同层次构造的工程建筑物，可按实际需要，用分层方法剖切，从而获得的剖面图叫做分层剖面图。

如图 1-6-18 所示是用分层剖面图表示了一面墙的构造情况，以二条波浪线为界，分别把三层构造都表达清楚，内层为砖墙，中层为砂浆找平层，面层为罩面灰。在画分层剖面图时，应按层次以波浪线将各层隔开，波浪线不应与任何图线重合，并为细线。

图 1-6-19 是用分层剖切剖面图来表示地面构造与各层所用材料及做法。分层剖面图也常用来表示屋面等多层材料构成的建筑构件，如图 1-6-20 所示。

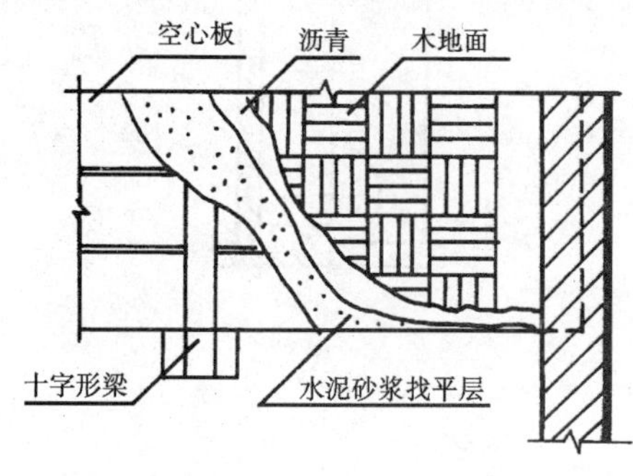

图 1-6-19　木地面构造图

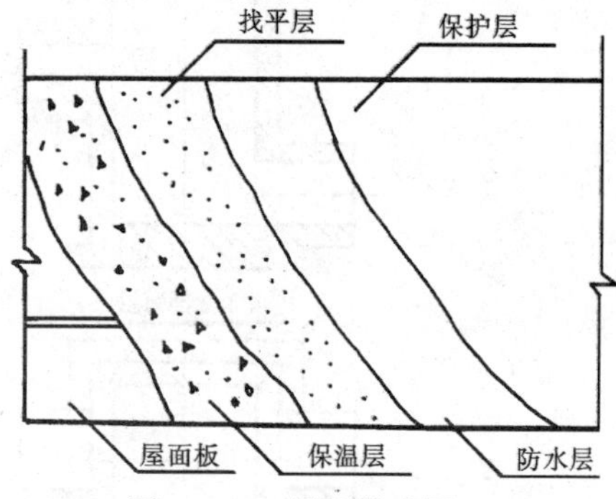

图 1-6-20　屋顶构造图

当仅仅需要表达形体的某局部内部形状时，可以只将该局部剖切开，只画这一部分剖面图，叫做局部剖面图。

局部剖面在投影图上用波浪线作为剖切部分与未剖切部分的分界线，分界线相当于断裂面的投影，因此，波浪线不得超过图形轮廓线，也不能画成图线的延长线。如图 1-6-21

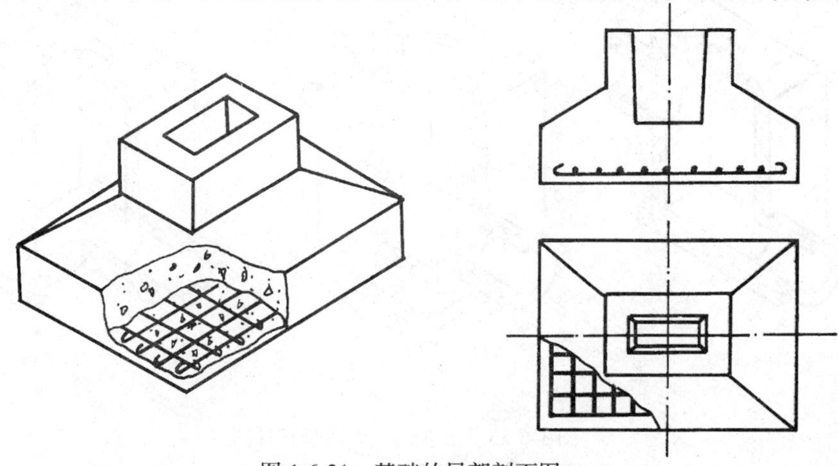

图 1-6-21　基础的局部剖面图

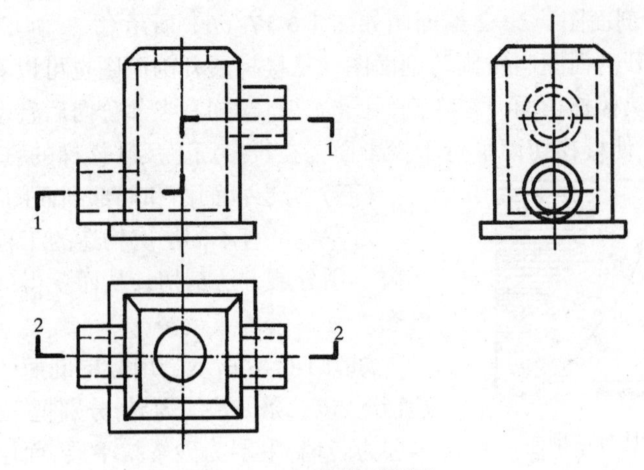

图 1-6-22　窨井投影图

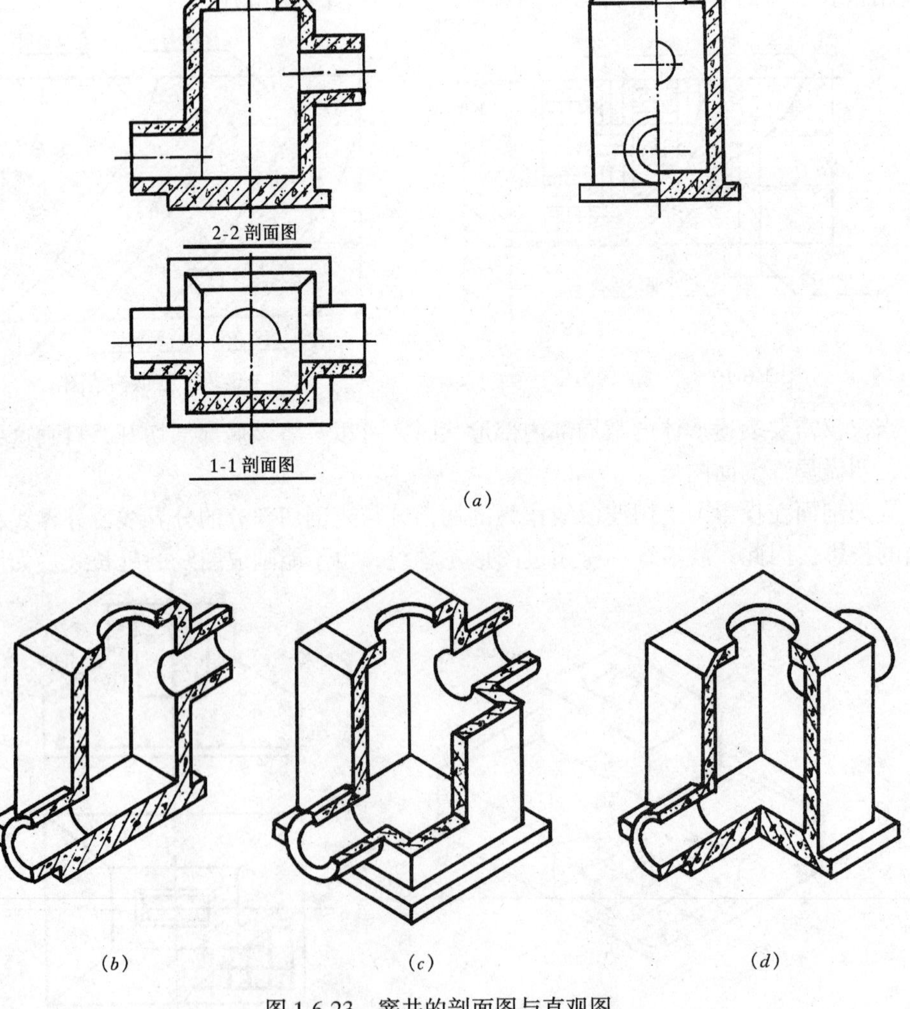

图 1-6-23　窨井的剖面图与直观图

(a) 窨井的剖面图；(b) 全剖面图；(c) 阶梯剖面图；(d) 半剖面图

的基础局部剖面图，从图（*b*）中不仅可以了解到该基础的形状、大小，而且从水平投影图上的局部剖面图，可以了解到该基础的配筋情况。注意，正面投影图是一个全剖面图，在这个投影图中因为要表达的是钢筋的分布，所以图中未画混凝土的图例，而只画钢筋。局部剖面图沿用原来投影图的图名。

【例 6-5】 如图 1-6-22 ，作出窨井 1—1、2—2 剖面图，并将侧面投影改成半剖面图。

从投影图中可知，窨井是由底板（四棱柱体）、井身（四棱柱体）、盖板（四棱台）和两个圆柱状的管子组成。它的内部井身是四棱柱体的空腔，底部比底板高，盖板中间是圆柱状的孔。

从剖切位置可知，1—1 剖面图是阶梯剖面图，剖切平面为两个水平面，分别通过两个圆柱管子的中心线，又因窨井前后对称，阶梯剖面图画成半剖面图。

从 2—2 剖切位置可知，2—2 剖面图是全剖面图，且剖切平面是正平面，通过整个窨井的前后对称面。

侧面投影改为半剖面图时，剖切平面为侧平面，通过井身的中心线，被剖切到的是井壁左侧，左井管被剖切一半。剖面图与直观图如图 1-6-23 所示。

【例 6-6】 试阅读化粪池的两面投影图。如图 1-6-24。

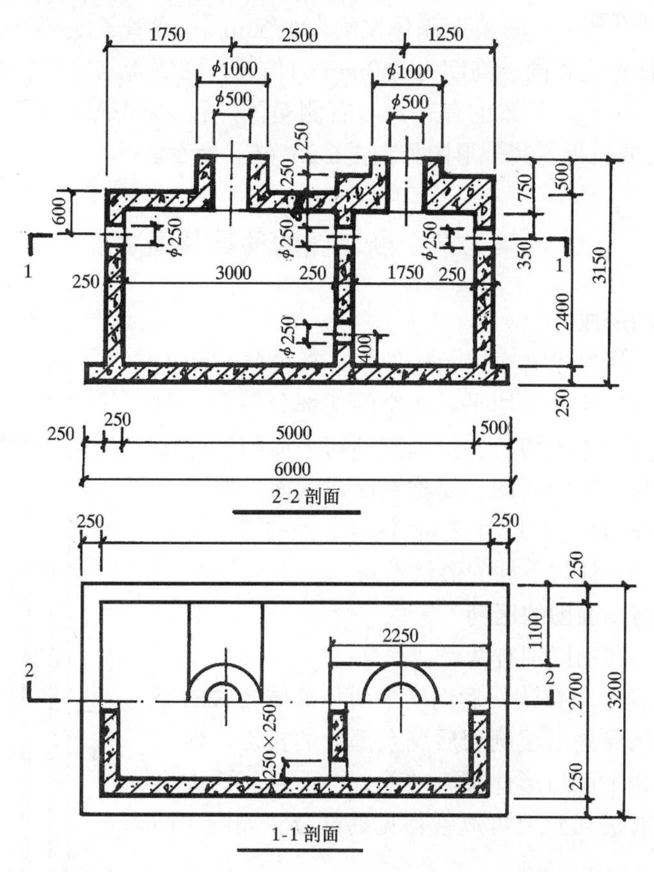

图 1-6-24 化粪池投影图

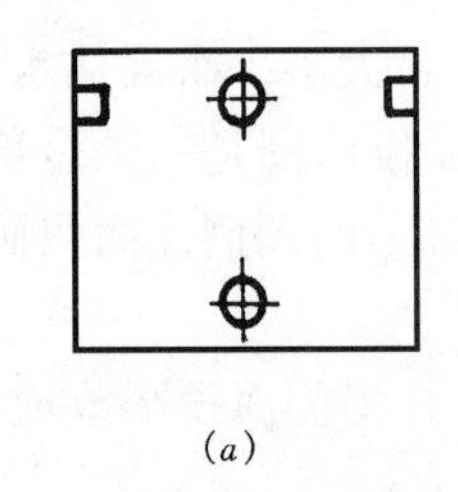

（*a*）

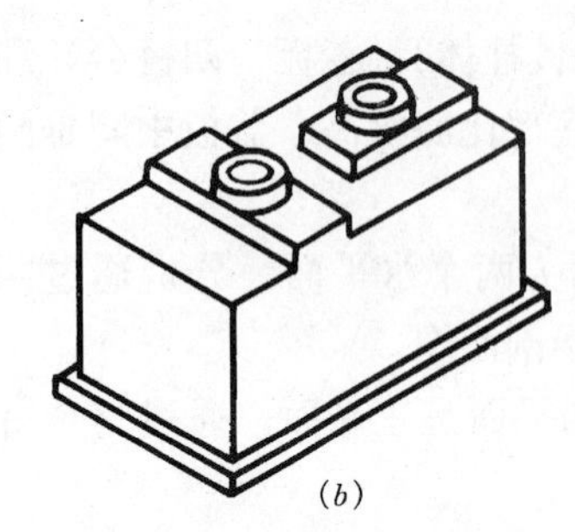

（*b*）

图 1-6-25　化粪池的隔板立面图与直观图
（*a*）化粪池隔板图；
（*b*）化粪池直观图

从图 1-6-24 可以看出形体的投影图是由两个剖面图形成的，1—1 剖面图是半剖面图，说明该形体前后对称。2—2 剖面图是全剖面图。从图中可知，该化粪池是由两个箱子组成的，底板是长 6000mm、宽 3200mm、高 250mm 的长方形板，上面放着两个箱体，总长 5000mm、宽 2700mm、高 2400mm。中间用一隔板分隔开，隔板的厚度与箱体壁厚相同，都是 250mm，其中左面箱子内径为 3000mm，右侧箱子内径为 1750mm。左右箱壁上离上顶板外表距离为 600mm 处各有一直径为 250mm 的圆孔，位于化粪池前后对称面上。中间隔板对称面上下也各有一个直径是 250mm 的圆孔，上面的圆孔与侧壁圆孔的位置一致，下面的圆孔中心离底板上表面的距离为 400mm，从 1—1 剖面图上还可以看到在中间隔板前后两侧各有一方孔，方孔的尺寸为 250mm×250mm，其高度与隔板上方圆孔的位置一样。这样隔板上有四个孔，两个圆孔和两个方孔，如图 1-6-25（*a*）。在顶板上有两个圆柱状的管子，管子内径 500mm，外径为 1000mm，左侧管中心距箱体左侧为 1750mm，在管子底部还有一个长与管外径相同、宽度与箱体宽度相同、高度为 250mm 的长板，右侧管与左侧管相同，右管中心离箱体右侧面 1250mm，其下部也有一长与右侧箱体外径 2250mm 相等，宽与管子外径相等，高为 250mm 的长板，其外形图如图 1-6-25（*b*）所示。

第二节　断面图的种类及画法

一、断面图的形成

对于某些单一杆件或需要表示构件某一部位的截面形状时，可以只画出形体与剖切平面相交的那部分图形，即假想用剖切平面将形体剖切后，仅画出剖切平面与形体接触的部分的正投影，叫断面图，简称断面或截面。如图 1-2-26 所示，带牛腿的工字形柱子的 1—1、2—2 断面图，从图中可知该柱子上柱与下柱的形状不同。

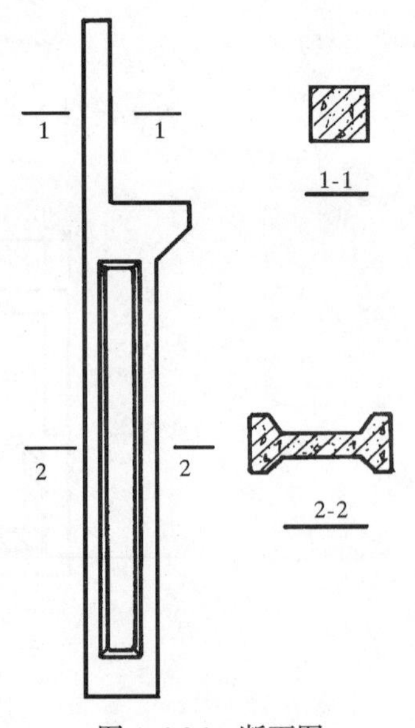

图 1-6-26　断面图

二、断面图与剖面图的区别

断面图与剖面图的区别有两点：

1. 断面图只画形体被剖切后剖切平面与形体接触的那部分，而剖面图则要画出被剖切后剩余部分的投影，即剖面图不仅要画剖切平面与形体接触的部分，而且还要画出剖切平面后面没有被切到但可以看得见的部分，如图 1-6-27 所示。

2. 断面图和剖面图的剖切符号不同，断面图的剖切符号只画剖切位置线，长度为 6～10mm 的粗实线，不画剖

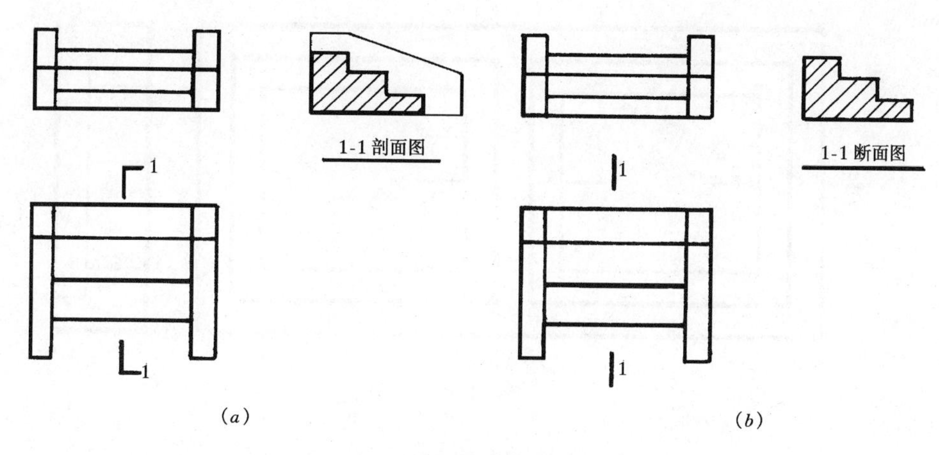

图 1-6-27　剖面图与断面图的区别

（a）剖面图的画法；（b）断面图的画法

视方向线，编号写在投影方向的一侧，即编号所在的一侧应为该断面图的剖视方向。如上图 1-6-27（b）所示，编号“1”写在剖切位置线的右侧，表示剖切开以后，从左向右看。

三、断面图的画法

1. 移出断面

将形体某一部分剖切后所形成的断面移画于主投影图的一侧，称为移出断面。断面图的轮廓要画成粗实线，内画图例符号。如图 1-6-28 和图 1-6-29 所示。

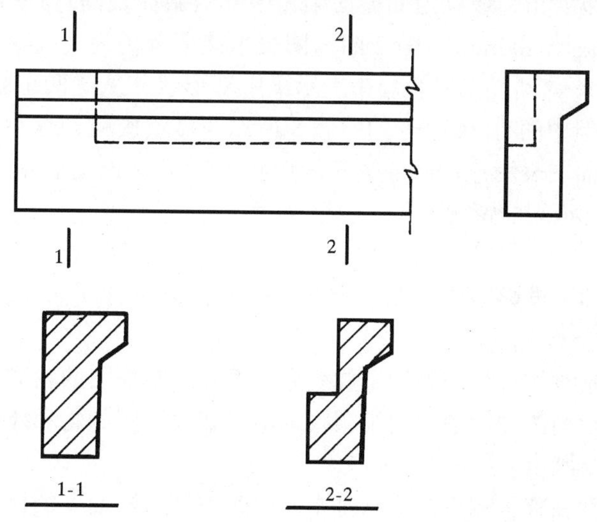

图 1-6-28　梁移出断面图的画法

断面图应在形体投影图的附近，以便识读，断面图也可以适当地放大比例，以利于标注尺寸和清晰地显示其内部构造。在后面建筑工程图中，表达梁柱等配筋图时，大部分都是用移出断面的形式反映梁、柱的形状和内部配筋的。

【例 6-7】　图 1-6-30 是钢筋混凝土空腹鱼腹式吊车梁的投影图和六个断面图，试阅

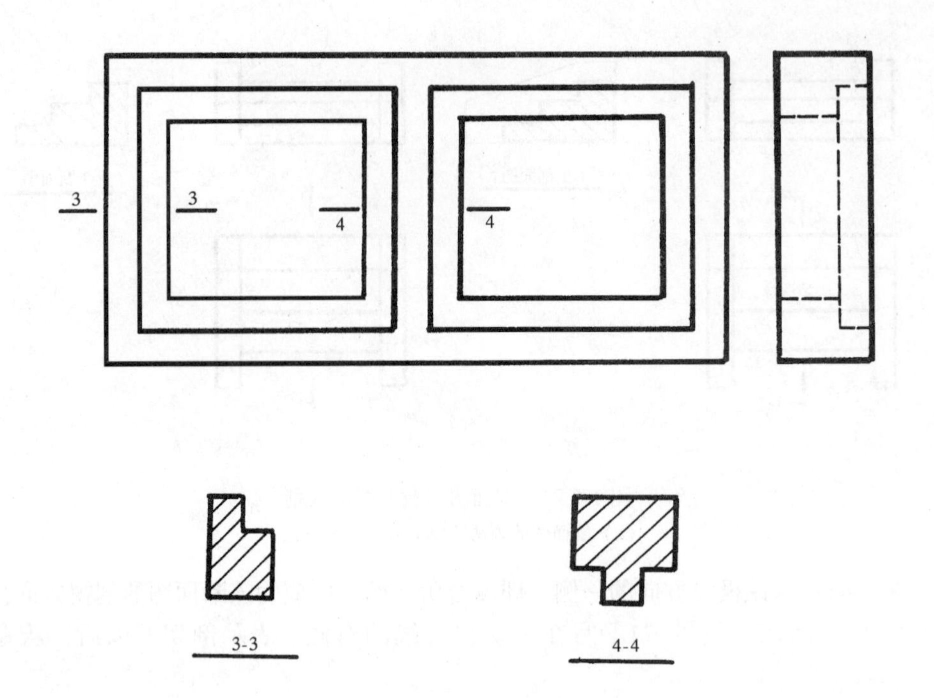

图 1-6-29　构件移出断面图的画法

读该梁。

从图 1-6-30 可以看出，该梁为变截面梁，中部的截面最高，1—1 断面图表示梁的端部是 T 形截面、腹板厚 200mm；2—2 断面图表示该部分仍为 T 形，但腹板由 200mm 变为 150mm；3—3、4—4 断面图联合起来表示梁中部形状，从这两个断面图可知梁中部截面高度为 800mm，但中间有 340mm 的空腹，所以叫做空腹梁，这种形式可以节约材料、降低造价。5—5 断面图表示连接部分竖杆的形状。6—6 断面图表示 1—1 断面到 2—2 断面的变化情况，即支承端的情况。

2. 重合断面

将断面图直接画于投影图中，二者重合在一起称为重合断面图。如图 1-6-33 为一角钢和倒 T 形钢的重合断面图。

通常当图形简单时，可不画剖切位置线亦不编号，断面图的轮廓线：当投影图的轮廓为粗实线时，重合断面图的轮廓就用细实线画出；如投影图的轮廓线为细实线时，重合断面的轮廓可用粗实线画出。

重合断面图通常在整个构件的形状基本一致时使用，断面图的比例与原投影图的比例应一致。其轮廓可能是闭合的（如图 1-6-31），也可能是不闭合的（如图 1-6-32）。此时应于断面轮廓线的内侧加画图例符号，图名沿用原投影的图名。

3. 中断断面

对于单一的长向杆件，也可以在杆件投影图的某一处用折断线断开，然后将断面图画于其中，不画剖切符号，如图 1-6-33。同样钢屋架的大样图也常采用中断断面的形式表达其各杆件的形状，如图 1-6-34。中断断面的轮廓线用粗实线，图名沿用原投影图名。

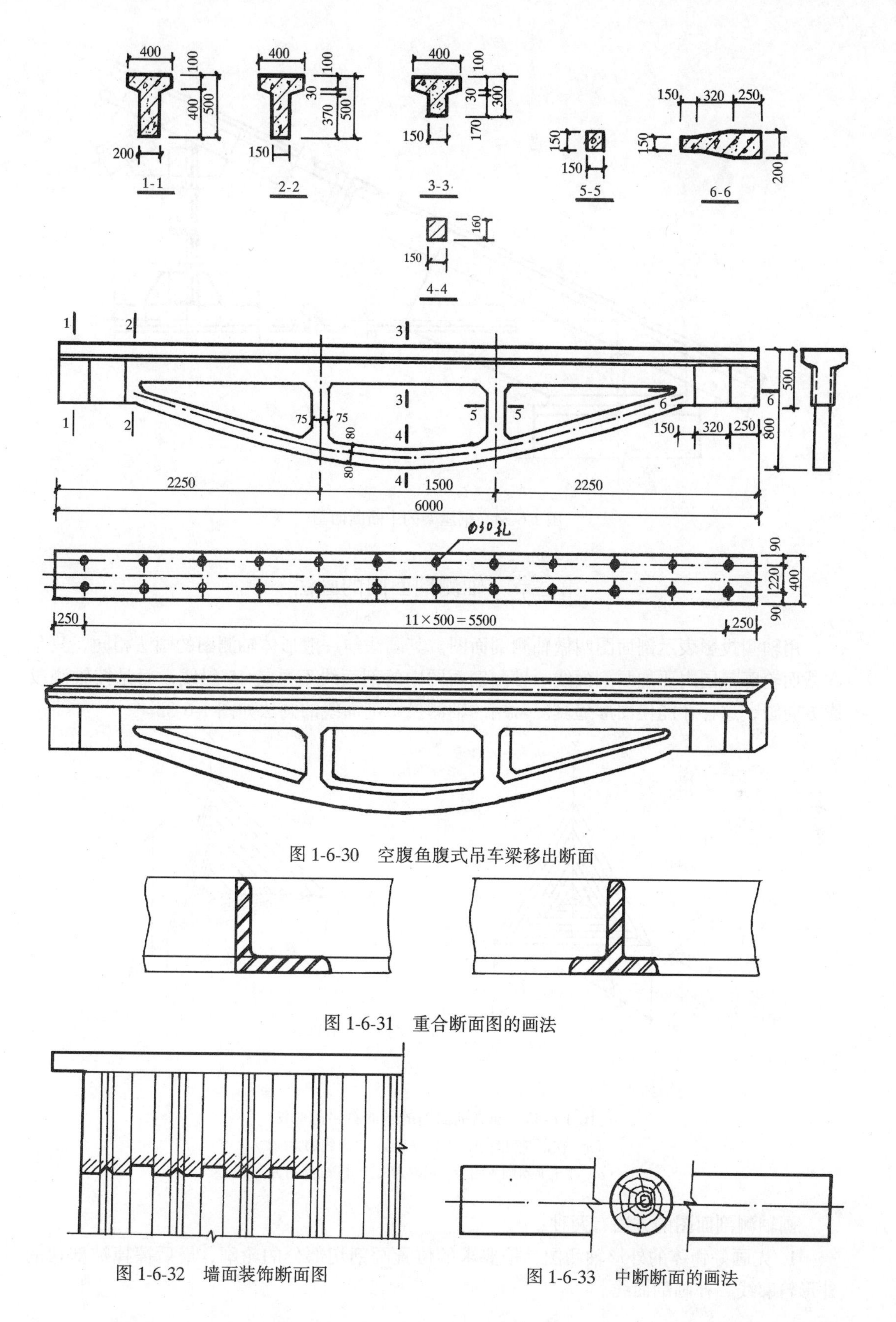

图 1-6-30　空腹鱼腹式吊车梁移出断面

图 1-6-31　重合断面图的画法

图 1-6-32　墙面装饰断面图

图 1-6-33　中断断面的画法

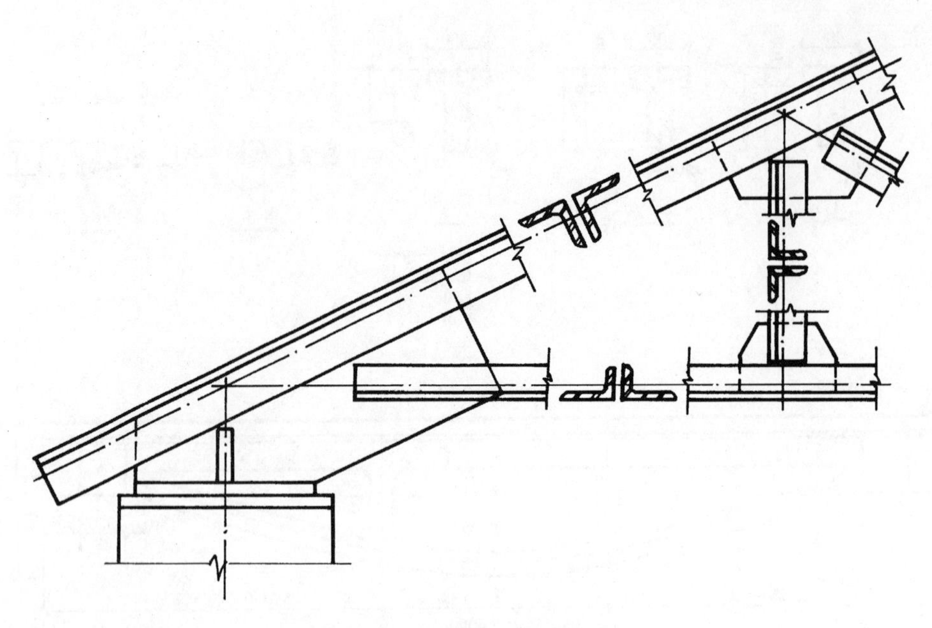

图 1-6-34　钢屋架的中断断面图

第三节　轴测剖面图的画法

用轴测投影表示剖面图叫做轴测剖面图。其画法与一般形体轴测图的画法相同，只是在截面轮廓范围内要加画剖面线。轴测剖面图中的剖面线不再是 45°斜线，而是按轴测投影方向画，这样才能使图形逼真。常用的轴测投影剖面线的画法如图 1-6-35。

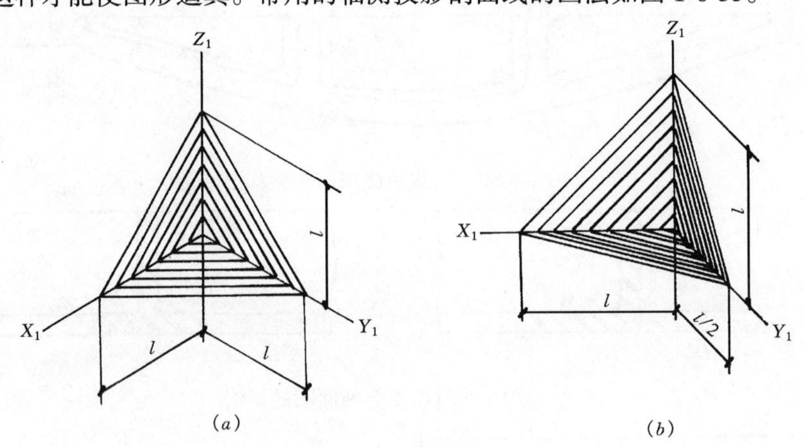

图 1-6-35　轴测剖面图的剖面符号的画法

(a) 在正等测图中，材料符号上 45°斜线的方向，

(b) 在正面斜轴测图中，材料符号上 45°斜线的方向

画轴测剖面图的方法有两种：

1. 先画好物体的外形轴测图，按要求的位置画剖切部分的轮廓，最后擦掉被剖切的外形轮廓线，补画剖面线。

如图 1-6-36（*a*）为某形体的三面投影图，画其剖切 1/4 后的轴测图，作图步骤如图（*b*）、（*c*）、（*d*）。

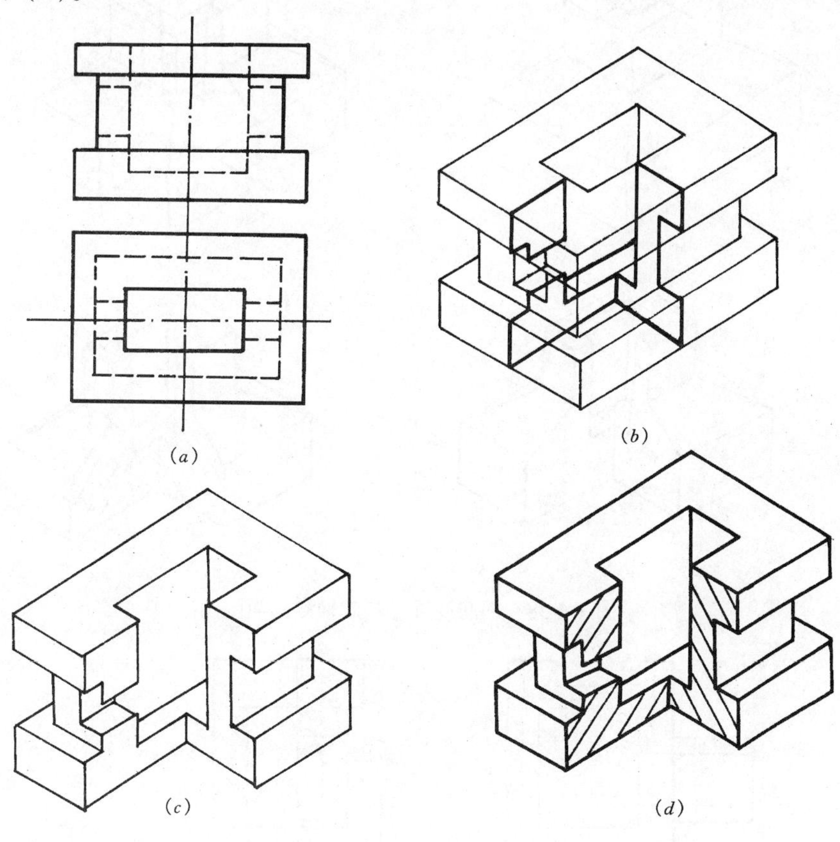

图 1-6-36　轴测剖面图的画法（一）

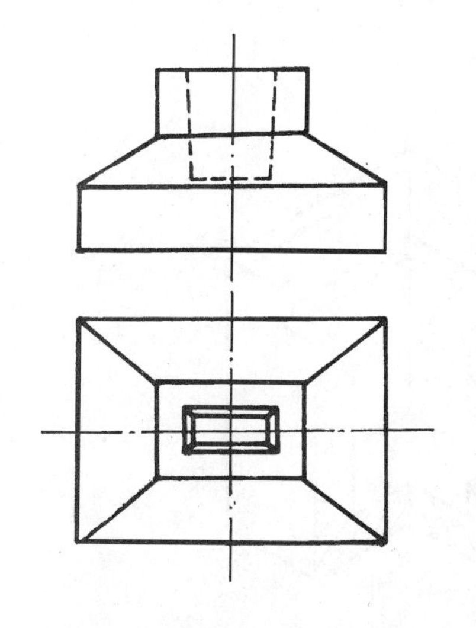

图 1-6-37　钢筋混凝土基础

【例 6-8】　画钢筋混凝土杯形基础的轴测剖面图，如图 1-6-37。

作图时按照图 1-6-36 的方法，先作基础的轴测图，再画出截面形状，将切去的部分擦去，最后在截面上画上钢筋混凝土图例，并加深。如图 1-6-38 所示。

2. 先在轴测图中画出剖切平面上的截面形状，再由近而远地完成主要轮廓和内部的形状，如图 1-6-39 所示。

【例 6-9】　根据现浇板的正投影图（如图 1-6-40）在平面图上作重合断面图，并作正等测图。

该形体是现浇钢筋混凝土肋形楼板，即由板、次梁、主梁和柱子组成的构件，其重合断面图如图 1-6-40 所示，正等测图如图 1-6-41 所示。

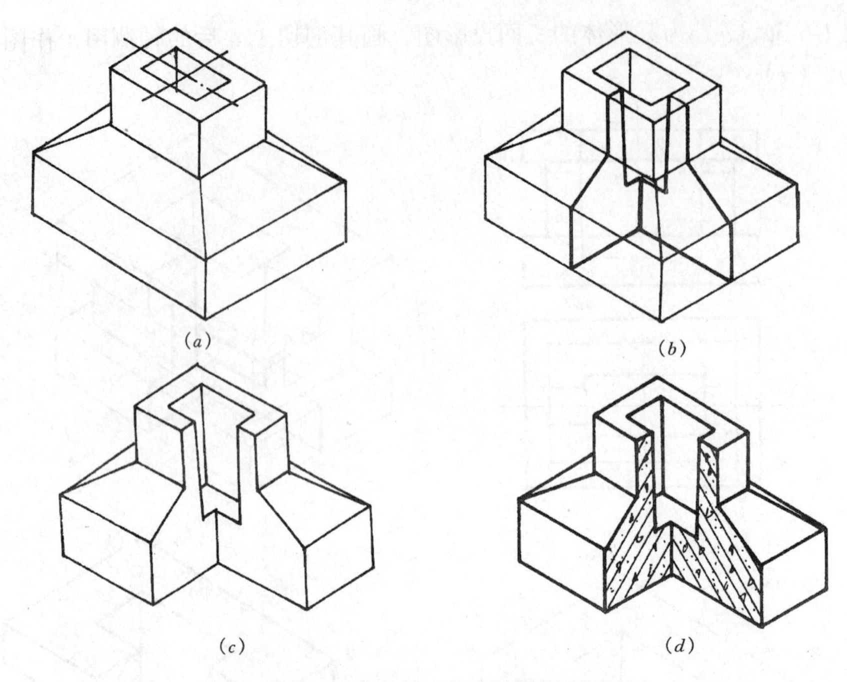

图 1-6-38　钢筋混凝土基础轴测剖面图画法

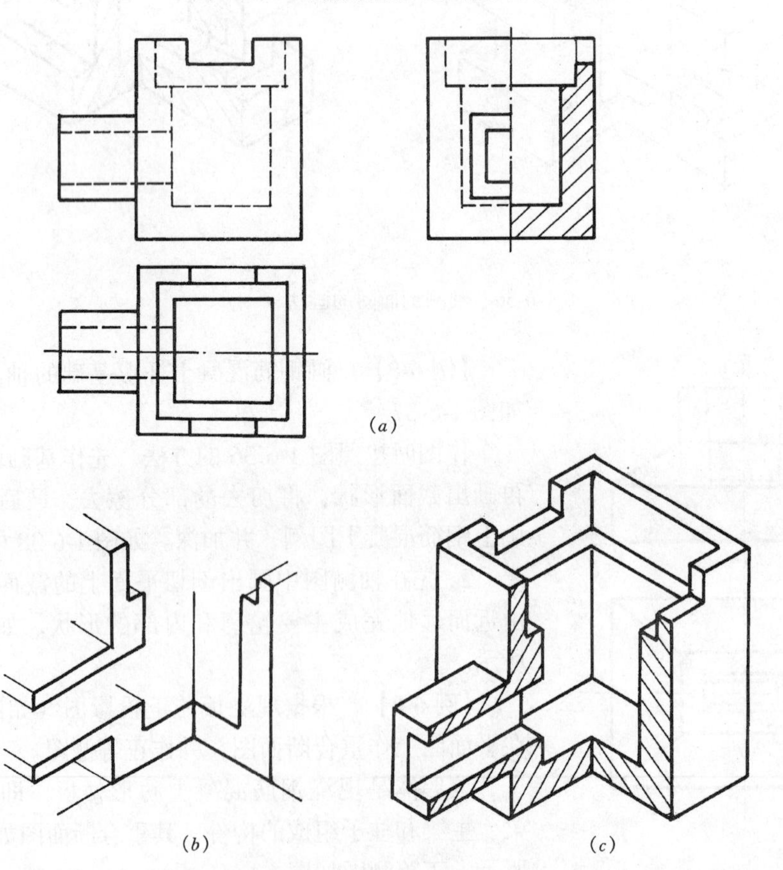

图 1-6-39　轴测剖面图的画法（二）

(a)正投影图;(b)先在轴测图中画出截面形状;(c)由近而远画出轮廓线和内部形状

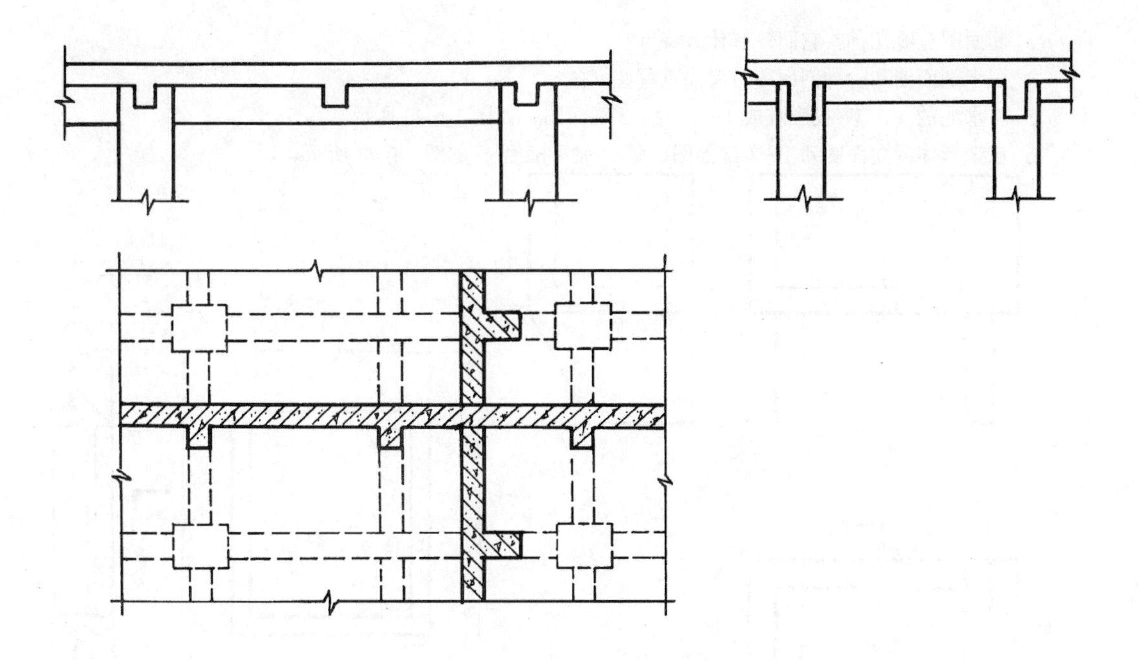

图 1-6-40 现浇楼板的重合断面图

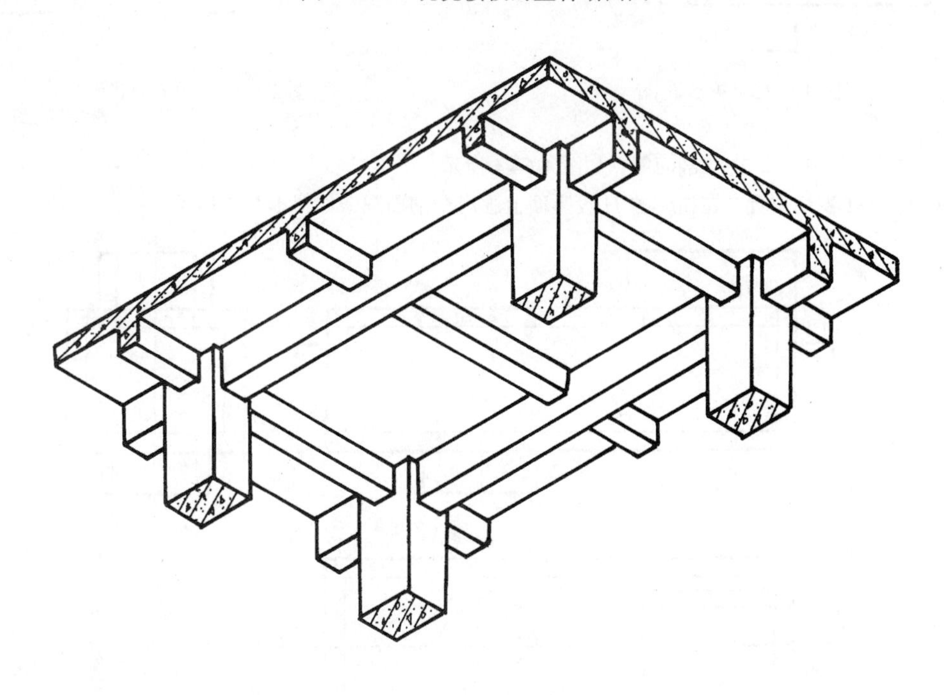

图 1-6-41 现浇楼板的轴测剖面图

复 习 思 考 题

1. 什么是剖面图？什么是断面图？说明它们有什么区别？
2. 剖面图有什么用途？剖切方式有哪几种？它们有何特点？剖切符号如何绘制？

3. 断面图有哪几种？它们各有什么特点？

4. 画半剖面图和阶梯剖面图时应注意哪些问题？

5. 将水池的 V、W 投影改成 1—1、2—2 剖面图，如图 1-6-42 所示。

6. 已知形体的立面图和 1—1 剖面图，画 2—2 剖面图，如图 1-6-43 所示。

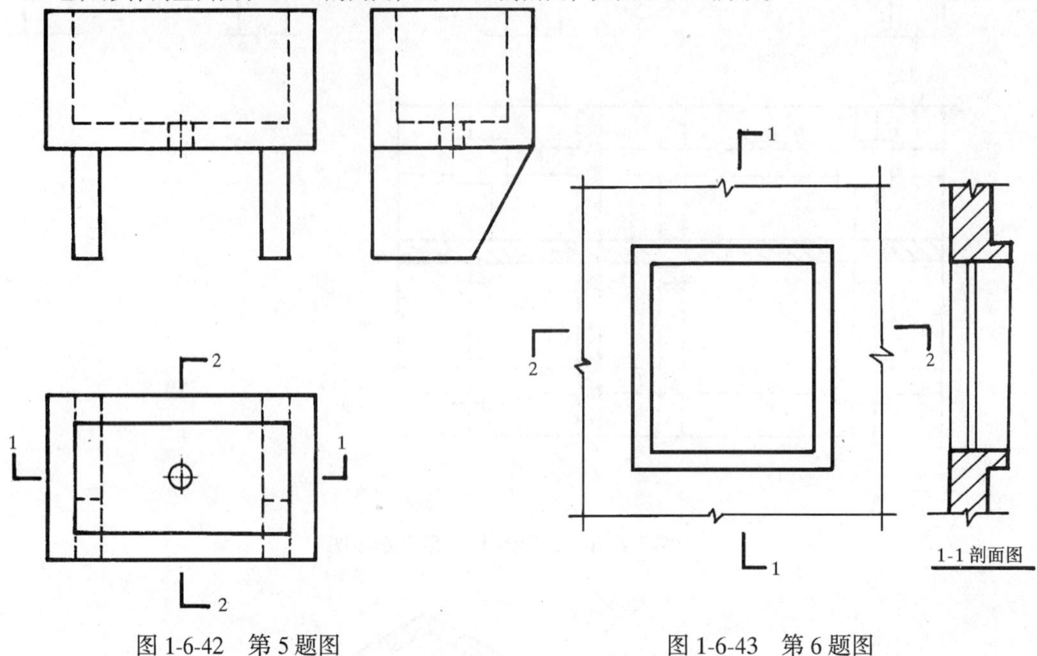

图 1-6-42　第 5 题图　　图 1-6-43　第 6 题图

7. 作形体的 1—1、2—2 剖面图，如图 1-6-44 所示。

8. 按 1—1 剖切位置，在相应的 H 投影面上画出全剖面图，如图 1-4-45 所示。

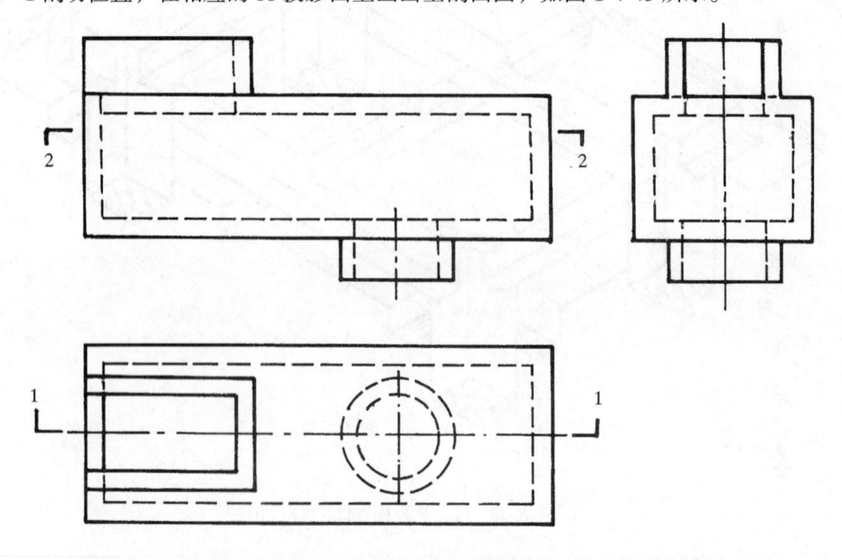

图 1-6-44　第 7 题图

9. 画全 2—2 剖面图，如图 1-6-46 所示。

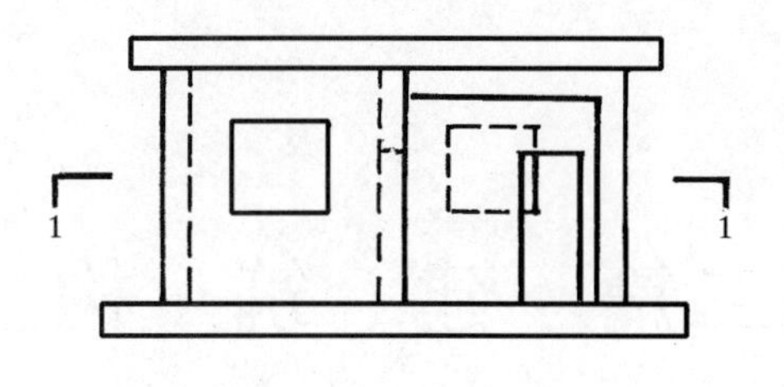

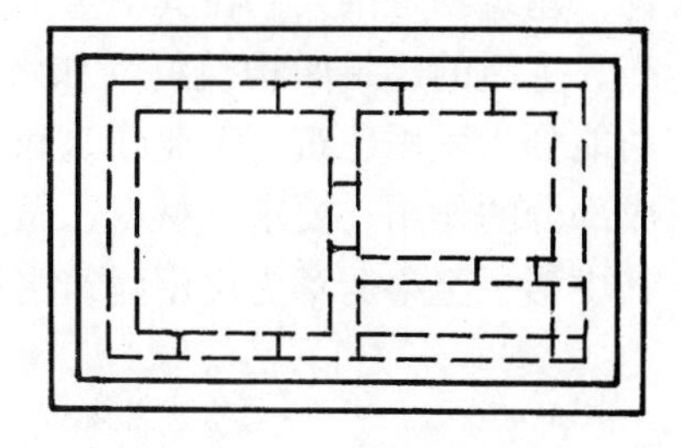

图 1-6-45　第 8 题图

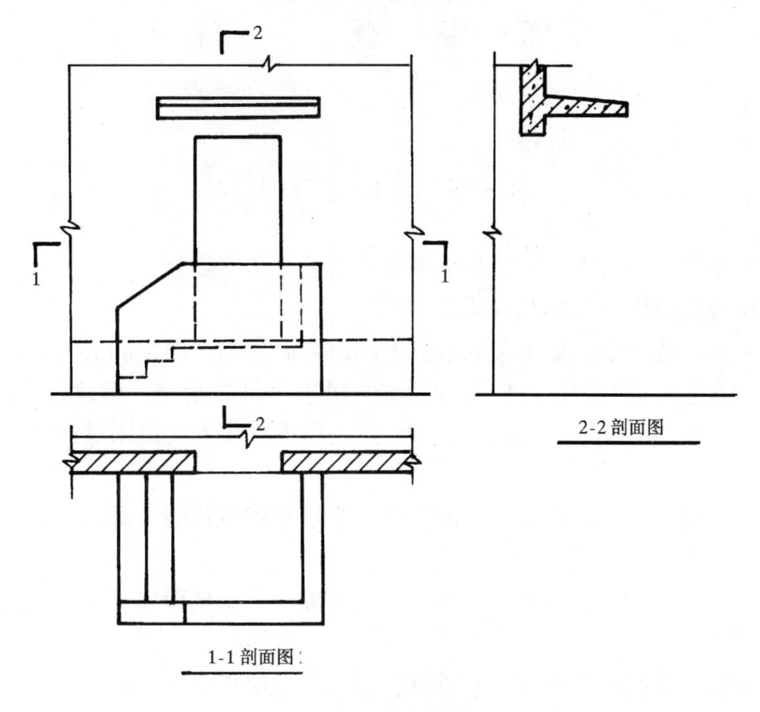

图 1-6-46　第 9 题图

第二篇　建　筑　构　造

建筑包括建筑物和构筑物，建筑物是供人们在其中生产、生活或进行其他活动的房屋或场所；而人们不在其中生产、生活的建筑叫构筑物（如水塔、支架、烟囱等）。建筑物主要是指房屋建筑，按使用功能分为民用建筑、工业建筑和农业建筑。建筑构造主要研究房屋建筑的构造组成和各组成部分的作用、要求、材料、做法及其相互间的联系。本篇只研究民用与工业建筑构造，其中第一至第七章为民用建筑构造，第八章为工业建筑构造。

第一章　概　　述

第一节　民用建筑的组成

民用建筑是供人们居住、生活和从事各类公共活动的建筑。

一、民用建筑的构造组成及其要求

房屋建筑是由若干个大小不等的室内空间组合而成的，而空间的形成又需要各种各样实体来组合，这些实体称为建筑构配件。一般民用建筑由基础、墙或柱、楼地层、楼梯、屋顶、门窗等主要构配件组成（图 2-1-1）。各主要组成部分的作用及构造要求分述如下：

1. 基础

基础是建筑物最下面埋在土层中的部分，它承受建筑物的全部荷载，并把荷载传给下面的土层——地基。

基础应该坚固、稳定、耐水、耐腐蚀、耐冰冻，早于地面以上部分不应先破坏。

2. 墙或柱

墙是建筑物的垂直承重构件。它承受屋顶和楼地层传给它的荷载，并把这些荷载连同自重传给基础；同时，外墙也是建筑物的围护构件，抵御风、雨、雪、温差变化等对室内的影响，内墙是建筑物的分隔构件，把建筑物的内部空间分隔成若干相对独立的空间，避免使用时的互相干扰。

当建筑物采用柱作为垂直承重构件时，墙填充在柱间，仅起围护和分隔作用。

墙和柱应坚固、稳定，墙还应重量轻、保温（隔热）、隔声和防水。

3. 楼地层

楼层指楼板层，它是建筑物的水平承重构件，将其上所有荷载连同自重传给墙或柱；同时，楼层把建筑空间在垂直方向划分为若干层，并对墙或柱起水平支撑作用。地层指底

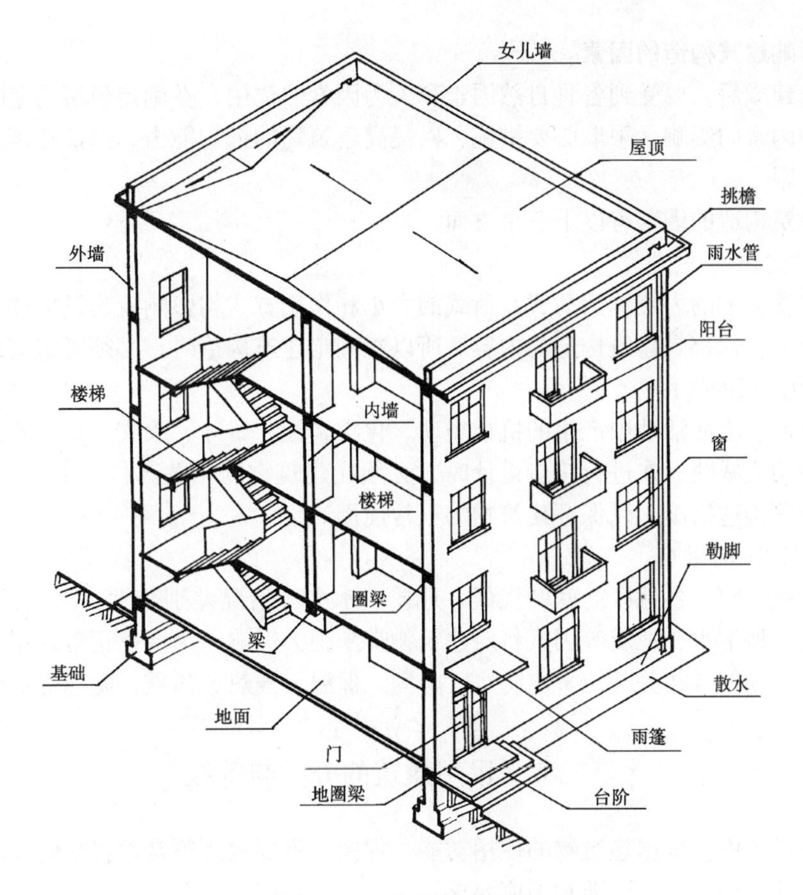

图 2-1-1　建筑物的组成

层地面，承受其上荷载并传给地基。

楼地层应坚固、稳定。地层还应具有防潮、防水等功能。

4. 楼梯

楼梯是楼房建筑中联系上下各层的垂直交通设施，供人们上下楼层和紧急疏散使用。楼梯应坚固、安全、有足够的疏散能力。

5. 屋顶

屋顶是建筑物顶部的承重和围护部分，它承受作用在其上的风、雨、雪、人等的荷载及作用并传给墙或柱，抵御各种自然因素（风、雨、雪、严寒、酷热等）的影响；同时，屋顶形式对建筑物的整体形象起着很重要的作用。

屋顶应有足够的强度和刚度，并能防水、排水、保温（隔热）。

6. 门窗

门的主要作用是供人们进出和搬运家具、设备，紧急时疏散用，有时兼起采光，通风作用。窗的作用主要是采光、通风和供人眺望室外。

门要求有足够的宽度和高度，窗应有足够的面积；据门窗所处的位置不同，有时还要求它们能防风沙、防水、保温、隔声。

建筑物除上述基本组成部分外，还有一些其他的配件和设施，如：阳台、雨篷、烟道、通风道、散水、勒脚等。

二、影响建筑构造的因素

建筑物建成后，要受到各种自然因素和人为因素的作用，在确定建筑构造时，必须充分考虑各种因素的影响，采取必要措施，以提高建筑物的抵御能力，保证建筑物的使用质量和耐久年限。

影响建筑构造的因素有以下三个方面。

1. 荷载的作用

作用在房屋上的力统称为荷载，荷载的大小和作用方式均影响着建筑构件的选材、截面形状与尺寸，这都是建筑构造的内容。所以在确定建筑构造时，必须考虑荷载的作用。

2. 人为因素的作用

人在生产、生活活动中产生的机械震动、化学腐蚀、爆炸、火灾、噪声等人为因素都会对建筑物构成威胁。在进行构造设计时，必须在建筑物的相关部位，采取防震、防腐、防火、隔声等构造措施，以保证建筑物的正常使用。

3. 自然因素的影响

我国地域辽阔，各地区之间的气候、地质、水文等情况差别较大，太阳辐射、冰冻、降雨、风雪、地下水、地震等因素将对建筑物带来很大影响，为保证正常使用，在建筑构造设计中，必须在各相关部位采取防水、防潮、保温、隔热、防震、防冻等措施。

第二节　民用建筑的分类与等级

在建筑设计中，根据建筑物的使用功能、规模、重要程度等常常将它们分门别类、划分等级，以便人们掌握其标准和相应要求。

一、民用建筑的分类

1. 按功能分

(1) 居住建筑：主要是指供家庭和集体生活起居用的建筑物，如：住宅、宿舍、公寓等。

(2) 公共建筑：主要是指供人们进行各种社会活动的建筑物，如：行政办公建筑、文教建筑、科研建筑、托幼建筑、医疗建筑、商业建筑、生活服务建筑、旅游建筑、体育建筑、展览建筑、交通建筑、通讯建筑、娱乐建筑、园林建筑、纪念建筑等。

2. 按层数分

(1) 低层建筑：主要指1～3层的住宅建筑。

(2) 多层建筑：主要指4～6层的住宅建筑。

(3) 中高层建筑：主要指7～9层的住宅建筑。

(4) 高层建筑：指10层以上的住宅建筑和总高度大于24m的公共建筑及综合性建筑(不包括高度超过24m的单层主体建筑)。

(5) 超高层建筑：高度超过100m的住宅或公共建筑均为超高层建筑。

3. 按规模和数量分

(1) 大量性建筑：指建造量较多、规模不大的民用建筑。如居住建筑和为居民服务的中小型公共建筑（如中小学校、托儿所、幼儿园、商店、诊疗所等)。

(2) 大型性建筑：指建造量较少、但体量较大的公共建筑，如大型体育馆、火车站、航空港等。

二、民用建筑的等级

（一）按耐久年限分

根据建筑物的主体结构，考虑建筑物的重要性和规模大小，建筑物按耐久年限分为四级。

一级：耐久年限为 100 年以上，适用于重要建筑和高层建筑。

二级：耐久年限为 50～100 年，适用于一般性建筑。

三级：耐久年限为 25～50 年，适用于次要建筑。

四级：耐久年限在 15 年以下，适用于临时性建筑。

（二）按耐火等级分

建筑物的耐火等级是根据建筑物主要构件的燃烧性能和耐火极限确定的，共分四级，各级建筑物所用构件的燃烧性能和耐火极限，不应低于表 2-1-1 的规定。

建筑物构件的燃烧性能和耐火极限 **表 2-1-1**

构件名称		耐火等级			
		一级	二级	三级	四级
墙	防火墙	非燃烧体 4.00h	非燃烧体 4.00h	非燃烧体 4.00h	非燃烧体 4.00h
	承重墙、楼梯间、电梯井的墙	非燃烧体 3.00h	非燃烧体 2.50h	非燃烧体 2.50h	难燃烧体 0.50h
	非承重外墙、疏散走道两侧的隔墙	非燃烧体 1.00h	非燃烧体 1.00h	非燃烧体 0.50h	难燃烧体 0.25h
	房间隔墙	非燃烧体 0.75h	非燃烧体 0.50h	难燃烧体 0.50h	难燃烧体 0.25h
柱	支承多层的柱	非燃烧体 3.00h	非燃烧体 2.50h	非燃烧体 2.50h	难燃烧体 0.50h
	支承单层的柱	非燃烧体 2.50h	非燃烧体 2.00h	非燃烧体 2.00h	燃烧体
梁		非燃烧体 2.00h	非燃烧体 1.50h	非燃烧体 1.00h	难燃烧体 0.50h
楼板		非燃烧体 1.50h	非燃烧体 1.00h	非燃烧体 0.50h	难燃烧体 0.25h
屋顶承重构件		非燃烧体 1.50h	非燃烧体 0.50h	燃烧体	燃烧体
疏散楼梯		非燃烧体 1.50h	非燃烧体 1.00h	非燃烧体 1.00h	燃烧体
吊顶（包括吊顶搁栅）		非燃烧体 0.25h	难燃烧体 0.25h	难燃烧体 0.15h	燃烧体

1. 燃烧性能

指建筑构件在明火或高温作用下是否燃烧，以及燃烧的难易程度。建筑构件按燃烧性能分为非燃烧体、难燃烧体和燃烧体。

（1）非燃烧体：指用非燃烧材料制成的构件。如砖、石、钢筋混凝土、金属等。这类材料在空气中受到火烧或高温作用时不起火、不微燃、不碳化。

（2）难燃烧体：指用难燃烧材料制成的构件。如沥青混凝土、板条抹灰、水泥刨花板、经防火处理的木材等。这类材料在空气中受到火烧或高温作用时难燃烧难碳化，离开火源后，燃烧或微燃立即停止。

（3）燃烧体：指用燃烧材料制成的构件。如木材、胶合板等。这类材料在空气中受到火烧或高温作用时，立即起火或燃烧，且离开火源继续燃烧或微燃的材料。

2. 耐火极限：

对任一建筑构件按时间—温度标准曲线进行耐火试验，从构件受到火的作用时起，到构件失去支持能力或完整性被破坏，或失去隔火作用时为止的这段时间，就是该构件的耐火极限，用小时表示。

第三节　民用建筑的结构类型和钢筋混凝土的基本知识

一、民用建筑的结构类型

在房屋建筑中，梁、板、柱、屋架、承重墙、基础等组成了房屋的骨架，称为建筑的结构。民用建筑的结构类型有如下两种分类方法：

1. 按主要承重结构的材料分

（1）土木结构：是以生土墙和木屋架作为建筑物的主要承重结构，这类建筑可就地取材，造价低，适用于村镇建筑。

（2）砖木结构：是以砖墙或砖柱、木屋架作为建筑物的主要承重结构，这类建筑称砖木结构建筑。

（3）砖混结构：是以砖墙或砖柱、钢筋混凝土楼板、屋面板作为承重结构的建筑，这是当前建造数量最大、被普遍采用的结构类型。

（4）钢筋混凝土结构：建筑物的主要承重构件全部采用钢筋混凝土制作，这种结构主要用于大型公共建筑和高层建筑。

（5）钢结构：建筑物的主要承重构件全部采用钢材来制作。钢结构建筑与钢筋混凝土建筑相比自重轻，但耗钢量大，目前主要用于大型公共建筑。

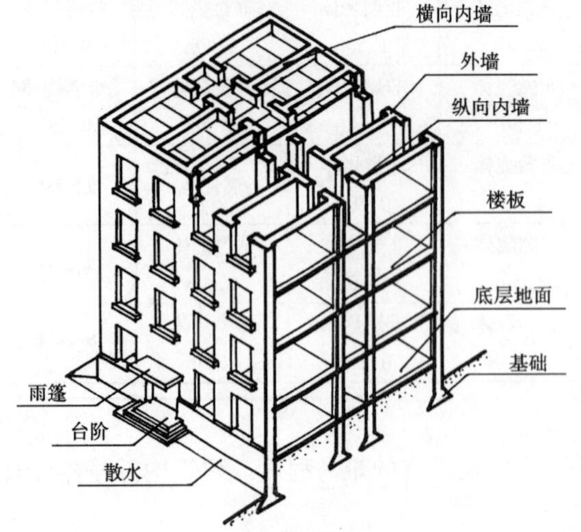

图 2-1-2　墙承重结构

2. 按建筑结构的承重方式分

（1）墙承重结构：用墙承受楼板及屋顶传来的全部荷载的，称为墙承重结构。土木结构、砖木结构、砖混结构的建筑大多属于这一类（图 2-1-2）。

（2）框架结构；用柱、梁组成的框架承受楼板、屋顶传来的全部荷载的，称为框架结构。框架结构建筑中，一般采用钢筋混凝土结构或钢结构组成框架，墙只起围护和分隔作用。框架结构用于大跨度建筑、荷载大的建筑及高层建筑。(图 2-1-3)。

(3) 内框架结构：建筑物的内部用梁柱组成的框架承重，四周用外墙承重时，称为内框架结构建筑。内框架结构常用于内部需较大通透空间但可设柱的建筑，如底层为商店的多层住宅等 (2-1-4)。

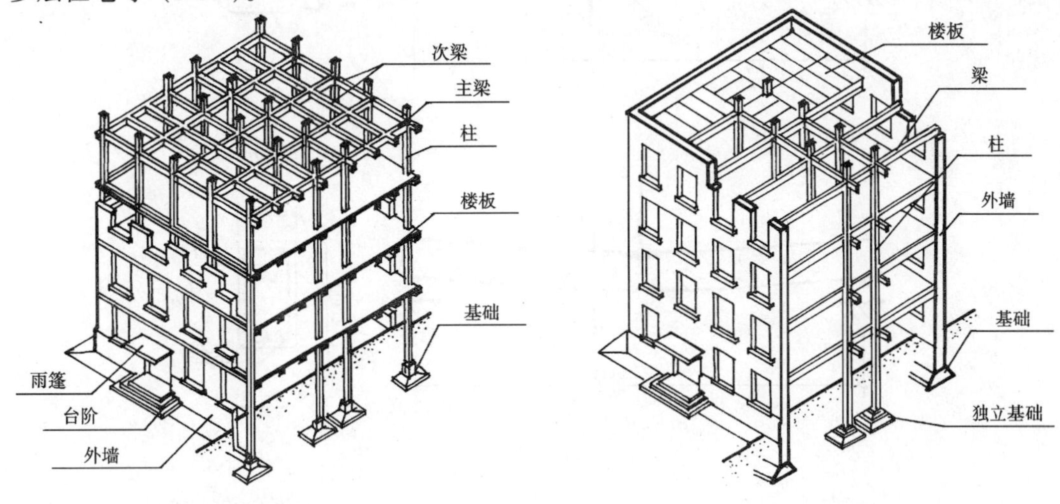

图 2-1-3　框架结构　　　　图 2-1-4　内框架结构

(4) 空间结构：用空间构架如网架、薄壳、悬索等来承重全部荷载的，称空间结构建筑。这种类型建筑适用于需要大跨度、大空间而内部又不允许设柱的大型公共建筑，如体育馆、天文馆等 (图 2-1-5)。

二、钢筋混凝土的基本知识

(一) 钢筋和混凝土的共同工作

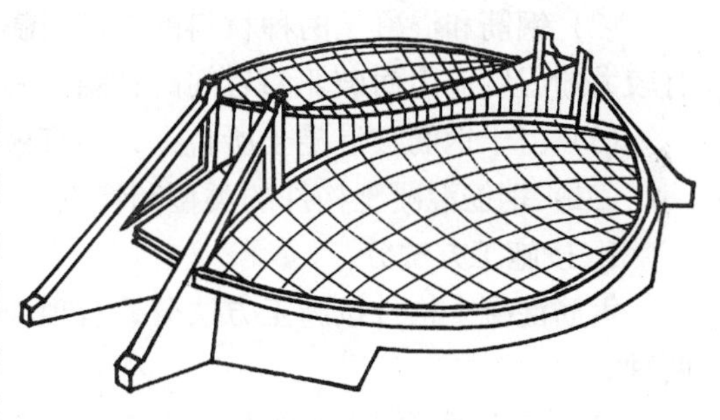

图 2-1-5　空间结构 (组合索网)

混凝土是由水泥、石子、砂和水按一定比例拌合后，架设模板浇捣成型，在适当的温度、湿度条件下经过一定时间硬化而成的人造石材，它克服了天然石材加工成型的困难，且具有与天然石材相似的特点：很高的抗压强度，而抗拉强度却很小。若用这种不配钢筋的素混凝土做成梁，因梁是受弯构件，在荷载作用下，梁上部受压下部受拉，梁就会因受拉而断裂 (图 2-1-6 (a))，尽管混凝土的抗压强度比抗拉强度高出几倍甚至几十倍，但其承压能力不能得到充分利用。钢筋则有很强的抗拉和抗压强度，为了充分发挥材料的力学性能，在梁的受拉区配置适量的钢筋，把混凝土和钢筋这两种材料结合在一起共同工作，使混凝土主要承受压力，钢筋主要承受拉力，这种配有钢筋的混凝土称钢筋混凝土。钢筋混凝土梁的承载力不仅得到很大提高，且其受力特性也得到显著改善，梁的破坏是伴随着裂缝的开展而出现，克服了突然性 (图 2-1-6 (b))。

钢筋和混凝土这两种性质不同的材料，之所以能有效地结合在一起而共同工作，主要原因是：

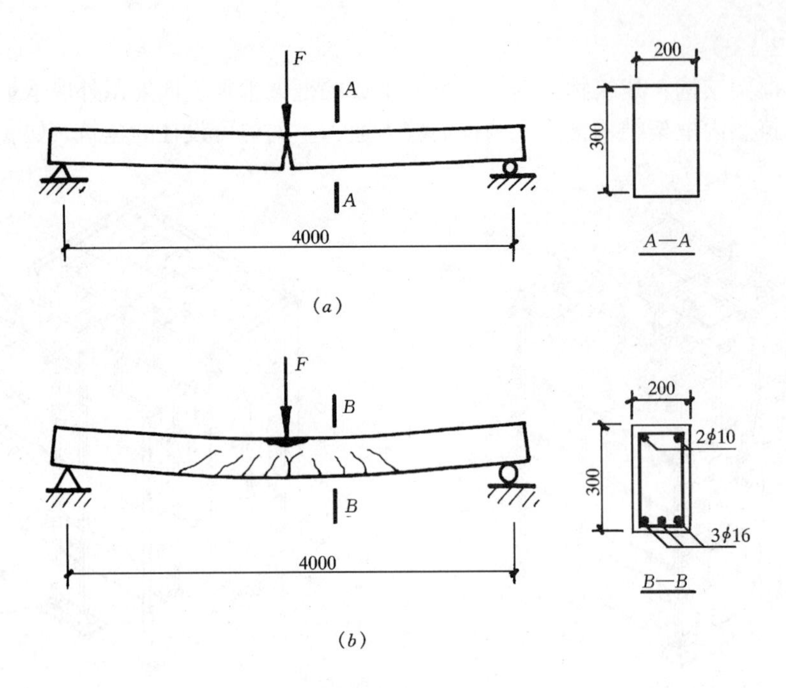

图 2-1-6　梁的破坏情况对比

（a）素混凝土梁；（b）钢筋混凝土梁

（1）由于混凝土硬化后，钢筋与混凝土之间产生了良好的粘结力和机械咬合力。若采用表面有月牙纹等的变形钢筋，可以进一步增强与混凝土的粘结和机械咬合作用，保证在荷载作用下共同工作。

（2）钢筋和混凝土两种材料的温度线膨胀系数颇为接近，当温度变化时，不致因两者有较大的温度应力而破坏两者间的粘结。

（3）由于钢筋被混凝土所包裹，不宜被锈蚀，增强了结构的耐久性。

（二）钢筋混凝土构件的类型和特点

1. 按施工方法分

钢筋混凝土构件按施工方法分，有现浇钢筋混凝土构件和预制装配式钢筋混凝土构件两种。

（1）现浇钢筋混凝土构件：是在施工现场架设模板、绑扎钢筋、浇灌混凝土，经过养护达到一定强度后，拆除模板而成的构件。这种构件的整体性强，抗震性好，能适应各种建筑构件形状的变化，但模板用量大，施工工序多，劳动强度大，工期长，且受季节影响较大。

（2）预制装配式钢筋混凝土构件：是先把钢筋混凝土构件在预制厂或施工现场预制好，然后安装到建筑物中去的构件。这种构件与现浇构件相比，劳动强度低，节省模板，现场湿作业量少，施工进度快，便于组织工厂化 、机械化生产，为进一步提高施工质量和文明施工创造了条件。

2. 按受力特点分

钢筋混凝土构件按受力特点，分为普通钢筋混凝土构件和预应力钢筋混凝土构件两种。

（1）普通钢筋混凝土构件：由于普通钢筋混凝土构件中，受拉区钢筋下有混凝土保护层，而混凝土的抗拉强度低，容易在构件受拉区出现裂缝（图 2-1-6（*b*））。裂缝的开展将使钢筋暴露在外，在大气作用下锈蚀，断面减少，从而降低构件的承载能力，这是普通钢筋混凝土构件的主要缺点。

（2）预应力钢筋混凝土构件：为了克服普通钢筋混凝土构件的缺点，在构件受力前先预加压力，使构件在工作时产生的拉应力被预加的压力抵消一部分，推迟裂缝的出现，这就是预应力钢筋混凝土构件。预应力钢筋混凝土构件的优点是：构件的刚度大、抗裂能力强，可以充分发挥高强材料的力学性能，节约钢材和水泥，减轻构件自重。

预应力钢筋混凝土构件的预加压力是通过张拉钢筋实现的，张拉钢筋的方法分先张法和后张法两种。先张法是先张拉钢筋，后浇灌混凝土，待混凝土达到一定强度时放松钢筋，钢筋收缩使混凝土产生预加压力。先张法一般只用于成批生产的小型构件中，如空心板、屋面板等。后张法则是先浇灌混凝土，在构件中预留放置钢筋的孔道，待混凝土达到一定的强度后，把钢筋从孔道中穿入，张拉钢筋并将钢筋两端锚固在构件上，孔道中灌浆，钢筋收缩使构件产生压应力。后张法一般适用于现场制作的大型构件。

第四节　建筑工业化和建筑模数

一、建筑工业化的意义和内容

建筑业是国民经济的支柱行业之一，应该走在各部门的前列，为这些部门建造厂房和设施，进行相应的居住区建设，所以被称为国民经济先行。而长期以来建筑业分散的手工业生产方式与大规模的经济建设很不适应，必须改变目前这种落后状况，尽快实现建筑工业化。发展建筑工业化的意义在于能够加快建设速度，降低劳动强度，减少人工消耗，提高施工质量和劳动生产率。

建筑工业化是指用现代工业的生产方式来建造房屋，它的内容包括四个方面，即建筑设计标准化、构件生产工厂化、施工机械化和管理科学化。其中，建筑设计标准化是实现建筑工业化的前提，构件生产工厂化是建筑工业化的手段，施工机械化是建筑工业化的核心，管理科学化是建筑工业化的保证。

为保证建筑设计标准化和构件生产工厂化，建筑物及其各组成部分的尺寸必须统一协调，为此我国制定了《建筑模数协调统一标准》（GBJ2—86）作为建筑设计的依据。

二、建筑模数的协调

（一）建筑模数与模数数列

1. 建筑模数

建筑模数是选定的尺寸单位，作为建筑构配件、建筑制品以及有关设备尺寸间互相协调中的增值单位，包括：基本模数和导出模数。

（1）基本模数：是模数协调中选定的基本尺寸单位，数值为 100mm，其符号为 M，即 1M=100mm。整个建筑物和建筑物中的一部分以及建筑组合件的模数化尺寸，应是基本模数的倍数。

（2）导出模数：导出模数分为扩大模数和分模数。

扩大模数是基本模数的整数倍数。其中水平扩大模数基数为 3M、6M、12M、15M、

30、60M，相应的尺寸分别是300、600、1200、1500、3000、6000mm；竖向扩大模数的基数是3M、6M，相应的尺寸是300、600mm。

分模数是基本模数的分数值，其基数是$\frac{1}{10}$M、$\frac{1}{5}$M、$\frac{1}{2}$M，对应的尺寸是10、20、50mm。

2. 模数数列

模数数列是以选定的模数基数为基础而展开的数值系统。建筑物中的所有尺寸，除特殊情况外，都必须符合表2-1-2中模数数列的规定。

模数数列（单位mm） **表2-1-2**

基本模数	扩大模数						分模数		
1M	3M	6M	12M	15M	30M	60M	$\frac{1}{10}$M	$\frac{1}{5}$M	$\frac{1}{2}$M
100	300	600	1200	1500	3000	6000	10	20	50
100	300					10			
200	600	600					20	20	
300	900						30		
400	1200	1200	1200				40	40	
500	1500			1500			50		50
600	1800	1800					60	60	
700	2100						70		
800	2400	2400	2400				80	80	
900	2700						90		
1000	3000	3000		3000	3000		100	100	100
1100	3300						110		
1200	3600	3600	3600				120	120	
1300	3900						130		
1400	4200	4200					140	140	
1500	4500			4500			150		150
1600	4800	4800	4800				160	160	
1700	5100						170		
1800	5400	5400					180	180	
1900	5700						190		
2000	6000	6000	6000	6000	6000	6000	200	200	200
2100	6300							220	
2200	6600	6600						240	
2300	6900								250
2400	7200	7200	7200					260	
2500	7500			7500				280	
2600		7800						300	300
2700		8400	8400					320	
2800		9000		9000	9000			340	
2900		9600	9600						350
3000				10500				360	
3100			10800					380	
3200			12000	12000	12000	12000		400	400
3300					15000				450
3400					18000	18000			500
3500					21000				550
3600					24000	24000			600
					27000				650
					30000	30000			700
					33000				750
					36000	36000			800
									850
									900
									1000

3. 模数数列的应用

（1）水平基本模数 1M 至 20M 的数列，主要用于门窗洞口和构配件截面等处。

（2）竖向基本模数 1M 至 35M 的数列，主要用于建筑物的层高、门窗洞口和构配件截面等处。

（3）水平扩大模数 3M、6M、12M、15M、30M、60M 的数列，主要用于建筑物的开间或柱距、进深或跨度、构配件尺寸和门窗洞口等处。

（4）竖向扩大模数 3M 的数列，主要用于建筑物的高度、层高和门窗洞口等处。

（5）分模数$\frac{1}{10}$M、$\frac{1}{5}$M、$\frac{1}{2}$M 的数列，主要用于缝隙、构造节点、构配件截面等处。

（二）几种尺寸及其关系

为了保证建筑制品、构配件等有关尺寸的统一与协调，《建筑模数协调统一标准》规定了标志尺寸、构造尺寸、实际尺寸及其相互间的关系（图 2-1-7）。

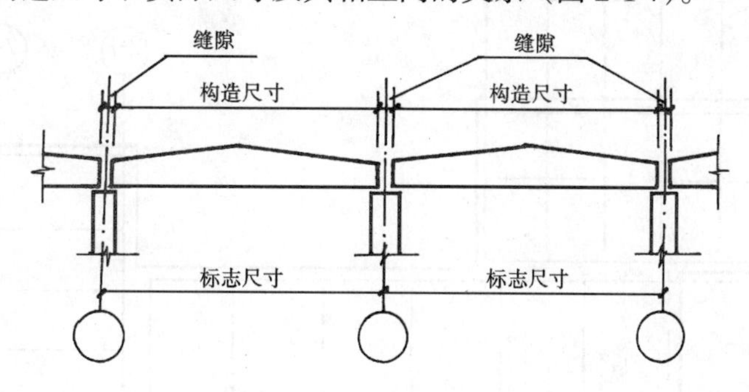

图 2-1-7　几种尺寸间的关系

1. 标志尺寸

用以标注建筑物定位轴线间的距离（如开间或柱距、进深或跨度、层高等）以及建筑构配件、建筑组合件、建筑制品、有关设备界限之间的尺寸。标志尺寸应符合模数数列的规定。

2. 构造尺寸

是建筑构配件、建筑组合件、建筑制品等的设计尺寸，一般情况下标志尺寸减去缝隙为构造尺寸。缝隙尺寸应符合模数数列的规定。

3. 实际尺寸

是建筑构配件、建筑组合件、建筑制品等生产制作后的实有尺寸。这一尺寸因生产误差造成与设计的构造尺寸有差值，这个差值应符合施工验收规范的规定。

（三）定位轴线

定位轴线是确定建筑物主要结构或构件的位置及其标志尺寸的基准线。它是施工中定位、放线的重要依据。

1. 定位轴线的编号

一幢建筑物一般有若干条定位轴线，为了区别，定位轴线一般应编号，编号写在轴线端部的圆圈内。圈应用细实线绘制，直径为 8mm，详图上可增为 10mm。定位轴线的圆心应位于定位轴线的延长线上，或延长线的折线上。

定位轴线分为平面定位轴线和竖向定位轴线。平面定位轴线一般按纵、横两个方向分别编号。横向定位轴线应用阿拉伯数字，从左至右顺序编号，纵向定位轴线应用大写拉丁字母，从下至上顺序编号（图 2-1-8）。拉丁字母中的 I、O、Z 不得用于轴线编号，如字母数量不够使用，可增用双字母或单字母加数字脚注，如 AA、BB、……YY 或 A_1、B_1、……Y_1。

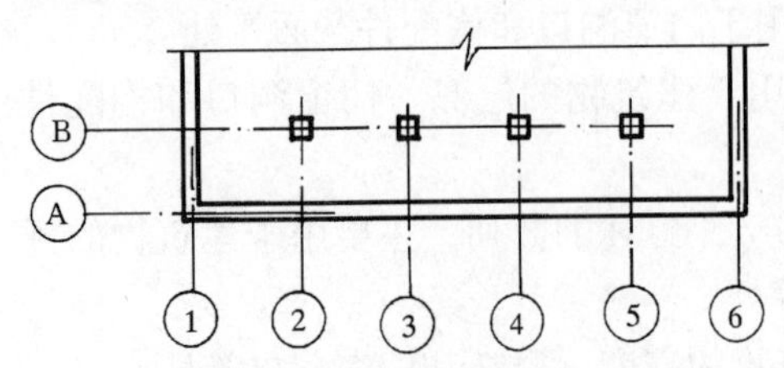

图 2-1-8　定位轴线的编号顺序

定位轴线也可采取分区编号，编号的注写形式应为分区号—该区轴线号（图 2-1-9）。

当有附加轴线时，附加轴线的编号应用分数表示。分母用前一轴线的编号或后一轴线编号前加零表示；分子表示附加轴线的编号，编号宜用阿拉伯数字顺序编，如：

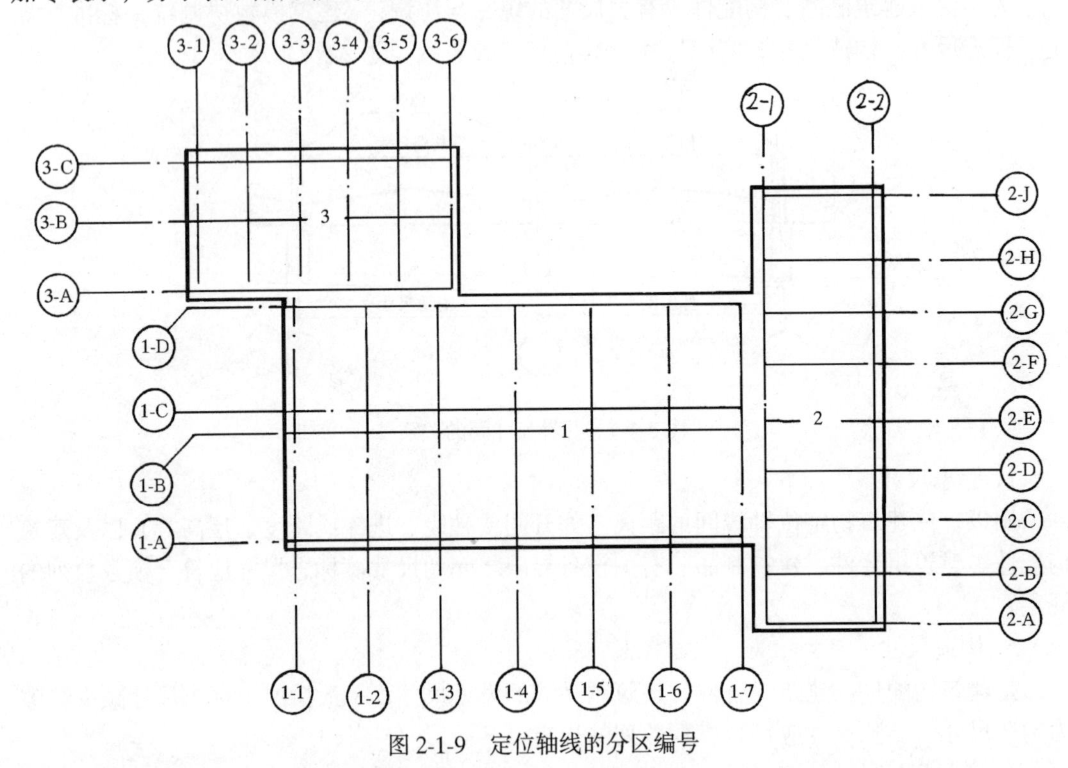

图 2-1-9　定位轴线的分区编号

(1/2)　表示 2 号轴线后附加的第一根轴线；

(3/C)　表示 C 号轴线后附加的第三根轴线；

(1/01)　表示 1 号轴线前附加的第一根轴线；

(3/0A)　表示 A 号轴线前附加的第三根轴线。

当一个详图适用于几条定位轴线时，应同时注明各有关轴线的编号，注法如图 2-1-10。通用详图的定位轴线，应只画圆，不注写轴线编号。

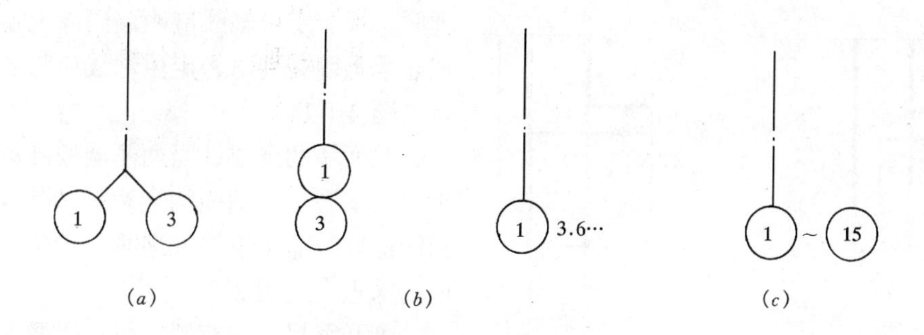

图 2-1-10　详图的轴线编号

(a)用于两条轴线时;(b)用于三条或三条以上轴线时;

(c)用于三条以上连续编号的轴线时

2. 砖混结构的定位轴线

(1) 砖墙的平面定位

承重内墙的顶层墙身中线应与平面定位轴线相重合(图 2-1-11)。

承重外墙的顶层墙身内缘与平面定位轴线的距离为 120mm(图 2-1-12)。

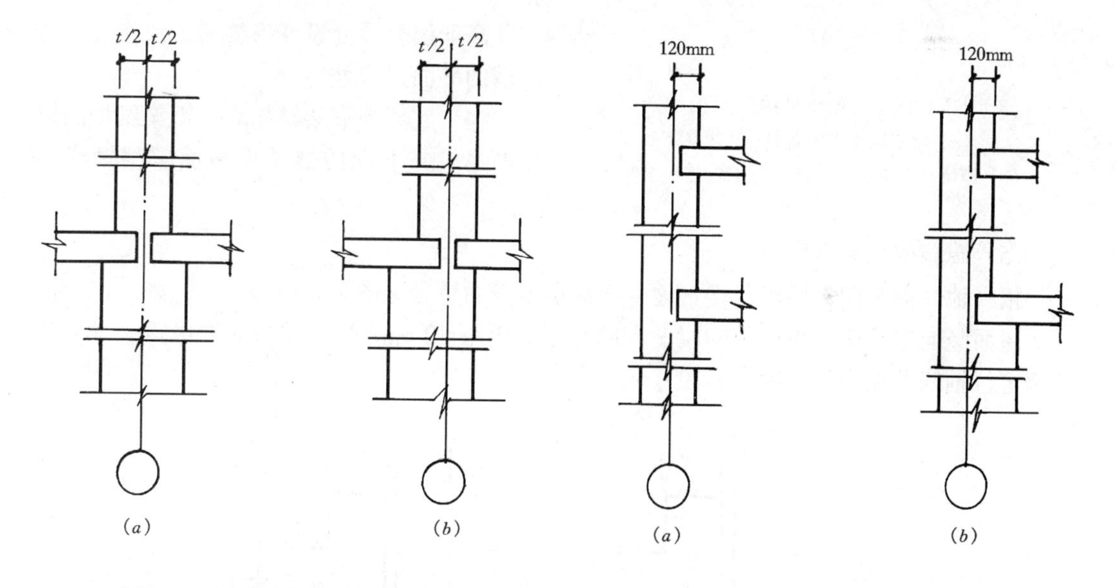

图 2-1-11　承重内墙的定位轴线

(a) 底层定位轴线中分墙身;

(b) 底层定位轴线偏分墙身

图 2-1-12　承重外墙的定位轴线

(a) 底层与顶层墙厚相同;

(b) 底层与顶层墙厚不同

非承重墙除可按承重内墙或外墙的规定定位外,还可使墙身内缘与平面定位轴线相重合。

带壁柱外墙的墙身内缘与平面定位轴线相重合或距墙身内缘的 120mm 处与平面定位轴线相重合(图 2-1-13)。

(2) 变形缝处的砖墙平面定位

一面墙一面墙垛的定位,其墙垛的外缘应与定位轴线相重合,当一面墙按外承重墙处

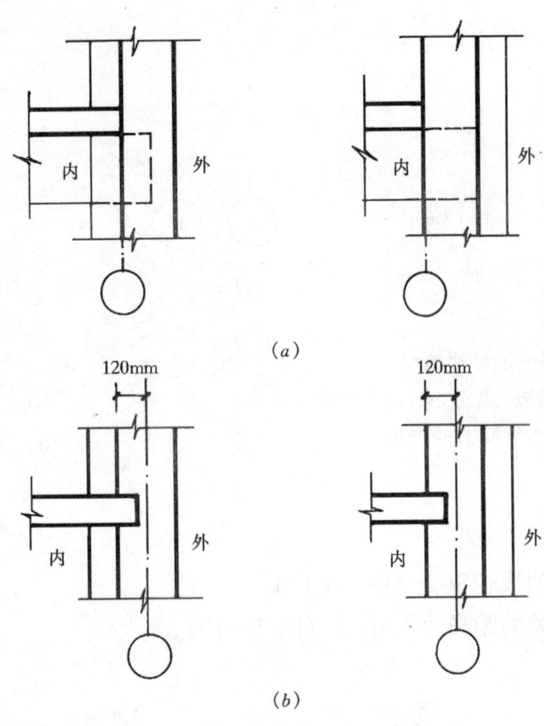

图 2-1-13　带壁柱外墙的定位轴线
(a) 墙身内缘与平面定位轴线重合；
(b) 距墙身内缘 120mm 处与平面定位轴线重合

理时，顶层定位轴线应距墙内缘 120mm 处，按非承重墙处理时，定位轴线应与墙内缘重合（图 2-1-14）。

双面墙的定位，当两侧墙按外承重墙处理时，顶层定位轴线均应距墙内缘 120mm，当两侧墙按非承重墙处理时，定位轴线应与墙内缘重合（图 2-1-15）。

带联系尺寸的双墙定位，当两侧墙按承重墙处理时，顶层定位轴线均应距墙内缘 120mm，当两侧墙按非承重墙处理时，定位轴线均应与墙内缘重合（图 2-1-16）。

(3) 高低层分界处的砖墙定位

高低层分界处不设变形缝时，应按高层部分承重外墙定位轴线处理，定位轴线应在距墙内缘 120mm 处，并应与低层定位轴线相重合（图 2-1-17）。

高低层分界处设变形缝时，应按变形缝砖墙的平面定位处理。

(4) 底层为框架结构时，框架结构的定位轴线应与上部砖混结构平面定位轴线一致。

(5) 砖墙的竖向定位

楼（地）面竖向定位应与楼（地）面面层上表面重合（图 2-1-18）。

屋面竖向定位应在屋面结构层上表面与距墙内缘 120mm 处（或与墙内缘重合处）的外墙定位轴线的相交处（图 2-1-19）。

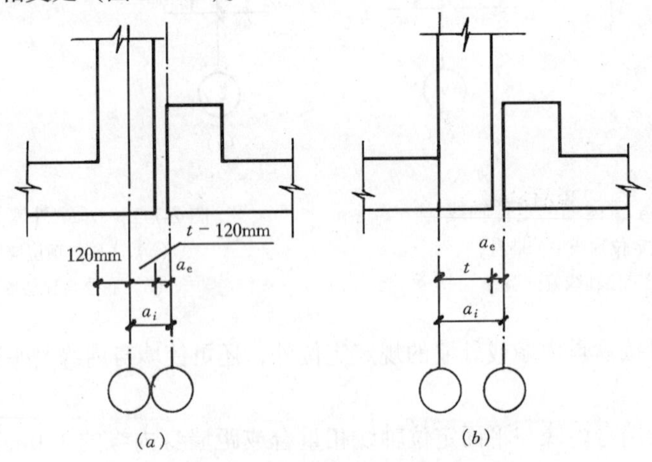

图 2-1-14　一面墙，一面墙垛的定位
(a) 按外承重墙处理；(b) 按非承重墙处理
t—墙厚；a_e—变形缝宽度；a_i—定位轴间尺寸

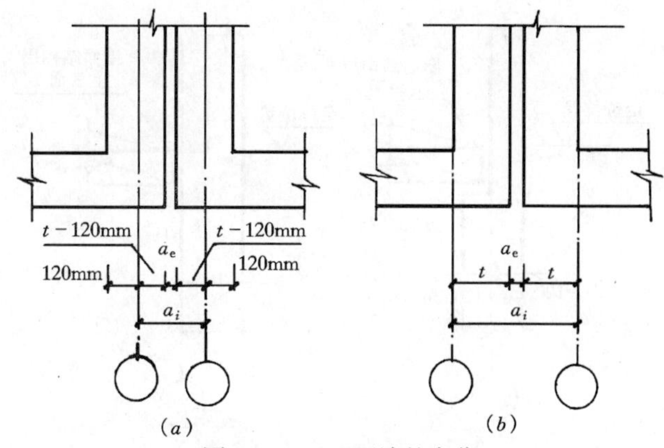

图 2-1-15　双面墙的定位

（a）按承重外墙处理；（b）按非承重外墙处理

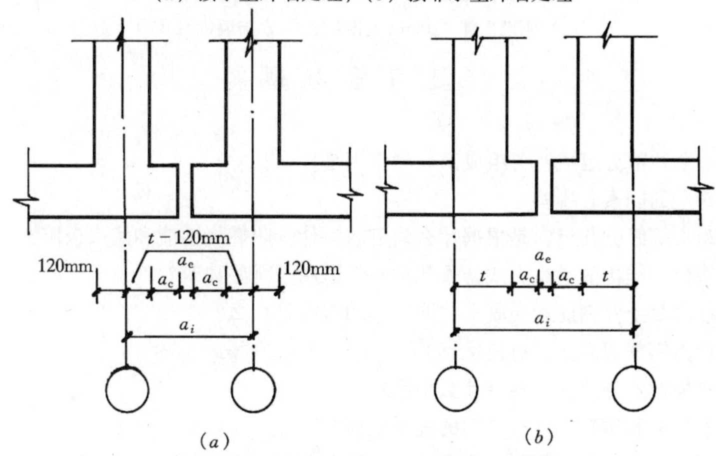

图 2-1-16　带联系尺寸的双墙的定位

(a)按承重外墙处理;(b)按非承重外墙处理

a_c—联系尺寸;a_e—变形缝宽度

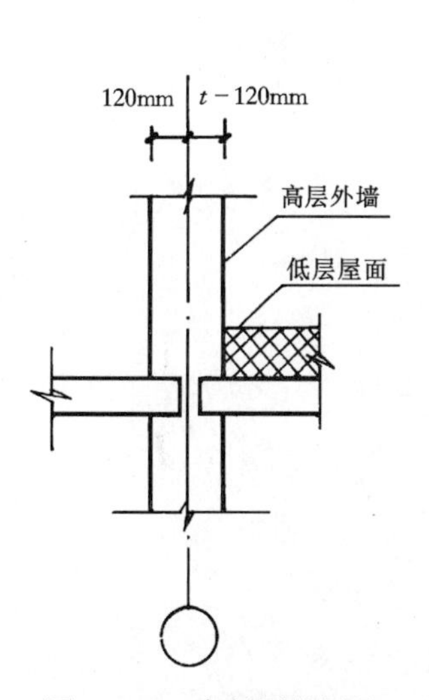

图 2-1-17　高低层分界处不设变形缝时的定位

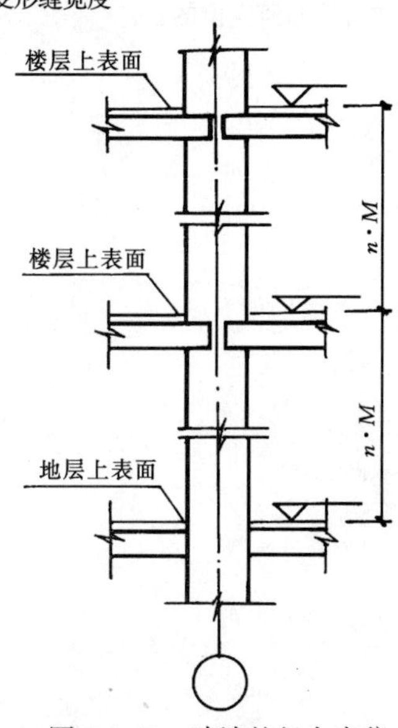

图 2-1-18　砖墙的竖向定位

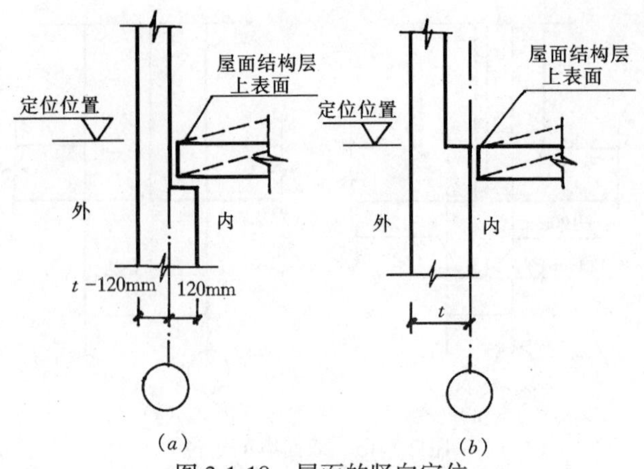

图 2-1-19　屋面的竖向定位

（a）距墙内缘 120mm 处定位；（b）与墙内缘重合

复习思考题

1. 民用建筑由哪些部分组成？各组成部分的作用是什么？

2. 影响建筑构造的因素有哪些？

3. 建筑物按耐火等级分几级？是根据什么确定的？什么叫燃烧性能和耐火极限？

4. 民用建筑按建筑结构的承重方式分哪几类？各适用于哪些建筑？

5. 什么是钢筋混凝土？钢筋和混凝土共同工作的原因是什么？

6. 什么是预应力钢筋混凝土？有何优点？

7. 什么是建筑模数？分几种？各有什么用途？

8. 什么叫标志尺寸和构造尺寸？它们的关系如何？

9. 图 2-1-20 是某教学楼平面图，内墙为 24cm 墙，外墙为 37cm 墙，变形缝宽为 60mm，两侧的墙按承重外墙处理，试画出该图的纵横向定位轴线。

10. 砖墙在竖向是如何定位的？

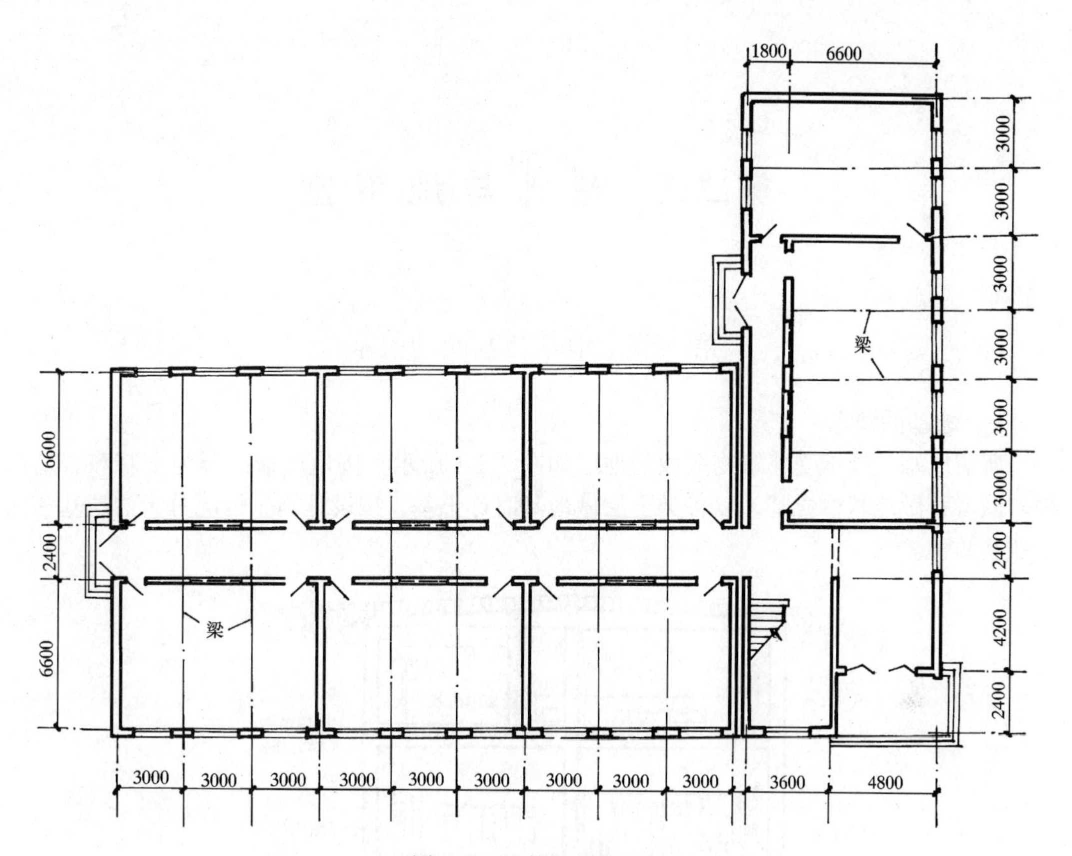

图 2-1-20　某教学楼平面

第二章　基础与地下室

第一节　地基与基础的关系

一、地基的概念

所谓地基是指承受建筑物荷载的地层如图 2-2-1 所示，按地质情况分为土基和岩基两种。以岩石做地基称岩基，以各类土层做地基时称土基，按设计施工情况分天然地基和人工地基两种。

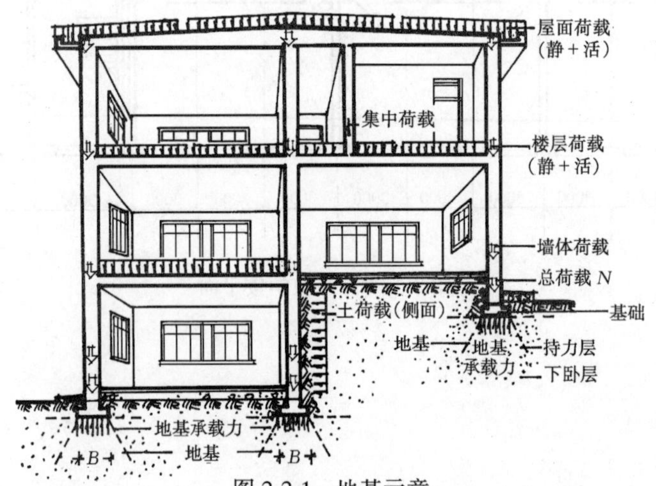

图 2-2-1　地基示意

1. 天然地基

凡是具有足够的承载力，不需经过人工加固处理，可直接在上面建造房屋的天然土层的称天然地基。

构成天然地基的土层，称地基土，包括岩石、碎石土、砂土、粉土、粘性土、人工填土六大类。

岩石指整体或具有节理裂缝的岩层，地基承载力高，如花岗岩、石灰岩等硬质岩石，属微风化程度岩石，地基承载力可达 4000kPa 以上。页岩、云母岩等软弱岩石，属强风化程度岩石，地基承载力也可达 200kPa。碎石土指粒径大于 20mm 的颗粒含量超过全重 50%的土，根据粒径含量及颗粒形状又细分为漂石、块石、卵石、碎石、圆砾、角砾六种。容许承载力一般在 200～1000kPa 之间。碎石土承载力与含水量无关。

砂土指粒径大于 2mm 的颗粒含量不超过全重 50%，粒径大于 0.075mm 的颗粒超过全重 50%的土。根据粒径含量又细分为砾砂、粗砂、中砂、细砂、粉砂五种。砾砂、粗砂、中砂承载力仅与密实度有关，容许承载力在 180～500kPa 之间。细砂、粉砂的承载力除与密实度有关外，还与含水量的大小有关，容许承载力在 140～340kPa 之间。

粉土指塑性指数 $I_p \leqslant 10$ 的土，承载力与粉土的孔隙比及天然含水量有关，容许承载力一般在100～410kPa之间。

粘性土指塑性指数 $I_p>10$ 的土。其中 $I_p>17$ 的称粘土，$10<I_p\leqslant17$ 的称粉质粘土，粘性土的状态按其液性指数 I_L^2 不同，可分为坚硬、硬塑、可塑、软塑、流塑五种，承载力由孔隙比和液性指数确定，容许承载力在105～475kPa之间，淤泥及淤泥质土是在静水或缓慢流水环境中沉积形成的土层，亦属于粘性土，承载力一般在40～100kPa。人工填工按成因和组成可分为素填土、杂填土、冲填土，素填土是由碎石土、砂土、粉土、粘性土等组成的填土、杂填土是含有垃圾、工业废料等杂物的填土。冲填土则是水力冲填泥砂形成的填土。人工填土组成复杂、沉积年代短，所以承载力均较差，一般均应根据其性质采取一定的地基处理措施，才能作为建筑地基。

2. 人工地基

当土层的承载力差或缺乏足够的坚固性和稳定性，如人工填土、淤泥及淤泥质土或湿陷性大孔土等，必须对土层进行人工加固处理，才能使其作为建筑地基，这种经处理的地基土层称人工地基。

一般的处理方法有压实法、换土法、挤密性、深层搅拌法和高压喷射注浆法等。处理方法应根据地质情况和上部结构情况选择。选择安全、可靠而又经济的地基处理方法，是工程建设中一项非常重要的工作。

二、基础的概念

基础是建筑物最底下与土层接触的那一部分结构。由钢筋混凝土、素混凝土或砖等建筑材料组成，其作用是扩散上部结构荷载对地基的作用，使传至地基的应力，不超过地基的承载能力，从而确保建筑的安全使用。

三、地基与基础的关系及要求

上部结构的荷载全部由基础传至地基，基础是建筑物的一部分，起扩散应力的作用，地基是基础下的土层，承受基础传来的荷载。为保证建筑物的安全和正常使用，地基基础应满足其设计基本原则所述的四个要求：

(1) 保证地基有足够的稳定性，并限制地基变形在允许范围以内。

稳定性为地基的强度条件，即要求地基承受的荷载不超过其承载能力，并有一定的地基承载力安全系数。

地基的变形条件要求建筑物的沉降量、沉降差，倾斜和局部倾斜度都不能大于地基容许变形值。

(2) 基础应具有足够的强度，基础直接支承整个建筑，对整个建筑的安全起着保证作用，因此基础本身必须具有足够的强度来传递整个建筑物的荷载。

(3) 基础应具有足够的耐久性，因基础埋在地下又承受巨大的荷载。应考虑地下水中有害物侵蚀、材料性质退化等因素，选择合适的基础类型，以满足建筑物使用年限的要求。

(4) 基础和人工地基方案的确定要技术合理、经济并符合当地的施工条件。

第二节　基础的类型与构造

基础按其所用材料不同分刚性基础、柔性基础两大类。刚性基础指用刚性材料砌筑的基础，如用砖、混凝土、灰土、毛石等作成的基础。柔性基础指用钢筋混凝土浇筑的基础。

刚性基础可用于6层及6层以下民用建筑和由墙体承重的厂房。柔性基础较刚性基础有很好的抗弯能力，且形式多样，因此可适用各种类型的建筑。

基础按其构造类型不同分为条形基础、独立基础、筏板基础、箱形基础、钢筋混凝土桩基础等，如图2-2-2～2-2-6。

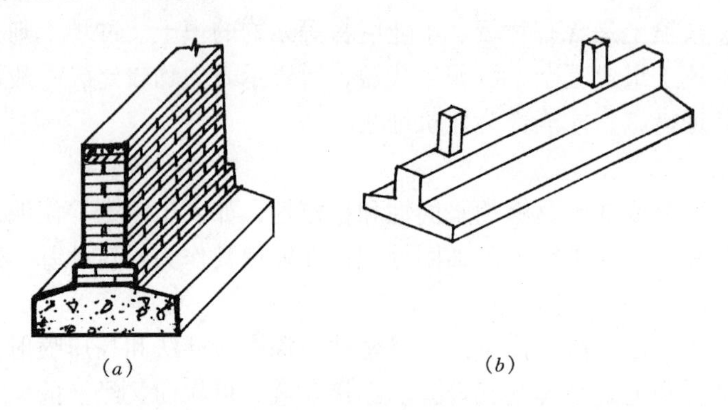

图2-2-2　条形基础

（*a*）墙下条形基础；（*b*）柱下条形基础

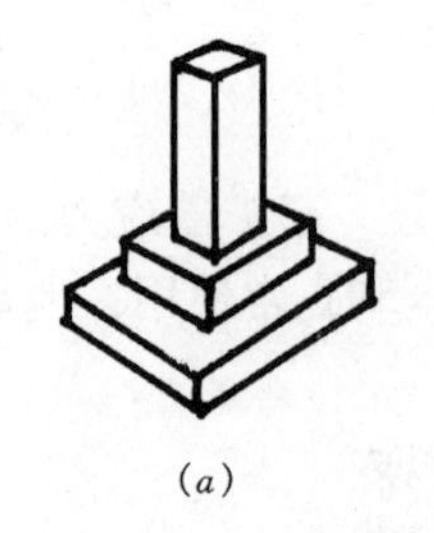

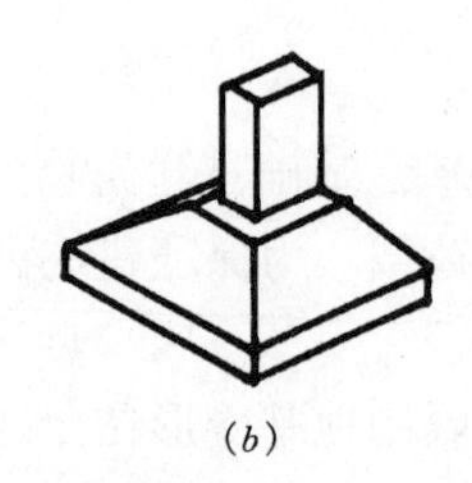

图2-2-3　独立基础

（*a*）阶梯形；（*b*）锥形

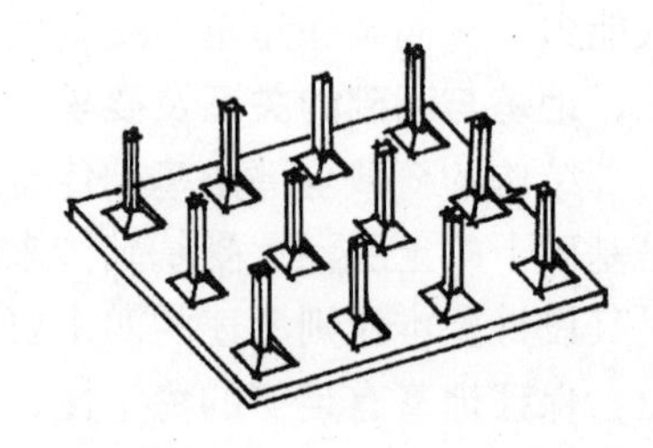

图2-2-4　筏板基础

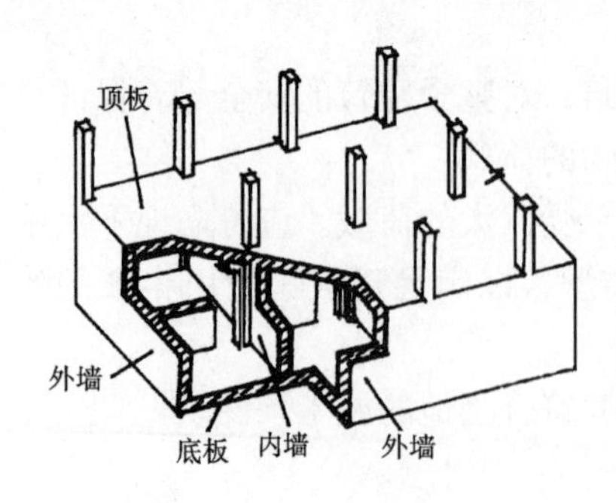

图2-2-5　箱形基础

一、刚性基础与构造

为把上部荷载扩散至土层，基础底宽都大于上部墙体宽度，当采用刚性材料做基础时因其抗拉、抗弯、抗剪的强度都很低，因此不能使基础底面出现拉应力，而且基础应有足够的高度保证不被冲切所破坏。为保证上述两项符合要求，刚性基础均采用大放脚，即分台阶放大的办法分段加宽，并使每阶放大的宽高比及总宽高比小于刚性基础台阶宽高比的容许值见表2-2-1。与刚性基础宽高比值所对应的角度 α（见图2-2-7），称为刚性角。

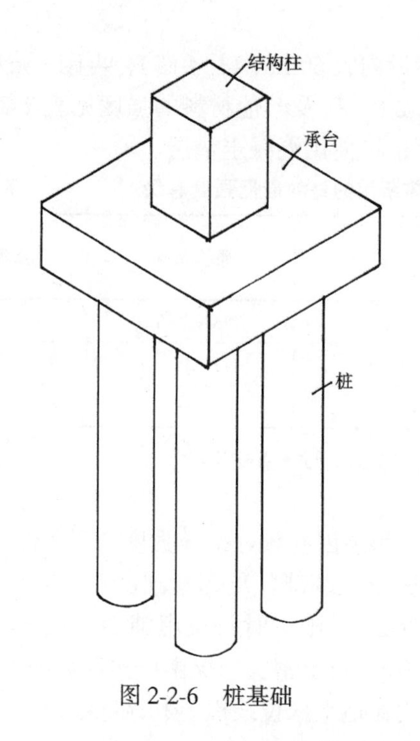

图 2-2-6　桩基础

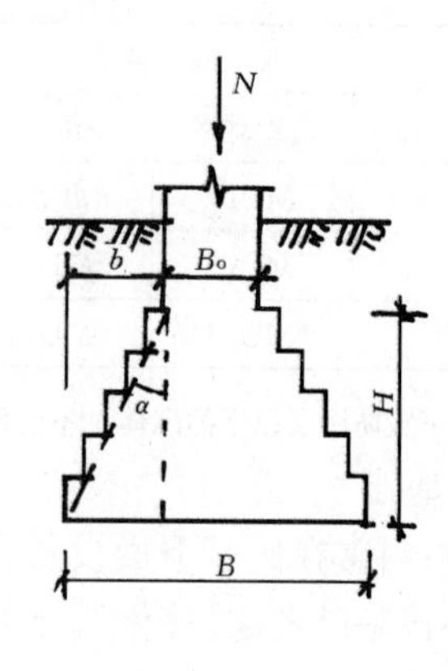

图 2-2-7　刚性角 α

[$\alpha=\mathrm{arctg}\ (b/H)$]

刚性基础台阶阶宽高比的容许值　　　　**表 2-2-1**

<table>
<tr><th rowspan="2">基础名称</th><th rowspan="2" colspan="2">质　量　要　求</th><th colspan="3">台阶宽高比的容许值</th></tr>
<tr><th>$p\leqslant100$</th><th>$100<p\leqslant200$</th><th>$200<p\leqslant300$</th></tr>
<tr><td>混凝土基础</td><td colspan="2">C10 混凝土
C7.5 混凝土</td><td>1:1.00
1:1.00</td><td>1:1.00
1:1.25</td><td>1:1.25
1:1.50</td></tr>
<tr><td>毛石混凝土基础</td><td colspan="2">C7.5～10 混凝土</td><td>1:1.00</td><td>1:1.25</td><td>1:1.50</td></tr>
<tr><td>砖石基础</td><td>砖不低于 MU7.5</td><td>M5　砂浆
M2.5 砂浆</td><td>1:1.50
1:1.50</td><td>1:1.50
1:1.50</td><td>1:1.50</td></tr>
<tr><td>毛石基础</td><td colspan="2">M2.5～5 砂浆
M1 砂浆</td><td>1:1.25
1:1.50</td><td>1:1.50</td><td></td></tr>
<tr><td>灰土基础</td><td colspan="2">体积比为 3:7 或 2:8 的灰土其最小干密度：粉土 1.55t/m³
粉质粘土 1.5t/m³
粘土 1.45t/m³</td><td>1:1.25</td><td>1:1.50</td><td></td></tr>
<tr><td>三合土基础</td><td colspan="2">体积比为 1:2:4～1:3:6（石灰:砂:骨料）
每层约虚铺 22cm，夯至 15cm</td><td>1:1.50</td><td>1:2.00</td><td></td></tr>
</table>

注：1. p——基础底面处的平均压力（kPa）。

2. 阶梯形毛石基础的每阶伸出宽度不宜大于 20cm。

3. 当基础由不同材料叠合组成时，应对接触部分作抗压验算。

1. 砖基础

砖基础施工简便，取材容易，价格低廉，在小型建筑中大量使用，但其强度耐久性、抗冻性较差。

砖基础砌成台阶形，最下面砌二皮砖，然后内收60mm（1/4砖），再砌一皮砖，内收60mm，间隔砌筑（称为二一间收式），见图2-2-8，砖及其他材料的强度见表2-2-2，砌筑时基底面先铺一定厚度的砂或砂石垫层找平，也可使用混凝土垫层。

地面以下或防潮层以下的砌体所用的材料最低强度等级 **表2-2-2**

基土的潮湿程度	砖、砌块		石材	混合砂浆	水泥砂浆
	寒冷地区	一般地区			
稍潮湿的	MU10	MU5.5	MU20	MU2.5	M2.5
很潮湿的	MU15	MU10	MU20	M5	M5
含水饱和的	MU20	MU15	MU30	—	M5

注：地面以下或防潮层以下的砌体，不应采用空心砖、硅酸盐砖和硅酸盐砌块。

2. 灰土基础

为节省材料常在砖基下面设灰土垫层，灰土垫层因有较好抗压强度和耐久性，后期强度较高，所以亦按基础考虑，算做基础的一部分，称灰土基础。灰土基础由熟石灰粉和粘土按3:7或2:8比例加适量水拌合夯实而成，见图2-2-9。施工时每次虚铺200～250mm厚，夯实至150mm厚，通称为一步。接着，继续铺设多步，灰土密实情况由压实系数和干密度等指标控制。灰土基础防水抗冻性能差，因此只能用在地下水位线以上和冰冻线以下。

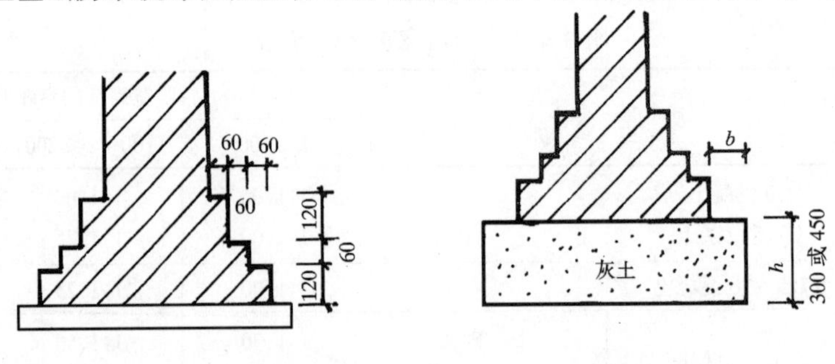

图2-2-8 砖基础　　图2-2-9 灰土基础

3. 混凝土基础

混凝土基础具有坚固、耐久、不怕水、刚性角大等特点，常用于地下水位以下的基础，见图2-2-10。断面有矩形、阶梯形和锥形。一般当基础厚度大于350mm时多做成矩形，大于350mm时做成阶梯或做成锥形以节约材料。

4. 毛石基础及毛石混凝土基础

为节省材料在混凝土中加入较大石块的混凝土基础称毛石混凝土基础，见图2-2-11

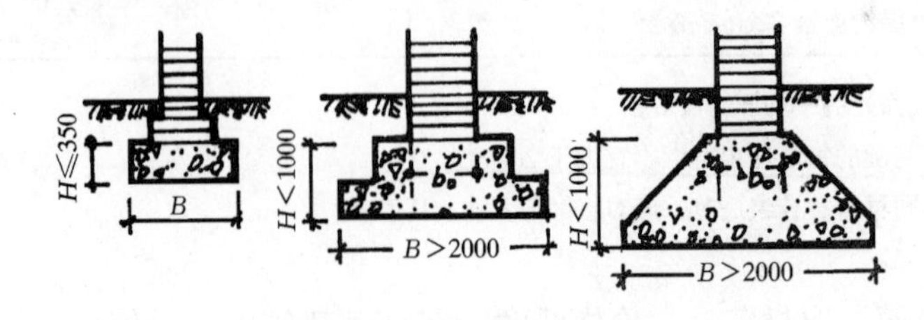

图2-2-10 混凝土基础

（a）。毛石尺寸一般不大于基础宽度的1/3并不大于300mm，加入的石块可达基础体积的25%～30%。

在产石地区用硬质岩石砌筑的基础称毛石基础，见图2-2-11（b）。石材高一般为150mm左右、宽200～300左右，墙宽和台阶高一般不宜小于400mm。

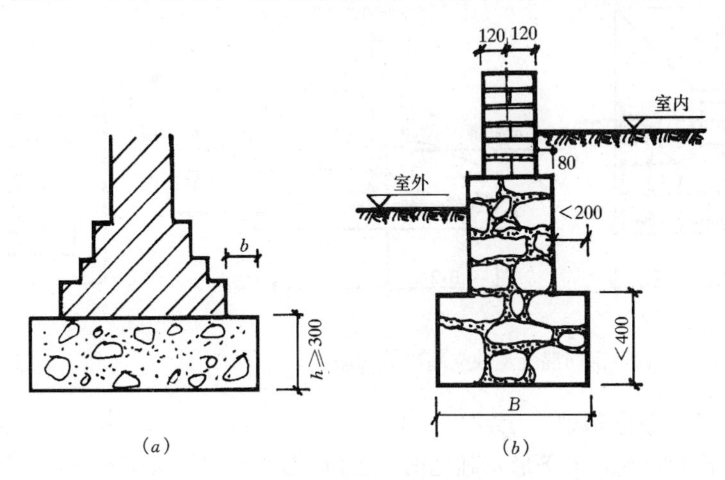

图2-2-11
（a）毛石混凝土基础；（b）毛石基础

二、柔性基础与构造

1. 钢筋混凝土独立基础

一般用做承担上部结构柱传来的荷载，且荷载较大的情况，形状见图2-2-3，配筋的形式见图2-2-12，一般要求见表2-2-3。预制钢筋混凝土柱的基础可采用杯形基础，见图2-2-13。

钢筋混凝土独立基础的一般要求 **表2-2-3**

基础底板形式		承受轴心荷载时一般为正方形，承受偏心荷载时一般采用矩形，其长宽比一般不大于2，最大不大于3
阶数	锥形基础	宜采用一阶或两阶，可根据坡角的限值与基础的总高度 H 而定。基础边缘高度 H_1 一般不小于20cm，也不宜大于50cm
	阶梯形基础	每阶高度一般为300～500mm，基础高度，500～900mm时用两阶；大于900mm时用三阶。基础长、短边相差过大时，短边方向可减少一阶
底板配筋		面积按计算确定。沿长边和短边方向均匀布置。长边的钢筋设置在下排。钢筋直径不宜小于8mm，间距不宜大于200mm。当基础边长 B 大于3m时可用 $0.9L$（$L=B-50$）
插筋		1. 钢筋级别、直径、根数及间距与上部柱内的纵向钢筋相同 2. 箍筋直径与上部柱内箍筋相同。在基础内应不少于两片箍筋 3. 一般伸至基础底面，用光面钢筋（末端有弯钩）时放在钢筋网上
钢筋保护层		有垫层时不宜小于35mm；无垫层时不宜小于70mm 混凝土强度等级不宜低于C15
垫层要求		垫层厚度宜为50～100mm，每边伸出基础50～100mm

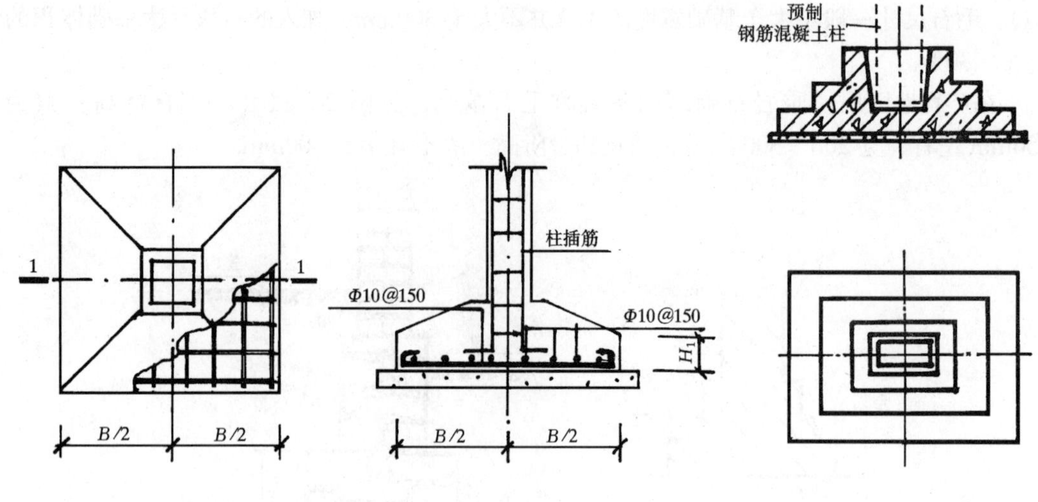

图 2-2-12　钢筋混凝土独立基础的配筋　　　　图 2-2-13　杯形基础

2. 钢筋混凝土条形基础

一般分墙下钢筋混凝土条形基础见图 2-2-14（*a*）和柱下钢筋混凝土条形基础，见图 2-2-14（*b*）。墙下条形基础构造要求与独立基础基本相同。

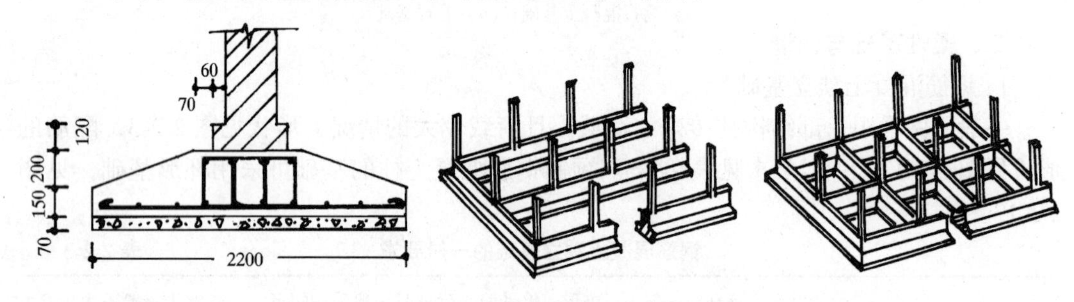

图 2-2-14　钢筋混凝土条形基础

（*a*）墙下钢筋混凝土条形基础；（*b*）柱下钢筋混凝土条形基础

柱下条形基础由肋梁和翼板组成，整体刚度好，应用十分广泛。构造要求如下：

（1）柱下条形基础的梁高宜为柱高的1/8～1/4，翼板厚度不宜小于 200mm 当翼板厚度为 200～250mm 时，宜用等厚度翼板；当翼板厚度大于 250mm 时，宜用变厚度翼板，其坡度小于或等于 1∶3。

（2）柱下条形基础的混凝土强度等级，可采用 C20。

3. 筏板基础

筏板基础是把整个楼座基础做成一块钢筋混凝土板的基础形成，见图 2-2-4，适用于上部结构荷载较大的情况。

筏板基础有柱下筏板基础和墙下筏板基础两类。

构造方面应符合下列要求：

（1）筏板宜为等厚度的钢筋混凝土平板。

（2）板下垫层采用 C10 混凝土，厚度宜为 100mm。

（3）底板受力钢筋的最小直径不宜小于 8mm，当有垫层时，钢筋保护层厚度不宜小于 35mm。

（4）混凝土强度等级可采用 C20，地下水位以下的地下室筏板基础尚需考虑混凝土的防渗问题。

4．箱形基础

箱形基础是由顶板、底板、外墙和一定数量的纵横交错的内隔墙组成；是一种钢筋混凝土空间箱形结构，见图 2-2-5。它的特点是刚度大，整体性能好，能抵抗和协调由于软弱地基在大荷载作用下产生的不均匀变形；埋深大、建筑重心下移，稳定性能好、抗震性能好，因此箱形基础适用于荷载较大，地基条件一般的高层建筑基础。箱形基础，按结构计算要求设计，并应满足如下的构造要求：

（1）箱式基础的高度一般取建筑物高度的 1/12～1/8，也不宜小于箱形基础长度的 1/18～1/16，并不小于 3m。

（2）箱形基础外墙厚度不宜小于 300mm，内墙厚度不宜小于 200mm，内外墙均应采用双面双向配筋，外墙钢筋直径竖向不小于 ϕ12mm，水平向不小于 ϕ10mm，间距不大于 200mm，内墙钢筋直径不小于 ϕ10mm，间距不大于 200mm。

（3）钢筋混凝土等级不应低于 C20。

（4）箱基顶板、底板厚度，按受力计算确定，但顶板不宜小于 200～300mm 底板厚度一般取 400～1000mm。

（5）箱形基础在构造方面，必须考虑满足防水抗渗的要求，一般有结构自防水和附加防水层两种措施。自防水即采用防水混凝土防水。附加防水层，可用防水卷材、防水涂膜等材料。

三、桩基础

桩基础是高层建筑中常用的一种深基础形式，它具有承载力高、沉降量小的特点。当建筑物层数多、荷载大，地基软弱或上层较差、下层较好，采用天然地基不能满足地基承载力或沉降的要求时，往往采用桩基础，因此，桩基础历来受到国内外工程界的重视。近年来，我国由于高层建筑的发展和沿海城市的开发，桩基础越来越得到广泛的应用。

桩基础一般指混凝土预制桩基础和混凝土灌注桩基础。砂石桩、灰土桩、深层搅拌桩等均属于地基处理技术的范畴。

桩基础按成桩工艺分为预制桩和灌柱桩两种。

预制桩在构件厂或现场预制，用打桩机将其打入土中，预制桩优点是桩身质量好，承载力强，缺点是现场打桩振动大，桩的尺寸不能太大，且运输工作量大，造价高。

灌注桩是直接在设计桩位上成孔，孔内放入钢筋笼之后灌注混凝土成桩，灌注桩优点是施工快，震动小，不扰民，造价低，桩身尺寸不受运输机械等限制。因此，近年来被广泛采用。

钻孔灌注桩成桩工艺见图 2-2-15。

桩基础按受力情况分为摩擦桩和端承桩两种，摩擦桩桩上荷载由桩侧摩擦力和桩端阻力共同承受，端承桩桩上荷载主要由桩端阻力承受，见图 2-2-16。

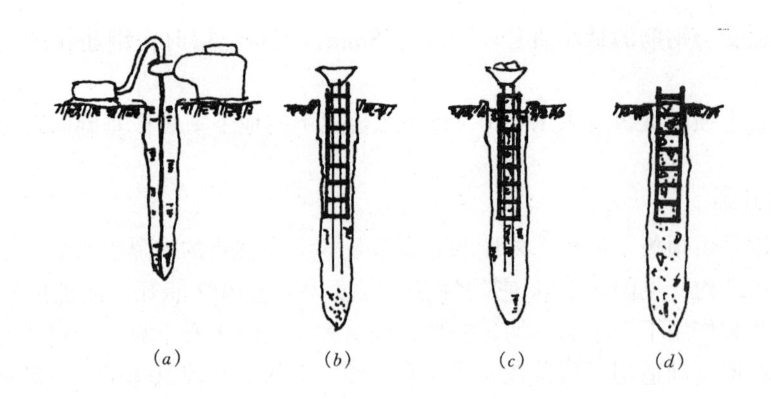

图 2-2-15　钻孔灌注桩成桩工艺

（a）钻孔；（b）放入钢筋笼及导管；（c）灌注混凝土；（d）成型

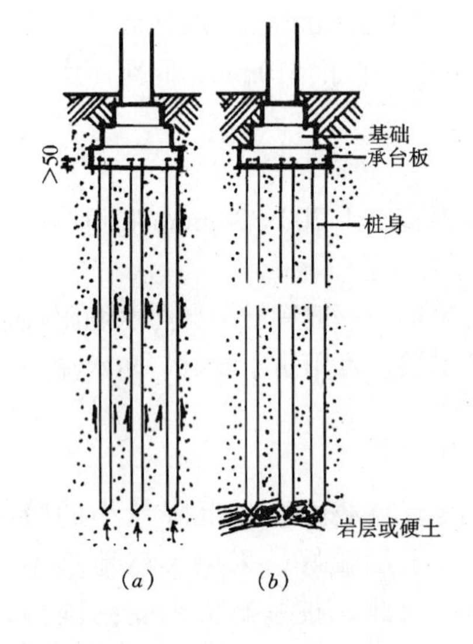

图 2-2-16　桩基受力情况

（a）摩擦桩；（b）端承桩

桩基础由桩和桩上承台组成，有单桩及群桩多种形式。桩和桩基的基本构造应符合下列要求：

（1）桩与桩的中心距离不宜小于 3 倍桩身直径。

（2）预制桩的混凝土强度等级，不应低于 C30；灌注桩的强度等级不应低于 C15；水下灌注时，不应低于 C20。

（3）桩的主筋按计算确定，但预制桩的最小配筋率，不宜小于 0.8%，灌注桩的最小配筋率，承压时不宜小于 0.2%，受弯时，不易小于 0.4%。

（4）桩顶嵌入承台内长度不宜小于 50mm，当桩主要受水平力时，不宜小于 100mm。

（5）主筋伸入承台内的锚固长度，不宜小于 30 倍钢筋直径。

（6）承台除满足计算要求外，宽度不宜小于 500mm（见图 2-2-6），周边至边桩的净距离，不宜小于 0.5 倍桩径，厚度不宜小于 300mm。

第三节　影响基础埋深的因素及基础的特殊问题

一、影响基础埋深的因素

基础的埋置深度指由室外设计地面到基础底面的距离（见图 2-2-17），应按下列条件确定：

1. 建筑物的类型用途，有无地下室，设备基础和地下设施，基础的形式和构造

2. 作用在地基上的荷载大小和性质

（1）承受较大水平荷载的基础，应有足够的埋深以保证其稳定性；

（2）承受上拔力的基础应有足够的抗拔阻力；

（3）不宜直接埋置在可能液化的土层上。

3. 工程地质和水文地质条件

（1）一般宜选用承载力较大的土层作为持力层。

（2）地基在水平方向不均匀时，同一建筑物的基础可分段采取不同的埋置深度。

（3）遇到地下水时，基础尽量浅埋，置于地下水位以上；如果必须放在地下水位以下时，应选用具有防水能力的材料，如石材及混凝土。

（4）当基础埋在易风化的软质岩层上,施工时应在基坑挖好后立即铺筑垫层,以减少风化。

（5）位于土质地基上的高层建筑的基础，埋深应满足稳定要求；位于岩质地基上的高层建筑的基础，埋深应满足抗滑要求。

（6）位于岸边的基础，埋深应在流水冲刷作用深度以下。

4. 相邻建筑的基础埋深

新设计的基础，要浅于或等于相邻原有建筑物基础。当必须深于原有建筑物基础时，应使两基础间净距为相邻基础底面高差的 1～2 倍。见图 2-2-17。如不满足此要求，必须采取施工措施，避免原有基础因地基滑动而失稳，如设临时加固支撑、打板桩、地下连续墙或加固原有建筑物的地基。

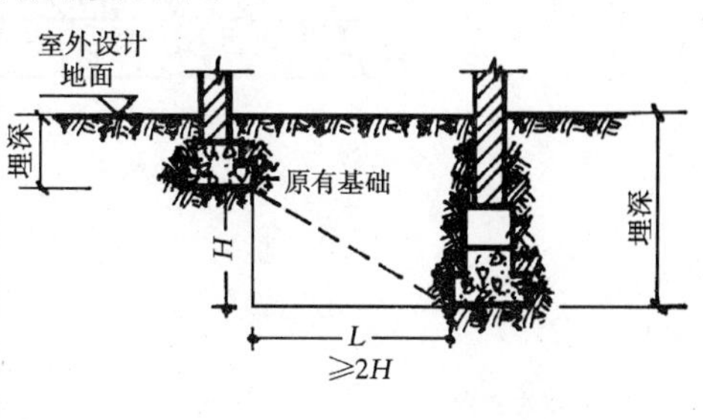

图 2-2-17　相邻建筑的基础

5. 地基土冻胀和融陷的影响

地基土的温度在－1～0℃时，土孔隙中的水大部分冻结。地基土冻结的极限厚度叫冻结深度，各地区的气温不同，冻结深度也不同，详细数据可查《地基基础设计规范》中的中国季节性冻土标准冻深线图，如上海、南京一带为 0.12～0.2m，北京 0.8～1.0mm，哈尔滨 1.9m，齐齐哈尔 2.2m。

由于土中水分冻结膨胀，使土的体积产生膨胀称冻胀。

根据土中含水量和土中土颗粒的大小不同，土的冻胀程度亦不同，如砂石类土，因颗粒大、孔隙大、基本没有水的毛细作用，所以冻结时，体积基本上不膨胀。粉土、粘性土因颗粒小 孔隙小、毛细作用强，一般具有冻胀现象。地基土冻胀性类别按冻胀程度分为不冻胀、弱冻胀、冻胀和强冻胀四类。

地基为冻胀土时，冻胀产生的力会把建筑向上拱起，土层解冻后，建筑又下沉。由于冻土融化的不均匀性使房屋处于不稳定状态，并产生变形，如墙身开裂、装修脱落、门窗开启困难等，严重时将造成建筑破坏。所以，对于有冻胀性的地基土，应将基础埋到冻结深度以下或根据规范要求，残留很薄的冻土层。

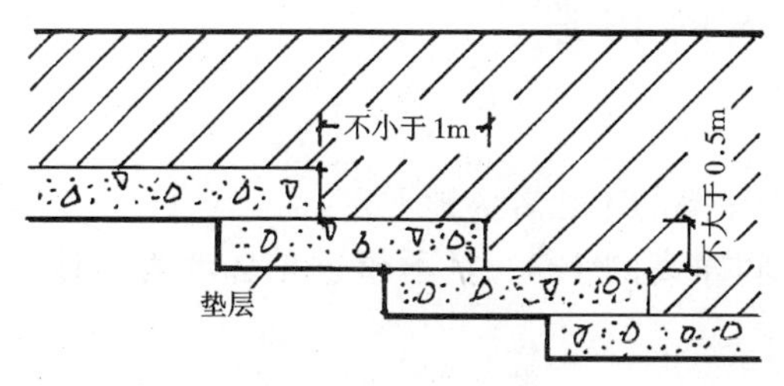

图 2-2-18　高低基础相接

除考虑上述各项因素之外，基础的最小埋深不宜小于 0.5m，岩石地基不受此限。

二、基础的特殊构造问题

1. 高低基础相接

当建筑在使用上要求部分基础深埋时，高低基础应采用台阶方式过渡如图 2-2-18，台阶的尺寸应满足图示要求。

2. 双墙基础的沉降缝

当建筑建造在不同地质的地层上或同一建筑的两部分高差过大或结构形式差别过大（如框架结构与砖混结构）时，建筑的两部分会出现不均匀沉降，并由此导致建筑物开裂。为解决这一问题，把建筑用沉降缝分为若干个刚度较好的单元，使其各单元能自由沉降，沉降缝处基础均应断开，构造做法见图 2-2-19。

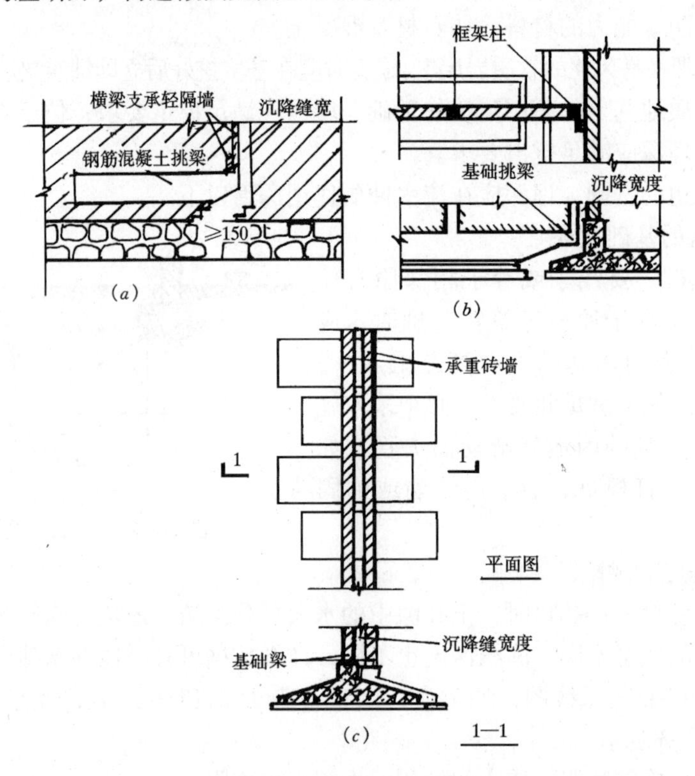

图 2-2-19　双墙基础的沉降缝

（a）砖石结构挑梁基础；（b）框架结构挑梁基础；（c）交叉式基础

3. 地基基础的加固处理

地基与基础是建筑中最重要的部分，因此在设计和施工中，都应认真的处理好每一技术细节，否则将会造成严重的质量事故和经济损失，对于因地质条件或人为原因造成的地基基础失稳破坏和倾斜等，目前常用的有压力注浆法和净浆裹石桩围幕、打护桩等加固处理办法。对事先已经探明不满足要求的地基，则采用换土、强夯、打砂石挤密桩、深层搅拌桩等方法以提高地基承载力并改善其物理性质如液化、湿陷等。

第四节　地 下 室 的 构 造

一、地下室和半地下室

房间地面低于室外地平面的高度超过该房间净高的 1/2 者为地下室。

房间地面低于室外地平面的高度超过该房间净高的 1/3，且不超过 1/2 者为半地下室，见图 2-2-20。

二、地下室的构造

地下室类型很多，按功能分有人防地下室和普通地下室；按结构分有砖混结构地下室和钢筋混凝土结构地下室等。地下室一般由内外墙，底板、顶板、门窗、楼梯五大部分组成。地下室墙体厚度由结构计算确定，外墙兼有挡土墙的作用。顶板为钢筋混凝土楼板、底板为混凝土地面或筏片基础、箱形基础底板。由于地下室处在室外地坪以下，因此对地下室外墙和底板，必须采取有效的防潮和防水措施。

图 2-2-20　地下室与半地下室

（一）地下室在地下水位以下的防水做法

防水做法应综合考虑工程水文地质(地下水、地表水、上层滞水、毛细管水)情况,并按照技术可靠、措施严谨、选材适当、方便施工、经济合理的原则确定防水做法和设防高度,见图2-2-21。

1. 柔性防水

柔性防水称卷材防水见图 2-2-22。

防水层有沥青卷材和高分子卷材（三元乙丙橡胶卷材，三元乙丙/丁基橡胶卷材等)，防水层一般做在围护结构外侧（迎水面）并应连续铺贴形成整体。铺贴卷材的胶结材料应与所用卷材相适应，防水层的外侧应做保护层，一般为砌 120mm 砖墙。近年来，随着新材料的发展，另一种柔性防水方法，涂料防水亦逐渐开始应用，如聚氨酯防水涂膜等。

2. 刚性防水。

刚性防水有水泥砂浆防水和防水混凝土防水两类。

水泥砂浆防水的防水层一般为掺外加剂防水水泥砂浆。适用于主体结构刚度较大，建筑物变形小及面积不超过 $300m^2$ 的工程，不适用于有剧烈振动的工程。

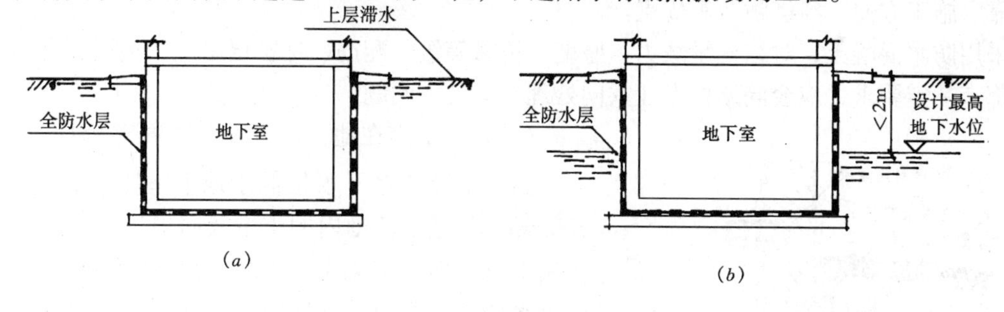

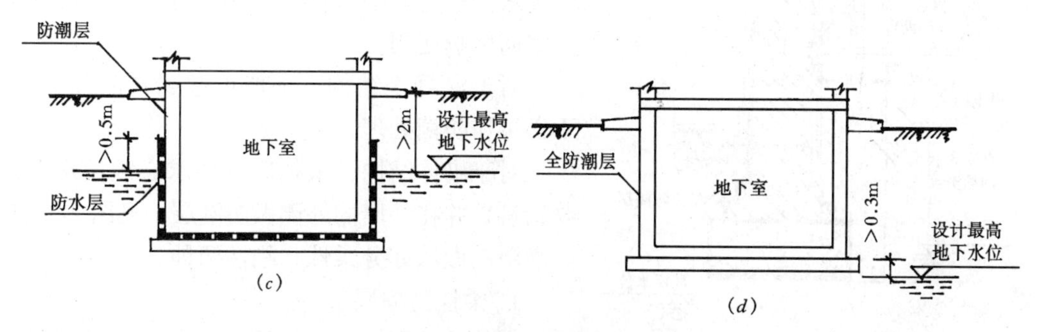

图 2-2-21　防水设防要求及构造

(*a*) 全设防水；(*b*) 全设防水；(*c*) 半设防水；(*d*) 防潮

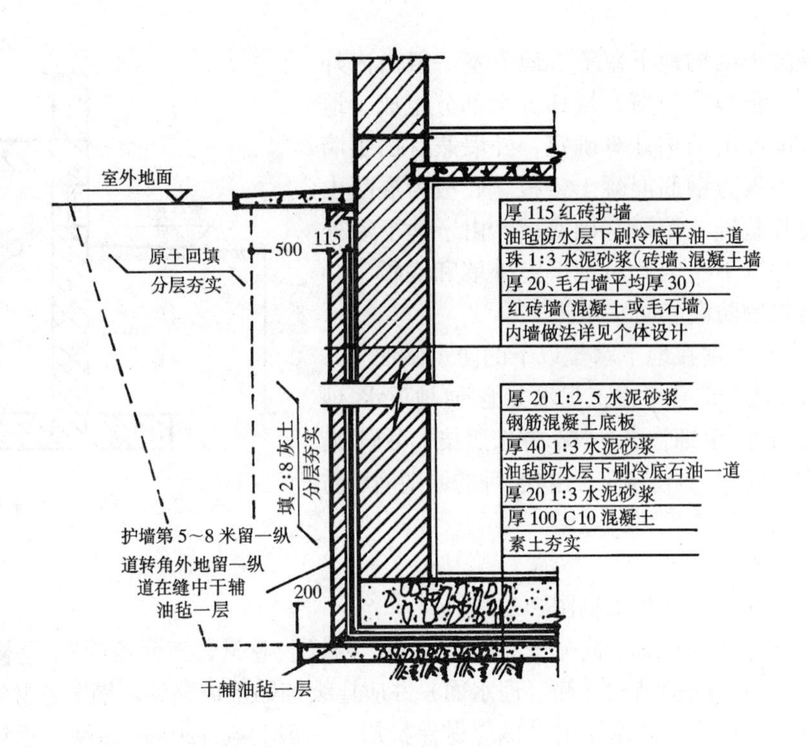

图 2-2-22　卷材防水

防水混凝土防水：一般是采用普通防水混凝土和掺外加剂的防水混凝土做地下室的外墙和底板。常用于地下室为钢筋混凝土结构的情况，掺外加剂，加掺“U”型混凝土膨胀剂（简称 UEA）系目前国内正在推广应用的新材料，适用于各种地下防水工程，具有防水可靠、施工方便、经济耐久等优点。

采用防水混凝土，对结构承载力、厚度、抗渗等级、配筋、保护层厚度、垫层、变形缝等都有一定要求，应会同结构专业共同处理有关技术问题。

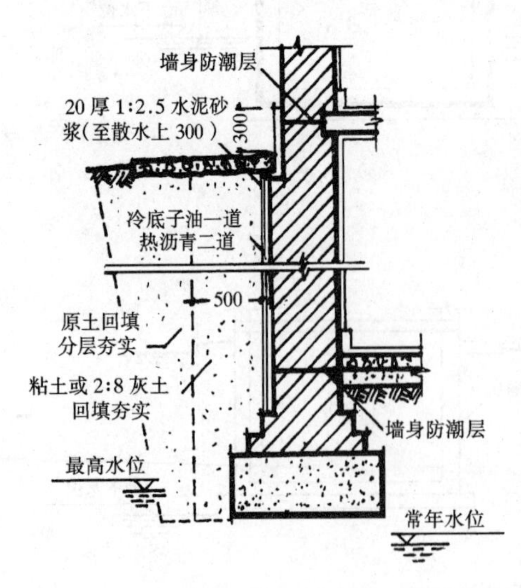

图 2-2-23　墙体防潮

（二）地下室在地下水位以上的防潮做法

当常年最高地下水位低于地下室底板 300～500mm，且基地范围内的土壤及回填土无形成上层滞水可能时，应对其外墙和地面做防潮处理，避免水分通过毛细管作用以潮湿气的形式浸入地下室而影响使用。

对于混凝土结构，一般可起到自防潮作用，不必再作防潮处理。

对于砌体结构，根据防潮要求必须用水泥砂浆砌筑，并在外墙的外侧做防潮层，见图 2-2-23。防潮层的做法亦分柔性、刚性两种。

1. 柔性防潮层

在外墙外侧抹 20mm 厚 1:2.5 水泥砂浆找平层，刷冷底子油一道热沥青两道或刷防水冷涂料，如乳化沥青、聚氨酯涂膜，阳离子氯丁胶乳沥青等。由于防水冷涂料不需现场熬制热沥青，不造成空气污染，且操作简单安全，因此，近年来有较多应用。

2. 刚性防潮层

一般做法是在外墙外侧抹20mm厚防水水泥砂浆。防水水泥砂浆采用1∶2.5水泥砂浆掺3%氯化铁防水剂或一定比例的其他防水剂配制，水泥为32.5级以上普通硅酸盐水泥。

外墙面防潮的同时，应做好墙身防潮层，使其成为一封闭的整体墙面，防潮层外侧500mm宽范围可用灰土夯填以更好地防止地表水下渗影响地下室。

（三）变形缝防水处理

地下室结构变形缝应满足密封防水，适应变形、施工方便、检查容易等要求。

变形缝的构造形式和材料，应根据工程特点、地基或结构变形情况以及水压、水质和防水重要性确定，一般采用橡胶或塑料止水带做法，见图2-2-24。

弹性嵌缝采用聚氯乙烯胶泥和浸乳化沥青木丝板。

（四）管道穿墙的防水处理

对一般防水要求处可按图2-2-25作法。

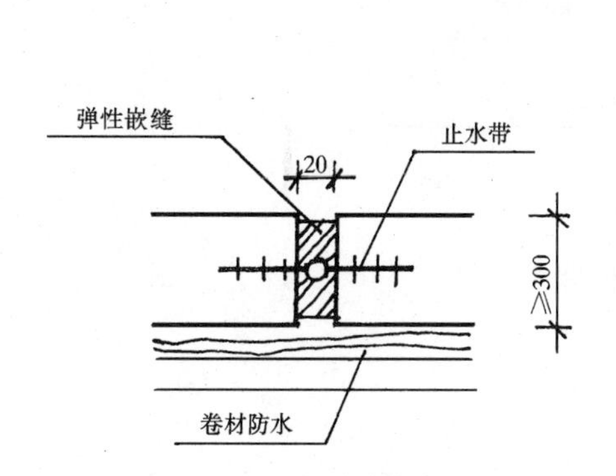

图2-2-24　变形缝防水

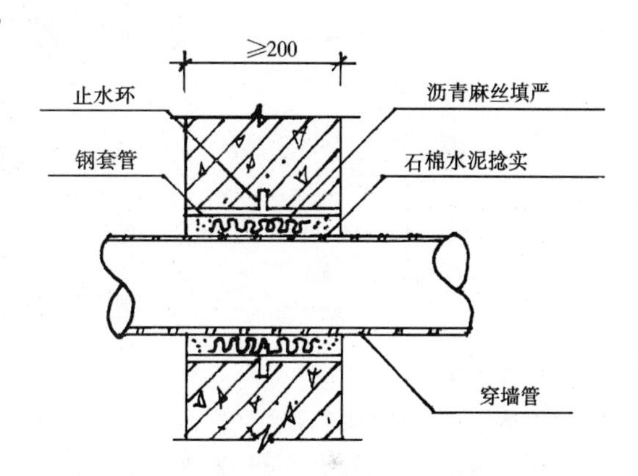

图2-2-25　管道穿墙一般防水

对有振动、变形及严密防水要求的部位，可按图2-2-26作法。

三、地下室采光井的构造

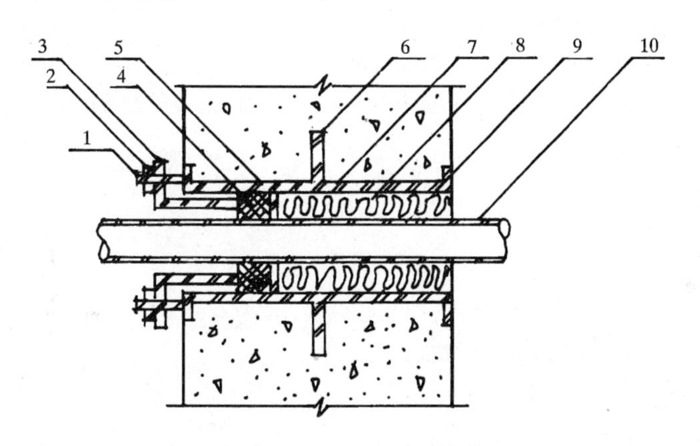

图2-2-26　管道穿墙严密防水

1—双头螺栓；2—螺母；3—母紧法兰；4—橡胶圈；5—挡圈；6—止水环；7—嵌填材料；8—套管；9—翼环；10—全管

地下室设窗时，如果窗口设在室外地坪以上，则窗口下沿距散水面高度应大于200mm，以避免灌水；如果窗口设在室外地坪以下，则需做采光井。采光井由侧墙和底板构成，底板一般用混凝土浇筑，侧墙多采用砖墙砌筑，但应考虑其挡土作用，由结构计算确定其厚度。采光井上应设防护网，采光井下面应有排水管道构造，见图 2-2-27。

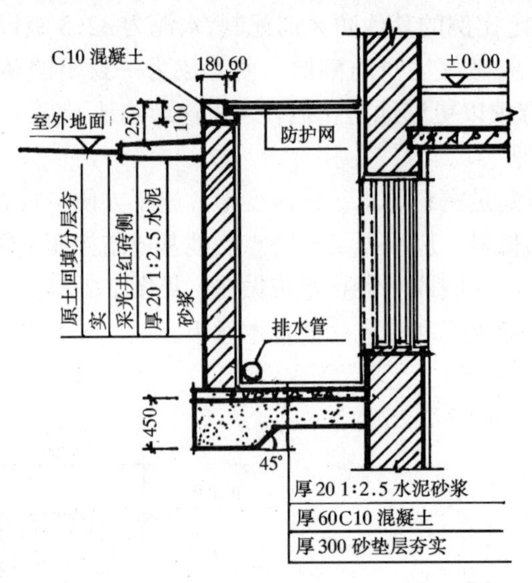

图 2-2-27　采光井

复习思考题

1. 地基、基础有何不同?
2. 天然地基与人工地基有何区别?
3. 地基基础的设计应满足哪些要求?
4. 基础有哪几种类型？画出二一间收式砖基础的示意图。
5. 刚性基础和柔性基础有何不同?
6. 什么是端承桩？什么是摩擦桩?
7. 确定基础埋深时有哪些影响因素?
8. 墙身防水、防潮各有几种类型？构造做法如何?
9. 各地区地质情况不同，基础所用材料也不同。你所在地区基础多为何种形式？构造如何?

第三章　墙　　体

墙体在民用建筑中起承重、围护、分隔作用，是房屋不可缺少的重要组成部分，它和楼板被称为建筑的主体工程。墙体的重量约占房屋总重量的40%～65%，墙体的造价约占工程总造价的30%～40%。所以，在选择墙体的材料和构造方法时，应综合考虑建筑的使用质量、造型、结构、经济等方面的因素。

第一节　墙体的类型及要求

一、墙体的类型

按照不同的划分方法，墙体有不同的类型。

1. 按墙体的位置分

（1）内墙：位于建筑物内部的墙。

（2）外墙：位于建筑物四周与室外接触的墙。

2. 按墙体的方向分

（1）纵墙：沿建筑物长轴方向布置的墙。

（2）横墙：沿建筑物短轴方向布置的墙。

外横墙习惯上称山墙，外纵墙习惯上称檐墙；窗与窗、窗与门之间的墙称为窗间墙，窗洞口下部的墙称为窗下墙；屋顶上部的墙称为女儿墙（图2-3-1）。

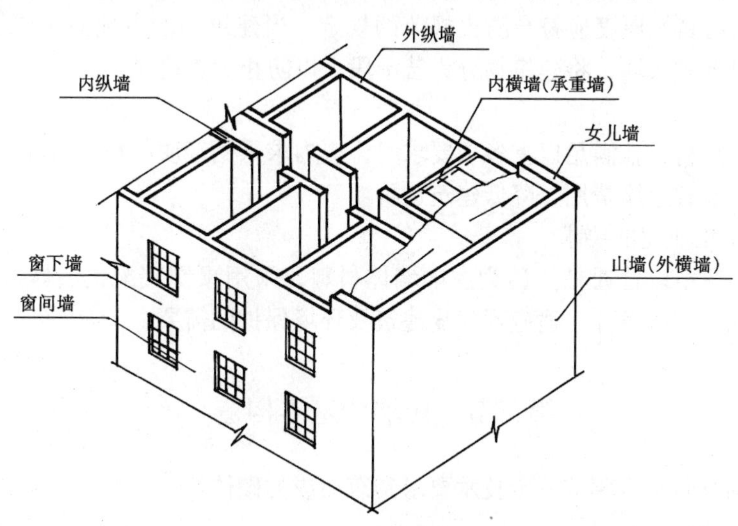

图2-3-1　墙体的位置和名称

3. 按墙体的受力情况分

（1）承重墙：凡直接承受上部屋顶、楼板传来的荷载的墙称为承重墙。

(2) 非承重墙：凡不承受上部传来荷载的墙均是非承重墙。非承重墙包括以下几种：

1）自承重墙：不承受外来荷载，仅承受自身重量的墙。

2）框架墙：在框架结构中，填充在框架中间的墙。

3）隔墙：仅起分隔空间作用，自身重量由楼板或梁承担的墙。

4）幕墙：悬挂在建筑物结构外部的轻质外墙，如玻璃幕墙、铝塑板墙等。

4. 按构成墙体的材料和制品分

有砖墙、石墙、砌块墙、板材墙、混凝土墙、玻璃幕墙等。

二、对墙体的要求

墙体在建筑中主要起承重、围护、分隔作用，在选择墙体材料和确定构造方案时，应根据墙体的作用，分别满足以下要求：

1. 具有足够的承载力和稳定性

墙体的承载力与采用的材料、墙体尺寸、构造和施工方式有关。墙体的稳定性则与墙的长度、高度、厚度有关，一般通过合适的高厚比，加设壁柱、圈梁、构造柱，加强墙与墙或墙与其他构件间的连接等措施，增加其稳定性。

2. 满足热工要求

不同地区、不同季节对墙体有保温或隔热的要求，保温与隔热概念相反，措施也不相同，但增加墙体厚度和选择导热系数小的材料都有利于保温和隔热。

3. 满足隔声的要求

为了获得安静的工作和休息环境，就必须防止室外及邻室传来的噪声影响，因而墙体应具有一定的隔声能力。采用密实、表观密度大或空心、多孔的墙体材料，内外抹灰等方法都能提高墙体的隔声能力。采用吸声材料作墙面，能提高墙体的吸声性能，有利于隔声。

4. 满足防火要求

墙体采用的材料及厚度应符合防火规范的规定。当建筑物的占地面积或长度较大时，应按规范要求设置防火墙，将建筑物分为若干段，以防止火灾蔓延。

5. 减轻自重

墙体所用的材料，在满足以上各项要求时，应力求采用轻质材料，这样不仅能够减轻墙体自重，还能节省运输费用，降低建筑造价。

6. 适应建筑工业化的要求

墙体要逐步改革以普通粘土砖为主的墙体材料，采用预制装配式墙体材料和构造方案，为机械化施工创造条件，适应现代化建筑及环境保护的需要。

第二节　砖墙的基本构造

砖墙是用砌筑砂浆将砖按一定技术要求砌筑而成的砌体。

一、砖墙材料

砖墙的主要材料是砖和砂浆。

1. 砖

砌墙用砖的类型很多，应用最广泛的是普通粘土砖。普通粘土砖的规格为 240mm×

115mm×53mm，其尺寸与我国现行的模数制不符，这使得墙体尺寸不易与其他构件尺寸相协调，给设计和施工带来不便。

普通粘土砖的强度等级是根据它的抗压强度和抗折强度确定的，共分为 MU7.5、MU10、MU15、MU20、MU25、MU30 六个等级，其中建筑中砌墙常用的是 MU7.5 和 MU10。

2. 砂浆

砌筑用的砂浆有水泥砂浆、石灰砂浆和混合砂浆三种。它们是由水泥、石灰、水泥和石灰分别与砂、水拌合而成的。水泥砂浆属水硬性材料，强度高，和易性差，适合砌筑处于潮湿环境的砌体。石灰砂浆属气硬性砂浆，强度低，和易性好，适合于砌筑次要建筑地面以上的砌体。混合砂浆既有较高的强度，也有良好的和易性，所以在砌筑地面以上的砌体中被广泛应用。

砂浆的强度等级是根据其抗压强度确定的，共分 M0.4、M1、M2.5、M5、M7.5、M10、M15 七个等级，其中常用的砌筑砂浆是 M2.5 和 M5。

二、砖墙的基本构造形式

（一）砖墙的尺度

砖墙一般指实体砖墙。

1. 厚度

砖墙的厚度视其在建筑物中的作用不同所考虑的因素也不同，如承重墙根据强度和稳定性的要求确定，围护墙则需要考虑保温、隔热、隔声等要求来确定。此外砖墙厚度应与砖的规格相适应。

砖墙的厚度是按半砖的倍数确定的。如半砖墙、3/4 砖墙、一砖墙、一砖半墙、两砖墙等，相应的构造尺寸为 115mm、178mm、240mm、365mm、490mm，习惯上以它们的标志尺寸（cm）来称呼，如 12 墙、18 墙、24 墙、37 墙、49 墙等。墙厚与砖规格的关系见图 2-3-2。

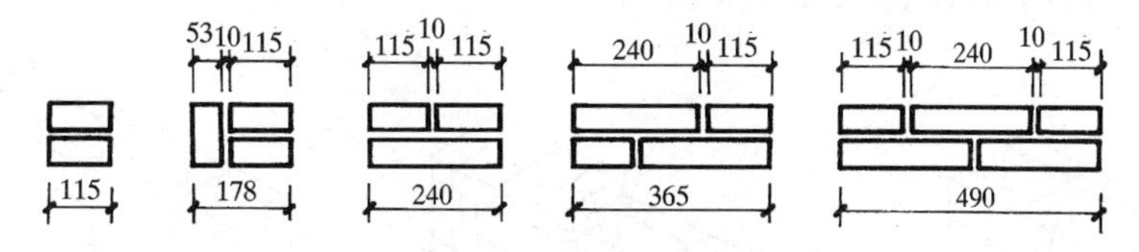

图 2-3-2　墙厚与砖规格的关系

2. 墙段尺寸

我国现行的《建筑模数协调统一标准》中规定，房间的开间、进深、门窗洞口尺寸都应是 3m（300mm）的整倍数，而普通粘土砖墙的模数是砖宽加灰缝即 125mm，按此模数，墙段尺寸有 240mm、370mm、490mm、620mm、740mm 等数列。这样一幢房屋内有两种模数，在设计中出现了不协调的现象。在具体工程中，可通过调整灰缝的大小来解决，当墙段长度小于 1m 时，因调整灰缝的范围小，应使墙段长度符合砖模数；当墙段长度超过 1m 时，可不再考虑砖模数。

（二）砖墙的组砌方式

砖墙的组砌方式是指砖在墙体中的排列方式。为了保证墙体的强度和稳定性，砖的排列应遵循内外搭接、上下错缝的原则，错缝距离一般不小于60mm。

1. 实体砖墙

即用普通粘土砖砌筑的实体墙。按照砖在墙体中的排列方式，一般把垂直于墙面砌筑的砖叫丁砖，把长度沿着墙面砌筑的砖叫顺砖。实体砖墙的砌筑方式见图2-3-3。

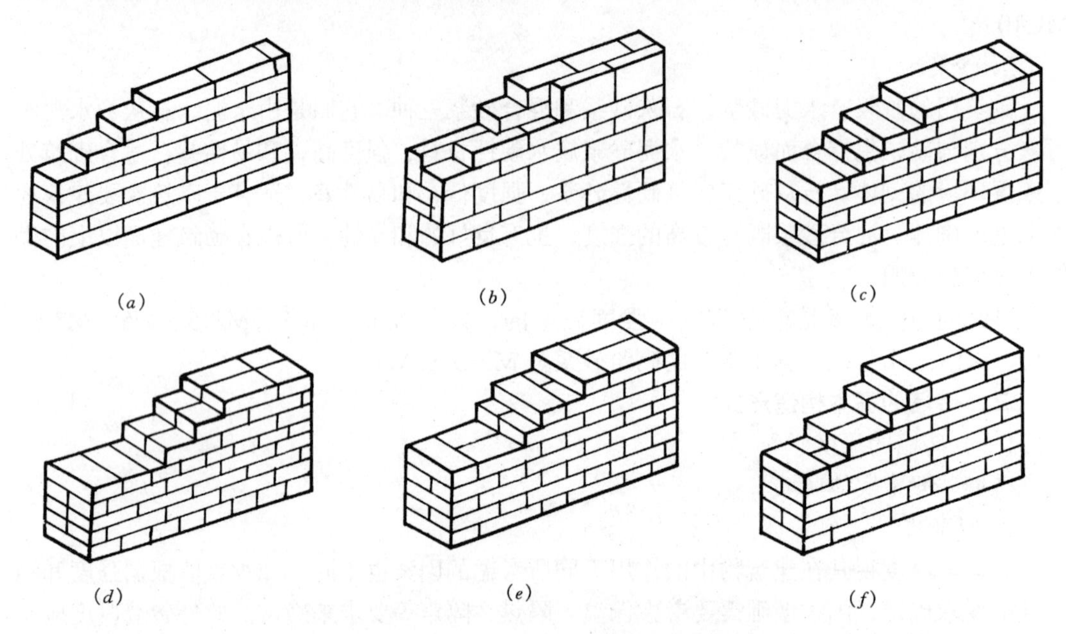

图2-3-3 实体墙的组砌方式

(a) 全顺式；(b) 两平一侧；(c) 一顺一丁；(d) 三顺一丁；(e) 梅花丁；(f) 三三一（三块顺砖一块丁砖相间砌筑）

2. 空斗墙

即用普通砖侧砌或侧砌与平砌结合砌筑，内部空心形成空心的墙体。一般把侧砌的砖叫斗砖，平砌的砖叫眠砖（图2-3-4）。

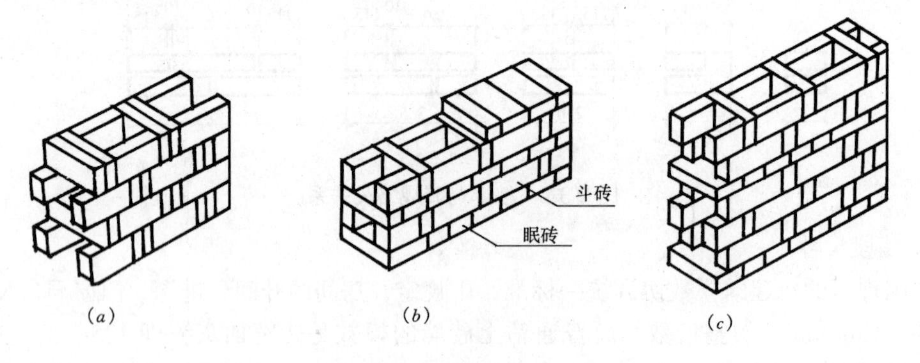

图2-3-4 空斗墙的组砌方式

(a) 无眠空斗；(b) 一眠一斗；(c) 一眠二斗

空斗墙与实体砖墙相比，用料省，自重轻，保温隔热好，适用于炎热、非震区的低层民用建筑。

3. 组合墙

即用砖和其他保温材料组合形成的墙。这种墙可改善普通墙的热工性能，常用在我国北方寒冷地区。组合墙体的做法有三种类型：一是在墙体的一侧附加保温材料；二是在砖墙的中间填充保温材料；三是在墙体中间留置空气间层（图 2-3-5）。

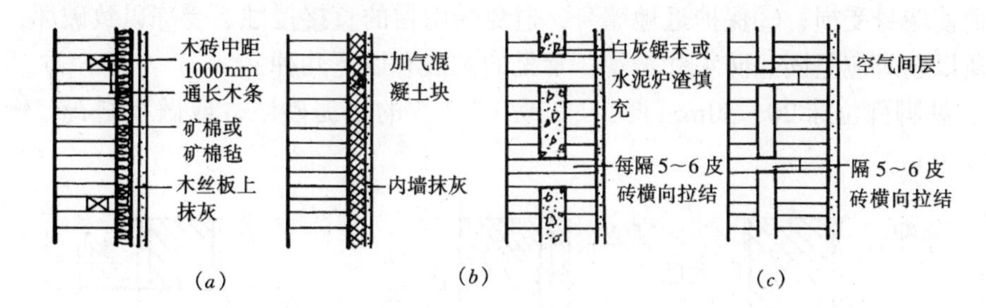

图 2-3-5　复合墙的构造

（*a*）单面敷设保温材料；（*b*）中间填充保温材料；（*c*）墙中留空气间层

第三节　砖墙的细部构造

一、散水和明沟

为了防止室外地面水、墙面水及屋檐水对墙基的侵蚀，沿建筑物四周与室外地坪相接处宜设置散水或明沟，将建筑物附近的地面水及时排除。

1. 散水

散水是沿建筑物外墙四周做坡度为 3%～5% 的排水护坡，宽度一般不小于 600mm，并应比屋檐挑出的宽度大 150～200mm。

散水的做法通常有砖铺散水、块石散水、混凝土散水等（图 2-3-6（*a*））。混凝土散水每隔 6～12m 应设伸缩缝，与外墙之间留置沉降缝，缝内均应填充热沥青。

2. 明沟

对于年降水量较大的地区，常在散水的外缘或直接在建筑物外墙根部设置的排水沟称明沟。明沟通常用混凝土浇筑成宽 180mm、深 150mm 的沟槽，也可用砖、石砌筑，沟底应有不少于 1% 的纵向排水坡度（图 2-3-6（*b*））。

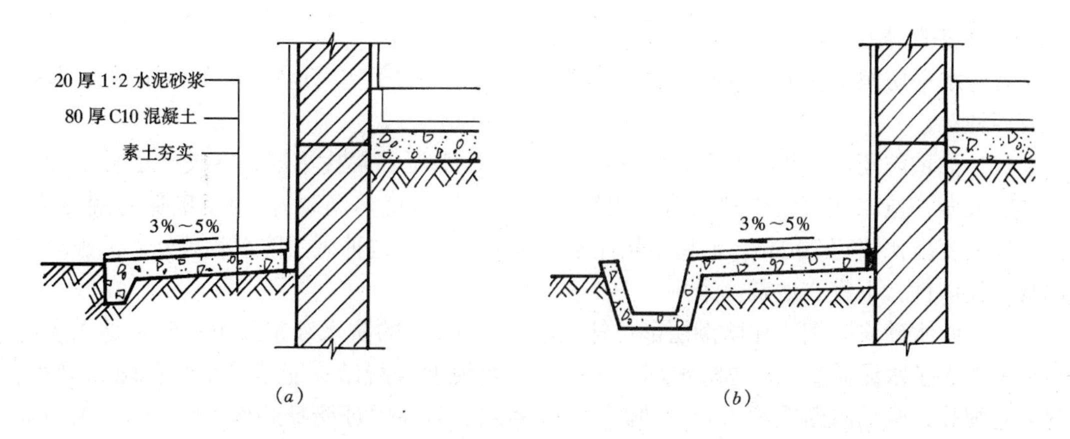

图 2-3-6　散水与明沟

（*a*）混凝土散水；（*b*）混凝土散水与明沟

二、勒脚

勒脚是外墙墙身与室外地面接近的部位。其主要作用是：①加固墙身，防止因外界机械碰撞而使墙身受损；②保护近地墙身，避免受雨雪的直接侵蚀、受冻以致破坏；③装饰立面。所以勒脚应坚固、防水和美观。常见的做法有以下几种：

1. 在勒脚部位抹 20～30mm 厚 1∶2 或 1∶2.5 的水泥砂浆，或做水刷石、斩假石等（图 2-3-7（*a*））。

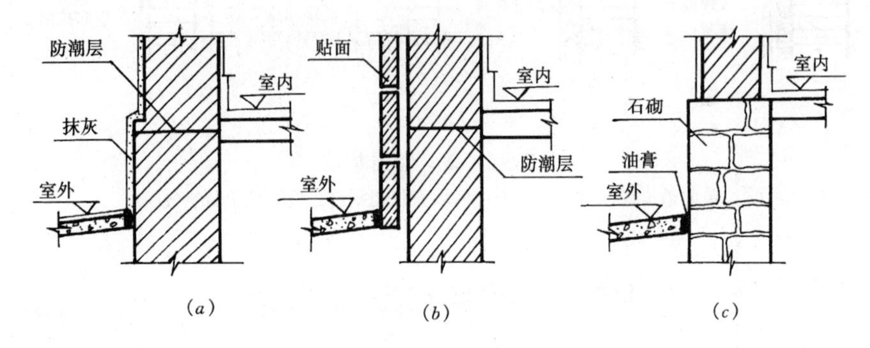

图 2-3-7　勒脚的构造做法

（*a*）抹灰；（*b*）贴面；（*c*）石材砌筑

2. 在勒脚部位将墙加厚 60～120mm，再用水泥砂浆或水刷石罩面。

3. 在勒脚部位镶贴防水耐久性能好的材料，如大理石板、花岗石板、水磨石板、面砖等（图 2-3-7（*b*））。

4. 用天然石材砌筑勒脚（图 2-3-7（*c*））。

勒脚的高度一般不应低于 500mm，考虑立面美观，应与建筑物的整体形象结合而定。

三、墙身防潮层

为了防止地下土壤中的潮气沿墙体上升和地表水对墙体的侵蚀，提高墙体的坚固性与耐久性，保证室内干燥、卫生、应在墙身中设置防潮层。防潮层有水平防潮层和垂直防潮层两种。

1. 水平防潮层

墙身水平防潮层应沿着建筑物内、外墙连续设置，位于室内地坪以下 60mm 处，其做法有四种：

（1）油毡防潮：在防潮层部位抹 20mm 厚 1∶3 水泥砂浆找平层，在找平层上干铺一层油毡或做一毡二油（先浇热沥青，再铺油毡，最后再浇热沥青）。为了确保防潮效果，油毡的宽度应比墙宽 20mm，油毡搭接应不小于 100mm。这种做法防潮效果好，但破坏了墙身的整体性，不宜在地震区采用（图 2-3-8（*a*））。

（2）防水砂浆防潮：在防潮层部位抹 25mm 厚 1∶2 的防水砂浆。防水砂浆是在水泥砂浆中掺入了水泥质量 5% 的防水剂，防水剂与水泥混合凝结，能填充微小孔隙和堵塞、封闭毛细孔，从而阻断毛细水。这种做法省工省料，且能保证墙身的整体性，但易因砂浆开裂而降低防潮效果（图 2-3-8（*b*））。

（3）防水砂浆砌砖防潮：在防潮层部位用防水砂浆砌筑 3～5 皮砖（图 2-3-8（*c*））。

(4) 细石混凝土防潮：在防潮层部位浇筑 60mm 厚与墙等宽的细石混凝土带，内配 3ϕ6 或 3ϕ8 钢筋。这种防潮层的抗裂性好，且能与砌体结合成一体，特别适用于刚度要求较高的建筑中。

当建筑物设有基础圈梁，且其截面高度在室内地坪以下 60mm 附近时，可由基础圈梁代替防潮层（图 2-3-8（d））。

2. 垂直防潮层

当室内地坪出现高差或室内地坪低于室外地坪时，除了在相应位置设水平防潮层外，还应在两道水平防潮层之间靠土层的垂直墙面上做垂直防潮层。具体做法是：先用水泥砂浆将墙面抹平，再涂一道冷底子油（沥青用汽油、煤油等溶解后的溶液），两道热沥青（或做一毡二油）（图 2-3-9）。

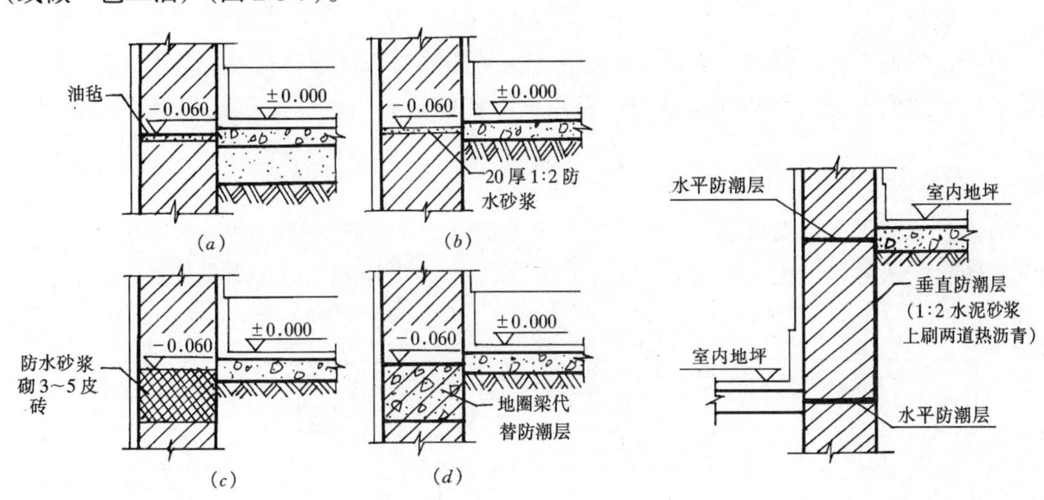

图 2-3-8　水平防潮层的构造

（a）油毡防潮；（b）防水砂浆防潮；（c）防水砂浆砌砖防潮；（d）细石混凝土防潮

图 2-3-9　垂直防潮层的构造

四、窗台

窗台是窗洞下部的构造，用来排除窗外侧流下的雨水和内侧的冷凝水，并起一定的装饰作用。位于窗外的叫外窗台，位于室内的叫内窗台。当墙很薄、窗框沿墙内缘安装时，可不设内窗台。

1. 外窗台

外窗台面一般应低于内窗台面，并应形成 5%的外倾坡度，以利排水，防止雨水流入室内。外窗台的构造有悬挑窗台和不悬挑窗台两种。悬挑窗台常用砖平砌或侧砌挑出 60mm，窗台表面的坡度可由斜砌的砖形成或用 1∶3 水泥砂浆抹出，并在挑砖下缘前端抹出滴水槽或滴水线。如果外墙饰面为瓷砖、陶瓷锦砖等易于冲洗的材料，可不做悬挑窗台，窗下墙的脏污可借窗上墙流下的雨水冲洗干净。

2. 内窗台

内窗台可直接抹 1∶2 水泥砂浆形成面层。北方地区墙体厚度较大时，常在内窗台下留置暖气槽，这时内窗台可采用预制水磨石或木窗台板。

窗台的构造见图 2-3-10。

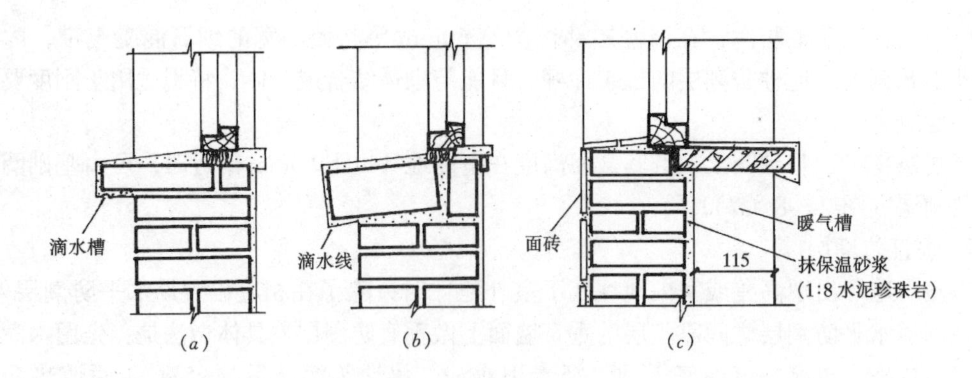

图 2-3-10　窗台的构造

五、过梁

过梁是指设置在门窗洞口上部的横梁，用来承受洞口上部墙体传来的荷载，并传给窗间墙。按照过梁采用的材料和构造分，常用的有砖拱过梁、钢筋砖过梁和钢筋混凝土过梁。

1. 砖拱过梁

砖拱过梁有平拱和弧拱两种。它由普通砖侧砌和立砌形成，砖应为单数并对称于中心向两边倾斜。灰缝呈上宽（不大于 15mm）下窄（不小于 5mm）的楔形（图 2-3-11）。

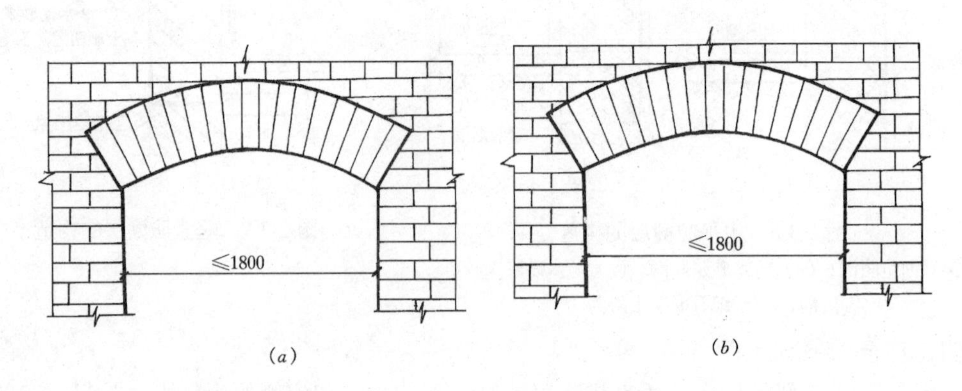

图 2-3-11　砖拱过梁

（a）平拱过梁；（b）弧拱过梁

砖拱过梁节约钢材和水泥，但施工麻烦，整体性差，不宜用于上部有集中荷载，振动较大、地基承载力不均匀、跨度超过 1.8m 的洞口及地震区的建筑。

2. 钢筋砖过梁

钢筋砖过梁是在门窗洞口上部的砂浆层内配置钢筋的平砌砖过梁。钢筋砖过梁的高度应经计算确定，一般不少于 5 皮砖，且不少于洞口跨度的 1/5。过梁范围内用不低于 MU7.5 的砖和不低于 M2.5 的砂浆砌筑，砌法与砖墙一样，在第一皮砖下设置不小于 30mm 厚的砂浆层，并在其中放置钢筋，钢筋的数量为每 120mm 墙厚不少于 1ϕ6。钢筋两端伸入墙内 240mm，并在端部做 60mm 高的垂直弯钩（图 2-3-12）。

钢筋砖过梁适用于跨度不大于 2m，上部无集中荷载的洞口。当墙身为清水墙时，采用钢筋砖过梁，易使建筑立面获得统一的效果。

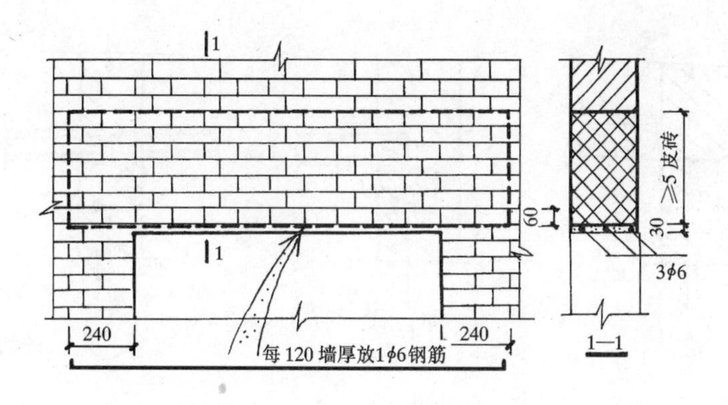

图 2-3-12　钢筋砖过梁

3. 钢筋混凝土过梁

当门窗洞口跨度超过2m或上部有集中荷载时，需采用钢筋混凝土过梁。钢筋混凝土过梁有现浇和预制两种。它坚固耐久，施工简便，目前被广泛采用。

钢筋混凝土过梁的截面尺寸及配筋应经计算确定，并应是砖厚的整倍数，宽度等于墙厚，两端伸入墙内不小于240mm。

钢筋混凝土过梁的截面形状有矩形和L形。矩形多用于内墙和外混水墙中，L形多用于外清水墙和有保温要求的墙体中，此时应注意L口朝向室外（图2-3-13）。

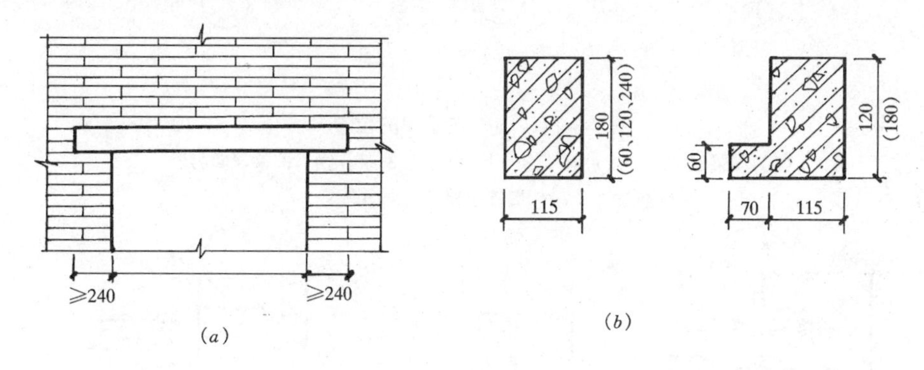

图 2-3-13　钢筋混凝土过梁
(a) 过梁立面；(b) 过梁的断面形状和尺寸

六、圈梁和构造柱

1. 圈梁

圈梁是沿建筑物外墙、内纵墙和部分横墙设置的连续封闭的梁。其作用是加强房屋的空间刚度和整体性，防止由于基础不均匀沉降、振动荷载等引起的墙体开裂。

圈梁与横墙的连接方式是在横墙上设贯通圈梁，或将圈梁伸入墙内1.5~2.0m，其数量与建筑物的高度、层数、地基状况和地震裂度有关。当只设一道圈梁时，应通过屋盖处，增设时，应通过相应的楼盖处或门洞口上方。

圈梁一般位于屋（楼）盖结构层的下面（图2-3-14（*a*）），对于空间较大的房间和地震裂度8度以上地区的建筑，须将外墙圈梁外侧加高，以防楼板水平位移（图2-3-14（*b*））。当门窗过梁与屋盖、楼盖靠近时，圈梁可通过洞口顶部，兼作过梁。

圈梁有钢筋混凝土圈梁和钢筋砖圈梁两种（图2-3-15）。钢筋混凝土圈梁的宽度宜与

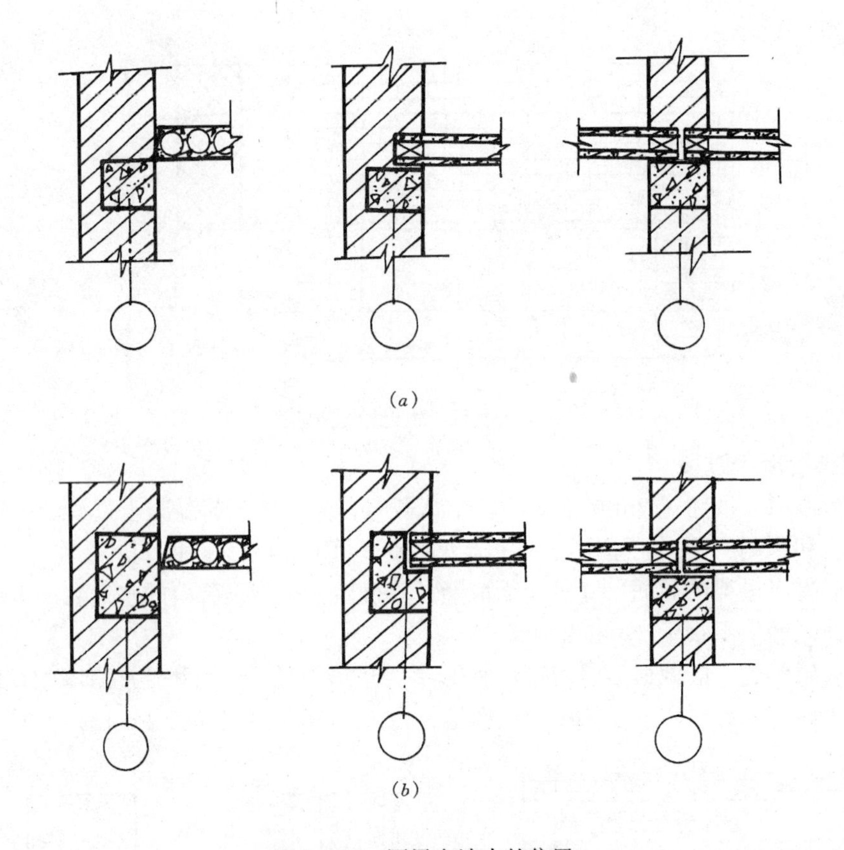

图 2-3-14　圈梁在墙中的位置

(a) 圈梁位于屋（楼）盖结构层下面—板底圈梁；(b) 圈梁顶面与屋（楼）盖结构层顶面相平—板面圈梁

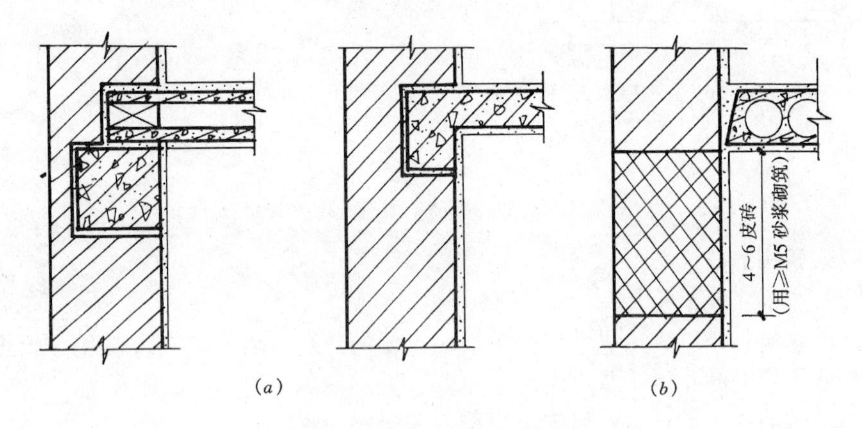

图 2-3-15　圈梁的构造

(a) 钢筋混凝土圈梁；(b) 钢筋砖圈梁

墙厚相同，当墙厚大于 240mm 时，允许其宽度减小，但不宜小于墙厚的三分之二。圈梁高度应大于 120mm，并在其中设置纵向钢筋和箍筋，如为八度抗震设防时，纵筋为 4ϕ10，箍筋为 ϕ6@200mm。钢筋砖圈梁应采用不低于 M5 的砂浆砌筑，高度为 4～6 皮砖。纵向钢筋不宜少于 6ϕ6，水平间距不宜大于 120mm，分上下两层设在圈梁顶部和底部的灰缝内。

圈梁应连续地设在同一水平面上，并形成封闭状。当圈梁被门窗洞口截断时，应在洞口上部增设一道断面不小于圈梁的附加圈梁。附加圈梁的构造见图 2-3-16。

2. 构造柱

构造柱是从构造角度考虑设置的，一般设在建筑物的四角、外墙交接处、楼梯间、电梯间以及某些较长墙体的中部。其作用是从竖向加强层间墙体的连接，与圈梁一起构成空间骨架，加强建筑物的整体刚度，提高墙体抗变形的能力，约束墙体裂缝的开展。

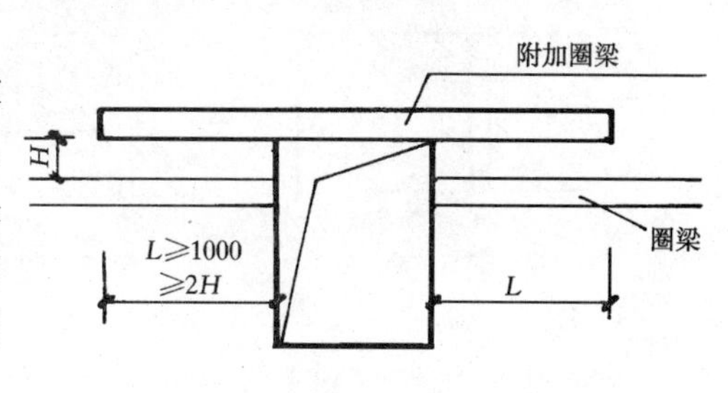

图 2-3-16　附加圈梁的构造

构造柱的截面不宜小于 240mm × 180mm，常用 240mm×240mm。纵向钢筋宜采用 4ϕ12，箍筋不少于 ϕ6@250mm，并在柱的上下端适当加密。构造柱应先砌墙后浇柱，墙与柱的连接处宜留出“五进五出”（沿墙高五皮砖挑进，五皮砖退出，进出 60mm）的大马牙槎，并沿墙高每隔 500mm 设 2ϕ6 的拉结钢筋，每边伸入墙内不宜少于 1000mm（图 2-3-17）。

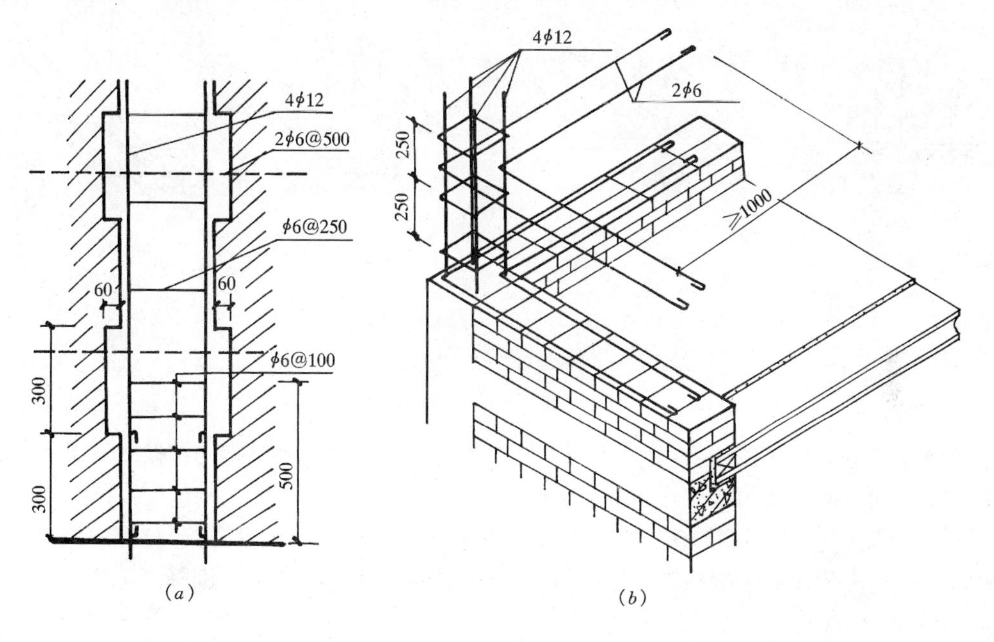

图 2-3-17　构造柱

（*a*）平直墙面处的构造柱；（*b*）转角处的构造柱

构造柱可不单独做基础，下端可伸入室外地面下 500mm 或锚入浅于 500mm 的基础圈梁内。

七、墙身变形缝

变形缝分伸缩缝、沉降缝、防震缝三种。

1. 伸缩缝

伸缩缝是为避免由于温度变化引起材料的热胀冷缩导致材料开裂，而沿建筑物竖向位置设置的缝隙。伸缩缝要求从建筑物基础顶面以上的构件全部断开，基础因埋在地下，受温度变化的影响小，可不断开。

伸缩缝的宽度一般为20～30mm，在墙体中的构造形式有以下几种（图2-3-18）。

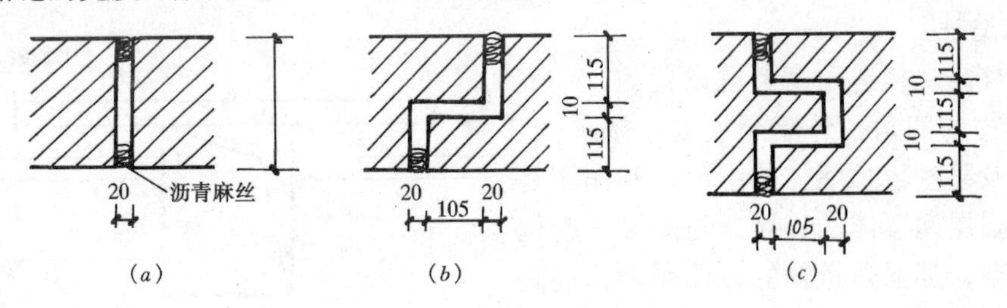

图2-3-18　墙体伸缩缝的构造

（*a*）平缝；（*b*）高低缝；（*c*）企口缝

伸缩缝的外缘内应用沥青麻丝、玻璃棉毡、泡沫塑料条等填充，外侧缝口用镀锌薄钢板盖缝或用铝合金片装饰（图2-3-19（*a*））。伸缩缝的内缘一般不填充材料，但内侧缝口一般用木盖缝条装修（图2-3-19（*b*））。

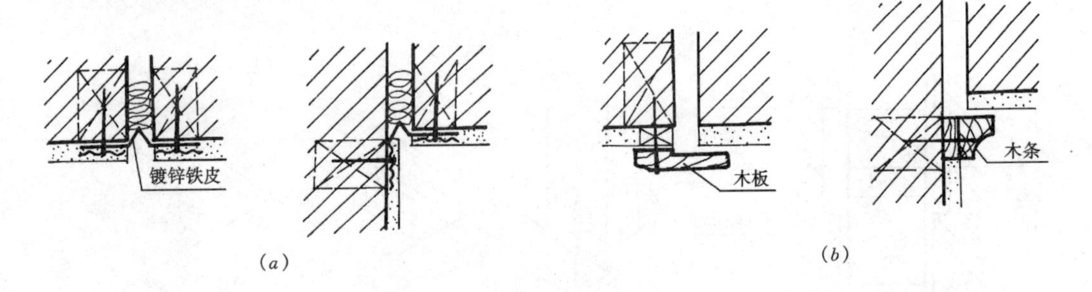

图2-3-19　墙体伸缩缝的盖缝构造

（*a*）外侧缝口；（*b*）内侧缝口

2．沉降缝

沉降缝是为了防止建筑物由于不均匀沉降引起破坏而设置的缝隙。沉降缝要求从建筑物基础底面到屋顶所有的构件全部断开。

沉降缝的宽度一般应为50～70mm，它可兼起伸缩缝的作用，其构造与伸缩缝构造基本相同，只是调节片或盖缝板在构造上应保证两侧单元在竖向能自由沉降（图2-3-20）。

3．防震缝

防震缝是为了防止建筑物各部分在地震时相互挤压引起破坏而设置的缝隙。防震缝应沿建筑物的全高设置，并用双墙使各部分结构封闭。基础可不断开，若与沉降缝合并考虑时，基础则应断开。

防震缝的宽度一般为50～100mm，其构造要求与伸缩缝相同，但不应做错口缝和企口缝，缝内不填任何材料。由于防震缝的宽度较大，构造上更应注意盖缝的牢固、防风、防水等措施（图2-3-21）。

八、烟道、通风道、垃圾道

1．烟道

在设有燃煤炉灶的建筑中，为了排除炉灶内的煤烟，常在墙内设置烟道。在寒冷地

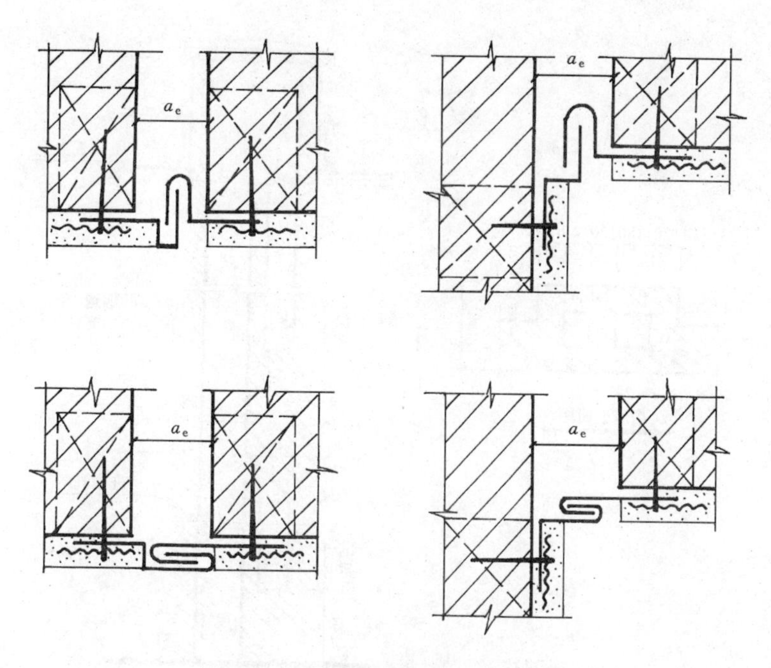

图 2-3-20　沉降缝的构造（a_e—缝宽）

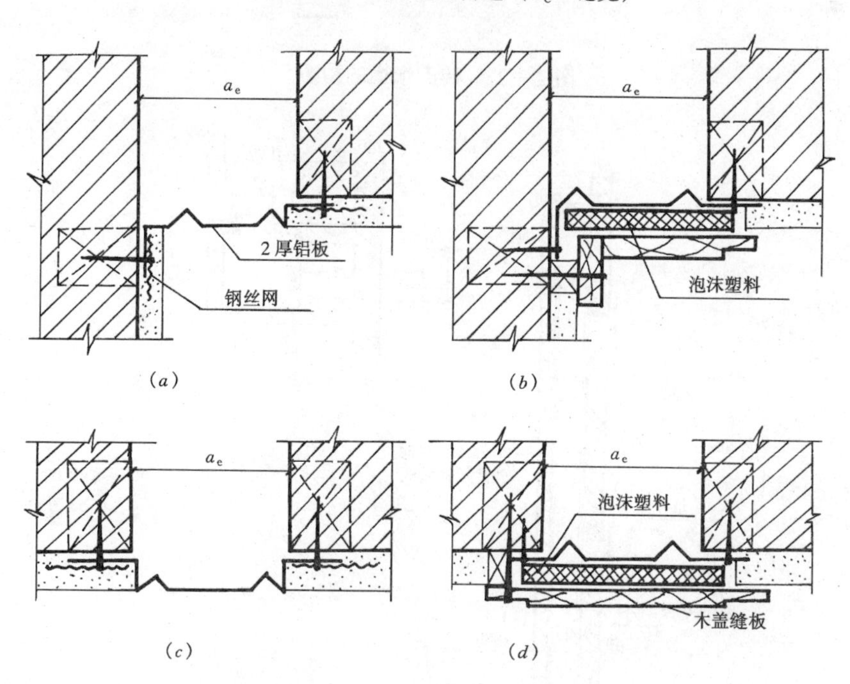

图 2-3-21　防震缝的构造（a_e—缝宽）

(a) 外墙转角；(b) 内墙转角；(c) 外墙平缝；(d) 内墙平缝

区，烟道一般应设在内墙中，若必须设在外墙内时，烟道边缘与墙外缘的距离不宜小于 370mm。烟道有砖砌和预制拼装两种做法。

在多层建筑中，很难做到每个炉灶都有独立的烟道，通常把烟道设置成子母烟道，以免相互窜烟（图 2-3-22）。

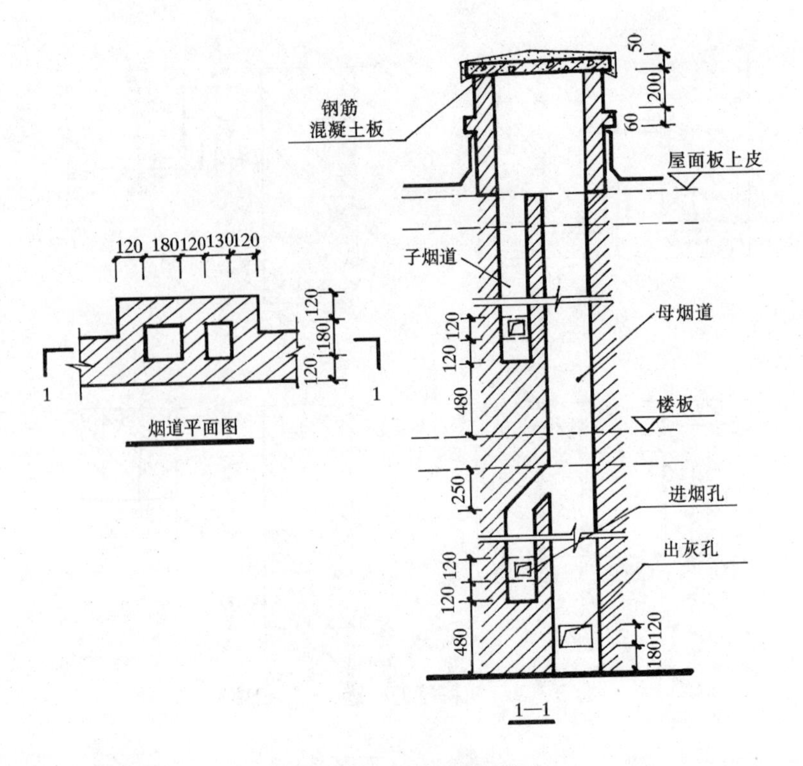

图 2-3-22　砖砌烟道的构造

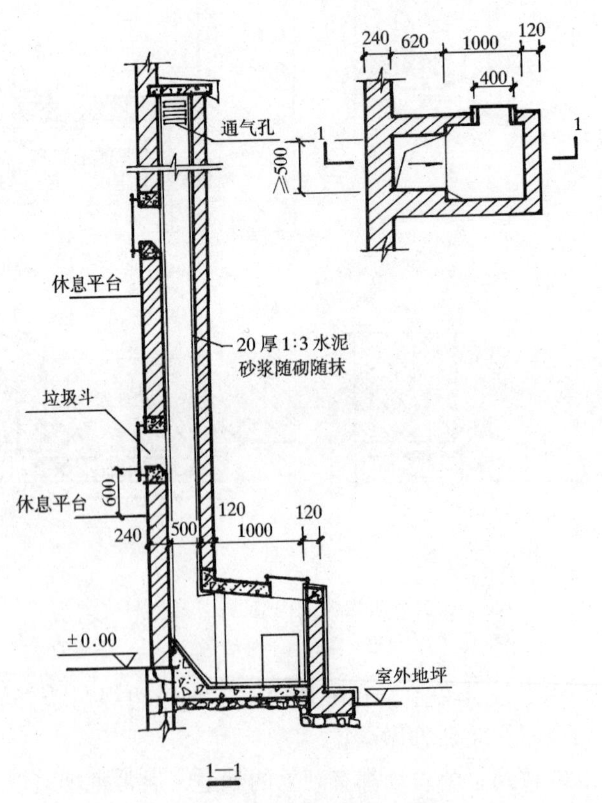

图 2-3-23　砖砌垃圾道构造

烟道应砌筑密实，并随砌随用砂浆将内壁抹平。上端应高出屋面，以免被雪掩埋或受风压影响使排气不畅。母烟道下部靠近地面处设有出灰口，平时用砖堵住。

2. 通风道

在人数较多的房间，以及产生烟气和空气污浊的房间，如会议室、厨房、卫生间和厕所等，应设置通风道。

通风道的断面尺寸、构造要求及施工方法均与烟道相同，但通风道的排气口在顶棚下300mm左右，并用铁箅子盖住。

3. 垃圾道

在多层和高层建筑中，为了排除垃圾，有时需设垃圾道。垃圾道一般布置在楼梯间靠外墙附近，或在走道的尽端，有砖砌垃圾道和混凝土垃圾道两种。

垃圾道由孔道、垃圾进口及垃圾斗、通气孔和垃圾出口组成。一般每层都应设垃圾进口，垃圾出口与底层外侧的垃圾箱或垃圾间相连。通气孔位于垃圾道上部，与室外连通(图2-3-23)。

第四节　隔墙与隔断的构造

隔墙与隔断均是用来分隔建筑空间，并起一定装饰作用的非承重构件。它们的主要区别有两个方面，一是隔墙较固定，而隔断的拆装灵活性较强。二是隔墙一般到顶，能在较大程度上限定空间，还能在一定程度上满足隔声、遮挡视线等要求，而隔断限定空间的程度比较小，高度不做到顶，甚至有一定的空透性，可以产生一种似隔非隔的空间效果。

一、隔墙的构造

隔墙按其构造方式分为块材隔墙、立筋隔墙、板材隔墙三种。

(一) 块材隔墙

块材隔墙是采用普通砖、空心砖、加气混凝土块等块状材料砌筑的隔墙。具有取材方便，造价较低，隔声效果好的优点，缺点是自重大、墙体厚、湿作业多，拆移不便。

现以1/2砖隔墙介绍块材隔墙的构造。1/2砖隔墙用普通粘土砖采用全顺式砌筑而成，要求砂浆的强度等级不应低于M5。隔墙两端的承重墙须预留出马牙槎，并沿墙高每隔500mm埋入2ϕ6拉结钢筋，伸入隔墙不小于500mm。在门窗洞口处，应预埋混凝土块，安装窗框时打孔旋入膨胀螺栓，或预埋带有木楔的混凝土块，用圆钉固定门窗框（图2-3-24)。

(二) 立筋隔墙

立筋隔墙是用木材或钢材构成骨架，在骨架两侧制作面层形成的隔墙。这类隔墙自重轻，一般可直接放置在楼板上，因墙中有空气夹层，隔声效果好，但防水、防潮能力较差，不宜用在潮湿房间。

1. 板条抹灰隔墙

是由上槛、下槛、立柱（龙骨)、斜撑等组成骨架，将板条钉在立柱上，然后在板条上抹砂浆形成。木骨架断面视房间高度为50mm×（70～100）mm，立柱的间距为400～600mm，斜撑间距约为1.5m。板条一般采用1200mm×38mm×9mm规格，板条之间须留出6～10mm的缝隙，以便使灰浆挤入缝内抓住板条，因板条有湿胀干缩的特性，接头

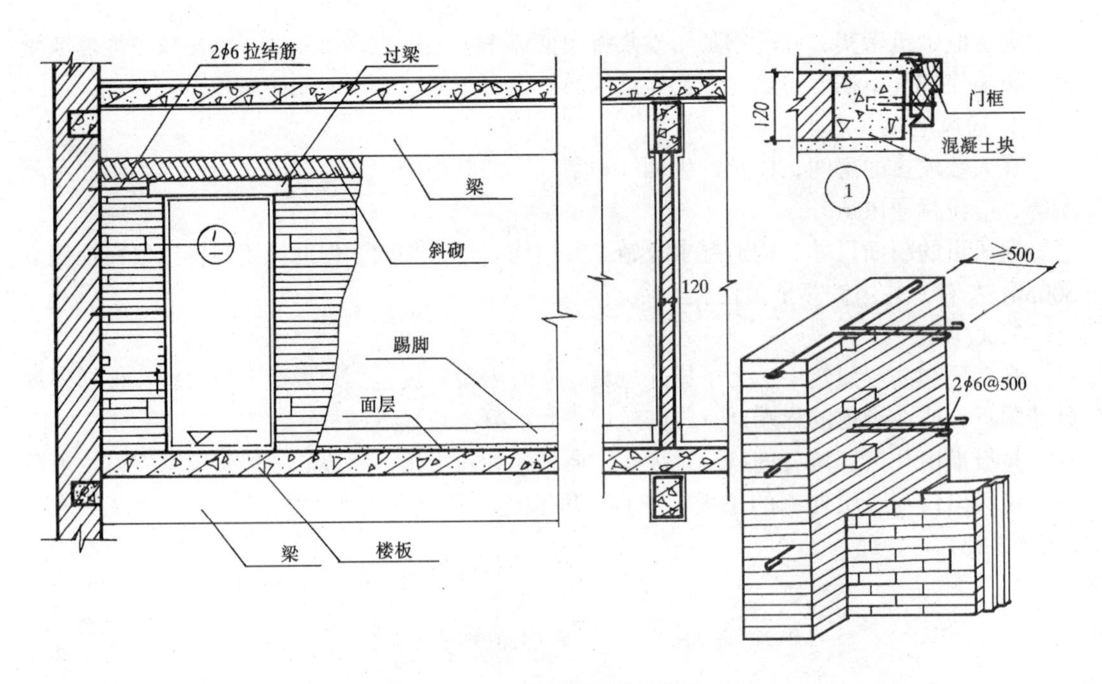

图 2-3-24　普通砖隔墙的构造

需留 3～5mm 的缝隙，以利伸缩。板条的接头不得都集中在一条立柱上，相邻板条在同一立柱上的接头高度不应超过 500mm（图 2-3-25）。

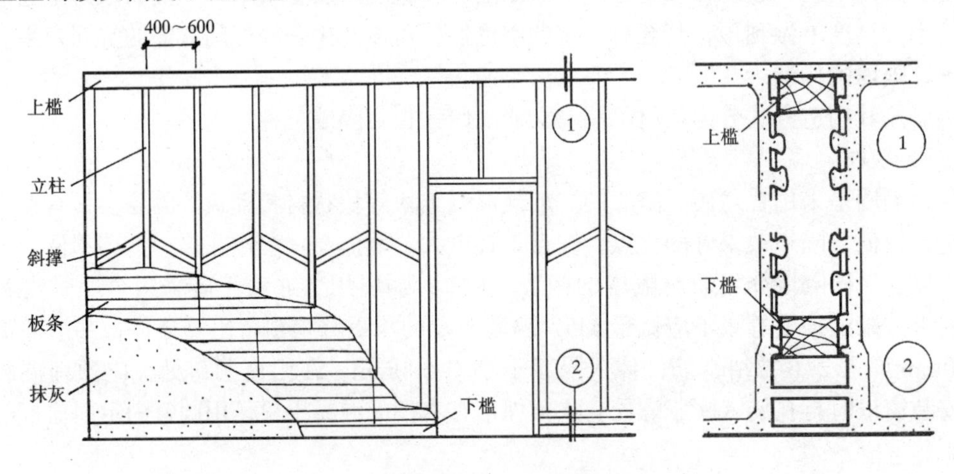

图 2-3-25　板条抹灰隔墙

2. 轻钢龙骨石膏板隔墙

是用轻钢龙骨作骨架，纸面石膏板作面板的隔墙，具有刚度大、耐火、隔声等特点。

轻钢龙骨一般由沿顶龙骨、沿地龙骨、竖向龙骨、横撑龙骨、加强龙骨和各种配套件组成。具体作法是：在楼板垫层上浇筑混凝土墙垫，用射钉将沿地龙骨、沿顶龙骨和边龙骨分别固定在墙垫、楼板底和砖墙上，再安装竖向龙骨和横撑龙骨，竖向龙骨的间距按面板的规格布置，一般为 400～600mm。最后用自攻螺钉将石膏板钉在龙骨上，用 50mm 宽玻璃纤维带粘贴板缝后再做饰面处理（图 2-3-26）。

（三）板材隔墙

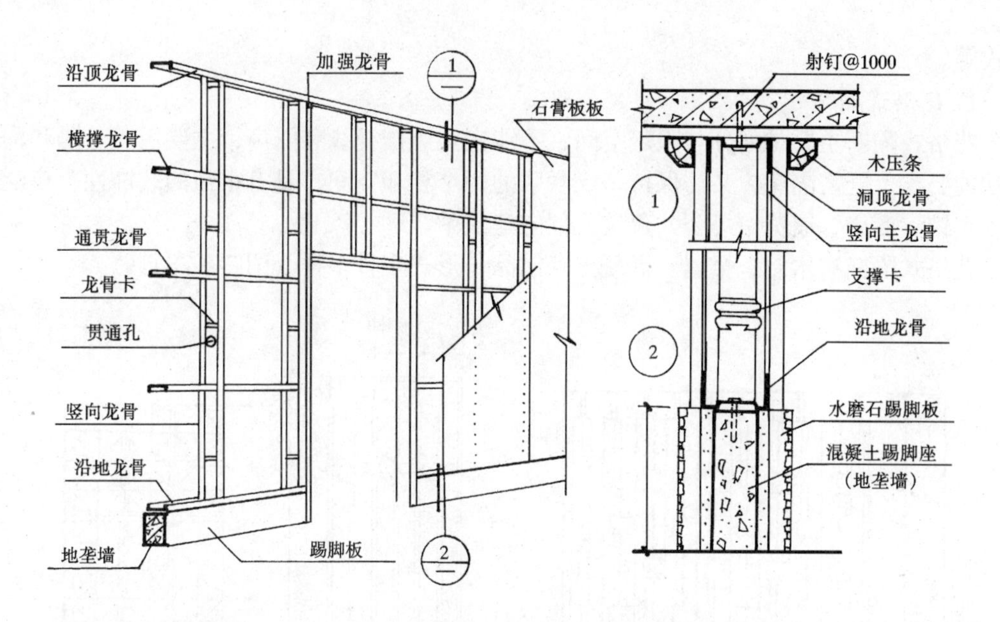

图 2-3-26 轻钢龙骨隔墙

板材隔墙是采用工厂生产的板材，如加气混凝土条板、石膏条板、碳化石灰板、石膏珍珠岩板以及各种复合板，直接安装，不依赖骨架的隔墙。条板厚度一般为 60～100mm，宽度为 600～1000mm，长度略小于房间的净高。安装时，条板下部先用小木楔顶紧后，用细石混凝土堵严，板缝用粘结剂粘结，并用胶泥刮缝，平整后再进行表面装修（图 2-3-27）。

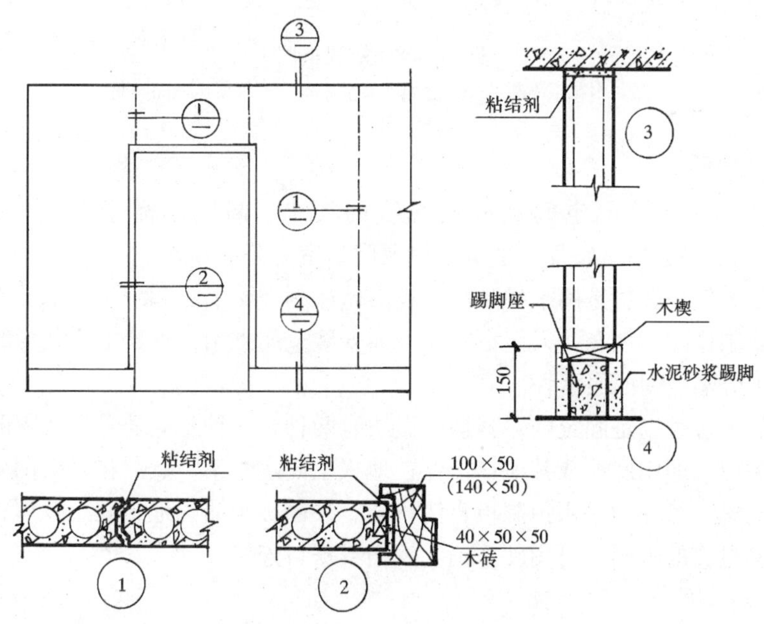

图 2-3-27 轻质空心条板隔墙

二、隔断的构造

按照隔断的外部形式和构造方式一般将其分为花格式、屏风式、移动式、帷幕式和家具式等。

1．花格式隔断

花格式隔断主要是划分与限定空间，不能完全遮挡视线和隔声，主要用于分隔和沟通在功能要求上既需隔离，又需保持一定联系的两个相邻空间，具有很强的装饰性，广泛应用于宾馆、商店、展览馆等公共建筑及住宅建筑中。

花格式隔断有木制、金属、混凝土等制品，形式多种多样（图 2-3-28）。

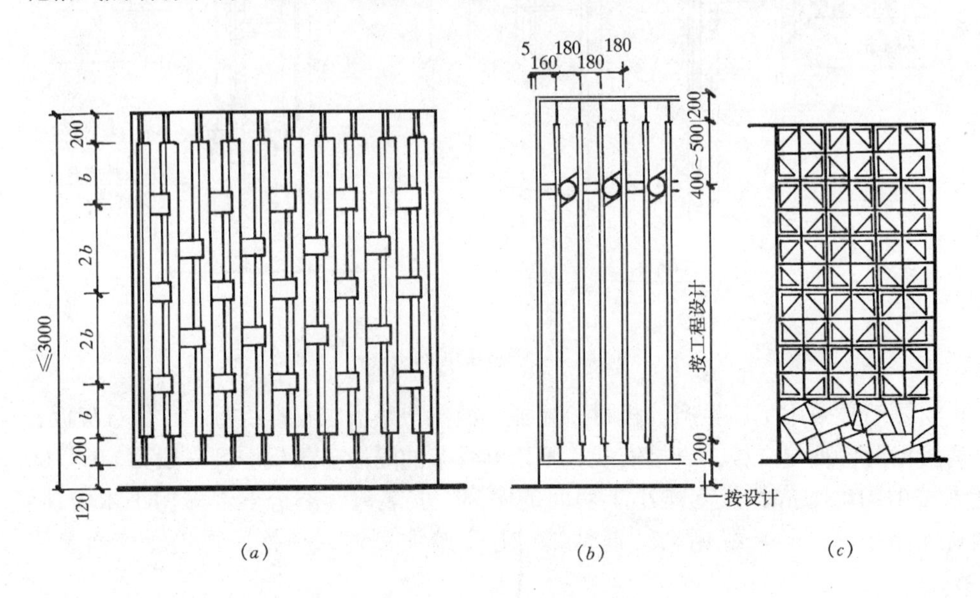

图 2-3-28　隔断举例

（*a*）木花格隔断；（*b*）金属花格隔断；（*c*）混凝土制品隔断

2．屏风式隔断

屏风式隔断只有分隔空间和遮挡视线的要求，高度不需很大，一般为 1100～1800mm，常用于办公室、餐厅、展览馆以及门诊室等公共建筑。

屏风隔断的传统做法是用木材制作，表面做雕刻或裱书画和织物，下部设支架，也有铝合金镶玻璃制作的。现在，人们在屏风下面安装金属支架，支架上安装橡胶滚动轮或滑动轮，增加了分隔空间的灵活性。

屏风式隔断也可以是固定的，其构造做法有两种，一种是立筋骨架式隔断，它与立筋隔墙的做法类似，即用螺栓或其他连接件在地板上固定骨架，然后在骨架两侧钉面板或在中间镶板或玻璃。另一种是用预制板直接拼装，预制板与墙、地板间用预埋铁件固定，板与板之间根据材料的不同，可用硬木销、钢销或铁钉连接。

3．移动式隔断

移动式隔断可以随意闭合或打开，使相邻的空间随之独立或合成一个大空间。这种隔断使用灵活，在关闭时能起到限定空间、隔声和遮挡视线的作用。

移动式隔断的类型很多，按其启闭的方式分，有拼装式、滑动式、折叠式、卷帘式、起落式等。

第五节　砌块墙的构造

砌块墙是采用尺寸比砖大的预制块材（称砌块）砌筑而成的墙体。砌块与普通粘土砖相比，能充分利用工业废料和地方材料，且具有生产投资少、见效快、不占耕地、节约能源、保护环境等优点。采用砌块墙是我国目前墙体改革的主要途径之一。

一、砌块的类型

砌块按单块重量和规格分为小型砌块、中型砌块和大型砌块。小型砌块的重量一般不超过 20kg，主块外形尺寸为 190mm×190mm×390mm，辅块尺寸为 90mm×190mm×190mm 和 190mm×190mm×190mm，适合人工搬运和砌筑。中型砌块的重量为 20～350kg，目前各地的规格很不统一，常见的有 180mm×845mm×630mm、180mm×845mm×1280mm、240mm×380mm×280mm、240mm×380mm×580mm、240mm×380mm×880mm 等，需要用轻便机具搬运和砌筑。大型砌块的重量一般在 350kg 以上，是向板材过渡的一种形式，需要用大型设备搬运和施工。

目前，我国以采用中小型砌块居多。

二、砌块的组砌

砌块墙在砌筑前，必须进行砌块排列设计，尽量提高主块的使用率和避免镶砖或少镶砖。砌块的排列应使上下皮错缝，搭接长度一般为砌块长度的 1/4，并且不应小于 150mm。当无法满足搭接长度要求时，应在灰缝内设 $\phi4$ 钢筋网片连接（图 2-3-29）。

砌块墙的灰缝宽度一般为 10～15mm，用 M5 砂浆砌筑。当垂直灰缝大于 30mm 时，则需用 C10 细石混凝土灌实。

由于砌块的尺寸大，一般不存在内外皮间的搭接问题，因此更应注意保证砌块墙的整体性。在纵横交接处和外墙转角处均应咬接（图 2-3-30）。

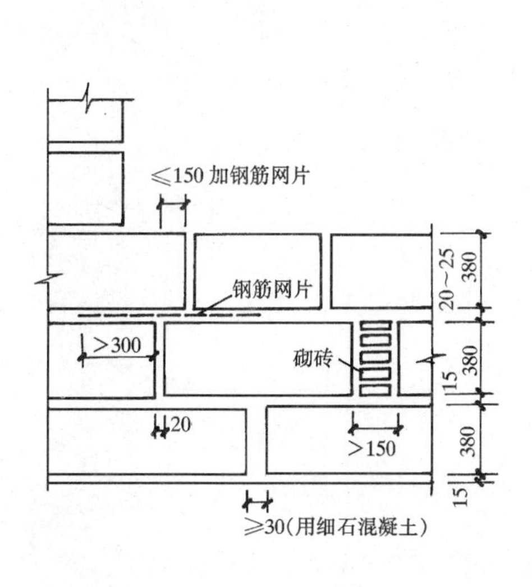

图 2-3-29　砌块的排列

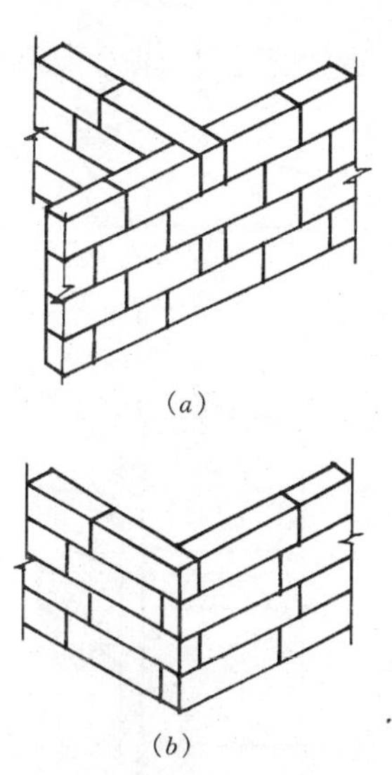

图 2-3-30　砌块的咬接
（a）纵横墙交接；（b）外墙转角交接

三、圈梁和构造柱

砌块墙的圈梁常和过梁统一考虑，有现浇和预制两种。不少地区采用槽形预制构件，在槽内配置钢筋，浇灌混凝土形成圈梁（图 2-3-31）。

为了加强墙体的竖向连接，在外墙转角及某些内外墙相接的“T”字接头处，利用空心砌块上下孔对齐，在孔内配置 $\phi10\sim12$ 的钢筋，然后用细石混凝土分层灌实，形成构造柱，将砌块在垂直方向连成一体（图 2-3-32）。

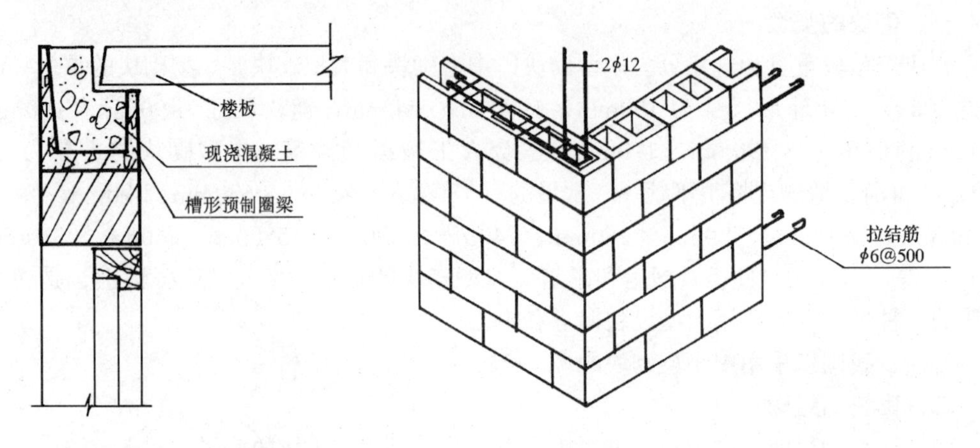

图 2-3-31　槽形预制圈梁　　　　图 2-3-32　砌块墙的构造柱

四、门窗框的连接

门窗框与砌块墙一般采用如下连接方法：

(1) 用 4 号圆钉每隔 300mm 钉入门窗框，然后打弯钉头，置于砌块端头竖向槽内，从门窗框嵌入砂浆，见图 2-3-33（*a*）。

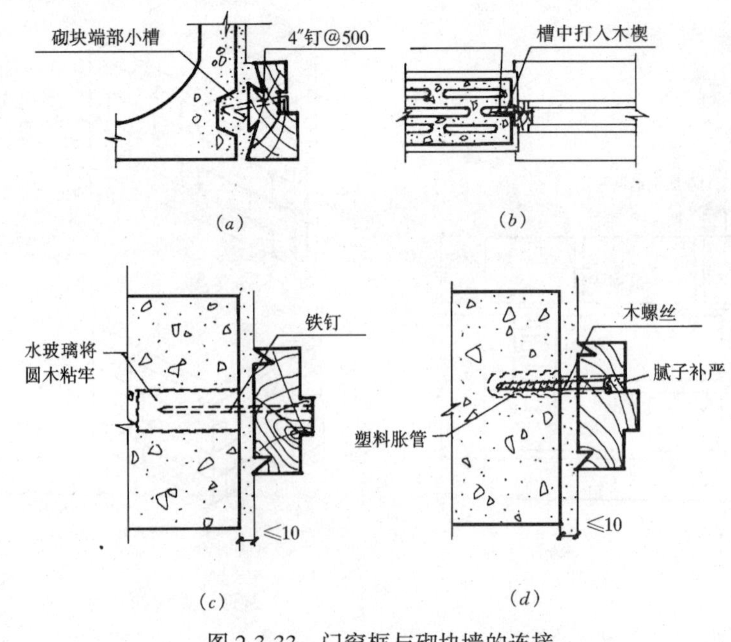

图 2-3-33　门窗框与砌块墙的连接

(2) 将木楔打入空心砌块的孔洞中代替木砖，用钉子将门窗框与木楔钉结（图 2-3-33（*b*））。

(3) 在砌块内或灰缝内窝木榫或铁件连接（图 2-3-33（*c*））。

(4) 在加气混凝土砌块埋胶粘圆木或塑料胀管来固定门窗（图 2-3-33（*d*））。

第六节 墙面的装修构造

一、墙面装修的作用

1. 保护墙体

外墙面装修层能防止墙体直接受到风吹、日晒、雨淋、冰冻等的影响，内墙面装修层能防止人们使用建筑物时的水、污物和机械碰撞等对墙体的直接危害，延长墙的使用年限。

2. 改善墙的物理性能，保证室内的使用条件

装修层增加了墙体的厚度，提高了墙体的保温能力。内墙面经过装修变得平整、光洁，可以加强光线的反射，提高室内照度。内墙若采用吸声材料装修，还可以改善室内的音质效果。

3. 美观建筑环境，提高艺术效果

墙面装修是建筑空间艺术处理的重要手段之一。墙面的色彩、质感、线脚和纹样等都在一定程度上改善建筑的内外形象和气氛，表现建筑的艺术个性。

二、墙面的装修构造

外墙面装修位于室外，要受到风、雨、雪的侵蚀和大气中腐蚀气体的影响，故外墙装修层要采用强度高、抗冻性强、耐水性好及具有抗腐蚀性的材料。内装修层则由室内使用功能决定。

墙面装修按施工工艺分有勾缝、抹灰类、贴面类、涂刷类、裱糊类、镶钉类、玻璃幕墙等。

（一）勾缝

仅限用在清水砖墙面中。砖墙砌好后，为了美观和防止雨水侵入，需用1∶1或1∶2水泥砂浆勾缝（图2-3-34）。为进一步提高装饰性，可在勾缝砂浆中掺入颜料。

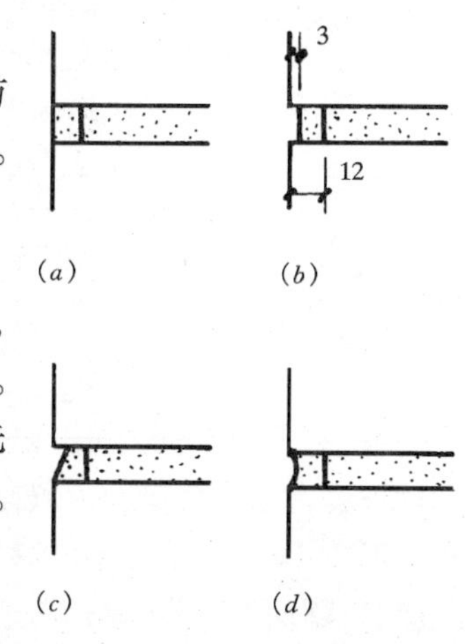

图 2-3-34 勾缝的形式
（*a*）平缝；（*b*）平凹缝；（*c*）斜缝；（*d*）弧形缝

（二）抹灰类

墙面抹灰装修是以水泥、石灰或石膏等为胶结材料，加入砂或石渣，用水拌合成砂浆或石渣浆作墙体的饰面层。为保证抹灰层牢固、平整，防止开裂、脱落，抹灰前应先将基层表面清除干净，并洒水湿润，同时抹灰应分层进行。根据质量要求，抹灰有三种标准：

(1) 普通抹灰：一层底灰，一层面灰。

(2) 中级抹灰：一层底灰，一层中灰，一层面灰。

(3) 高级抹灰：一层底灰，多层中灰，一层面灰。

底层抹灰主要起粘结和初步找平作用，厚度 10～

15mm；中层主要起进一步找平作用厚度 5～12mm；面层的主要作用是使表面光洁、美观，以达到装修效果，厚度为 3～5mm。抹灰层的总厚度，视装修部位不同而异，一般外墙抹灰厚度为 20～25mm，内墙为 15～20mm。

根据面层采用的材料和工艺，抹灰装修除了一般抹灰外，还有水刷石、干粘石、斩假石、拉毛灰、彩色灰等装饰抹灰做法，常见的构造做法见表 2-3-1。

常用抹灰做法举例 **表 2-3-1**

抹灰名称		做法说明	适用范围
纸筋灰墙面		1.13mm 厚 1∶3 石灰膏砂浆打底 2.8mm 厚 1∶3 石灰膏砂浆找平 3.2mm 厚纸筋灰罩面 4. 喷内墙涂料	砖基层的内墙
混合砂浆墙面		1.15mm 厚 1∶1∶6 水泥石灰膏砂浆找平 2.5mm 厚 1∶0.3∶3 水泥石灰膏砂浆面层 3. 喷内墙涂料	砖基层的内墙
水泥砂浆墙面	(1)	1.10mm 厚 1∶3 水泥砂浆打底扫毛或划出纹道 2.9mm 厚 1∶3 水泥砂浆刮平扫毛 3.6mm 厚 1∶2.5 水泥砂浆罩面	砖基层的外墙或有防水要求的内墙
	(2)	1. 刷（喷）一道 108 胶水溶液（107 胶∶水＝1∶4） 2.6mm 厚 2∶1∶8 水泥白灰膏砂浆打底扫毛或划出纹道 3.6mm 厚 1∶1∶6 水泥白灰膏砂浆刮平扫毛 4.6mm 厚 1∶2.5 水泥砂浆罩面	加气混凝土基层的外墙
水刷石墙面	(1)	1.12mm 厚 1∶3 水泥砂浆打底扫毛或划出纹道 2. 刷素水泥浆一道（内掺水重 3%～5% 的 108 胶） 3.8mm 厚 1∶1.5 水泥石子（小八厘）或 1∶1.25 水泥石子（中八厘）罩面	砖基层的外墙
	(2)	1.6mm 厚 2∶1∶8 水泥石灰膏砂浆打底扫毛或划出纹道 2.6mm 厚 1∶1∶6 水泥石灰膏砂浆刮平扫毛 3. 刷素水泥浆一道（内掺水重 3%～5% 的 108 胶） 4.8mm 厚 1∶1.5 水泥石子（小八厘）或 10mm 厚 1∶1.25 水泥石子（中八厘）罩面	加气混凝土基层的外墙
剁斧石墙面（斩假石）		1.12mm 厚 1∶3 水泥砂浆打底扫毛或划出纹道 2. 刷素水泥浆一道（内掺水重 3%～5% 的 108 胶） 3.10mm 厚 1∶1.25 水泥石子（米粒石内掺 30% 石屑）罩面赶平压实 4. 斧剁斩毛两遍成活	外墙

对于经常受到碰撞的内墙阳角，宜用 1∶2 水泥砂浆做护角，护角高不应小于 2m，每侧宽度不应小于 50mm（图 2-3-35）。

（三）贴面类

贴面装修是指利用各种天然或人造板材、块材，通过绑挂或直接粘贴于基层表面的装修做法。它具有耐久性强、防水、易于清洗、装饰效果好的优点，被广泛用于外墙装修和潮湿房间的墙面装修。常用的贴面材料有面砖、瓷砖、陶瓷饰砖、预制水磨石板、大理石板、花岗岩板等。

1. 面砖、瓷砖、陶瓷锦砖墙面装修

这三种贴面材料的共同特点是单块尺寸小，重量轻，通常是直接用水泥砂浆将它们粘贴于墙上。具体做法是：将墙面清理干净后，先抹 15mm 厚 1∶3 水泥砂浆打底，再抹 5mm1∶1 水泥细砂砂浆粘贴面层材料。面砖的排列方式和接缝大小对立面效果有一定的影响，通常有横铺、竖铺和错开排列等方式。陶瓷锦砖一般按设计图案要求，生产时反贴在 300mm×300mm 的牛皮纸上，粘贴前先用 15mm 厚 1∶3 水泥砂浆打底，再用 1∶1 水泥细砂砂浆粘贴，用木板压平，待砂浆硬结后，洗去牛皮纸即可（图 2-3-36）。

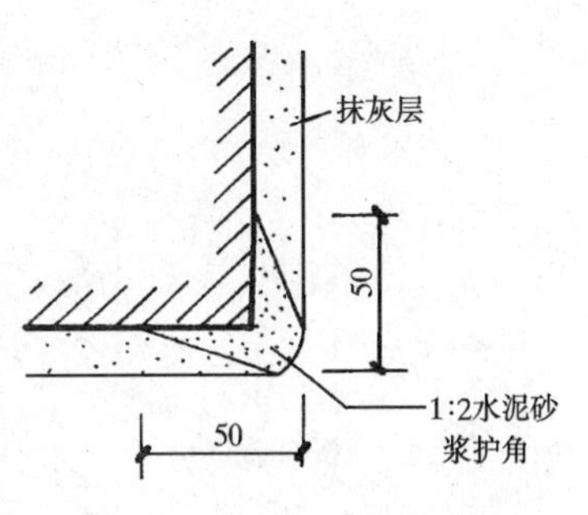

图 2-3-35　内墙阳角的护角构造

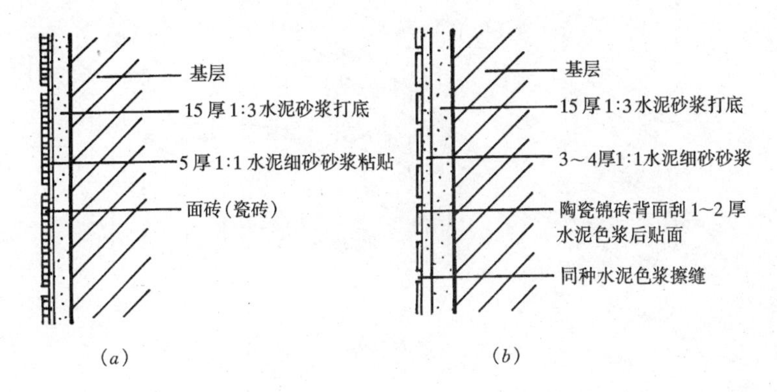

图 2-3-36　瓷砖、面砖、陶瓷锦砖墙面

（*a*）瓷砖、面砖墙面；（*b*）陶瓷锦砖墙面

2. 天然石板及人造石板墙面装修

天然石板主要指花岗石板和大理石板，花岗石板质地坚硬，不易风化，且能适应各种气候变化，故多用作室外装修。大理石的表面经磨光后，其纹理雅致，色彩鲜艳，具有自然山水的图案，但抗风化能力差，故多用作室内装修。

天然石板的加工尺寸一般为 500mm×500mm、600mm×600mm、800mm×800mm、600mm×800mm 等厚度为 20mm，装修时，先在墙身或柱内预埋间距 500mm 左右，双向 $\phi6$ 的 U 形钢筋，在其上绑扎 $\phi6$ 或 $\phi8$ 的双向钢筋，形成钢筋网，再用铜丝或镀锌钢丝穿过石板上下边预凿的小孔，将石板绑扎在钢筋网上。石板与墙体之间保持 30～50mm 宽的缝隙，缝中用1∶3水泥砂浆浇灌（浅色石板用白水泥白石屑，以防透底），每次灌缝高度应低于板口 50mm 左右（图 2-3-37）。

人造石板常见的有仿大理石板、水磨石板等，其构造做法与天然石板相同，但人造石板是在板背面预埋钢筋挂钩，用铜丝或镀锌铁丝将其绑扎在水平钢筋上，再用砂浆填缝（图 2-3-38）。

随着施工技术的发展，石板墙面采用干挂法也越来越多，即用角钢做骨架，板材侧面开槽，用专用挂件连接于角钢架上，然后打胶密封。这种做法对施工精度要求较高，尤其适用于冬期施工和改造工程中。

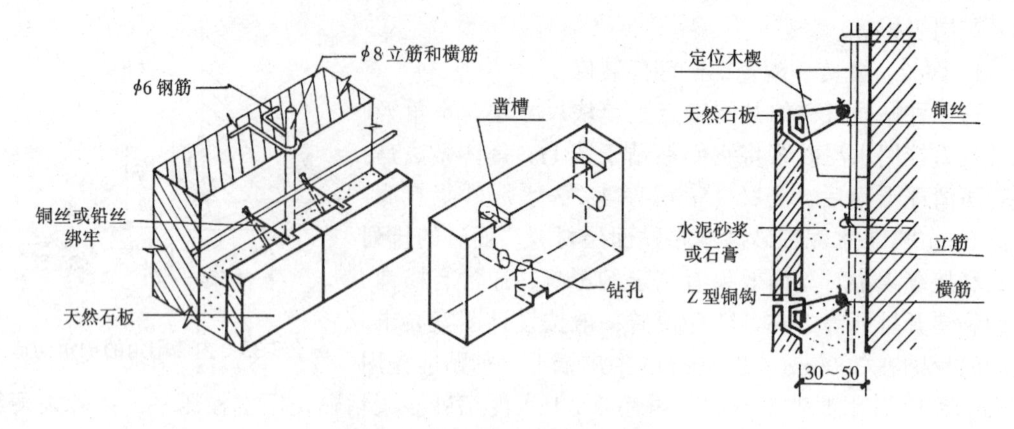

图 2-3-37　天然石材墙面装修构造

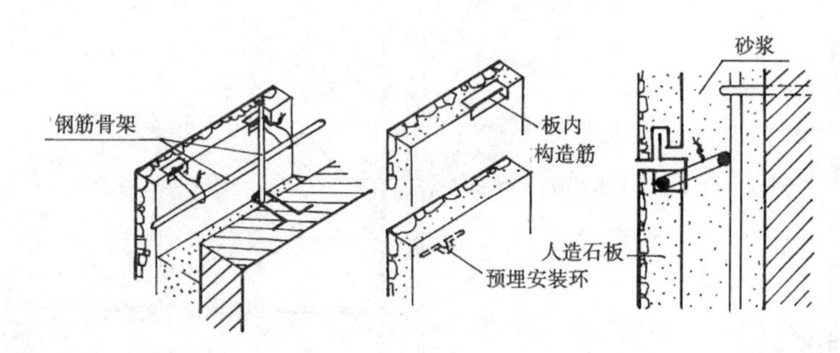

图 2-3-38　人造石板墙面装修构造

（四）涂刷类

涂刷类装修是指将各种涂料涂刷在基层表面而形成牢固的膜层，从而保护和装修墙面的一种做法。它具有省工、省料、工期短、工效高、自重轻、更新方便、造价低廉的优点，是一种最有发展前途的装修作法。

涂刷装修采用的材料有无机涂料（如石灰浆、大白浆、水泥浆等）和有机涂料（如过氯乙烯涂料、乳胶漆、聚乙烯醇类涂料、油漆等），装修时多以抹灰层为基层，也可以直接涂刷在砖、混凝土、木材等基层上。具体施工工艺应根据装修要求，采取刷涂、滚涂、弹涂、喷涂等方法完成。

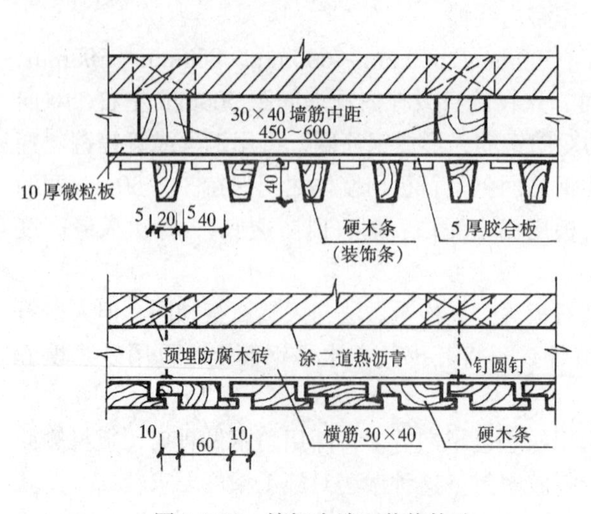

图 2-3-39　镶钉木墙面装修构造

目前，仿瓷涂料在室内装修中应用很普遍，其做法是在抹灰基层上先用腻子找平，等其干燥后，用刮墙板刮第一遍仿瓷涂料，厚度约 1mm，等干燥后再刮第二遍，根据对装修效果的要求，一般刮 3～5 遍，等最后一遍刮好，在未干之前，用刮墙板将涂层刮平、压光即可成活。其特点是涂层光亮、坚硬、丰满，酷似瓷釉。

（五）裱糊类

裱糊装修是将各种具有装饰性的墙纸、墙布等卷材用粘结剂裱糊在墙面上形成饰面的做法。

裱糊装修用的墙纸有 PVC 塑料墙纸、纺织物面墙纸等，墙布有玻璃纤维墙布、棉缎等。墙纸和墙布是幅面较宽并带有多种图案的卷材，它要求粘贴在坚硬、表面平整、不裂缝、不掉粉的洁净基层上，如水泥砂浆、水泥石灰膏砂浆、木质板及其石膏板等。裱糊前应在基层上按幅宽弹线，再刷 107 胶稀释液粘贴。粘贴应自上而下缓缓展开，排除空气并一次成活。

（六）镶钉类

镶钉类装修指把天然石板或各种人造薄板钉或胶粘在墙体上形成装修层的做法。这种墙面多用于高档或有特殊要求房间的装修。

镶钉装修的墙面由骨架和面板组成，骨架有木骨架和金属骨架，面板有硬木板、胶合板、纤维板、石膏板等。

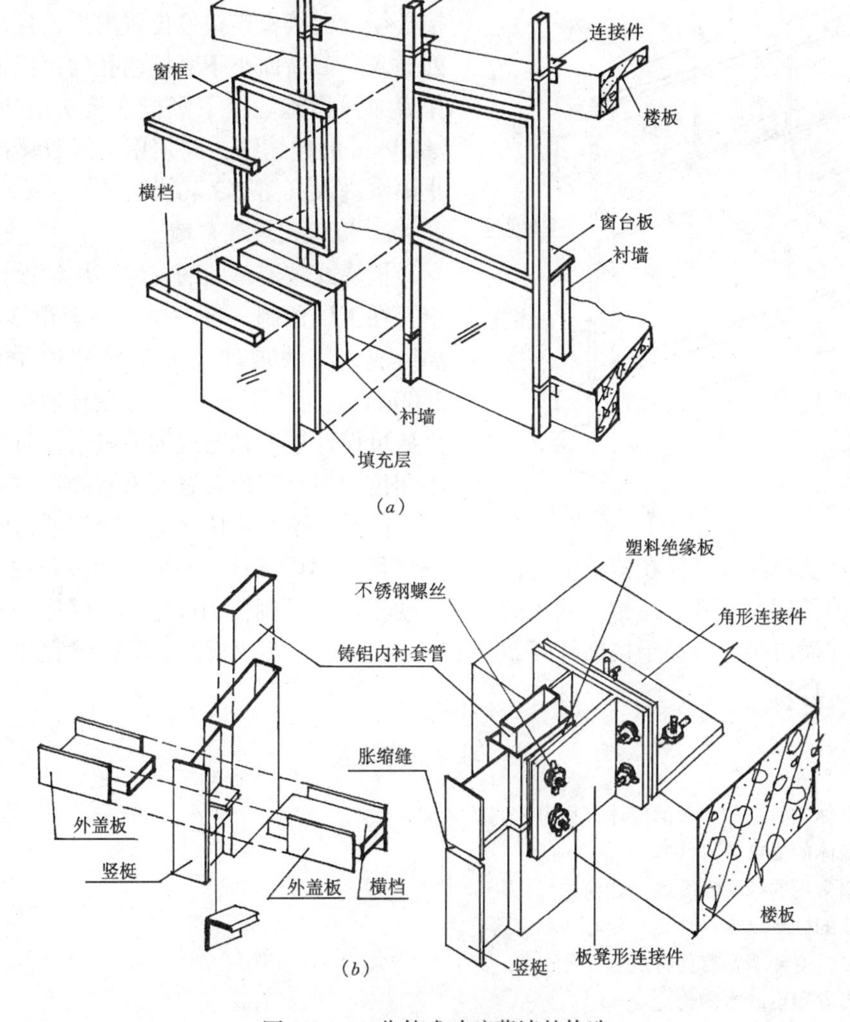

图 2-3-40　分件式玻璃幕墙的构造

（*a*）分件式玻璃幕墙；（*b*）幕墙竖梃连接构造

图 2-3-39 是常见的镶钉木墙面的装修构造。

（七）玻璃幕墙

玻璃幕墙一般有结构框架、填衬材料和幕墙玻璃组成，用于建筑物外围护墙的立面。其特点是装饰效果好、质量轻、安装速度快，是外墙轻型化、装配化较理想的形式。但在阳光照射下易产生眩光，造成光污染。所以在建筑密度高、居民人数多的地区的高层建筑中，应慎重选用。

玻璃幕墙按其组合形式和构造方式分，有框架外露系列、框架隐藏系列和用玻璃做肋的无框架系列。按施工方法不同又分为现场组合的分件式玻璃幕墙和工厂预制后再到现场安装的板块式玻璃幕墙两种。

1. 分件式玻璃幕墙

分件式玻璃幕墙一般以竖梃作为龙骨柱，横档作为梁组合成幕墙的框架，然后将窗框、玻璃、衬墙等按顺序安装（图 2-3-40（a））。竖梃用连接件和楼板固定。横档与竖梃通过角形铸铝件进行连接。上下两根竖梃的连接必须设在楼板连接件位置附近，且须在接头处插入一截断面小于竖梃内孔的铸铝内衬套管作为加强措施。上下竖梃在接头端应留出 15～20mm 的伸缩缝，缝须用密封胶堵严，以防止雨水进入（图 2-3-40（b））。

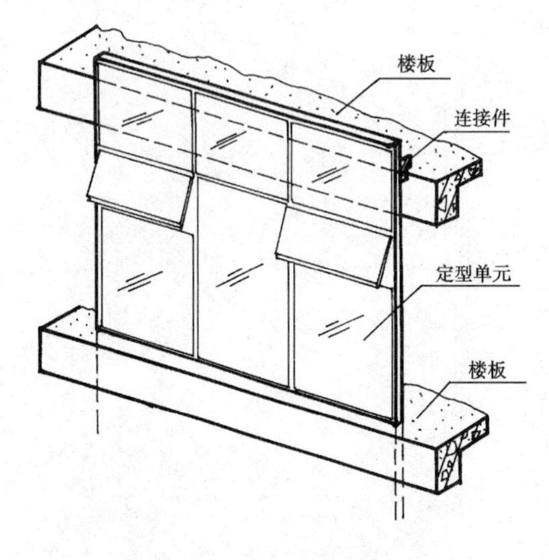

图 2-3-41　板块式玻璃幕墙

2. 板块式玻璃幕墙

板块式玻璃幕墙的幕墙板块须设计成定型单元在工厂预制，每一单元一般由 3～8 块玻璃组成，每块玻璃尺寸不宜超过 1500mm × 3500mm，且大部分由 3～8 块玻璃组成，只有少数可设计成上悬窗式的通风扇，通风扇的大小和位置根据室内布置要求来确定。

同时，预制板块还应与建筑结构的尺寸相配合。当幕墙预制板悬挂在楼板上时，板的高度尺寸同层高；当幕墙预制板以柱子为连接点时，板的长度尺寸则与柱距尺寸相同。为了便于幕墙预制板的固定和板缝密封操作，上下预制板的横向接缝应高于楼面标高 200～300mm，左右两块板的竖向接缝宜与框架柱错开（图 2-3-41）。

复习思考题

1. 观察你的教室和宿舍的墙体，指出它们的名称。
2. 对墙体的要求有哪些？
3. 砌墙常用的砂浆有哪些？如何选用？
4. 砖墙的砌筑要求是什么？实心砖墙有哪些砌式？
5. 什么是空斗墙？有何特点？
6. 绘出混凝土散水的构造。
7. 勒脚的作法有哪些？绘出图示。
8. 墙身防潮层的作用是什么？水平防潮层的作法有哪些？什么时候设垂直防潮层？

9. 试述窗台的作用及构造要点。
10. 常用的门窗过梁有哪几种？各自的适用条件是什么？图示钢筋砖过梁的构造。
11. 试述圈梁和构造柱的作用、设置位置及构造要点。
12. 什么是附加圈梁？图示其构造。
13. 变形缝包括哪几种缝？各自在构造上有什么不同？
14. 隔墙和隔断有什么区别？各有哪些类型？
15. 图示门窗框与砌块墙的连接构造。
16. 墙面装修的作用是什么？常见的装修作法有哪些？
17. 抹灰为什么要分层进行？各层的作用是什么？

第四章　楼 板 与 地 面

第一节　楼板的类型与特点

一、楼板的作用

楼板是建筑的一个重要组成部分，其作用有三：

(1) 分隔作用　楼房建筑都是由楼板分隔而形成；

(2) 承重作用　楼板将其自重以及使用荷载传递给支承它的梁、柱或墙体；

(3) 加固作用　楼板具有增强墙体稳定性，提高建筑整体刚度的作用。

二、楼板的分类

楼板按照其材料分有木楼板、钢筋混凝土楼板、砖拱楼板和钢衬板承重楼板，如图2-4-1。

木楼板构造简单、自重轻、吸热系数小，但防火性能差、耐久性也差，消耗木材量多，与当前的技术政策相违背，所以一般不宜采用。

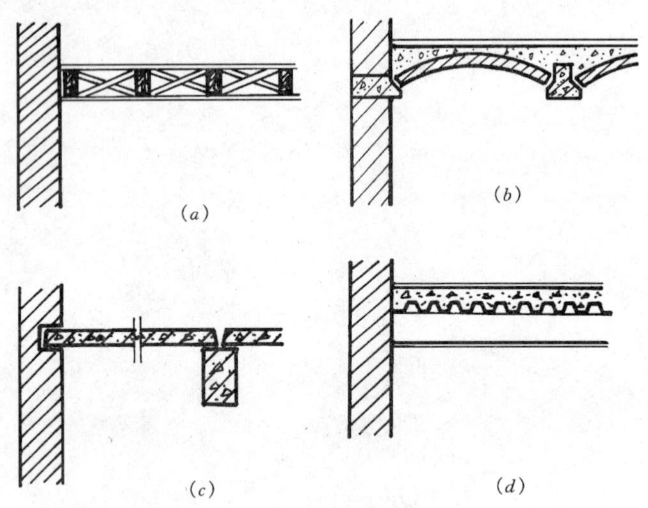

图 2-4-1　楼板的分类

(a)木楼板；(b)砖拱楼板；(c)钢筋混凝土楼板；(d)钢衬板承重楼板

钢筋混凝土楼板强度高、刚度大、耐久性能好、防火性能也好，比较经济合理，目前被广泛采用。

砖拱楼板是利用了砖的抗压性能好而采用的，可节约木材、水泥，造价较低，但整体性抗震性能差、开间小，砖拱楼板下面房间的顶棚呈弧形，上面的房间为使地面平整又要填充材料把拱脚垫平，这将增加楼板的荷载和占用较多的空间，既增加建筑高度，又增加荷载，所以目前使用较少。

钢衬板承重楼板中的钢衬板既是楼板的骨架，又是施工过程中的模板，可减少施工过程中支模板和拆模板的工序，从而提高施工速度，降低工人劳动强度，但目前造价较高。

三、楼板层的组成

楼板层主要由三部分组成，结构层、顶棚和面层，如图 2-4-2 所示。

结构层也叫承重层，承担使用荷载及自重，并将这些荷载传给支承它的构件，要求有足够的承载力和刚度，以保证在使用寿命之内的安全性。目前一般用钢筋混凝土楼板。

面层要有足够的承载力，以便承受人、家具、设备等荷载而不破坏。人走动和家具、设备移动对地面产生摩擦，所以地面应当耐磨、平整、容易清扫。

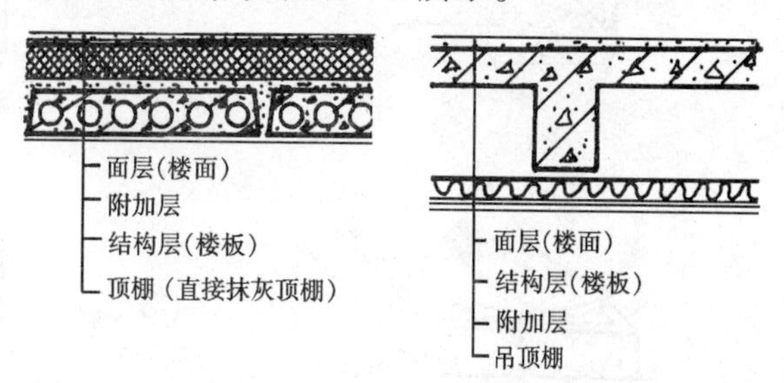

图 2-4-2　楼板的基本组成

顶棚即结构层的底部，装修标准不同的建筑，对底部的要求也不同，低标准的建筑可在结构层底部直接粉刷或抹灰后粉刷，而装修标准较高的建筑则要求在结构层下做吊顶。顶棚要求平整、光洁、美观，一般与墙体装修色调一致。

第二节　钢筋混凝土楼板

钢筋混凝土楼板具有承载力大、刚度大、不燃烧、耐久性好、可根据建筑的不同要求，采用不同的模板形状，制成不同形状的楼板，因而是当前建筑中不可缺少的、较经济的建筑材料。但它也有自重大、体积大的缺点。钢筋混凝土楼板按照施工方式的不同，可分为现浇整体式钢筋混凝土楼板、预制装配式钢筋混凝土楼板和装配整体式钢筋混凝土楼板。

一、现浇整体式钢筋混凝土楼板

现浇整体式钢筋混凝土楼板就是在施工现场支模、绑扎钢筋、浇筑混凝土而形成的大面积整体楼板，其最大的特点就是整体性好、抗震性能好，因此特别适合于整体性要求高的中、高层建筑，或有管道穿过楼板的房间以及形状不规划或房间尺度不符合模数的房间等。但现浇钢筋混凝土楼板现场支模板、绑扎钢筋，工人劳动强度大，现场浇筑，湿作业，工序繁多，需要养护时间，施工工期长，受季节影响。近年来又出现了以压型钢板为底模的压型钢板与混凝土的组合楼板，可减轻手工操作，从而降低工人劳动强度，缩短工期。

现浇钢筋混凝土楼板又根据传力途径的不同分为板式楼板、梁板式楼板、无梁楼板和压型钢板与混凝土的组合楼板。

（一）板式楼板

在墙体承重的建筑中，当房间的尺度较小时，可以将板直接搁置在墙上，板上荷载传递给墙体，这种楼板叫做板式楼板。板有单向板和双向板之分。如图 2-4-3 当板的长边与短边之比＞2 时，板上荷载基本上沿短边方向分布，这种板称为单向板。它适宜于跨度不

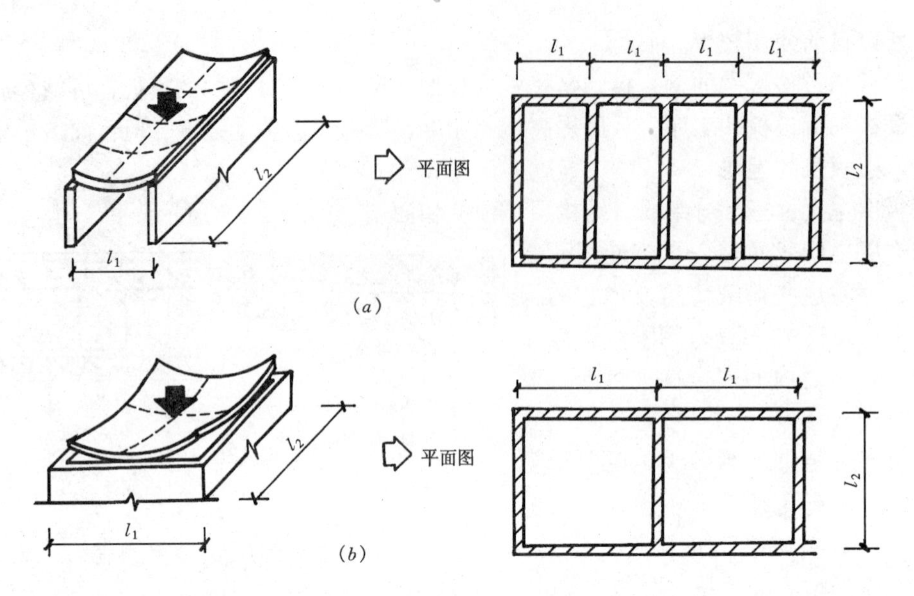

图 2-4-3 楼板的受力、传力方式

(a) 单向板 ($l_2/l_1>2$); (b) 双向板 ($l_2/l_1\leqslant2$)

大于 2.5m 的房间，板厚一般为 40mm。当板的长边与短边之比≤2 时，板上荷载将向四边支承端传递，板向两个方向弯曲，称为双向板，适宜于板跨为 3～4m，板厚不小于 70mm 的房间。板式楼板底面平整、美观，适用于跨度小的房间或走廊（如居住建筑中的厨房、卫生间以及公共建筑的走廊等）。

（二）梁板式楼板

当房间跨度较大时，楼板中部的弯矩将增大，若仍采用板式楼板，则要增加板厚和板内的配筋，所以可在板下设梁以增加板的支点，从而减小板的跨度，板上荷载由板先传给梁，再由梁传给墙或柱。这种楼板称作梁板式楼板。根据梁的布置又可分为单梁楼板、复梁楼板和井字形楼板。

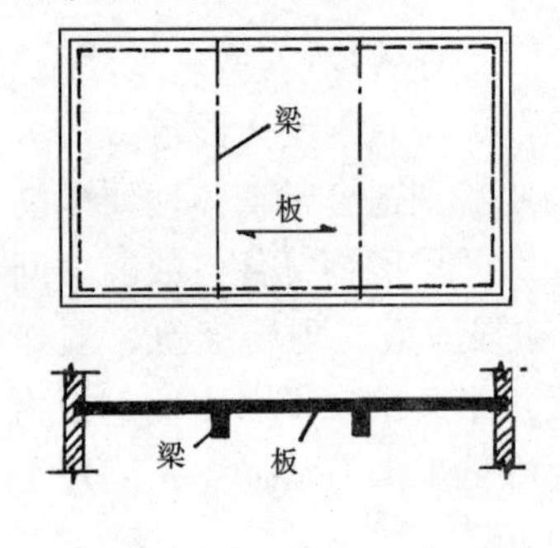

图 2-4-4 单梁式楼板

1. 单梁楼板

当建筑中房间在一个方向的尺寸要求不大时，可以仅在一个方向设梁，梁中可以直接支承在承重墙上，称为单梁式楼板。如图 2-4-4 这种形式适用于砖混结构中的教学楼、办公楼等。

2. 复梁楼板

当建筑中房间两个方向的尺寸都要求较大时，则应在两个方向设梁，并且在其中一个方向的梁下设柱，这时两个方向分为主梁和次梁，荷载的传递是由板传向次梁，次梁传给主梁，主梁再传给柱。这种板也称肋形楼板，如图 2-4-5。

现浇钢筋混凝土肋形楼板适用于面积较大的房间，构造简单而刚度大，施工方便，因而广泛用于公共建筑、居住建筑和多层工业建筑中，其经济尺寸如表 2-4-1。

3. 井字式楼板

当房间的形状近似方形且跨度在10m左右时，常沿两个方向等尺寸布置梁，这时，

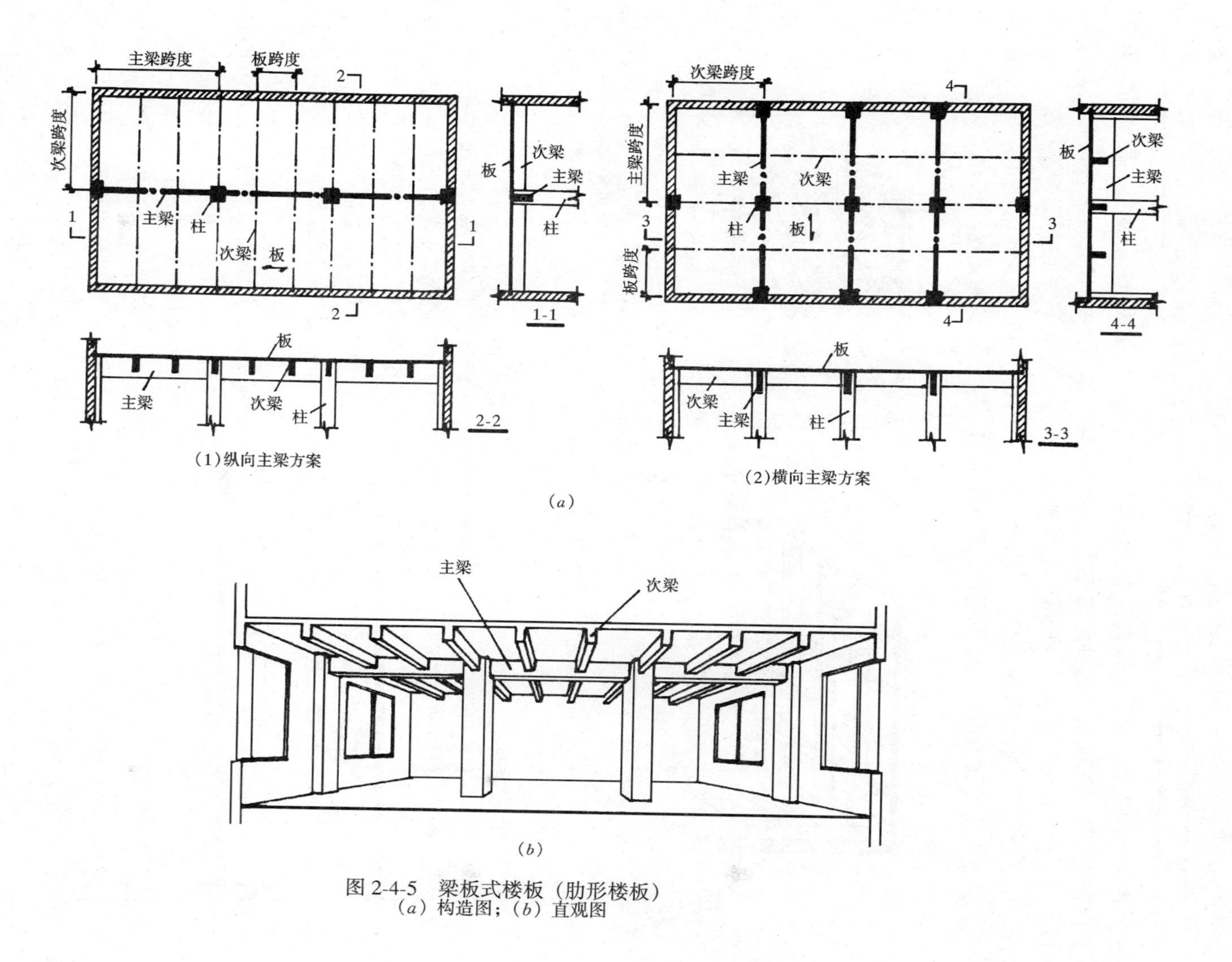

图 2-4-5　梁板式楼板（肋形楼板）
（*a*）构造图；（*b*）直观图

肋形楼板经济尺寸 **表 2-4-1**

构件名称	经　济　尺　寸		
	跨　度	梁高、板厚（h）	梁　宽（b）
主　梁	5～8m	（1/14～1/8）l	（1/3～1/2）h
次　梁	4～6m	（1/18～1/12）l	（1/3～1/2）h
板	1.5～3m	简支板 l/35 连续板 l/40　60～80（mm）	

主、次梁方向不分，梁的截面高度也相同，形成井格形的梁板结构，纵梁、横梁同时承担着由板传递下来的荷载，这种结构称为井梁式结构。如图 2-4-6，井字形楼板有正井式和斜井式两种，板跨一般为 6～10m，板厚在 60～80mm 之间，井格边长一般在 2～5m 之间。一般适用于一些公共建筑的门厅或大厅中，有时也用在会议室。这种形式不需要做吊顶，自然大方，如果在井格梁下面加以艺术装饰线，顶棚将更加美观。

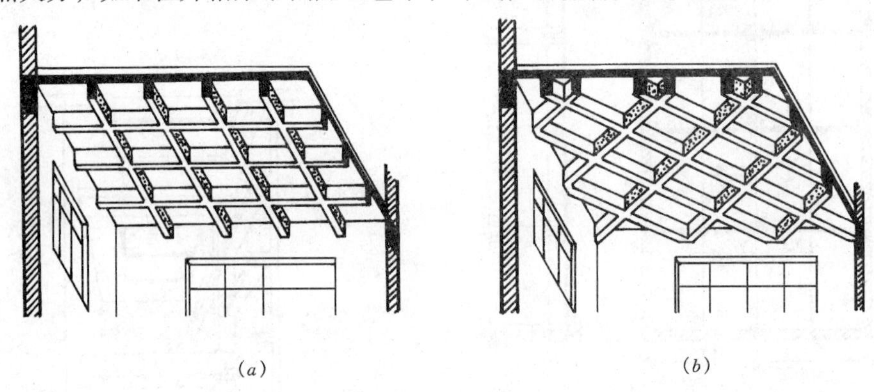

（a）　（b）

图 2-4-6　井梁式楼板

（a）正井式；（b）斜井式

（三）无梁楼板

当楼板中全部不设肋梁，板面荷载通过柱帽直接传至柱上时，称为无梁楼板，如图 2-4-7。为了增大柱子的支承面积和减小板的跨度，在柱的顶部设柱帽和托板。无梁楼板的下柱应尽量按方格网布置，间距一般 6m 左右。由于板跨较大，板厚在 120mm 以上，适用于活荷载较大的商店、室内要求净空大，采光通风好的图书馆、展览馆以及净高要求大的仓库等，施工时可采用升板法施工。

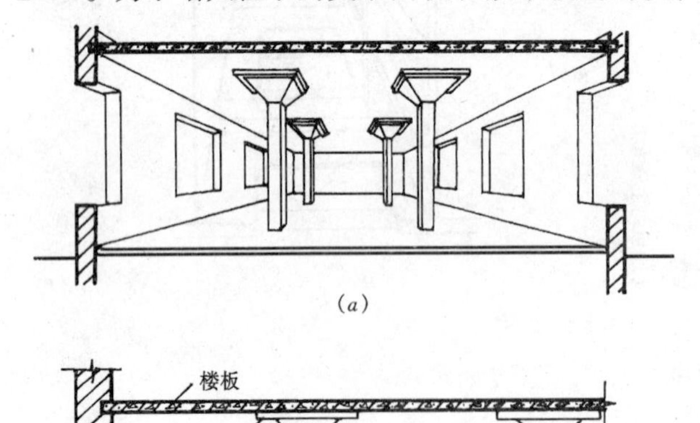

（a）

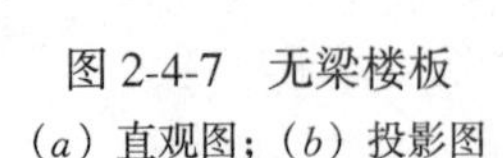

（b）

图 2-4-7　无梁楼板

（a）直观图；（b）投影图

（四）压型钢板组合楼板

压型钢板组合楼板实质上是一种钢与混凝土组合的楼板，适用于大空间，高层民用建筑。施工时将钢板置于钢梁上，以衬板式作为混凝土楼板的永久性模板，压型钢衬板的形式如图 2-4-8 所示，再在钢衬板上现浇混凝土。这样减少了支模、拆模的工序，简化了施工程序，缩短了工期。同时由于混凝土、钢衬板共同受力，衬板承受拉弯应力，混凝土承受剪力和压应力。此外，还可以利用压型钢板的空隙敷设室内电力管线，也可在钢衬板底部焊接吊顶棚的吊筋，充分利用钢材的性能。

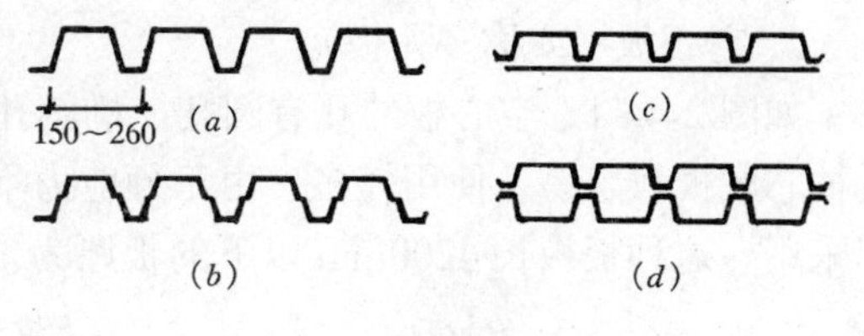

图 2-4-8　压型钢衬板的形式

压型钢板组合楼板的构造如图 2-4-9 所示。在（*b*）图中仍配有钢筋，一方面可加强混凝土面层的抗裂强度，另一方面可在支承处承担负弯矩。（*c*）图在钢衬板上加肋条或压出凹槽，形成抗剪连接。（*d*）图在钢梁上焊有抗剪栓钉，保证混凝土板和钢梁共同工作。

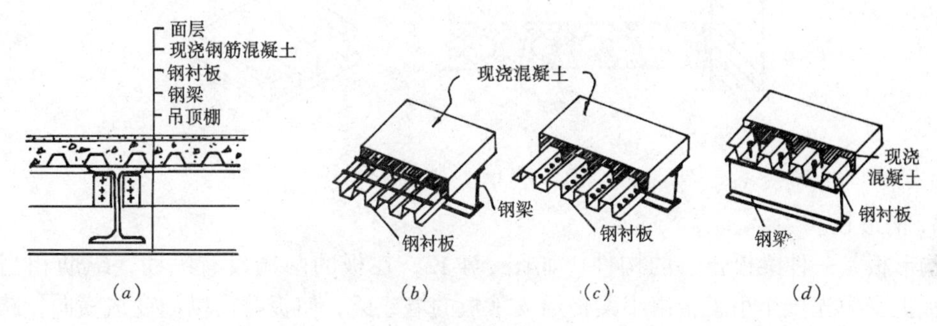

图 2-4-9　钢衬板组合楼板

（*a*）压型钢板组合楼板基本组成；（*b*）构造（一）；（*c*）构造（二）；（*d*）构造（三）

二、预制装配式钢筋混凝土楼板

预制装配式钢筋混凝土楼板是指钢筋混凝土楼板在预制加工厂或施工现场地面预先制作，然后运到施工现场安装就位的一种楼板，这种楼板可节约施工现场的模板工料，减轻工人的劳动强度；便于组织工厂化、机械化生产，从而缩短工期，降低造价，大大促进了建筑工业化水平的提高，目前正普遍使用。

（一）预制楼板的种类

预制楼板有实心平板、空心板和槽形板。

1. 实心平板

实心平板如图 2-4-10，跨度一般在 2.5m 以内，板厚≥l/30，一般为 60～80mm，板宽符合模数，取 600 或 900，预制实心平板跨度小，因而常用作走廊、厨房、卫生间等较小空间处的楼板，也可作沟盖板等，板的两端支承在墙上或梁上，构件小，生产和吊装方便，但自重大，隔声效果差，板缝容易渗水。

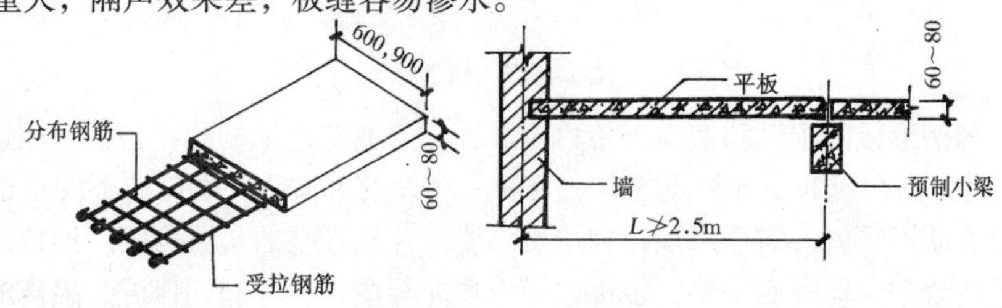

图 2-4-10　实心平板

2. 空心板（或称多孔板）

如图 2-4-11，空心板的孔有圆孔、椭圆孔和方孔，由于方孔脱模困难，现已不用，圆孔抽芯脱模较容易，使用较多。由于预应力空心楼板具有自重轻、造价低的特点，目前普遍采用。这种板板长 4200mm 以下的板厚为 120mm，板长 4200～6000mm，板厚 180mm。

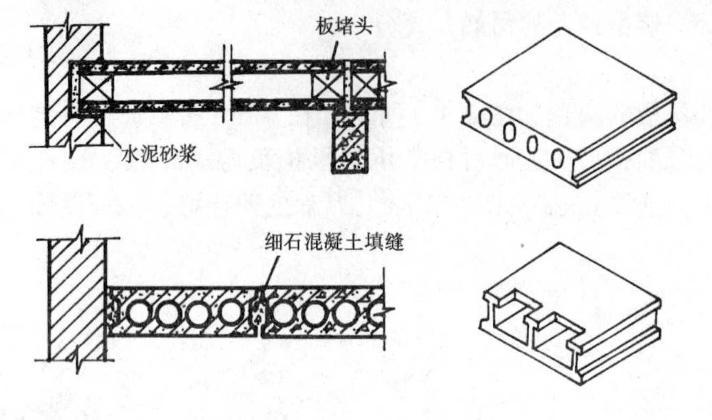

图 2-4-11　预制空心板

3. 槽形板

槽形板是一种梁板合一的构件，如图 2-4-12，在板的两端设有纵肋，纵肋相当于小梁，板上受力先传至小梁，由小梁传给支承板的墙或梁，使板跨由纵向变成横向，跨度减小，受力合理。板长一般为 3000～6000mm，板宽为 500～1200mm，而板厚只有 25～35mm。

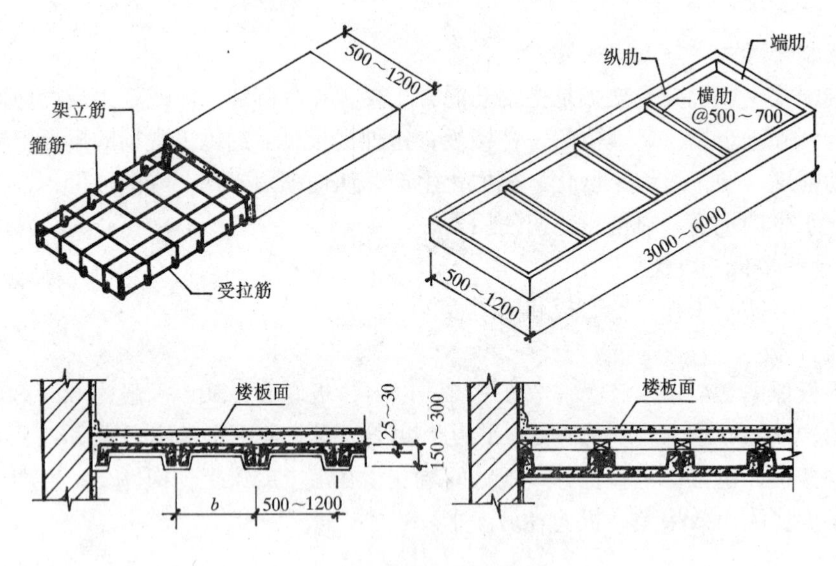

图 2-4-12　槽形板

为了增加槽形板的刚度和使支点传力可靠，板的端部也设端肋并与纵肋相连，当板长度达到 6m 时，则在板的中部每隔 500～700mm 增设一道横肋。槽口向下的正槽板受力合理，但板底有肋不平整，需作吊顶，常用于不要求顶棚平整的次要房间；槽口向上的反槽板，受力不甚合理，但板底平整，也可在槽内填充轻质材料，起到保温、隔声的作用。

（二）预制钢筋混凝土板的布置

预制板的布置应根据房间的开间、进深尺度确定楼板的支承方式，然后根据现有板的规格进行合理布置。板的支承方式有板式和梁板式两种。如图 2-4-13，板式支承就是将板直接搁置在墙上，有板搁置在横墙上的，叫横墙承重；也有搁置在纵墙上的，叫纵墙承重；也有搁置在纵、横墙上的，叫做纵横墙混合承重，这种结构多用于房间的开间和进深尺度都不大的建筑，如住宅、宿舍等。梁板式支承就是将板搁置在梁上，传力途径是板将荷载传给梁，再由梁将荷载传给墙柱，这种结构形式，房间的平面布置比板式布置灵活、方便，多用于教学楼、办公楼等建筑。在教学楼中，可在纵墙上设梁，梁上放板。而走廊较窄，可将板直接放在两端的纵墙上。如图 2-4-13（*b*）。

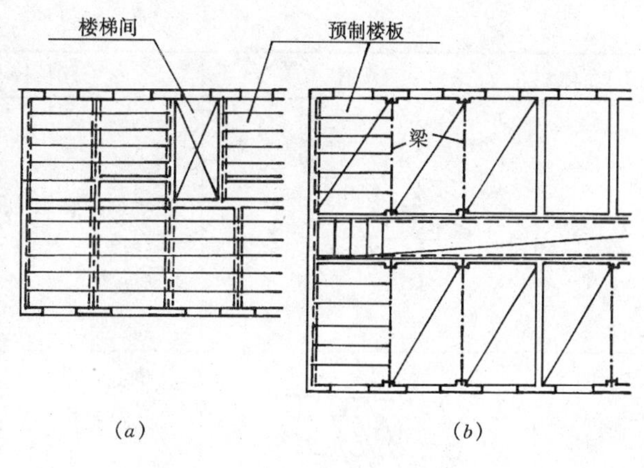

图 2-4-13　预制楼板的布置方式

（*a*）板式结构布置；（*b*）梁板式结构布置

预制板搁置在梁上时，因梁的断面形状不同，有如表 2-4-2 的几种情况。

梁的截面形状与板的搁置　　**表 2-4-2**

构件名称	直观图	构件特点	优缺点及应用范围
矩形梁		预应力钢筋混凝土梁跨度一般在 7m 以内。构件的制作长度一般比跨度小 20～50mm，梁高 h 一般取$\left(\frac{1}{14}\sim\frac{1}{8}\right)L$，（$L$ 为梁的跨度）	外形简单，制作方便，应用广泛
T 形梁		受拉区混凝土截面减小	用料省，自重较轻，受力合理。制作较复杂，仰视时，梁底不太美观
倒 T 形梁		将板搁置在梁底台影处，台影为悬挑结构	梁面与板平整，可增大房屋净空。板端较复杂，制作不便

续表

构件名称	直观图	构件特点	优缺点及应用范围
十字梁		将板搁置在梁上侧台影处，板与梁顶适平	可增大房屋净高，梁截面复杂，制作不便
花篮梁		同上	同上

在确定板的数量和规格时，一般要求板的规格越少越好，以简化板的制作与安装，避免出现三面支承的情况。在具体布置楼板时，数个板宽尺寸与房间净宽出现小于一个板宽的空隙时，可采取以下办法解决：

(1) 增大板缝。当缝宽在60mm以内时，重新调整板缝宽度，一般为10mm左右，必要时可增大板缝至20mm，超过20mm的板缝内应配钢筋。

(2) 挑砖。当缝宽为60～120mm时，由平行于板边的墙挑砖，挑出的砖与板的上下表面平齐。

(3) 现浇板带。当缝差超过120mm时，靠墙一边现浇钢筋混凝土板带，现浇板带内可埋设穿越楼板的管道。

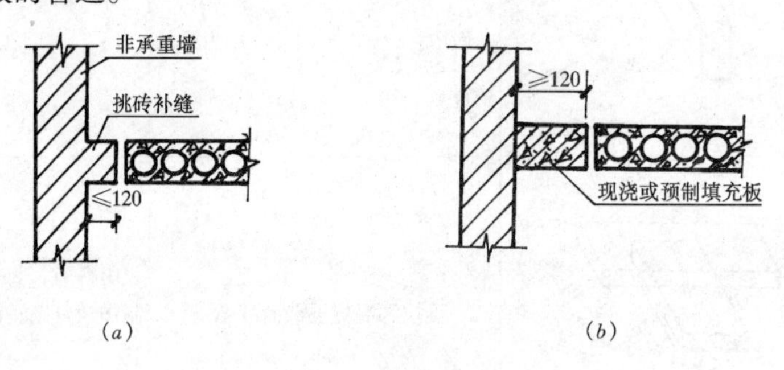

图2-4-14　楼板的补差

(a) 挑砖；(b) 现浇板填充

(4) 采用调缝板。当缝超过200mm时，可重新选择板的规格，或采用调缝板。

(三) 预制钢筋混凝土板的安装节点构造

1. 板的支承

板可以支承在墙上，也可支承在梁上，为了保证预制板安装平稳，可靠地向墙或梁上传递荷载，应先在墙或梁上铺设20mm厚的M5水泥砂浆，称为“坐浆”，不得把板直接搁置在砖墙上或钢筋混凝土的梁上。板与墙或梁应有足够的搁置长度，板支承在墙上的长度不应小于100mm，支承在梁上的长度不应小于80mm。为了增加房屋的整体刚度，还应用拉结钢筋将板锚固在墙上，在非地震区拉结钢筋的间距应等于或小于4m，在地震区依不同的设防要求减小拉结钢筋的间距，如图2-4-15所示。

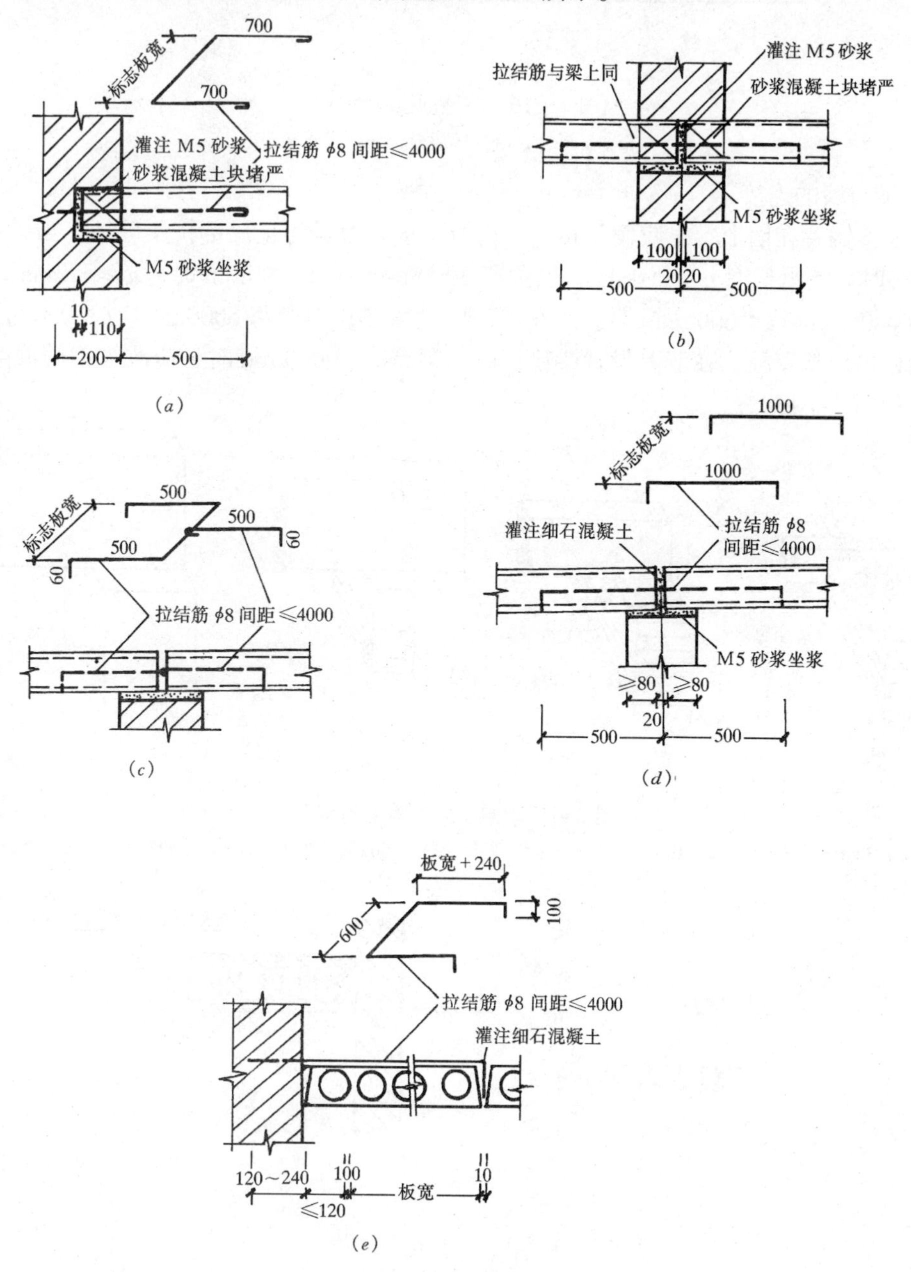

图2-4-15 预制板的安装节点构造

(a) 板支承在外墙上；(b) 板支承在内墙上；(c) 板支承在内墙不通缝；(d) 板支承在梁上；(e) 板边平行外墙

2. 板缝的处理

为了使预制板的楼板形成一个整体，并使板在局部受力时能起到共同受力的作用，应将板的侧缝断面做成V形、凹槽形，并在缝内浇灌C20细石混凝土，如图2-4-16。

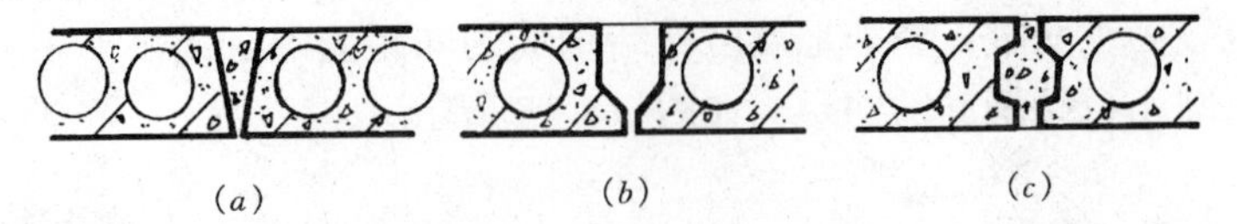

图 2-4-16　侧缝的接缝形式

(a) V形缝；(b) U形缝；(c) 凹槽缝

3. 梁与墙的连接

预制梁搁置在墙上，也应满足相应的构造要求。为了防止局部挤压破坏，当梁跨 $l<3000$mm时，支承长度 $a\geqslant250$mm；当梁跨 $3000\text{mm}\leqslant l<4800$mm时，$a\geqslant370$mm，而当梁跨为 $4800\text{mm}\leqslant l<6000$mm时，应在墙体内设梁垫；当梁跨 $6000\text{mm}\leqslant l<9000$mm时，应在墙体内设扶壁柱，在墙上设置梁垫；而当梁跨 $l\geqslant9000$mm时，应改为钢筋混凝土柱支承，如图2-4-17。

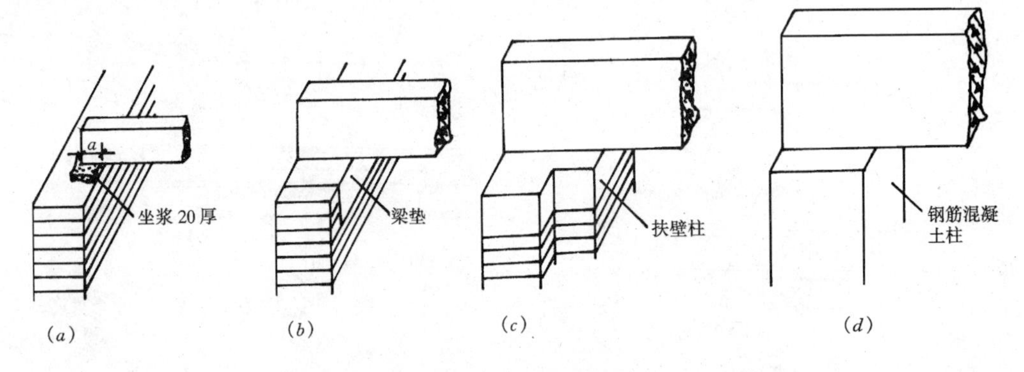

图 2-4-17　梁搁置在墙上的构造

(a) $3000\leqslant l<4800$ $a\geqslant370$；(b) $4800\leqslant l<6000$；(c) $6000\leqslant l<9000$；(d) $l\geqslant9000$ $l<3000$ $a\geqslant250$

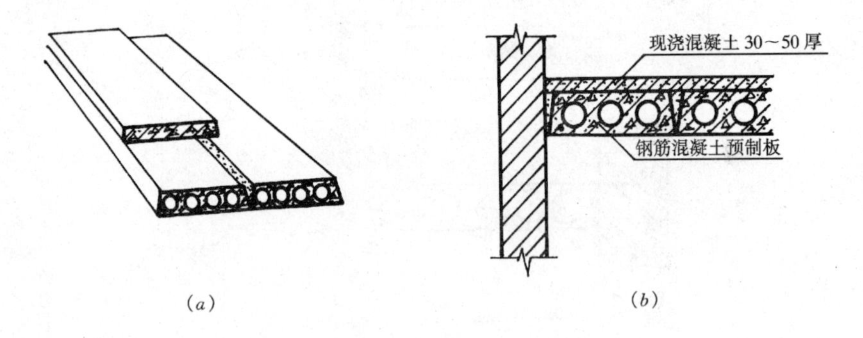

图 2-4-18　叠合式楼板

(a) 直观图；(b) 断面图

三、装配整体式钢筋混凝土楼板

在预制板吊装后再浇一层钢筋混凝土与预制板连成整体，称为叠合式楼板，如图2-4-18。这种楼板既可提高楼板层的整体性，又可节约模板，减轻工人的劳动强度。也可以将梁、板分件预制，梁、板连接处预留钢筋，安装后在接头处二次浇灌混凝土形成整体楼板，如图2-4-19，梁的截面形状可采用“十”字形的、花篮形的。

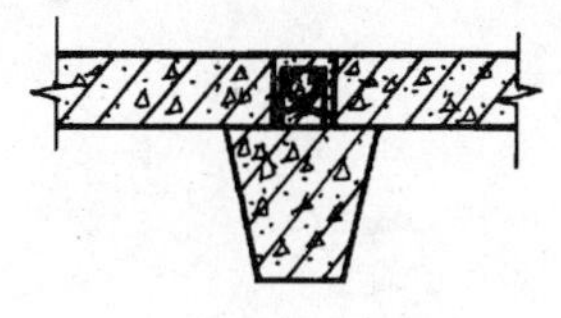

图 2-4-19　装配整体式楼板的梁板接头

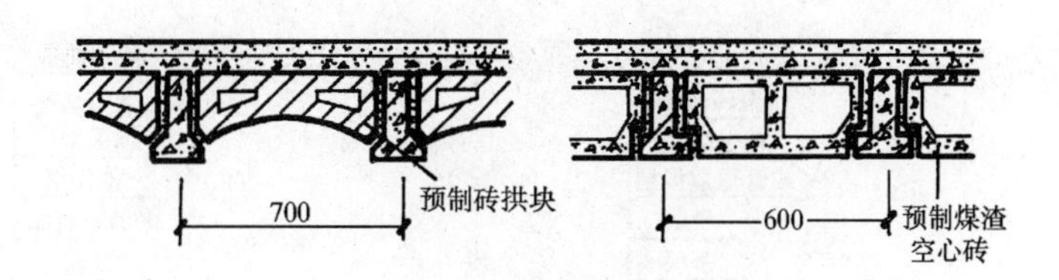

图 2-4-20　预制小梁轻混凝土砌块楼板

目前，为了充分利用不同材料的性能，以适应不同跨度和不规整的楼板，可做密肋填充块楼板。

密肋填充块楼板的密肋有现浇和预制两种，前者是在填充块之间现浇密肋小梁和面板，填充块有空心砖等，后者的密肋通常是预制的倒“T”形小梁等，如图 2-4-20。

第三节　楼地面的构造

楼层地面和首层地面统称为楼地面，是人们在房内直接接触的部分，所以楼地面质量的好坏、材料选择和构造是否合理等，十分重要。

一、对楼地面的要求

1. 坚固、耐久

地面应有足够的强度，以便能承受人、家具、设备等荷载，同时，人或物与地面的摩擦也较大，所以地面应耐磨、耐久，在外力作用下不起灰、不开裂。

2. 表面平整

室内地面是否平整、光洁直接影响室内环境卫生，所以地面平整，容易清扫，能保证室内清洁和环境卫生。

3. 导热系数小，有弹性

地面材料导热系数小，能起到保温的作用。北方地区的冬季较寒冷，人站在地面上，地面冷气通过脚部吸收人体热量，使人下肢的体温低于正常体温，影响血液循环，易造成关节炎，所以地面材料导热系数应小。地面有一定的弹性，能减轻人体的疲劳强度，同时能起到隔声作用。楼层之间的噪声传播，多数是由于人或家具与地面撞击而产生的，地面有弹性，能减小噪声。

4. 特殊要求

对有些地面要求能抗潮湿、不透水，如卫生间、厨房等；有些地面要求耐酸、耐碱、耐腐蚀，如实验室地面，对这些有特殊要求的地面应采取相应的构造处理，保证正常使用。

二、楼地面的组成

首层地面的基本组成有面层、垫层、基层。楼层地面的基本构造层次为面层和基层（楼板），有时根据需要还要增加结合层，找平层、防水层、防潮层、保温、隔热层、隔声层、管道敷设层等。如图 2-4-21。

三、常用楼、地面的构造

常用的楼地面有整体地面、块料地面、木地面三种。

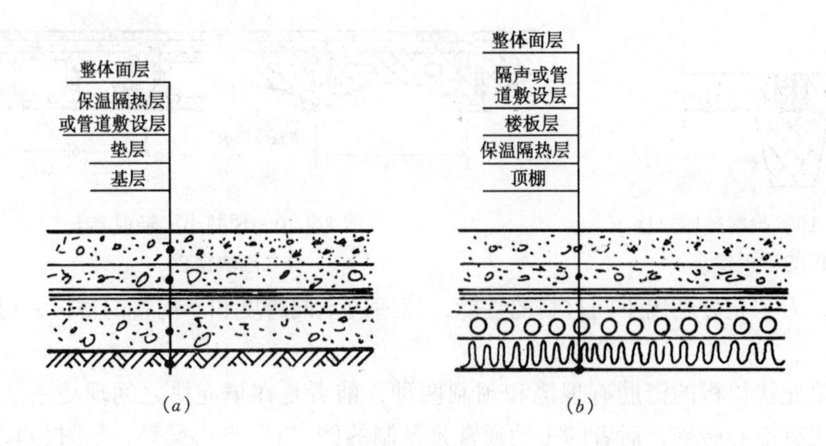

图 2-4-21　楼、地面的构造

(a) 地面；(b) 楼面

(一) 整体地面

1. 水泥砂浆地面

水泥砂浆地面构造简单，坚固耐磨，造价低廉，目前在装修标准要求低的建筑中使用较广，其构造如图 2-4-22。

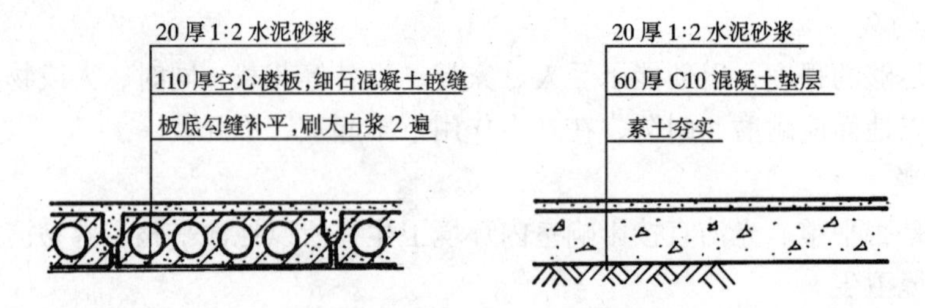

图 2-4-22　水泥砂浆楼地面

水泥砂浆地面有双层和单层构造之分，双层做法常以 15～20mm 厚 1∶3 水泥砂浆打底找平，再抹 5～10mm 厚 1∶1.5 或 1∶2 水泥砂浆面层，分层构造，容易保证质量。单层做法则是在结构层上抹水泥砂浆后，直接抹 15～20mm 厚 1∶2 或 1∶2.5 水泥砂浆一道，这种做法构造简单，有时难以保证质量。

2. 水磨石地面

水磨石地面具有与天然石料近似耐磨性、耐久性、耐腐蚀性和不透水性。磨光打蜡后可以得到与天然石材相似的光滑表面，光泽、美观、不易起尘，常用于公共建筑。

水磨石地面分层施工，先用 10～15mm 厚 1∶3 水泥砂浆打底，再在上面抹 10～15mm 厚 1∶1.5～1∶2 水泥、石渣并压实。石渣要求用颜色美观的、中等硬度、易磨光的白云石或彩色大理石，最好在底层上按图案嵌固玻璃条（或钢条、铝条）进行分格，分格的作用是为了分大块为小块，以防面层开裂，维修方便，不影响整体。分格的边长一般为 600～1000mm。待水泥石渣养护一段时间后，浇水用磨石机磨光，最后打蜡，如图 2-4-23。

水磨石地面的导热系数大，故不宜用于供人们长时间逗留的采暖房间，如居室的卧室等。

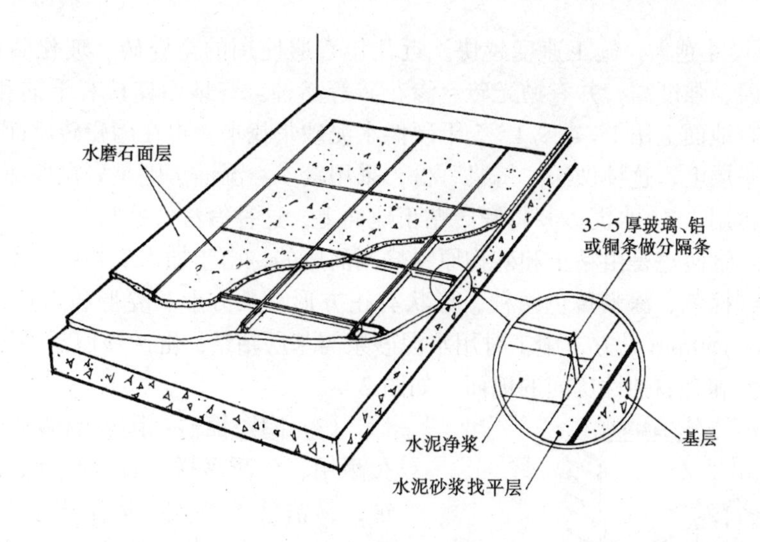

图 2-4-23　水磨石楼地面的构造

3. 菱苦土地面

菱苦土地面的面层是以菱苦土、木屑、滑石粉等填充料拌合均匀与氧化镁溶液调制而成胶泥铺抹在地面垫层上，压光，养护数天硬化稳定后，用磨光机磨光打蜡而成，有单层、双层和预制块三种做法。单层做法的厚度为 12～18mm，菱苦土与木屑之比为 1∶2，双层做法面层厚为 8～10mm；底层菱苦土与木屑之比为 1∶4，厚度为 12～15mm，构造如图 2-4-24。

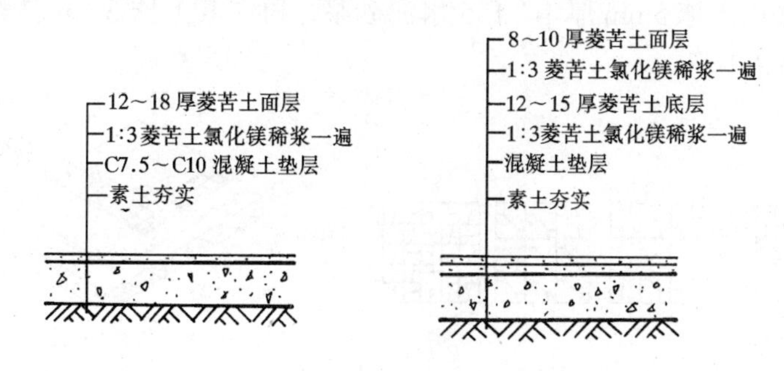

图 2-4-24　菱苦土地面

菱苦土地面保温性能好，有一定弹性，又不易起尘，适宜于有清洁、弹性或防爆要求的地面，不适用于有水或各种液体经常作用及地面温度高于 35℃以上的地面。

（二）块料地面

块料地面有两种施工方法，镶铺和粘贴。镶铺地面有缸砖、陶瓷锦砖、水泥砖、大理石、花岗石等。这些地面花色品种多，经久耐用，易于保持清洁，用于人流量较大，对耐磨性、保洁等方面要求高的地面，粘贴地面有塑料地毡、橡胶地毡等，这些地面装饰性较好，保温隔声效果也好，多用于居住建筑或宾馆、旅馆等。

1. 陶瓷地砖、缸砖地面、陶瓷锦砖地面

（1）陶瓷地砖：陶瓷地砖是由粘土加矿物质烧制而成，表面色泽鲜艳，装饰效果好，使用较广。尺寸有 300mm × 300mm、400mm × 400mm、500mm × 500mm、600mm ×

600mm 几种，尺寸越大，施工速度越快。近几年普遍使用的全瓷砖、玻化砖、比釉面砖吸水率低，耐磨、强度高，并有抛光砖、渗花砖等品种。与地面连接有干铺和湿铺两种。干铺法就是先在地面上用 1∶4 或 1∶5 干硬性水泥砂浆找平，再在陶瓷砖反面抹一层素水泥浆，贴在找平层上，这种做法“挤浆”少，采用较多。湿铺法则是先在地面上用1∶3水泥砂浆找平，再用 1∶1 水泥砂浆将瓷砖贴于地面上，这种做法“挤浆”多，采用少。

(2) 缸砖：缸砖也是由粘土和矿物原料烧制而成的，由于加入矿物原料不同而有各种色彩，大多为红棕色、深米黄色两种，形状有正方形、长方形、菱形和六角形，厚度 10～15mm，100～150mm 见方，施工时用水泥砂浆与基层粘结。缸砖被广泛地用作盥洗室，厕所以及实验室和有腐蚀性房间的地面。如图 2-4-25。

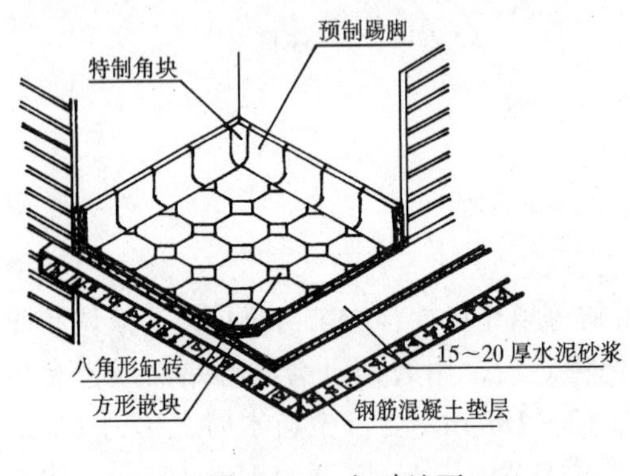

图 2-4-25　缸砖地面

(3) 陶瓷锦砖：陶瓷锦砖质地坚硬，经久耐用、色泽多样，具有耐磨、防水、耐腐蚀，易清洁等特点，适用于卫生间、厨房、化验室及精密工作间的地面。每块面积较小，约为 30mm×30mm；出厂前均按各种图案反贴在牛皮纸上，每张大约为 300mm 见方，如图 2-4-26。施工时，先在垫层上铺一层 20mm 厚 1∶2 水泥砂浆，然后将拼花陶瓷锦砖砖片覆盖在上面（纸面在上），待水泥砂浆硬化后，用水洗去牛皮纸，再用水泥砂浆嵌缝。也可以在找平层上抹 5mm 厚 1∶1.5 水泥砂浆，再在其上抹 3mm 厚素水泥浆加 5% 107 胶铺贴。如图 2-4-27。

图 2-4-26　陶瓷锦砖拼花图案

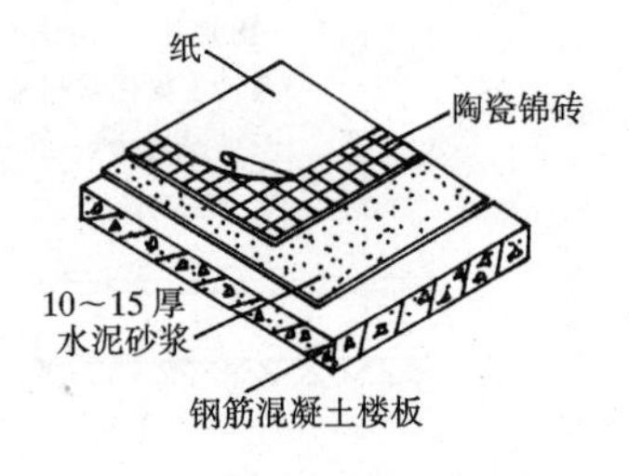

图 2-4-27　陶瓷锦砖地面

2. 人造石板和天然石板

人造石板主要是指水磨石板、人造大理石板，规格有 400mm×400mm、500mm×500mm、600mm×600mm，厚度为 20～50mm。

天然石板主要是指大理石、花岗岩板，其质地坚硬，色泽美观，是高档地面装修材料，一般用作高级宾馆、公共建筑大厅、影剧院等的出入口处。施工时，先用 1∶3 干硬性水泥砂浆找平，再在石板背面抹纯水泥浆，铺好后在缝处洒干水泥粉，扫缝。这种铺法也叫做干铺法。另一种铺法叫湿铺法，即直接用 1∶2.5 水泥砂浆将板材贴在地面上，这种铺法的缺点是在施工时挤浆较严重。石板地面如图 2-4-28。

3. 粘贴地面

塑料地毡和橡胶地毡都属于卷材，具有步感舒适，富有弹性、美观大方、防滑、防水、耐腐、绝缘、消声、阻燃、易清洁的特点，价格低廉，是理想的铺地材料，施工时可用粘结剂粘贴在水泥砂浆面层上。

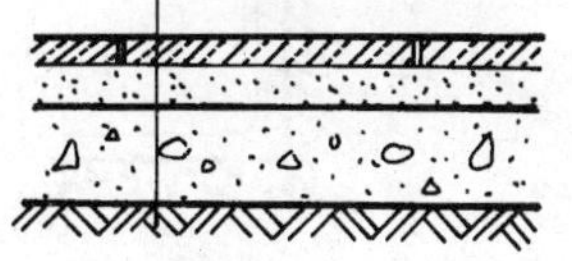

图 2-4-28　石板地面

（三）木地面

木地面有弹性、不起尘、易清扫、导热系数小，是一种高级地面。木地面按构造方式不同，分为空铺、实铺和粘贴式三种。空铺木地面耗木材较多，现已很少使用，现以实铺法和粘贴式为主介绍。

1. 实铺木地面

实铺式地面是在钢筋混凝土楼板上设置小断面的木搁栅，搁栅截面一般为 50mm×50mm，中距 400mm，搁栅借预埋在结构层内的 U 形铁件嵌固或用钢钉打入地面，底层地面为了防潮，应在结构层上刷冷底子油和热沥青各一道，然后在搁栅上钉以斜铺的毛板。为防潮再在毛板上铺设油纸一层，如图 2-4-29。

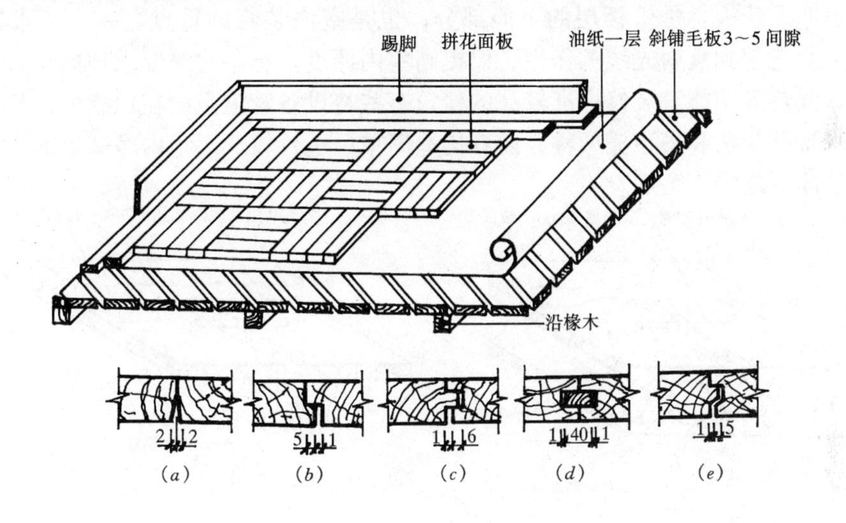

图 2-4-29　实铺木地面的构造

（a）平口；（b）错口；（c）企口；（d）销板；（e）圆企口

2. 粘贴式木地面

粘贴式木地面可将木地面直接粘贴在结构层的找平层上，找平层一般采用沥青砂浆，粘贴材料一般有沥青玛瑞脂，环氧树脂、乳胶等，这种方法使用方便，应用较广。

目前又出现一种新的木地板，叫做复合木地板。这种木地板是将木材高温高压下压制而成的，强度高、耐磨、防水性能也好，而且造价较低。施工时，实铺法和粘贴式都可以使用，目前使用也较多。

四、踢脚线

踢脚线也叫踢脚板，主要作用是为了防止近地墙面在清扫楼地面时受污染，故设置在楼地面与墙面的接触处，高度一般为 100～200mm，凸出墙面 5～20mm，做法一般与楼地面的做法相同，即楼地面材料和踢脚板材料应一致，其构造如图 2-4-30。

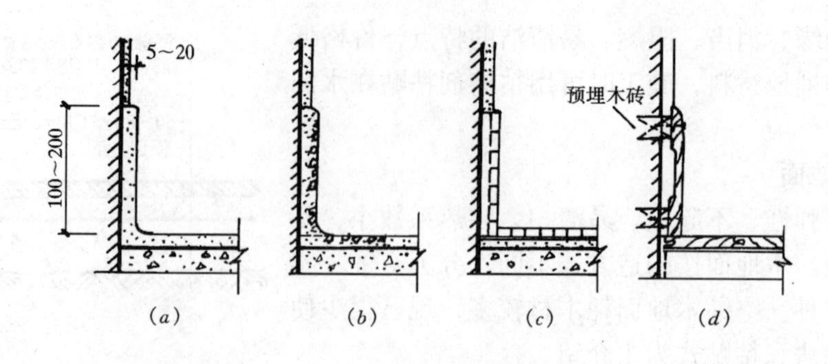

图 2-4-30　踢脚板构造

（*a*）水泥踢脚板；（*b*）水磨石踢脚板；（*c*）缸砖踢脚板；（*d*）木踢脚板

第四节　顶　　棚

顶棚也叫天花板，是楼板层的下面部分，也是室内装修的重点之一，要求其表面光洁、美观、且能起到反射光线的作用，以提高室内照度。有些建筑要求顶棚具有隔声、防火、保温、隔热等功能。装修标准较高的建筑有些将设备管道敷设在顶棚内，从施工方式上可分为直接抹灰法和吊顶棚两种，前者构造简单、造价较低、室内净高也大，后者装饰效果好、洁净、豪华、美观。

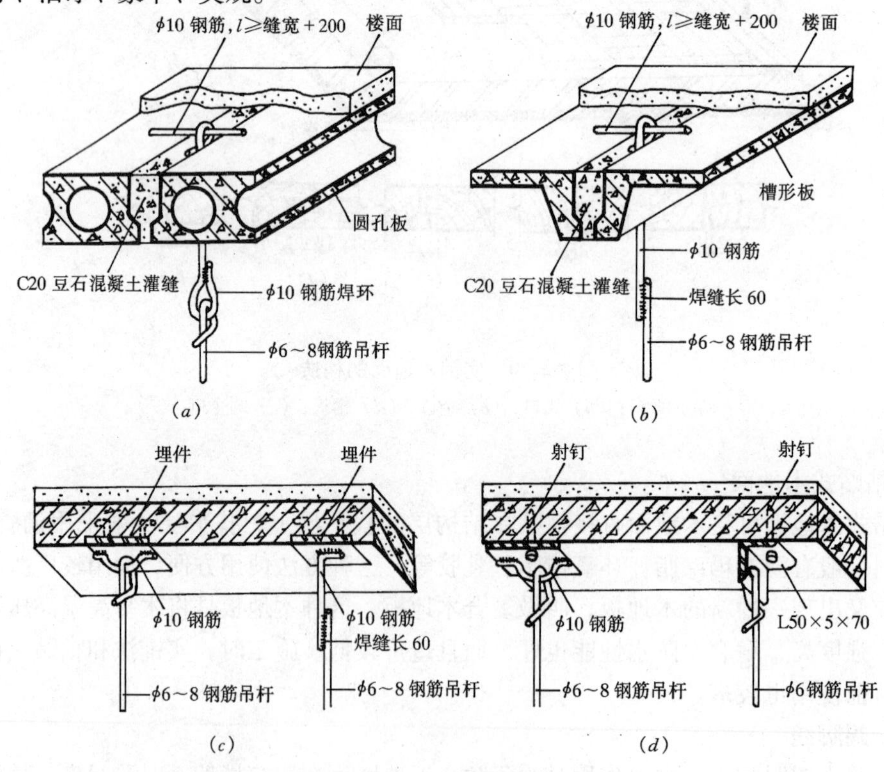

图 2-4-31　吊杆与楼板的连接

（*a*）圆孔板吊杆；（*b*）槽形板吊杆；（*c*）现浇板预埋铁件作法两种；（*d*）现浇板射钉安装铁件作法两种

一、直接抹灰法

先用10%的火碱水清洗楼板底面，刷素水泥浆一道，再用1∶3∶9的水泥、石灰膏和砂浆打底，纸筋灰罩面，最后喷涂料或刷白。

二、吊顶棚

吊顶棚一般由基层和面层组成

1. 基层

吊顶棚的基层一般由吊筋和龙骨（搁栅）组成。吊筋一般是 $\phi6\sim10$ 的钢筋，将龙骨吊在楼板上，如图2-4-31。

吊点间距应按吊顶自重和大龙骨本身的强度和刚度而选定，一般不应大于1200mm。龙骨有大龙骨、中龙骨和小龙骨，有时可省掉中龙骨或小龙骨。龙骨的材料有木制、轻型钢和铝合金等，相邻大龙骨的距离即为中龙骨的跨度，是按棚面的自重和中龙骨的强度、刚度而选定。中龙骨与大龙骨互相垂直，用吊件固定于大龙骨之下。小龙骨即横撑，应与中龙骨垂直，底面应与中龙骨底面相平，其间距和截面形状应配合面板的尺寸，一般不应大于600mm。

2. 面层

面层按构造可分为抹灰类和板材类

抹灰类有板条抹灰和钢丝网抹灰，如图2-4-32。

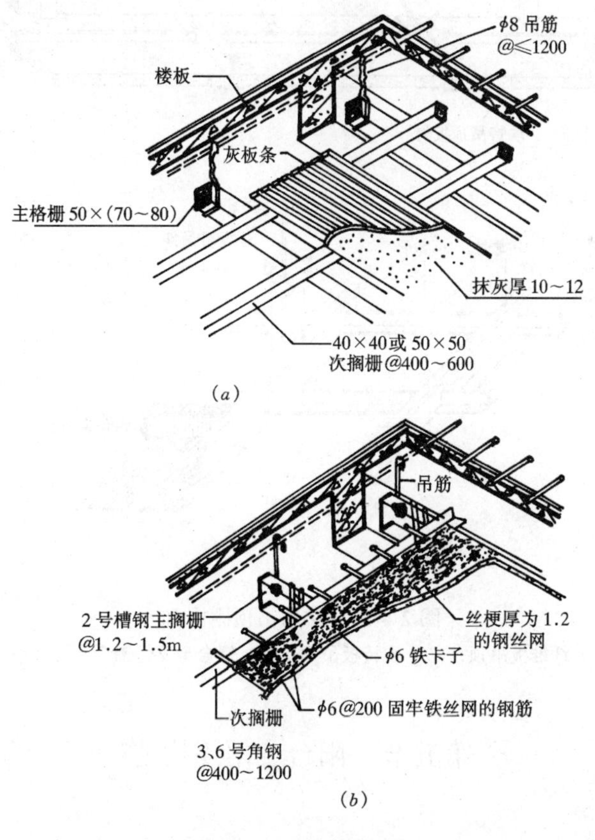

图2-4-32 抹灰类吊顶

（a）灰板条顶棚；（b）钢丝网抹灰顶棚

板材类的种类随着新型板材的不断涌现，有纤维板、胶合板、刨花板、甘蔗板、石膏板、水泥石棉板、钙塑板、铝塑板、埃特板、铝合金板、玻璃板和不锈钢板等。图 2-4-33 为纤维板吊顶、埃特板吊顶和铝合金龙骨铝合金方板吊顶的构造。

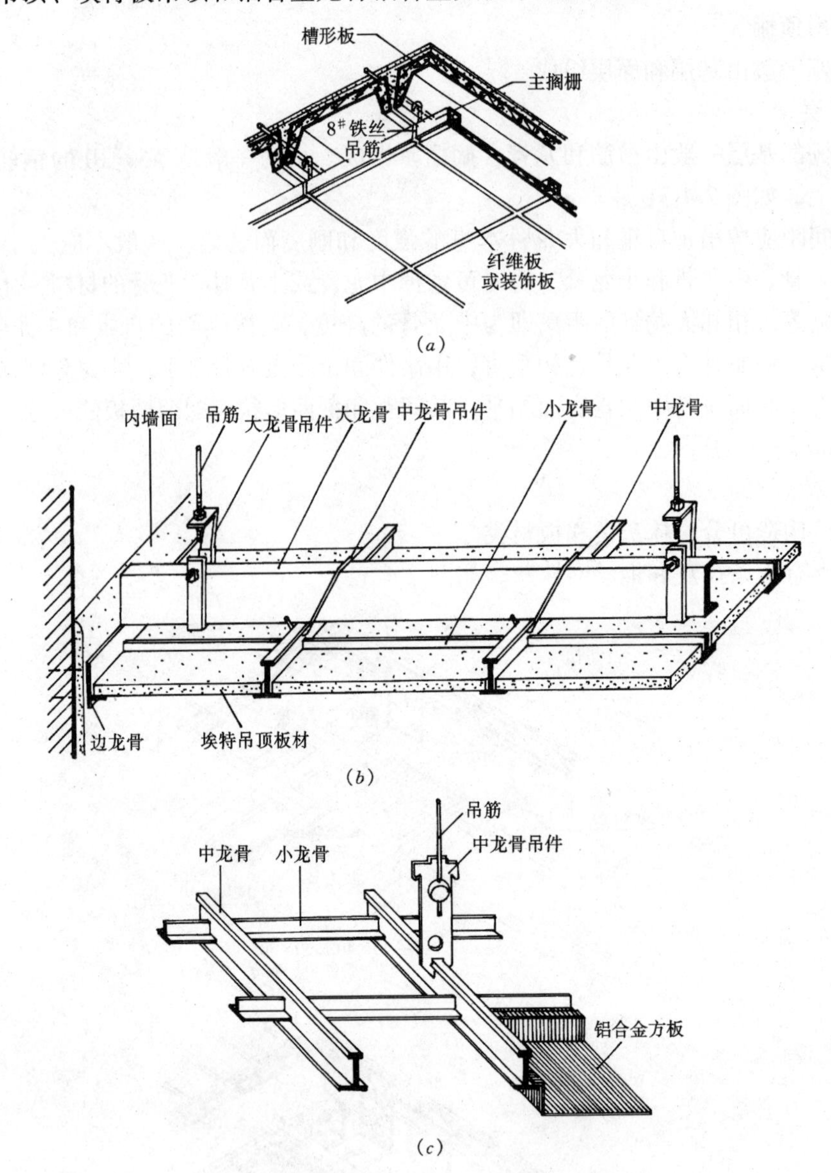

图 2-4-33 常用吊顶棚构造

(a) 纤维板吊顶；(b) 埃特板吊顶；(c) 铝合金龙骨铝合金方板吊顶

第五节 阳台、雨篷构造

一、阳台

阳台是多层建筑中房间与室外接触的平台，可供人们休息、眺望或从事家务活动，人们也可以在上面种植花草，陶冶情操，因而有人也把阳台叫做“微型花园”。

阳台按其平面位置可分为凸阳台、凹阳台和半凸半凹阳台，如图 2-4-34。

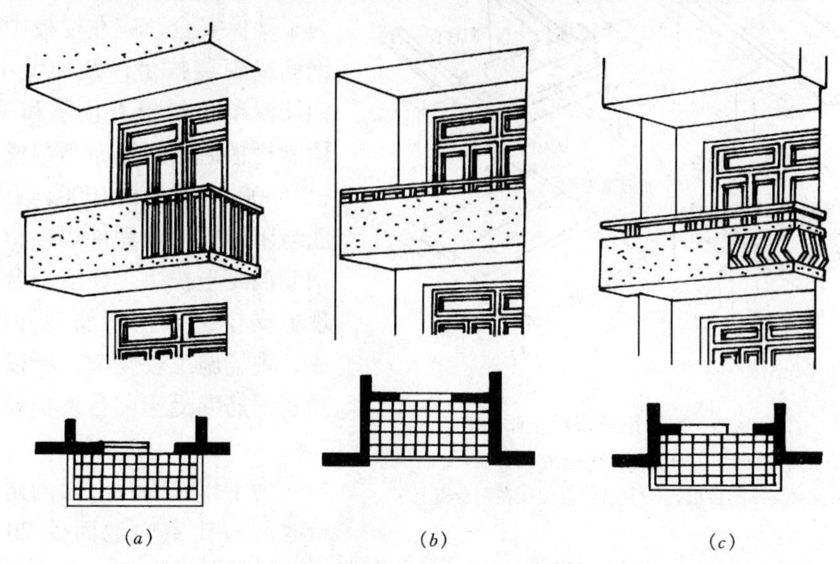

图 2-4-34 阳台的形式

（a）凸阳台；（b）凹阳台；（c）半凸半凹阳台

1. 阳台的结构形式

阳台按结构形式及施工方式可分为现浇阳台与预制阳台。现浇阳台用于阳台平面较复杂处，且多用于抗震设防地区，其构造如图 2-4-35。

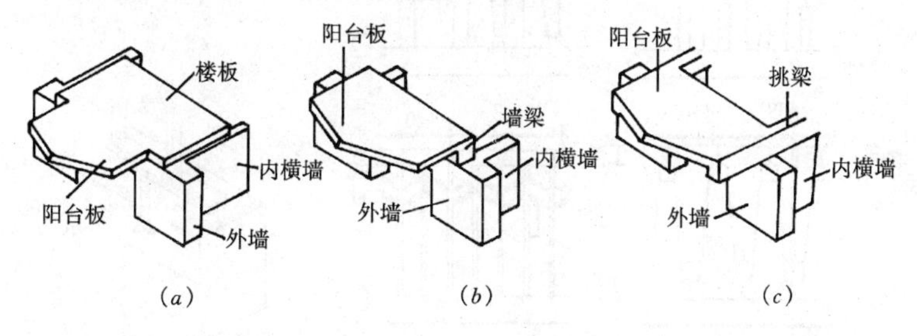

图 2-4-35 现浇阳台

（a）挑板式；（b）压梁式；（c）挑梁式

预制阳台有如图 2-4-36 四种做法，预制阳台由于分件制作 ，抗震性能较差，所以常使用在抗震设防烈度小于 7°的地区，施工速度快，构造简单，如图 2-4-36。

2. 阳台的细部构造

为了安全，应在阳台临空一侧设置栏杆或栏板，同时，对房屋也有一定的装饰作用，栏杆或栏板的高度应高于人体的重心，不宜小于 1.05m，但也不应超过 1.2m。

栏杆指用金属做成的有空杆件形式。如图 2-4-37 金属栏杆一般由方钢、圆钢、扁钢和钢管组成。栏杆与阳台板预埋件焊接，栏杆与栏杆、栏杆与扶手都采用焊接连接，如图 2-4-38。

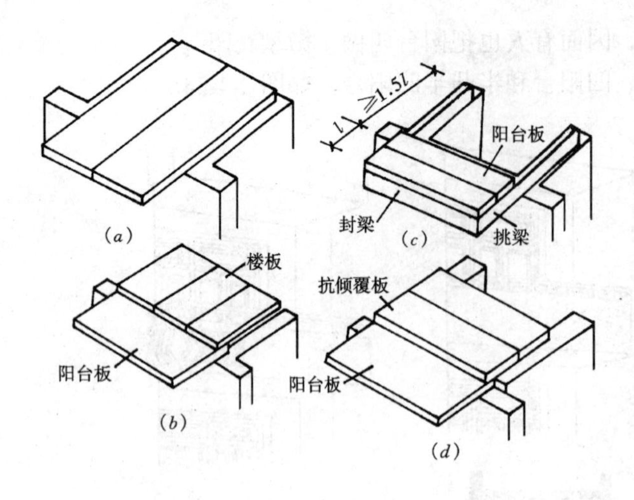

图 2-4-36　预制钢筋混凝土阳台
（a）由楼板延伸挑出；（b）楼板一端压在阳台板上；（c）承重墙挑梁支承阳台板；（d）抗倾覆板压在阳台板上

栏板一般是砖砌或用钢筋混凝土制作，砖砌栏板厚度一般为 120mm，为了确保安全，应在栏板中配置通长钢筋或现浇扶手以及加设小构造柱。钢筋混凝土栏板有预制和现浇两种。预制栏板通常在地面预制成小块预制板（300～600）×1000，下面预留钢筋与阳台板的预埋件焊接，上面现浇钢筋混凝土扶手。现浇阳台栏板则在现场支模，绑扎钢筋浇注混凝土而成，现场施工较复杂，所以现在使用预制钢筋混凝土阳台栏板较多，如图 2-4-39。

为了排除阳台上面的雨雪水，阳台地面应比室内地面低 20～50mm，并设置 2%左右的坡度，最低点设置 ϕ50mm 的钢管或硬质塑料泄水管，伸出阳台长度不宜低于 60mm，以防出水流入下一层阳台。

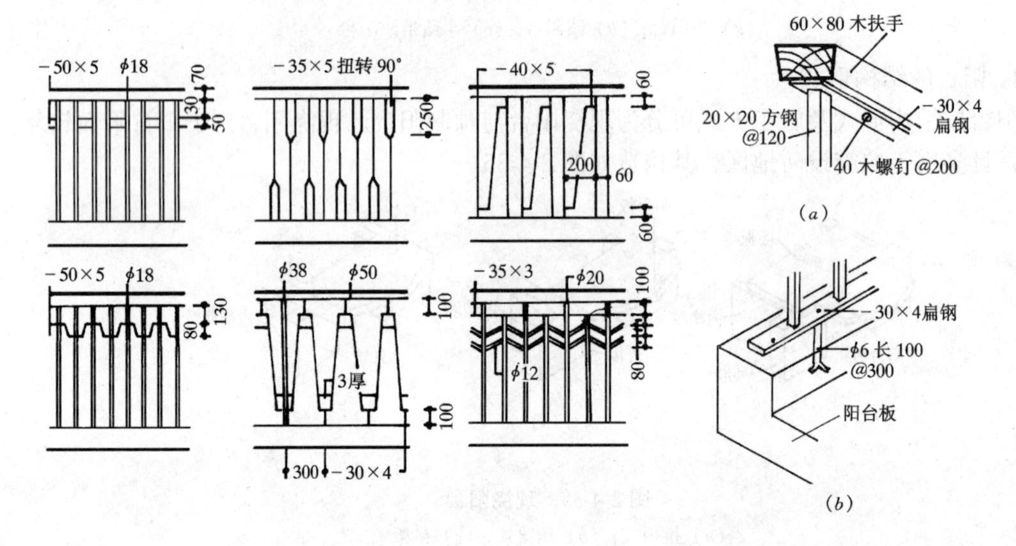

图 2-4-37　金属栏杆形式

图 2-4-38　栏杆与阳台板、扶手的连接
（a）栏杆与扶手；（b）栏杆与阳台板

二、雨篷

雨篷又叫雨罩，其作用主要是为了保护外门免受雨淋。较小的雨篷通常做成悬挑构件，悬挑长度一般为 1～1.5m，为了防止雨篷倾覆，应将雨篷与入口门的过梁或圈梁浇筑成一体，较大的雨篷可做成梁板式，为了使雨篷板底平整、美观，常将雨篷梁翻到上部，如图 2-4-40。

雨篷顶部需作防水处理，一般抹 20mm 厚的防水水泥砂浆，并做 1%的坡度，最低点设排水管，排水管的设置与阳台相同。

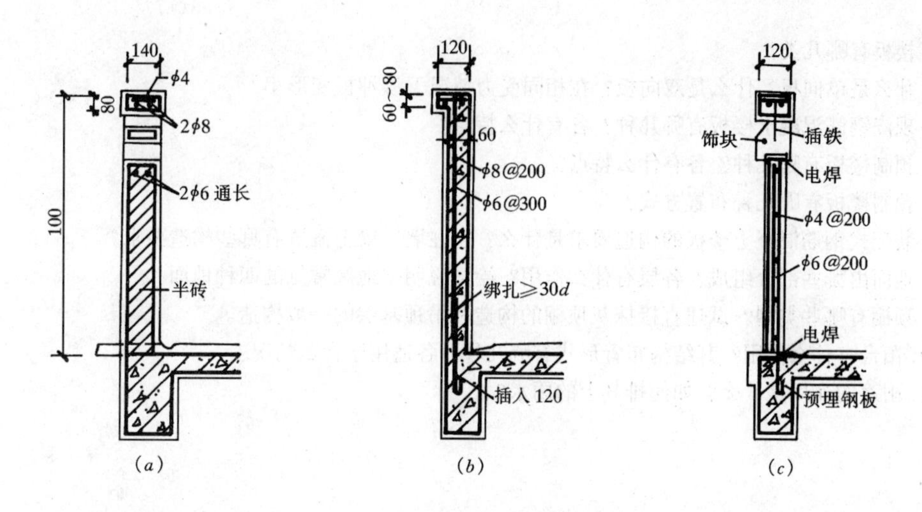

图 2-4-39　栏板构造

（a）砖砌栏板（内部加筋）；（b）现浇钢筋混凝土栏板；（c）预制钢筋混凝土栏板

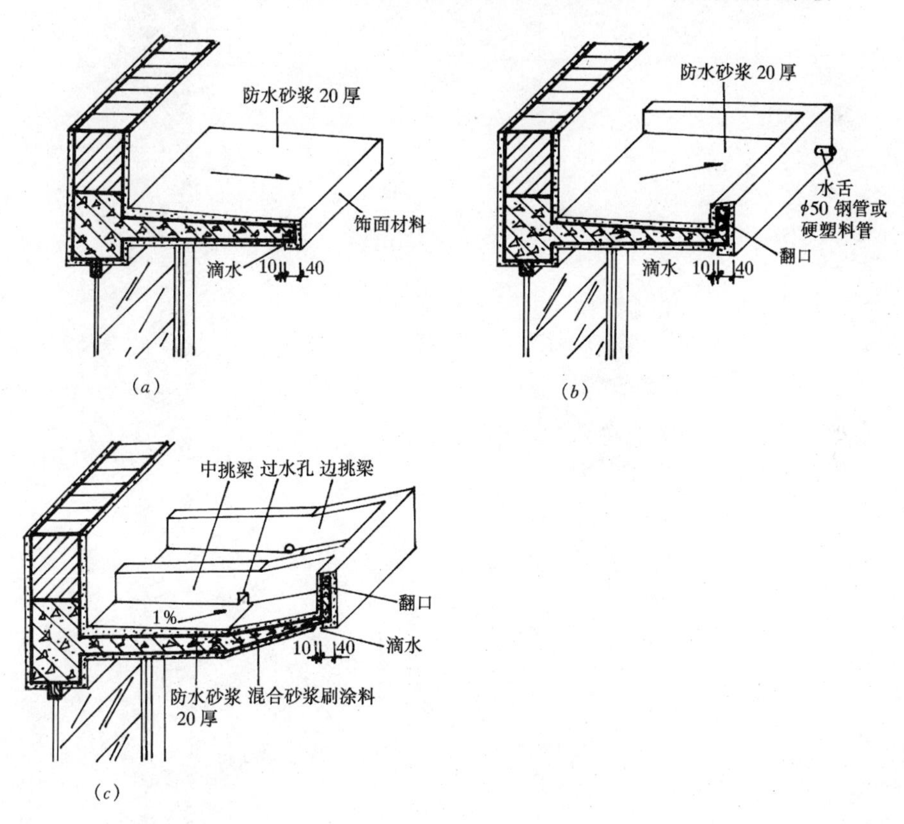

图 2-4-40　雨篷的构造

（a）自由落水雨篷；（b）有翻口有组织排水雨篷；（c）折挑梁有组织排水雨篷

复 习 思 考 题

1. 楼板的作用是什么？由哪几部分组成？

2. 楼板有哪几类?
3. 什么是单向板? 什么是双向板? 在相同受力情况下哪种板变形小?
4. 现浇钢筋混凝土楼板有哪几种? 各有什么特点?
5. 预制楼板有哪几种? 各有什么特点?
6. 预制楼板有哪几种布置方式?
7. 装配式钢筋混凝土楼板的构造要求是什么? 它在墙、梁上搁置有哪些构造要求?
8. 地面由哪些部分组成? 各层有什么作用? 绘图说明本地区常见的四种地面。
9. 顶棚有哪些类型? 试述直接抹灰顶棚的构造和吊顶基层的一般构造。
10. 阳台有什么作用? 其结构布置形式有哪几种? 各适用于什么情况?
11. 雨篷的作用是什么? 如何排其上的雨水?

第五章 楼　　梯

楼梯是楼房建筑中联系上下两层的垂直交通设施，它起着满足人的通行、搬运家具物品、应付紧急疏散等作用。所以楼梯应具有结构坚固、耐久防火，满足通行顺畅、行走舒适、位置便利及相应的美观等要求。有时为了满足特殊要求，上下层之间用坡道联系，如行走汽车等，所以坡道是楼梯的一种特殊形式。在建筑物中同一层地面有高差或室内外有高差时，要设置台阶来联系不同标高的地面，台阶也是楼梯的一种特殊形式。

在高层建筑中联系上下各层主要靠电梯，在人流量大的公共建筑中还采用自动扶梯。

第一节 楼 梯 的 概 述

由于楼梯的重要性，所以在建筑、结构的设计及施工过程中都十分重视。楼梯所用的材料有木材、钢材和钢筋混凝土。楼梯所在的房室空间称为楼梯间。

一、楼梯的平面位置

楼梯按平面位置分为室内楼梯、室外楼梯，北方地区多采用室内楼梯。

楼梯通常设置在建筑物中人流量汇集或交叉处，如门厅附近、走廊相交或其端部等处，并做到分布均衡。楼梯的平面布局，主要根据使用人数、建筑的平面形式、结构及防火等要求，综合确定。楼梯间尽量直接采光和组织自然通风。

住宅楼梯通常布置在一个单元的入口处，并与楼内各户的户门相联系。楼梯服务户数多时，可通过走廊与楼梯联系。由于住宅楼梯服务人数相对较少，所以楼梯间的平面尺度

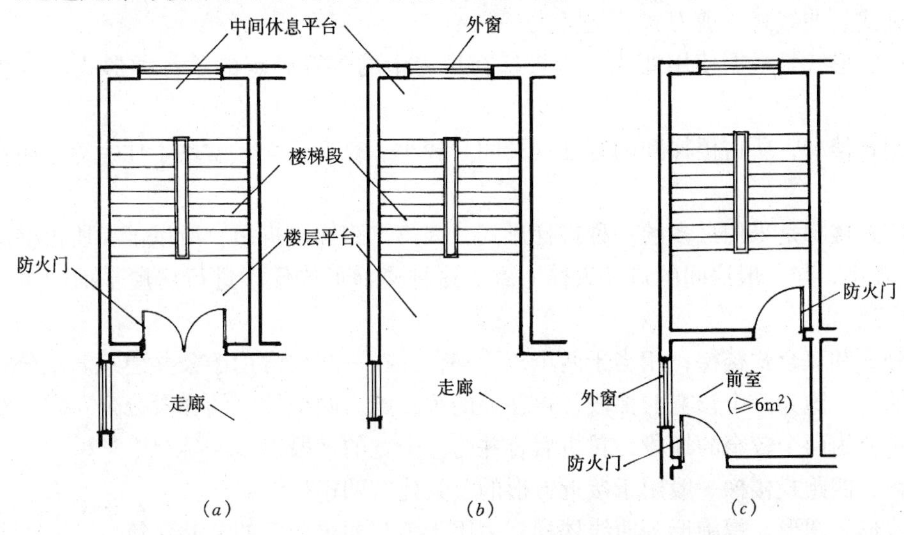

图 2-5-1　楼梯间的平面形式

（a）封闭式楼梯间；（b）非封闭式楼梯间；（c）防烟楼梯间

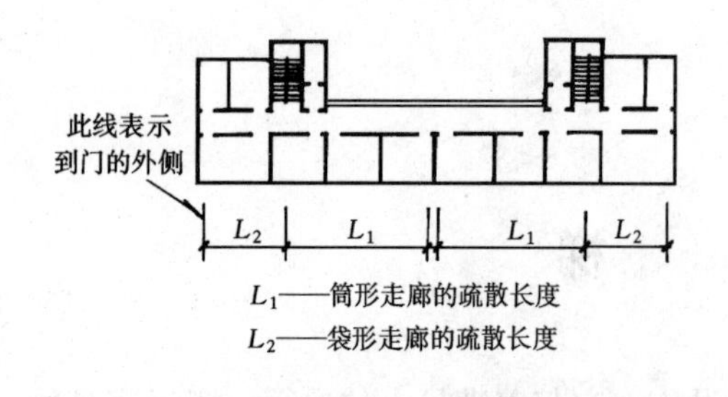

图 2-5-2　楼梯的间距（走廊的安全疏散距离）

也相对较小。楼梯间的平面形式有封闭式、非封闭式和防烟楼梯间等几种，所谓封闭式是指楼梯间设防火门、并向疏散一侧开启的平面形式；所谓非封闭式是指楼梯间是敞开式的，直接与走廊相连或房间门开向楼梯间的平面形式；防烟楼梯间是指楼梯间需设楼梯前室（内有排烟设施或向外开窗），防止烟气窜入楼梯间的平面形式。如图 2-5-1 所示。非封闭式楼梯间适用于层数低、人员少、防火要求不高的建筑。

公共建筑因其服务人数多，楼梯布局有较高要求。公共建筑通常采用走廊与各楼梯相连，所以其楼梯的平面位置有：一是在走廊的尽端，二在走廊联系的两个出入口处，如图 2-5-2 所示，图中 L_1 是两外出口间走廊的疏散距离；L_2 为端部（袋形）走廊的疏散距离。楼梯间的距离应符合表 2-5-1 的要求。

房间门至外部出口或封闭楼梯间的最大距离（m）　　**表 2-5-1**

名　称	位于两个外出口或楼梯间之间的房间[①]			位于袋形走廊两侧或尽端的房间[②]		
	耐火等级			耐火等级		
	一、二级	三　级	四　级	一、二级	三　级	四　级
托儿所、幼儿园	25	20	—	20	15	—
医院、疗养院	35	30	—	20	15	—
学　校	35	30	—	22	20	—
其他民用建筑	40	35	25	22	20	15

①非封闭楼梯间时，按本表减少 5m。

②非封闭楼梯间时，按本表减少 2m。

二、楼梯的形式

楼梯按形式分有直跑式、双跑式、双分式、双合式、转角式、三跑式、四跑式、八角式、螺旋式、曲线式、剪刀式、交叉式等。

楼梯的形式是根据使用要求，以楼梯在房屋中的位置确定的。各种形式的楼梯如图 2-5-3 所示。

直跑式楼梯，所占楼梯间的宽度（开间）较小、长度较大，常用于住宅等层高较小的房屋。

双跑式楼梯是采用最多的一种楼梯形式，因第二跑梯段折回，所以该梯所占梯间长度（进深）较小，与一般房间的进深大体一致。这种楼梯形式便于进行房屋平面的组合，所以采用广泛。

双分式和双合式楼梯，相当于两个双跑梯合并在一起，常用于公共建筑。双分式是从下往上的第一跑为一个较宽的梯段，再往上的第二跑为两个较窄的梯段分列左右。双合式是第一跑分为两个较窄的梯段，转折后合并为一个宽的梯段。

三跑、四跑式楼梯一般用于接近方形的公共建筑的楼梯间中。

弧线形、圆形、螺旋形等曲线楼梯，多用于美观要求较高的公共建筑。

剪刀式楼梯相当于两个双跑梯对接，多用于人流量大的公共建筑。

交叉式楼梯相当于两个直跑梯交叉设置。

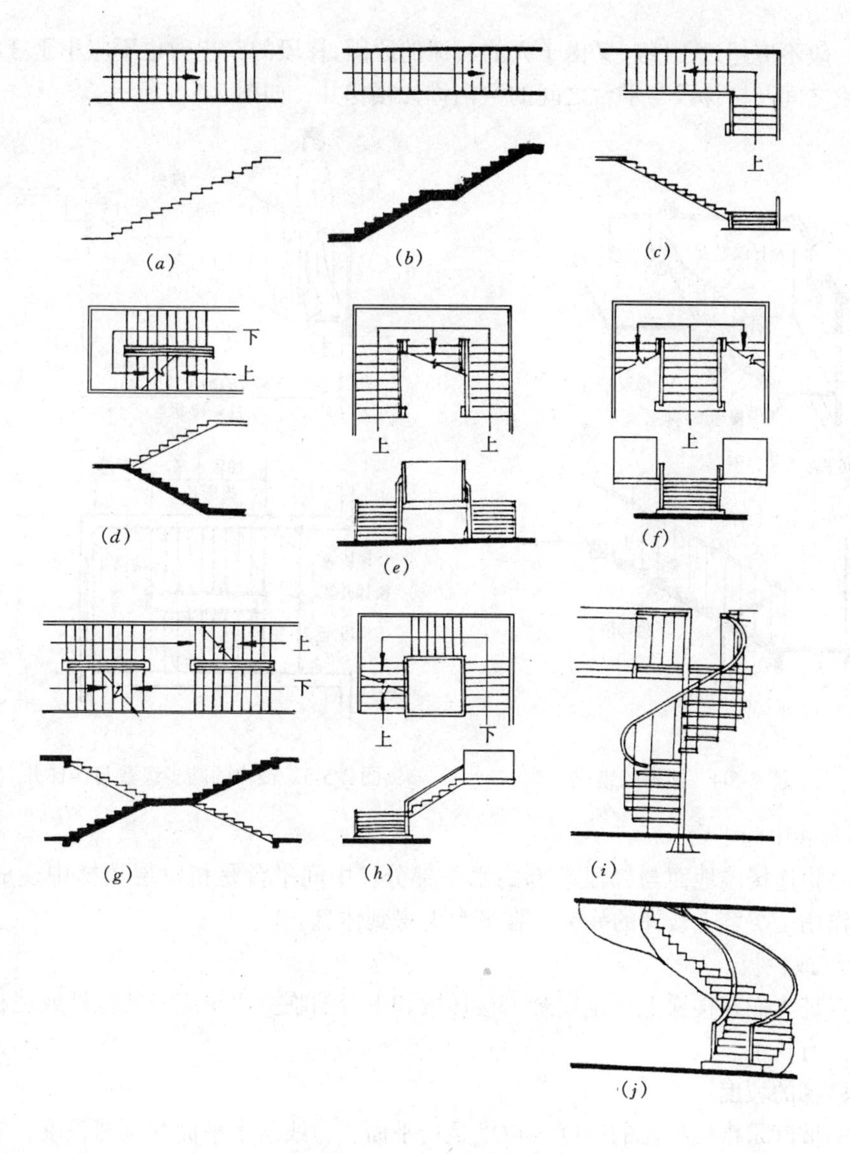

图 2-5-3　楼梯的形式

（a）单跑楼梯；（b）双跑直楼梯；（c）双跑折角梯；（d）双跑楼梯；（e）双合式楼梯；（f）双分式楼梯；（g）剪刀式楼梯；（h）三跑楼梯；（i）螺旋楼梯；（j）弧形楼梯

第二节　楼梯的组成及尺寸

一、楼梯的组成

楼梯一般由楼梯梯段、楼层平台和中间平台（包括平台梁）、栏杆或栏板三大部分组成，如图 2-5-4 所示。

1. 楼梯段

楼梯段通常是由上面的踏步及下面梯段板(有时板的下方还有梁)所组成。踏步的水平面称为踏面,踏步的垂直面称为踢面。当人们连续走楼梯时,会感到疲劳,故规定一个梯段的踏步数一般不应超过 18 级，又由于人的习惯的原因，梯段的踏步数也不应小于 3 级。

楼梯段之间及楼梯段与平台之间的空档称为楼梯井，如图 2-5-5 所示。

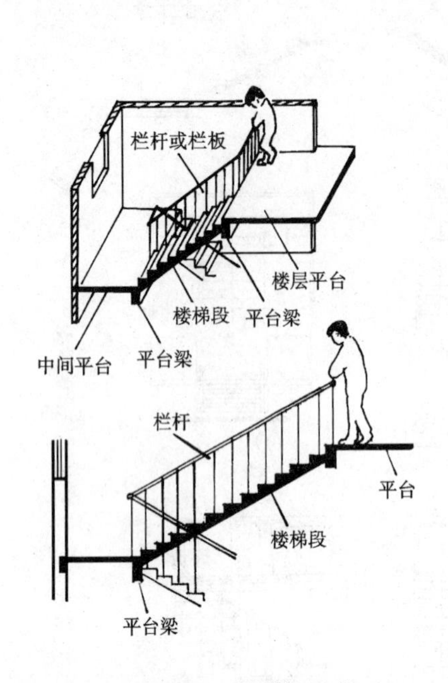

图 2-5-4　楼梯的组成

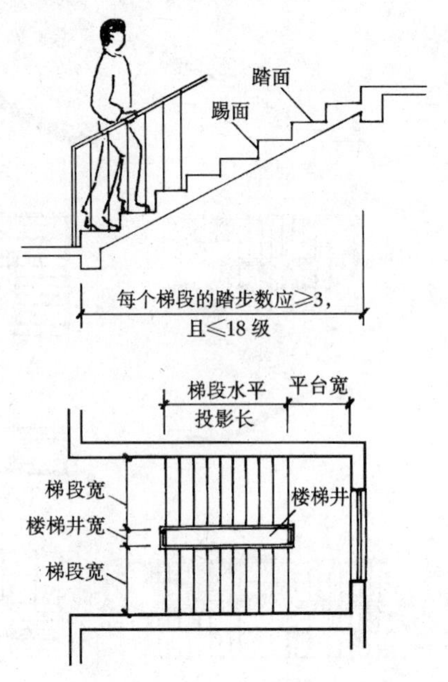

图 2-5-5　楼梯的踏步级数与楼梯井

2. 平台和中间平台

平台是指连接楼地面与梯段端部的水平部分。中间平台是指每层楼梯中途的水平部分，它的作用是缓解上楼梯的疲劳，在平台上得到休息。

3. 栏杆或栏板

为了保证人们在楼梯上行走安全，楼梯段和平台的临空边缘应安装栏杆或栏板。栏杆或栏板上部有扶手。

二、楼梯的坡度

楼梯的坡度是指楼梯段的坡度。坡度是指平面、直线与水平面的倾斜程度，它有两种表示：一种是用斜面和水平面所夹的角度表示；另一种是用斜面的垂直投影高度与斜面的水平投影长度之比来表示。楼梯的坡度通常在 20°～45°之间，即 1/2.75～1/1。

坡度小于 20°时采用坡道的形式。坡度大于 45°时，上下楼梯费力，必须手持扶手来行走、攀爬，这种楼梯称为爬梯，多用于生产性建筑，在民用建筑中常用作屋面检修梯。

公共建筑的楼梯使用人数较多，故坡度应该比较平缓，一般常用值为 1/2 左右。住宅建筑的楼梯使用人数较少，坡度可以稍陡，常用值为 1/1.5 左右。当楼梯坡度较陡时，可以减少楼梯段的水平投影长度，进而减少楼梯间的长度（进深），减少占地面积。

三、楼梯的宽度

楼梯的宽度尺寸有两项：一是楼梯段的宽度尺寸；二是平台的宽度尺寸，如图 2-5-5 所示。楼梯的宽度尺寸是由建筑物的层数、使用人数、耐火等级及防火规范要求综合确定。

按防火规范，楼梯净宽在医院建筑中不应小于 1.30m，在住宅建筑中不应小于 1.10m，在其他建筑中不应小于 1.20m。但在不超过六层的单元式住宅中一边设有栏杆的梯段净宽可不小于1.0m。

楼梯段净宽度除应符合上述规定外，供日常主要交通用的公共楼梯的梯段净宽，应根据建筑物的使用特征，一般按每股人流宽为0.55+（0～0.15）m的人流股数确定，并应不少于两股人流，公共建筑中人流众多的场所应取上限值。

平台扶手处的最小宽度不应小于梯段净宽度。当有搬运大型物件需要时，应适量加宽。

梯段或平台的净宽是指扶手中心线间的水平距离或墙面至扶手中心线的水平距离。

住宅的户内楼梯，当一边临空时不应小于0.75m，两边为墙时不应小于0.90m。

四、楼梯的净空高度

楼梯的净空高度（简称净高）包括梯段的净高和平台过道处净高两项内容。楼梯平台上、下部过道处的净高不应小于2m，公共建筑不应小于2.20m，个别居住建筑不应小于1.95m。楼梯段的净高是指从踏步前缘线（包括最低和最高一级踏步前缘线以外0.30m范围内）量至上方凸出物下缘间的铅垂高度，这个高度应保证人们行走、搬运物品不受影响，最好是以人的上肢上伸不触及上部结构为好，它的高度规范规定不小于2.20m。

楼梯的净高如图2-5-6所示。

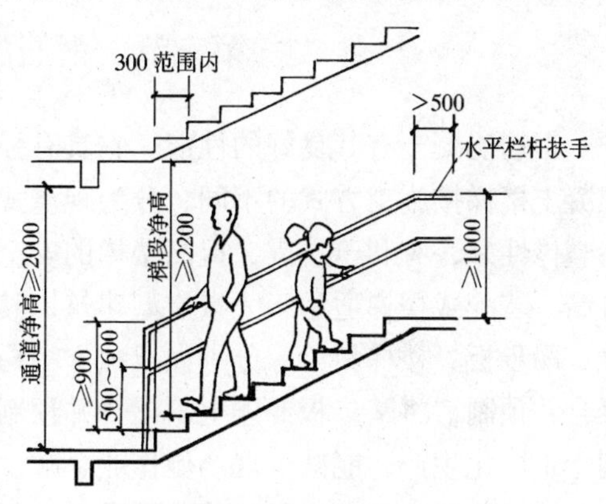

图2-5-6　楼梯净高及栏杆

五、踏步尺寸

楼梯的坡度决定于踏步的宽高尺寸。为了行走自如、轻松、踏面宽在300mm时，人的脚可以全部落在踏面上；当踏面宽减小时，由于脚跟会悬空，行走不便。一般楼梯的踏面宽度不宜小于250mm。踢面高度取决于踏面宽度，踏面高度与踏面宽度之和与人行走的平均步距有关。大致按登一级踏步等于一般人行走步距的原理，可按下列经验公式计算踏步尺寸：

$$2h+b=600\sim620\text{mm 或}$$

$$h+b=450\text{mm}$$

式中　h——踏步的踢面高度；

b——踏步的踏面宽度。

例如某图书馆门厅楼梯，取踏步的踏面宽度为300mm，按经验公式计算踢面的高度：

$h=450-b=450-300=150\text{mm}$ 或

$h=[(600\sim620)-b]\div2=[(600\sim620)-150]\div2=150\sim155\text{mm}$

取 $h=150$mm，则此楼梯的坡度为150/300=1/2。

楼梯踏步的尺寸应符合表2-5-2的规定。

楼梯踏步的最小宽度和最大高度（mm）　　**表2-5-2**

楼　梯　类　别	最小宽度	最大高度
住宅共用楼梯	250	180
幼儿园、小学校等楼梯	260	150
电影院、剧场、体育馆、商场、医院、疗养院等	280	160
其他建筑物楼梯	260	170
专用服务楼梯、住宅户内楼梯	220	200

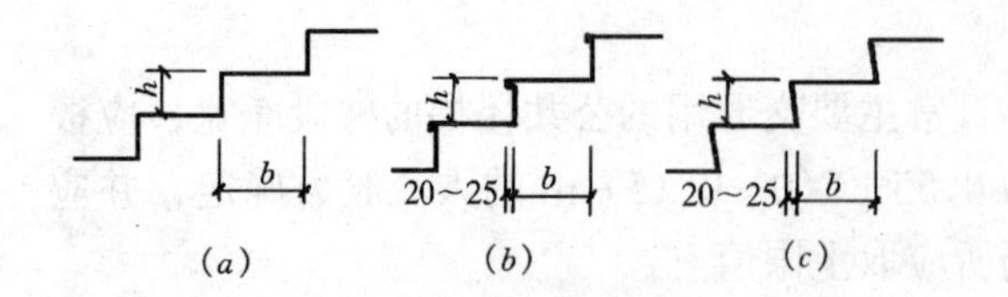

图 2-5-7　踏步尺寸
（a）踏步的踏面高 h 踏面宽为 b；（b）加做踏口；（c）踢面倾斜

当踏面尺寸较小时，可以采取加做踏口或使踢面倾斜的方式加宽踏面，踏口尺寸为 20～25mm。这个尺寸过大时也要影响行走，踏步尺寸如图 2-5-7 所示。

六、扶手高度

室内楼梯的扶手高度自踏步前缘线量起不宜小于 0.90m。靠楼梯井一侧水平扶手超过 0.50m 长时，其高度不应小于 1.00m，如图 2-5-6 所示。栏杆应采用不易攀爬的构造，竖向栏杆间的净距不应大于 0.11m。考虑幼儿使用的楼梯扶手高为 500～600mm。

第三节　钢筋混凝土楼梯的构造

钢筋混凝土有其良好的性能。它具有强度高、耐久性好、防火性能优越等优点。钢筋混凝土楼梯按施工方式的不同，分为现浇式和装配式楼梯两种。现浇式楼梯适用性广，它的整体性好，有利于抗震，提高楼梯的安全性，但耗用模板、人工较多，且施工进度慢造价高。装配式楼梯适用于大量定型建筑，其做法是将楼梯构件化整为零，将平台板、平台梁、踢步板、楼梯斜梁等分别做成独立的构件，在工厂或现场预制；也可将平台板、平台梁合并预制，将踏步板或连上斜梁合并预制形成大件，进行预制再行吊装。装配式楼梯有利于工厂化生产，能减少现场湿作业、减少材料消耗，有利于施工机械化、缩短工期，缺点是整体性差，必须有相应的起重设备、可靠连接措施。

一、现浇钢筋混凝土楼梯

现浇钢筋混凝土楼梯按梯段的结构形式分为板式梯及梁板式梯两种。

1. 板式楼梯

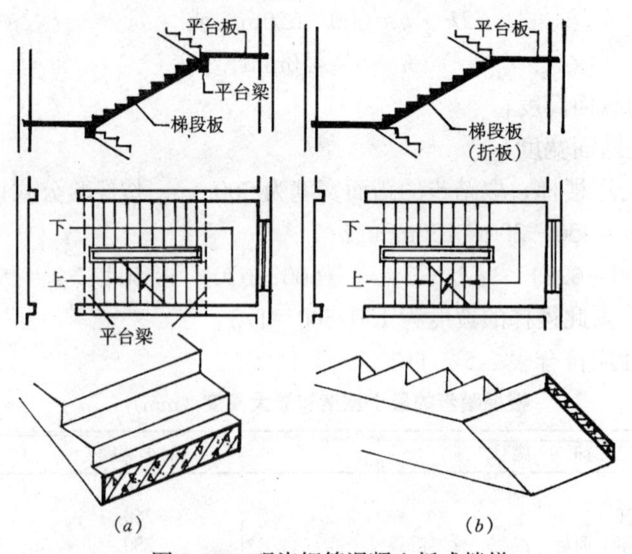

图 2-5-8　现浇钢筋混凝土板式楼梯
（a）板式楼梯；（b）带折板的板式楼梯

板式楼梯是由梯段板、平台梁及平台板组成，该梯适用于梯段板跨度不大于 3m 的场合，如图 2-5-8（*a*）所示。作用在梯段板上的荷载，直接传给平台梁，平台梁再将梯段和平台板的荷载传给两侧的墙上。当梯段板跨度较小时，亦可去掉与它连接的平台梁，形成折板梯。如图 2-5-8（*b*）所示。板式楼梯的特点是支模容易、施工方便、构造简单，但板式梯的板厚一般较大，故混凝土用量较多，自重也较大，所以板式楼梯常用于楼梯荷载较小的住宅等建筑中。板式楼梯的底面平整，便于装修。

2. 梁板式楼梯

当楼梯的荷载较大，楼梯段由板和梁组成。由于梁是倾斜搁置在两端的平台梁上，所以叫做斜梁。斜梁承受着由板传来的荷载，荷载再由斜梁传给平台梁，平台梁再传给两侧的墙或柱。楼梯斜梁的间距，即板的跨度。梁板式楼梯与板式楼梯相比，板的跨度小，故在板厚相同的情况下，梁板式楼梯能承受较大的荷载。由于有梁的支承，所以梯段跨度也可以较板式梯大。楼梯斜梁一般设在梯段的临空一侧，而将板的另一端搁置在楼梯间的墙上，也有两侧均设斜梁的。斜梁通常露在板下，如图 2-5-9（*a*）所示，称为明步梯。为了使楼梯段底面平整和避免洗刷楼梯时污水下流，可将斜梁反到上面，从而使侧面看不到楼梯踏步，便于装修收口，如图 2-5-9（*b*）所示，称为暗步梯。实际应用中也有将斜梁设在板的中间下方，形成 T 形截面。

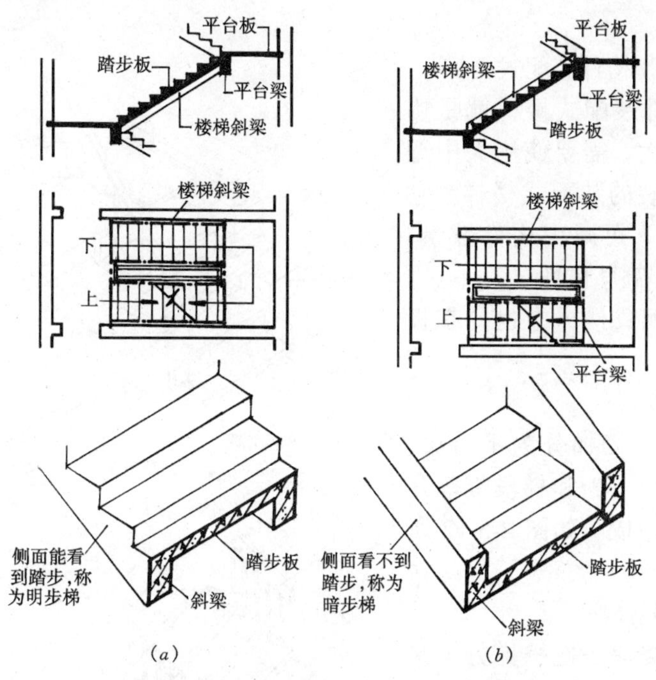

图 2-5-9　现浇钢筋混凝土梁板式楼梯

（*a*）斜梁在下方的梁板式楼梯；（*b*）斜梁在上方的梁板式楼梯

二、预制装配式钢筋混凝土楼梯

预制装配式钢筋混凝土楼梯可根据施工现场吊装设备的能力，将楼梯分解为小型构件或大中型构件。

(一) 小型构件装配式楼梯

小型构件是指用小型起重设备垂直运输、人工安装的轻型构件，有墙承式、悬挑式两种。

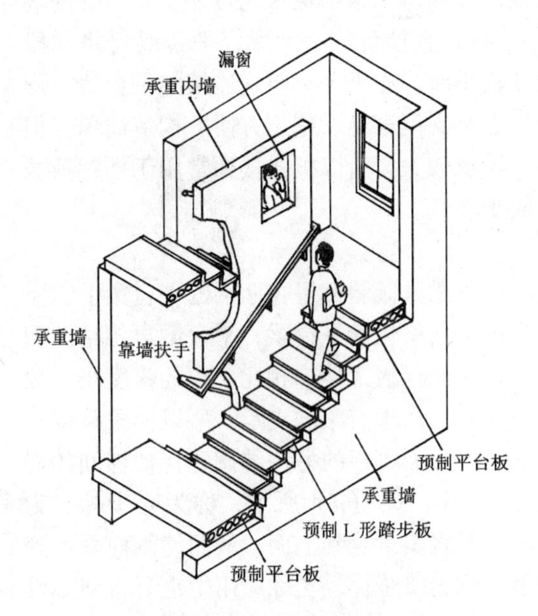

图2-5-10　墙承式预制楼梯

1. 墙承式

将楼梯踏步预制成踏步板，在砌筑楼梯间墙时，随砌随安装，踏步板支承于两边的实体墙上。为了便于通行两梯段中间的实体墙，可留出漏空窗洞，以利行人相互察觉避让，如图2-5-10所示。墙承式楼梯宜用于低标准的次要建筑中。

2. 悬挑式

悬挑式楼梯的一种形式是用承重墙压住预制踏步板的一端（为防止压坏，这一端做成实体的扩大端，踏步板的钢筋伸入其中），另一端悬挑并安装栏杆，这种楼梯仅适用于次要建筑，抗震设防地区不应采用。另一种悬挑式为将踏步板安装在预制的锯齿形斜梁上，多用于室外楼梯。它们的形式见图2-5-11所示。

（二）大、中型构件装配式楼梯

大、中型构件装配式楼梯就是构件体积与重量较大，需要使用大中型起重设备进行吊装的装配式楼梯。它与小型构件相比，可减少构件数量、加快施工速度，提高整体性。

大、中型装配式楼梯中也分有板式和梁板式两种。

1. 板式装配楼梯

板式楼梯是把楼梯分为平台梁、平台板（或梁板合一）和梯段板等几个构件进行安装而成。如图2-5-12所示。

2. 梁板式装配楼梯

梁板式装配楼梯是把楼梯分为平台梁、平台板、斜梁和踏步板等几个构件进行预制安装而成，连接时应用水泥砂浆铺垫，在构件的各连接处均设有预埋件，用焊接或插筋套接的方法连牢，如图2-5-13所示。

大型装配式楼梯是将楼梯段和前后两个平台板连在一起预制组成一个

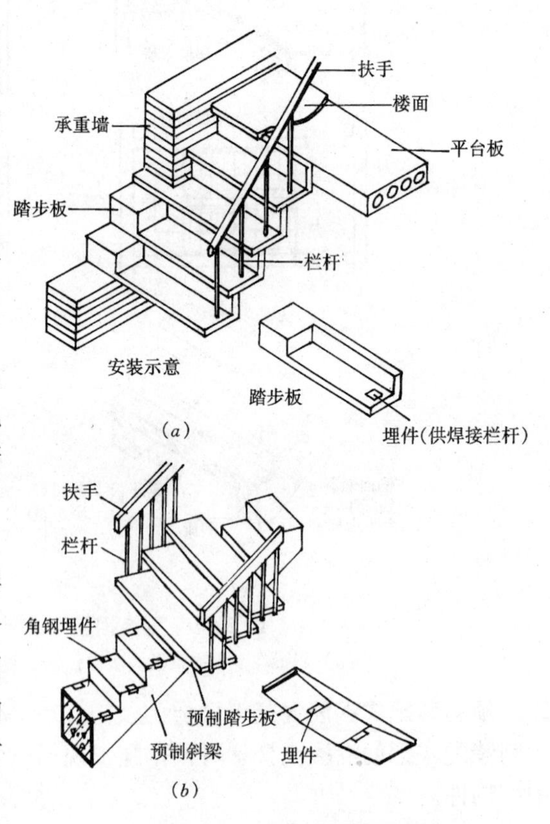

图2-5-11　悬挑式预制楼梯
（a）墙上悬挑楼梯；（b）梁上悬挑楼梯

大构件，每个楼层之间只需两块这样的预制构件。这种楼梯的装配化程度高、施工速度快，但需有大型吊装设备，常用于预制装配式建筑。

三、楼梯的细部构造

楼梯的细部构造是提高楼梯耐久性、安全性、装饰性的必要措施。它们有以下几项内容：

1. 踏步面层

踏步的表面要求耐磨、平整、美观，便于行走和清扫。由于支模浇筑出的楼梯构件表面不可能完全平整，所以都需抹灰（水泥砂浆）处理，再做面层装修。踏步面层的装修做法可根据装修标准选用水泥面、水磨石面、瓷砖面、大理石或花岗石面、地毯面等。为了防止行人滑倒，宜在踏步前缘设置防滑条，防滑条的两端应距墙面或栏杆留出不小于120mm的空隙，以便冲洗和清扫垃圾。防滑条的材料应耐磨、美观、行走舒适，常用水泥铁屑、水泥金刚砂、铸铁、铜、铝合金、缸砖等，其做法如图2-5-14所示。

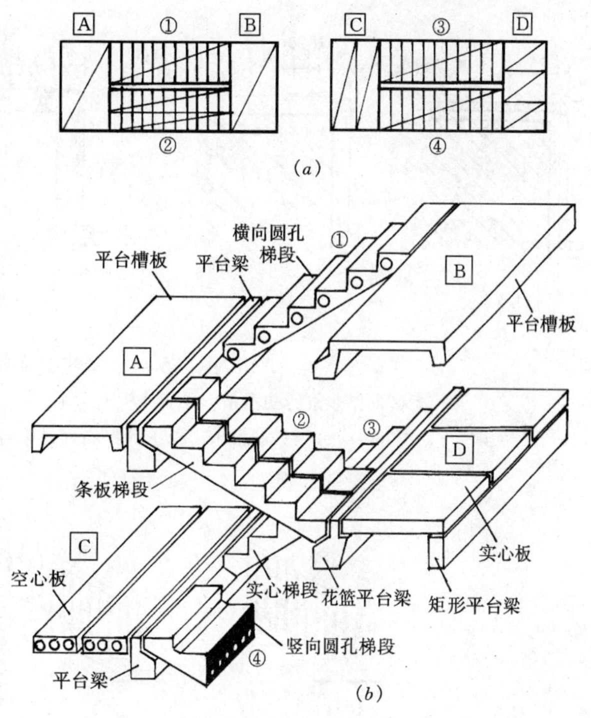

图2-5-12　装配式钢筋混凝土板式楼梯

（图中1、2、3、4及A、B、C、D为可选择的方案）

（*a*）结构的平面布置类型；（*b*）构件的组合示意图

图2-5-13　装配式钢筋混凝土梁板式楼梯

（*a*）锯齿斜梁上放L形踏步板；（*b*）直线形斜梁放三角形空心踏步板

2. 栏杆栏板和扶手

梯段及平台的临空一侧为保证行走的安全，应设置栏杆或栏板。栏杆曲杆件组成，如普通型钢、不锈钢、铝合金材料等，可做成不同的造型，显得玲珑、剔透，有较强的装饰性。栏板可由钢筋混凝土板、加筋的砖砌体及金属板等围合而成，在有振动的房屋及抗震设防地区不应采用无筋砖砌栏板。有时刚度较大的栏杆、栏板，还能发挥类似桁架或斜梁的作用，加强梯段的整体性和刚度(刚度指抵抗变形的能力)。

栏杆及栏板应有一定的强度（强度指抵抗破坏的能力），能抵抗一定的水平推力。栏杆的杆件间距不应大于110mm，以防小孩不慎从杆间跌落。对于双跑式楼梯的楼梯井宽度不宜过宽，过宽占地过多，但也不宜偏窄，偏窄又不利消防水龙穿过，通常采用100～

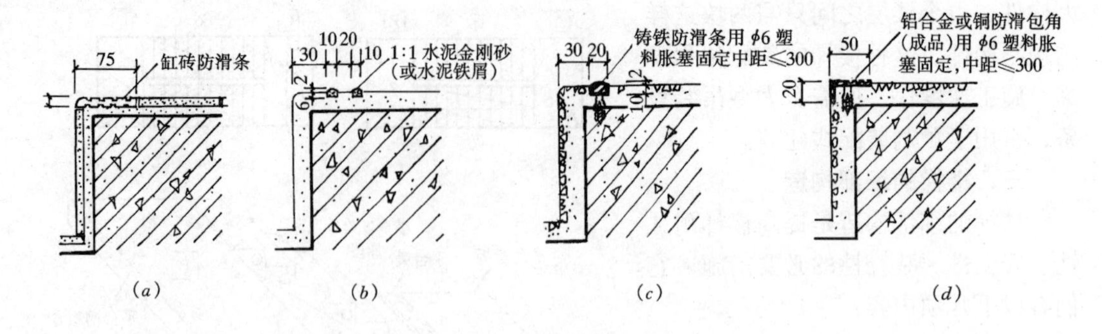

图 2-5-14　踏步的防滑构造

(a) 瓷砖面踏步缸砖防滑条；(b) 水泥面做 1∶1 水泥金刚砂防滑条；(c) 水磨石面做铸铁防滑条；(d) 水磨石面做铝合金或铜防滑包角

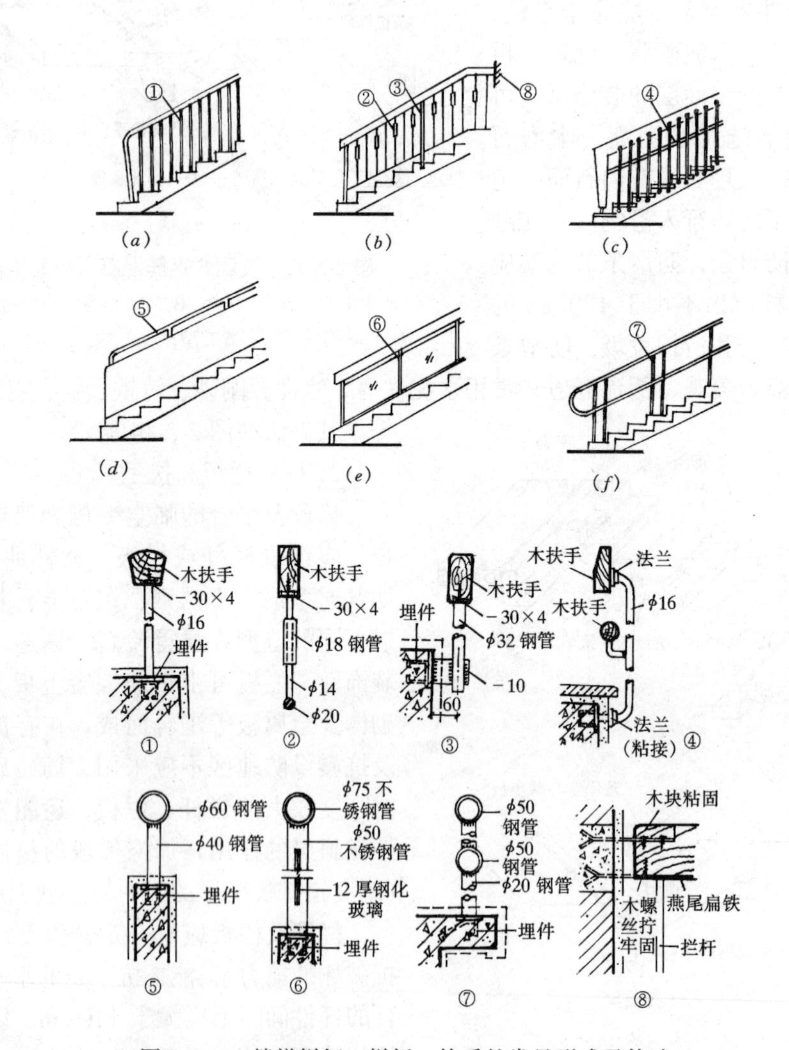

图 2-5-15　楼梯栏杆、栏板、扶手的常见形式及构造

(a) 踏面焊接栏杆楼梯；(b) 小开间夹缝栏杆楼梯；(c) 幼儿扶手楼梯；(d) 栏板式楼梯；(e) 梁板式不锈钢玻璃栏板楼梯；(f) 单梁挑板室外楼梯

150mm（多层以下住宅楼梯井可不设）。栏杆与踏步的联结要坚实，可靠，可采用预埋铁件或预留插孔，进行焊接、栓接或胀管连接，如图 2-5-15 所示。

栏杆、栏板的上端均设扶手，以应行人依扶及把握之需。为此，在梯段宽大于 1.4m 时应设靠墙扶手；梯段宽大于 2.2m 时要设中间扶手。扶手应有一定的高度，此高度是指踏步前缘到扶手上表面的垂直距离，不得小于 0.9m；平台水平栏杆扶手高不得小于 1.0m；有儿童使用的扶手，高度可矮些，如幼儿园、小学校等可在栏杆中部加设扶手，高度为 0.5～0.6m。扶手的断面形式很多，但应便于扶握，其宽度一般为 40～80mm，其材料有硬木、钢管、塑料制品等，栏板上缘可做硬木扶手或抹水泥砂浆、做水磨石等。扶手类型如图 2-5-15 所示，钢栏杆用木扶手或塑料扶手时用木螺丝连接扶手与栏杆，钢栏杆与钢管扶手采用焊接连接。

第四节　台 阶 与 坡 道

一、台阶

台阶是联系不同高度地面的踏步段，分室外台阶和室内台阶两种。

台阶由平台与踏步组成。台阶的坡度应比楼梯小些，台阶的踏步宽宜在 300～400mm，踏步高宜在 100～150mm，踏步的宽高关系仍按 $b+2h=600\sim620$mm 求得。坡道应该是台阶的一种特例。

台阶的形式有单面踏步式、三面踏步式（也称如意式），还有单面踏步带垂石、方形石、花池等形式。大型公共建筑还常将可通行汽车的坡道与台阶结合，形成壮观的大台阶。台阶的形式如图 2-5-16 所示。

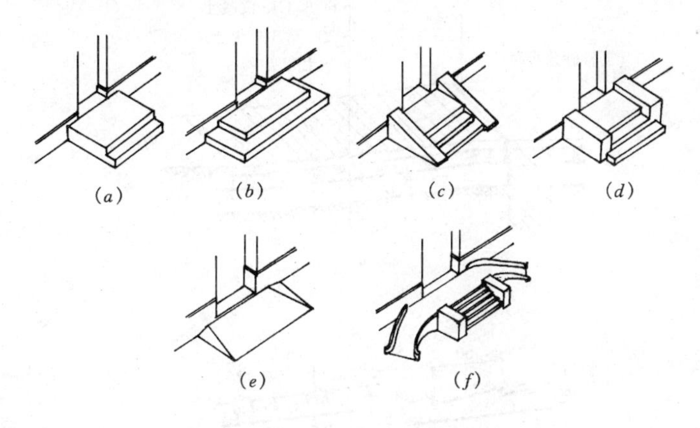

图 2-5-16　台阶的形式

(a) 单面踏步式；(b) 三面踏式；(c) 单面踏步带垂带石；(d) 单面踏步带方形石；(e) 坡道；(f) 坡度与台阶结合

一般台阶的构造与地面相同，有面层、垫层两部分。面层可以采用地面面层的材料，垫层大多采用混凝土，也有在混凝土垫层上砌砖，再在砖上做面层。北方季节性冰冻地区，为避免台阶遭受冰胀而破坏，应在混凝垫层下加做砂或炉碴垫层（厚度为 300），台阶构造如图 2-5-17 所示。

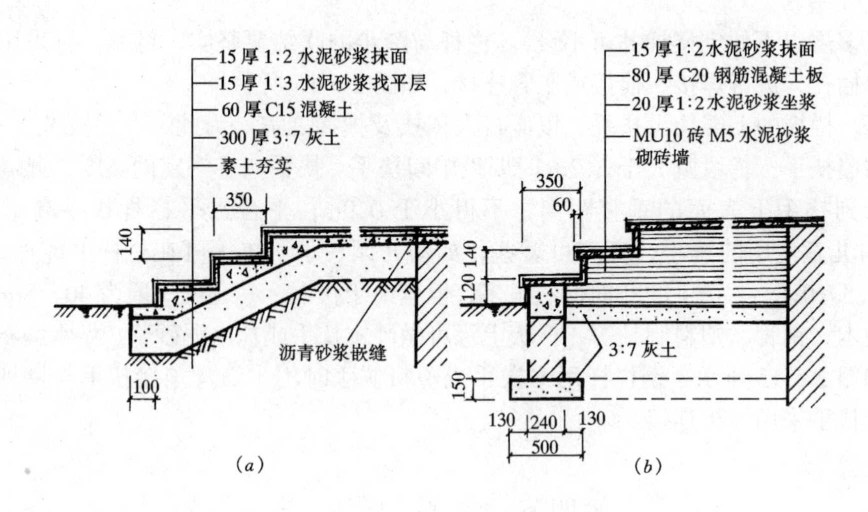

图 2-5-17　台阶构造

(a) 现浇混凝土台阶；(b) 砌墙架空台阶

二、坡道

相邻地面的高差较小或便于车辆行驶（如医院、疗养院等）应设置坡道，其坡度不宜大于1/10，室内较短的坡道不宜大于1/8。坡道的构造与台阶大体相同，只是不做踏步。坡道表面应作防滑处理，以保证行人和车辆的安全，其构造作法如图 2-5-18 所示。

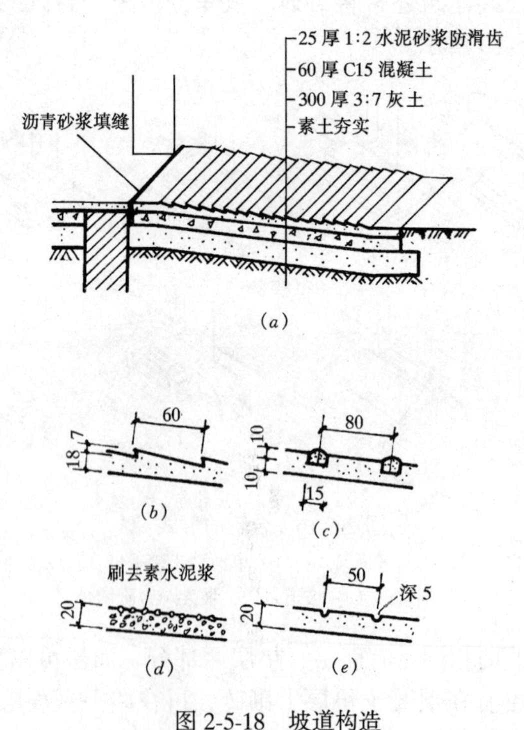

图 2-5-18　坡道构造

(a) 防滑坡道构造；(b) 防滑齿细部；(c) 金刚砂防滑条；(d) 水泥豆石面防滑；(e) 水泥面划凹槽防滑

第五节　电梯与自动扶梯

电梯是高层建筑中极其重要的垂直交通工具。例如按照《住宅建筑设计规范》：七层及七层以上的住宅，或最高住户入口层楼面距底层室内地面的高度在16m以上的住宅，应设置电梯。一些公共建筑虽层数不多，但当建筑等级高（如高级酒店、宾馆）或有特殊需要（如医院）也应设电梯。多层仓库及多层商场要设货运电梯。高层建筑（12层及12层以上的住宅、高度超过32m的其他建筑）应设消防电梯。

一些大型公共建筑，如大型商场、火车站及航空港等人流密集场所，为加快人流的疏导，应设自动扶梯。

一、电梯

电梯由井道、轿厢、机房、平衡重等几部分组成，如图2-5-19所示。

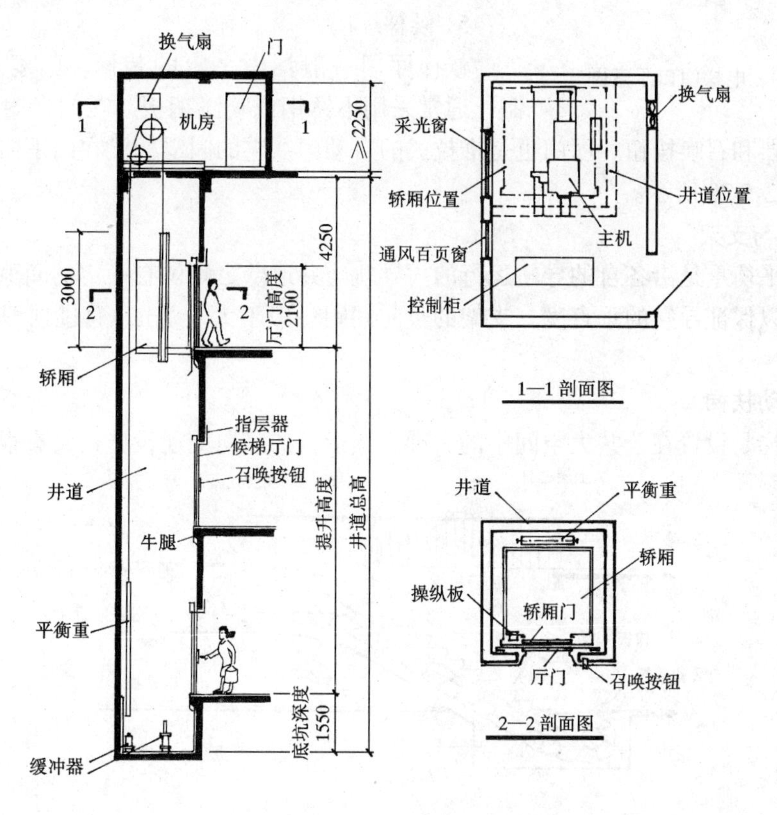

图2-5-19　电梯的组成

1. 井道

井道用钢筋混凝土或部分用砖构筑而成，是电梯运行的竖向通道。在井壁上要预留孔洞或埋件，以便固定导轨。井道底部应深入室内地坪一定深度，并设防水层，在预留的钢筋混凝土墩子上安弹簧缓冲器。井道还需开设通风排烟及检修孔，井道内应设照明灯具。

2. 轿厢

轿厢是垂直交通和运输的主要容器。轿厢应做到坚固、防火、通风、便于检修和疏

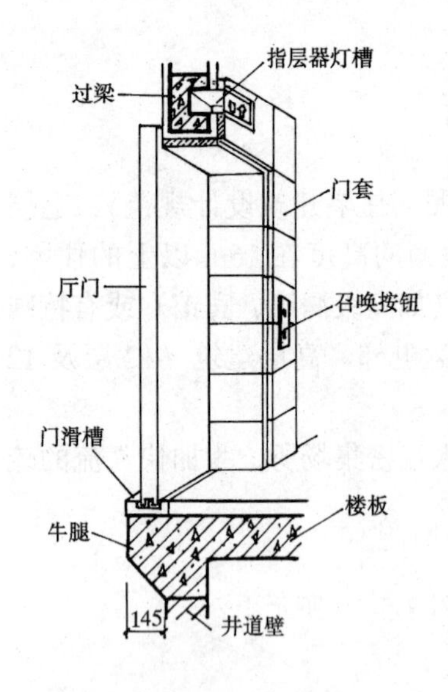

图 2-5-20　电梯门口示意图

散。轿厢门一般为推拉门。轿厢内设有操纵板、层数指示灯、排风扇、报警器及电话等。顶部应设疏散孔。

3. 机房

机房一般设在井道上部。机房的大小、形状、预留孔道等应与电梯型号、载重量相一致。现代的电梯主机均有自动控制系统，机房内应按所选电梯的技术要求布设各种管线。机房应设采光窗及通风设备，并注意防雨、防水。

4. 平衡重

通过钢丝绳与轿厢相连的平衡配重，由铸铁块叠合而成。通过平衡重保持轿厢的平稳、减少起重设备的消耗功率。

5. 候梯厅门

候梯厅门一般均做一定的装修。门扇均能自动控制，通常采用不锈钢或喷漆钢板。在门套附近的明显位置设置指层器和召唤按钮。厅门也是推拉式的自动门，它的门滑槽设在门下向外挑出的牛腿上，如图 2-5-20 所示。

6. 导轨与支架

轿厢与平衡重是沿各自的导轨运行的。导轨与井道壁之间留有一定的间隙，通过设支架来调整，以保证导轨的垂直度。支架的竖向间距一般不大于 2m，通过预埋件与井道壁相连。

二、自动扶梯

自动扶梯是设置在公共大空间中的一种连续运行的竖向交通设施，具有很强的导向性

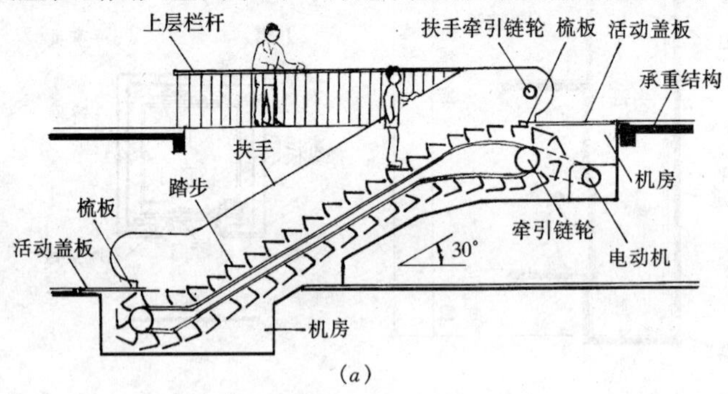

(*a*)

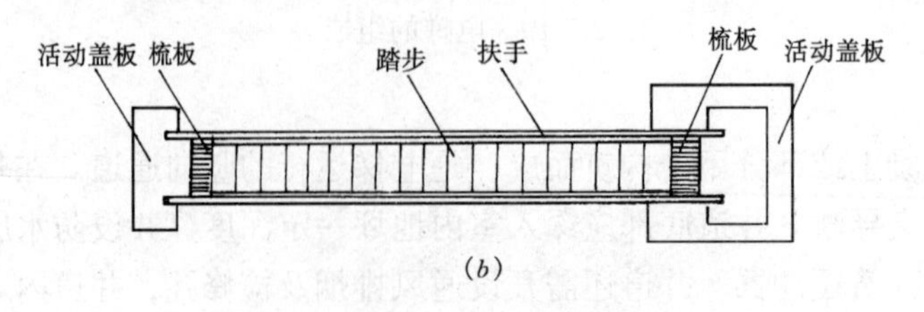

(*b*)

图 2-5-21　自动扶梯示意图

(*a*) 剖面示意；(*b*) 平面示意

和装饰性。其运行平稳安全，承载力较大。

自动扶梯由扶手带、踏步板、机架及机房组成，如图 2-5-21 所示。上行时，行人通过梳板步入运行的水平踏步上，扶手带与踏步板同步运行，踏步逐渐转为 30°梯段区的运行。临近下梯时，踏步逐渐变为水平，最后行人通过梳板步入上一楼层。逆转下行梯的原理与此相同，只是转向相反。

复习思考题

1. 楼梯按平面位置分有哪些？住宅楼梯与公共建筑楼梯在平面位置上有什么特点？如何考虑疏散和防火问题？

2. 楼梯的常见形式有哪些？你在学校内能见到哪几种？

3. 楼梯由哪些部分组成？各有什么设置要求？

4. 楼梯的坡度应在怎样的范围内？在实际中是如何应用的？

5. 什么是楼梯净宽？楼梯净宽有什么要求？楼梯净宽与平台宽有什么关系？

6. 楼梯踏步尺寸是怎样确定的？一般民用建筑楼梯的净空高、扶手高各有什么要求？尺寸如何？

7. 钢筋混凝土楼梯按施工方法分有哪些？各有什么优、缺点？

8. 板式梯与梁板式梯有什么不同？各有什么特点？什么是明步梯和暗步梯？

9. 预制装配式钢筋混凝土楼梯有哪几种形式？各有什么优缺点？

10. 踏步为什么做面层？踏步的防滑措施有哪些？做法如何？

11. 室外台阶有哪些形式？其踏步尺寸如何？画混凝土台阶的构造图（面层为水泥砂浆）。

12. 坡道的构造有哪些要求？

13. 电梯和自动扶梯主要由哪几部分组成？

14. 住宅建筑在什么情况下需要设电梯？

第六章　屋　　顶

第一节　屋　顶　概　述

一、屋顶的作用及设计要求

屋顶是房屋上面起覆盖作用的外围护构件，主要有三个作用：

(1) 承重作用　承受屋顶上的风、雨、雪荷载、上人维修活动荷载及屋顶上自身荷载；

(2) 围护作用　抵御自然界风、雨、雪霜、冷、热、噪声等对建筑物的影响，保证建筑内正常的工作、生活环境。

(3) 美观　不同的屋顶形式体现建筑不同的风格，反映不同地域、民族、宗教、时代和科技的发展。

首先，屋顶设计必须满足其足够的强度和耐久性，保证建筑的正常使用。其次，要满足排水通畅、防漏可靠。屋顶设计最重要的任务就是选择合理的排水坡度，防止雨、雪水渗漏。第三，屋顶要满足保温、隔热的要求。由于我国南北地区温差较大，合理地选择保温材料和采取隔热措施是保证顶层室内正常使用的必要手段。最后应满足自重轻，构造简单，取材方便，施工可行和造价低廉。

二、屋顶的分类

屋顶按其形状不同，可分为平屋顶、坡屋顶和曲面屋顶三大类。如表 2-6-1。

屋顶的分类　　　　**表 2-6-1**

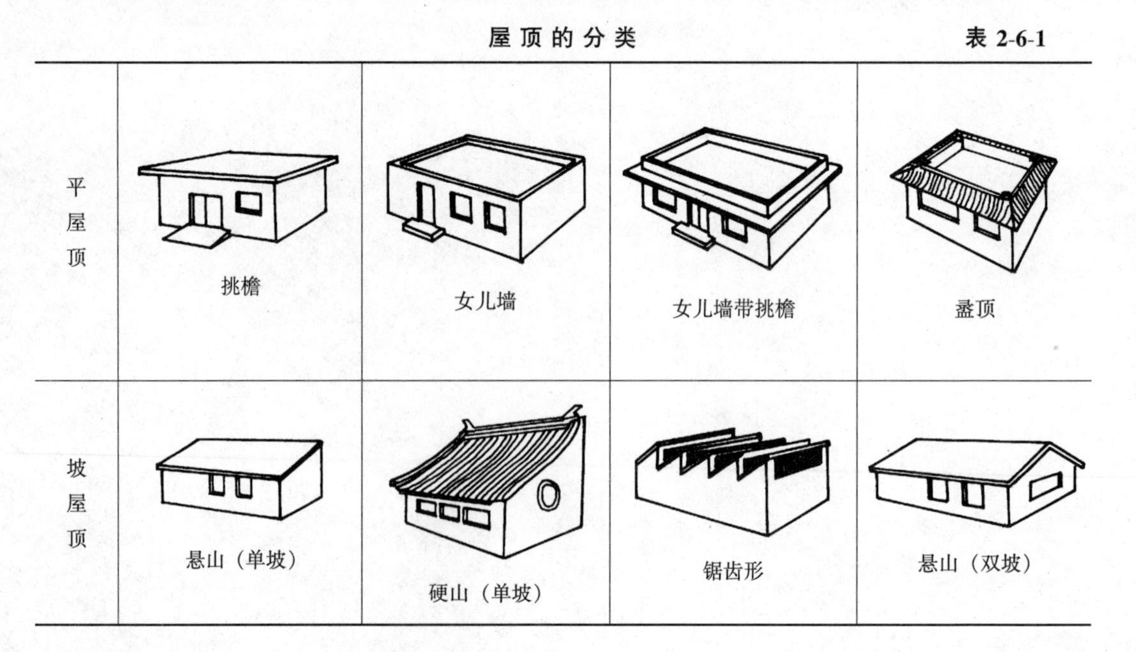

续表

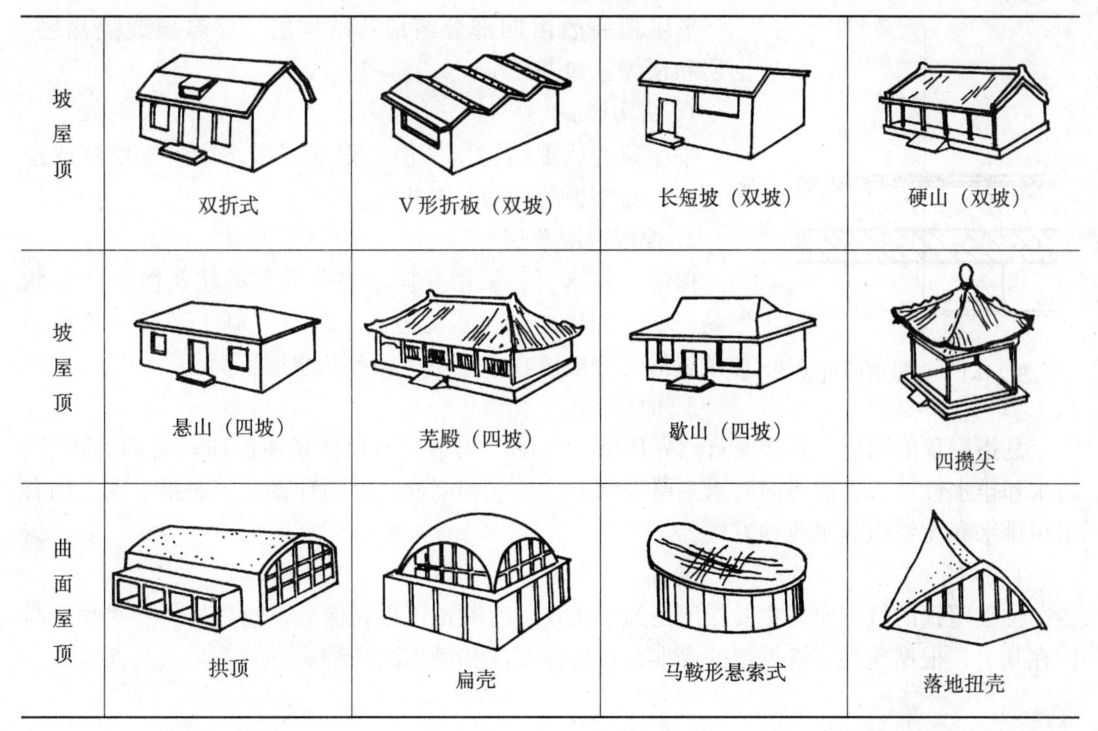

1. 平屋顶

平屋顶是指屋面坡度小于10%的屋顶，一般为2%～3%。平屋顶层面坡度小，构造简单，施工方便，造价低廉，目前在我国广泛使用。但其屋面坡度小，排水不畅，容易渗漏，所以国家每年用于屋面防水维修的费用也很大。

2. 坡屋顶

屋面坡度大于10%的屋顶称作坡屋顶，坡屋顶构造复杂，造价较高，但屋面坡度较大，排水畅通，渗漏较少。另外坡屋顶下一般都作吊顶，吊顶与屋顶之间形成很大的空间，保温、隔热效果较好，民间有“冬暖夏凉”之说。坡屋顶的类型也较多：单坡屋顶、双坡屋顶、四坡屋顶、歇山屋顶、庑殿屋顶等等形式很多。

3. 曲面屋顶

曲面屋顶受力合理，能充分发挥材料的力学性能，而且也能获得较大的室内空间，国内国际上许多室内体育场馆都采用了这样的屋顶。形状变化多样，造型优美。但屋顶构造相当复杂，施工难度较大，所以一般都是在特殊情况下使用。

第二节　平屋顶的构造

平屋顶由于采用钢筋混凝土的梁、板形式，与坡屋顶相比，节约木材，减少建筑体积，提高了预制装配程度及房屋的耐久性和耐火性。同时，屋顶上还可以做成露台、花园、游泳池等，给人们创造更多的休息、活动场所。因此，目前平屋顶被广泛采用，但平屋顶造型和变化方式较少，在丰富建筑造型方面受到限制。平屋顶的形式一般只有四种，即如表 2-6-1 中挑檐平屋顶，女儿墙平屋顶、女儿墙带挑檐平屋顶和盝顶平屋顶。

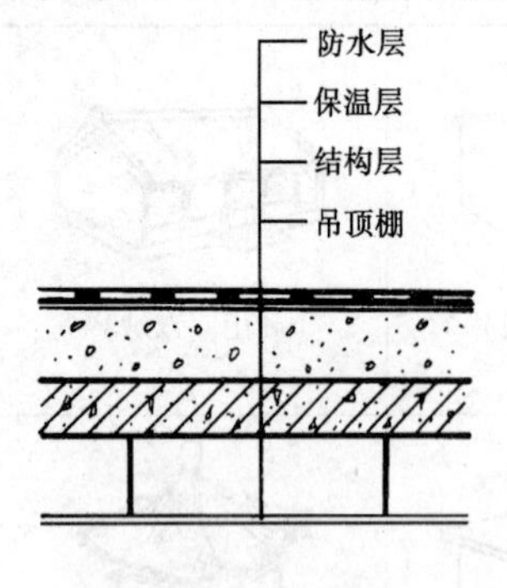

图 2-6-1　平屋顶的组成

平屋顶一般由四部分组成：结构层、保温层或隔热层、面层和顶棚，如图 2-6-1。

1. 结构层

平屋顶的承重结构层一般由钢筋混凝土梁、板现浇或预制而成，与楼板的构造基本相同。

2. 保温或隔热层

保温、隔热层多采用轻质、多孔的无机粒状散料或块状制品，如水泥珍珠岩、水泥蛭石、加气混凝土和聚苯乙烯泡沫塑料等，一般设在承重层上面和防水层下面。

3. 面层

是指屋顶的面层，直接受自然界风吹、日晒、雨淋，所以要求屋面应具有耐摩擦性、防水和排水性能。目前屋面防水主要采用柔性防水和刚性防水两种方式，而排水则采用有组织排水和无组织排水两种方式。

4. 顶棚

位于屋顶的最下面，主要作用是为了美观，有时也可以将保温、隔热材料和水平管道设在其上，根据建筑装修等级的要求有直接抹灰法和吊顶法两种。

第三节　平屋顶的排水

平屋顶由于屋面坡度较小，发生渗漏的现象较多，因此在屋顶设计中，主要考虑屋面防水的“导”和“堵”。所谓“导”就是按照屋面防水材料的不同，设置合理的排水坡度和排水方式，使得降于屋面的雨、雪水因势利导地排离屋面，以达到防水目的，这就是本节的排水问题。所谓“堵”就是利用防水材料的抗渗性能，使防水材料上下，左右相互连接，形成一个封闭的防水覆盖层，以达到防水目的，这就是下节讲的防水问题。

一、平屋顶屋面坡度的形成

平屋顶不是绝对水平，应有一定的坡度，一般为 2%～3%，使雨、雪水靠自重沿着坡度下滑，排离屋顶。屋面坡度的形成一般有两种方法：一是材料找坡，即用轻质、多孔材料如 1∶8 水泥焦渣在承重层上按要求垫置坡度，这种找坡方法虽然给屋面增加了荷载，但造价低、材料易得，应用较广。特别是北方地区的保温层如用散粒材料，则铺设保温层时，顺便找坡，效果更好。二是结构找坡，将承重层楼板倾斜放置形成一定坡度，这种找坡虽然不增加荷载，但由于屋面板倾斜搁置，室内顶板倾斜，给人以不舒服的感觉，所以一般在民用建筑中采用较少，有时如果室内做吊顶棚，也可以采用这种方式。

二、平屋顶的排水方式

平屋顶的排水方式有两种，无组织排水和有组织排水。

1. 无组织排水

也叫自由落水，是指屋面不设排水设备，屋面上的雨水经挑檐自由落到地面，这种方式构造简单，造价低廉，不易漏雨和堵塞，如图 2-6-2 所示。但从挑檐自由下落的雨水溅起，污染墙面，当建筑较高而雨水量又大的地区，从房檐落下的雨水对散水的冲击力也较大，时间长了，会损坏散水、雨水下渗，破坏基础，影响建筑寿命。所以无组织排水一般只适用于雨水量小的地区或单层的临时建筑。

2. 有组织排水

是指屋面上的雨雪水顺着屋面坡度汇集于檐沟（或天沟）经雨水口、雨水斗和雨水管等设备有组织地排至室外地面或室内下水道。这种方式改变了无组织排水给建筑造成的破坏，但相应地也增加了建筑投资。根据雨水管的布置方法有组织排水又分为外排水和内排水两种。

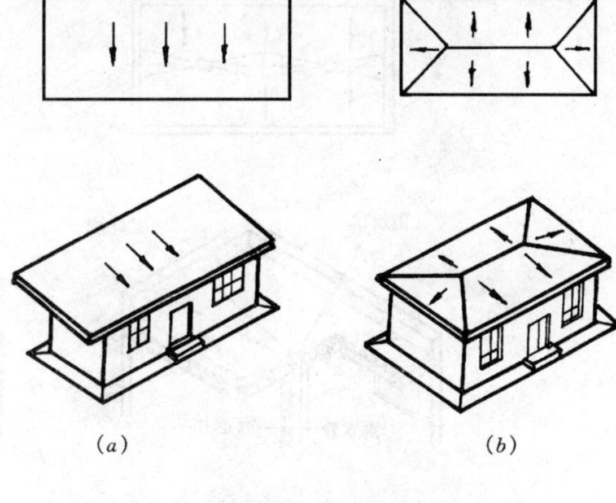

图 2-6-2　无组织排水

（*a*）单坡排水；（*b*）四坡排水

（1）外排水　雨水管设在外墙外表面的做法，雨水从雨水管直接排至散水或明沟。这种方式相对构造简单，造价较低，应用最广，如图 2-6-3 所示。

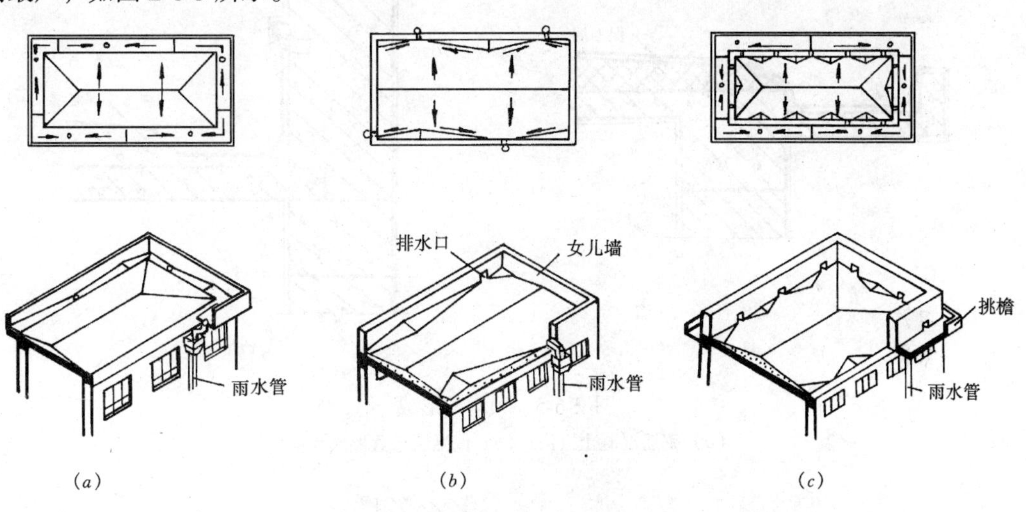

图 2-6-3　有组织外排水

（*a*）檐沟外排水；（*b*）女儿墙外排水；（*c*）女儿墙带挑檐外排水

（2）内排水　是指雨水管设在室内墙上或柱旁，雨水经雨水口、雨水斗和雨水管排至室内下水道，这种方法构造复杂，造价和维修费用较高，适用于屋面宽度过大，不宜垫坡太厚，严寒地区屋顶融化雪水易在外排水管中冻结、或外排水管有碍建筑立面美观等情况，如图 2-6-4。

（3）排水装置

1）天沟　可采用钢筋混凝土槽形天沟，也可用找坡材料或保温材料垫置形成天沟。为使天沟排水通畅，应在天沟底部分段设置坡度，一般为 0.5%～1.0%，坡度过小则排水不畅，过大则会使天沟太深，并在天沟最低处设置雨水口。如图 2-6-5。

2）雨水口　雨水口的设置要根据屋面集水面积、不同直径的雨水管的排水能力求得。

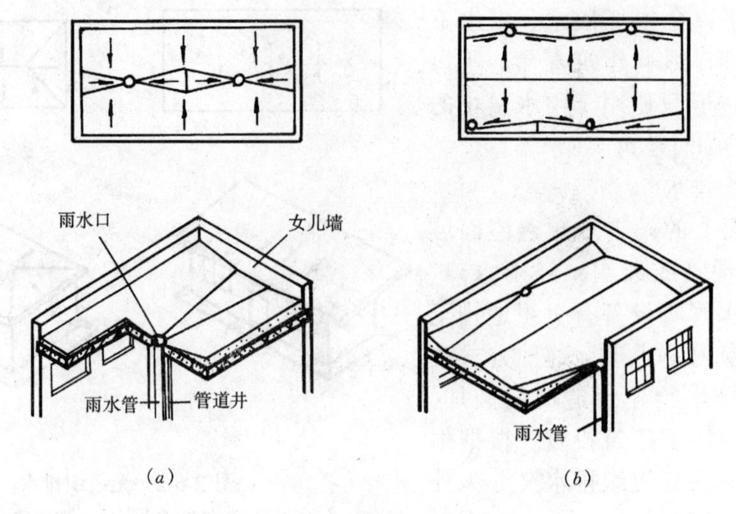

（*a*） （*b*）

图 2-6-4　有组织内排水

（*a*）房间中部内排水；（*b*）外墙内侧内排水

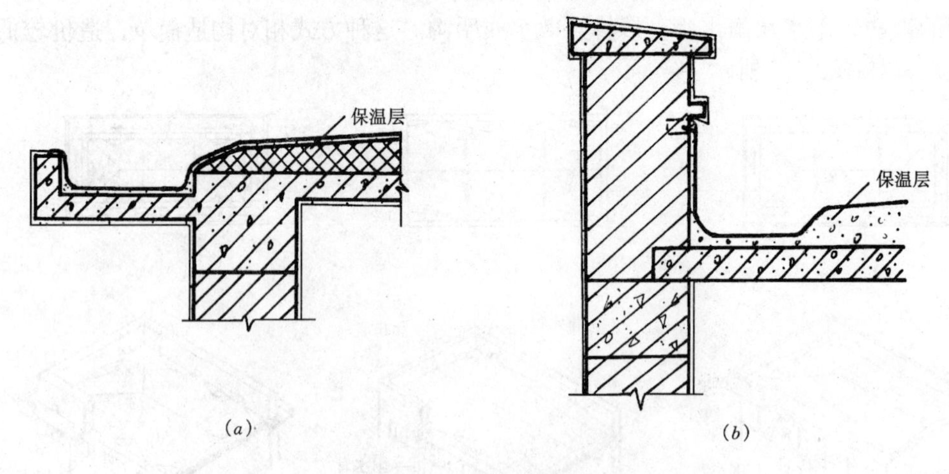

（*a*） （*b*）

图 2-6-5　天沟的形成

（*a*）钢筋混凝土天沟；（*b*）保温层垫置形成天沟

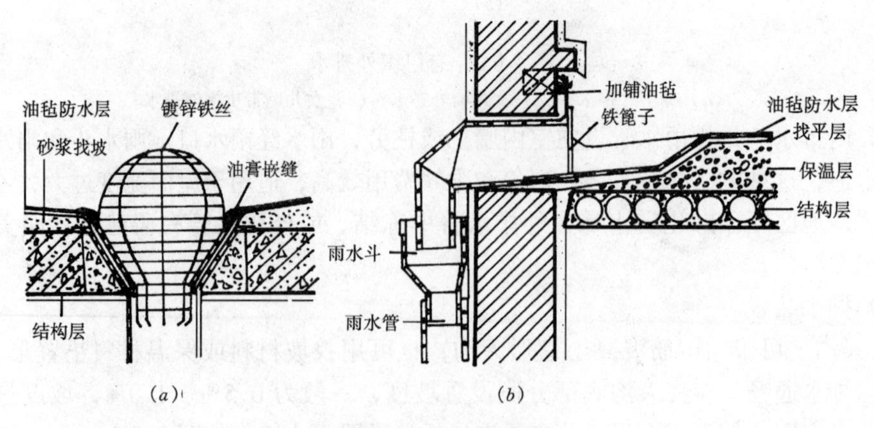

（*a*） （*b*）

图 2-6-6　雨水口的构造

（*a*）水平雨水口；（*b*）垂直雨水口

雨水口的位置与间距要尽量使其排水负荷均匀且利于雨水管的安装和不影响建筑立面美观。雨水口的形式一般有两种，如图 2-6-6 所示。

3）雨水管　由于有组织排水屋面的雨水都要由雨水管排除，因而必须配备足够数量的雨水管才能将雨水及时排走。雨水管的数量与屋面水平投影面积、降雨量和雨水管的直径有关，按理论计算和实践经验，在年降雨量大于 900mm 的地区，每一直径为 100mm 的雨水管可排集水面积≤150m^2 的雨水，小于 900mm 的地区，每一直径 100mm 的雨水管可排集水面积≤200m^2 的雨水。在工程实践中，为了避免天沟坡段过长，要限制雨水管的间距，一般采用 10～15m，如图 2-6-7。常用的雨水管材料有镀锌铁皮和 PVC 两种，还有用玻璃钢做的雨水管。

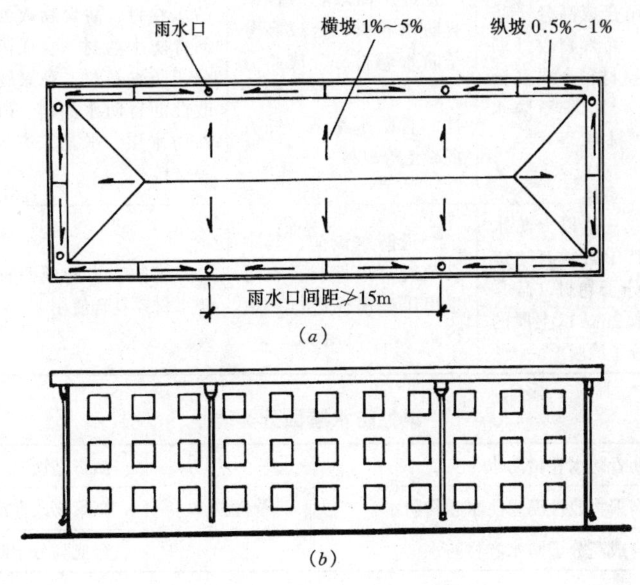

图 2-6-7　雨水口的布置

（*a*）屋面排水平面图；（*b*）雨水管在立面图中的表现

第四节　平屋顶的屋面防水

屋面防水是屋顶设计、施工的重要环节，可分为柔性防水和刚性防水两大类。根据建筑物的性质，重要程度，使用功能要求以及防水层耐用年限等，将屋面防水分为四个等级，并按不同等级进行设防。见表 2-6-2。

一、平屋顶的柔性防水

所谓柔性防水是指所采用的防水材料具有一定的柔韧性，能够随着结构的微小变化而不出现裂缝，且防水效果较好，柔性防水屋面又分为卷材防水屋面和涂膜防水屋面。如表 2-6-3。

（一）卷材防水屋面

卷材防水屋面是指利用胶结材料采用各种形式粘贴卷材进行防水的屋面。一般由找平层、结合层、卷材防水层和保护层组成。如图 2-6-8。

1. 卷材防水屋面的构造

屋面防水等级和设防要求　　表 2-6-2

项目	屋面防水等级			
	Ⅰ	Ⅱ	Ⅲ	Ⅳ
建筑物的类别	特别重要的民用建筑和对防水有特殊要求的工业建筑	重要的工业与民用建筑	一般的工业与民用建筑	非永久性的建筑
防水耐用年限	25年以上	15年以上	10年以上	5年以上
选用材料	宜选用合成高分子防水卷材、高聚物改性沥青防水卷材、合成高分子防水涂料、细石防水混凝土等材料	宜选用高聚物改性沥青防水卷材、合成高分子防水卷材、合成高分子防水涂料、高聚物改性沥青防水涂料、细石混凝土等材料	宜选用三毡四油沥青防水卷材、高聚物改性沥青防水卷材、合成高分子防水卷材、高聚物改性沥青防水涂料、刚性防水层、平瓦、油毡等材料	可选用二毡三油沥青防水卷材、高聚物改性沥青防水涂料、沥青基防水涂料、波形瓦等材料
做法	二道或三道以上防水设防，其中必须有一道合成高分子卷材，且只能有一道 2mm 以上厚的合成高分子涂膜	二道防水设防，其中必须有一道卷材，也可采用压型钢板进行一道设防	一道防水设防或两种防水材料复合使用	一道防水设防

柔性防水屋面分类表　　表 2-6-3

卷材防水	沥青防水卷材防水	涂膜防水	沥青基涂料
	高聚物改性沥青防水卷材防水		高聚物改性沥青防水涂料
	合成高分子防水卷材防水		合成高分子防水涂料

1）找平层　找平层是铺贴卷材防水层的基层，可采用水泥砂浆、细石混凝土或沥青砂浆。沥青砂浆找平层适合于冬季、雨季施工水泥砂浆有困难和抢工期时采用。水泥砂浆找平层中宜掺膨胀剂，以提高找平层密实性，避免或减小因裂缝而拉裂防水层。细石混凝土找平层尤其适用于松散保温层上，以增强找平层的刚度和强度。

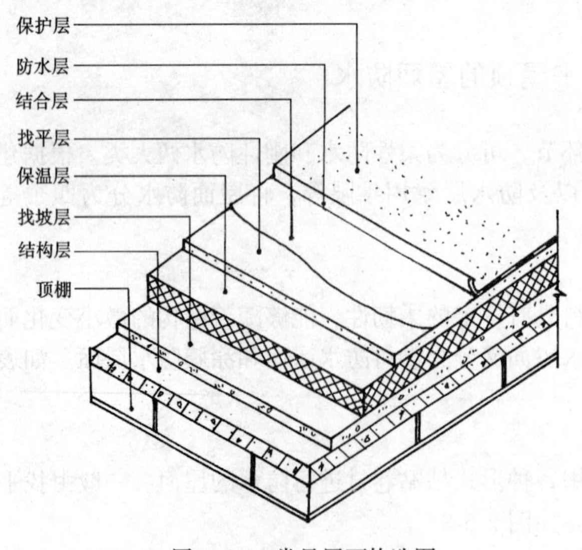

图 2-6-8　常见屋面构造图

为了避免或减少找平层开裂，找平层宜留分格缝，缝宽为 20mm，并嵌填密封材料或空铺卷材条。分格缝应留设在板端缝处，其纵横缝的最大间距为：找平层采用水泥砂浆或细石混凝土时，不宜大于 6m，找平层采用沥青砂浆时，不宜大于 4m。找平层的厚度为 15～35mm。

2）结合层　结合层也叫基层处

理剂。沥青卷材防水层常用冷底子油。冷底子油是由石油沥青溶解于柴油、汽油、苯或甲苯等有机溶剂中而制成的溶液，涂刷在水泥砂浆或混凝土基层或金属配件的基层上作基层处理剂，可使基层表面与沥青胶结材料之间形成一层胶质薄膜，以此来提高其胶结性能。因技术进步，传统的沥青油毡做法在减少。

现已广泛应用高聚物改性沥青卷材和高分子卷材，它们的结合层一般都由卷材生产厂家配套供应。有冷粘法和热涂法两种。

3）卷材防水层：卷材防水层根据防水卷材的不同可分为石油沥青防水卷材、高聚物改性沥青防水卷材和合成高分子防水卷材。

A. 石油沥青防水卷材防水层：这种防水的防水屋面目前使用的卷材有石油沥青纸胎油毡、石油沥青油纸、沥青玻璃布油毡、石油沥青玻纤胎油毡等。传统的做法是石油沥青纸胎油毡的防水屋面。

常用的有二毡三油防水层和三毡四油防水层。所谓二毡三油防水层就是沥青——油毡——沥青的做法，即用沥青将二层或三层油毡粘成整体进行防水。如图 2-6-9 根据实践经验，石油沥青卷材屋面存在不少缺点，如起鼓、折皱、流淌、易老化、耐久性差、维修不便等弊病，应用逐渐减少，被新材料所代替。

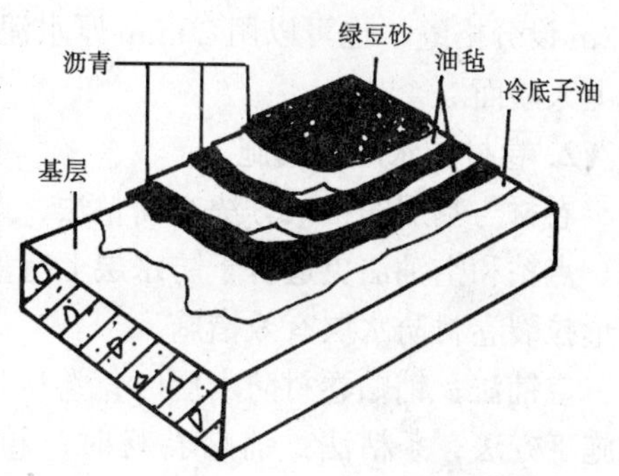

图 2-6-9　二毡三油防水屋面构造

B. 高聚物改性沥青防水卷材：以合成高分子聚合物改性沥青为涂盖层，纤维织物或纤维毡为胎体，粉状、粒状、片状或薄膜材料为覆盖材料制成的可卷曲片状防水材料称为高聚物改性沥青卷材。如 SBS 改性沥青复铝膜油毡等。

高聚物改性沥青卷材克服了沥青卷材温度敏感性大，延伸率小的缺点，具有高温不流淌、低温不脆裂、抗拉强度高，延伸率大的特点，能够较好地适应基层开裂及伸缩变形的要求。

根据高聚物改性材料的种类不同，国内使用的主要几种高聚物改性沥青卷材有：SBS 改性沥青卷材、APP 改性沥青卷材、PVC 改性沥青卷材、再生胶改性沥青卷材等。SBS 防水卷材的特点是低温柔性好，弹性和延伸率大，纵横向强度均匀性好，可在低寒、高温气候条件下使用，还可以避免结构层伸缩裂缝对防水层构成的威胁。APP 防水卷材的特点则是耐热度高，热熔性好，适合热熔法施工，因而适用于高温气候或有强烈太阳辐射地区的建筑屋面防水。按胎体材料不同，又有聚酯毡、麻布、聚乙烯膜、玻纤毡等胎体的高聚物改性沥青卷材。

C. 合成高分子卷材，以合成橡胶、合成树脂或它们两者的共混为基础，加入适量的化学助剂和填充料等，经不同工序加工而成的可卷曲片状防水材料；或将上述材料与合成纤维等复合形成两层或两层以上可卷曲的片状防水材料称为合成高分子防水卷材。

合成高分子防水卷材具有拉伸强度高、断裂伸长率长、抗撕裂强度高、耐热性能好、低温柔性大、耐腐蚀、耐老化及可以冷施工等优越性能，属高档防水卷材。

目前使用的合成高分子卷材主要有三元乙丙、聚氯乙烯、氯化聚乙烯、氯磺化聚乙烯防水卷材等。

4）保护层　为了降低屋面温度，延长防水层寿命，应在防水层上做保护层，常做的保护层有几下几种：

A. 绿豆砂保护层　即用粒径为 3～5mm 的粗砂，施工时先将防水层表面清扫干净，将清洁的绿豆砂在锅内或钢板上炒干预热至 100℃左右，在油毡上涂刷 2～3mm 厚的热玛𤧛脂，趁热将预热过的绿豆砂用簸箕或铁铲等均匀地撒在玛𤧛脂上，边撒边用竹扫帚或用木推耙推铺绿豆砂，使其粒径的一半左右嵌入玛𤧛脂中，然后扫除多余的绿豆砂。这种保护层造价低，但自重大，增加屋面荷载，而且使屋面排水效果受到影响。

B. 铝银粉涂料保护层　它是由铝银粉、清漆、熟桐油和汽油调配而成，直接刷在防水层表面，表面呈银白色，吸热量少，还有利于排水，自重也轻，造价也不太高。有的卷材在外面直接贴复铝箔。

C. 混凝土保护层和块材保护层　即在防水层上浇 30～40mm 厚的细石混凝土，每 2×2m 设分格缝。也可以用 20mm 厚水泥砂浆铺设混凝土板或大阶砖等，这种做法都适用于上人屋面。

2. 卷材防水屋面的施工

卷材与基层的粘结方法有满粘法、点粘法和空铺法等形式。通常都采用满粘法，而条粘、点粘和空铺法更适合于防水层上有重物覆盖或基层变形较大的场合，是一种克服基层变形拉裂卷材防水层有效措施。

空铺法：铺贴卷材防水层时，卷材与基层仅在四周一定宽度内粘结，其余部分不粘结的施工方法；条粘法：铺贴卷材时，卷材与基层粘结面不少于两条，每条宽度不小于 150mm；点粘法：铺贴防水卷材时，卷材或打孔卷材与基层采用点状粘结的施工方法。每平方米粘结不少于 5 点，每点面积为 100mm×100mm。

无论采用空铺、条粘还是点粘法，施工时都必须注意：距屋面四周 800mm 内的防水层应满粘，保证防水层四周与基层粘结牢固；卷材与卷材之间应满粘，保证搭接严密。

铺贴卷材采用搭接法，上下层及相邻两幅卷材的搭接应错开。平行于屋脊的搭接缝应顺流水方向搭接；垂直于屋脊的搭接缝应顺平最大频率风向（主导风向）搭接。

高聚物改性沥青卷材和合成高分子卷材的搭接缝宜用与它材性相容的密封材料封严。

各种卷材的搭接宽度应符合表 2-6-4。

卷材搭接宽度　　　　**表 2-6-4**

搭接方向 / 铺贴方法 / 卷材种类		短边搭接宽度（mm）		长边搭接宽度（mm）	
		满粘法	空铺法 点粘法 条粘法	满粘法	空铺法 点粘法 条粘法
沥青防水卷材		100	150	70	100
高聚物改性沥青防水卷材		80	100	80	100
合成高分子防水卷材	粘结法	80	100	80	100
	焊接法	50			

根据高聚物改性沥青防水卷材的特点，其施工方法有热熔法、冷粘法和自粘法三种。

A. 热熔法施工是指高聚物改性沥青热熔卷材的铺贴方法。热熔卷材是一种在工厂生产过程中底面即涂有一层软化点较高的改性沥青热熔胶的卷材。其铺贴时不需涂刷胶粘剂，而用火焰烘烤后直接与基层粘贴。这种方法施工时受气候影响小，对基层表面干燥程

度要求相对宽松，但烘烤时对火候的掌握要求适度。热熔卷材可采用满粘法或条粘法铺贴。

B. 冷粘法是采用胶粘剂或冷玛琋脂进行卷材与基层、卷材与卷材的粘结，而不需要加热施工的方法。

C. 自粘法是采用带有自粘胶的防水卷材，不用热施工，也不需涂刷胶结材料而进行粘结的施工方法。

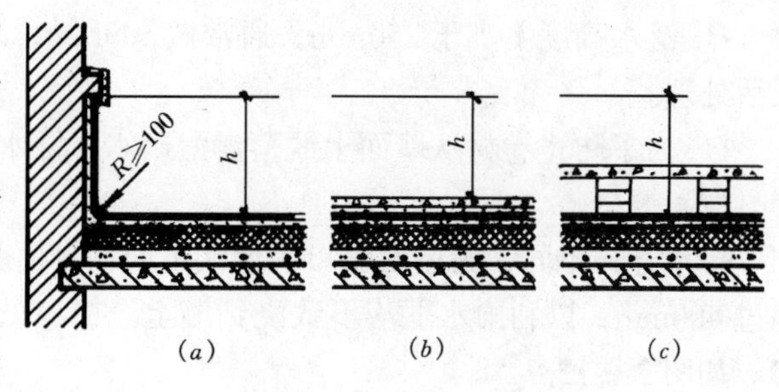

图 2-6-10 泛水高度起止点

(*a*) 不上人屋面；(*b*) 上人屋面；(*c*) 架空屋面

合成高分子防水卷材的铺贴方法有冷粘法、自粘法和焊接法。冷粘法和自粘法的施工方法与高聚物改性沥青防水卷材的做法一样。目前国内用焊接法施工的合成高分子卷材仅有 PVC 防水卷材一种。

3. 卷材防水屋面的节点构造

平屋顶上有许多节点，这些节点防水较复杂，如屋面与垂直墙面的交接处、屋檐处、变形缝处、雨水口处、伸出屋面的管道根部等，处理不当，会引起渗漏。

(1) 泛水

屋面防水层与垂直墙面交接处的防水构造叫做泛水。如女儿墙与屋面、烟囱与屋面、出屋面的电梯机房、水箱、高低屋面之间的墙与屋面交接处的构造等。具体做法是：

A. 为了防止卷材在转角处因直角转弯而折断或铺不实，应先用轻混凝土或碎砖将转角处做成圆弧（$R \geqslant 100$mm）或 45°斜角。

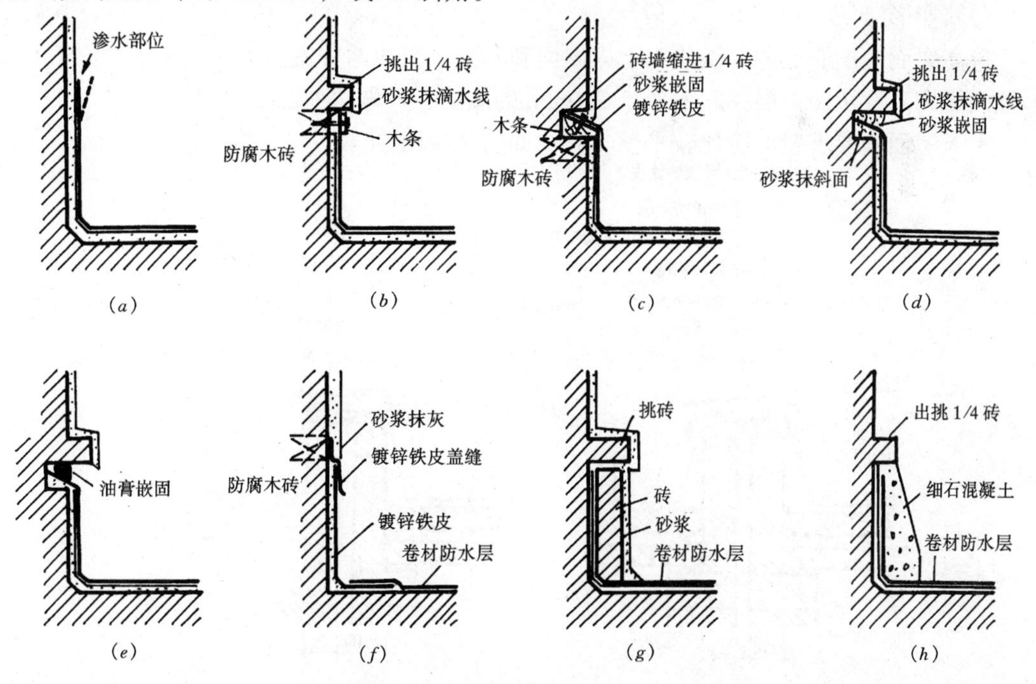

图 2-6-11 卷材屋面泛水构造举例

(*a*) 油毡开口渗水；(*b*) 木条压卷材；(*c*) 铁皮压卷材；(*d*) 砂浆嵌固；
(*e*) 油膏嵌固；(*f*) 加镀锌铁皮泛水；(*g*) 压砖抹灰泛水；(*h*) 混凝土压住卷材泛水

B. 泛水高度不小于 250mm，通常做 300mm，起止点如图 2-6-10，也可根据具体情况灵活处理。

C. 为了防止卷材从墙面上脱落渗漏雨水，泛水上面要做收头，具体做法如图 2-6-11。

（2）檐口

排水方式不同，其屋面檐口的做法不同，自由落水檐口一般都做成挑檐，悬挑长度应超过 400mm，以利雨水下落不致浇到墙上。檐口处的卷材必须做好收头，以利排水、防渗。如图 2-6-12。

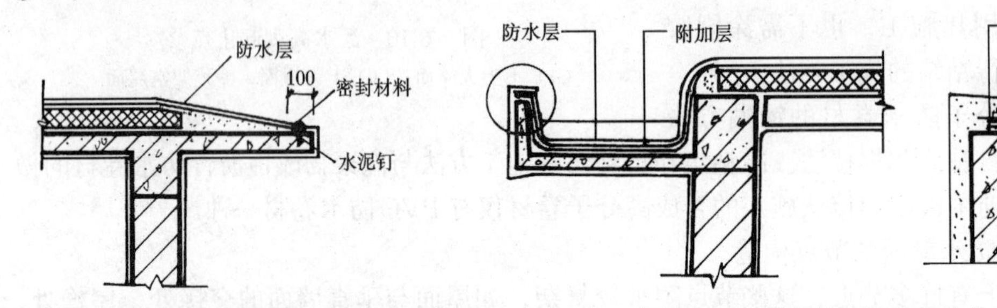

图 2-6-12　檐口卷材收头做法

图 2-6-13　檐沟及檐沟卷材收头

有组织排水屋顶一般设檐沟，并将屋面的水汇集于檐沟，再导向雨水口，由于檐沟是汇集雨水的地方，水在檐沟停留时间较长，所以其防水就更要重视，必要时可附加一层卷材，其收头做法如图 2-6-13。

如果是女儿墙外排水，檐沟可设在女儿墙外，也可设在女儿墙内侧，女儿墙内侧的檐沟一般用找坡层或保温层垫置而成。

（3）变形缝

等高屋面变形缝处防水做法有上人屋面和不上人屋面两种做法，不上人屋面一般在变形缝两侧砌高度从保护层算起不低于 250mm 的矮墙，其做法如图 2-6-14。

上人屋面则要求屋面应比较平整，做法如图 2-6-15 所示。

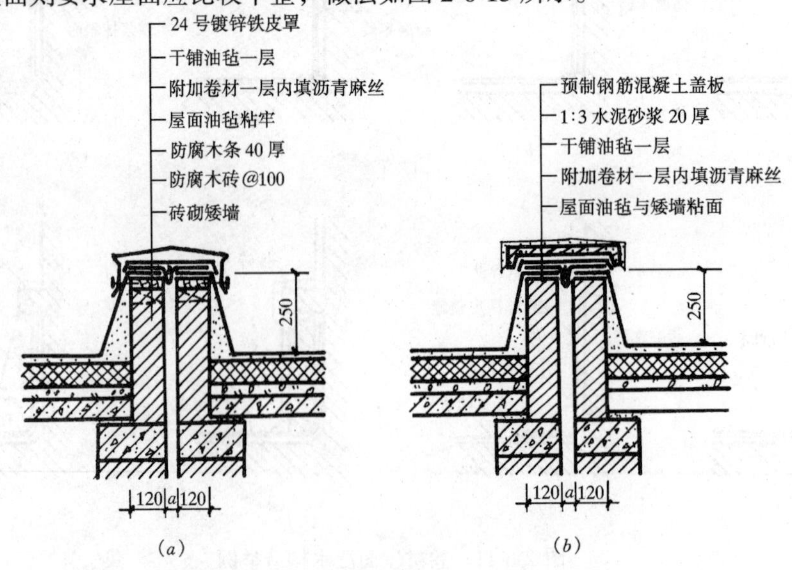

图 2-6-14　等高屋面变形缝

(*a*) 铁皮罩式；(*b*) 盖板式

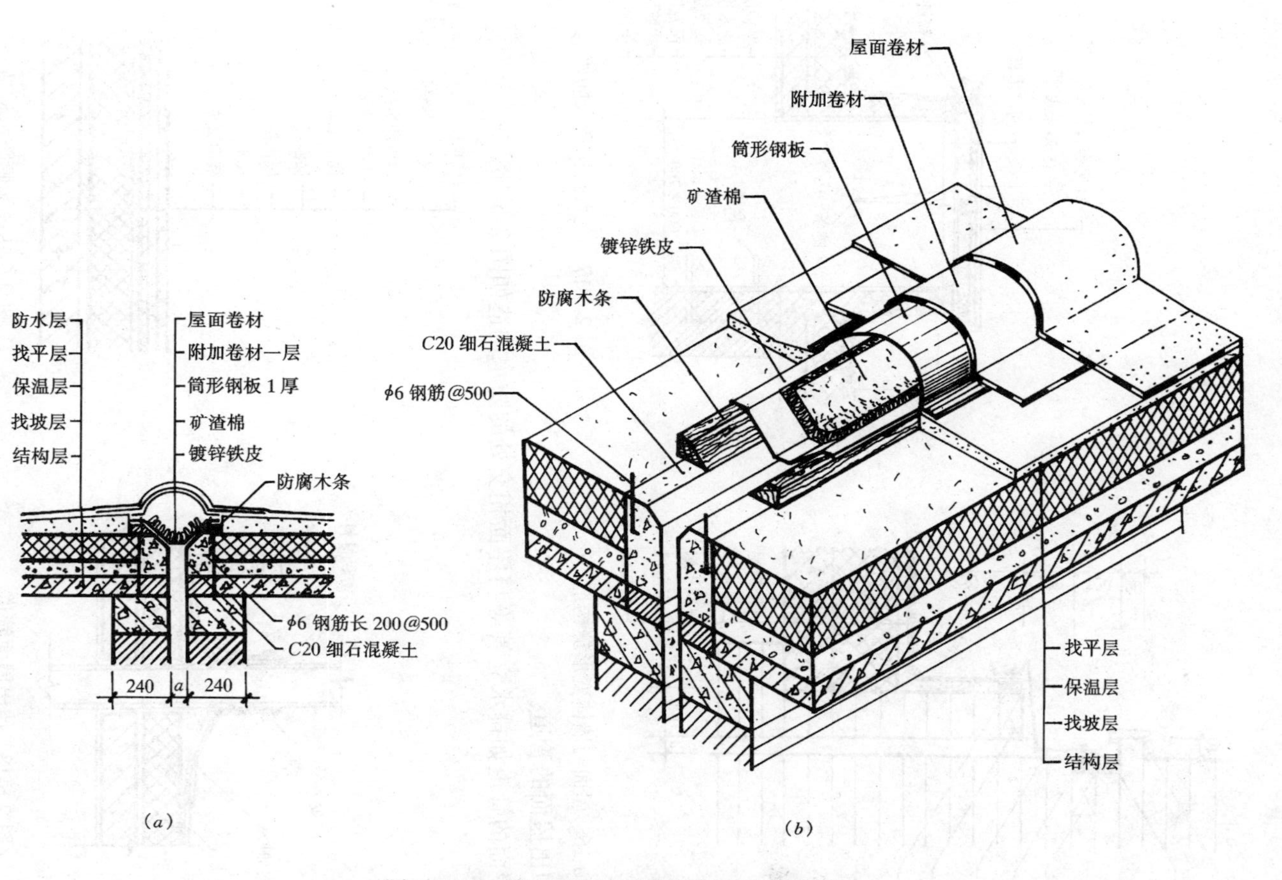

图 2-6-15 等高屋面变形缝筒板式变形缝构造

(a) 剖面图；(b) 示意图

如是不等高屋面，变形缝的构造如图 2-6-16。

（4）上人孔

上人孔是供检修、消防人员上屋面而设置的，设计时至少有一边与内墙对直，以便设置铁爬梯。上人孔的高度应大于泛水的高度，孔口盖板一般用 24# 镀锌铁皮防水，如图 2-6-17。

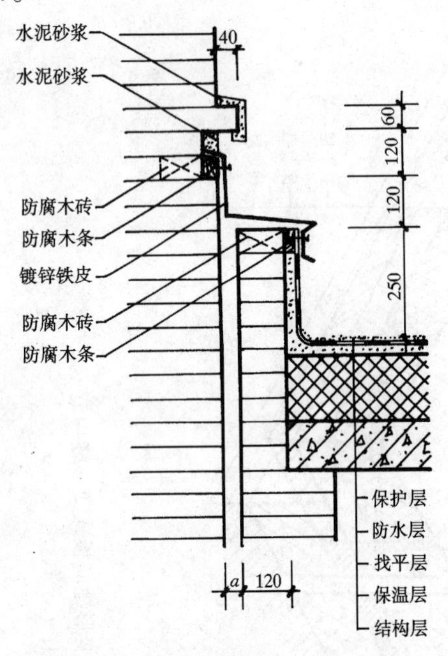

图 2-6-16　屋面与墙体变形缝构造

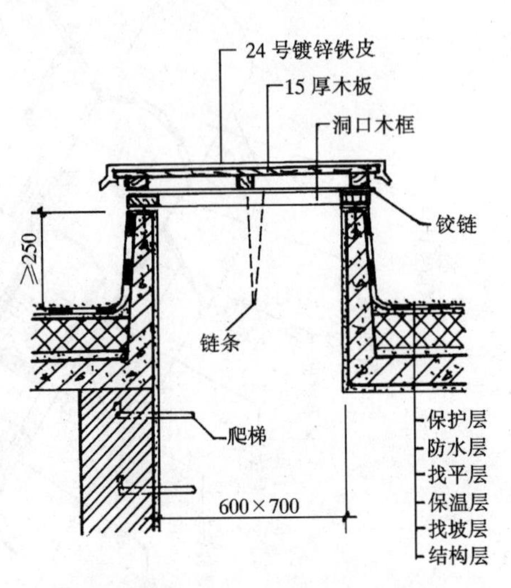

图 2-6-17　上人孔构造及防水

（5）伸出屋面的管道

伸出屋面的管道如排水立管等与屋面相交处的防水构造如图 2-6-18。

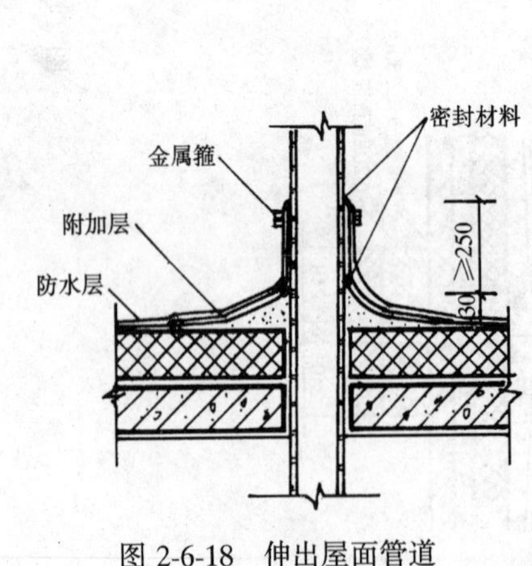

图 2-6-18　伸出屋面管道

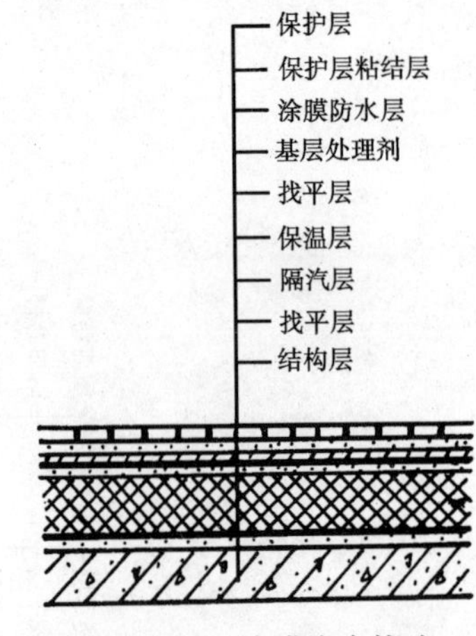

图 2-6-19　涂膜防水构造

（二）涂膜防水

涂膜防水屋面是通过涂布一定厚度无定形液态改性沥青或高分子合成材料经过常温交联固化就形成一种具有胶状弹性的涂膜层，达到防水目的。一般构造如图 2-6-19，适用于屋面防水等级为Ⅲ级、Ⅳ级的工业与民用建筑，也可作Ⅰ、Ⅱ级屋面多道防水设防中的一道防水层。防水涂膜应由两层以上涂层组成，分层分遍涂布，待先涂的涂层干燥成膜后，方可涂布后一遍涂料。涂层应厚薄均匀，表面平整，涂层中夹铺贴胎体增强材料时，宜边涂边铺胎体，与涂料应粘合良好。目前常用的防水涂料有：高聚物改性沥青防水涂料和合成高分子防水涂料两种。

二、平屋顶的刚性防水

刚性防水屋面是指用细石混凝土、块体材料或补偿收缩混凝土等材料做防水层，主要依靠混凝土自身的密实性，并采取一定的构造措施以达到防水目的。刚性防水屋面防水等级可为Ⅲ级的工业与民用建筑，也可作Ⅰ、Ⅱ级屋面多道防水设防中的一道防水层。不适用于设有松散材料保温层的屋面以及受较大震动或冲击的建筑，也不适用于对地基的不均匀沉降、构件的微小变形、温度高低变化极为敏感的建筑。

刚性防水屋面的结构层宜为整体现浇的钢筋混凝土板。当屋面结构层采用装配式钢筋混凝土板时，应用强度等级不小于 C20 的细石混凝土灌缝，灌缝的细石混凝土宜掺膨胀剂。

1. 细石混凝土防水层

用作防水层的细石混凝土为了保证其密实性，阻断水的通路，可以采用以下几种措施：

（1）严格控制水灰比，加强浇注时的振捣，甚至可以用高速喷射浇注法提高混凝土的密实性，初凝前用铁滚反复辗压，挤出多余水分，初凝后撒少量干水泥，压平。

（2）在细石混凝土中加入水泥用量的 3%～5%的防水剂，堵塞毛细孔道，提高防水性能。

（3）在细石混凝土中掺入泡沫剂，利用泡沫剂使混凝土中产生气泡，气泡表面张力形成封闭的空腔，从而破坏混凝土中的毛细孔道，提高防水性能。

细石混凝土防水层的厚度一般为 40～45mm，为了防止因温度变化使防水层出现裂缝，应在细石混凝土中设置 ϕ4@100 或 ϕ6@200 的双向钢筋，因防水层上表面温度变化较大，钢筋网应位于中间偏上，上面留有 15mm 的保护层，如图 2-6-20。

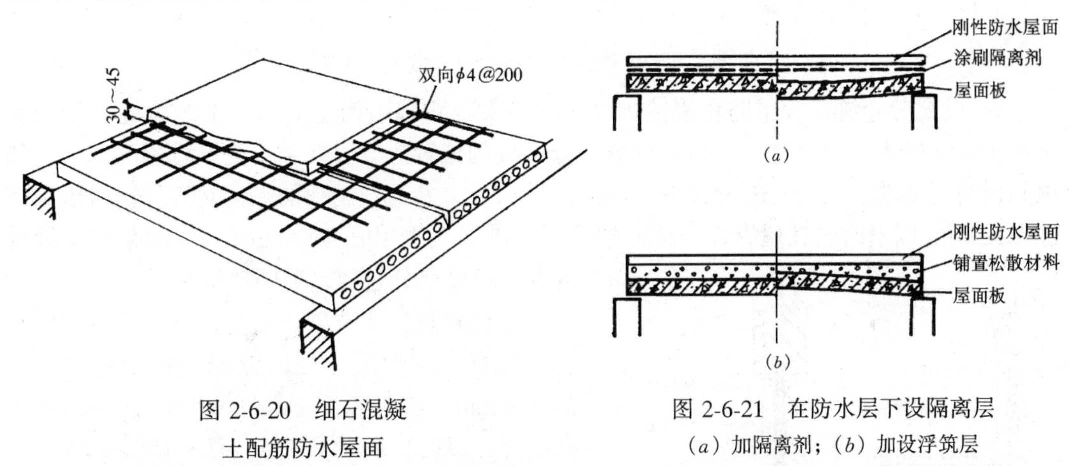

图 2-6-20　细石混凝土配筋防水屋面

图 2-6-21　在防水层下设隔离层
（*a*）加隔离剂；（*b*）加设浮筑层

2. 刚性防水屋面产生裂缝的原因和处理方法

（1）裂缝原因

主要是由于结构变形引起防水层开裂。如气温变化引起的热胀冷缩变形、受力引起挠曲变形、地基的不均匀沉降引起的变形。

（2）防止裂缝采取的构造措施

1）设置隔离层。在刚性防水层和结构层之间设置隔离层，将结构层与防水层分开，当结构层变形时，不影响防水层。常做的方法一是在屋面板上作水泥砂浆找平层，再刷隔离剂，如刷沥青、废机油或干铺油毡、塑料薄膜等，二是在屋面板上加设松散材料层形成浮筑层，如松散的保温层或粘土石灰砂浆。如图 2-6-21 所示。

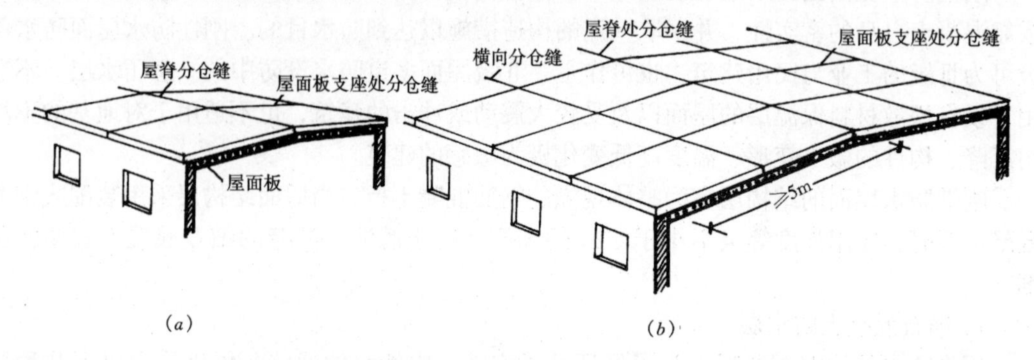

图 2-6-22　刚性屋面分仓缝的划分

（a）房屋进深小于 10m 时分仓缝的划分；（b）房屋进深大于 10m 时分仓缝的划分

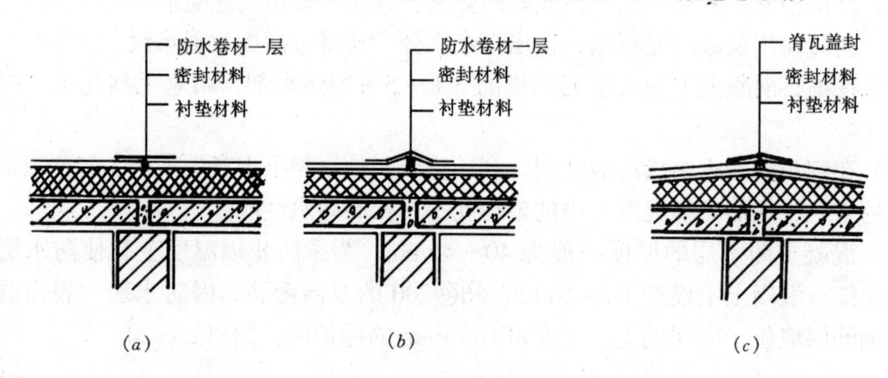

图 2-6-23　刚性防水屋面分仓缝的构造

2）设置分仓缝。为了防止刚性防水层因热胀冷缩和结构变形而产生的裂缝无规则地扩展，设置的人工分格缝，叫做分仓缝。分仓缝的位置应设置在结构变形敏感的部位，如预制板的支承端、板与墙的交接处、屋面的转折处，并与预制板的端缝对齐。矩形屋顶当进深在 10m 以下时，在屋脊设一道分仓缝，当进深大于 10m 时，在坡面中间某一板缝处再设一道纵向分仓缝，如图 2-6-22。

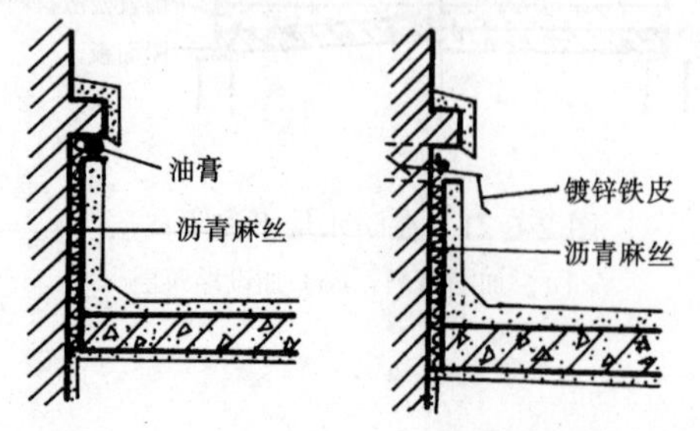

图 2-6-24　刚性防水屋面泛水构造

分仓缝的宽度为 20mm 左右，为了防止雨水灌入且有利于伸缩，一般应用油膏填注，厚约 20～30mm，并在油膏下部塞入弹性材料如沥青麻丝等，以防止油膏下滑。作法如图 2-6-23。

3．刚性防水屋面的节点构造

（1）泛水。刚性防水屋面的泛水应与屋面防水层一次浇成，不得留施工缝，转角处要做成圆弧形或折线，并与垂直墙面之间设分仓缝，以免因两者变形不一致使泛水开裂，如图2-6-24。

（2）刚性防水屋面檐口。刚性防水屋面自由落水檐口的做法如图 2-6-25。

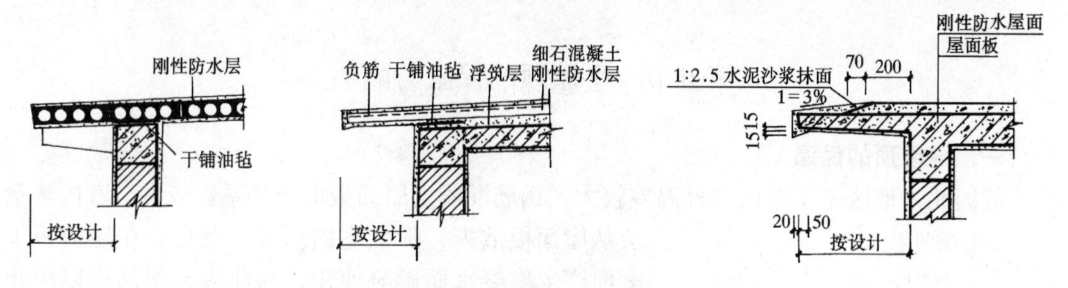

图 2-6-25　刚性防水屋面自由落水檐口构造

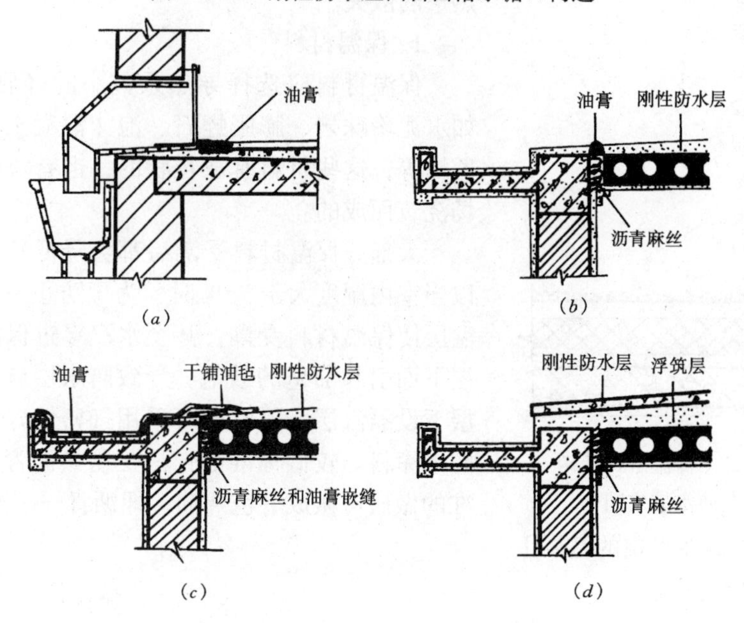

图 2-6-26　刚性防水屋面檐沟构造

（*a*）女儿墙外排水；（*b*）油膏嵌缝；（*c*）油毡贴缝；（*d*）浮筑层

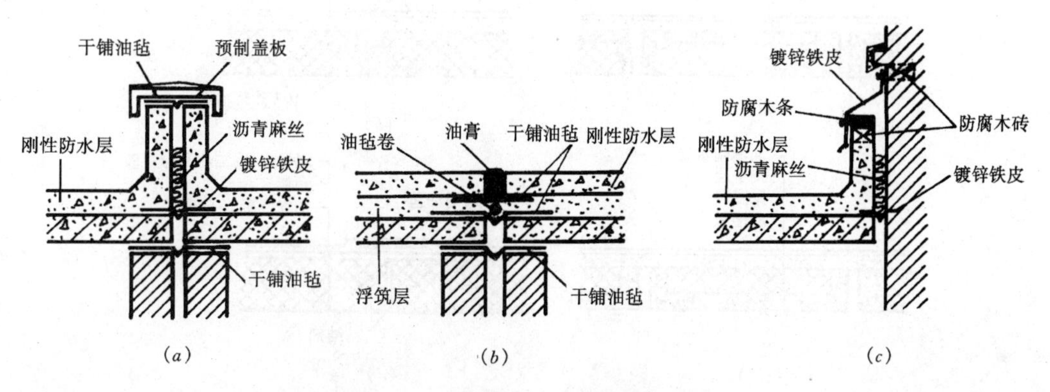

图 2-6-27　刚性防水屋面变形缝构造

（*a*）不上人刚性防水屋面变形缝；（*b*）上人刚性防水屋面变形缝；（*c*）刚性防水屋面与墙体间变形缝

有组织排水檐口的做法如图 2-6-26。

(3) 刚性防水屋面变形缝处的构造。刚性防水屋面的变形缝做法与屋面是否上人有关，如图 2-6-27。

第五节　平屋顶的保温与隔热

一、平屋顶的保温

我国北方地区冬季室内、外温差较大，钢筋混凝土屋面板的导热系数较大，室内热量会从屋面板散失，降低室内温度，而且会在屋面板下表面产生冷凝水而影响使用，为此应设保温层以阻止热量的散失。

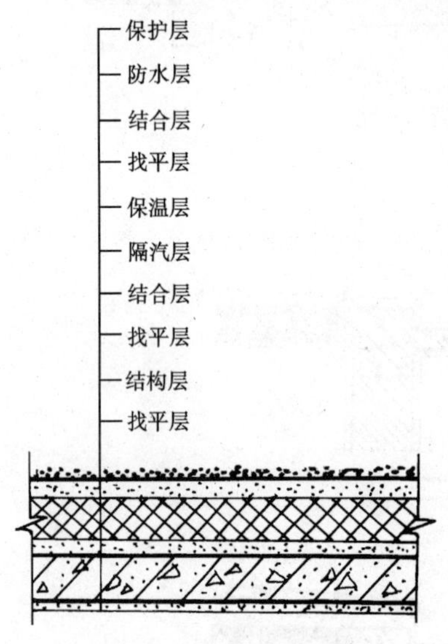

图 2-6-28　保温层在结构层与防水层之间

1. 保温材料

保温材料应选择导热系数小的轻质、多孔材料，如水泥珍珠岩、膨胀蛭石、泡沫混凝土、矿棉、聚苯乙烯等，这些材料有散粒状的，也有块状的，还有现场浇筑而成的。

大部分保温材料受潮后都会降低其保温性能，所以当室内湿度大于 75%时，为了防止室内水汽渗入保温层使保温材料受潮，甚至水汽穿过保温层进入油毡层下面引起油毡的鼓泡，导致防水层破裂，应在保温层下设隔汽层。隔汽层可采用气密性好的单层卷材或防水涂料。较低标准的作法是刷热沥青二道，较高标准的做法可做成一毡两油，即沥青——油毡——沥青，但隔汽层必须做在平整的基层上。

2. 保温层的位置

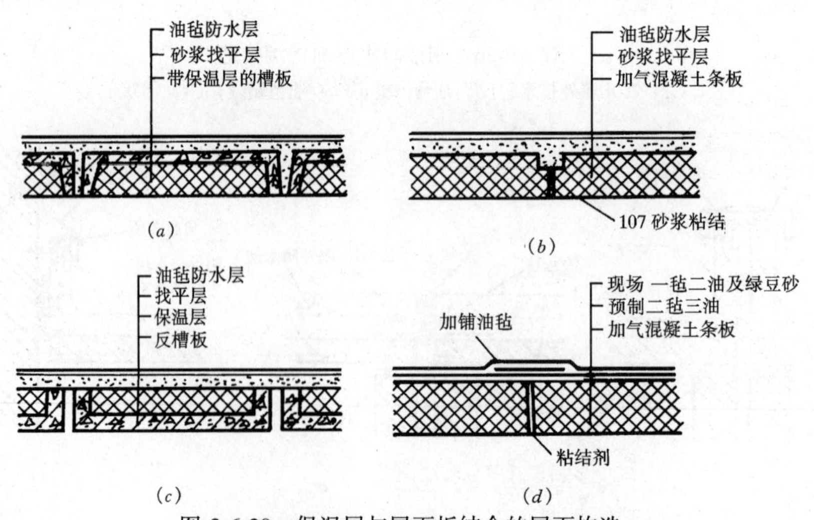

图 2-6-29　保温层与屋面板结合的屋面构造
(a) 保温层在结构层下面；(b) 加气混凝土条板屋面；
(c) 保温层在结构层上面；(d) 带二毡三油加气混凝土条板屋面

（1）保温层设在结构层和防水层之间，这种做法使结构层支承保温层，而防水层又能阻止水进入保温层，构造合理、应用较广，如图 2-6-28。

（2）保温层与结构层结合。一种做法是将保温层嵌入槽形板之内；另一种做法是用加筋加气混凝土板将结构层和防水层合为一体，如图 2-6-29（*a*）、（*b*）、（*c*），也可以在预制板上先做二毡三油，到现场安装完毕后再加做一毡两油和保护层，如图 2-6-29（*d*）。这种做法简化了施工工序，但自重较大，板底易出现裂缝。

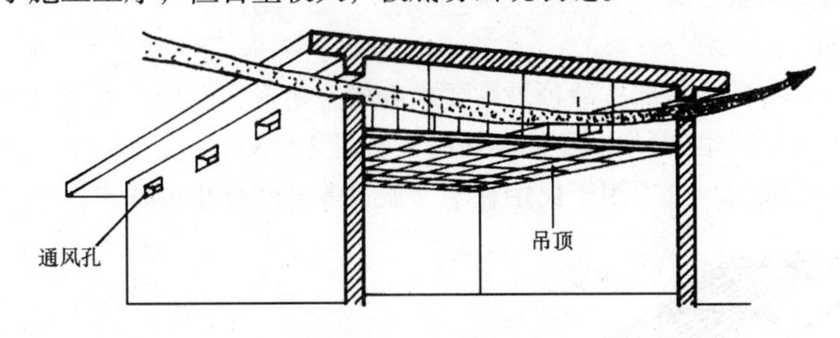

图 2-6-30　吊顶通风层

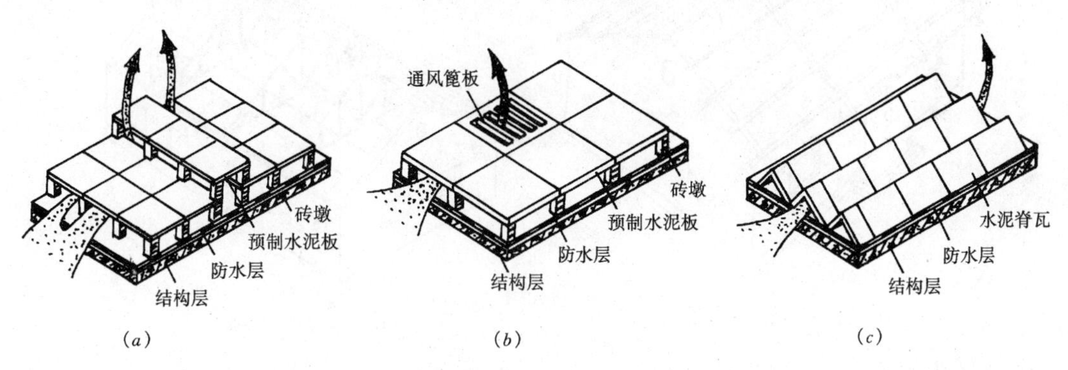

图 2-6-31　架空通风屋顶

（*a*）架空高低水泥板；（*b*）架空通风篦板；（*c*）水泥脊瓦通风道

二、平屋顶的隔热

南方地区夏季温度较高，太阳的辐射热使得屋顶温度升高，热量会从屋顶渗入，影响室内的工作和生活，所以应采取隔热措施。常采用的隔热方法有如下三种：

1. 在结构层和吊顶棚之间组织通风，如图 2-6-30。

2. 在结构层上组织通风。这种做法不仅能起到隔热的作用，还能保护屋面防水层，构造也较简单，使用较多，如图 2-6-31。

3. 反射降温法。利用表面材料的颜色和光滑对热辐射的反射作用，对平屋顶的隔热降温有一定的效果。如绿豆砂，大阶砖等材料铺于屋面或在屋面上涂刷淡色涂料均可达到反射降温的效果。如果在通风屋顶中的基层上加一层铝箔，则可利用其第二次反射作用，对屋顶的隔热效果将有进一步的改善，如图 2-6-32。

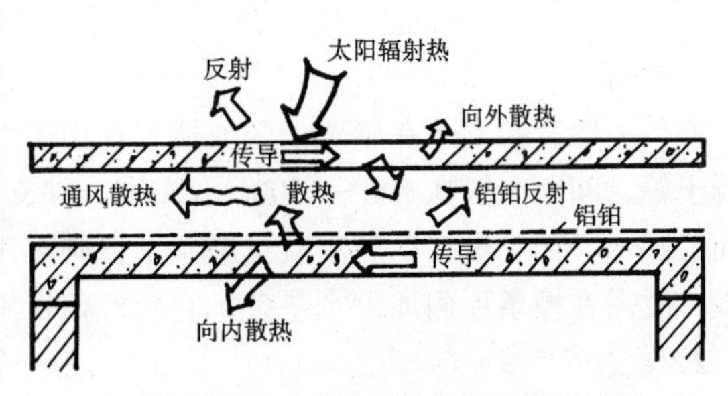

图 2-6-32　铝箔屋顶反射降温示意图

第六节　坡　屋　顶

坡屋顶是指屋面坡度大于 10% 的屋顶，一般由承重结构层、面层和顶棚组成。由于保温、隔热效果较好，民居、别墅等使用较广。

一、坡屋顶的承重方式

1. 横墙承重

横墙承重就是将横墙上部按屋顶坡度要求砌成三角形，在墙上直接搁置檩条，形成屋顶支承，这种承重方式也叫硬山搁檩的方式。如图 2-6-33 所示。这种方式构造简单，施工方便，但开间受限制，只适用于民用住宅、旅馆等开间较小的建筑。

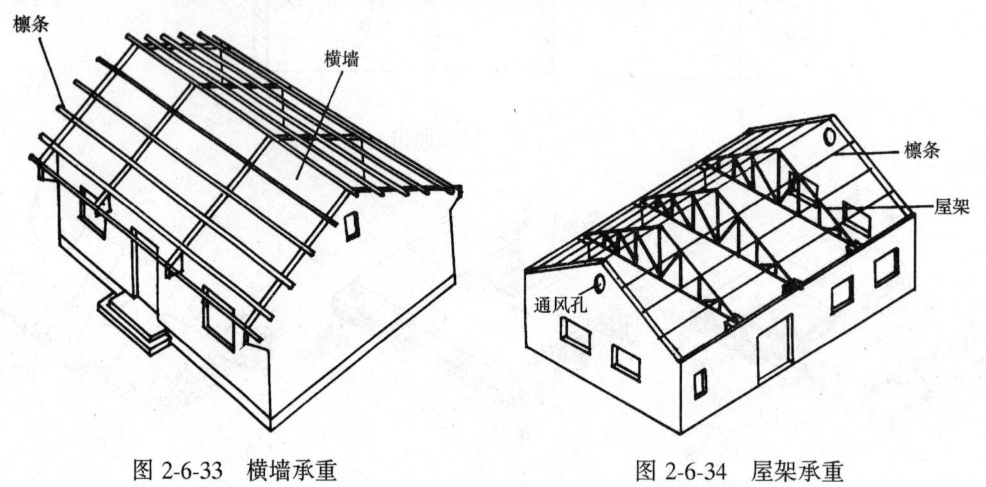

图 2-6-33　横墙承重　　　　图 2-6-34　屋架承重

2. 屋架承重

屋架又称桁架，搁置在建筑两侧的纵墙壁柱上，支承整个屋顶荷载，如图 2-6-34。屋架可以用木材、钢材和钢筋混凝土制作，形状有三角形、梯形、拱形、折线形等。如图 2-6-35 为三角形木屋架的构造图。

从图中可以看出，用屋架支承整个屋顶，建筑内部空间布置灵活，可以获得任意要求的空间，为了防止屋架倾覆，并使它能承重和传递纵向水平力，在屋架之间必须设支撑，支撑有水平支撑、垂直支撑和水平系杆等。

二、坡屋顶的屋面承重基层

屋面承重基层主要用来承受屋面的各种荷载，一般包括有檩条、椽条、挂瓦条、望板等。

1. 檩条

檩条一般直接支承在屋架上弦或搁置在山墙上并与屋脊平行。所用材料有木材和钢筋混凝土等，间距一般在 700～1500mm 左右。如支承在山墙上或木屋架上，则多用木檩条，断面为圆木，如支承在钢筋混凝土屋架上，则多用钢筋混凝土檩条，为了使其上部能钉木望板，故需在檩条顶面加设木垫条，它与檩条可用预留钢筋或螺栓连接，如图 2-6-36。

2. 椽条

椽条垂直搁置在檩条上，以此来支承屋面材料，椽条一般用木料，其与檩条的连接一

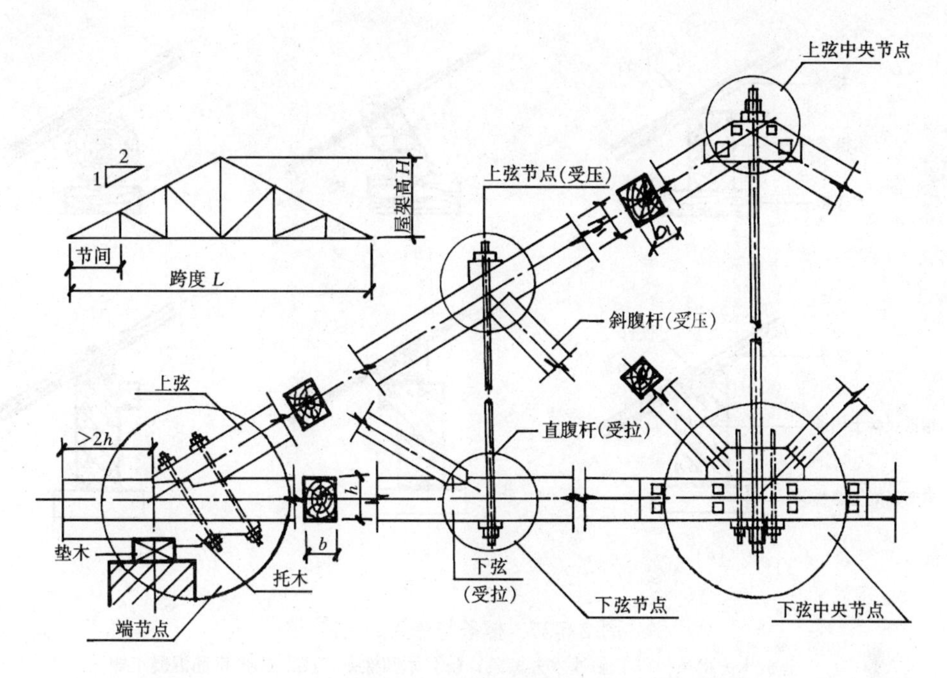

图 2-6-35　木屋架构造

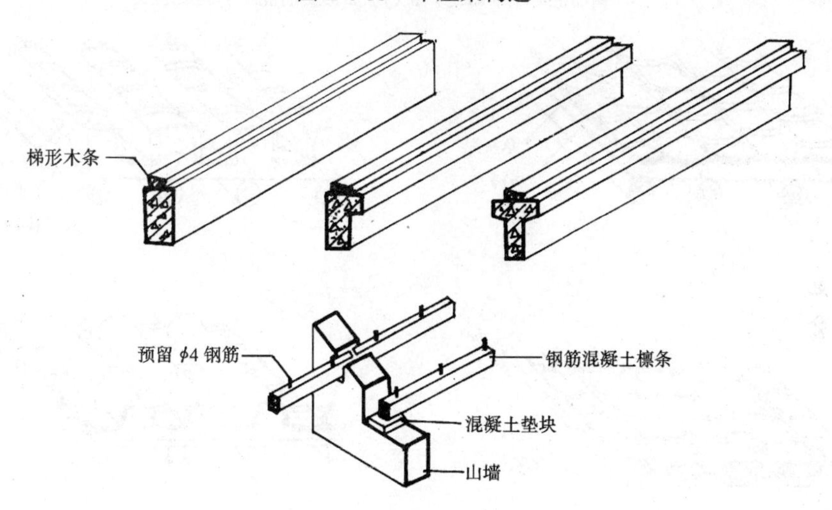

图 2-6-36　钢筋混凝土檩条

般都用钢钉。图 2-6-37 是各种截面的檩条与椽条的连接。

3. 望板

也称屋面板，直接钉在檩条或椽条上，有密铺和稀铺两种。如望板下面不设顶棚时，望板一般密铺，望板的厚度为 15～20mm，底部刨光，以保证光洁、平整和美观；稀铺的望板，下面一般设顶棚，其间隙不大于 75mm。

三、坡屋顶的屋面构造

(一) 小青瓦屋面

小青瓦是我国传统的民居屋面材料，用粘土烧制而成，铺在椽条上或望板的泥背上，如图 2-6-38。

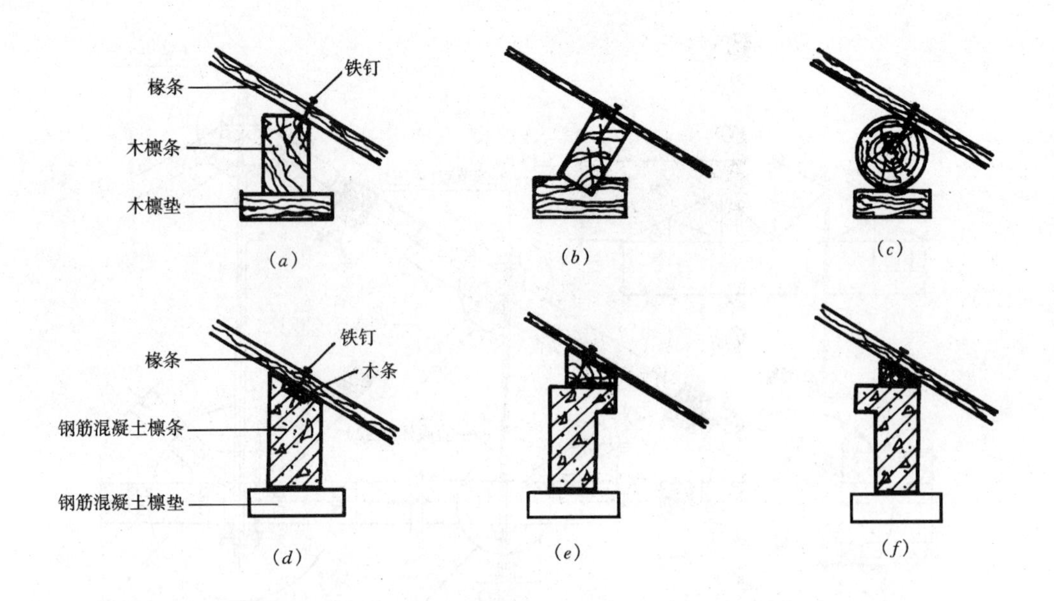

图 2-6-37　檩条与椽条的连接

（*a*）正放木方檩条；（*b*）斜放木方檩条；（*c*）木圆檩条；（*d*）梯形钢筋混凝土檩；（*e*）L形钢筋混凝土檩条之一；（*f*）L形钢筋混凝土檩条之二

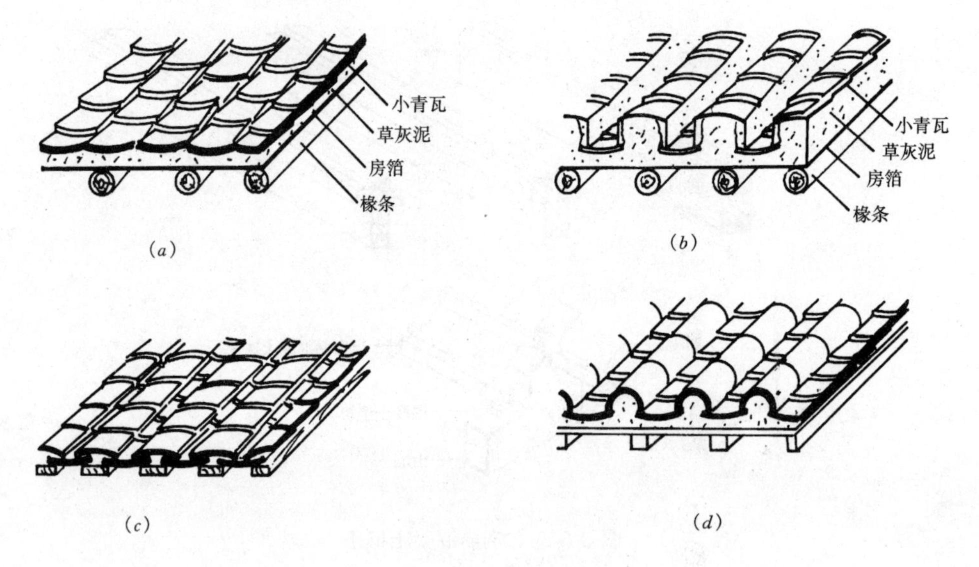

图 2-6-38　小青瓦屋面

（*a*）单层瓦屋面；（*b*）合瓦屋面；（*c*）冷滩瓦屋面；（*d*）筒瓦屋面

（二）琉璃瓦屋面

琉璃瓦与小青瓦相似也是用粘土烧制而成，但其表面上釉，光洁、美丽，颜色呈黄色和绿色等。古建筑中常用，现代建筑中盝顶结构使用较多。其构造如图 2-6-39。

（三）平瓦屋面

平瓦即机制平瓦，有水泥瓦和粘土瓦，其规格和要求如图 2-6-40，平瓦屋面的瓦形小，接缝多，易因飘雨而渗漏。因此一般应在瓦下铺设油毡或垫以泥背避免渗漏。

1. 冷摊瓦屋面

在檩条或椽条上直接钉挂瓦条，并直接挂瓦。这种做法构造简单，造价很低，但保温及防漏都差，多用于辅助性建筑，如图2-6-41。

2. 为了保温、防漏，可以在椽条上铺芦苇、荆条或秫秸等编制的席子，上抹草泥，在草泥上卧瓦。这种做法能充分利用地方材料，造价又低，保温、隔热、防渗漏也较好，但自重大，民居使用较多，如图2-6-42。

3. 有望板的平瓦屋面

在檩条上面钉20mm厚木望板，檩条间距不大于700mm，在望板上干铺一层油毡，在油毡上钉顺水条，顺水条的方向与檩条方向垂直，在顺水条上再钉挂瓦

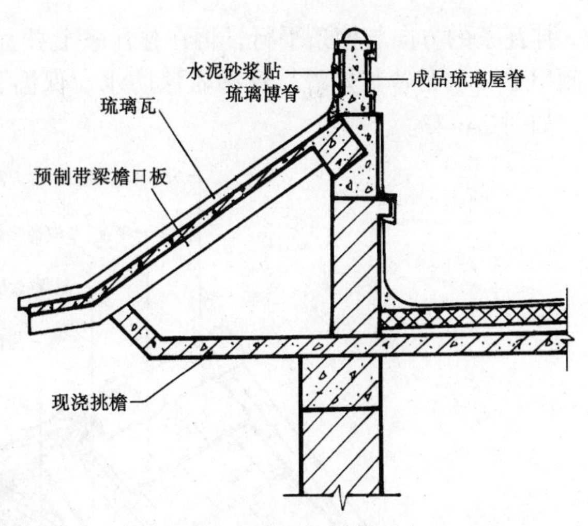

图 2-6-39 盝顶结构檐部构造

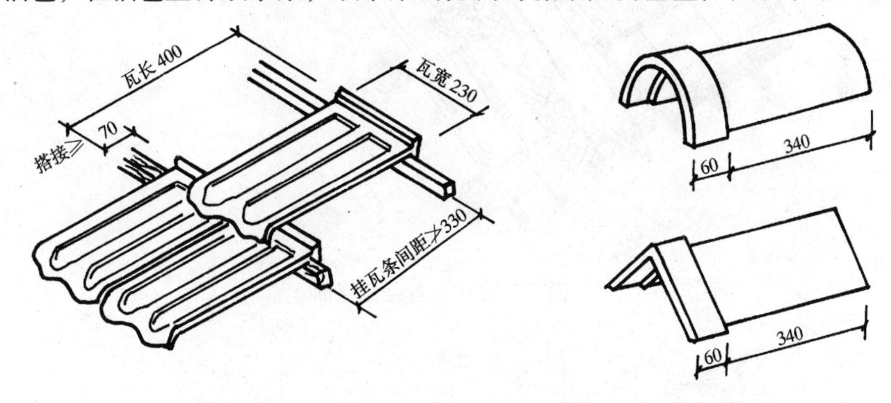

图 2-6-40 机平瓦

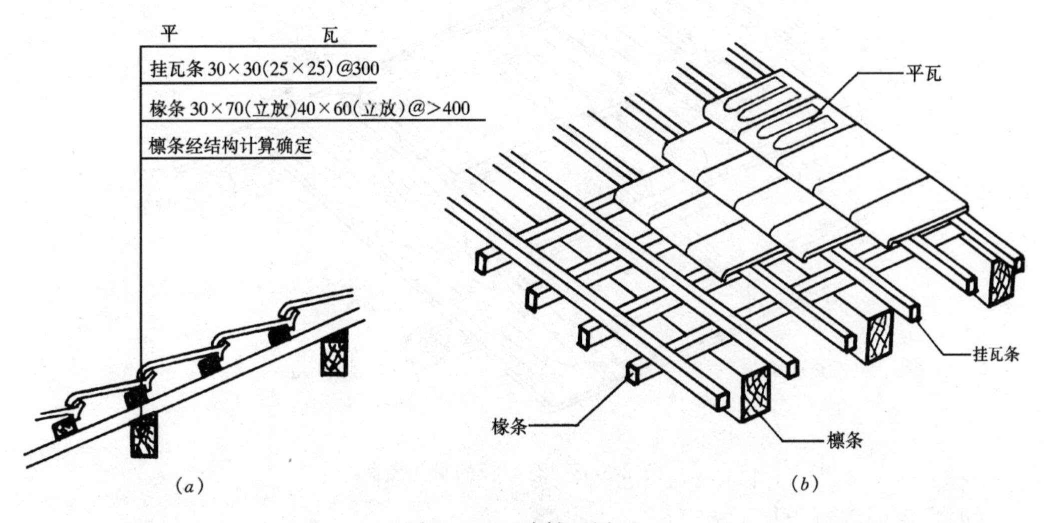

图 2-6-41 冷摊瓦屋面
(*a*) 剖面图；(*b*) 直观图

条，挂瓦条的方向与檩条平行，再在挂瓦条上挂瓦，屋脊处铺脊瓦，并用混合砂浆窝牢，外侧用1:2水泥砂浆勾缝，这种做法防水、保温、隔热效果较好，但耗用木材多，造价高，如图2-6-43。

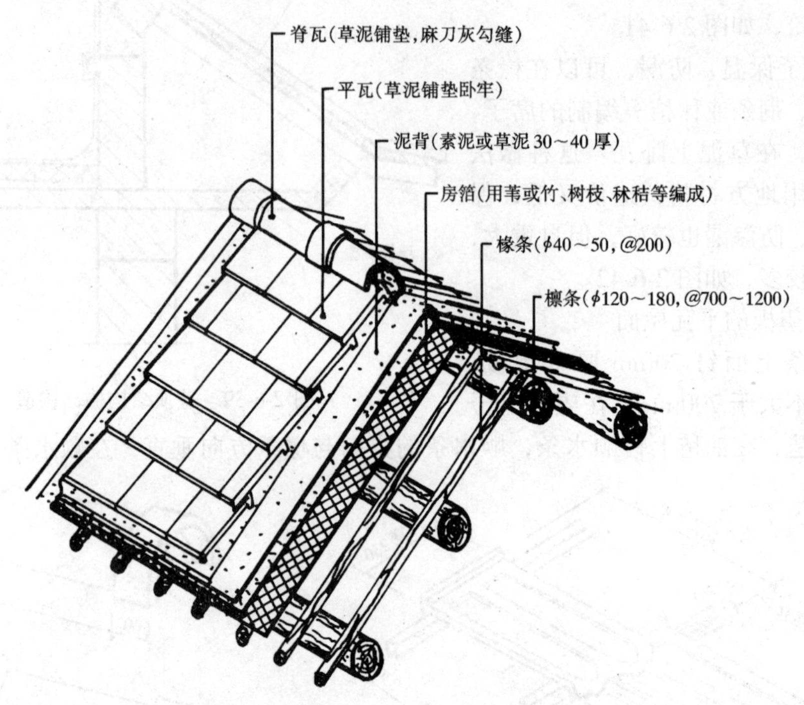

图 2-6-42　泥背卧瓦屋面

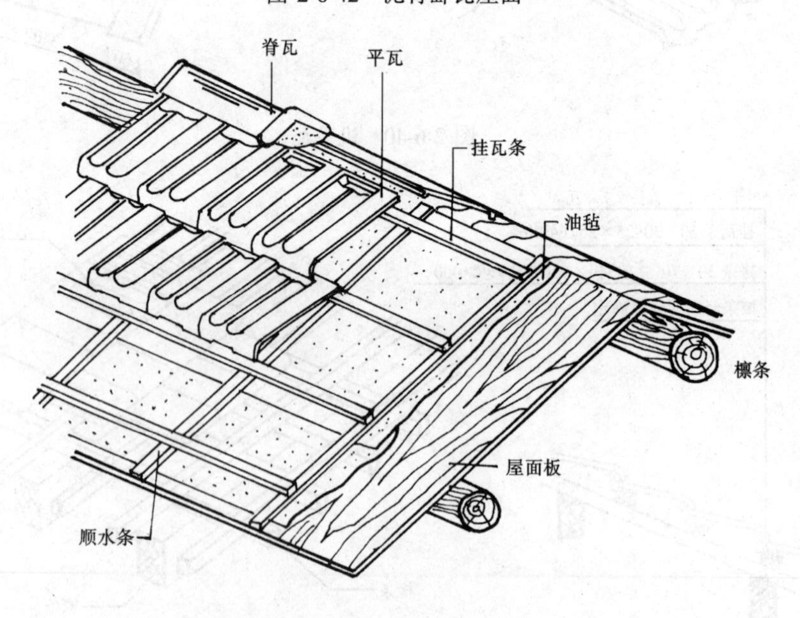

图 2-6-43　有望板的平瓦屋面

（四）钢筋混凝土挂瓦板屋面

将钢筋混凝土挂瓦板搁置在屋架或山墙上再在挂瓦板上直接挂瓦，可得到平整的底平面。挂瓦板的形状为T形、ㄇ形或F形，并在板肋上有泄水孔以便排除雨水。这种屋面构造简单，节约木材、防水较好，如图2-6-44。

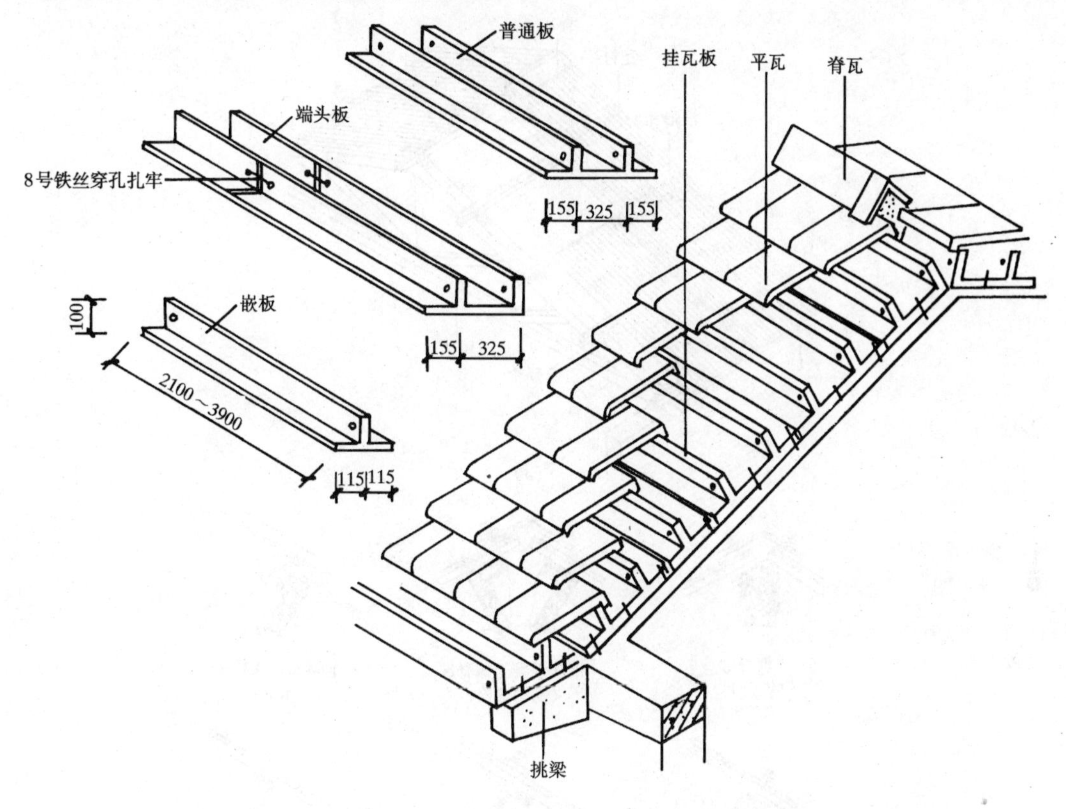

图 2-6-44 钢筋混凝土挂瓦板平瓦屋面

（五）波形瓦屋面

波形瓦按材料分为水泥石棉波形瓦、木质纤维波形瓦、埃特防火瓦、钢丝网水泥瓦、镀锌铁皮瓦、彩色钢板瓦等。瓦面上起伏的波浪，提高了薄瓦的刚度，具有自重轻、强度大、尺寸大、接缝少、防漏性好的特点，如图2-6-45。瓦可直接用瓦钉钉铺或钩子挂铺在檩条上，上下接缝至少搭接100mm，横向搭接至少一波半。瓦钉钉在波峰处，并应加设

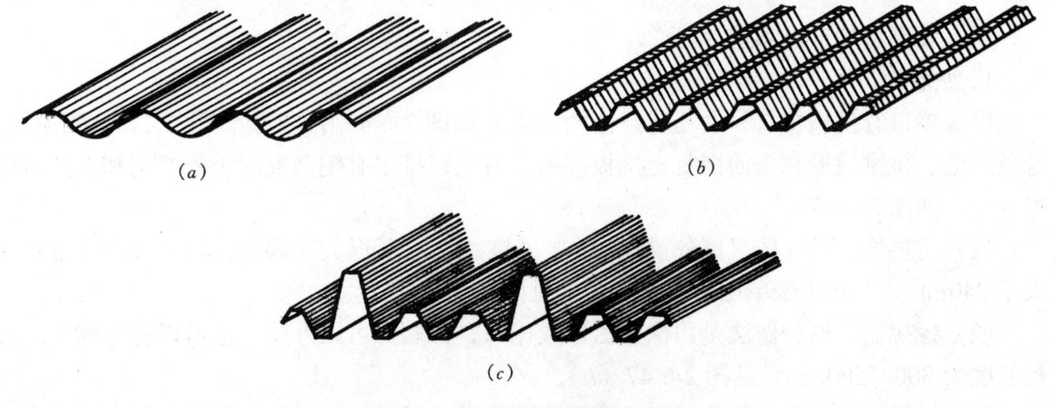

图 2-6-45 波形瓦的形式分类

（a）弧形波（S形波）；（b）梯形波（V形波）；（c）不等波（富士波）

铁垫圈和毡垫或灌厚防潮油防水。屋脊要加盖脊瓦或用镀锌铁皮盖住。如图 2-6-46 为石棉水泥波形瓦铺设的构造图。

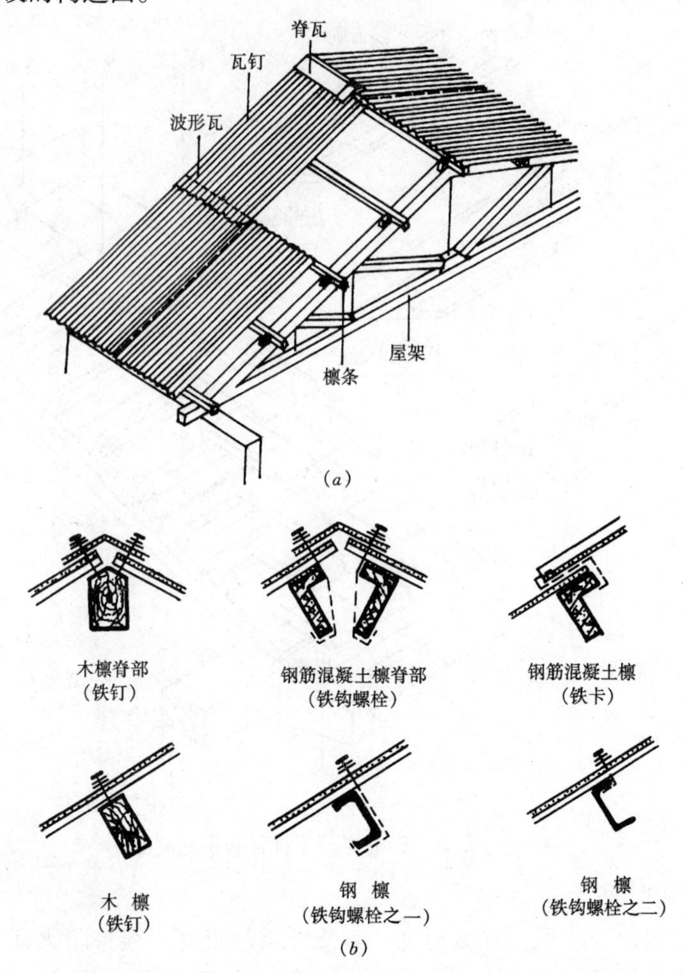

图 2-6-46 水泥石棉瓦的构造图

(*a*) 波形瓦屋面；(*b*) 波形瓦与檩条的连接

四、坡屋顶的节点构造

1. 纵墙檐口

纵墙檐口有挑檐檐口和女儿墙封檐两大类，如图 2-6-47 中的无组织排水。有砖挑檐、椽条挑檐、挑梁挑檐和钢筋混凝土挑板挑檐。有组织排水有钢筋混凝土外檐沟和女儿墙内檐沟等。如图 2-6-47。

(1) 砖挑檐。每皮砖只能外挑 60mm，外挑总尺寸不得大于墙体厚度的 1/2，也不得大于 240mm，一般用于单层的居住建筑，见图 2-6-47 (*a*)。

(2) 椽挑檐。这种做法是用椽挑出形成檐口，椽端部可以外露，也可以钉封檐板，外挑长度为 300～500mm，见图 2-6-47 (*b*)。

(3) 挑梁挑檐或附木挑檐。当檐口挑出长度较长时，可将屋架支座处的附木延长出墙外，或直接设挑梁，并搁置檐头檩条与屋顶檩条共同承托屋面荷载，檐口端部装订封檐

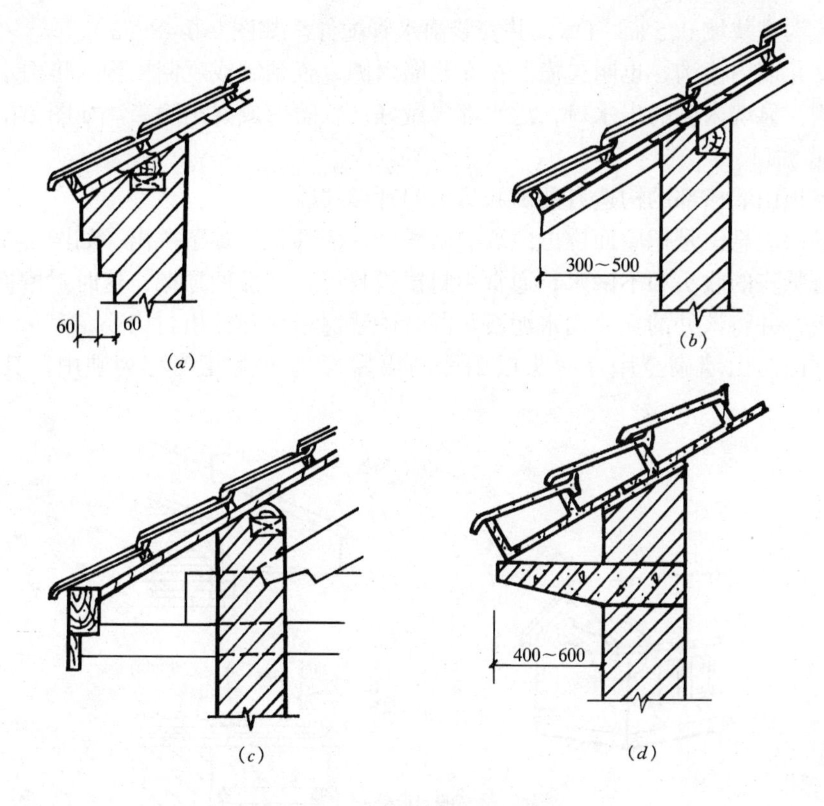

图 2-6-47　无组织排水纵墙挑檐

（*a*）砖挑檐；（*b*）椽条挑檐；（*c*）挑梁挑檐；（*d*）钢筋混凝土挑板挑檐

板，檐下做吊顶棚，见图 2-6-47（*c*）。

（4）钢筋混凝土挑板挑檐。当屋面为钢筋混凝土挂瓦板时也可在纵墙上设钢筋混凝土挑板，挑出长度一般为 400～600mm，见图 2-6-47（*d*）。

（5）钢筋混凝土外檐沟。当屋面较高或降雨量较大时，需做有组织排水，可做钢筋混

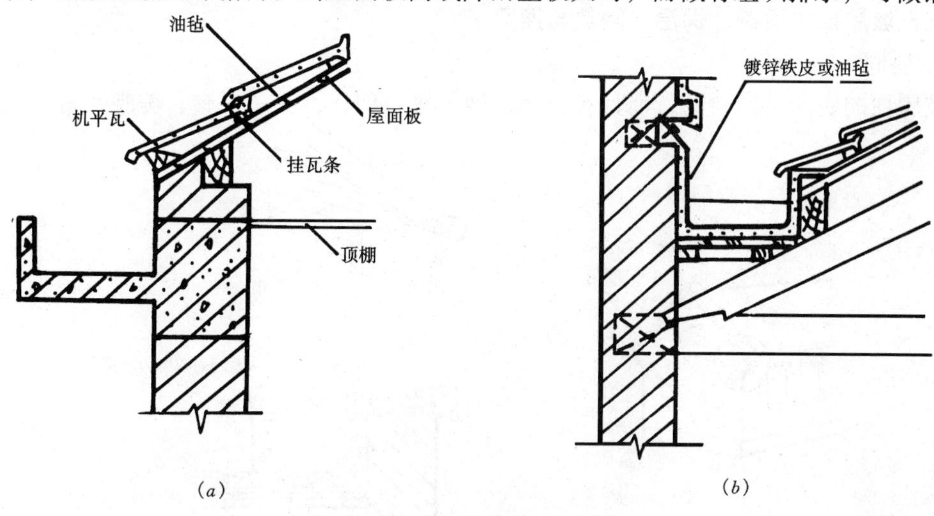

图 2-6-48　有组织排水纵墙挑檐

（*a*）钢筋混凝土挑檐；（*b*）女儿墙封檐构造

凝土檐沟，沟底找坡0.5%～1%，并安装雨水管配件。如图2-6-48（a）。

（6）女儿墙内檐沟，也叫包檐。在女儿墙内侧设置预制或现制檐沟，将雨水管穿过女儿墙至外侧，靠墙内侧的出水口，泛水都要做好，以防形成漏雨隐患。如图2-6-48（b）。

2. 山墙檐口

两坡屋顶山墙檐部的构造有硬山和悬山两种形式。

（1）悬山。悬山是把屋面挑出山墙的做法，一般都是用檩条挑出，如图2-6-49。为了使屋面能有整齐的收头和不漏水，通常用封檐板封设，下部做顶棚，这时封檐板也叫博风板或封山板，并将该处的瓦片用水泥石灰混合砂浆窝牢，并抹出封山线。

（2）硬山。山墙砌至屋面收头或山墙高出屋面构成女儿墙称为硬山，其做法如图2-6-50。

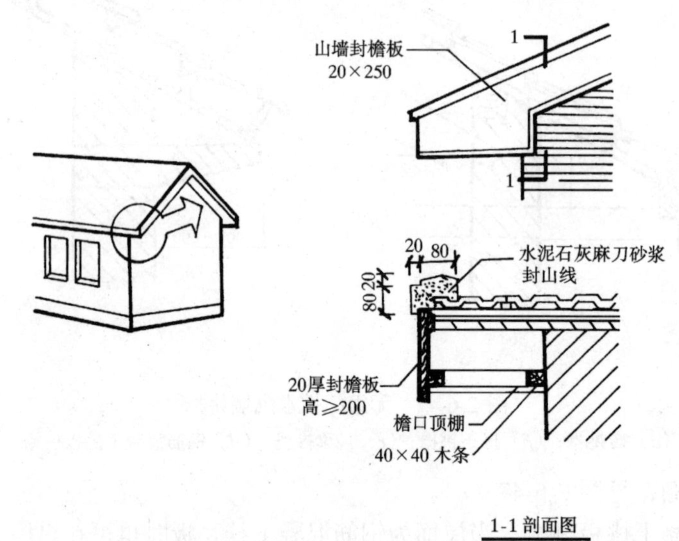

图 2-6-49　悬山构造

五、坡屋顶的顶棚、保温、隔热与通风

1. 顶棚

坡屋顶的底面是倾斜的，而且有屋架、檩、椽等构件，为了平整、美观，常在其下部

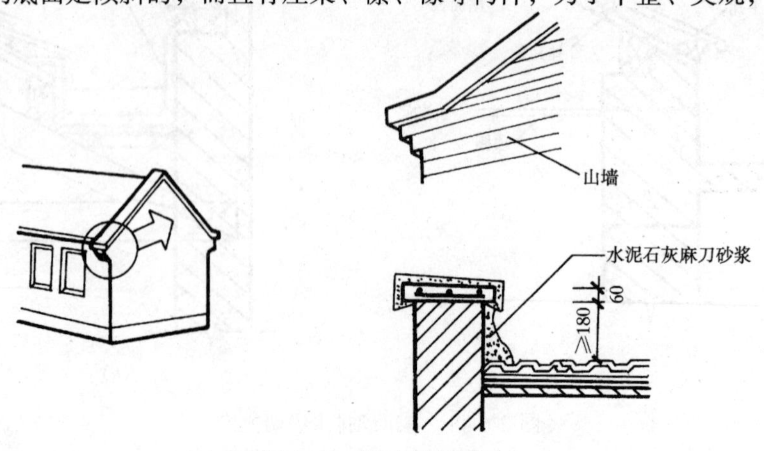

图 2-6-50　硬山封檐构造

做吊顶，吊顶的做法与材料均与楼板下吊顶的做法相同，只是吊筋吊在屋架下弦或檩条上。这里不再斜过。

2. 保温

坡屋顶的保温层可设在屋面面层之间，檩条之间、吊顶搁栅之上和吊顶面层本身等部位，如图 2-6-51。

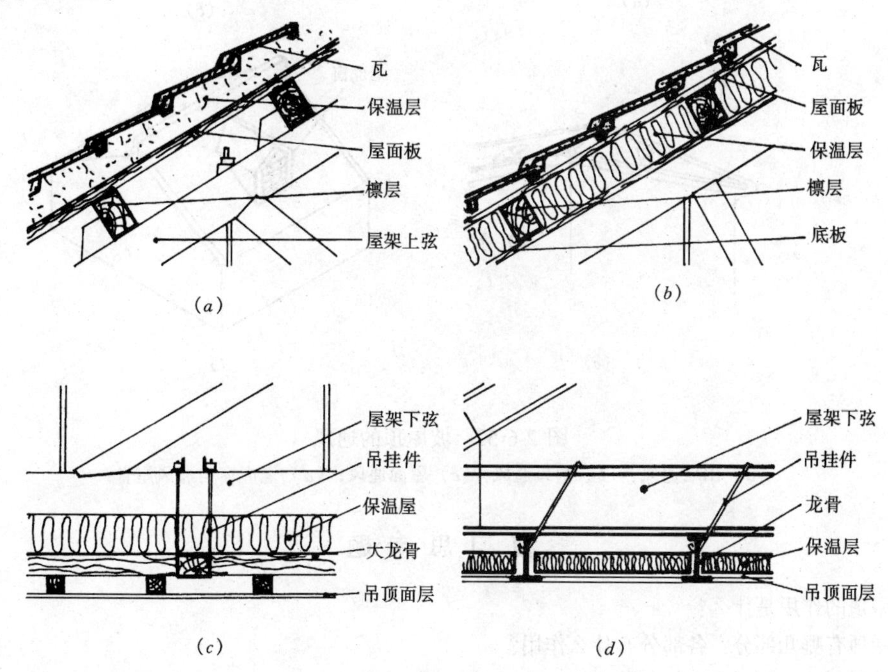

图 2-6-51　坡屋顶保温层的位置

(*a*) 在面层内设置；(*b*) 在檩间设置；(*c*) 在吊顶搁栅之上设置；(*d*) 吊顶面层为保温层

(1) 保温层设在屋面层内，乡村民居使用很多。可在望板上抹 60～80mm 厚的麦秸泥，最后用草泥卧瓦或麻刀灰压光。这种做法就地取材，造价十分低廉，又能达到较好的目的，所以，一直沿用至今。如图 2-6-51 (*a*)。

(2) 保温层设在檩条之间，在檩条底部钉木板，檩条之间填保温材料，如图 2-6-51 (*b*)。

(3) 保温层设在吊顶龙骨之上，在大龙骨上铺设木板，板上铺设一层油毡，油毡上铺保温材料，如图 2-6-51 (*c*)。

(4) 吊顶面层本身为保温材料，如用刨花板、甘蔗板或岩棉板制成吊顶板固定在小龙骨上起到保温作用，如图 2-6-51 (*d*)。

3. 隔热与通风

坡屋顶的顶棚内应使其内部通风保持干燥，防止虫蛀，同时在南方地区也可通过顶棚上通风降低室内温度，起到散热的作用。常采用以下几种做法。第一种是在山墙上设通风洞，为了防止鸟类和老鼠进入，应在通风洞口处加设百叶窗或钢丝纱网，如图 2-6-52 (*a*)；第二种是在檐口顶棚设置通风口，上面也做钢丝网，如图 2-6-52 (*b*)；第三种是在屋面设置通风口，如图 2-6-52 (*c*)，这种做法对防水不利。有时在屋顶上做老虎窗通风，如图 2-6-52 (*d*)。

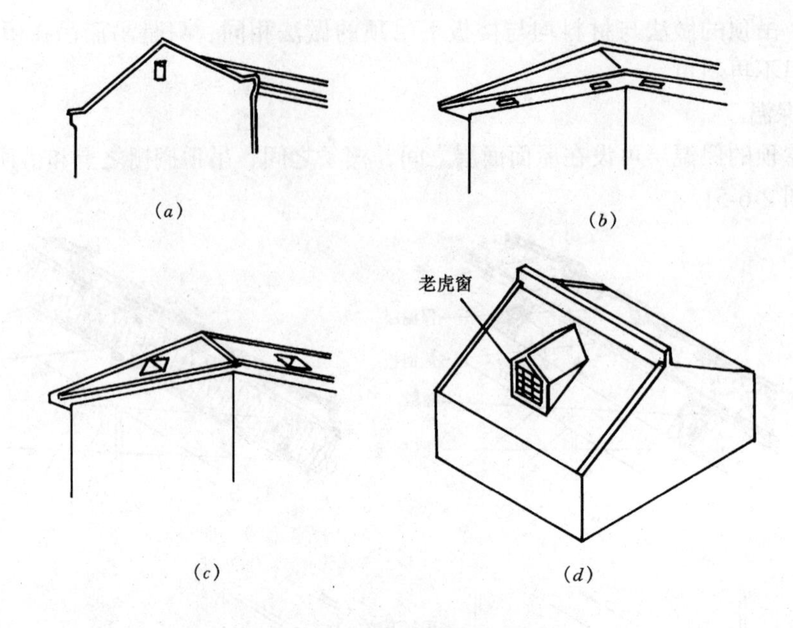

图 2-6-52 坡屋顶的通风

（a）山墙通风；（b）檐口通风；（c）屋面通风；（d）老虎窗与通风屋脊

复习思考题

1. 屋顶的作用是什么？
2. 屋顶有哪几部分？各部分有什么作用？
3. 平屋顶的屋面坡度是如何形成的？
4. 什么是有组织排水和无组织排水？各在什么情况下使用？
5. 目前常见的防水卷材有哪些？各有什么特点？
6. 简述卷材防水屋面构造组成。说出每一层的作用及做法。
7. 改性沥青油毡 SBS 铺贴屋面时的搭接要求是什么？如何铺贴？
8. 什么叫泛水？画出五种泛水构造图。
9. 什么是柔性防水和刚性防水？有什么优缺点？
10. 简述细石混凝土防水层的做法？
11. 试述刚性防水屋面裂缝的原因及其预防措施。
12. 刚性防水屋面的分仓缝应如何设置？构造如何？
13. 坡屋顶的承重方式有哪两种？各有什么特点？
14. 试述平屋顶、坡屋顶保温层的构造做法。
15. 坡屋顶如何进行防水？

第七章 窗与门的构造

第一节 窗的分类及构造

一、窗的作用

窗有采光、通风、围护、观察和反映建筑风格的功能。

1. 采光

建筑采光有两种方式,即自然采光和人工照明。自然采光是房屋通过在外墙上设置窗洞,太阳光从窗洞射入室内。而人工照明则是通过电能或其他(如蜡烛)方式进行采光。我们知道,人的眼睛特别适应在自然光线下观察和识别活动,而人工照明不仅没有自然光线质量好,还要消耗能源,增加日常开支,所以建筑物要尽量利用自然光来满足室内的正常使用。

不同功能的房间有不同的照度标准,低于或超过标准,对工作和生活及建筑经济性都是不利的。如教室的照度就比卧室的照度要高一些,而窗洞口面积越大,室内的照度就越高,一般多把窗洞口的面积粗略地叫做采光面积。房间的采光面积标准与房间的大小和功能有关系,这个关系用窗地比来衡量,即窗洞口面积与地面面积之比。如:绘图室、手术室的窗地比为1/5~1/3,教室为1/5~1/4,居室1/10~1/8等。

2. 通风

建筑内应有良好的通风,以便及时地排除污浊空气,补充新鲜空气,建筑通风有两种方法,一种是自然通风,即打开窗户,使污浊空气从窗洞排出,新鲜空气进来。另一种是通过机械通风,借助于机械(如空调)调节空气,但这种通风增加建筑投资和日常开支,且耗能。大量性民用建筑主要依靠开窗进行自然通风。因而在设计窗时,必须充分考虑这个因素,尽量多设置开启扇,最好能组织对流风。

3. 围护

为了采光,大部分窗都做成玻璃窗,而窗所散失的热量往往是同面积墙的2~3倍。因此,从保温角度讲,窗洞应尽量开得小些,同时外窗还应防止雨水流入室内,处理好窗与墙及窗扇之间的缝隙。

4. 观察与眺望

人们通过窗户可以观察建筑外的活动,眺望建筑外的环境。

5. 反映建筑风格

有人比喻:“窗是建筑的眼睛”,建筑物的特点,如庄重或活泼、开敞或封闭、民族地域风貌、功能显示、时代特色均利用窗洞大小、形状、布局、色彩等手段表现出来。

二、窗的分类

窗的分类很多,如按窗的材料分,有木窗、钢窗、铝合金窗、塑钢窗、塑料窗等;如按层数分,有单层窗和双层窗;如按镶嵌材料分,有玻璃窗、纱窗、百叶窗等;按开启方

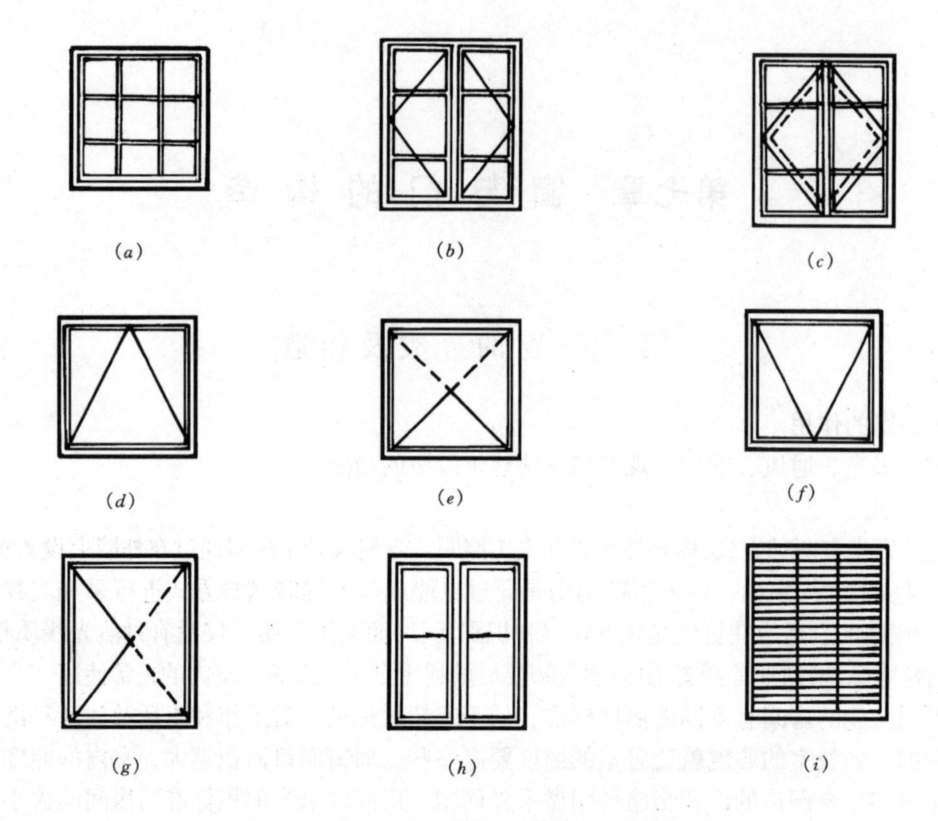

图 2-7-1　窗的开启形式

(a) 固定窗；(b) 平开窗（单层外开）；(c) 平开窗（双层内外开）；(d) 上悬窗；(e) 中悬窗；(f) 下悬窗；(g) 立转窗；(h) 左右推拉窗；(i) 百叶窗

式分，有平开窗、固定窗、推拉窗、转窗等，如图 2-7-1 所示。图中的斜线表示开启线，实线表示向外开，虚线表示向内开。

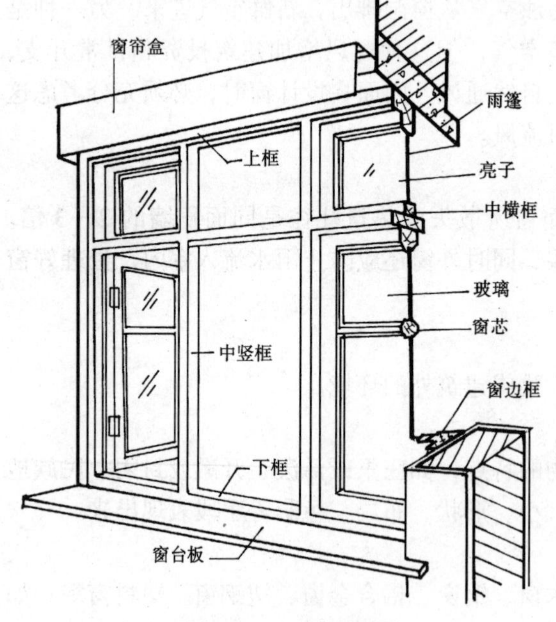

图 2-7-2　木窗的组成

三、木窗

木窗自重轻，制作方便，便于维修，保温性能好，但窗料断面大，消耗木材多，相对采光面积小。

（一）木窗的组成与尺寸

木窗一般有窗框、窗扇和建筑五金组成，如图 2-7-2。

1. 窗框

由上框、下框、边框、中横框和中竖框组成，其断面形式根据窗是单层窗，还是双层窗而定。为了使窗框与墙之间的缝隙密封，在抹灰时使于嵌入缝隙，应在窗框外侧做灰口。为了窗框与窗扇连接严密，在装窗框的一侧应铲出铲口，有时为了节约木材，也可用钉木条的方法，叫钉口，但效果较差，如图 2-7-3。

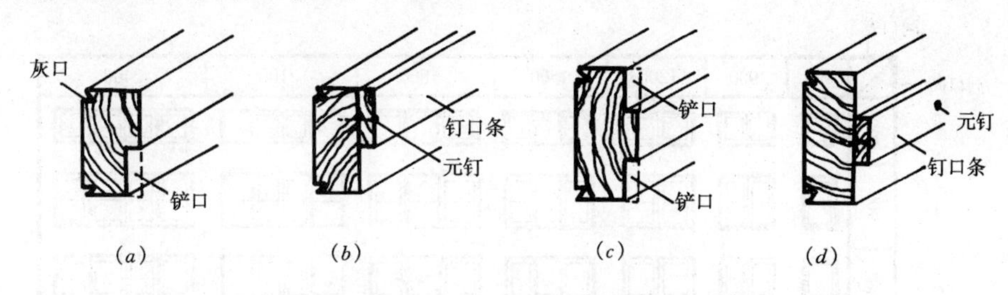

图 2-7-3　窗框的铲口与钉口

(a) 单面铲口；(b) 单面钉口；(c) 双面铲口；(d) 双面钉口

2. 窗扇

由上冒头、下冒头、边梃和窗芯组成，其截面形式如图 2-7-4。边梃、冒头和窗芯在安装玻璃或窗纱的部位应铲出玻璃口，也叫裁口，内侧为了减少遮光和美观，应做成斜角。双扇窗在连接处为防止风沙直接灌入室内和保温，应做成错口缝，如图 2-7-5。

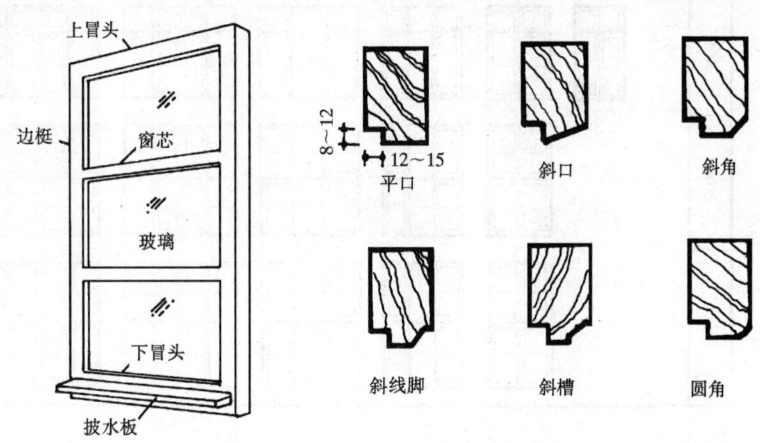

图 2-7-4　窗扇的组成及窗扇线脚示例

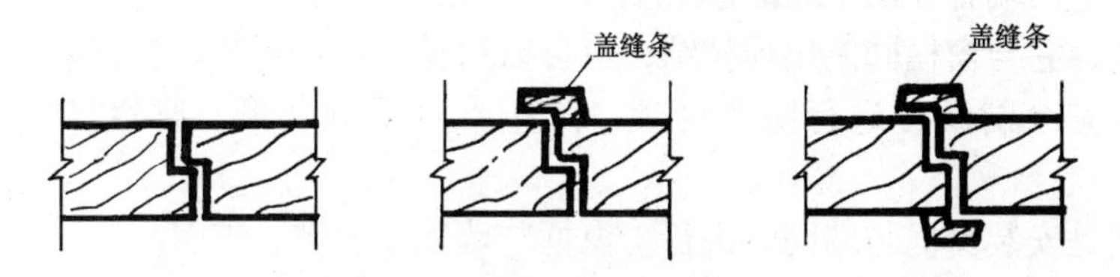

图 2-7-5　双扇窗窗扇交缝处构造

3. 窗洞的尺寸

目前全国各地都采用标准门窗，即一般多以 300mm 为模数进级，由于居住建筑的层高目前仍以 100mm 为模数进级控制，所以其窗高也允许以 100mm 为模数进级，窗洞尺寸如表 2-7-1。

(二) 木窗窗框与墙的连接

根据施工时，安装窗框的不同，窗与墙的连接也不同，分为立口和塞口两种。

1. 立口

平开木窗基本窗选用表 **表 2-7-1**

洞口高 \ 洞口宽	600	900	1200	1500	1800	2100	2400
600							
900							
1200							
1400							
1500							
1800							
2100							
2400							

立口也叫站口，是当墙砌至窗台标高时，把窗框立在设计位置上，并临时固定，然后砌墙。窗框上下两端各伸出120mm（俗称羊角）砌入墙内。在边框外侧每隔500～700mm设一块木拉砖，它与窗框同鸽尾榫拉结，也可以用长钉钉在一起。所有木拉砖和窗框与墙接触的面，均应涂刷沥青进行防腐处理，防止木材受潮变形、腐烂，影响使用，如图2-7-6所示。

立口做法是安装窗框与墙同时进行。窗框与墙连接紧密、牢固。

2. 塞口

塞口是砌墙时，按设计窗洞的位置和大小留出洞口，窗框应比洞口小30～50mm，等主体结构施工完后，再将窗框塞入洞口。砌墙时应在窗洞两侧沿窗高每隔500～700mm砌入一块防腐木砖，将窗框塞入窗洞后，用铁钉将窗框固定在木砖上，如图2-7-7所示。

塞口做法将砌墙和安装窗框分开进行，互不影响，施工进度快，但窗框与墙之间缝隙较大，连接就没有立口那么牢固，风沙容易灌入，所以应处理好窗框与墙之间的缝隙。

3. 窗框与墙体的接缝处理

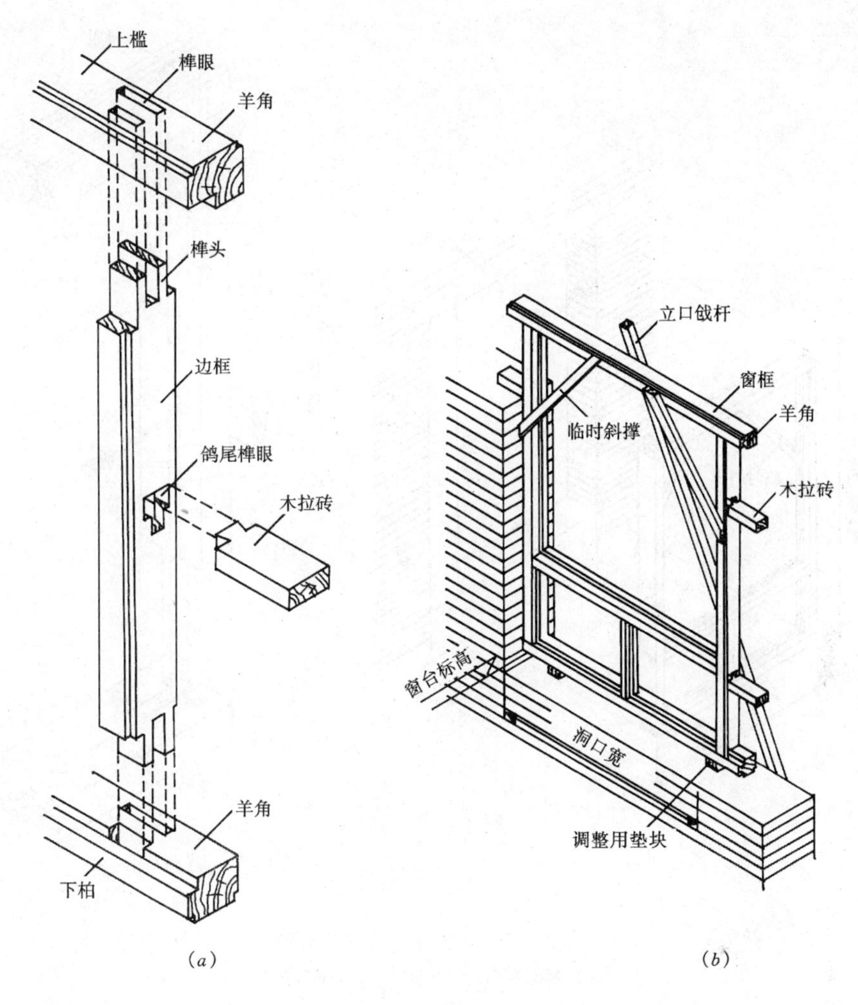

图 2-7-6　窗框与墙立口安装

（a）立口窗框构造；（b）窗框立口施工

窗框在窗洞中的位置主要根据房间的要求来确定。当墙体较厚时，一般都居中设置，这样简单、经济。也可设在内侧，但要加盖贴脸板，构造复杂，造价高，但不宜设在外侧，如图 2-7-8 所示。同时，窗框与窗洞之间的缝隙也是散热和风沙灌入的地方，因此需加沥青麻丝，并用灰浆抹严。

（三）常用木窗的构造

目前，常用的木窗有固定窗、平开窗、木悬窗和推拉窗。

固定窗是指窗扇不能开启，只采光，不通风，可以在窗框上直接做裁口，将玻璃安装上去。

平开窗开启灵活，可以内开，也可以外开，既可单扇，也可双扇，而且维修也方便，在木窗中使用最广，如图 2-7-9 为三连扇的平开木窗构造图，由立面图和节点图构成。立面图上反映窗的形状、大小和开启方式，以及窗洞的尺寸 1500mm×1800mm。①～⑥节点图详细地反映出窗框、窗扇各构件的形状、大小及其连接。

木悬窗分上悬窗、中悬窗和下悬窗。上悬窗和下悬窗是将铰链分别安装在窗扇的上冒

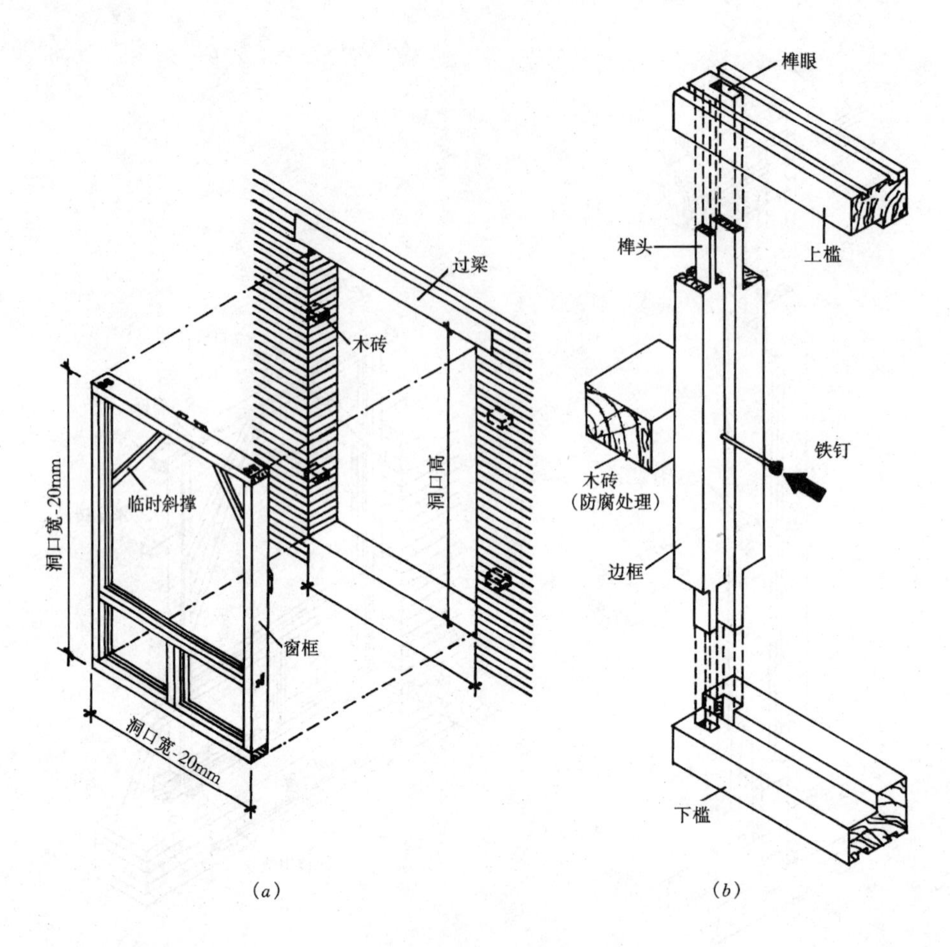

图 2-7-7　窗框与墙的塞口安装

(a) 窗框塞口施工；(b) 塞口窗框构造

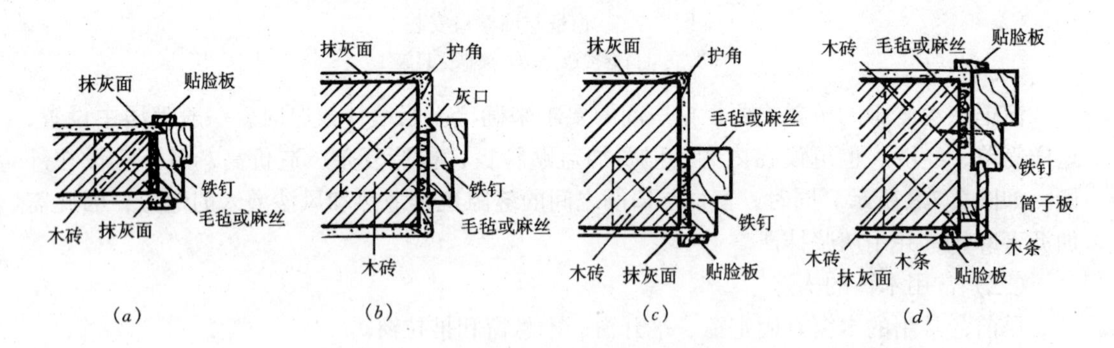

图 2-7-8　墙体与窗框的连接处理

(a) 与薄墙等厚；(b) 居中设置；(c) 靠一侧设置之一；(d) 靠一侧设置之二

头和下冒头，安装方法与平开窗相同，中悬窗是在窗扇中间水平方向安装一旋转轴，窗扇绕轴旋转，一半向里开，一半向外开。为了使用和防水，一般情况下，中悬窗都是下面朝外开，上面朝里开，这种窗户可以使用机械或电动开关，所以高窗，特别是工业厂房高窗使用的多，而在民用建筑中壳子窗使用的多。其构造如图 2-7-10 所示。

推拉窗有上下推拉和左右推拉两种，能够通风、采光和传递物品用。推拉窗的窗扇是在窗框的槽内滑行，双扇窗就需要两个槽，所以窗框的尺寸就得加大。如图 2-7-11 所示。

百叶窗可以通风，也可适当采光，但室内外不能直接观望，所以常用作卫生间、浴室或库房中使用，在坡屋顶建筑中，屋顶通风也经常使用，其构造如图 2-7-12 所示。

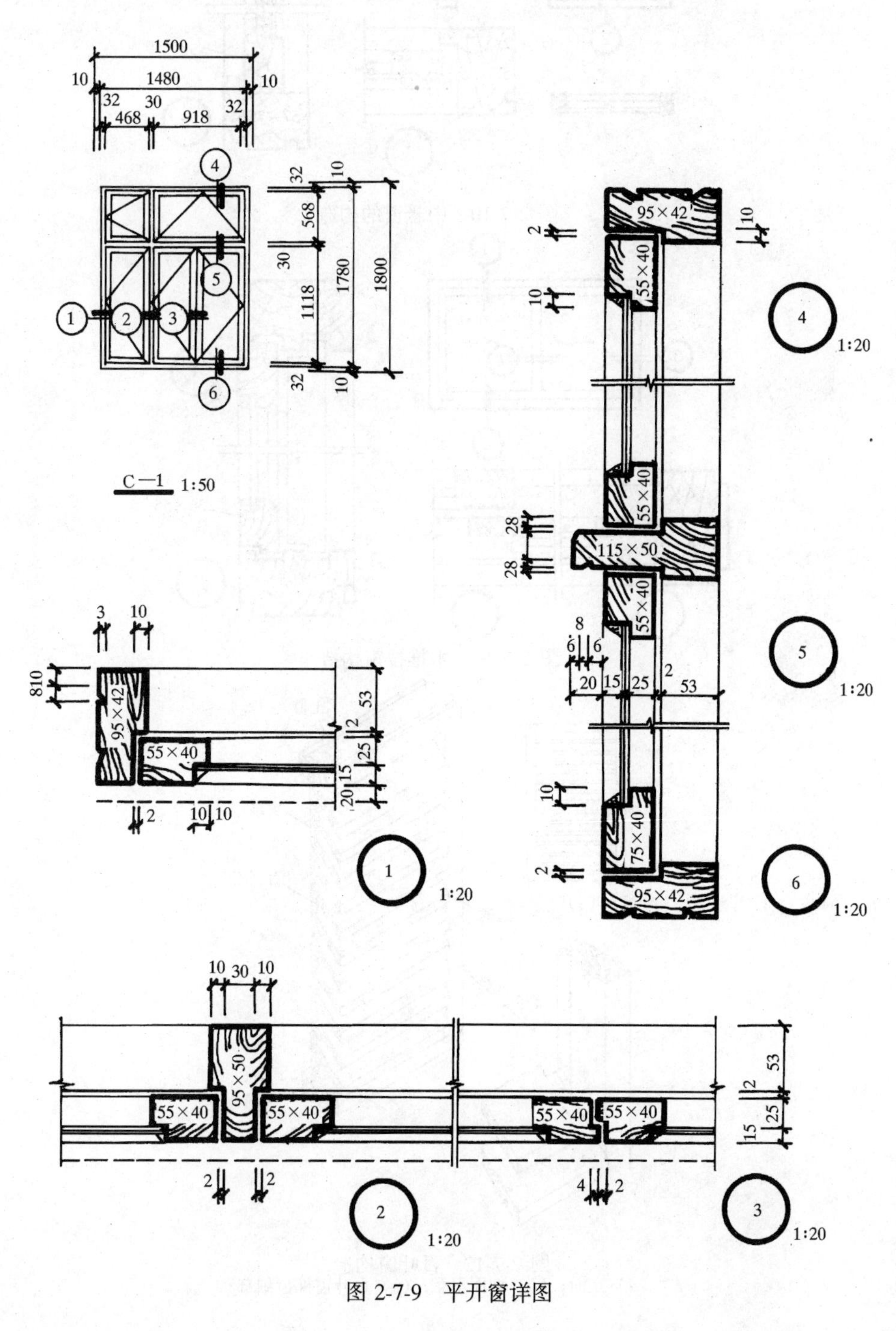

图 2-7-9　平开窗详图

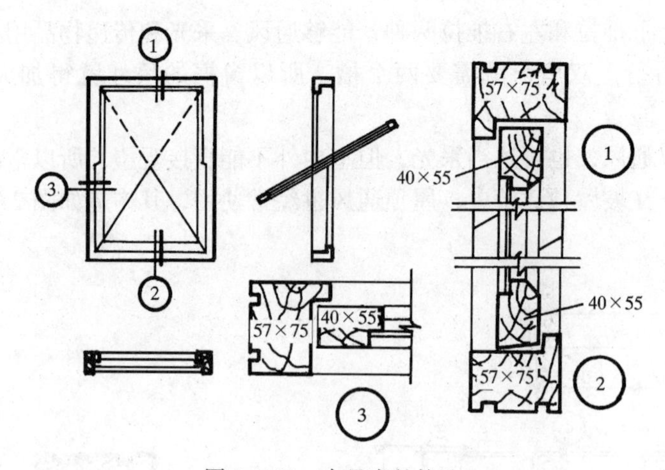

图 2-7-10　中悬窗的构造

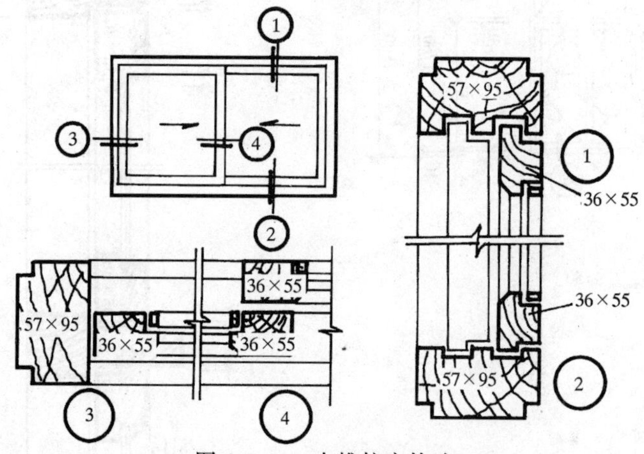

图 2-7-11　木推拉窗构造

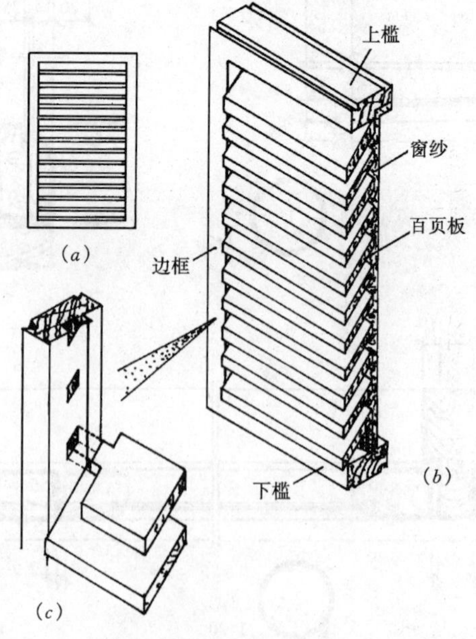

图 2-7-12　百叶窗构造
（a）立面；（b）剖面示意；（c）百叶窗榫齿细部

第二节 门 的 构 造

一、门的作用

门有室内外交通、疏散、采光、通风、围护和突出建筑重点的功能。

1. 交通

门的主要作用就是交通，是建筑内外、房间及房间联系的主要配件，其数量、洞口的大小、位置与建筑及房间用途及人数有关。

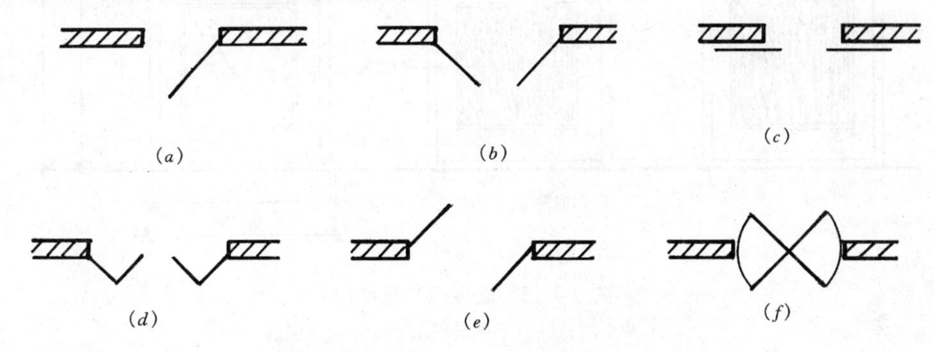

图 2-7-13 门的开启方式

(a) 单扇平开门；(b) 双扇平开门；(c) 推拉门；(d) 折叠门；(e) 双向内外平开门；(f) 转门

2. 疏散

门也是人员安全疏散、撤离的必经位置，主要指发生火灾以及地震时人员的撤离。防火等级和地震烈度不同的地区，人员安全疏散的时间就不同，门洞的数量和大小就不同。一般来说，防火等级越低的建筑，人员安全疏散的时间越短，要求门洞的数量就越多，宽度就越大。如防火等级为一、二级的建筑，其疏散时间为6min，但防火等级为三、四级的建筑，疏散时间为2～4min。所以设计时应考虑防火等级、防震要求等因素。

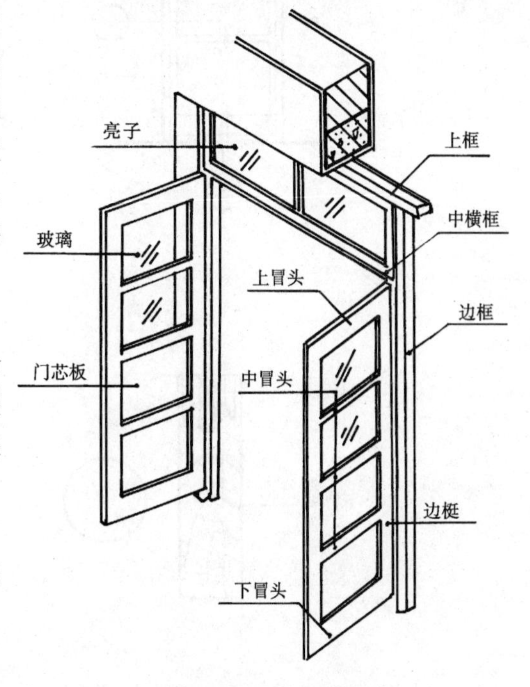

图 2-7-14 木门的组成

3. 采光与通风

在门上安装玻璃，也可以改善采光条件，特别是有内走廊的建筑，在门上安装玻璃或设置亮子窗，走廊既可以通过它采光，也能通风。

4. 围护

门也要具有隔声、保温的功能，外门还要做到防火、防风、防沙、防雨淋等。

5. 突出建筑的重点

为了体现建筑主次分明、重点突出、

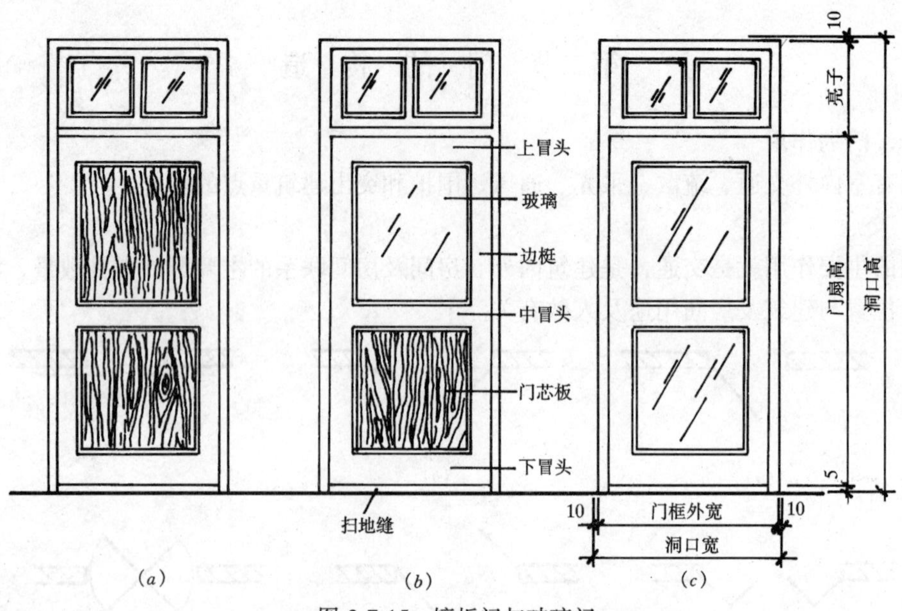

图 2-7-15　镶板门与玻璃门

(a) 镶板门；(b) 半截玻璃门；(c) 全玻璃门

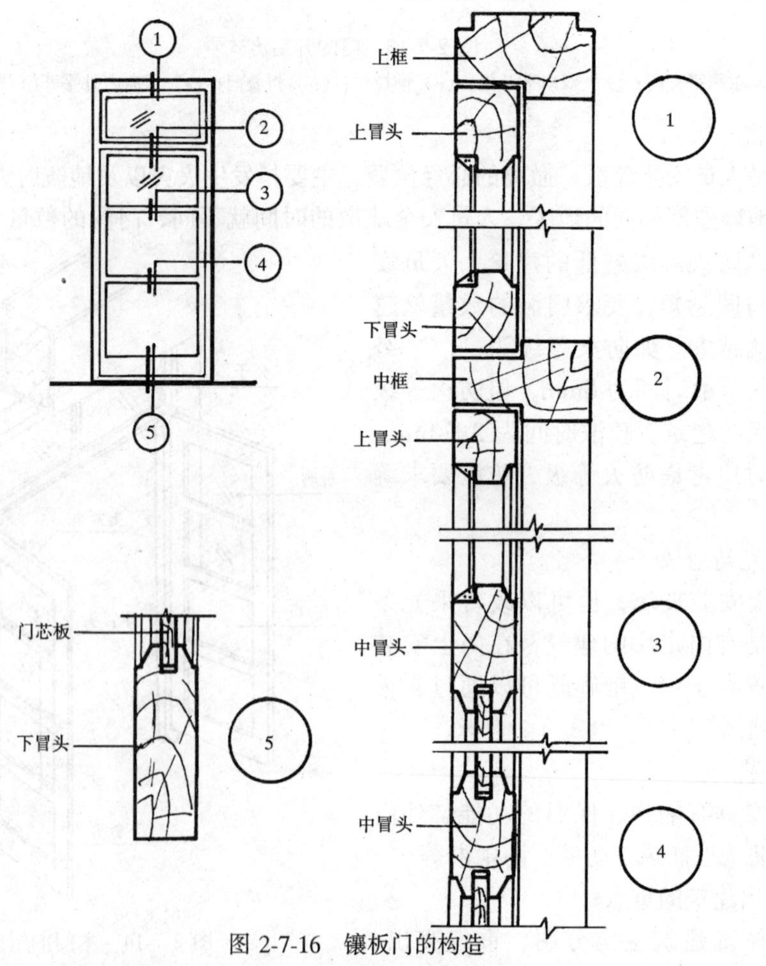

图 2-7-16　镶板门的构造

主题鲜明的目的，建筑设计的一个重点在主要出入口处，门是很重的设计内容。

二、门的分类

门的分类与窗相似，按门的材料分，有木门、钢门、铝合金门、塑钢门、塑料门等；按层数分有单层门、双层门之分；按开启方式分有平开门、推拉门、折叠门、转门等，如图 2-7-13。按功能分有保温门、隔声门、防火门、防盗门、防爆门、防辐射门等。

三、木门

木门与木窗的优点相同，但耗用木材多，与我国当前的技术政策相违背。

（一）木门的组成

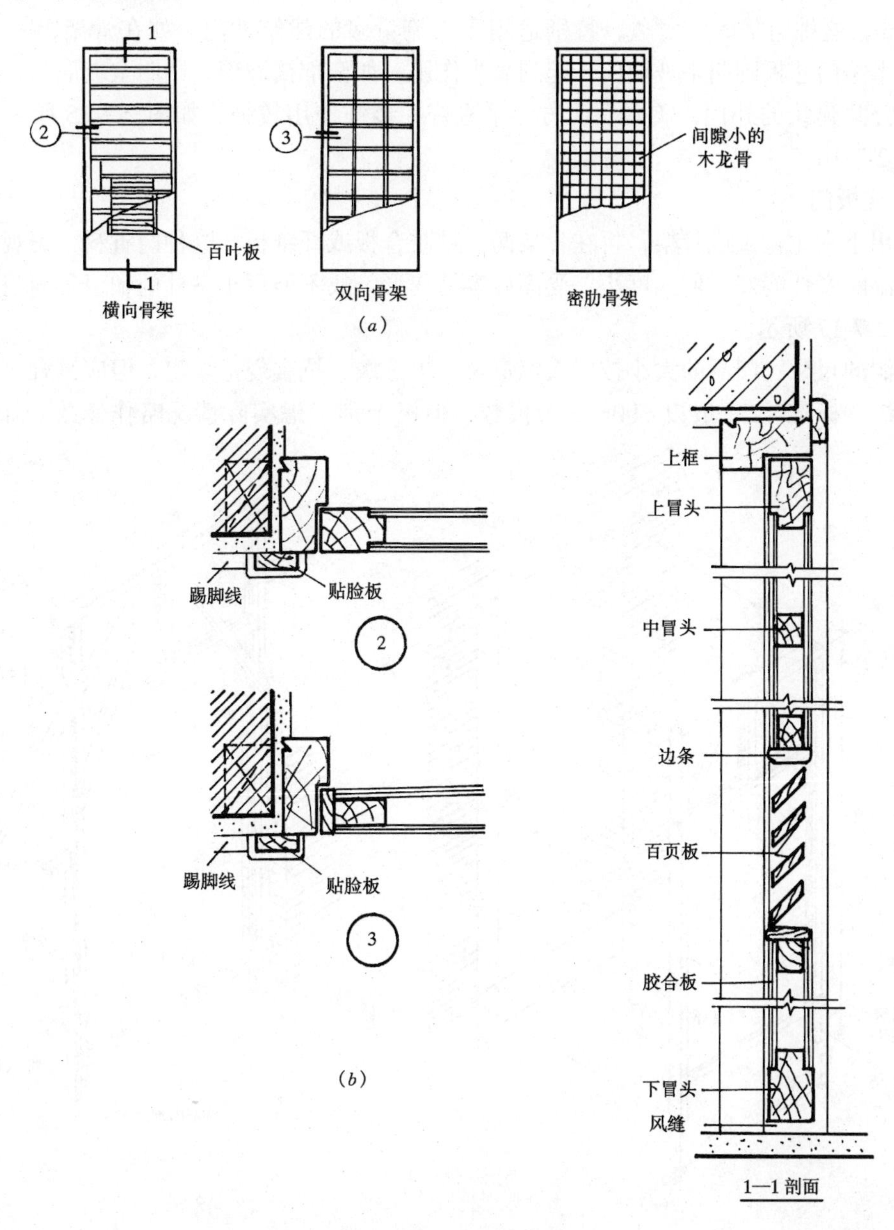

图 2-7-17　夹板门构造
（a）夹板门的骨架；（b）节点图

木门一般有门框、门扇和建筑五金三部分组成，使用最多的是平开门，如图 2-7-14 所示。

门框：由上框、边框组成，一般没有下框，如有则叫门槛。设亮子的门，中间还有中横框，其截面形状与窗框相似，但其尺寸比窗框要略大一些。

门窗：门扇由上冒头、下冒头、中冒头和边梃组成。按照构造不同，门扇又分为镶板门和夹板门两种。

1. 镶板门

由上、中、下冒头和边梃组成骨架，在骨架内镶嵌木板（门芯板）。木板的厚度一般为 15mm，这种门坚固、耐久，特别适用于人流量多的建筑外门。如在骨架上一半镶玻璃，一半镶门芯板则叫半玻璃门，起到采光作用。如全部镶玻璃，则叫全玻璃门，这种门适用于公共建筑的外门，美观、大方、采光好，装饰作用较强，如图 2-7-15 所示。其构造如图 2-7-16。

2. 夹板门

先用小木龙骨做成骨架，再在骨架两面贴胶合板或纤维板。这种门省料、美观、自重轻，保温隔音性能好，但强度小，受潮后容易变形，故不能用于室外门和卫生间门。其构造如图 2-7-17 所示。

门洞的尺寸：门洞的大小按照人流量及防火等级、抗震规范来定，但应符合《建筑模数协调统一标准》，一般以 300mm 为模数，但极个别考虑实际情况略作修改。如 750×

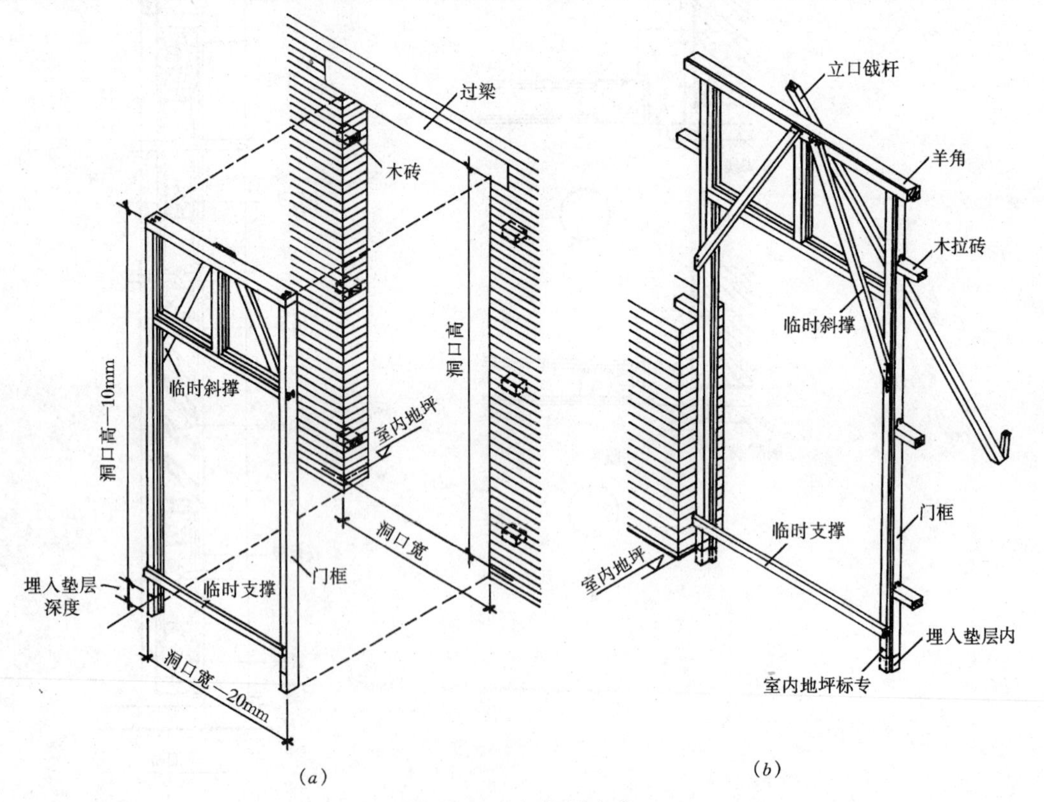

图 2-7-18　门框的安装

(a) 塞口施工；(b) 立口施工

2000、750×2400、1000×2400、1000×2100 等。

（二）门框与墙的连接

门框与墙的连接与窗相同，为了连接牢固，门框的边框应略长一些，下端埋入楼地面固定、其位置与窗相同，如图 2-7-18 所示。

第三节　其他材料的门窗

一、钢门窗

钢门窗是贯彻国家“以钢代木”的方针，节约木材的一项重大措施，其特点是坚固、耐久、防火性能好、密闭性好，与木窗相比采光面积大。由钢门窗厂定型生产，便于采用标准设计，工业化程度高。缺点是导热系数大，易因冷凝水而生锈，维修难度较大。

钢门窗用料有两种，实腹料和空腹料。

实腹料是热扎的型钢，其规格按截面高度分为 9 个系列，自重较大，耗钢量也大，但耐腐蚀能力强。

其常用的代号如：　25　07　a

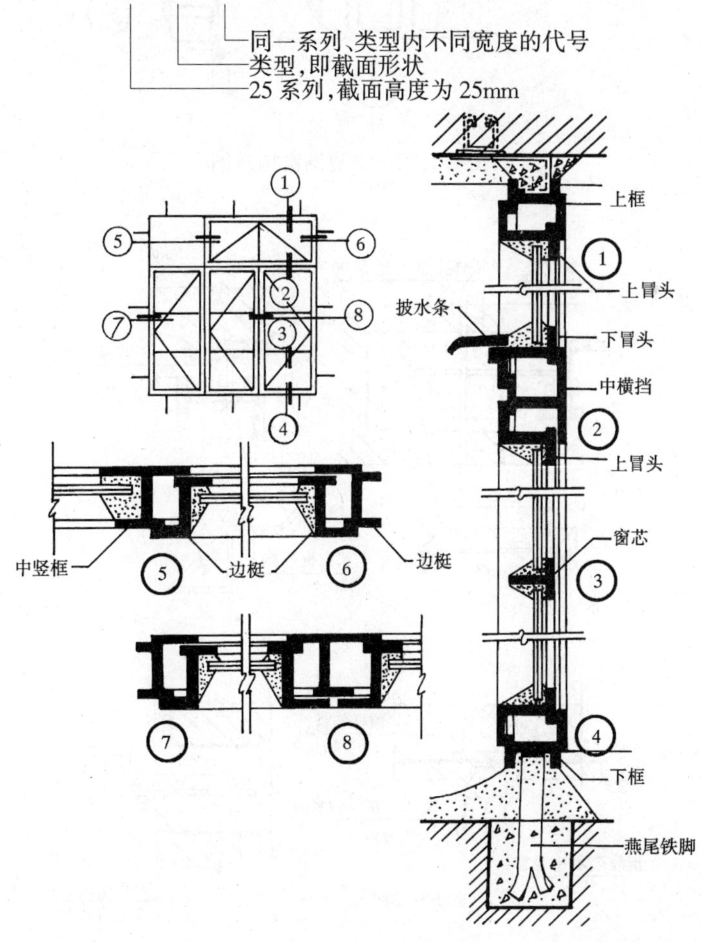

图 2-7-19　实腹钢窗构造

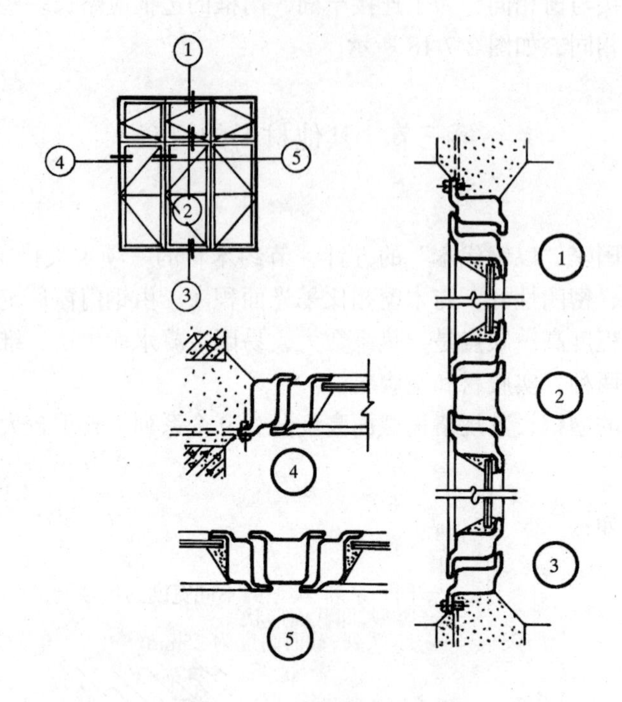

图 2-7-20　空腹钢窗构造图

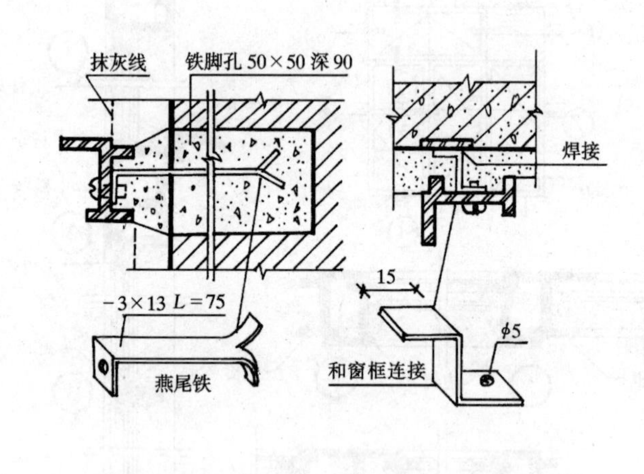

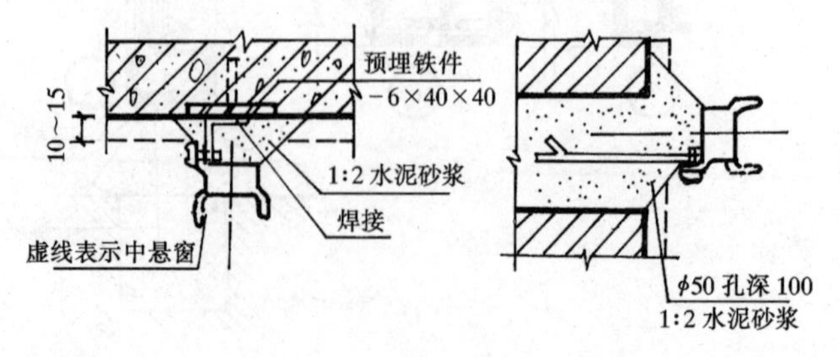

图 2-7-21　钢窗与墙体的连接

空腹料是用薄钢板反复辗扎成各种外形，经高频焊接而成的中空薄壁框料，壁厚仅为1.2mm，制成门窗，结构轻巧，外形美观，不宜使用在潮湿或有腐蚀性介质的环境。现有镀锌后喷塑处理的彩板钢窗性能有很大提高。

图 2-7-19 为实腹钢窗构造图。

图 2-7-20 是空腹钢窗的构造图。

钢窗与墙体的连接是通过燕尾铁脚也可通过将连接板经射钉等方法连接，在窗洞两侧和窗台上每隔 500～700mm 预埋燕尾铁脚，燕尾铁脚和窗框用螺栓连接。过梁与上框用 Z 形连接板连接，在过梁下预埋铁件与 Z 形板焊接，Z 形板与窗框用螺栓连接，连接图如图 2-7-21 所示。

二、铝合金门窗

铝合金门窗具有重量轻、强度高、耐腐蚀性好，密闭性较好，易于着色，使用中变形小，装饰效果好，便于加工等优点，但保温、隔音性能不如塑钢窗。其截面按高度分为 55 系列、60 系列、70 系列、73 系列、90 系列等，铝合金窗常用于推拉窗。

常用的代号如：TLC - 70 - 32 A - S

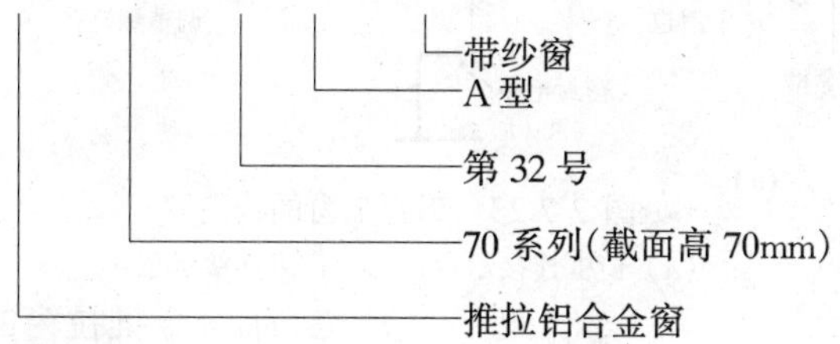

1. 铝合金推拉窗的组成

铝合金推拉窗也是由窗框、窗扇和五金零件组成。窗框有：上滑道、下滑道和边封组成。窗扇有上横、下横、边柱、带钩边框、密封条、玻璃组成。

五金有导轨滑轮、钩锁、铝角型材（角码）、自攻螺钉、玻璃封条、连接铁件等。

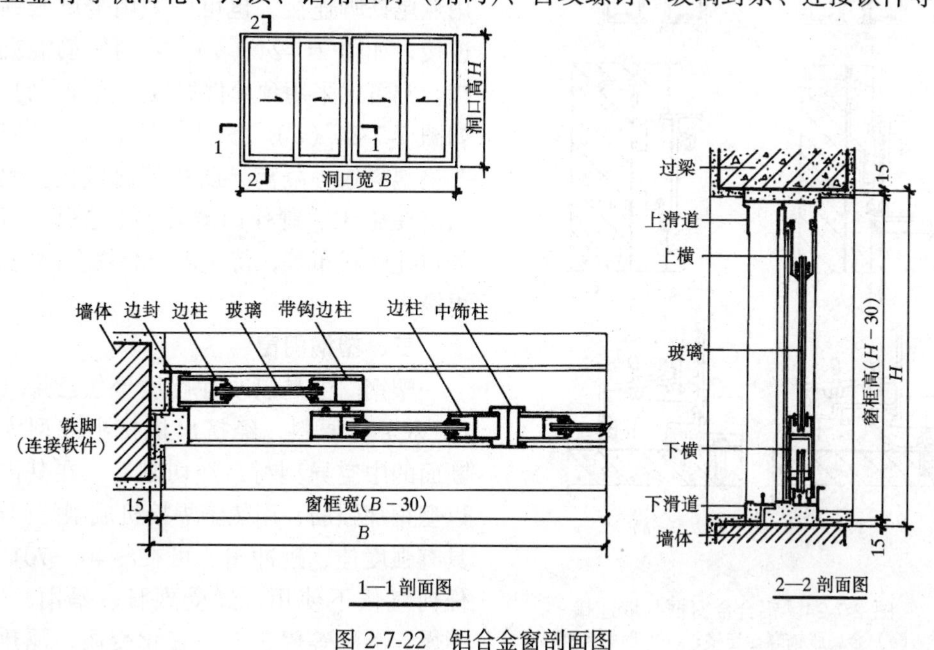

图 2-7-22　铝合金窗剖面图

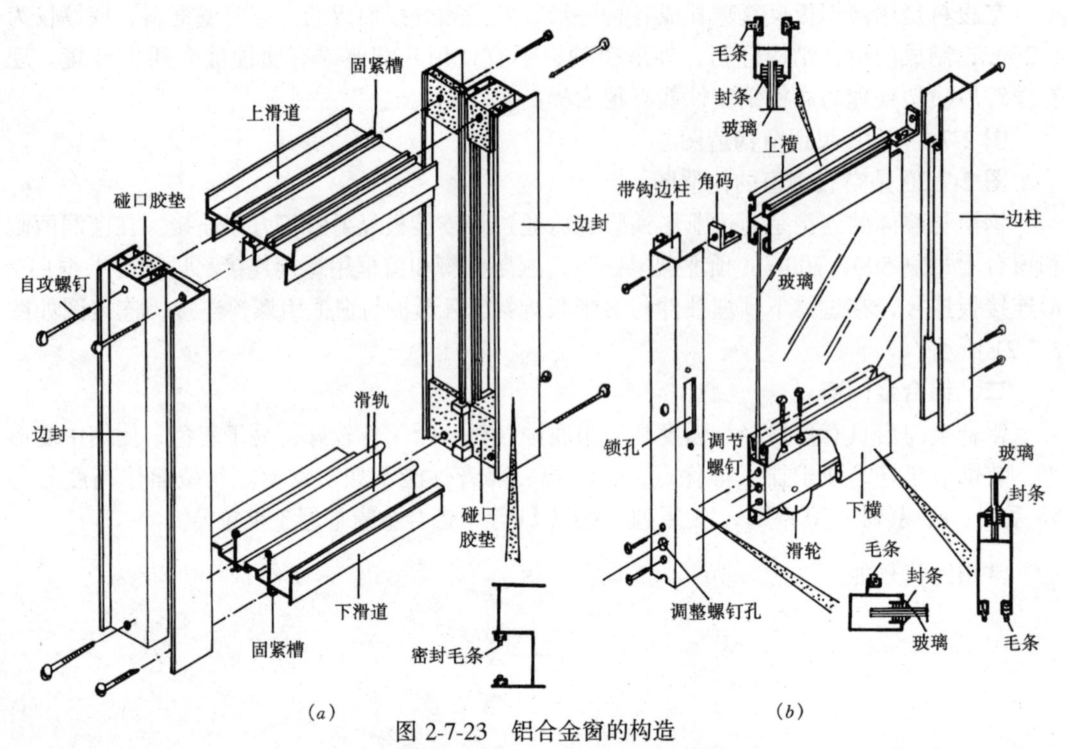

图 2-7-23 铝合金窗的构造

(*a*) 窗框连接示意；(*b*) 窗扇连接示意

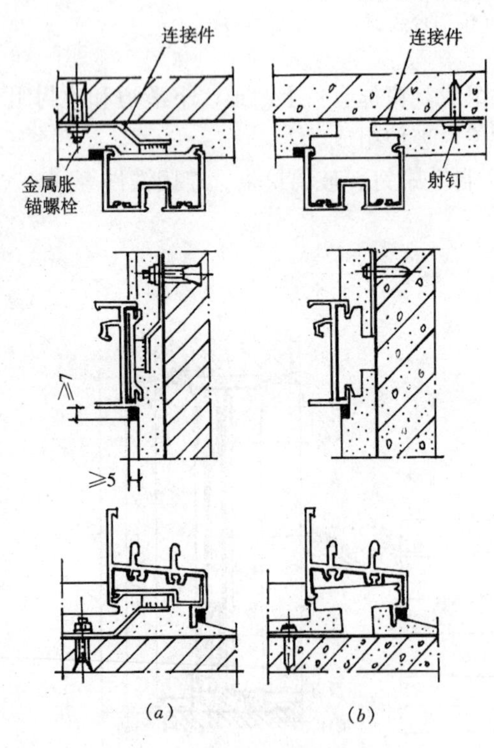

图 2-7-24 铝合金窗框与墙连接

(*a*) 金属胀锚螺栓连接；(*b*) 射钉连接

2. 铝合金推拉窗的构造

图 2-7-22 是铝合金窗的剖面图。

图 2-7-23 是铝合金窗的构造图。

铝合金窗框与砖墙连接可采用预留孔洞，用燕尾铁脚连接，也可以采用金属胀锚螺栓连接，如图 2-7-24 (*a*)。若与钢筋混凝土连接，则可以采用预埋件焊接连接和射钉连接，如图 2-7-24 (*b*)。铁件与铝合金件接触时，要垫塑料板等隔离，防止接触氧化。铝合金门窗在施工、制作时要注意保护其氧化膜，如包扎塑料布等，待室内外装修全部完工后，再撕去。

三、塑钢门窗

塑钢门窗是以改性硬质聚氯乙烯（简称 UPVC）为原料，经挤出机挤出成型为各种断面的中空异型材，经切割后，在其内腔衬以型钢加强筋，用热熔焊接机成型的门窗框。具有强度佳、耐冲击、可在 -40～70℃之间任何气候下使用，经受烈日、暴雨、风雪、干燥、潮湿等侵袭而不脆化变质，隔热保温

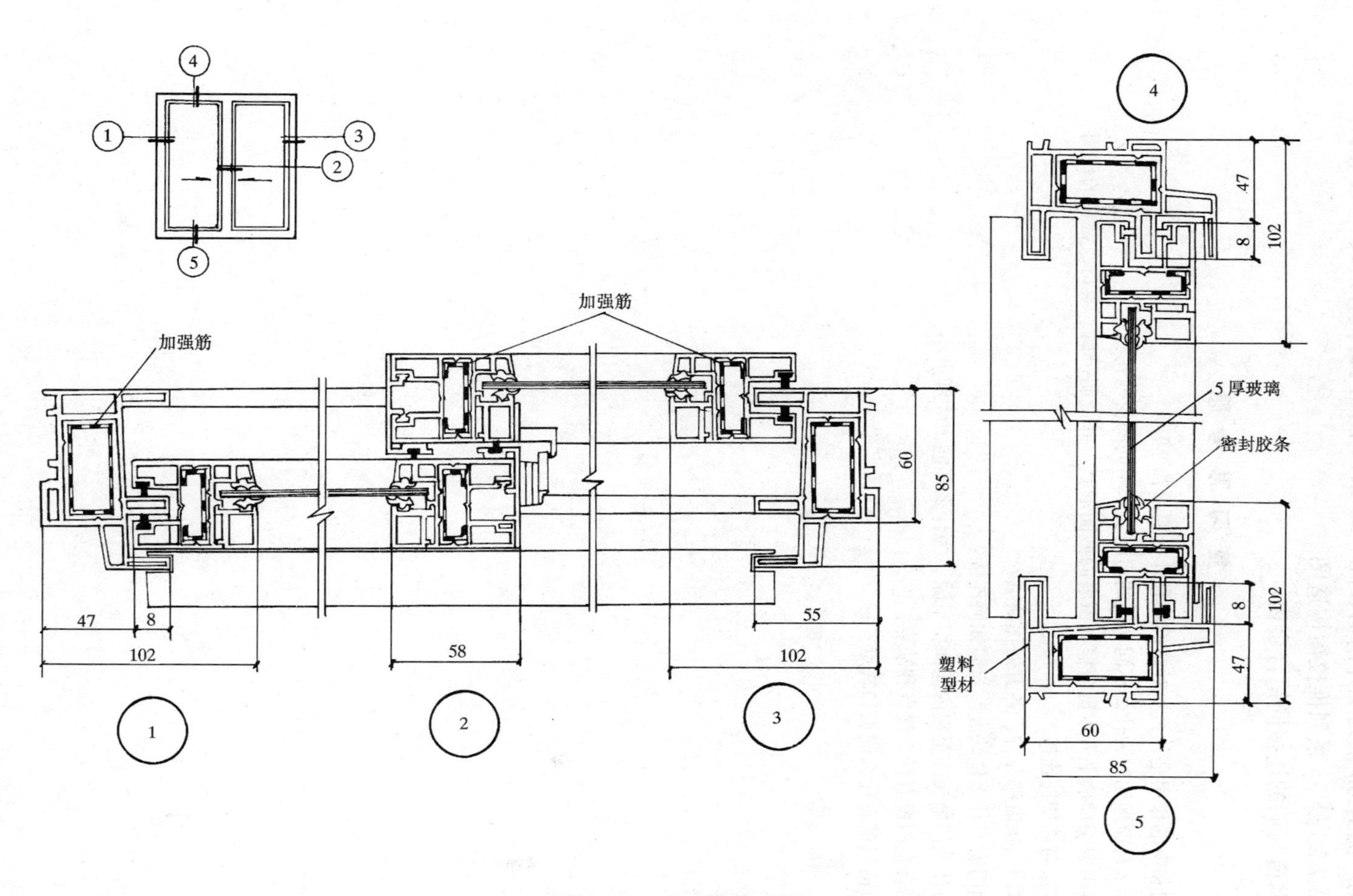

图 2-7-25 塑钢窗构造图

性能好，节约能源、耐腐蚀、隔音效果好，外观精致，保养容易等优点。目前，塑钢门窗在国内已广泛地推广开来。

通用产品有 60 系列平开门窗，53、85 系列推拉门窗，有欧式、美式两种。

图 2-7-25 是 53 系列推拉窗构造图。

塑钢窗与墙的连接同铝合金窗。

复 习 思 考 题

1. 门和窗的作用是什么？对它们各有什么要求？
2. 什么是窗地比？为什么不同功能的房间要求不同的窗地比？
3. 绘出单层玻璃平开木窗窗框和窗扇的截面形状，并说明铲口、灰口、裁口的作用。
4. 木窗与墙如何连接？
5. 木门门扇有哪几种，各有何优缺点？
6. 钢门窗有什么优缺点？与墙如何连接？
7. 为什么门扇底部至室内地面留空隙，为什么不能太大和太小？
8. 铝合金门窗有什么优点和缺点？
9. 塑钢门窗有什么优点和缺点？

第八章 工 业 建 筑

工业建筑是工厂中为工业生产需要而建造的建筑物。直接用于工业生产的建筑物称为工业厂房。在工业厂房内，按生产工艺过程进行产品的加工和生产，通常把按生产工艺进行生产的单位称生产车间。一个工厂除了有若干个生产车间外，还有辅助生产车间、锅炉房、水泵房、办公及生活用房等生产辅助用房。

第一节 工 业 建 筑 概 述

一、工业建筑的特点

1. 生产工艺流程决定着厂房的平面形式

厂房的平面布置形式首先必须保证生产的顺序进行，并为工人创造良好的劳动卫生条件，以利于提高产品质量和劳动生产率。

2. 厂房内有较大的面积和空间

由于厂房内生产设备多、体量大，并往往有多种起重运输设备通行，这就决定着厂房内有较大的面积和宽敞的空间。

3. 厂房的荷载大

厂房内一般都有相应的生产设备、起重运输设备和原材料、半成品、成品等,加之生产时可能产生的振动和其他荷载的作用,因此多数厂房采用钢筋混凝土骨架或钢骨架承重。

4. 厂房构造复杂

对于大跨度和多跨度厂房，应考虑解决室内的采光、通风和屋面的防水、排水问题，需在屋顶上设置天窗及排水系统。

对于有恒温、防尘、防振、防爆、防菌、防射线等要求的厂房，应考虑采取相应的特殊构造措施。

对于生产过程中有大量原料、半成品、成品等需要运输的厂房，应考虑所采用运输工具的通行问题。

大多数厂房生产时，需要各种工程技术管网，如上下水、热力、压缩空气、煤气、氧气管道和电力线路等。厂房设计时应考虑各种管线的敷设要求。

二、工业建筑的分类

(一) 按厂房的用途分

1. 主要生产厂房

指用于完成主要产品从原料到成品的整个生产过程的各类厂房，如机械制造厂的铸造车间、机械加工车间、装配车间等。

2. 辅助生产厂房

指为主要生产车间服务的各类厂房，如机械制造厂的机修车间、工具车间等。

3. 动力用厂房

指为全厂提供能源的各类厂房，如发电站、变电站、锅炉房、煤气发生站、氧气站、压缩空气站等。

4. 储藏用建筑

指用来储藏原材料、半成品、成品的仓库，如金属材料库、木料库、油料库、成品库等。

5. 运输用建筑

指用于停放、检修各种运输工具的房屋，如电瓶车库、汽车库等。

还有一些其他用房，如水泵房、污水处理站等。

（二）按生产特征分

1. 热加工车间

指在高温状态下进行生产的车间。如铸造、热锻、冶炼、热轧等，这类车间在生产中散发大量余热，并伴随产生烟雾，灰尘和有害气体，应考虑其通风散热问题。

2. 冷加工车间

在正常温、湿度条件下生产的车间，如机械加工车间、装配车间、机修车间等。

3. 洁净车间

指根据产品的要求，需在无尘无菌无污染的高度洁净状况下进行生产的车间，如集成电路车间、药品生产车间、食品车间等。

4. 恒温恒湿车间

指为保证产品的质量，需在恒定的温度湿度条件下生产的车间，如纺织车间、精密仪器车间等。

5. 特种状况车间

指产品对生产环境有特殊要求的车间，如防爆、防腐蚀、防微振、防电磁波干扰等车间。

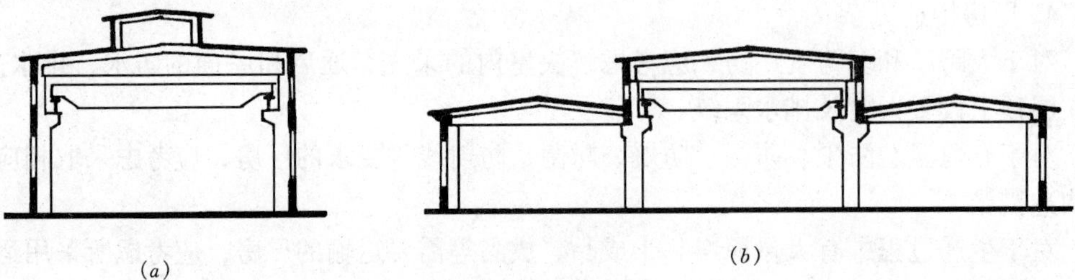

(*a*)　　(*b*)

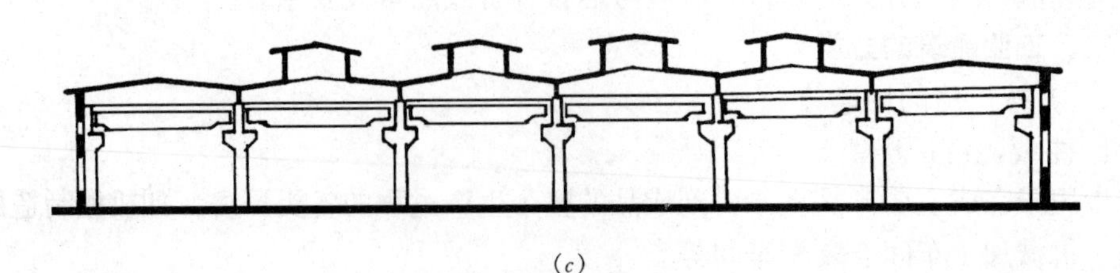

(*c*)

图 2-8-1　单层厂房

(*a*) 单跨；(*b*) 高低跨；(*c*) 多跨

（三）按层数和跨度分

1. 单层厂房

指层数为一层的厂房。适用于生产设备和产品的重量大，生产工艺流程需水平运输实现的厂房，如重型机械制造业、冶金业等。单层厂房按跨度有单跨和多跨之分（图 2-8-1）。

2. 多层厂房

指二层及以上的厂房。适用于产品重量轻，并能进行垂直运输生产的厂房，如仪表、电子、食品等轻型工业的厂房（图 2-8-2）。

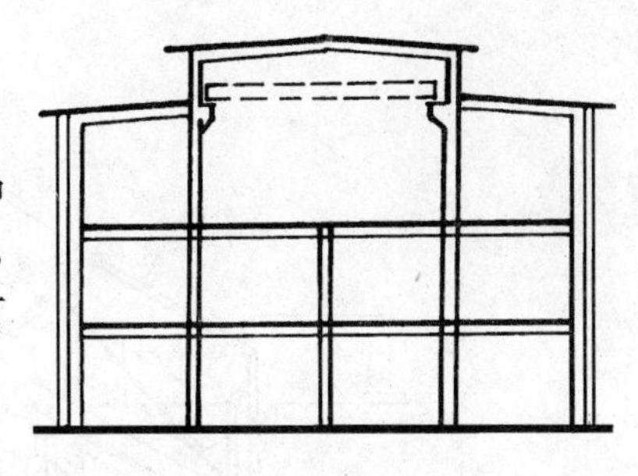

图 2-8-2　多层厂房

3. 混合层次厂房

指同一厂房内既有单层，又有多层的厂房。适用于化工、电力等厂房（图 2-8-3）。

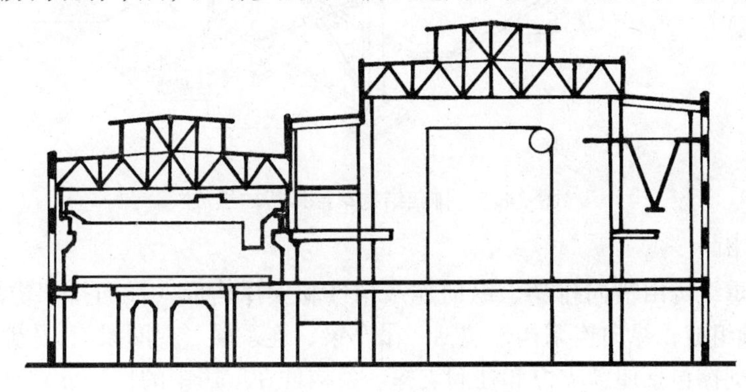

图 2-8-3　混合层次厂房

第二节　单层工业厂房的结构组成

单层厂房中的结构指支承各种荷载作用的构件所组成的骨架。单层厂房按承重结构不同分为墙承重结构和骨架承重结构两种类型。

一、墙承重结构

指厂房的承重结构由墙（或带壁柱的砖墙）和屋架（或屋面梁）组成，墙承受屋架传来的荷载并传给基础。这种结构构造简单，造价经济，施工方便。但由于砖墙的强度低，只适用于跨度不超过 15m，檐口标高低于 8m，吊车起重吨位不超过 5t 的中小型厂房（图 2-8-4）。

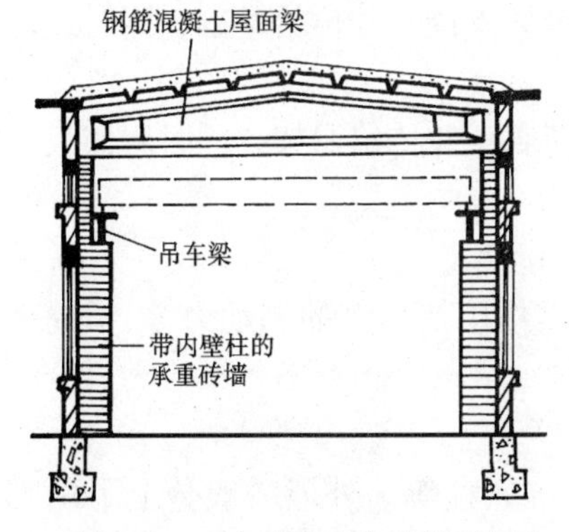

图 2-8-4　墙承重结构的单层厂房

二、骨架承重结构

目前，我国单层厂房的骨架承重结构一般采用装配式钢筋混凝土排架结构。装配式钢筋混凝土结构厂房由承重结构和围护结构组成（图 2-8-5）。

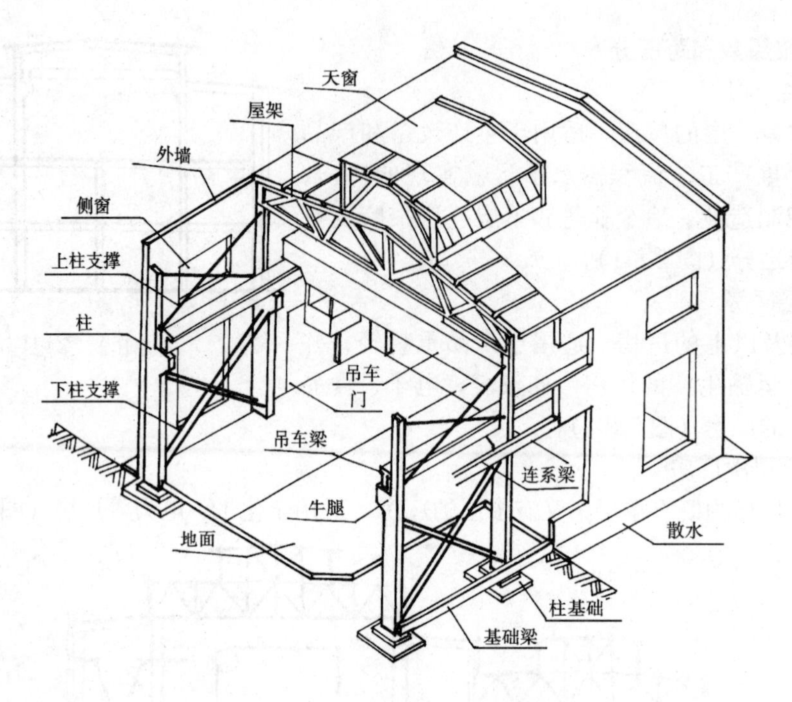

图 2-8-5　排架结构单层厂房的组成

1. 承重结构

厂房的承重结构由横向排架、纵向连系构件和支撑构成，横向排架由屋架（或屋面梁）、柱、基础组成；纵向连系构件包括：吊车梁、连系梁（或圈梁）、基础梁、纵墙、大型屋面板等；支撑包括屋盖支撑和柱间支撑。各构件在厂房中的作用分别是：

（1）屋架（或屋面梁）：屋架搁置在柱上，它承受屋面板、天窗架等传来的荷载，并将这些荷载传给柱子。

（2）柱：承受屋架、吊车梁、连系梁及支撑传来的荷载，并把荷载传给基础。

（3）基础：承受柱及基础梁传来的荷载，并将荷载传给地基。

（4）吊车梁：吊车梁支撑在柱牛腿上，承受吊车传来的荷载并传给柱，同时加强纵向柱列的联系。

（5）连系梁：其作用主要是加强纵向柱列的联系，同时承受其上外墙的重量并传给柱。

（6）基础梁：基础梁一般搁置在基础上，承受其上墙体重量，并传给基础，同时加强横向排架间的联系。

（7）屋面板：承受屋顶上的风、雪、积灰、检修等荷载，并传给屋架，同时屋面板也加强了横向排架的纵向联系。

（8）屋架支撑：用来加强屋架刚度和稳定性。

（9）柱间支撑：用来传递水平荷载（如风荷载、地震作用及吊车的制动力等），提高厂房的纵向刚度和稳定性。

2. 围护结构

围护结构只起围护作用，它包括厂房四周的外墙、抗风柱等。外墙一般分上下两部分，上部分砌在连系梁上，下部分砌在基础梁上属自承重墙。抗风柱主要承受山墙传来的水平荷载，并传给屋架和基础。

第三节　厂房的起重运输设备

为了运送原材料、半成品、成品和进行生产设备的安装检修，厂房内需设置起重运输设备，使用最广泛的是起重吊车，常见的有单轨悬挂吊车、梁式吊车和桥式吊车等。

一、单轨悬挂吊车

由工字形钢轨和滑轮组成。钢轨悬挂在厂房的屋架下弦上，一般布置成直线，也可转弯，转弯半径不小于2.5m，在钢轨上设有可移动的滑轮组。这种吊车操纵方便，布置灵活，但起重量不大，一般不超过5t（图2-8-6）。

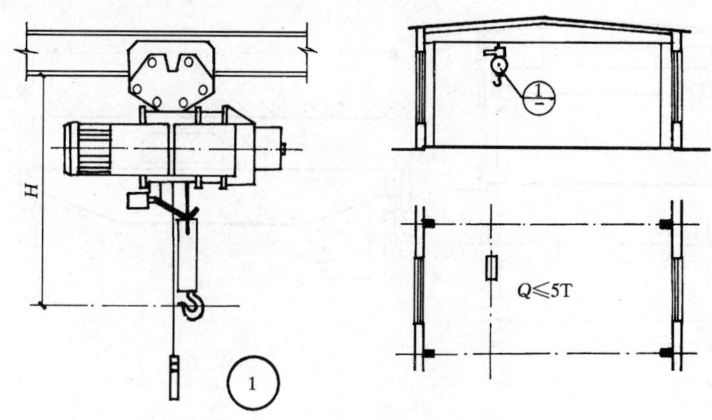

图2-8-6　单轨悬挂吊车

二、梁式吊车

梁式吊车有悬挂式和支撑式两种（图2-8-7）。

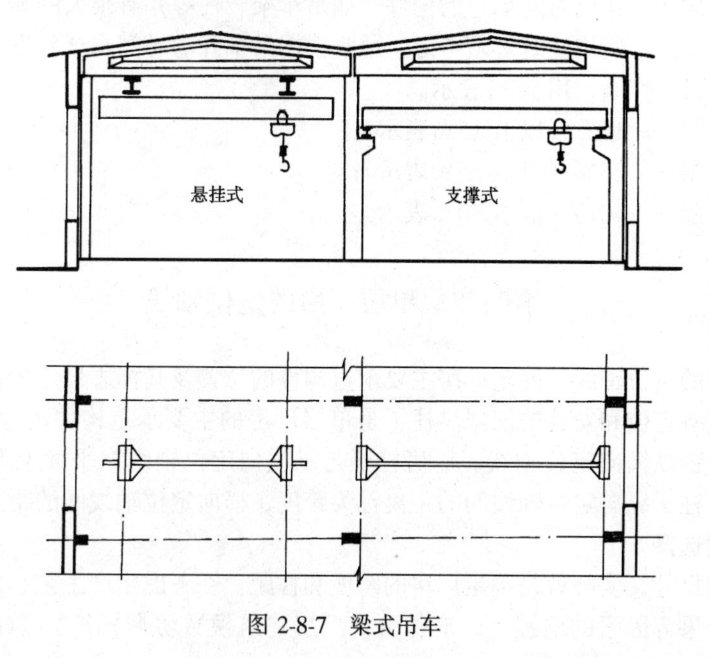

图2-8-7　梁式吊车

悬挂式梁式吊车是在屋架下弦悬挂两根平行的钢轨，在两根钢轨上设有可滑行的横梁及起吊运行装置，在横梁上设有可横向滑行的滑轮组。在横梁与滑轮组移动范围内均可起重，起重量一般不超过5t。

支撑式与悬挂式的区别在于支撑式吊车的横梁是沿设置在吊车梁上的轨道运行，其他构造与悬挂式相同。

三、桥式吊车

由桥架和起重吊车组成。通常是在排架柱的牛腿上搁置吊车梁，吊车梁上安装钢轨，钢轨上放置能沿厂房纵向运行的双榀钢桥架，桥架上设起重小车，小车可沿桥架横向滑行。桥式吊车在桥架和小车运行范围内均可起重，起重量从5t至数百吨。其开行一般由专门司机操作，司机室设在桥架的一端（图2-8-8）。

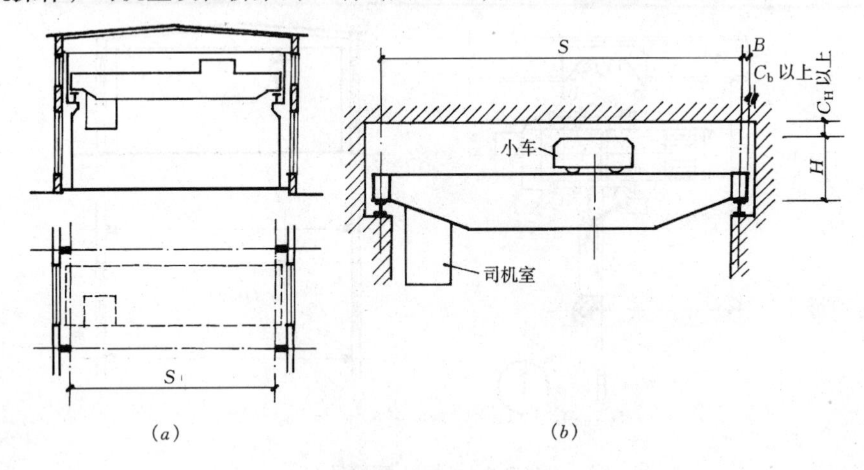

图2-8-8　桥式吊车

(*a*) 平、剖面示意；(*b*) 吊车安装尺寸

吊车工作的频繁状况对支承它的构件（如吊车架、柱等）有很大的影响，如振动、疲劳程度等，在设计这些构件时必须考虑。通常根据吊车开动时间与全部生产时间的比率将吊车划分成三级工作制，用JC%表示。

轻级工作制——15%（以JC15%表示）；

中级工作制——25%（以JC25%表示）；

重级工作制——40%（以JC40%表示）。

第四节　单层厂房的定位轴线

单层厂房的定位轴线是确定厂房主要承重构件的位置及其标志尺寸的基线，同时也是施工放线、设备定位和安装的依据。柱子是单层厂房的主要承重构件，为了确定其位置，在平面上要布置纵横向定位轴线。厂房柱子与纵横向定位轴线在平面上形成有规律的网格，称柱网。柱子纵向定位轴线间的距离称为跨度，横向定位轴线间的距离称为柱距。

一、柱网选择

确定柱网尺寸，实际就是确定厂房的跨度和柱距。在考虑生产工艺、建筑结构、施工技术、经济效果等因素的前提下，应符合《厂房建筑模数协调标准》（GBJ6—86）的规定。厂房的跨度不超过 18m 时，应采用扩大模数 30M 数列，超过 18m 时应采用扩大模数 60M 数列；厂房的柱距应采用扩大模数 60M 数列，山墙处抗风柱柱距应采用扩大模数 15M 数列（图 2-8-9）。

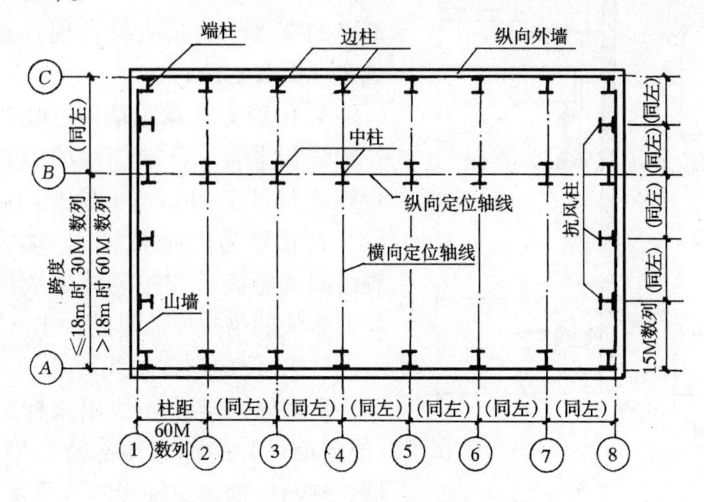

图 2-8-9　跨度和柱距示意图

二、定位轴线

纵横向定位轴线的确定，原则是结构布置合理，尽量减少构件规格，并使节点构造简单。

（一）横向定位轴线

厂房横向定位轴线主要用来标定纵向构件如屋面板、吊车梁、连系梁、基础梁、纵向支撑等的位置。

1. 除伸缩缝及防震缝处的柱和端部柱以外，柱的中心线应与横向定位轴线相重合。

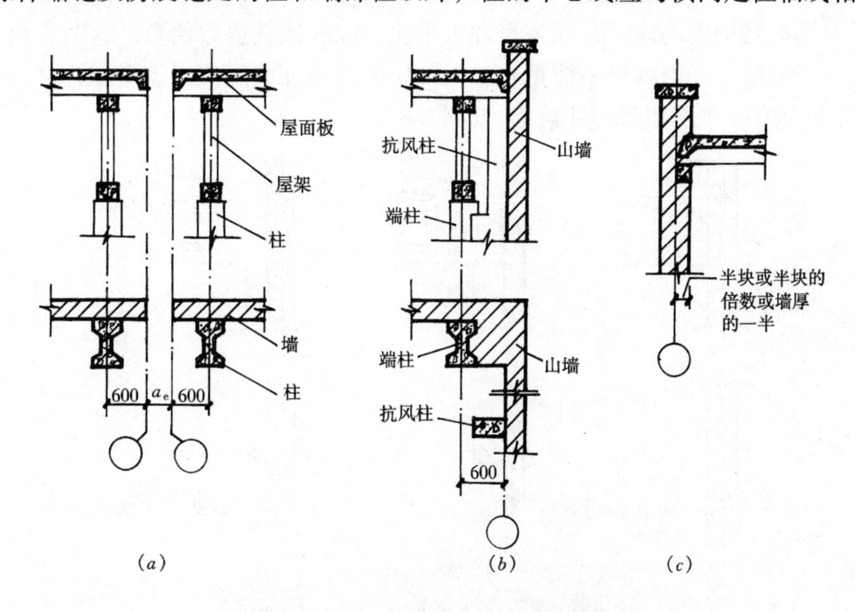

图 2-8-10　墙、柱与横向定位轴线的联系

（a）变形缝处的横向定位轴线；（b）端柱处的横向定位轴线；（c）承重山墙的横向定位轴线

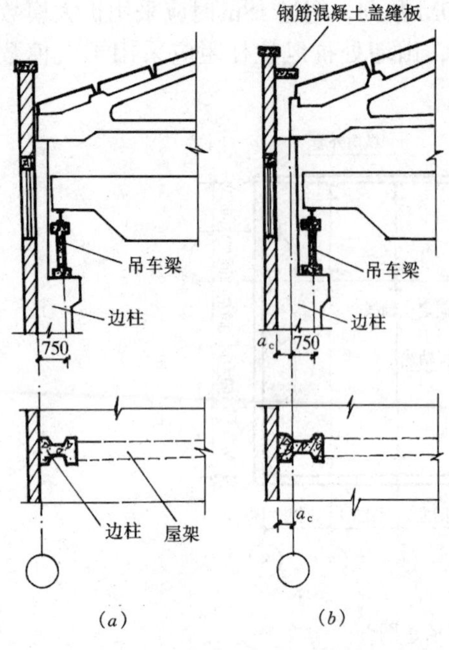

图 2-8-11 边柱与纵向定位轴线的联系

(*a*) 封闭结合；(*b*) 非封闭结合

2. 横向伸缩缝、防震缝处柱应采用双柱及两条横向定位轴线，柱的中心线均应自定位轴线向两侧各移 600mm，两条横向定位轴线间所需缝的宽度（a_e）应符合现行有关国家标准的规定（图 2-8-10*a*）。

3. 山墙为非承重墙时，墙内缘应与横向定位轴线相重合，且端部柱的中心线应自横向定位轴线向内移 600mm（图 2-8-10*b*）。

4. 山墙为砌体承重时，墙内缘与横向定位轴线间的距离，应按砌体的块材类别分别为半块或半块的倍数或墙厚的一半（图 2-8-10*c*）。

（二）纵向定位轴线

厂房纵向定位轴线用来标定横向构件屋架（或屋面梁）的标志端部及大型屋面板的边缘。墙、柱与纵向定位轴线的关系视具体情况而定。

1. 墙、边柱与纵向定位轴线的定位

(1) 封闭结合：即边柱外缘和墙内缘与纵向定位轴线相重合（图 2-8-11（*a*））。这种屋架端头、屋面板外缘和外墙内缘均在同一条直线上，形成“封闭结合”的构造，适用于无吊车或只有悬挂吊车、柱距为 6m、吊车起重量不超过 20/5t 的厂房。

(2) 非封闭结合：在有桥式吊车的厂房中，由于吊车运行及起重量、柱距或构造要求等原因，边柱外缘和纵向定位轴线间需加设联系尺寸（a_c），联系尺寸应为 300mm 或其整数倍数，但围护结构为砌体时，联系尺寸可采用 50mm 或其整数倍数。这时，由于屋架标志端部与柱子外缘、外墙内缘不能重合，上部屋面板与外墙间便出现空隙，称为“非封闭结合”。上部空隙需加设补充构件盖缝。（图 2-8-11（*b*））。

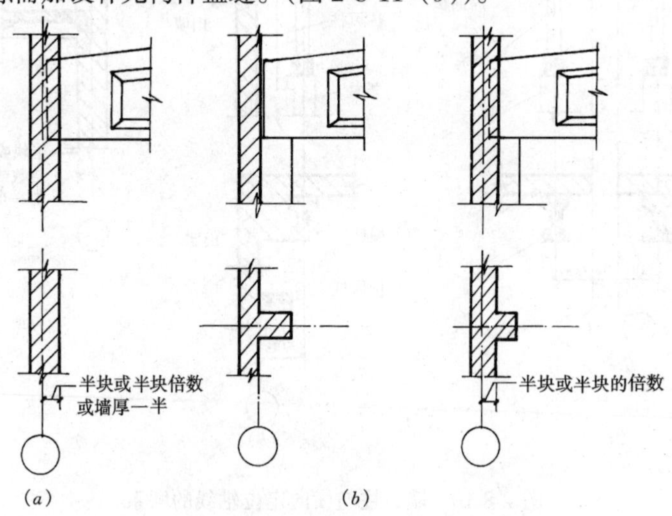

图 2-8-12 承重墙的纵向定位轴线

(*a*) 无壁柱的承重墙；(*b*) 带壁柱的承重墙

（3）当厂房采用承重墙结构时，若为无壁柱的承重墙，其内缘与纵向定位轴线的距离宜为墙体所采用砌块的半块或半块的倍数，或使墙身中心线与纵向定位轴线重合（图 2-8-12（a））；若为带壁柱的承重墙，其内缘宜与纵向定位轴线重合，或与纵向定位轴线距半块或半块的倍数（图 2-8-12（b））。

2. 中柱与纵向定位轴线的定位

（1）等高跨中柱与定位轴线的定位

1）当没有纵向变形缝时，宜设单柱和一条纵向定位轴线，柱的中心线宜与纵向定位轴线相重合（图 2-8-13（a））。若相邻跨内的桥式吊车起重量、厂房柱距较大或构造要求设插入距时，中柱可采用单柱和两条纵向定位轴线，插入距（a_i）应符合 3M 数列，柱中心线宜与插入距中心线重合（图 2-8-13（b））。

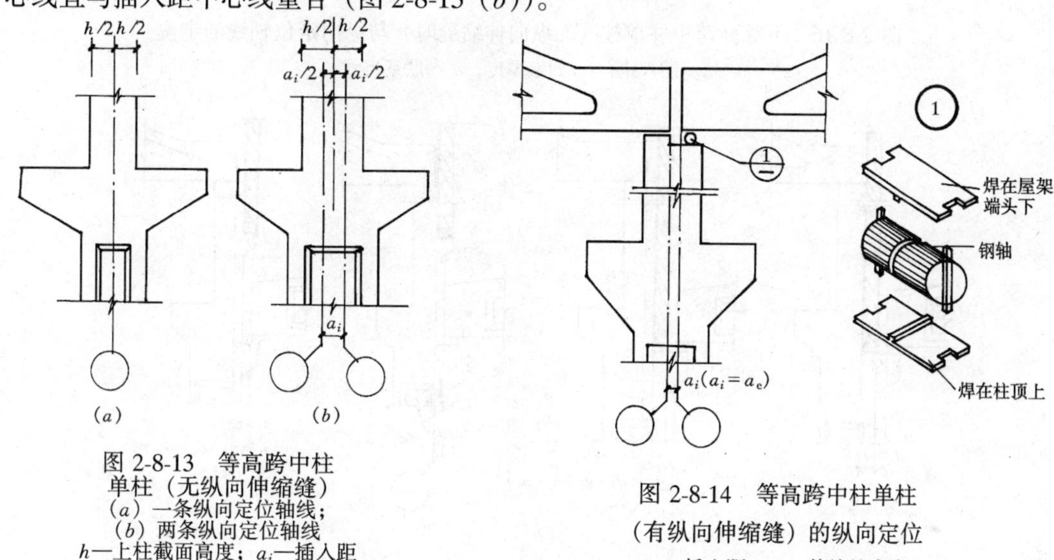

图 2-8-13　等高跨中柱单柱（无纵向伸缩缝）
（a）一条纵向定位轴线；
（b）两条纵向定位轴线
h—上柱截面高度；a_i—插入距

图 2-8-14　等高跨中柱单柱（有纵向伸缩缝）的纵向定位
a_i—插入距；a_e—伸缩缝宽度

2）当设纵向伸缩缝时，宜采用单柱和两条纵向定位轴线。伸缩缝一侧的屋架（或屋面梁），应搁置在活动支座上，两条定位轴线间插入距 a_i 等于 a_e（图 2-8-14）。若属于纵向防震缝时，宜采用双柱及两条纵向定位轴线，并设插入距。两柱与定位轴线的定位与边柱相同，其插入距（a_i）视防震缝宽度及两侧是否为“封闭结合”而异（图 2-8-15）。

（2）不等高跨中柱与纵向定位轴线的定位

1）不等高跨中柱设单柱时，把中柱看做是高跨的边柱，对于低跨，为简化屋面构造，

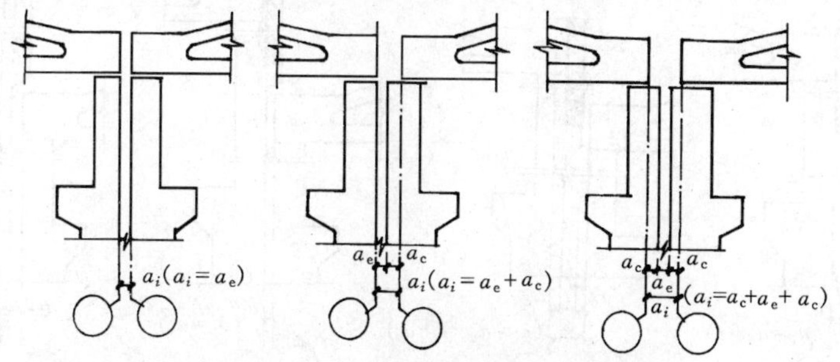

图 2-8-15　等高跨中柱设双柱时的纵向定位轴线
a_i—插入距；a_e—防震缝宽度；a_c—联系尺寸

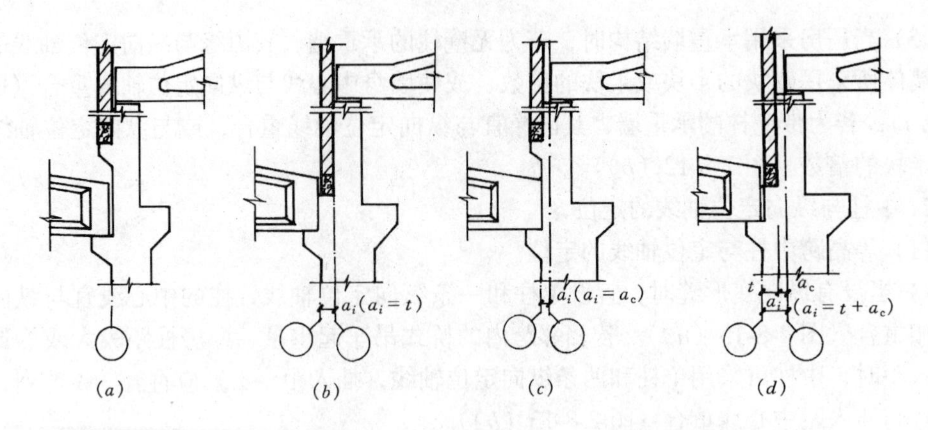

图 2-8-16　不等高跨中柱单柱（无纵向伸缩缝时）与纵向定位轴线的定位

a_i—插入距；t—封墙厚度；a_c—联系尺寸

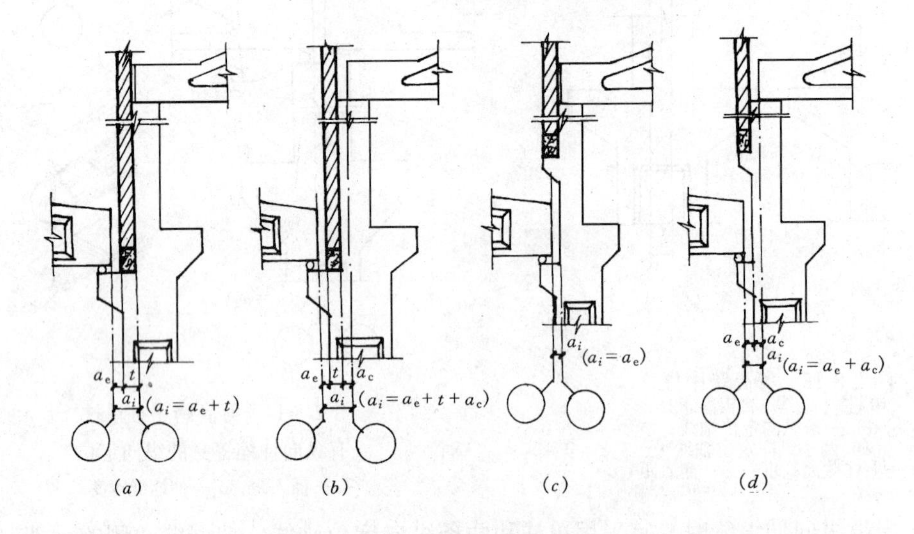

图 2-8-17　不等高跨中柱单柱（有纵向伸缩缝）与纵向定位轴线的定位

a_i—插入距；a_e—防震缝宽度；t—封墙厚度；a—联系尺寸

一般采用封闭结合。根据高跨是否封闭及封墙位置有四种定位方式（图 2-8-16）。

不等高跨处采用单柱设纵向伸缩缝时，低跨的屋架（或屋面梁）搁置在活动支座上，

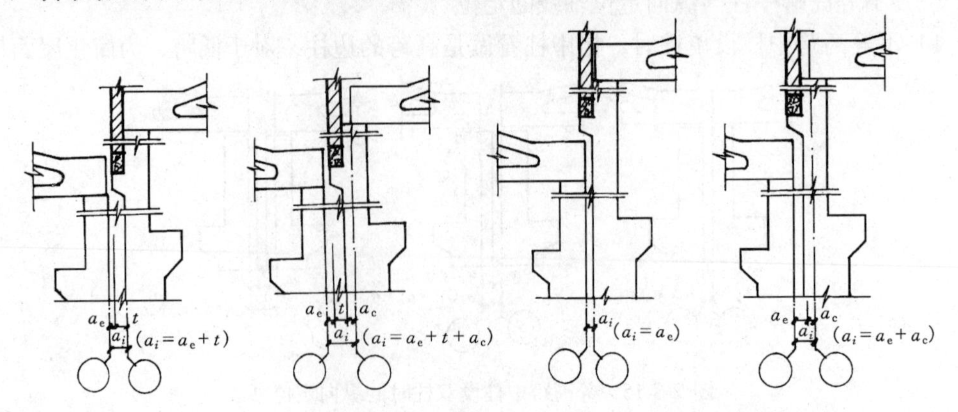

图 2-8-18　不等高跨设中柱双柱与纵向定位轴线的定位

不等高跨处应采用两条纵向定位轴线，并设插入距。插入距（a_i）根据封堵位置及高跨是否封闭而异（图 2-8-17）。

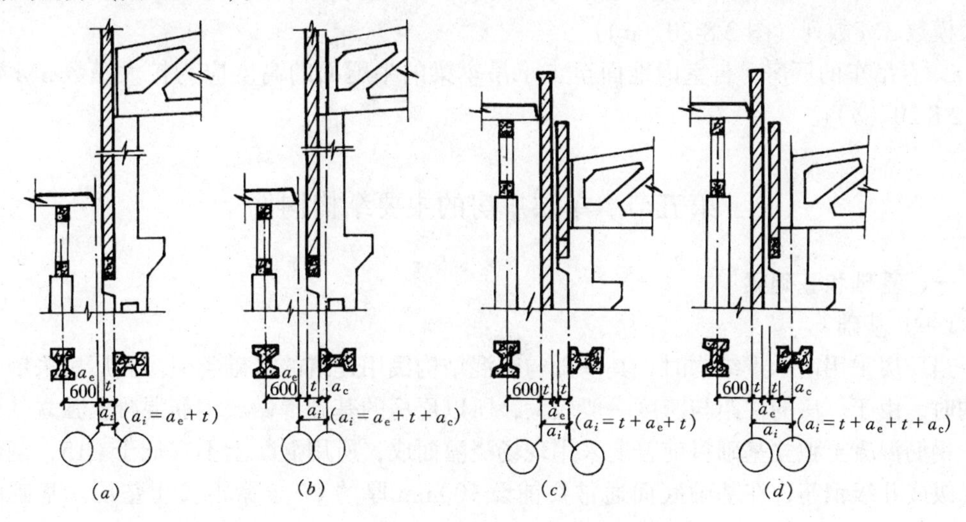

图 2-8-19　纵横跨相交处的定位轴线

(a)、(b) 单墙方案；(c)、(d) 双墙方案

2）当不等高跨高差悬殊或吊车起重量差异较大或需设防震缝时，需设双柱和两条纵向定位轴线。两柱与纵向定位轴线的定位与边柱相同，插入距（a_i）视封墙位置和高跨是否封闭及有无变形缝而定（图 2-8-18）。

（3）纵横跨相交处定位轴线的定位

厂房在纵横跨相交处，应设变形缝断开，使两侧在结构上各自独立，因此纵横跨应有各自的柱列和定位轴线。各柱与定位轴线的定位分别按山墙处柱与横向定位轴线和边柱与纵向定位轴线的定位方法，其插入距（a_i）视封墙为单墙或双墙，及横跨是否封闭和变形缝宽度而定（图 2-8-19）。

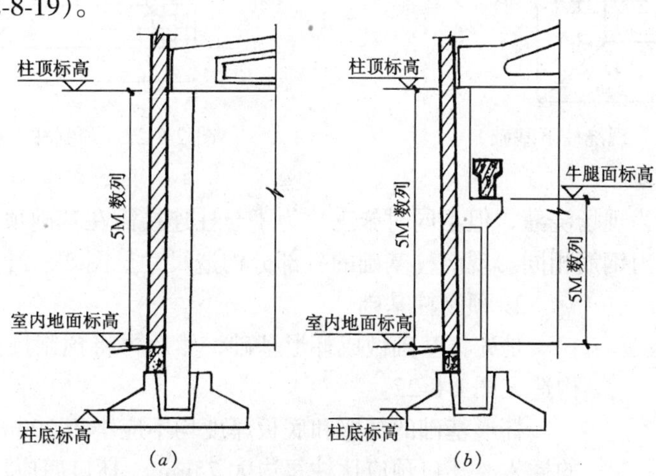

注：①自室内地面至支承吊车梁的牛腿面的高度在 7.2m 以上时，宜采用 7.8、8.4、9.0 和 9.6m 等数值；

②预制钢筋混凝土柱自室内地面至柱底的高度宜为模数化尺寸。

图 2-8-20　厂房高度示意图

(三) 厂房高度

1. 有吊车和无吊车的厂房（包括有悬挂吊车的厂房），自室内地面至柱顶的高度应为扩大模数 3M 数列（图 2-8-20（*a*））

2. 有吊车的厂房，自室内地面至支承吊车梁的牛腿面的高度应为扩大模数 3M 数列（图 2-8-20（*b*））。

第五节　单层厂房的主要结构构件

一、基础和基础梁

(一) 基础

当厂房采用墙承重结构时，其基础与砖混结构民用建筑的基础类似。当厂房采用骨架结构时，由于厂房的柱距与跨度一般较大，所以厂房的基础都做成钢筋混凝土独立基础。

钢筋混凝土独立基础目前普遍采用现场浇灌而成，所用混凝土不宜低于 C15，钢筋采用Ⅰ级或Ⅱ级钢筋，在基础底面通常要铺设 100mm 厚的 C7.5 素混凝土垫层。基础的构造有现浇柱和预制柱基础两种类型。

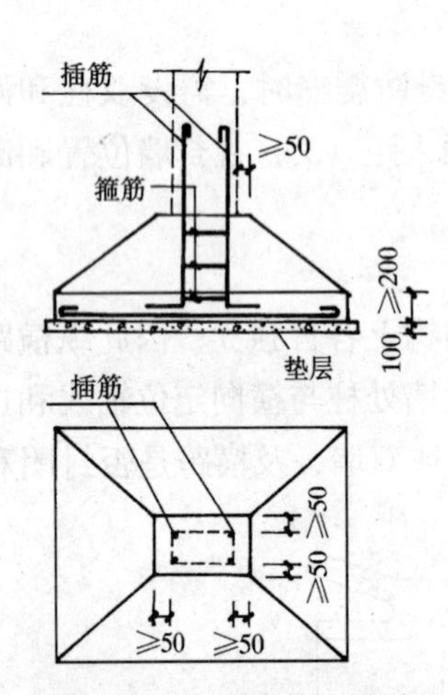

图 2-8-21　现浇柱下基础

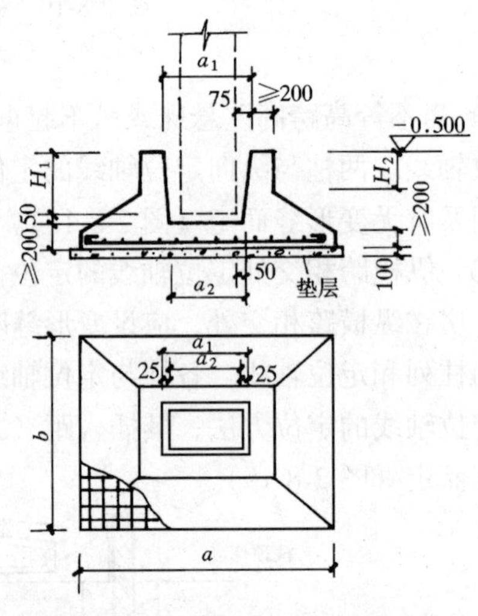

图 2-8-22　预制柱下杯形基础

1. 现浇柱基础

基础与柱均为现场浇灌，但不同时施工，为了与柱连接需在基础顶面留出插筋，插筋的数量和柱中受力钢筋相同。现浇柱基础的各部分构造尺寸见图 2-8-21。

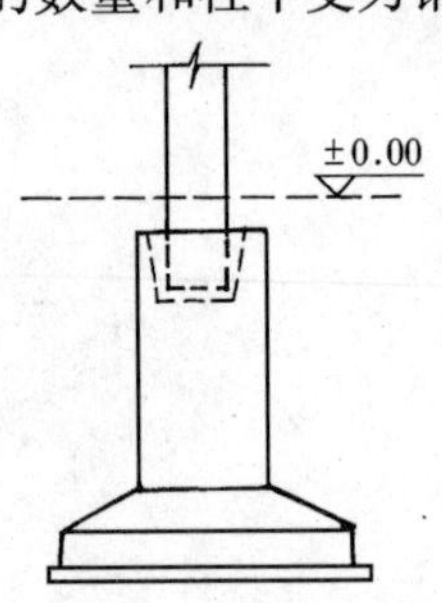

图 2-8-23　高杯口基础

2. 预制柱基础

是先将基础做成杯形基础，然后再将预制柱插入杯口连接，其构造见图 2-8-22。

杯形基础的杯壁和底板厚度均不应小于 200mm。为了便于柱子的插入，杯口预应比柱每边大 75mm，杯口底应比柱每边大 50mm。杯口深度应按结构要求确定。在柱子就位前，杯底先用高标号细石混凝土做 50mm 的找平层，就位后，杯口与柱子四周缝隙用 C20 细石混凝土填实。

基础杯口顶面的标高，至少应低于室内地坪 500mm，以便其上架设基础梁。有时由于地形起伏不平，局部土质软弱或相邻的设备基础埋置深度较大，为了使柱子的长度统一，可采用高杯口基础（图 2-8-23）。

（二）基础梁

对于装配式钢筋混凝土排架结构的厂房，为了保证外围护墙与柱子间的整体性、一般将墙砌筑在基础梁上，基础梁两端搁置在柱基础的杯口上（图 2-8-24（*a*））。基础梁的断面形状为上宽下窄的倒梯形，有预应力和非预应力钢筋混凝土两种，其截面尺寸见图 2-8-24（*b*）。

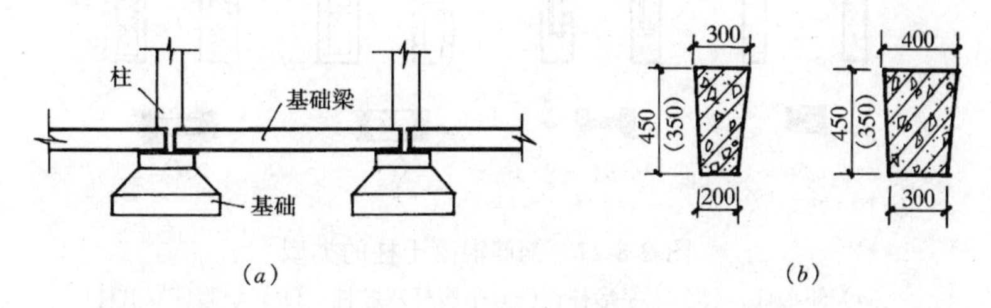

图 2-8-24　基础梁的位置及截面尺寸

为了避免影响在外墙上开设门洞口和满足墙身防潮要求，基础梁搁置要求是：比室内地坪低至少 50mm，比室外地坪至少高 100mm（图 2-8-25）。为了使基础梁与柱基础同步沉降，基础梁下的回填土不需夯实，并与梁底留有 100～150mm 的空隙。寒冷地区应防止土壤冻胀致使基础梁隆起而开裂，在基础梁下一定范围内铺设较厚的干砂或炉渣（图 2-8-25）。

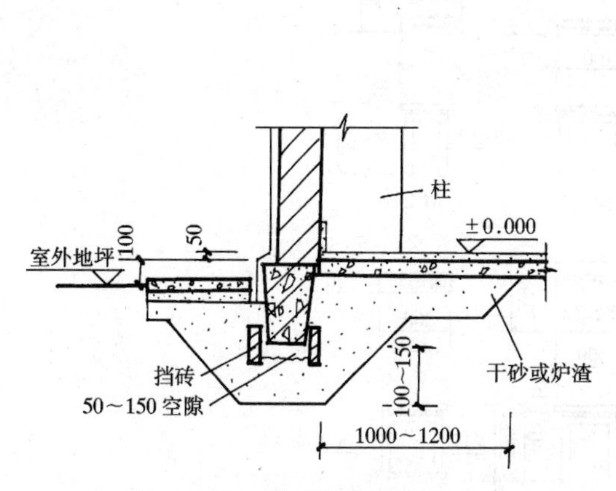

图 2-8-25　基础梁搁置的构造要求及防冻措施

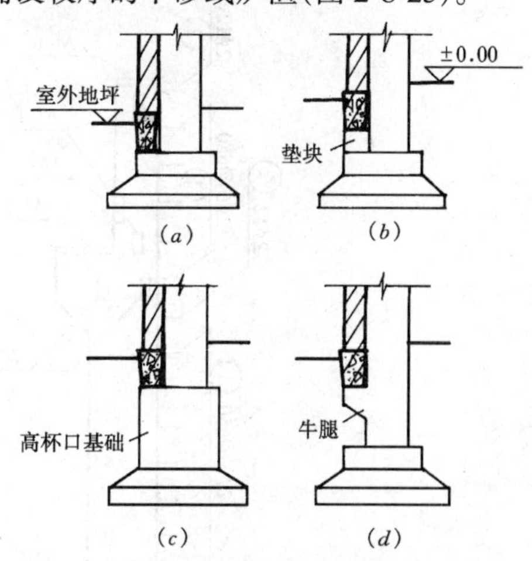

图 2-8-26　基础梁的搁置方式

（*a*）放在柱基础顶面；（*b*）放在混凝土垫块上；（*c*）放在高杯口基础上；（*d*）放在柱牛腿上

因基础的埋置深度有深有浅，基础梁要满足上述搁置要求，其搁置方式视基础的埋置深度而异（图 2-8-26）。

二、柱、吊车梁、连系梁及圈梁

（一）柱

1．柱的类型

单层厂房一般采用钢筋混凝土柱，钢筋混凝土柱有单肢和双肢柱两大类，常用的形式见图 2-8-27。

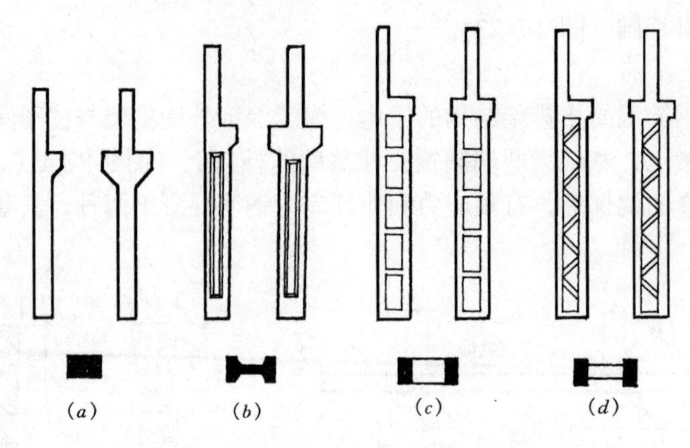

图 2-8-27　钢筋混凝土柱的类型

(a) 矩形柱；(b) 工字形柱；(c) 平腹杆双肢柱；(d) 斜腹杆双肢柱

(1) 矩形截面柱：矩形截面柱外形简单，制作方便，但耗费材料多，自重大、不能充分发挥混凝土的承载能力。多用于截面尺寸不超过 400mm×600mm 的柱和现浇柱。

(2) 工字形截面柱：工字形截面柱受力合理，自重轻，是目前应用很广泛的形式。为了加强工字形截面柱在吊装和使用时的整体刚度，在柱与吊车梁、柱间支撑连接处、柱顶、柱脚处均需做成矩形截面。

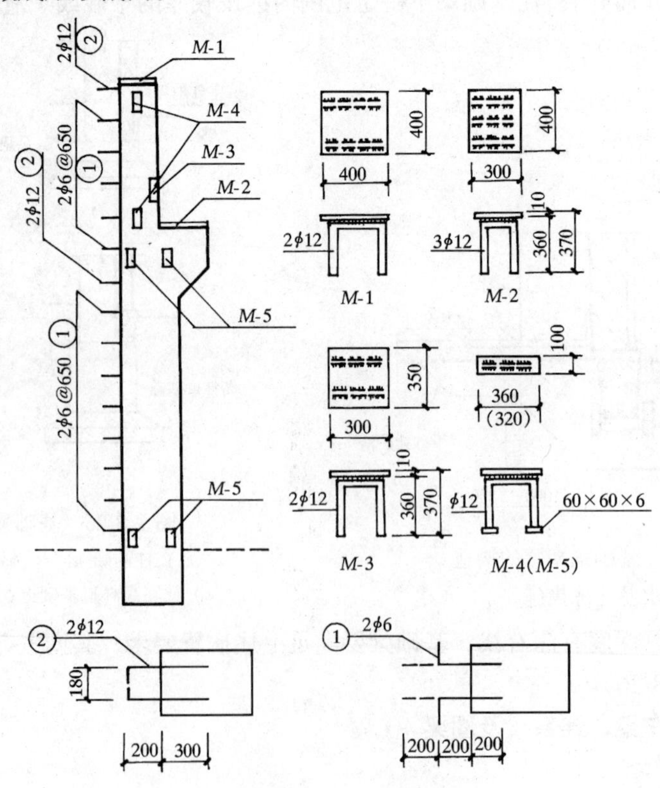

图 2-8-28　柱的预埋件

（3）双肢柱：双肢柱由两根肢柱和腹杆连接组成，腹杆有平腹杆和斜腹杆两种形式。双肢柱构造复杂、制作麻烦，但承载能力强、刚度大，多用于厂房高度和吊车起重量均较大的情况。

2. 柱的预埋件

柱与其他构件连接时，应采用预埋件连接。预埋件包括柱与屋架（M－1）、柱与吊车梁（M－2、M－3）、柱与连系梁或圈梁（2Φ12）、柱与墙体（2Φ6）、柱与柱间支撑（M－4、M－5）（图 2-8-28）。

（二）吊车梁

在有桥式或梁式吊车的厂房，需设置吊车梁，吊车梁承受吊车的垂直及水平荷载，并传给柱子，同时也增加了厂房的纵向刚度。

1. 吊车梁的类型

吊车梁一般用钢筋混凝土制成，有普通钢筋混凝土和预应力钢筋混凝土两种，按其外形和截面形状分，有等截面的 T 形、工字形和变截面的鱼腹式吊车梁等（图 2-8-29）。

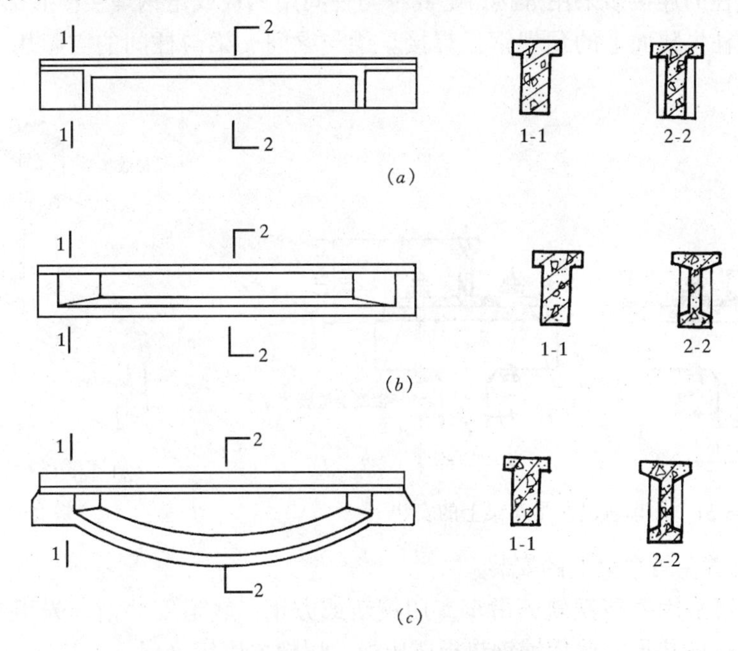

图 2-8-29 吊车梁的类型

（*a*）钢筋混凝土 T 形吊车梁；（*b*）钢筋混凝土工字形吊车梁；（*c*）预应力混凝土鱼腹式吊车梁

（1）T 形吊车梁：T 形吊车梁上部翼缘较宽，增加了梁的受压面积，便于安装吊车轨道。还具有施工简单、制作方便、易于埋置预埋件的优点，但自重大。适用于柱距 6m，吊车起重量为 3～75t 的轻级、1～30t 的中级和 5～20t 的重级工作制的吊车梁。

（2）工字形吊车梁：为预应力构件，具有腹壁薄、自重轻的优点。适用于厂房跨度 12～30m，柱距 6m，吊车起重量为 5～100t 的轻级、5～75t 的中级和 5～50t 的重级工作制的吊车梁。

（3）鱼腹式吊车梁：梁的下部为抛物线形，符合受力原理，能充分发挥材料强度和减轻自重，有较大的刚度和承载力，但其构造和制作较复杂。适用于厂房跨度 12～30m，柱距 6m，吊车起重量为 15～125t 的中级和 10～100t 的重级工作制的吊车梁。

2. 吊车梁与柱的连接

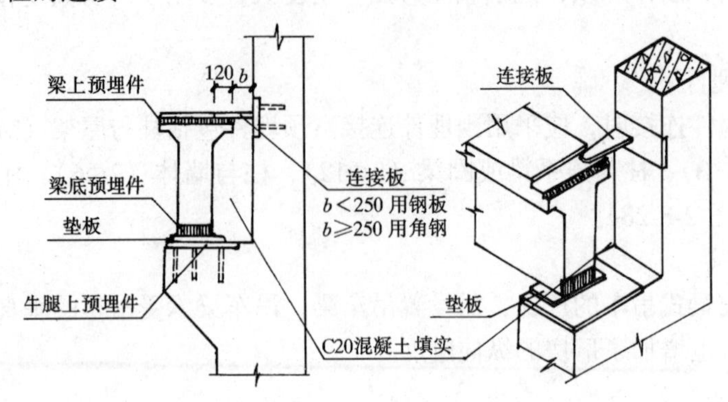

图 2-8-30　吊车梁与柱的连接

吊车梁与柱的连接多采用焊接，上翼缘与柱间用钢板或角钢焊接。底部通过吊车梁底的预埋角钢和柱牛腿面上的预埋钢板焊接。梁与梁间、梁与柱间的空隙用 C20 混凝土填实（图 2-8-30）。

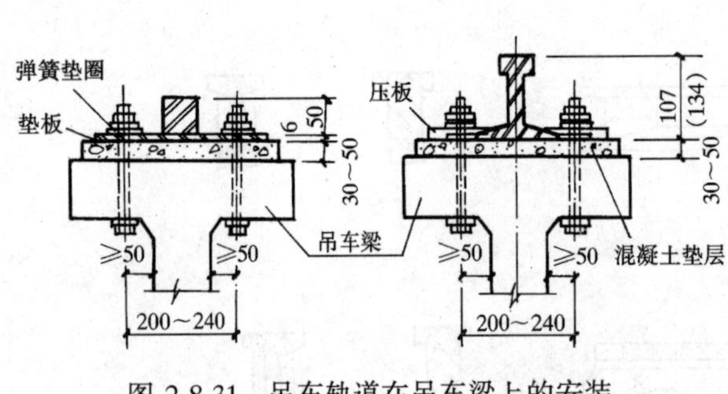

图 2-8-31　吊车轨道在吊车梁上的安装

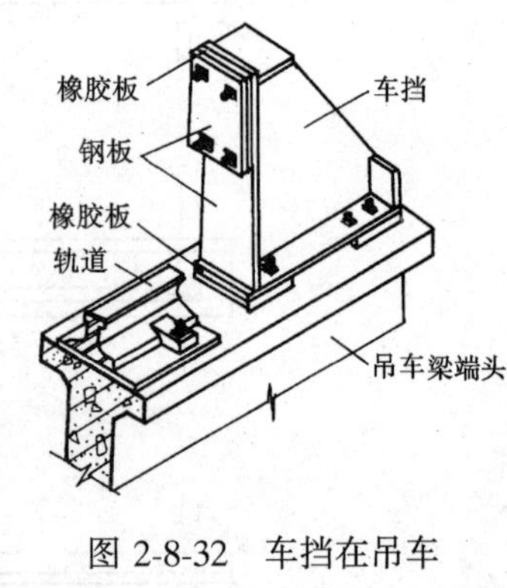

图 2-8-32　车挡在吊车梁上的安装

3. 吊车轨道在吊车梁上的安装

吊车轨道可采用铁路钢轨，吊车专用钢轨或方钢。轨道安装前，先用 C20 细石混凝土做 30～50mm 的垫层，然后铺钢垫板或压板，用螺栓固定（图 2-8-31）。

4. 车挡在吊车梁上的安装

为了防止吊车运行时来不及刹车而冲撞到山墙上，需在吊车梁的端部设车挡。车挡一般用螺栓固定在固车梁的翼缘上（图 2-8-32）。

（三）连系梁与圈梁

连系梁是厂房纵向柱列的水平连系构件，有设在墙内和不在墙内两种，不在墙内的连系梁主要起联系柱子、增加厂房纵向刚度的作用，一般布置在多跨厂房的中列柱中。墙内的连系梁又称墙梁，分非承重和承重两种。

非承重墙梁的主要作用是传递山墙传来的风荷载到纵向柱列，增加厂房的纵向刚度。它将上部墙荷载传给下面墙体，由墙下基础梁承受。非承重墙梁一般为现浇，与柱间用钢筋拉结，只传递水平力而不传竖向力（图 2-8-33（*b*））。承重墙梁除了起非承重连系梁的

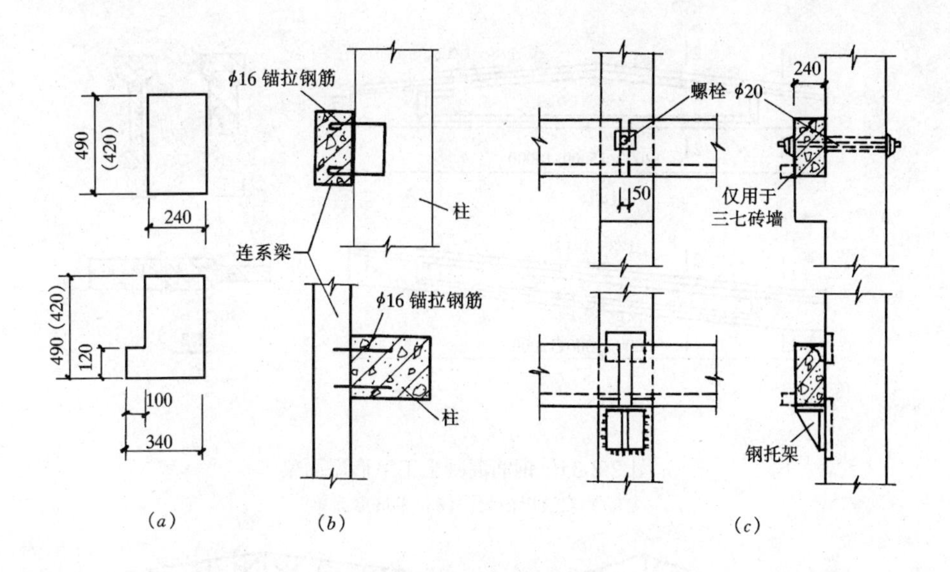

图 2-8-33　连系梁与柱的连接

(*a*) 连系梁的截面尺寸；(*b*) 非承重连系梁与柱的连接；(*c*) 承重连系梁与柱的连接

作用外，还承受墙体重量并传给柱子，有预制与现浇两种，搁置在柱的牛腿上，用螺栓或焊接的方法与柱连接（图 2-8-33（*c*））。

圈梁的作用是将围护墙同排架柱、抗风柱等箍在一起，以加强厂房的整体刚度，防止由于地基不均匀沉降或较大的振动对厂房的不利影响。圈梁仅起拉结作用而不承受墙体的重量，一般位于柱顶、屋架端头顶部、吊车梁附近。圈梁一般为现浇，也可预制(图 2-8-34)。

在实际工程中，尽量将圈梁、连系梁的位置通过门窗洞口，兼起过梁作用。

三、屋顶结构构件

(一) 屋顶的承重构件

屋架（或屋面梁）是厂房屋顶结构的主要承重构件，采用钢筋混凝土或型钢制作。它直接承受屋面荷载、天窗荷载及安装在其上的顶棚、悬挂吊车、各种管道和工艺设备的重量，同时，屋架与柱、屋面板连接起来，形成厂房的空间结构，对于保证厂房的空间刚度起着重要作用。

1. 屋面梁

屋面梁截面有 T 形和工字形两种，外形有单坡和双坡之分，单坡仅用于边跨（图 2-8-35）。屋面梁的特点是形式简单，制作和安装较方便，梁高小，重心低，稳定性好，适用于厂房跨度不大、有较大振动或有腐蚀性介质的厂房。

2. 屋架

钢筋混凝土屋架按受力特点分为预应力和非预应力两种，其形式很多，常用的有三角形屋架、梯形屋架、拱形屋架、折线形屋架等（图 2-8-36）。

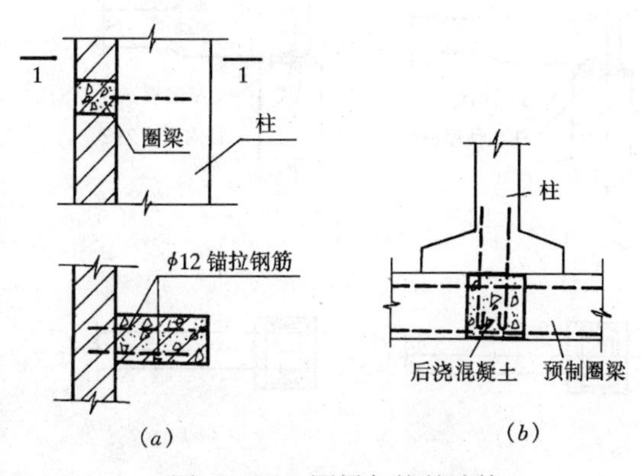

图 2-8-34　圈梁与柱的连接

(*a*) 现浇圈梁；(*b*) 预制圈梁

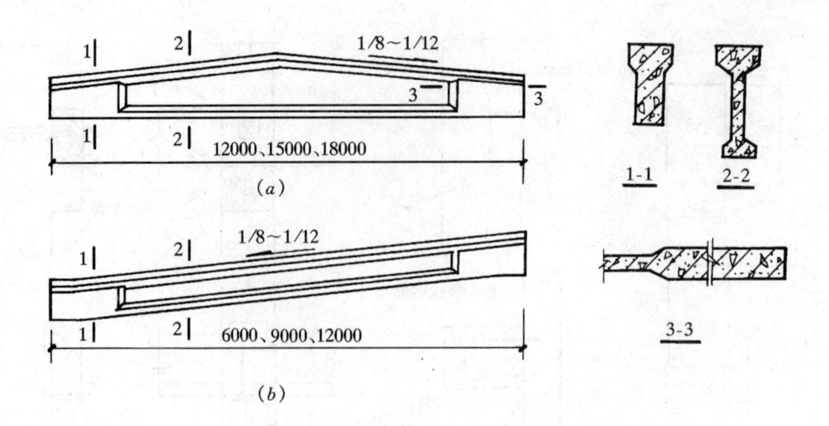

图 2-8-35　钢筋混凝土工字形屋面梁

（*a*）双坡屋面梁；（*b*）单坡屋面梁

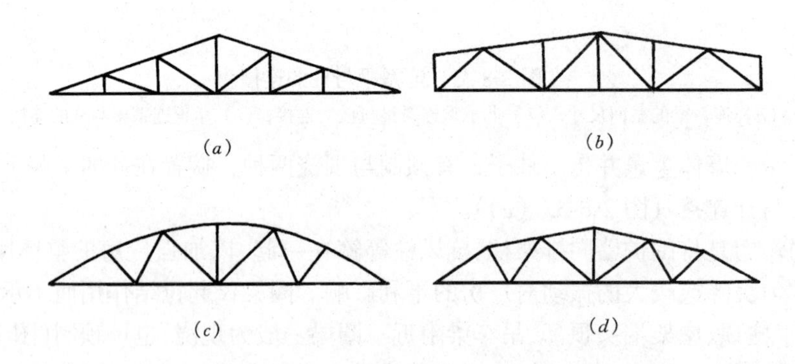

图 2-8-36　钢筋混凝土屋架的外形

（*a*）三角形屋架；（*b*）梯形屋架；（*c*）拱形屋架；（*d*）折线型屋架

屋架与柱子的连接方法有焊接和螺栓连接两种，一般多采用焊接法，即在屋架下弦端部预埋钢板，与柱顶的预埋钢板焊接在一起（图 2-8-37（*a*））。螺栓连接是在柱顶伸出预埋螺栓，在屋架下弦端部焊上带有缺口的支承钢板，就位后用螺母拧紧（图 2-8-37（*b*））。

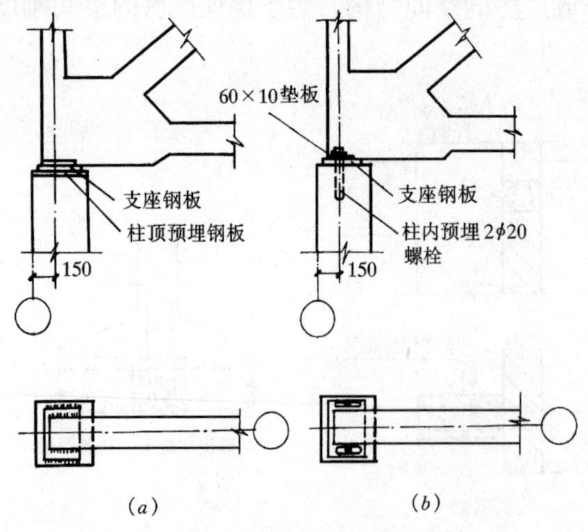

图 2-8-37　屋架与柱的连接

（*a*）焊接连接；（*b*）螺栓连接

（二）屋顶的覆盖构件

屋顶的覆盖体系有两种，一种是无檩体系，即将大型屋面板直接搭接在屋架（或屋面梁）上，其特点是整体性好，刚度大，应用广泛；一种是有檩体系，即先在屋架（或屋面梁）间搭设檩条，再将各种小型屋面板搁置在檩条上，其特点是屋盖重量轻，但刚度差，适用于中小型厂房（图 2-8-38）。

1. 檩条

檩条用于有檩体系中，用来支承小型屋面板，并将屋面荷载传给屋架。檩条多采用钢筋混凝土檩条，截面形状有倒 L 形和 T 形（图 2-8-39*a*）。檩条在屋

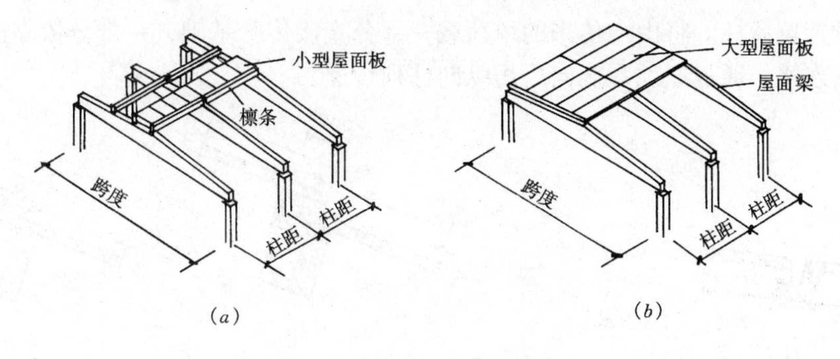

图 2-8-38　屋顶的覆盖结构

(*a*) 有檩体系；(*b*) 无檩体系

架上可立放和斜放（图 2-8-39（*b*））。两檩条在屋架上弦的对头空隙应用水泥砂浆填实。

2. 屋面板

屋面板是屋面的覆盖构件，分大型屋面板和小型屋面板两种（图 2-8-40）。

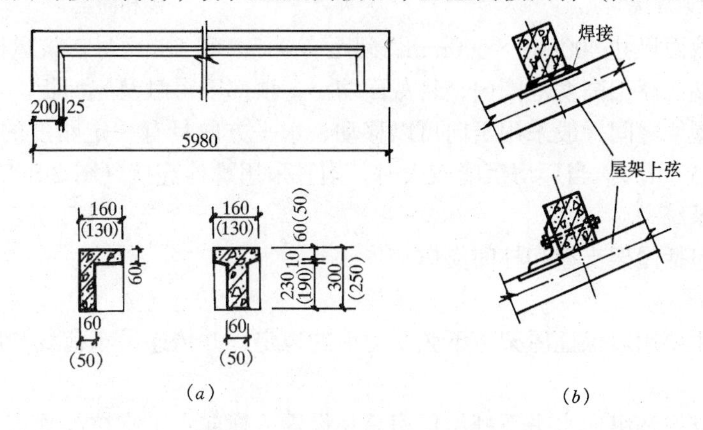

图 2-8-39　檩条及其连接构造

(*a*) 檩条的截面形式；(*b*) 檩条与屋架的连接

大型屋面板与屋架采用焊接法，即将每块屋面板纵向主肋底部的预埋件与屋架上弦相应预埋件相互焊接，焊接点不宜少于三点，板间缝隙用不低于 C15 的细石混凝土填实（图 2-8-41）。天沟板与屋架的焊接点不少于四点。

小型屋面板如槽瓦与檩条，通过钢筋钩或插铁固定。这就需在槽瓦端部预埋挂环或预留插销孔（图 2-8-42）。

四、抗风柱

由于单层厂房的山墙面积大，所受到的风荷载也就大，为了保证山墙的稳定性，需在

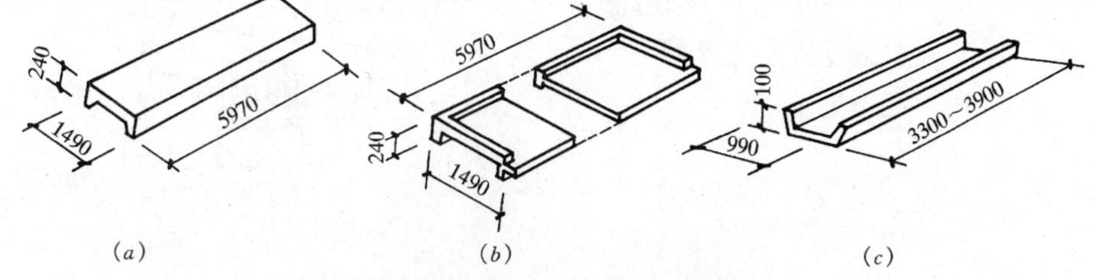

图 2-8-40　屋面板的类型举例

(*a*) 大型屋面板；(*b*) "F" 型屋面板；(*c*) 钢筋混凝土槽板

山墙内侧设置抗风柱。将山墙传来的风荷载一部分直接传给基础，一部分依靠抗风柱上端与屋架上弦连接，通过屋顶系统向厂房纵向柱列传递。

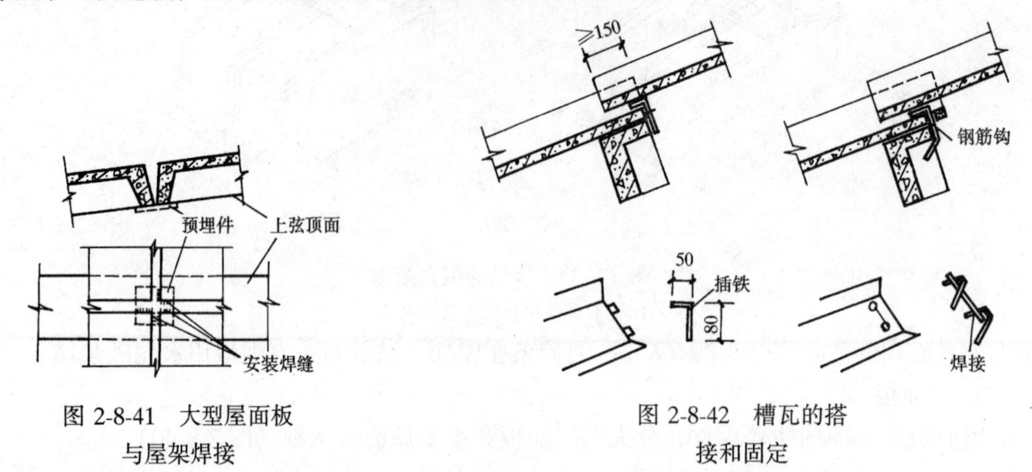

图 2-8-41　大型屋面板与屋架焊接

图 2-8-42　槽瓦的搭接和固定

抗风柱的截面尺寸 400mm×600mm，间距有 4.5m 和 6m 两种。抗风柱的下端插入基础杯口内，上端在屋架高度范围内，将截面缩小，顶部不得触及屋面板。

抗风柱与屋架之间一般采用竖向可以移动，水平方向具有一定刚度的“Z”形弹簧板连接（图 2-8-43（*a*））。当厂房沉降较大时，则宜采用螺栓连接（图 2-8-43（*b*））。

五、支撑系统

支撑系统包括屋架支撑和柱间支撑

1. 屋架支撑

屋架支撑主要用以保证屋架上下弦受力后的稳定，并传递吊车荷载和风荷载。包括三类八种。

纵向水平支撑和纵向水平系杆沿厂房总长设置，横向水平支撑和垂直支撑一般布置在厂房端部和伸缩缝两侧的第二（或第一）柱间。

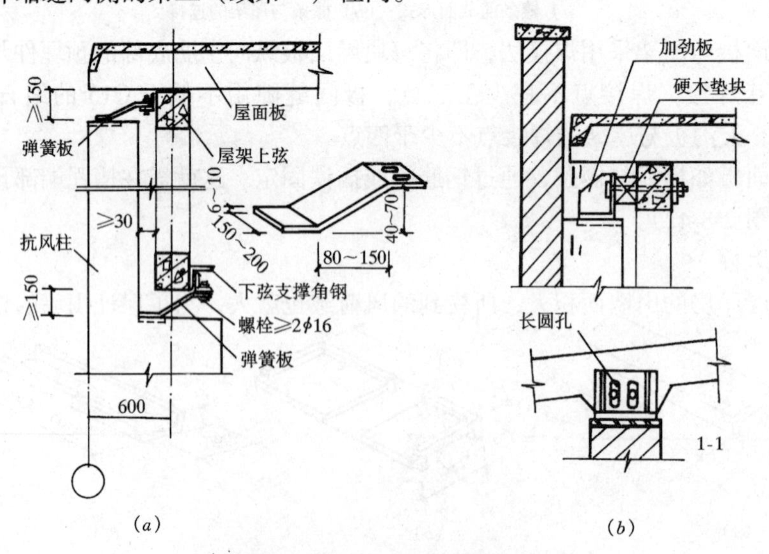

图 2-8-43　抗风柱与屋架的连接构造

（*a*）“Z” 形弹簧板连接；（*b*）螺栓连接

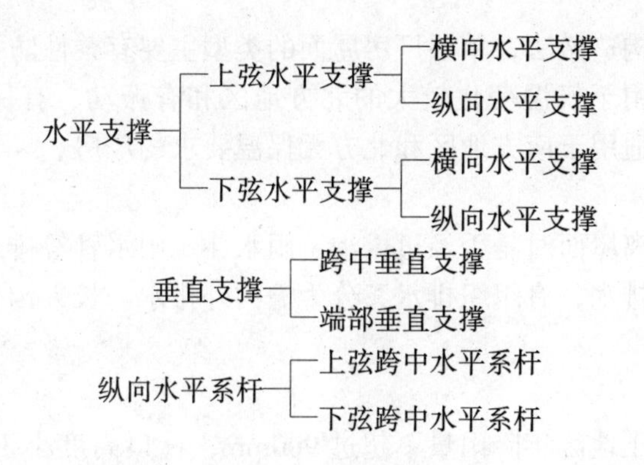

2. 柱间支撑

柱间支撑的作用是将屋盖系统传来的风荷载及吊车制动力传至基础，同时加强厂房的纵向刚度。以牛腿为分界线柱间支撑分上柱支撑和下柱支撑，多用型钢组成交叉形式，也可制成门架式支撑以免影响开设门洞口（图 2-8-44）。

柱间支撑宜布置在各温度区段的中央柱间或两端的第二个柱距中。支撑杆的倾角宜在35°～55°之间，与柱侧的预埋件焊接连接（图 2-8-45）。

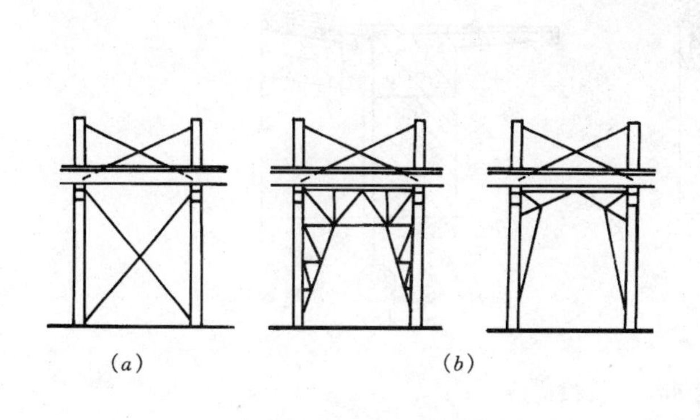

图 2-8-44　柱间支撑形式

(a) 交叉式；(b) 门架式

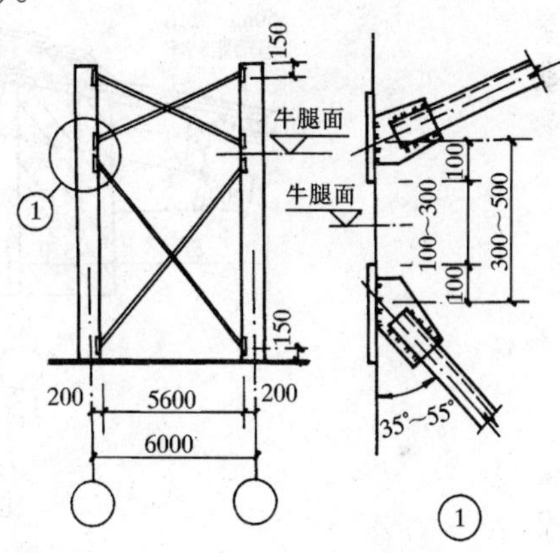

图 2-8-45　柱间支撑与柱的连接构造

第六节　屋 面 及 天 窗

一、屋面

(一) 单层厂房屋面的特点

单层厂房屋面与民用建筑屋面相比具有以下特点：

(1) 屋面面积大；

(2) 屋面板大多采用装配式，接缝多；

(3) 屋面受厂房内部的振动、高温、腐蚀性气体、积灰等因素的影响；

(4) 特殊厂房屋面要考虑防爆、泄压、防腐蚀等问题。

这些都给屋面的排水和防水带来困难，因此单层厂房屋面构造的关键问题是排水和防水问题。

(二) 单层厂房屋面的类型

按照屋面材料和构造做法，单层厂房屋面的类型主要有柔性防水屋面和构件自防水屋面。柔性防水屋面适用于气温变化较大的北方地区和有振动、有保温隔热要求的厂房屋面。构件自防水屋面适用于南方地区和北方无保温要求的厂房。

（三）屋面的排水

按照屋面雨水排离屋面时是否经过檐沟、雨水斗、雨水管等排水装置，屋面排水分为无组织排水和有组织排水，有组织排水又分为檐沟外排水、长天沟外排水、内排水和内落外排水。

1. 无组织排水

无组织排水适用于地区年降雨量不超过900mm，檐口高度小于10m和地区年降雨量超过900mm时，檐口高度小于8m的厂房。对于屋面容易积灰的冶炼车间，屋面排水要求很高的铸工车间及对内排水的铸铁管具有腐蚀作用的炼铜车间也宜采用无组织排水。

无组织排水挑檐长度与檐口高度有关，当檐口高度在6m以下时，挑檐挑出长度不宜小于300mm；当檐口高度超过6m时，挑檐挑出长度不宜小于500mm。挑檐可由外伸的檐口板形成，也可利用顶部圈梁挑出挑檐板（图2-8-46）。

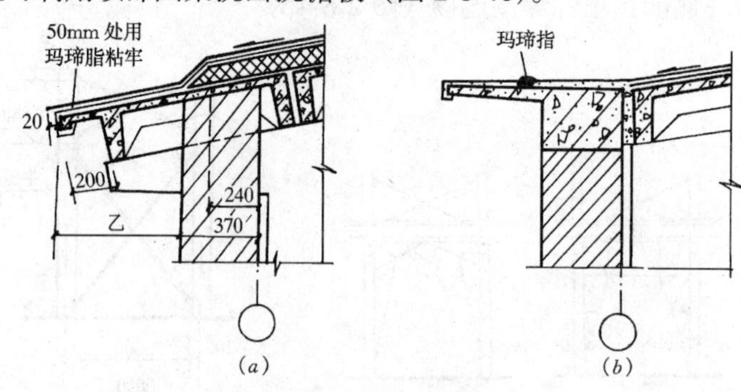

图2-8-46　挑檐构造

（*a*）檐口板挑檐；（*b*）圈梁挑出挑檐

2. 有组织排水

(1) 檐沟外排水（图2-8-47（*a*））：具有排水方式构造简单，施工方便，造价低，且不影响车间内部工艺设备的布置等特点，在南方地区应用较广。檐沟一般采用钢筋混凝土

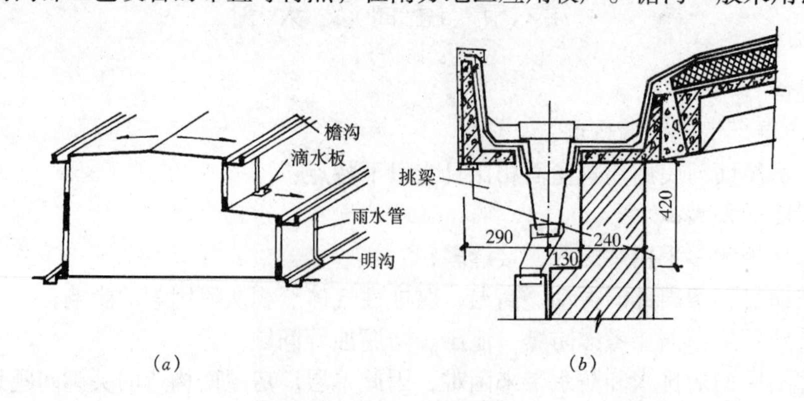

图2-8-47　檐沟外排水构造

（*a*）檐沟外排水示意；（*b*）挑檐沟构造

槽形天沟板，天沟板支承在屋架端部的水平挑梁上（图 2-8-47（*b*））。

(2) 长天沟外排水（图 2-8-48（*a*））：这种排水方式构造简单，施工方便，造价较低。但受地区降水雨量、汇水面积、屋面材料、天沟断面和纵向坡度的限制。

当采用长天沟外排水时，须在山墙上留出洞口，天沟板伸出山墙，并在天沟板的端壁上方留出溢水口（图 2-8-48（*b*））。

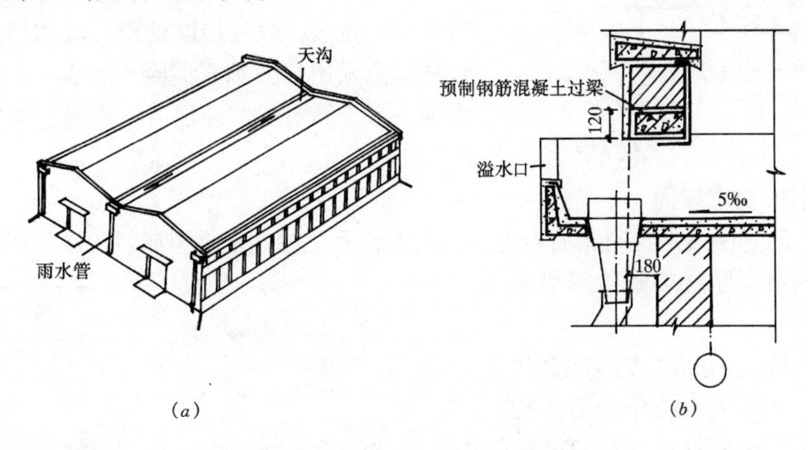

图 2-8-48　长天沟外排水构造

（*a*）长天沟外排水示意；（*b*）长天沟构造

(3) 内排水（图 2-8-49）：是将屋面雨水经设在厂房内的雨水管及地下雨水管沟排除。其特点是排水不受厂房高度限制，屋面排水比较灵活，但构造复杂，造价及维修费高，且与地下管道、设备基础，工艺管道等易发生矛盾。内排水常用于多跨厂房，特别是严寒多雪地区采暖厂房和有生产余热的厂房。

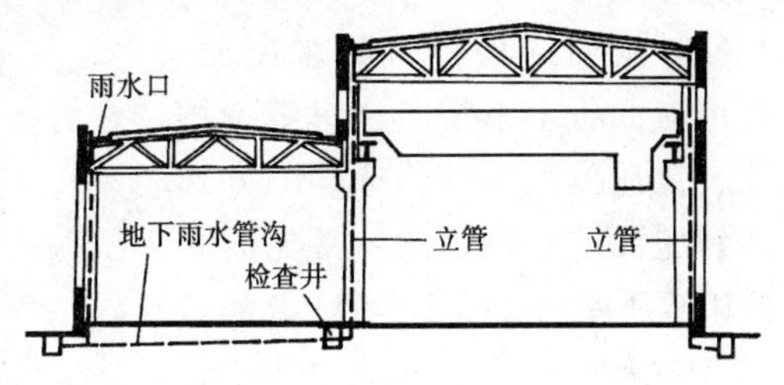

图 2-8-49　内排水示意图

(4) 内落外排水（图 2-8-50）：是在屋架高度范围设具有 0.5%～1% 坡度的悬吊管，将天沟内的雨水由悬吊管排入靠墙的排水立管，下部导入明沟或排出墙外。其特点是可避免在厂房地面下设雨水地沟，对工艺设备的布置较有利，但悬吊管易被堵塞，屋面有大量积尘的厂房不宜采用。

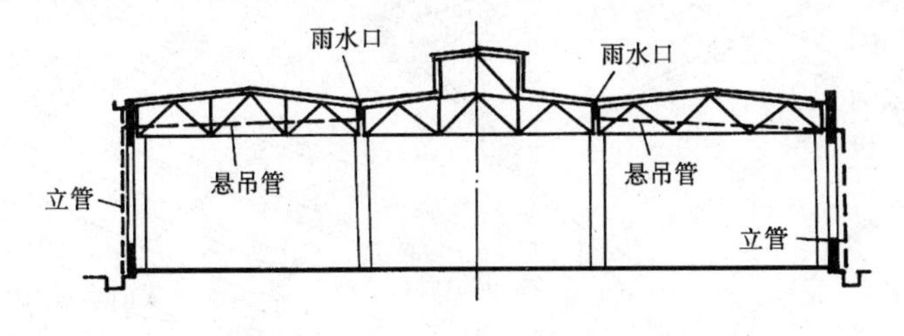

图 2-8-50　内落外排水示意图

（四）屋面防水

1. 卷材防水屋面

单层厂房中，卷材防水屋面防水层的传统做法是采用石油沥青油毡和沥青胶结材料分

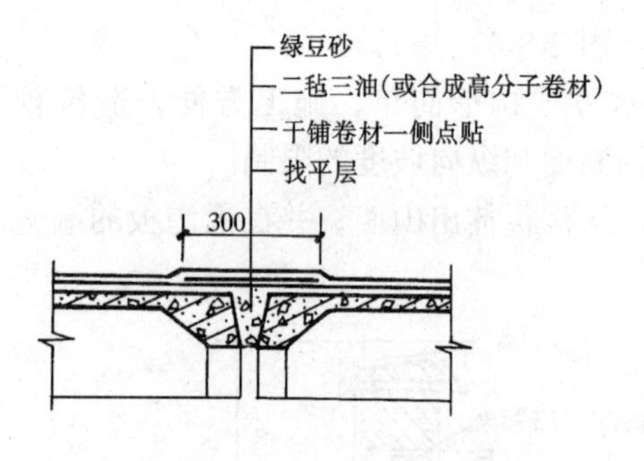

图 2-8-51　屋面板横缝处构造

层粘贴形成，一般采用二毡三油，当屋面坡度小于3%或厂房防水要求较高时，则宜采用三毡四油，现在，多采用高聚物改性沥青卷材或合成高分子卷材。其构造原则和做法与民用建筑基本相同。但厂房屋面往往荷载大、振动大、变形可能性大，易导致卷材被拉裂，故应加以处理。具体做法是：屋面板的缝隙须用C20细石混凝土灌实，在板的横缝上加铺一层干铺卷材延伸层后，再做屋面防水层（图2-8-51）。

2. 构件自防水屋面

构件自防水屋面是利用屋面板自身的密实性和抗渗性来承担屋面防水作用，其板缝的防水则靠嵌缝、贴缝或搭盖等措施来解决。

（1）嵌缝式、贴缝式构件自防水屋面：是利用屋面板作为防水构件，板缝镶嵌油膏防水（图 2-8-52（*a*））。在嵌油膏的板缝上再粘贴一条卷材覆盖层则成为贴缝式（图 2-8-52（*b*））。

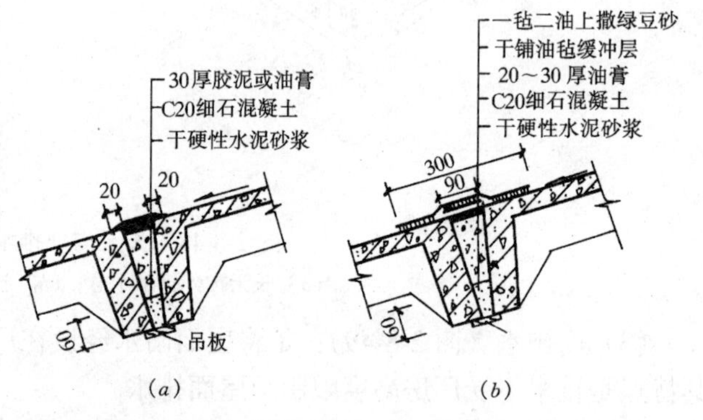

图 2-8-52　嵌缝式、贴缝式板缝构造
（*a*）嵌缝式；（*b*）贴缝式

（2）搭盖式构件自防水屋面：是利用屋面板上下搭盖住纵缝，用盖瓦、脊瓦覆盖横缝和脊缝的方式来达到屋面防水的目的。常见的有F板和槽瓦屋面（图 2-8-53）。

二、天窗

在大跨度和多跨厂房中，为了解决室内的天然采光和自然通风问题，除了在侧墙上设

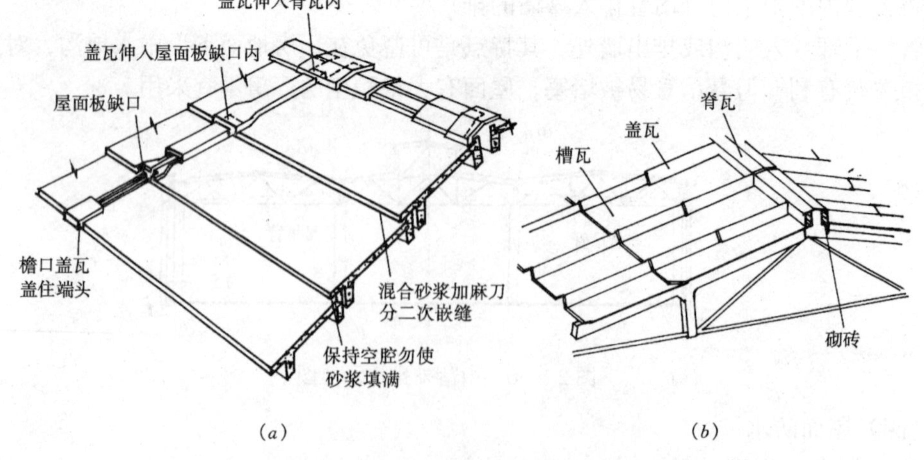

图 2-8-53　搭盖式构件自防水屋面构造
（*a*）F板屋面；（*b*）槽瓦屋面

置侧窗外，还需在屋顶上设置天窗。

（一）天窗的类型和特点

天窗的类型很多，按构造形式分有矩形天窗、M形天窗、锯齿形天窗、纵横向下沉式天窗、井式天窗、平天窗等。

1. 矩形天窗（图2-8-54（*a*））

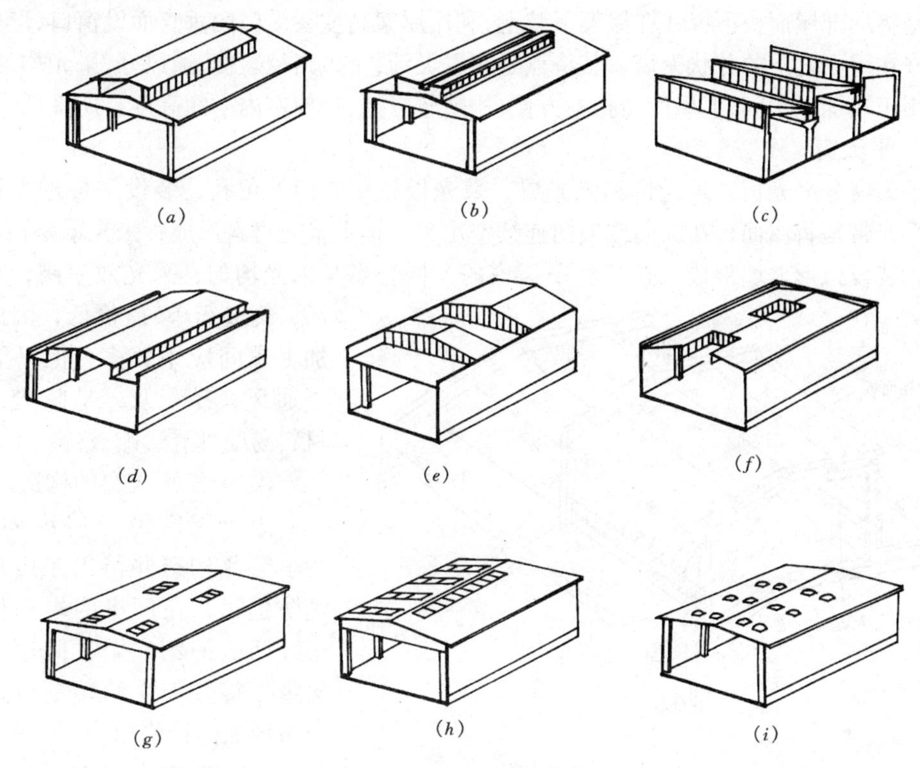

图2-8-54　天窗的类型

（*a*）矩形天窗；（*b*）M形天窗；（*c*）锯齿形天窗；（*d*）纵向下沉式天窗；（*e*）横向下沉式天窗；（*f*）井式天窗；（*g*）采光板平天窗；（*h*）采光带平天窗；（*i*）采光罩平天窗

矩形天窗一般沿厂房纵向布置，断面呈矩形，两侧的采光面垂直，采光通风效果好，所以在单层厂房中应用最广。缺点是构造复杂、自重大、造价较高。

2. M形天窗（图2-8-54（*b*））

与矩形天窗的区别是天窗屋顶从两边向中间倾斜，倾斜的屋顶有利于通风，且能增强光线反射，所以M形天窗的采光、通风效果比矩形天窗好，缺点是天窗屋顶排水构造复杂。

3. 锯齿形天窗（图2-8-54（*c*））

是将厂房屋顶做成锯齿形，在其垂直（或稍倾斜）面设置采光、通风口。窗口一般朝北或接近北向，可避免因光线直射而产生的眩光现象，获得均匀、稳定的光线。有利于保证厂房内恒定的温度和湿度，适用于纺织厂、印染厂和某些机械厂。

4. 纵向下沉式天窗（图2-8-54（*d*））

是将沿厂房纵向的屋面板连续下沉搁置在屋架下弦上，利用屋架高度在纵向垂直面设置天窗口。这种天窗适用于纵轴为东西向的厂房，且多用于热加工车间。

5. 横向下沉式天窗（图 2-8-54（e））

是将相邻的整跨屋面板上下交替布置在屋架上、下弦上，利用屋架高度在横向垂直面设天窗口。适用于纵轴为南北向厂房。这种天窗采光效果较好，但均匀性差且窗扇形式受屋架形式限制，规格多，构造复杂，屋面的清扫、排水不方便。

6. 井式天窗（图 2-8-54（f））

是将局部屋面板下沉铺在屋架下弦上，利用屋架高度在纵横向垂直面设窗口，形成一个个凹嵌在屋面之下的井状天窗。其特点是布置灵活，排风路径短捷，通风好，采光均匀，因此广泛用于热加工车间，但屋面清扫不方便，构造较复杂，且使室内空间高度有所降低。

7. 平天窗（图 2-8-54（g）（h）（i））

平天窗分采光板、采光带和采光罩，采光板是在屋面上留孔，装设平板透光材料形成；采光带是将屋面板在纵向或横向连续空出来，铺上采光材料形成；采光罩是在屋面上留孔，装设弧形玻璃形成。这三种平天窗的共同特点是采光均匀，采光效率高，布置灵活，构造简单，造价低，因此在冷加工车间应用较多，但平天窗不易通风，易积灰，易眩光，透光材料易受外界影响破碎。

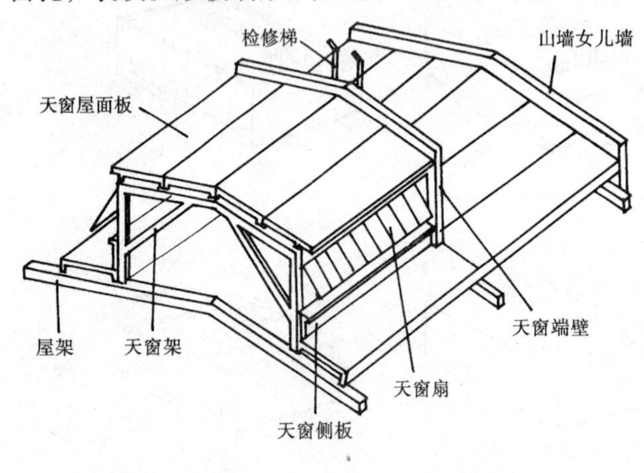

图 2-8-55　矩形天窗的构造组成

（二）矩形天窗的构造

矩形天窗沿厂房纵向布置，为了简化构造并留出屋面检修和消防通道，在厂房两端和横向变形缝两侧的第一个柱间通常不设天窗。每段天窗的端壁应设置上天窗屋面的检修梯。

矩形天窗由天窗架、天窗屋顶、天窗端壁、天窗侧板和天窗扇五部分组成（图 2-8-55）。

1. 天窗架

天窗架是天窗的承重构件，支承在屋架（或屋面梁）上。其高度据天窗扇的高度确定。天窗的跨度一般为厂房跨度的 1/3～1/2，且应符合扩大模数 30M 系列，常见的有 6m、9m、12m。为便于天窗架的制作和吊装，钢筋混凝土天窗架一般分两榀或三榀预制，现场组合，其形式见图 2-8-56，各榀之间采用螺栓连接，与屋架采用焊接连接。

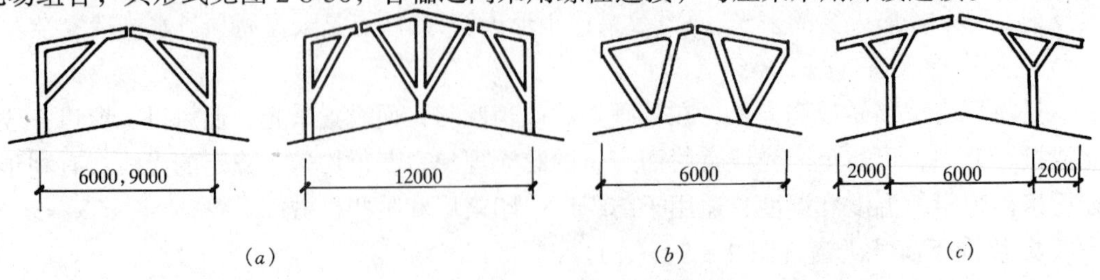

图 2-8-56　矩形天窗的天窗架形式

（a）Π 型；（b）W 型；（c）Y 型

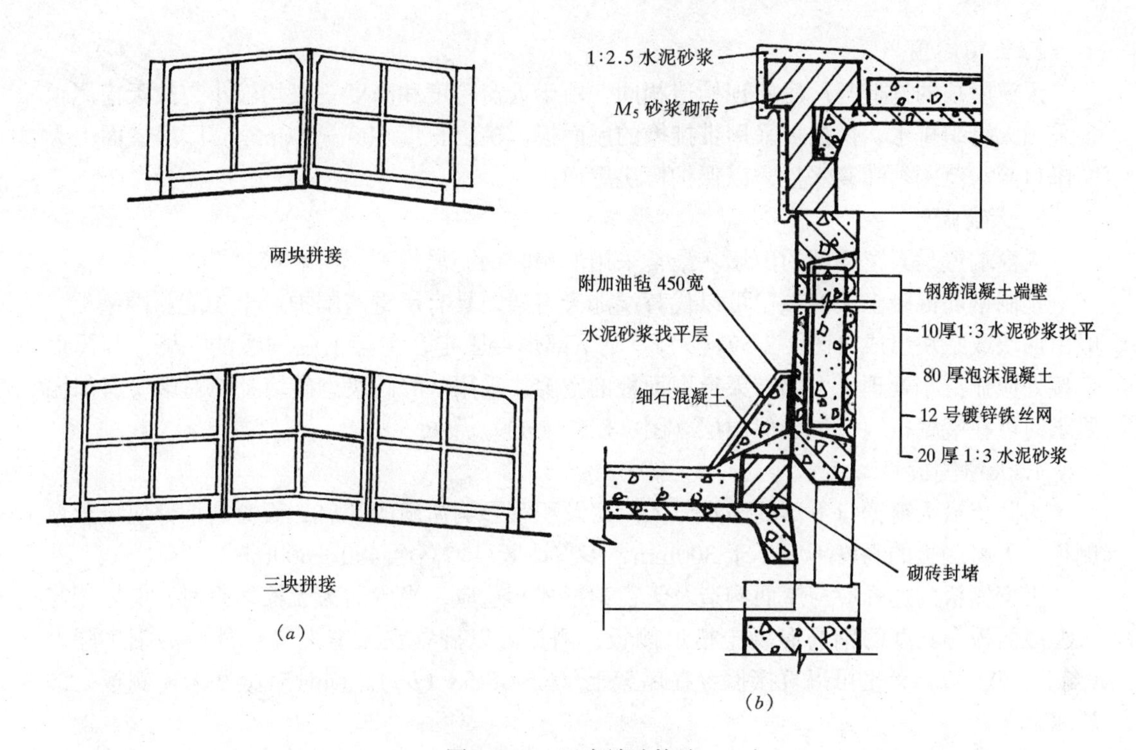

图 2-8-57 天窗端壁构造

(a) 天窗端壁组成；(b) 天窗端壁立面

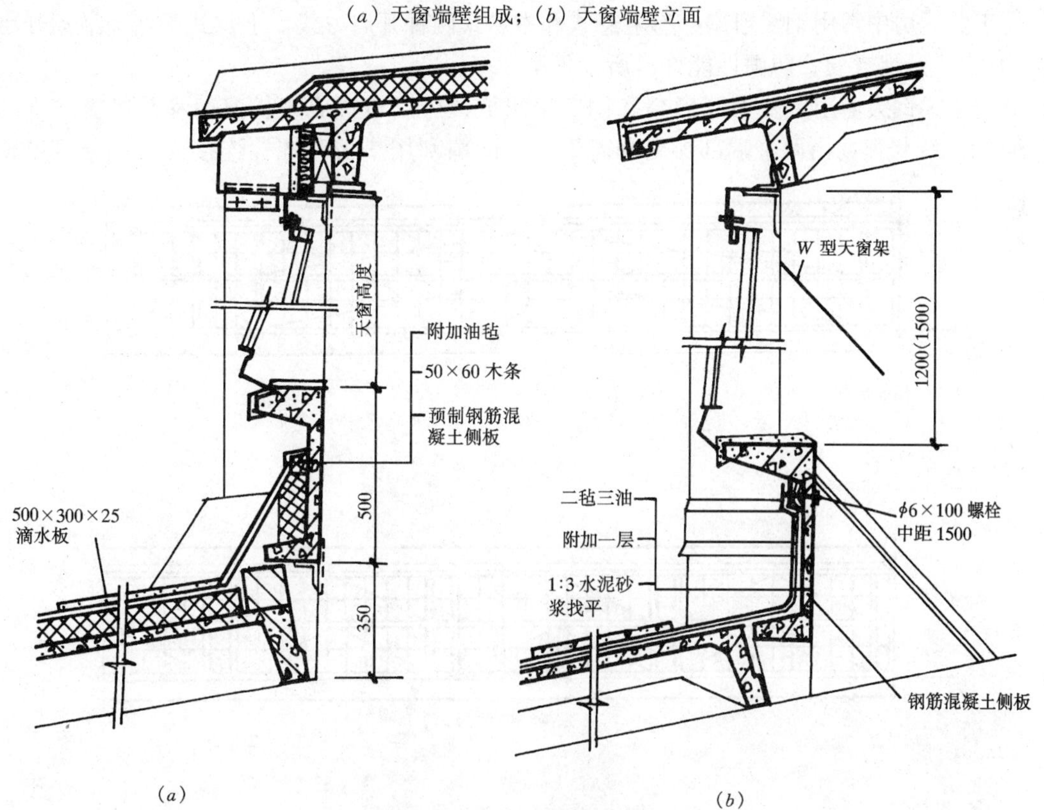

图 2-8-58 天窗侧板构造

(a) 天窗侧板搁置在角钢牛腿上；(b) 天窗侧板搁置在屋架上

2. 天窗屋顶

天窗屋顶的构造与厂房屋顶构造相同。由于天窗跨度和高度一般均较小，故天窗屋顶多采用无组织排水，挑檐板采用带挑檐的屋面板，挑出长度 300～500mm。厂房屋面上天窗檐口滴水范围须铺滴水板，以保护厂房屋面。

3. 天窗端壁

天窗端壁是天窗端部的山墙。最常采用的预制钢筋混凝土天窗端壁。

预制钢筋混凝土天窗端壁可以代替端部天窗架，具有承重与围护双重功能。端壁板一般由两块或三块组成（图 2-8-57（*a*））。其下部焊接固定在屋架上弦轴线的一侧，与屋面交接处应作泛水处理，上部与天窗屋面板的空隙，采用 M_5 砂浆砌砖填补。对端壁有保温要求时可在端壁板内侧加设保温层（图 2-8-57（*b*））。

4. 天窗侧板

为防止沿天窗檐口下落的雨水溅入厂房及积雪影响窗扇的开启，天窗扇下部应设天窗侧板。天窗侧板的高度不应小于 300mm，多雪地区可增高至 400～600mm。

天窗侧板的选择应与屋面构造及天窗架形式相适应，当屋面为无檩体系时，应采用与大型屋面板等长度的钢筋混凝土槽形侧板，侧板可以搁置在天窗架竖杆外侧的钢牛腿上（图 2-8-58（*a*）），也可以直接搁置在屋架上（图 2-8-58（*b*））。同时应做好天窗侧板处的泛水。

5. 天窗扇

工业厂房中常用钢天窗扇，有上悬式和中悬式两种开启方式。上悬式天窗扇最大开启角为 45°，开启方便，防雨性能好，所以采用较多。

上悬式钢天窗扇主要由开启扇和固定扇组成，可以布置成统长窗扇和分段窗扇（图 2-8-59）。统长窗扇由两个端部窗扇和若干个中间扇利用垫板和螺栓连接而成；分段窗扇

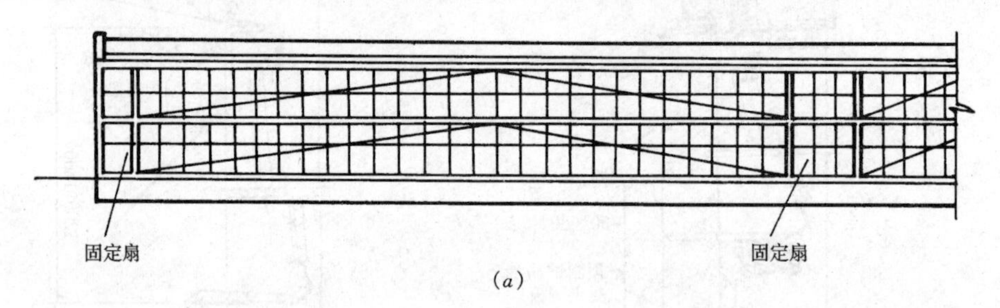

（*a*）

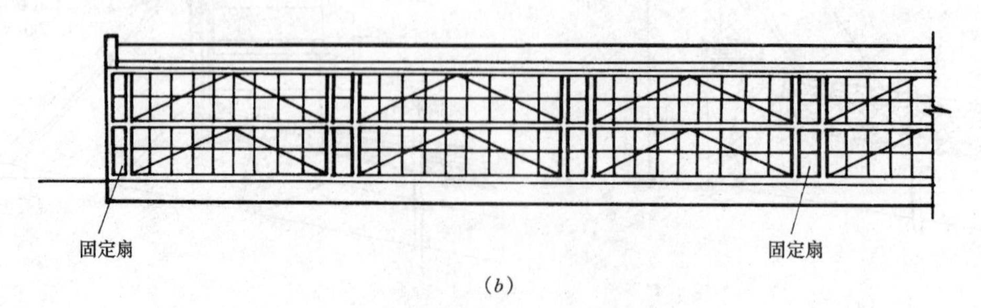

（*b*）

图 2-8-59　上悬式钢天窗扇的形式

（*a*）统长天窗扇；（*b*）分段天窗扇

是每个柱距设一个窗扇，各窗扇可独立开启。在天窗的开启扇之间及开启扇与天窗端壁之间，均须设置固定窗扇起竖框作用。为了防止雨水从窗扇两端开口处飘入车间，须在固定扇的后侧附加 600mm 宽的固定挡雨板。

第七节　外墙、侧窗及大门

一、外墙

装配式钢筋混凝土排架结构的厂房外墙只起围护作用，根据外墙所用材料的不同，有砖墙、板材墙和开敞式外墙等几种类型。

（一）砖墙

砖墙和柱的相对位置有两种基本方案。第一种，外墙包在柱的外侧（图 2-8-60（*a*）），具有构造简单、施工方便、热工性能好，便于基础梁与连系梁等构配件的定型化和统一化等优点，所以在单层厂房中被广泛采用。第二种，外墙嵌在柱列之间（图 2-8-60（*b*）），具有节省建筑占地面积，外墙可增加柱列刚度，代替柱间支撑的优点；但要增加砍砖量，施工麻烦，不利于基础梁、连系梁等构配件统一化，且柱子直接暴露在外不利于保护，热工性能也较差。

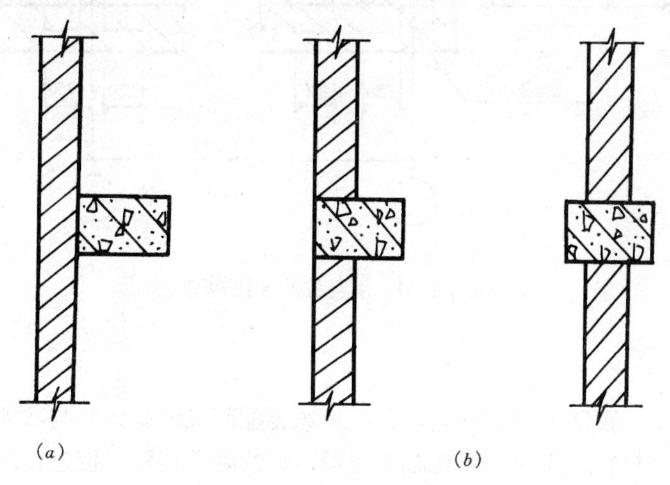

图 2-8-60　砖墙与柱的相对位置

（*a*）外墙包在柱外侧；（*b*）外墙嵌在柱列之间

1. 墙与柱的连接

为保证墙体的稳定性和提高其整体性，墙体应和柱子（包括抗风柱）有可靠的连接。常用做法是沿柱高每隔 500～600mm 预埋伸出两根 $\phi6$ 钢筋，砌墙时把伸出钢筋砌在灰缝中（图 2-8-61）。

2. 墙与屋架的连接

一般在屋架上下弦预埋拉接钢筋，若在屋架的腹杆上不便预埋钢筋时，可在腹杆上预埋钢板，再焊接钢筋与墙体连接（图 2-8-62）。

3. 墙与屋面板的连接

当外墙伸出屋面形成女儿墙时，为保证女儿墙的稳定性，墙和屋面板间应采取拉结措

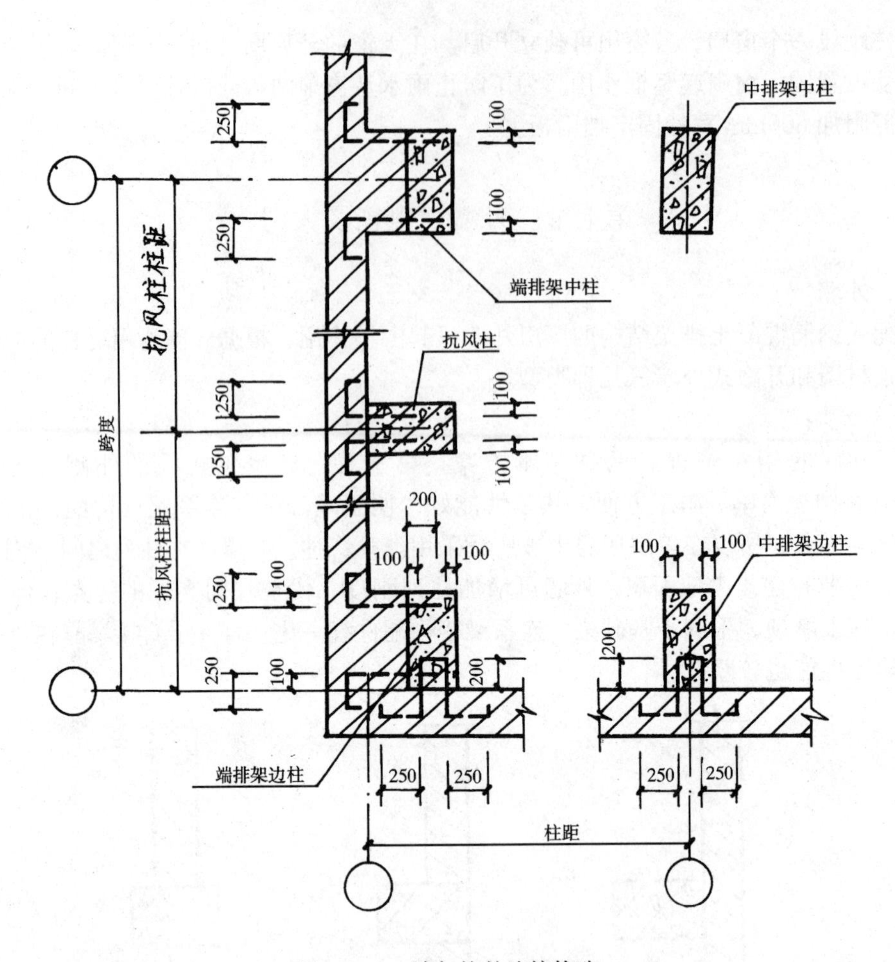

图 2-8-61　墙与柱的连接构造

施（图 2-8-63）。

（二）板材墙

板材墙是在工厂预制生产大型墙板，在现场装配而成的墙体。与砖墙相比，能充分利用工业废料和地方材料，简化、净化施工现场，加快施工速度，促进建筑工业化。虽然目前仍存在耗钢量多，造价偏高，接缝不易保证，保温、隔热效果不理想的问题，但仍有广阔的发展前景。

1. 墙板的规格和类型

一般墙板的长和宽应符合扩大模数 3M 数列，板长有 4500mm、6000mm、7500mm、12000mm 四种，板宽有 900mm、1200mm、1500mm、1800mm 四种，板厚以 20mm 为模数进级，常用厚度为 160～240mm。

墙板的分类方法有很多种，按照墙板在墙面位置不同，可分为檐口板、窗上板、窗下板、窗框板、一般板、山尖板、勒脚板、女儿墙板等。按照墙板的构造和组成材料不同，分为单一材料的墙板（如钢筋混凝土槽形板、空心板、配筋钢筋混凝土墙板）和复合墙板（如各种夹心墙板）。

2. 墙板的布置

墙板的布置方式有横向布置、竖向布置和混合布置三种（图 2-8-64），其中以横向布置应用最多，其特点是以柱距为板长，板型少，可省去窗过梁和连系梁，便于布置窗框板或带形窗，连接简单、构造可靠，有利于增强厂房的纵向刚度。

3. 墙板与柱的连接

墙板与柱的连接分为柔性和刚性连接

(1) 柔性连接：柔性连接包括螺栓连接（图2-8-65 (a)）和压条连接（图2-8-65 (b)）等做法。螺栓连接是在水平方向用螺栓、挂钩等辅助件拉结固定，在垂直方向每3～4块板在柱上焊一个钢支托支承。压条连接是在柱上预埋或焊接螺栓，然后用压条和螺母将两块墙板压紧固定在柱上，最后将螺母和螺栓焊牢。

柔性连接可使墙与柱在一定范围内相对位移，能够较好地适应变形，适用于地基沉降较大或有较大振动影响的厂房。

(2) 刚性连接：刚性连接是在柱子和墙板上先分别设置预埋件，安装时用角钢或 ϕ16 的钢筋段把它们焊接在一起（图2-8-66）。其优点是用钢量少、厂房纵向刚度好、施工方便，但墙板与柱间不能相对位移，适用于非地震地区和地震烈度较小的地区。

图 2-8-62　墙与屋架的连接

4. 板缝处理

无论是水平缝还是竖直缝，均应满足防水、防风、保温、隔热要求，并便于施工制

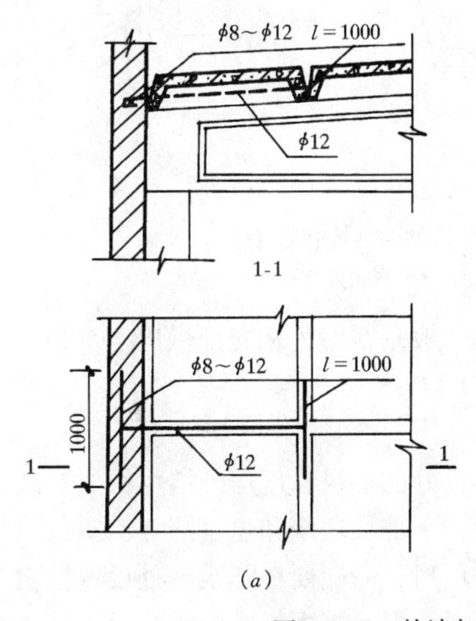

(a)

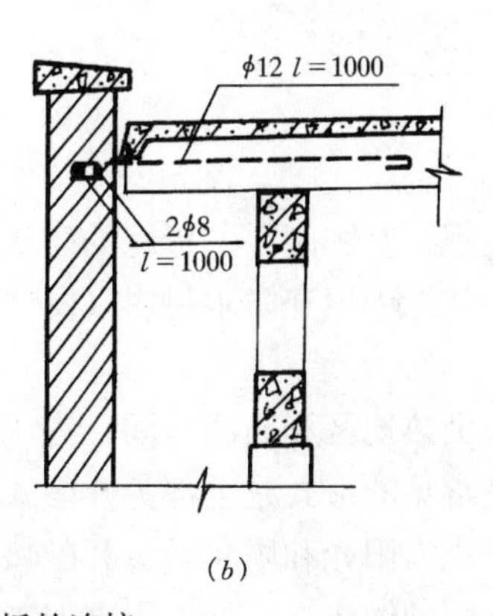

(b)

图 2-8-63　外墙与屋面板的连接

(a) 纵向女儿墙与屋面板的连接；(b) 山墙与屋面板的连接

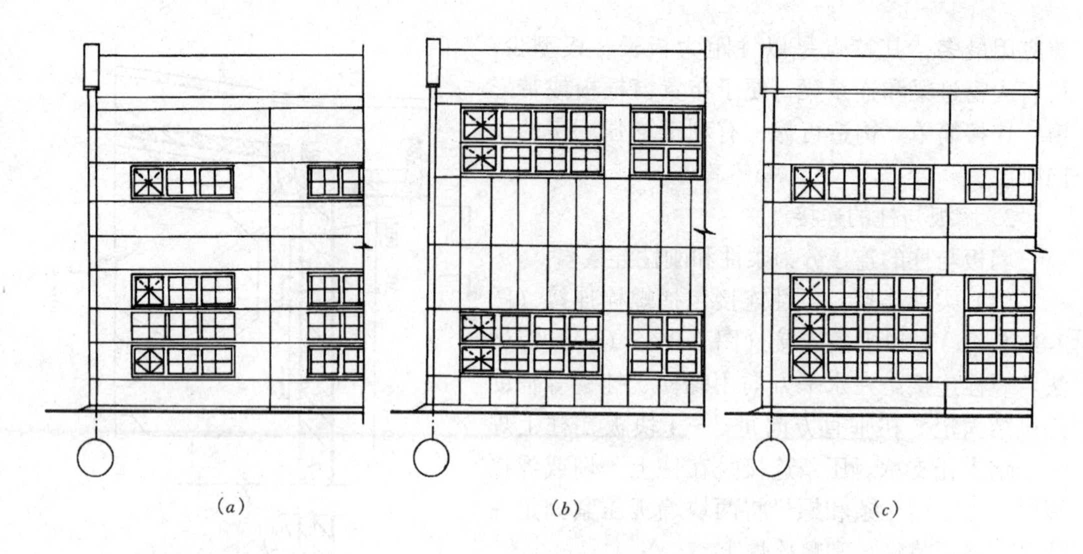

图 2-8-64　板材墙板的布置

(a) 横向布置；(b) 竖向布置；(c) 混合布置

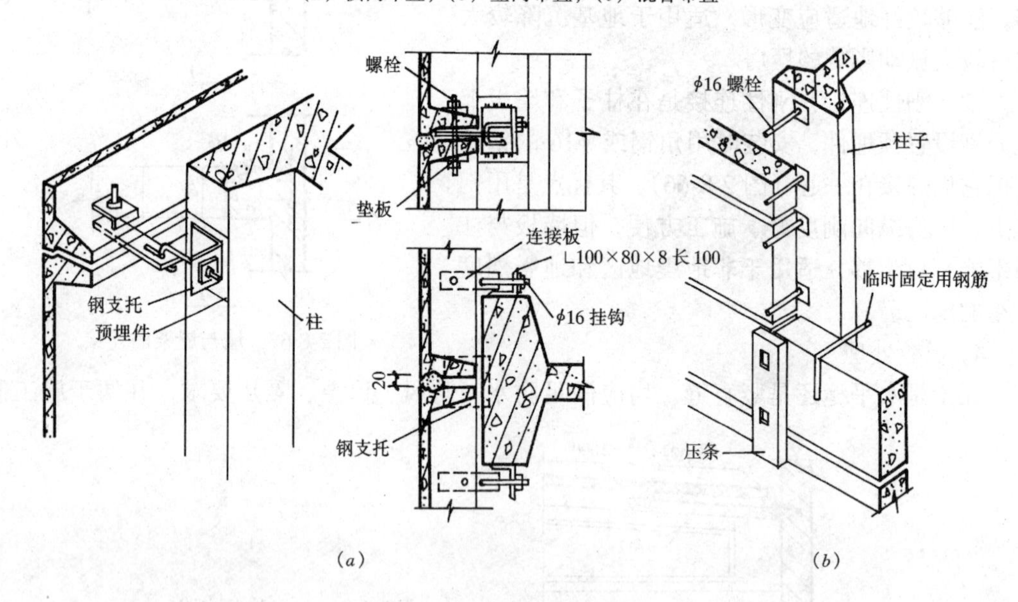

图 2-8-65　板材墙板的柔性连接构造

(a) 螺栓连接；(b) 压条连接

作，经济美观，坚固耐久。板缝的防水处理一般是在墙板相交处做出挡水台、滴水槽、空腔等，然后在缝中填充防水材料（图 2-8-67）。

（三）开敞式外墙

在南方炎热地区和高温车间，为了获得良好的通风，厂房外墙可做成开敞式外墙。开敞式外墙最常见的形式是上部为开敞式墙面，下部设矮墙和窗（图 2-8-68）。

为了防止太阳光和雨水通过开敞口进入厂房，一般要在开敞口处设置挡雨遮阳板。挡雨遮阳板有两种做法，一种是用支架支承石棉水泥瓦挡雨板或钢筋混凝土挡雨板（图 2-8-69 (a)）；一种是无支架钢筋混凝土挡雨板（图 2-8-69 (b)）。

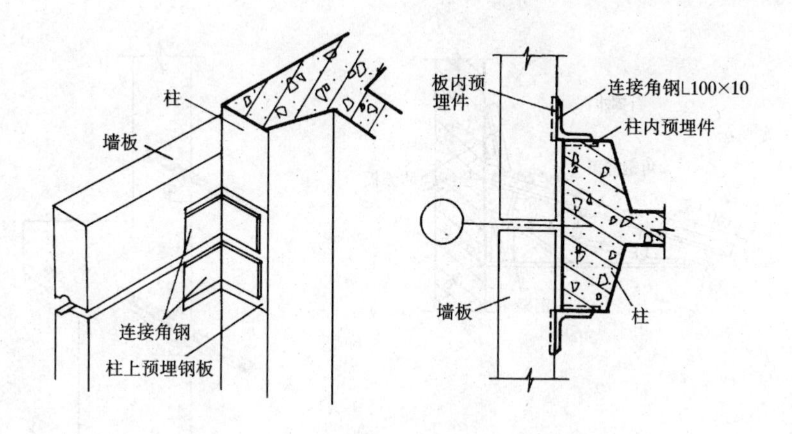

图 2-8-66　板材墙板的刚性连接构造

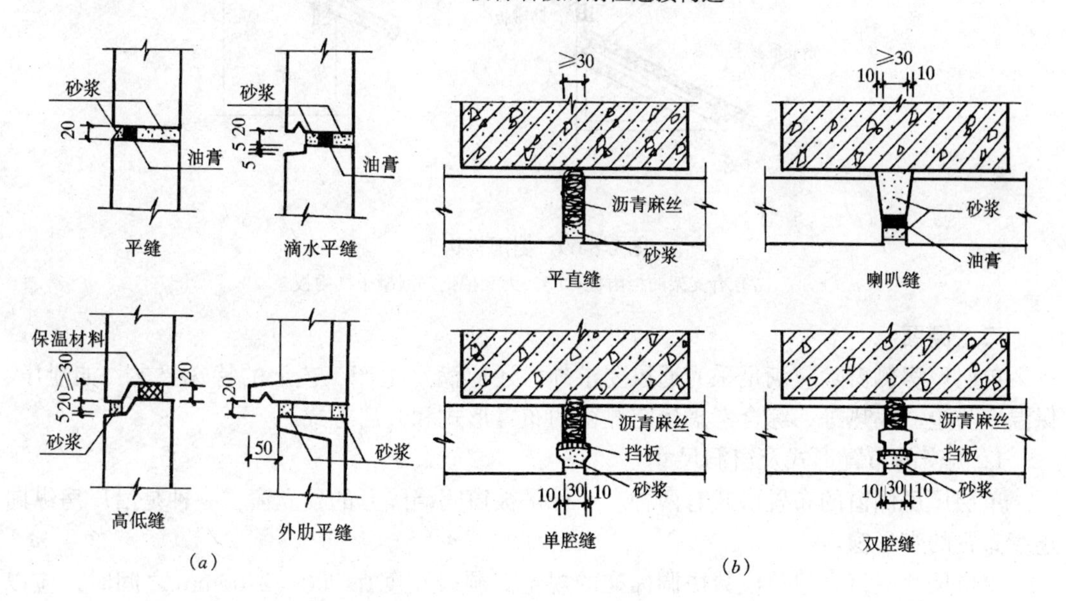

图 2-8-67　板材墙的板缝构造

(*a*) 水平缝构造；(*b*) 垂直缝构造

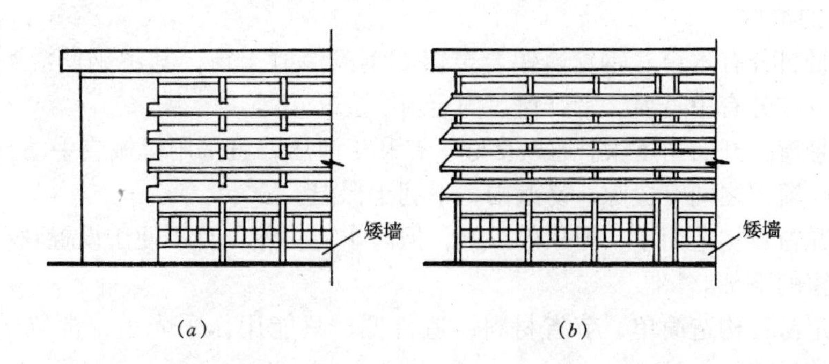

图 2-8-68　开敞式外墙的形式

(*a*) 单面开敞式外墙；(*b*) 四面开敞式外墙

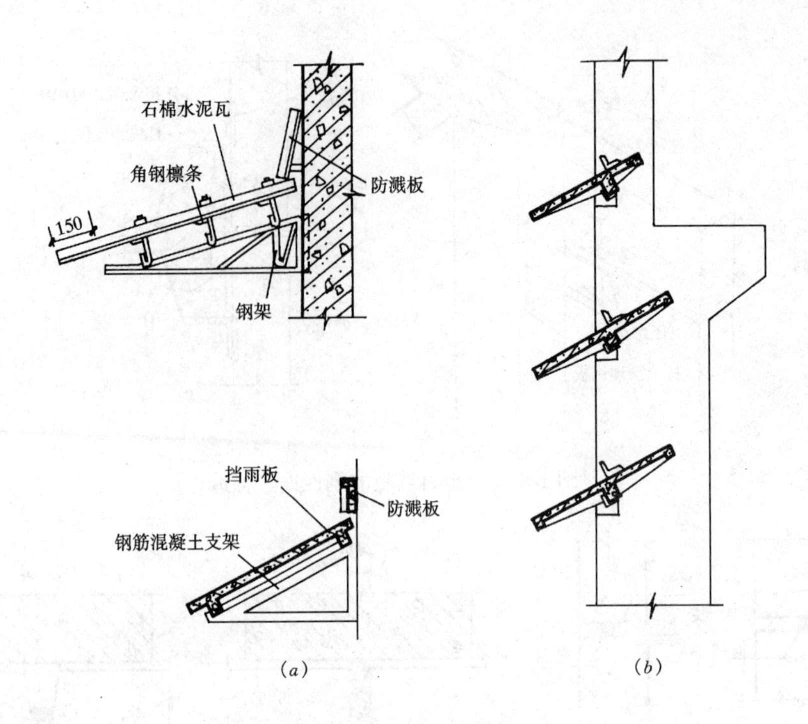

图 2-8-69 挡雨板构造

(*a*) 有支架的挡雨板；(*b*) 无支架钢筋混凝土挡雨板

二、侧窗

单层厂房侧窗除应满足采光通风要求外，还应满足生产工艺上的特殊要求，如泄压、保温、防尘、隔热等，综合考虑确定侧窗的布置形式和开启方式。

1. 侧窗的布置形式及窗洞尺寸

单层厂房侧窗的布置形式有两种，一种是被窗间墙隔开的独立窗，一种是沿厂房纵向连续布置的带形窗。

窗口尺寸应符合建筑模数协调标准的规定。洞口宽度在 900～2400mm 之间时，应以 3M 为扩大模数进级；在 2400～6000mm 之间时，应以 6M 为扩大模数进级。洞口高度一般在 900～4800mm 之间，超过 1200mm 时，应以 6M 为扩大模数进级。

2. 侧窗的类型

侧窗按材料分有木窗、钢窗、铝合金窗和钢筋混凝土窗，其中钢筋混凝土窗较少采用。按开启方式分有中悬窗、平开窗、固定窗、立转窗等。

(1) 中悬窗：开启角度大，通风良好，有利于泄压，可采用机械或手动开关，但构造复杂，窗扇与窗框之间有缝隙，易漏雨，不利于保温。

(2) 平开窗：构造简单，通风效果好，但防水能力差，且不便于设置联动开关器，通常布置在侧窗的下部。

(3) 固定窗：构造简单，节省材料，造价低，只能用作采光窗，常位于中部，作为进、排气口的过渡。

(4) 立转窗：窗扇开启角度可调节，通风性能好，且可装置手拉联动开关器，启闭方便，但密封性差，常用于热加工车间的下部作为进风口。

3. 侧窗的构造

为了便于侧窗的制作和运输，窗的基本尺寸不能过大，钢铝窗一般不超过1800mm×2400mm（宽×高），木侧窗不超过3600mm×3600mm，我们称其为基本窗，与民用建筑的构造相同。而由于厂房侧窗面积往往较大，就必须选择若干个基本窗进行拼接组合。

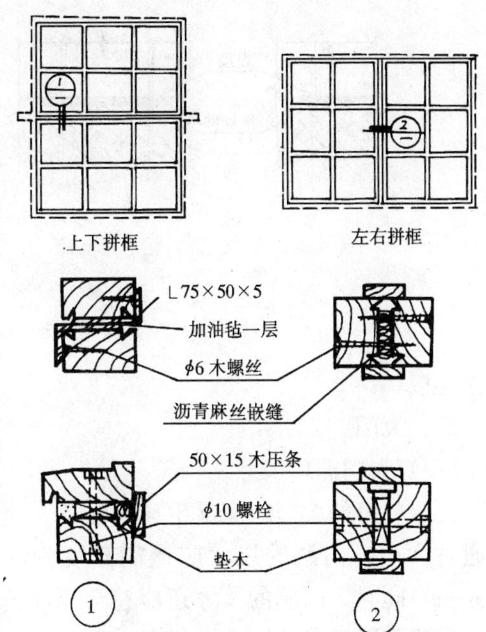

图 2-8-70　木窗拼框节点

(1) 木窗的拼接

两个基本窗可以左右拼接，也可以上下拼接。拼接固定的方法通常是用间距不超过1m的 $\phi6$ 木螺栓或 $\phi10$ 螺栓将两个窗框连接在一起。窗框间的缝隙用沥青麻丝嵌缝，缝的内外两侧用木压条盖缝（图 2-8-70）。

(2) 钢窗与铝合金窗的拼接

钢窗拼接时，需采用拼框构件来联系相邻的基本窗，以加强窗的刚度和调整窗的尺寸。左右拼接时应设竖梃，上下拼接时应设横档，用螺栓连接，并在缝隙处填塞油灰（图 2-8-71）。竖梃与横档的两端或与混凝土墙洞上的预埋件焊接牢固，或插入砖墙洞的预留孔洞中，用细石混凝土嵌固（图 2-8-72）。

铝合金窗与钢窗基本相同，它采用截面尺寸较大的铝方管作为竖梃和横档，用不锈钢

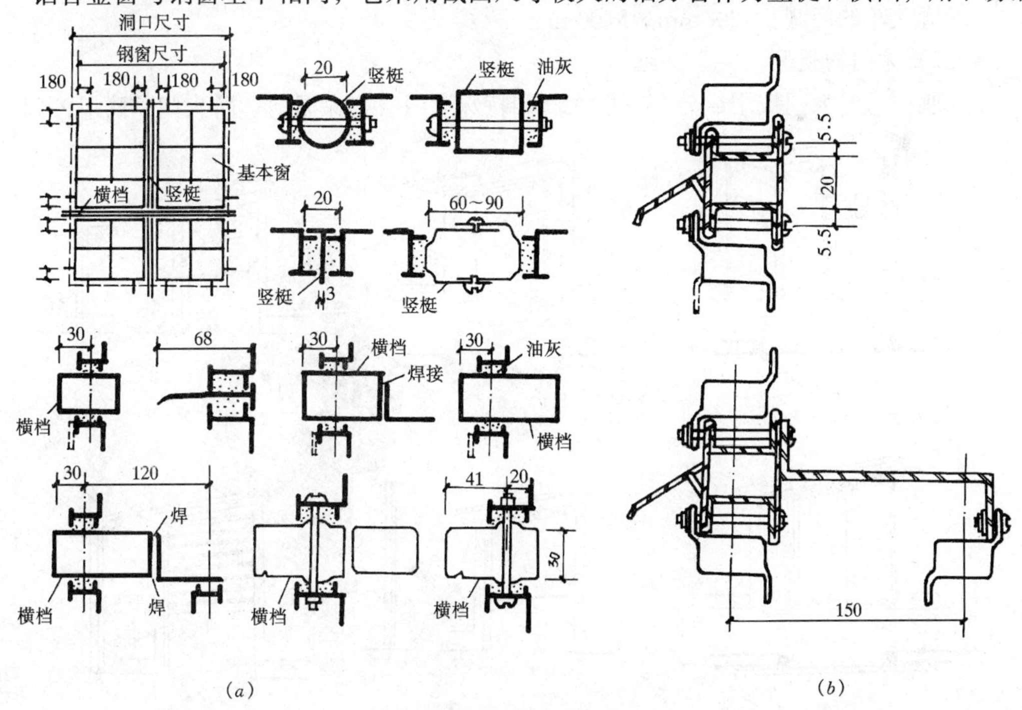

图 2-8-71　钢窗拼装构造举例

(a) 实腹钢窗；(b) 空腹钢窗（沪 68 型）

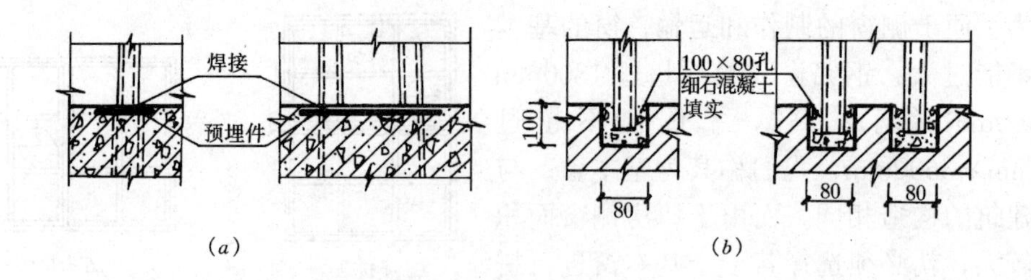

图 2-8-72　竖梃、横挡安装节点

(a) 竖梃安装；(b) 横档安装

螺栓连接。

三、大门

(一) 大门洞口尺寸

工业厂房的大门应满足生产运输、人流通行及疏散的要求。为使满载货物的车辆能顺利通过大门，门洞的尺寸应比满载货物车辆的外轮廓加宽 600～1000mm，加高 400～500mm。同时，门洞的尺寸还应符合《建筑模数协调标准》的规定，以 3M 为扩大模数进级。我国单层厂房常用的大门洞口尺寸（宽×高）有如下几种：

通行电瓶车的门洞：2100mm×2400mm；2400mm×2400mm

通行一般载重汽车的门洞：3000mm × 3000mm；3000mm × 3300mm；3300mm × 3000mm；3300mm×3600mm

通行重型载重汽车的门洞：3600mm×3600mm；3600mm×4200mm

通行火车的门洞：4200mm×5100mm

(二) 大门的类型

工业厂房的大门按用途分有一般大门和特殊大门（如保温门、防火门、防风沙门、隔

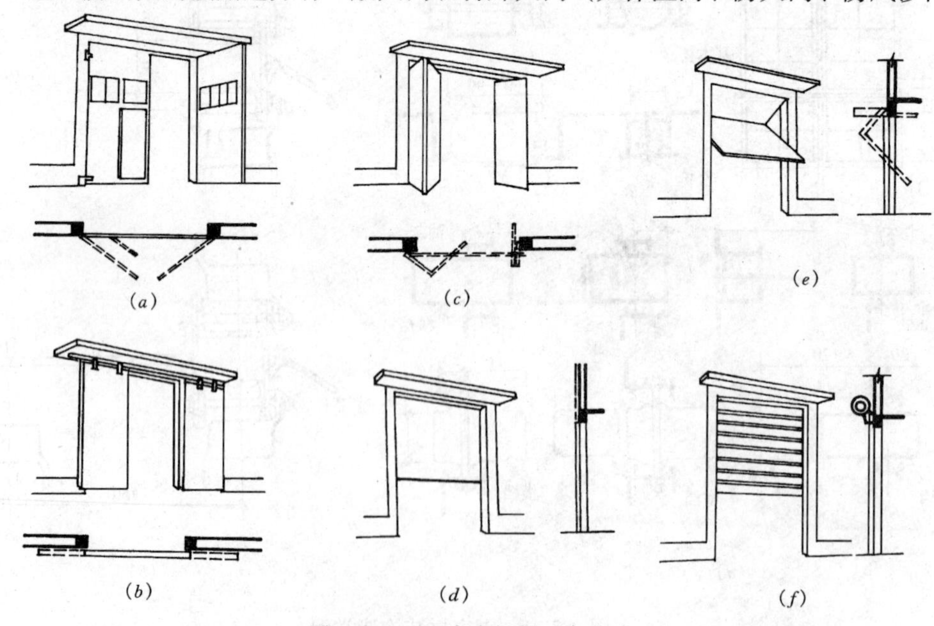

图 2-8-73　厂房大门的开启方式

(a) 平开门；(b) 推拉门；(c) 折叠门；(d) 升降门；(e) 上翻门；(f) 卷帘门

声门、冷藏门、烘干室门、射线防护门等）。按开启方式分有平开门、推拉门、折叠门、上翻门、升降门、卷帘门等（图 2-8-73）。

（1）平开门：构造简单，开启方便。门扇通常向外开，洞口上部设雨篷，是单层厂房常用的大门型式。但门扇尺寸过大时，易产生下垂或扭曲变形。

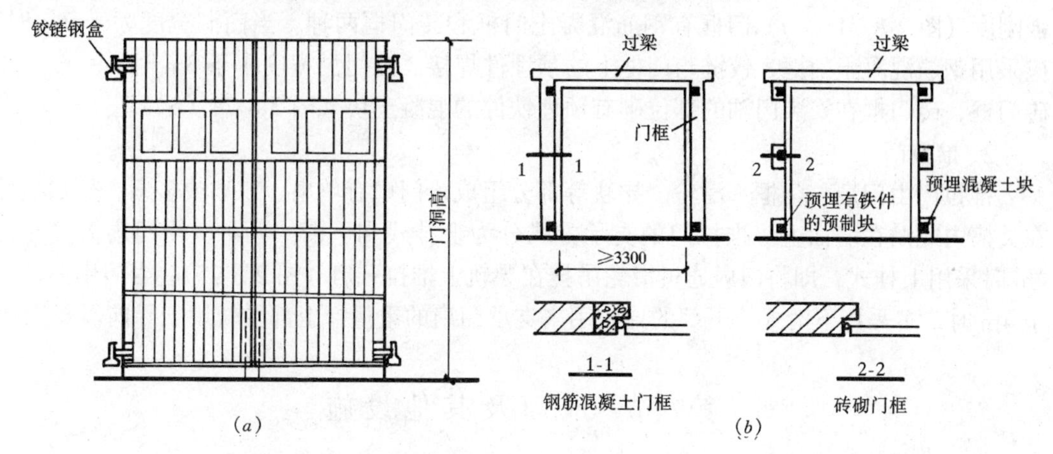

图 2-8-74 平开钢木大门构造

（a）平开钢木大门外形；（b）大门门框

（2）推拉门：在门洞的上下部设轨道，门扇通过滑轮沿导轨左右推拉开启。推拉门扇受力合理，不易变形，但密闭性较差，不宜用于密闭要求高的车间。

（3）折叠门：由几个较窄的门扇相互间用铰链连接而成。开启时门扇沿门洞上下导轨左右滑动，使中间扇开启一个或两个或全部开启，且占用空间少。适用于较大的门洞。

（4）上翻门：门洞只设一个大门扇，门扇两侧中部设置滑轮或销键沿门洞两侧的竖向轨道提升，开启后门扇翻到门过梁下部，不占厂房使用面积。常用于车库大门。

（5）升降门：开启时门扇沿导轨上升，这种门不占使用空间，只需在门洞上部留有足够的上升高度，可以手动或电动开启，适用于较高大的大型厂房。

（6）卷帘门：门扇用冲压成的金属片连接而成，开启时将帘板卷在门洞上部的卷筒上，可采用手动或电动开启。特点是不占空间，开启方便，但保温和防风沙能力差。

（三）大门的构造

大门的规格、类型不同，构造也各不相同，这里只介绍工业厂房中较多采用的平开钢木大门和推拉门的构造，其他大门的构造做法参见厂房建筑的有关

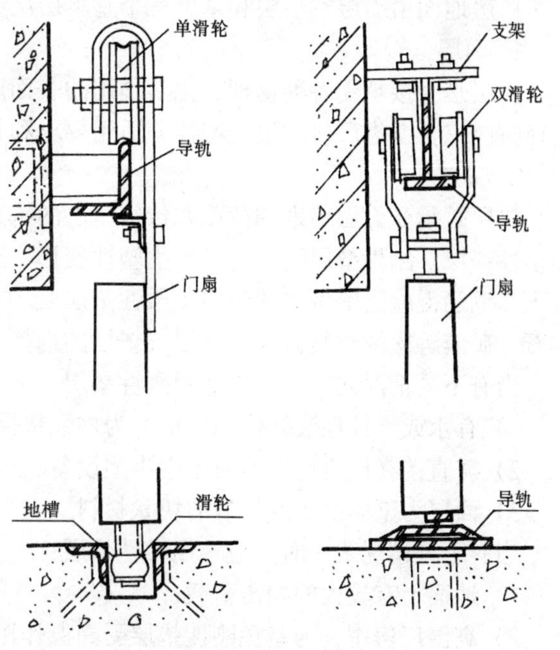

图 2-8-75 上挂式推拉门

标准通用图集。

1. 平开钢木大门

平开钢木大门由门扇和门框组成。门扇采用角钢或槽钢焊成骨架，上嵌25mm厚木门芯板并用$\phi 6$螺栓固定。当门窗尺寸较大时，可在门扇中间加设角钢横撑和交叉支撑以增强刚度（图2-8-74（a））门框有钢筋混凝土门框和砖门框两种。当门洞宽度大于3m时，应采用钢筋混凝土门框，铰链与门框上的预埋件焊接。当门洞宽度小于3m时，一般采用砖门框，砖门框在安装门轴的部位砌有预埋铁件的混凝土块（图2-8-74（b））。

2. 推拉门

推拉门由门扇、门框、滑轮、导轨等部分组成。门扇有单扇、双扇或多扇，开启后藏在夹槽内或贴在墙面上。推拉门的支承方式分为上挂式和下滑式两种。当门扇高度小于4m时采用上挂式，即将门扇通过滑轮吊挂在导轨上推拉开启（图2-8-75）。当门扇高度大于4m时，多采用下滑式，下部的导轨用来支承门扇的重量，上部导轨用于导向。

第八节　地面及其他设施

一、地面

（一）厂房地面的特点

厂房地面与民用建筑地面相比，其特点是面积较大，承受荷载较重，并应满足不同生产工艺的不同要求，如防尘、防爆、耐磨、耐冲击、耐腐蚀等。同时厂房内工段多，各工段生产要求不同，地面类型也应不同，这就增加了地面构造的复杂性。所以正确而合理地选择地面材料和构造，直接影响到建筑造价和生产能否正常进行。

（二）厂房地面的组成

厂房地面由面层、垫层和基层三个基本层次组成。

1. 面层

面层是直接承受各种物理、化学作用的表面层，有整体面层和板、块状面层两种。在选择时应综合考虑厂房的生产特征、适用要求和技术经济条件等因素。

2. 垫层

垫层是承受面层传来的荷载并传给基层的构造层。接受力特点不同，垫层分刚性垫层和柔性垫层。刚性垫层受力后不产生塑性变形，有较强的整体刚度，如用混凝土、沥青混凝土、钢筋混凝土等做成的垫层。柔性垫层受力后会产生塑性变形，无整体刚度，如砂、碎石、矿渣等松散材料做成的垫层。垫层的选择与厂房的生产特点及面层的类型有关。

当有下列情况之一时，应选用刚性垫层：

1）有水或侵蚀性液体作用厂房，为加强垫层的整体性与密实性；

2）需直接在厂房地面上固定中小型设备；

3）面层为整体面层或较薄的块状材料。

当有下列情况之一时，应选用柔性垫层：

1）地面上有较大的冲击荷载；

2）高温厂房中，为避免刚性垫层受高温作用而开裂。

3. 基层

基层是地面的结构层，一般采用素土夯实形成。当地基土质较差时可采用换土法、加固法等提高其强度。

有时，生产工艺对地面有特殊的要求，还需在地面上增设结合层、找平层、隔离层、保温层等。

(三) 厂房地面的构造

厂房地面的基本构造与民用建筑相同。此处只介绍厂房地面特殊部位构造。

1. 地面变形缝

当地面采用刚性垫层，且有下列三者之一：①厂房结构设变形缝；②一般地面与振动大的设备（如锻锤、破碎机等）基础之间；③相邻地段荷载相差悬殊。这时，应在地面相应位置设变形缝（图 2-8-76（*a*））。防腐蚀地面处应尽量避免设变形缝，若必须设时，需在变形缝两侧设挡水，并做好挡水和缝间的防腐处理（图 2-8-76（*b*））。

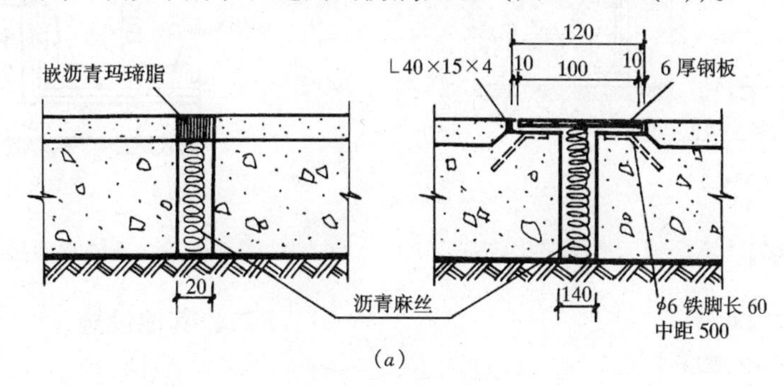

（*a*）

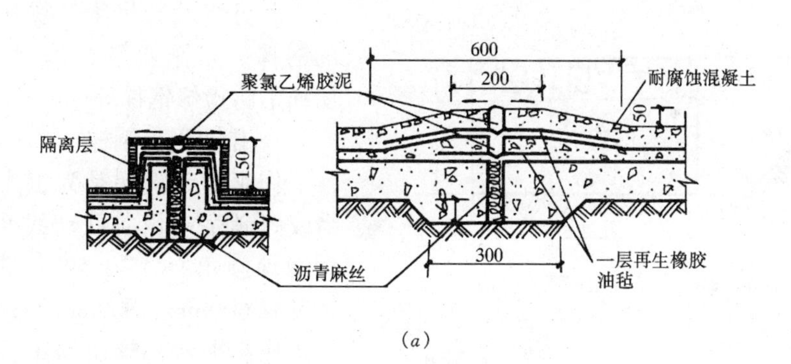

（*a*）

图 2-8-76　地面变形缝的构造

（*a*）一般地面变形缝；（*b*）防腐蚀地面变形缝

2. 不同地面的接缝

厂房若出现两种不同类型地面时，在两种地面交接处容易因强度不同而遭到破坏，应采取加固措施。当接缝两边均为刚性垫层时，交接处不做处理（图 2-8-77（*a*））；挡接缝两侧均为柔性垫层时，其一侧应用 C10 混凝土作堵头（图 2-8-77（*b*））；当厂房内车辆频繁穿过接缝时，应在地面交接处设置与垫层固定的角钢或扁钢嵌边加固（图 2-8-77（*c*））。

防腐地面与非防腐地面交接处及两种不同的防腐地面交接处，均应设置挡水条，防止腐蚀性液体或水漫流（图 2-8-78）。

3. 轨道处地面处理

厂房地面设轨道时，为使轨道不影响其他车辆和行人通行，轨顶应与地面相平。为了防止轨道被车辆碾压倾斜，轨道应用角钢或旧钢轨支撑。轨道区域地面宜铺设块材地面，以方便更换枕木（图 2-8-79）。

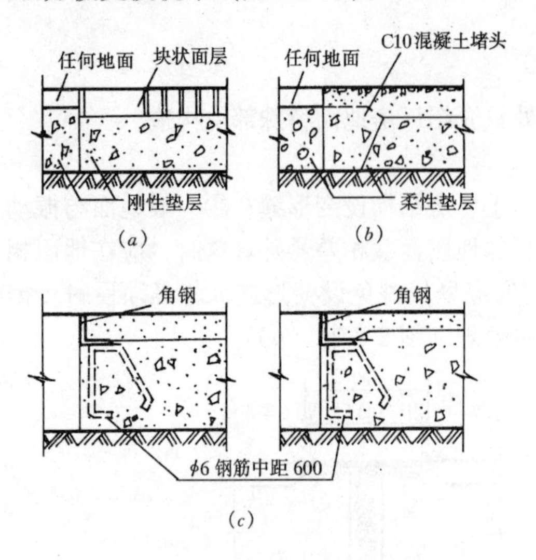

图 2-8-77　不同地面的接缝构造

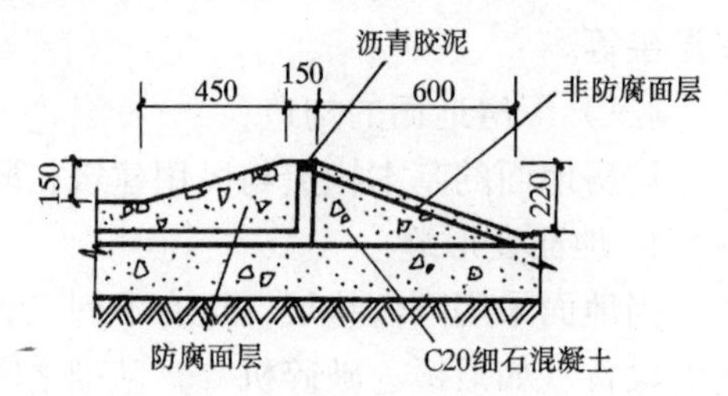

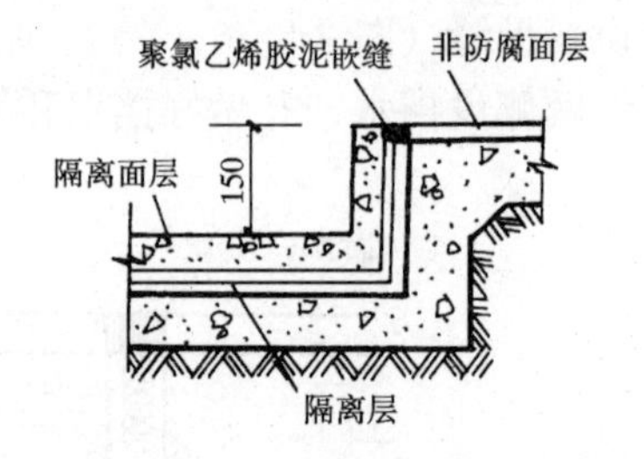

图 2-8-78　不同地面接缝处的挡水构造

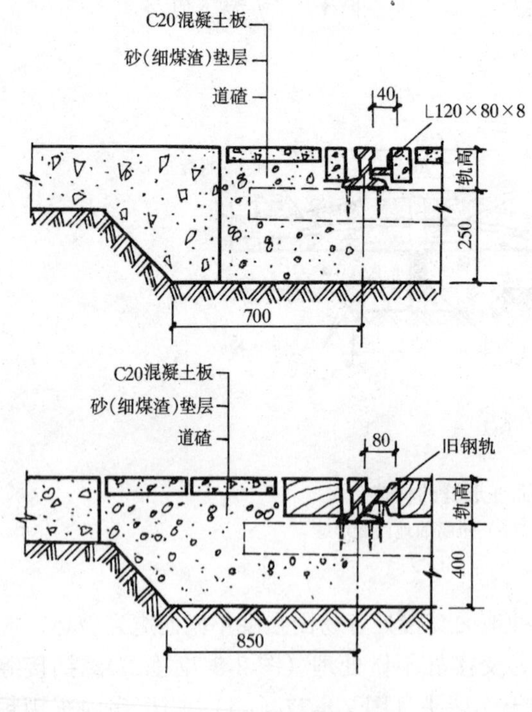

图 2-8-79　轨道区域的地面

二、其他设施

（一）钢梯

厂房需设置供生产操作和检修使用的钢梯，如作业平台钢梯、吊车钢梯、屋面消防检修钢梯等。

1. 作业平台钢梯

作业平台钢梯是为工人上下操作平台或跨越生产设备联动线而设置的。定型钢梯倾角有 45°、59°、73°、90° 四种，宽度有 600mm、800mm 两种。

作业平台钢梯由斜梁、踏步和扶手组成。斜梁采用角钢或钢板，踏步一般采用网纹钢板，两者焊接连接。扶手用 Φ22 的圆钢制作，其铅垂高度为 900mm。钢梯斜梁的下端和预埋在地面混凝土基础中的预埋钢板焊接，上端与作业台钢梁或钢筋混凝土梁的预埋件焊接固定（图 2-8-80）。

2. 吊车钢梯

吊车钢梯是为司机上下操作室而设置的。为了避免吊车停靠时撞击端部的车挡，吊车钢梯宜布置的厂房端部的第二个柱距内，且位于靠操作室一侧。一般每台吊车都应有单独

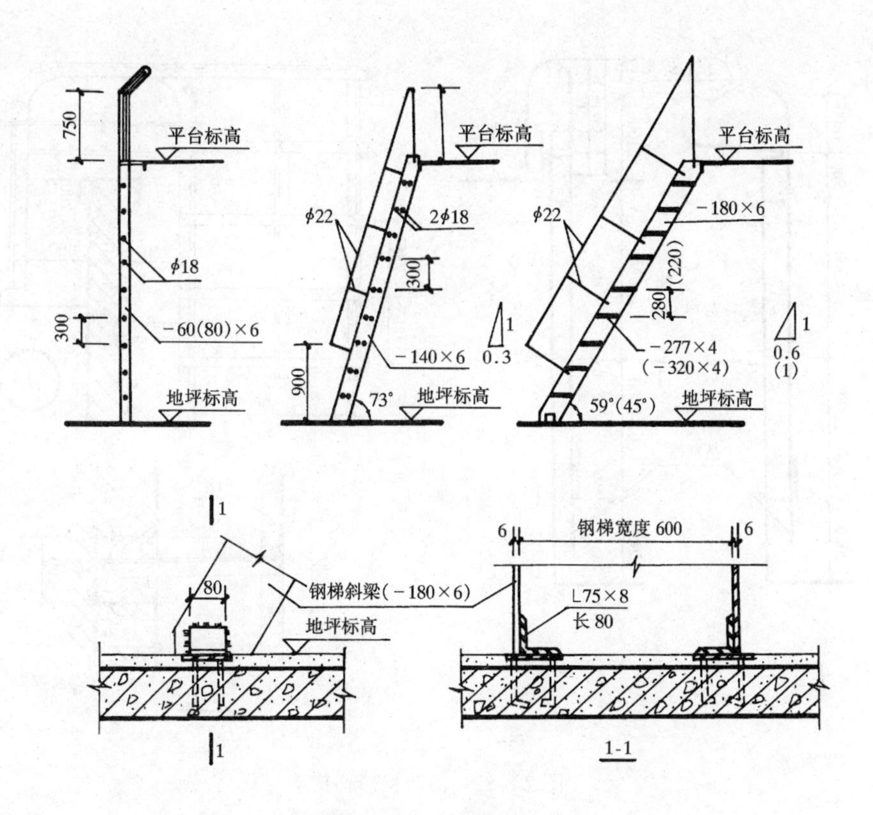

图 2-8-80　作业台钢梯

的钢梯，但当多跨厂房相邻跨均有吊车时，可在中柱上设一部共用吊车钢梯(图 2-8-81)。

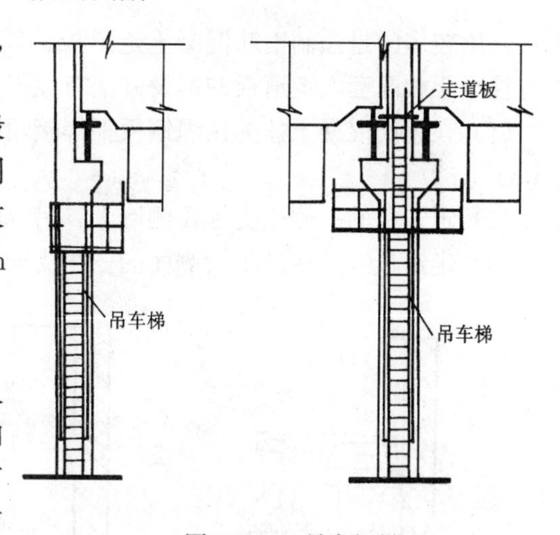

图 2-8-81　吊车钢梯

吊车钢梯分梯段和平台两部分。梯段的倾角为 63°，宽度为 600mm，其构造同作业台钢梯。平台支承在柱上，采用压纹钢板制作，标高应低于吊车梁底 1800mm 以上，以免司机上下时碰头。

3. 屋面消防检修梯

消防检修梯是在发生火灾时供消防人员从室外上屋顶时使用，平时兼作检修和清理屋面时使用。消防检修梯一般设于厂房的山墙或纵墙端部的外墙面上，不得面对窗口。当有天窗时应设在天窗端壁上。

消防检修梯一般为直立式，宽度为 600mm，分有护笼和无护笼两种，梯高要求在 2000mm 以上设护笼。为了管理方便，消防梯下部设有活动段，起始高度为 850mm，活动段上翻后距地面的高度为 2050mm。梯身与外墙应有可靠的连接，一般是将梯身伸出短角钢埋入墙内，或与墙内的预埋件焊牢（图 2-8-82）。

（二）吊车梁走道板

走道板是为维修吊车和吊车轨道的人员行走而设置的，应沿吊车梁顶面铺设。目前走

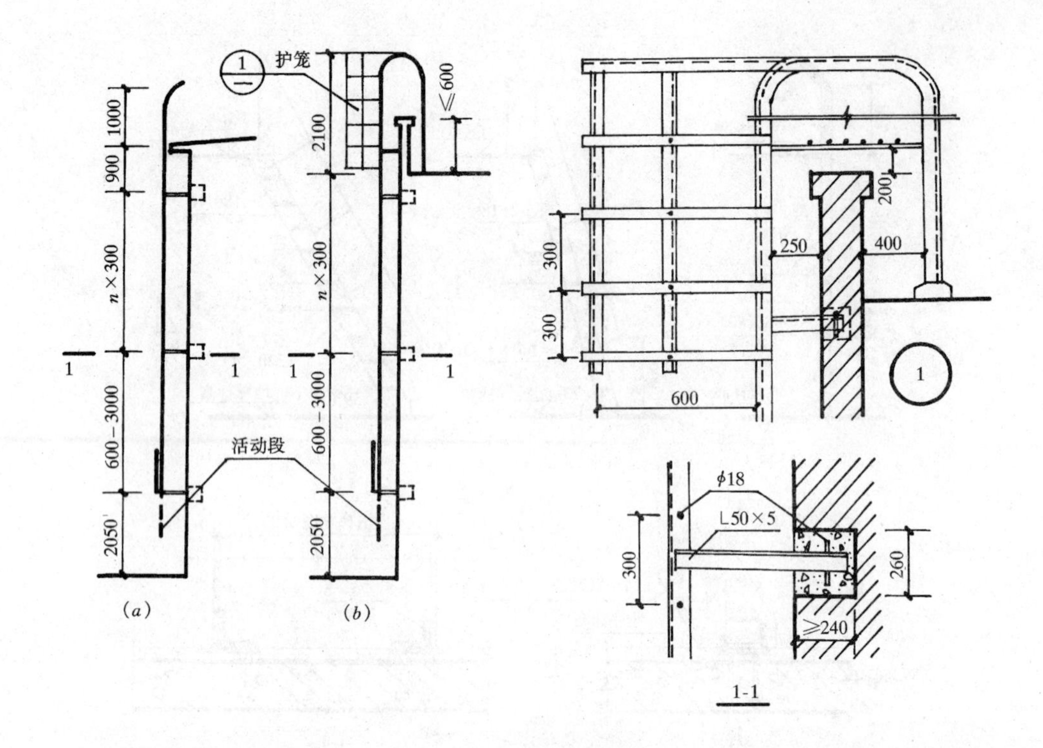

图 2-8-82　消防检修梯构造

(a) 无护笼梯；(b) 有护笼梯

道板采用较多的是预制钢筋混凝土走道板，其宽度有 400mm、600mm、800mm 三种，长度与柱净距相配套。走道板的铺设方法有以下三种：

(1) 在钢筋混凝土柱的预埋钢板上焊接角钢，将钢筋混凝土走道板搁置在角钢上（图 2-8-83 (a)）。

(2) 走道板的一侧边支承在侧墙上，另一边支承在吊车梁翼缘上（图 2-8-83 (b)）。

(3) 走道板铺放在吊车梁侧面的三角支架上（图 2-8-83 (c)）。

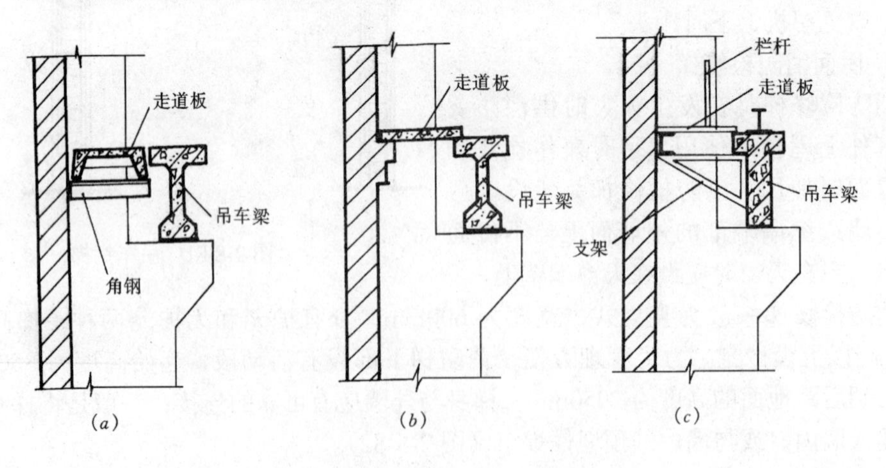

图 2-8-83　走道板的铺设方式

复 习 思 考 题

1. 什么是工业建筑？工业建筑是如何进行分类的？
2. 装配式钢筋混凝土排架结构厂房由哪些构件组成？各自的作用是什么？
3. 吊车的工作制如何划分？
4. 什么叫柱网？什么叫跨度和柱距？什么叫封闭结合和非封闭结合？
5. 排架结构厂房中横向定位轴线、纵向定位轴线的位置分别位于何处？
6. 图示纵横向定位轴线在各种情况下的定位。
7. 基础梁的搁置要求是什么？有哪些搁置方式？
8. 图示柱身上的预埋件，注明分别与哪些构件连接。
9. 连系梁有哪些类型？与圈梁的区别和联系是什么？
10. 屋顶的覆盖体系有哪两种？各有何特点？
11. 屋架与柱如何连接？檩条、屋面板如何与屋架连接？
12. 抗风柱与屋架连接的构造要求是什么？
13. 单层厂房的支撑系统有哪些？在厂房中如何布置？
14. 厂房屋面与民用建筑相比的特点是什么？
15. 什么是构件自防水屋面？
16. 图示卷材防水屋面和构件自防水屋面的板缝构造。
17. 厂房中常用的天窗有哪些类型？各有何特点？
18. 矩形天窗由哪些构件组成？
19. 砖墙与柱的相对位置有哪些？各有何特点？
20. 砖墙与柱、屋架、屋面板是如何连接的？
21. 板材墙板与柱的连接方式有哪些？各自的特点和适用条件是什么？
22. 侧窗有哪两种布置形式？常用的开启方式有哪些？
23. 图示木窗的拼接构造。
24. 厂房大门洞口尺寸是如何确定的？大门的常用开启方式有哪些？
25. 图示厂房地面在变形缝、不同地面接缝、轨道处地面的构造。
26. 吊车梁走道板的作用是什么？它是如何铺设的？

第三篇　房屋建筑工程图的识读与绘制

将一幢房屋的内外形状和大小，以及各部的结构、构造、装修、设备等施工内容，按照国标及相应规范，用投影的方法，详细、准确地表达出来的图样称为房屋建筑工程图。它是用于指导工程施工的图纸，所以又称房屋施工图。本篇将着重介绍房屋建筑工程各专业施工图的形成、图示内容、表达方法及专业施工图的识读与绘制。

第一章　房屋建筑工程图的基本知识

房屋建筑工程图有其相应的表达方法和特点，学习和掌握这些内容，将为迅速而准确地识读专业施工图打下良好基础。

第一节　房屋建筑工程图的组成、编排及图示特点

房屋建筑工程是一项系统工程。它是由建筑工程、设备工程、装饰工程等多种专业施工队伍协调配合，按房屋建筑工程图的设计要求及相应专业施工、验收规范的要求，在规定的期限及费用范围内完成的工程，涉及的内容多，技术性强，所以用于指导施工的图纸必须准确、详尽，同时要编排有序，便于识读，提高识图效率。

一、房屋建筑工程图的组成

一套房屋建筑工程图，通常由以下图纸组成：

1. 建筑施工图（简称建施图）其中有首页、总平面图、平面图、立面图、剖面图和详图。建施图反映了房屋的外形、内部布置、建筑构造及详细作法等内容。

2. 结构施工图（简称结施图）其中有基础结构图、上部结构平面布置图，以及组成房屋骨架的各构件的构件详图。结施图主要反映房屋建筑各承重构件（如基础、承重墙、柱、梁、板、楼梯等）的布置、形状、大小、材料、构造及其相互关系的图样。

3. 设备施工图（简称设施图）　其中有给水排水施工图（简称水施），供暖通风施工图（简称暖通施）等反映设备内容、布局、安装及制作要求的图样。主要有设备的平面布置图、系统轴测图和详图。

4. 装饰施工图（简称装施图）　其中有房屋外观装饰立面图及详图，室内装饰平面图、顶面图、室内墙身立面图、装饰构造详图所组成。装施图用来反映建筑物内外装饰的位置、造型、大小及装饰构造、材料要求等的施工图样。

各专业工种的施工图纸，按图样内容的主从关系系统编排：总体图在前、局部图在后，布置图在前、构件图在后；先施工的在前，后施工的在后。以便前后对照，清晰地识读。

二、房屋建筑工程图的特点

房屋建筑工程图在图示方法上有如下特点：

（一）施工图各图样主要是根据正投影原理绘制（个别图样采用斜投影）。所以按正投影法绘制的图样都应符合正投影的投影规律。

1．六面及多面投影

对于简单的工程物体，我们可以应用三面投影或更少的投影图来反映其详细情况，但对于复杂的工程物体就显不足。这时我们可以在原 V、H、W 三个投影面相对并平行的位置上设立 V_1、H_1 和 W_1 三个新投影面，这六个投影面就组成了六面投影体系，将要画的工程物体放在该投影体系中，如图 3-1-1（*a*）所示，然后用正投影方法分别向各面投影，便得到物体六个面的投影，从而将物体各个侧面的情况反映清楚。

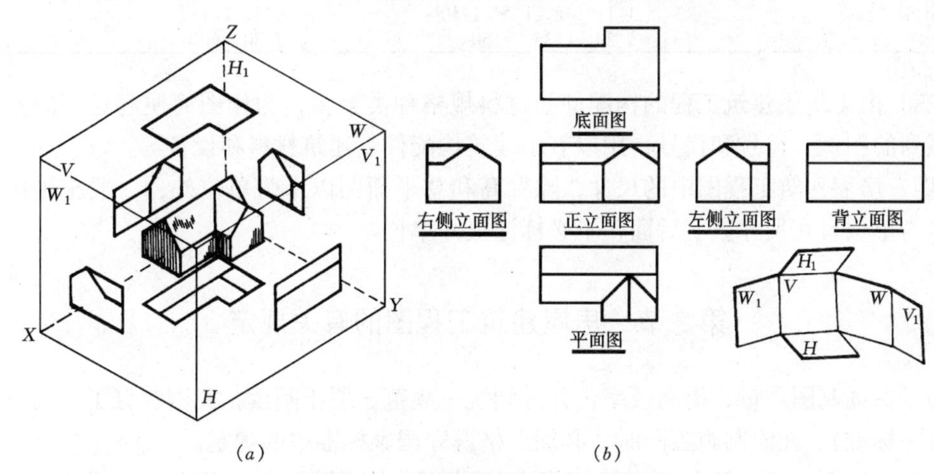

图 3-1-1　六面投影体及物体正投影

（*a*）六面投影体系；（*b*）六面投影的展开及布图

把六个投影面展开到和 V 面同一个平面上以后，就得到了物体的六面投影图，如图 3-1-1（*b*）所示。在工程图中习惯将 V、W 及 V_1、W_1 面上的投影称为立面图，其中把反映特征的 V面投影叫做正立面图，其余按形成投影时的投影方向，分别叫做左侧立面图（即 W 投影）、右侧立面图（W_1 投影）和背立面图（V_1 投影）。在 H 面上的投影叫做平面图，在 H_1 面上的投影叫做底面图，如图 3-1-2（*b*）所示。不论各图样是否画在同一张图纸上，都要在各图的下方注写相应的图名，并画上图名线（粗实线），如图 3-1-1（*b*）。

六面投影图也符合“长对正、高平齐、宽相等”的投影关系。有时根据表达的需要，只画其中几个投影，称为多面投影。

2．镜像投影法

在工程图中，当采用正投影法绘制不易表达时，还采用叫做镜像投影法的方法绘制。所谓镜像投影法，就是在作正投影时，把镜子中的影像投射到投影面上所得到的正投影图。镜像投影图在其图后要加注“镜像”二字，如图 3-1-2 所示。

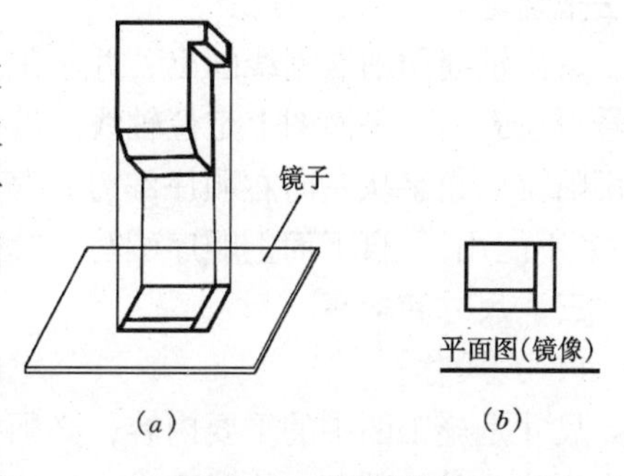

图 3-1-2　镜像投影法

（*a*）形成镜像；（*b*）投影图（正投影）

（二）房屋建筑工程图要根据形体大小，采用不同的比例来绘制。

如建施图中的平、立、剖面图常用较小的比例绘制，而建筑详图由于构造复杂，采用较大比例绘制。施工图的常用及可用比例见表 3-1-1。

施工图采用的比例 **表 3-1-1**

图　　名	常用比例	必要时可增加的比例
总平面图	1∶500，1∶1000，1∶2000	1∶2500，1∶5000 1∶10000
总图专业的断面图	1∶100，1∶200，1∶1000 1∶2000	1∶500，1∶5000
平面图、剖面图 立面图	1∶50，1∶100，1∶200	1∶150，1∶300
次要平面图	1∶300，1∶400	1∶500
详　图	1∶1，1∶2，1∶5，1∶10 1∶20，1∶25，1∶50	1∶3，1∶4 1∶30，1∶40

（三）由于房屋建筑工程的构配件和材料规格种类繁多，为作图简便起见，国标规定了一系列的图例、符号和代号，用以表示建筑构配件、建筑材料和设备等。

（四）房屋建筑工程图中的尺寸，除标高和总平面图以米为单位外，一般施工图必须以毫米为单位。在尺寸数字后面，不必标注尺寸单位。

第二节　房屋建筑工程图的有关规定

为了保证制图质量、提高效率，并做到统一规范、便于阅读，我国制订了《房屋建筑制图统一标准》。在绘制施工图时，必须严格遵守国家标准中的规定。

绘制施工图，除应符合第一章中制图基本标准外，现再选择下列几项来说明它的主要规定和表示方法。

一、图线

房屋建筑工程图的图线线型、线宽和一般用途仍须按照第一章基本标准中的表 1-1-2 及有关说明来选用。绘图时，首先应按照所绘图样的具体情况，来选定粗实线的线宽"b"，此时其他线宽就随之而定。

二、定位轴线

施工图上的定位轴线是施工定位、放线的重要依据。凡是承重墙、柱子、大梁或屋架等主要承重构件都要画上确定其位置的基准线即定位轴线对于非承重的隔墙、次要承重构件或建筑配件等的位置，有时用分轴线，有时也可通过注明它们与附近轴线的相关尺寸的方法来确定。

定位轴线用细点划线画出，并予编号。轴线的端部画细实线圆圈（直径 8～10mm），编号写在圈内。平面图上定位轴线的编号，宜标注在下方与左侧，横向（墙的短向）编号采用阿拉伯数字从左向右顺序编号；竖向（墙的长向）编号采用大写拉丁字母（其中 I、O、Z 不能用），自下而上顺序编写。其他编号方法详见第二篇第一章的相关内容。

三、尺寸和标高

（一）尺寸

尺寸是施工图中的重要内容，必须标注全面、清晰。尺寸单位除标高及建筑总平面图以米为单位外，其余一律以毫米为单位。尺寸的基本标注方法详见第一篇第一章。

（二）标高

标高是标注建筑物高度的一种尺寸形式。

1. 标高的种类

根据在工程中应用场合的不同，标高共有四种，标高的数值单位为米。

（1）绝对标高：是以山东青岛海洋观通站平均海平面定为零点起算的高度，其他各地标高均以它为基准。例如图 3-2-1 所示的总平面中的室外整平地面标高。绝对标高数值，精确至小数点后两位。

（2）相对标高：在施工图上要标出很多部位的高度，如全用绝对标高，不但数字繁琐，而且不易得出所需要的高差，这是很不实用的。因此，除总平面图外，一般均采用相对标高，即把房屋建筑室内底层主要房间地面定为高度的起点所形成的标高。相对标高精确到小数点后三位，其起始处记作 ±0.000。比它高的叫正标高，但在数字前不写“+”号；比它低的叫负标高，在标高数字前要写“-”号，如室外地面比室内底层主要房间地面低 0.75m，则应记作“-0.750”，单位不写。

在总平面图中要标明相对标高与绝对标高的关系，即相对标高的 ±0.000，相当于绝对标高的多少米，以利于用当地附近水准点来测定拟建工程的底层地面标高。

（3）建筑标高：建筑物及其构配件在装修、抹灰以后的表面的相对标高称为建筑标高。如上述的“±0.000”即底层地面完成后的标高。

（4）结构标高：建筑物及其构配件在没有装修、抹灰以前的表面的相对标高称为结构标高。由于它与结构件的支模或安装位置联系紧密，所以通常标注其底面的结构标高，以利施工操作，减少不必要的计算差错。结构标高通常标在结施图上。

2. 标高符号及画法

标高符号为一等腰直角三角形，高约 3mm，如图 3-1-3 所示。除总平面图上室外地面整平标高用黑三角画出外，其他标高符号均用细实线画出。

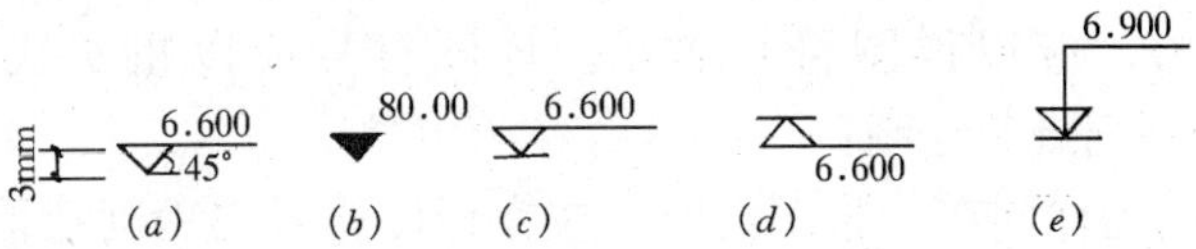

图 3-1-3　标高符号（三角形为等腰直角三角形）

标高符号的 90°角的角点，应指到被注高度，其 90°角端可向上指也可向下指，如图 3-1-3（*c*）、（*d*）所示。标高数值写在三角形右侧或有水平引出线一侧，引出线长与数字注写长度大致相同。图 3-1-3（*a*）所示符号表示反映实形的平面处的标高，图（*c*）、（*d*）表示平面变为积聚投影时的标高，图（*e*）是带长引出线的画法。

四、符号

（一）索引与详图符号

图样中的某一局部或构件，如需另见详图时，则应以索引符号索引。索引符号的形式如图 3-1-4 所示，索引符号的圆及直径横线均以细实线画出，圆的直径为 10mm。索引符号应遵守下列规定：

1. 索引出的详图，如与被索引的图样位于同在一张图纸内时，应在索引符号上半圆中用阿拉伯数字注明详图的编号，并在下半圆中间画一段水平细实线，如图 3-1-4（*a*）所示。

2. 索引出的详图，如与被索引的图样不在同张图纸内时，应在索引符号的下半圆中用阿拉伯数字注明该详图所在图纸的图号（即页码）如图 3-1-4（*c*）所示。

3. 索引出的详图，如采用标准图，应在索引符号水平直径的延长线上加注标准图册的代号，如图 3-1-4（*d*）所示。

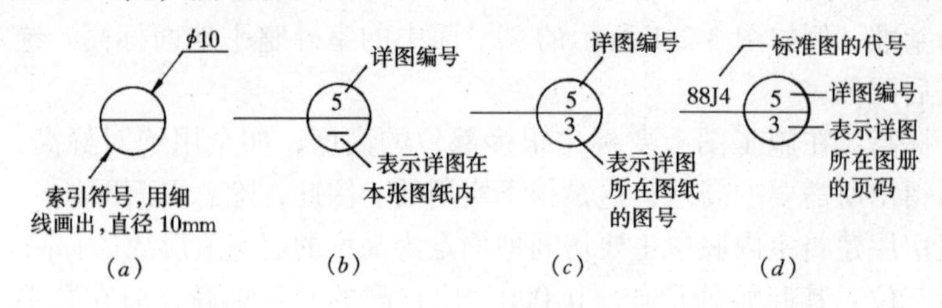

图 3-1-4　索引符号

索引符号如用于索引剖面详图，应在被剖切的部位画出剖切位置线，长度以贯通所剖切内容为准，并以引出线引出索引符号，引出线所在的一侧应为剖视方向。如图 3-1-5 所示，图（*a*）表示剖切以后向左投影，图（*b*）表示剖切后向下投影。

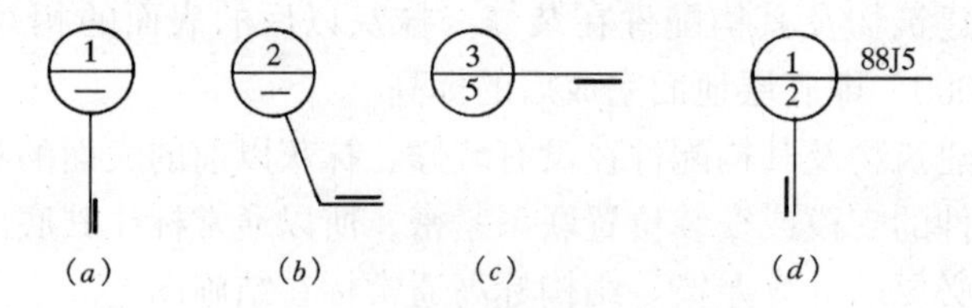

图 3-1-5　用于索引剖面图的索引符号

（*a*）自右向左投影；（*b*）自上向下投影；

（*c*）自下向上投影；（*d*）自左向右投影

详图的位置和编号，应以详图符号表示。详图符号应以粗实线画出，直径应为 14mm，详图符号应按下列规定绘制：

1. 详图与被索引的图样同在一张图内时，应在详图符号内用阿拉伯数字注明详图的编号，如图 3-1-6（*a*）所示。

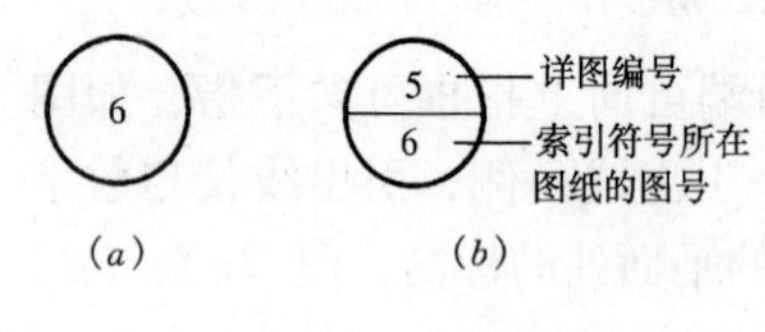

图 3-1-6　详图符号

（*a*）索引与详图在同一页的详图符号；

（*b*）索引与详图不在同一页的详图符号

2. 详图与被索引的图样如不在同一张图纸内，可用细实线在详图符号内画一水平直径，在上半圆中注明详图编号，在下半圆中注明被索引图纸的图号，如图 3-1-6（*b*）。

（二）引出线

1. 引出线应以细实线绘制。宜采用水平方向的直线、与水平方向成 30°、45°、60°、90°的直线，或经上述角度再折为水平的折线。文字说明宜注在水平横线的上方，如图 3-1-7（*a*）所示；也可写在横线的端部。如图 3-1-7（*b*）所示；索引详图的引出线，应对准索引符号的圆心，如图 3-1-7（*c*）所示。

2. 同时引出几个相同部分的引出线，宜互相平行，也可画成集中于一点的放射线，如图 3-1-8 所示。

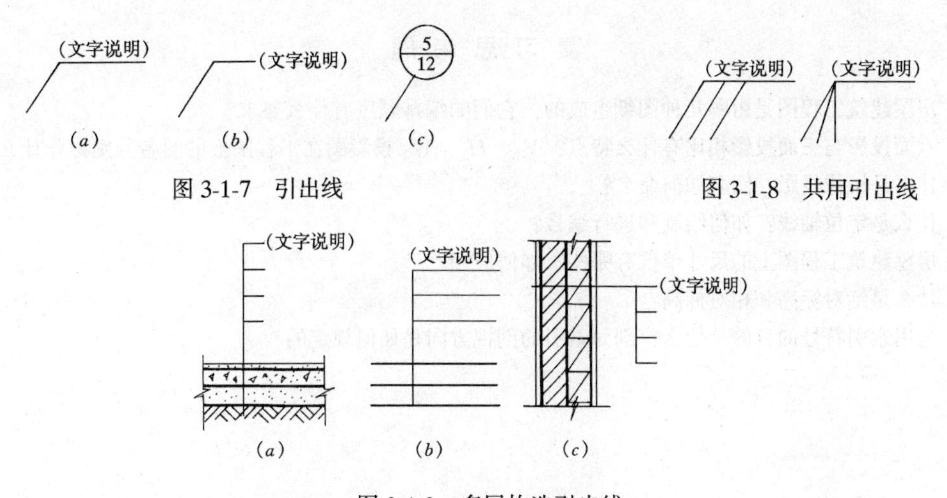

图 3-1-7 引出线

图 3-1-8 共用引出线

图 3-1-9 多层构造引出线
(a) 上下分层的构造；(b) 多层管道；
(c) 从左到右分层的构造

3. 多层构造或多层管道的共用引出线，应通过被引出的各层（或各管道）。文字说明宜注写在横线的上方，也可注写在横线的端部，说明的顺序应由上至下，并应与被说明的层次相互一致；如层次为横向排列，则由上至下的说明顺序，应与由左至右的层次相互一致，如图 3-1-9 所示。

（三）指北针：用于指明建筑物方向的符号。除用于总平面图外，还常绘于底层建筑平面图上。其画法是：指北针的圆圈直径宜为 24mm，指针指向北方，尾宽为 3mm，如图 3-1-10 所示。

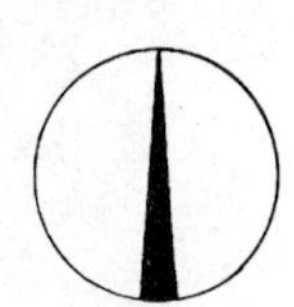
图 3-1-10 指北针

五、其他符号

1. 对称符号

表示工程物体具有对称性的图示符号，如图 3-1-11 所示。该符号用细点划线绘制，平行线的长度宜为 6～10mm，平行线的间距宜为 2～3mm，平行线在中心线两侧的长度应相等。

2. 连接符号

应以折断线表示需连接的部位，并以折断线两端靠图样一侧的大写拉丁字母表示连接编号，两个被连接的图样，必须用相同的字母编号，如图 3-1-12 所示。

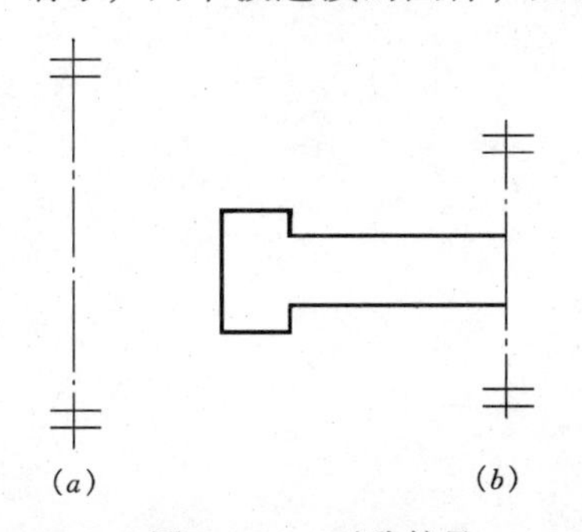

图 3-1-11 对称符号
(a) 对称符号；(b) 对称符号的应用

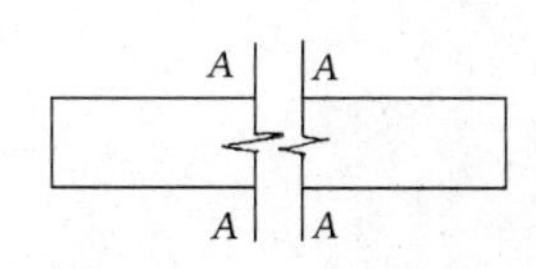

图 3-1-12 连接符号

复 习 思 考 题

1. 房屋建筑工程图是由哪几种图纸组成的？它们的编排顺序有什么要求？
2. 六面投影与三面投影相比有什么特点？V_1、H_1、W_1 投影图在工程图上的图名分别称作什么？
3. 什么是镜像投影？图名如何命名？
4. 什么是定位轴线？如何绘制和进行编号？
5. 房屋建筑工程图上的尺寸单位有哪些？如何应用？
6. 什么是绝对标高和相对标高？
7. 采用索引符号的目的是什么？剖面索引的剖视方向是如何规定的？

第二章　建筑施工图

第一节　首页图及总平面图

一、首页图

首页图主要包括图纸目录、设计说明、工程做法和门窗表。现结合一套职工住宅楼施工图加以说明。

（一）图纸目录

说明工程由哪几类专业图纸组成，各专业图纸名称、张数和图号顺序，以便查阅图纸方便。表3-2-1是某住宅楼图纸目录。

（二）设计说明

主要说明工程概况和要求，以及所采用标准图集的代号。小型工程总说明可以与相应施工图说明合在一起。

下面是某住宅楼设计说明：

1. 本工程为××××厂职工住宅楼。

图　纸　目　录　　　　**表3-2-1**

序　号	图　纸　名　称	图　号	张　数	备　　注
1	设计说明、工程做法、门窗表	建施-1	1	
2	架空层平面图	建施-2	1	
3	底层平面图	建施-3	1	
4	楼层平面图	建施-4	1	
5	南立面图	建施-5	1	
6	北立面图	建施-6	1	
7	西立面图、1-1剖面图	建施-7	1	
8	墙身详图、屋顶平面图	建施-8	1	
9	楼梯详图	建施-9	1	
10	基础平面图	结施-1	1	
11	楼层结构平面图	结施-2	1	
12	屋顶结构平面图	结施-3	1	
13	楼梯结构详图	结施-4	1	

2. 本工程是六层住宅楼（带地下室），砖混结构，全现浇钢筋混凝土楼板。

3. 建筑面积××××平方米。

4. 选用图集88J1—12、83MC—01、92SJ713、92SJ712。

5. 外墙抹灰墙面均刷外墙涂料，颜色由建设单位决定。

6. 地下室外墙散水以下做防潮层，见88J6，61页①，做1∶2.5水泥砂浆找平层刷冷底子油一道，热沥青两道。

7. 基坑回填土应用素土分层夯填，使其无形成上层滞水可能。

（三）工程做法表

工程做法表主要是对建筑的构造加以详细解释，如住宅楼工程做法。

1. 外墙：清水砖墙，见 88J1 外墙。

2. 檐口、雨篷、阳台栏板、扶手、底板侧面、水泥砂浆墙面，见 88J1 外墙 6。

3. 勒脚：±0.000 以下，水泥砂浆墙面，依窗口线分竖格，见 88J1 外墙 5。

4. 檐底、雨篷底抹混合砂浆，见 88J1 外墙 11。

5. 散水宽 1000mm，见 88J1 散 3。

6. 楼面：15mm 厚 1∶3 水泥砂浆找平拉毛，楼梯间楼面：20mm 厚 1∶2.5 水泥砂浆找平压光。

7. 卫生间楼面：见 88J1 楼面 23，表面拉毛，不铺地砖。

8. 踢脚线：高 120mm，表面与墙面抹平，见 88J1 踢脚线 1。

9. 内墙：抹灰墙面，见 88J1 内墙 4，不做粉刷。

10. 卫生间墙面：13mm 厚 1∶3 水泥砂浆打底拉毛。

11. 楼梯间：抹灰墙面刷白，见 88J1 内墙 4。

12. 顶棚：见 88J1 顶棚 8，不做粉刷。

13. 卫生间顶棚：见 88J1 顶棚 10，不做粉刷。

14. 油漆：木材面油漆见 88J1 油漆 1，金属面油漆见 88J1 油漆 22。

15. 屋面做法：见 88J1 屋面 43（50）—21—X。

16. 窗口上下沿做线脚，见 88J3，17 页⑥、⑧。

（四）门窗表

门窗表就是将该建筑上所有不同类型的门窗统计后列成的表格，以备施工、预算需要，表 3-2-2 为某住宅楼门窗表。

门　窗　表　　　　**表 3-3-2**

序号	名称编号	洞口尺寸		数量合计	采用图集		窗台板型号	备　注
		宽	高		图集代号	型　号	图集 88J4（一）119 页	
1	C1	1800	1600	30	92SJ713（三）	TLC70-54	CB16	窗扇高度改为 1100
2	C2	2100	1600	24	92SJ713（三）	TLC70-68	CB17	窗扇高度改为 1100
3	C3	1200	1200	10	92SJ713（三）	TLC70-6		
4	C4	600	1600	12	92SJ712（三）	PLC70-11		窗扇高度改为 1100
5	C5	600	600	12	83M.C-01	14C22		窗台高为 2100
6	C6	1500	450	17	83M.C-01	14C52		窗高改为 450
7	MC1	1800	2500	6	83M.C-01	7M68′	CB17 一块长 1045	窗高改为 1600
8	MC2	2100	2500	18	83M.C-01	7M78′	CB15 长 1345	窗高改为 1600
9	MC3	1500	2500	18	83M.C-01	7M58′		窗高改为 1600
10	M1	1000	2100	24	83M.C-01	2M-17		
11	M2	900	2100	60	83M.C-01	1M-37		
12	M3	750	2100	42	83M.C-01	1M-07		
13	M4	1200	2100	2	83M.C-01	3M-47		
14	M5	1500	2700	6				装饰门由用户自定
15	M6	2100	2700	6	83M.C-01			装饰门由用户自定

续表

序号	名称编号	洞口尺寸		数量合计	采用图集		窗台板型号	备注
		宽	高		图集代号	型号	图集 88J4（一）119 页	
16	M7	900	2700	12	83M.C-01			装饰门由用户自定
17	M8	750	1900	27	83M.C-01	2M-02		门高改为 1900

二、总平面图

（一）图示方法及用途

将新建工程四周一定范围内的新建、拟建、原有和拆除的建筑物、构筑物连同其周围的地形、地物状况用水平投影方法和相应的图例所画出的图样，即为总平面图。主要是表示新建房屋的位置、朝向、与原有建筑物的关系，以及周围道路、绿化和给水、排水、供电条件等方面的情况。作为新建房屋施工定位、土方施工、设备管网平面布置，安排在施工时进入现场的材料和构件、配件堆放场地、构件预制的场地以及运输道路等的依据。

（二）图示内容

1. 新建建筑的定位

新建建筑的定位有三种方式：一种是利用新建筑与原有建筑或道路中心线的距离确定新建建筑的位置；第二种是利用施工坐标确定新建建筑的位置；第三种是利用大地测量坐标确定新建建筑的位置。

2. 相邻有关建筑、拆除建筑的位置或范围。

3. 附近的地形、地物等。

4. 道路的起点、变坡、转折点、终点等，要注明道路中心线的标高以及道路的坡向箭头。

5. 指北针或风向频率玫瑰图。

6. 绿化规划。

7. 补充图例。如图中采用《建筑制图》规范中没有的图例，则应在总平面图下面详细说明。

（三）图例符号

常用的总平面图例如表 3-2-3 所示。

总平面图例 **表 3-2-3**

序号	名称	图例	说明
1	新建的建筑物		1. 上图为不画出入口图例、下图为画出入口图例 2. 需要时，可在图形内右上角以点数或数字（高层宜用数字）表示层数 3. 用粗实线表示
2	原有的建筑物		1. 应注明拟利用者 2. 用细实线表示

续表

序号	名　　称	图　　例	说　　明
3	计划扩建的预留地或建筑物		用中虚线表示
4	拆除的建筑物		用细实线表示
5	新建的地下建筑物或构筑物		用粗虚线表示
6	建筑物下面的通道		
7	围墙及大门		上图为砖石、混凝土或金属材料的围墙 下图为镀锌铁丝网、篱笆等围墙 如仅表示围墙时不画大门
8	挡土墙		被挡的土在“突出”的一侧
9	坐标	X196.70 Y258.10 A=260.20 B=182.60	上图表示测量坐标 下图表示施工坐标
10	方格网交叉点标高	-0.50 77.85 78.35	“78.35”为原地面标高 “77.85”为设计标高 “-0.50”为施工高度 “-”表示挖方（“+”表示填方）
11	填方区、挖方区、未整平区及零点线	+ - + -	“+”表示填方区 “-”表示挖方区 中间为未整平区 点划线为零点线
12	护坡		短划画在坡上一侧
13	室内标高	±0.00=56.70	

续表

序号	名　　称	图　　例	说　　明
14	室外标高	▼150.00	
15	原有道路		
16	计划扩建的道路		
17	桥梁		1. 上图为公路桥 下图为铁路桥 2. 用于旱桥时应注明
18	针叶乔木、灌木		
19	阔叶乔木、灌木		
20	草地、花坛		

（四）总平面图的识读

现以图 3-2-1 为例，说明总平面图的识读方法。

1. 先看图名、比例。

总平面图包括的范围较大，绘制时的比例一般都比较小，如 1:2000、1:1000、1:500 等，总平面图上标注的尺寸，一律以米为单位，保留两位小数。

2. 了解该地区风向及建筑朝向

从风向频率玫瑰图中可知该图上北下南、左西右东。常年风向为东南风。

3. 了解工程性质、用地范围、地形地貌和周围环境的情况

从图中可知该图为某厂职工住宅总平面图。从等高线的变化可以看出，该厂区地形北部略高，南部较低，但厂区南部地形又变高。该厂区有办公楼、科研楼和营销楼，在这些楼后面有六栋车间，车间后面是餐厅和三个篮球场，篮球场的后面是一条东西向的护坡。在西区南部这次新建六栋住宅楼（见粗实线图），每栋为六层，室内地面绝对标高为 782.00m。后面预留四栋住宅楼（见虚线图）。在住宅楼后面为一小片绿化区。该厂区的外围为砖围墙。

4. 风玫瑰或指北针

主要用来表明该地区风向和建筑朝向的，如图 3-2-1 中的右侧有一风玫瑰，十字线上端表示北。风玫瑰即为风向频率统计图，反映建筑场地周围常年主导风向和六、七、八三个月的主导风向（虚线表示），共有 16 个方向，风向是指从外侧刮向中心。刮风次数多的风，在图上离中心远，称为主导风，如图中常年及六、七、八月的主导风均为东南风。明确风向有助于建筑构造的选用及材料的堆场，如有粉尘污染的材料应堆放在下风向。

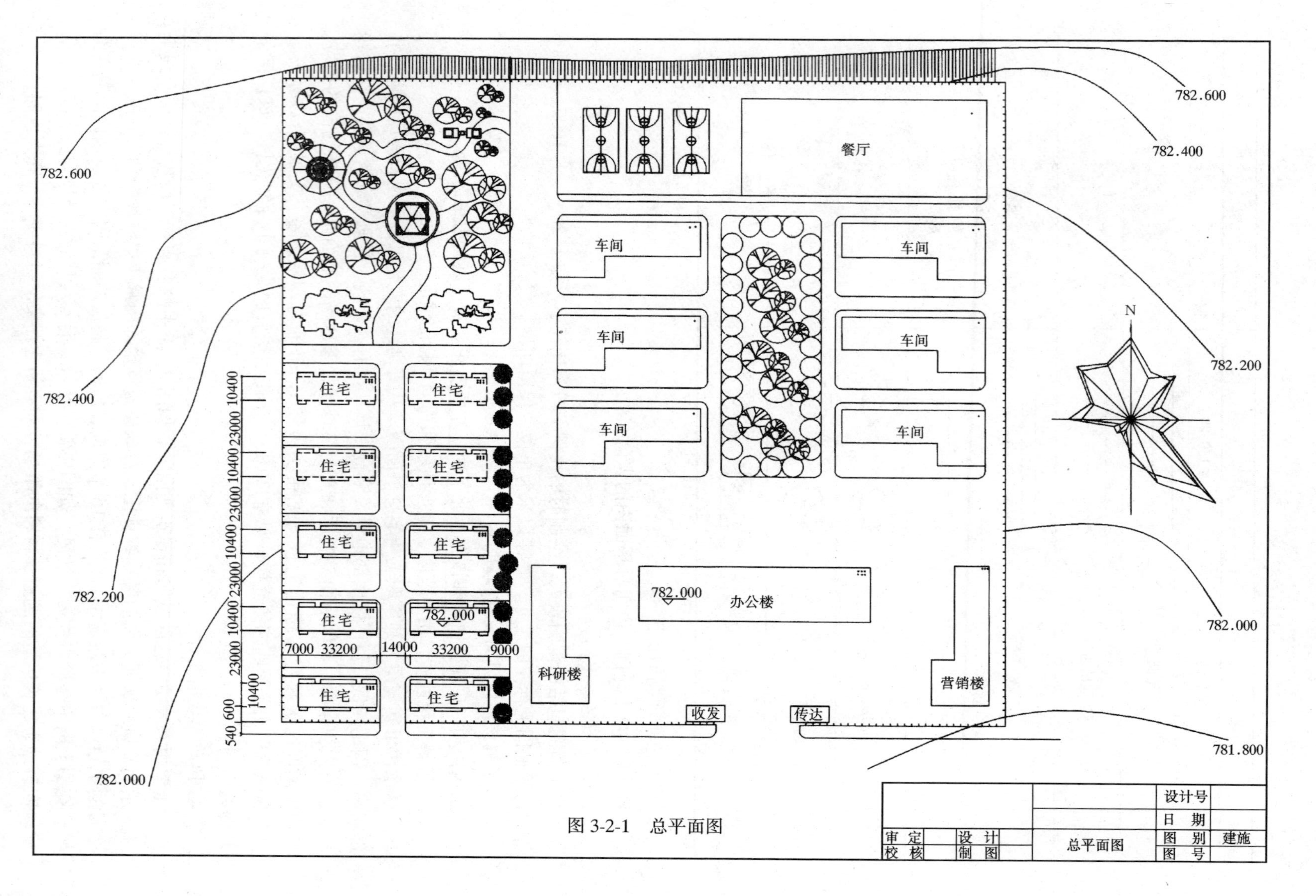
782.600
782.400
782.200
782.000
781.800
N
餐厅
车间
车间
车间
车间
车间
车间
办公楼
782.000
科研楼
营销楼
收发
传达
住宅
782.000
10400
23000
7000
33200
14000
9000
540
600
审定
校核
设计
制图
总平面图
设计号
日期
图别
建施
图号

图 3-2-1　总平面图

第二节　建 筑 平 面 图

一、建筑平面图的形成及作用

用一个假想的水平剖切平面沿略高于窗台的位置剖切房屋后，移去上面部分，对剩下部分向H面正投影，所得的水平剖面图，即为建筑平面图，简称平面图。平面图反映新建房屋的平面形状、房间大小、位置、相互关系、墙的厚度和材料、柱的截面形状与尺寸、门窗的类型及位置等，作为施工时放线、砌墙、安装门窗、室内外装修及编制预算等的重要依据，是建筑施工中的重要图纸。

二、建筑平面图的图示方法

一般说，房屋有几层，就应画几个平面图，并在图的下方注明相应的图名，如底层平面图，二层平面图，……，及屋顶平面图。屋顶平面图是从建筑物上方往下观看得到的水平投影图，主要是表明建筑屋顶上的布置以及屋顶排水示意。如果建筑物的各楼层平面布置相同，则可以用两个平面图表达，即只画底层平面图和楼层平面图。此时楼层平面图代表了中间各层相同的平面，故亦称中间层或标准层平面图。顶层平面图有时也用楼层平面图代表。

因平面图是水平剖面图，因此在画图时，应按剖面图的方法画，被剖切到的墙、柱轮廓用粗实线，门的开启方向线用中粗实线，窗的轮廓线以及其余可见轮廓和尺寸线等均用细实线表示。

建筑平面图常用的比例是1∶50、1∶100、1∶200，而使用1∶100最多。在建筑施工图中，比例小于1∶50包括1∶50的图样，可不画材料图例符号，为了区分目前常用的材料，砖墙只用实线表示其厚度轮廓，或在描图纸背后用红铅笔涂红；而钢筋混凝土材料则用涂黑的方式表示。

三、建筑平面图的图示内容

1.表示墙、柱、墩、内外门窗位置及编号，房间的名称或编号、轴线编号。

2.注出室内外的有关尺寸及室内楼地面的标高。

3.表示电梯、楼梯的位置及楼梯上下行方向及主要尺寸。

4.表示阳台、雨篷、台阶、斜坡、烟道通风道、管线竖井、消防梯、雨水管、散水、排水沟、花池等位置及尺寸。

5.画出室内设备，如卫生器具、水池、工作台、橱柜、隔断及重要设备的位置、形状。

6.表示地下室、地坑、地沟、墙上留洞、高窗等位置、尺寸。

7.画出剖面图的剖切符号及编号（在底层平面图上画出，其他平面图上不画）。

8.标注有关部位上节点的详图索引符号。

9.在底层平面图旁画出指北针。

10.屋顶平面图一般有：女儿墙、檐沟、屋面坡度、分水线与落水口，变形缝、楼梯间、水箱间、天窗、上人孔、消防梯及其他构筑物、索引符号等。

四、平面图的图例符号

阅读平面图时，首先应熟悉常用的图例符号，如图3-2-2所示。

五、平面图的识读

下面以图 3-2-3 某厂职工住宅楼为例说明平面图的识读方法和识图步骤。

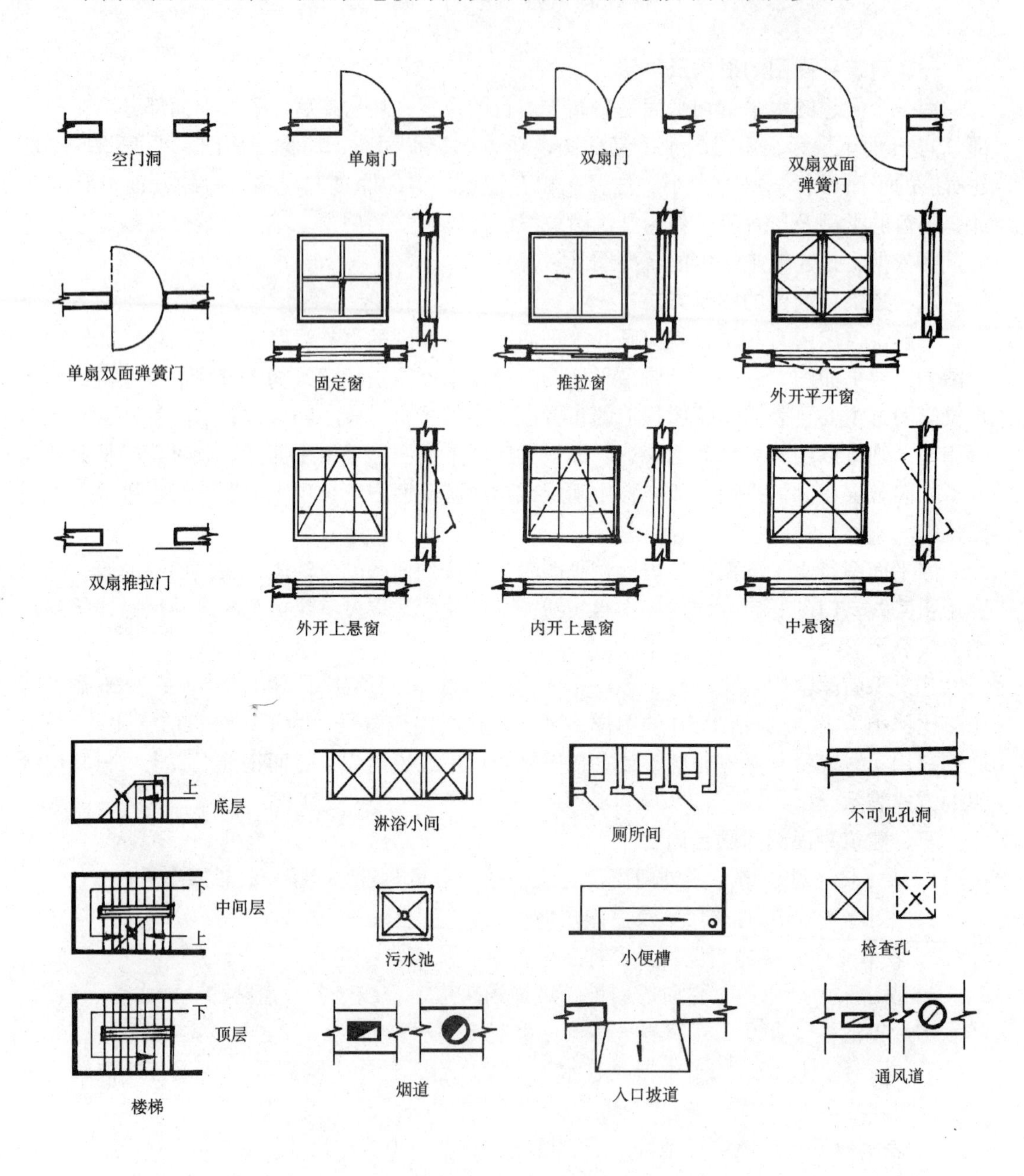

图 3-2-2 平面图常用图例符号

1. 了解图名、比例及总长、总宽尺寸，了解图中代号的意义

从图 3-2-3 中可以看出该图是底层平面图，比例为 1:100。总长为 33.20m，总宽为 10.40m。图中 M 表示门，C 表示窗，MC 表示门联窗。如 C1 表示窗、编号为 1。

2. 了解建筑的朝向和平面布局

图中结合指北针可以看出，该建筑的朝向是坐北朝南并为两单元组合式住宅楼。①～

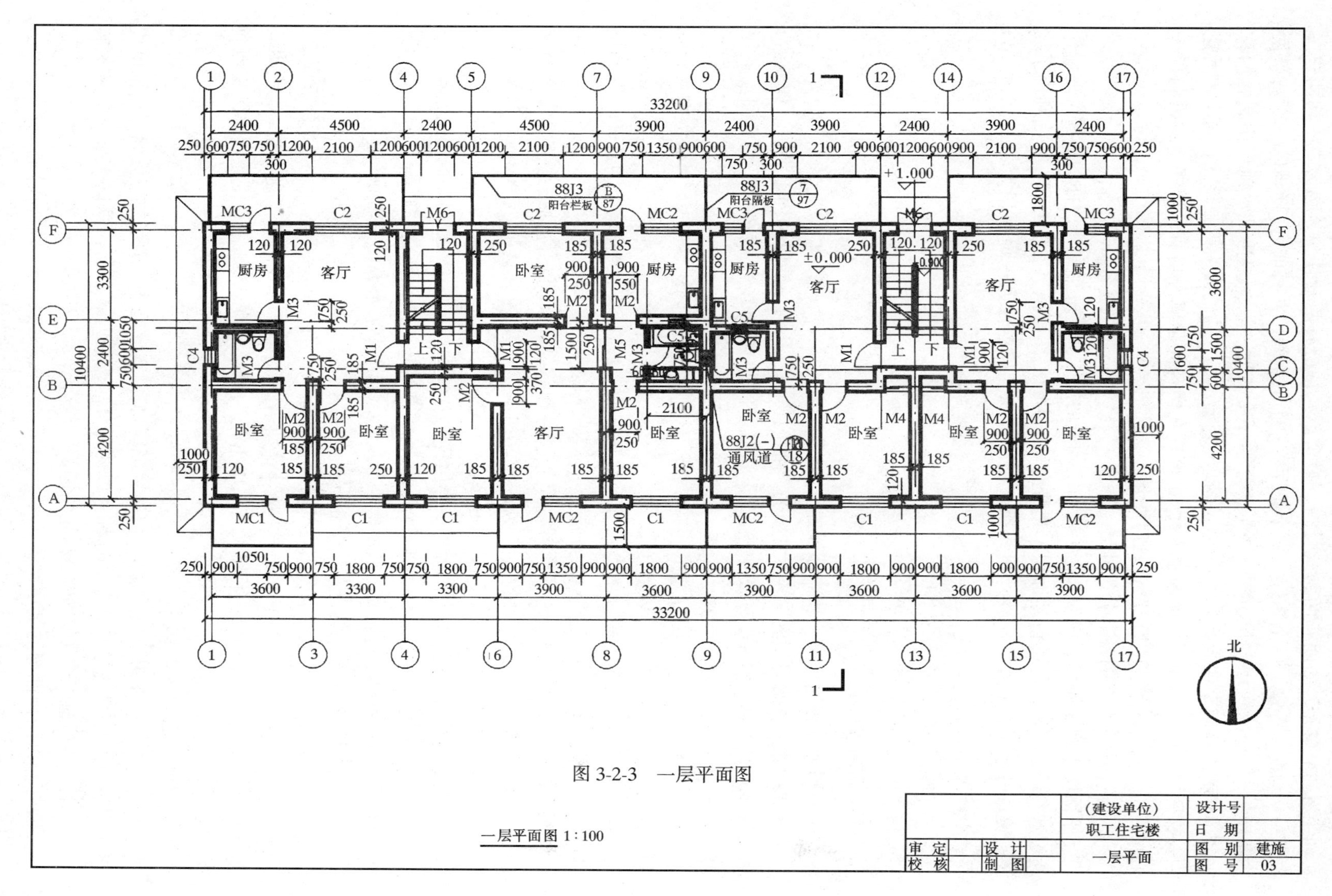

图 3-2-3　一层平面图

一层平面图 1:100

⑨轴线为一个单元，中间有两跑式楼梯，每个单元每层有两套住户，称为“一梯两户”。左面一户为两个卧室、一个客厅、一个餐厅、一个卫生间，并有前后两个阳台，简称“两室两厅”。右面一户为三个卧室、一个客厅、一个餐厅、一个卫生间、前后阳台，简称“三室两厅”。这两套住宅为一大、一小的两种套型。⑨～⑰轴线为第二单元，这个单元也为一梯两户，套型相同（均为两室一厅），每户在楼梯间南侧，均有一壁柜（此处与前一单元不同）。单元门均在楼梯间，且向外开。

3. 了解平面图上的各部分尺寸

平面图中所注的尺寸均为未经装饰的结构表面尺寸。了解平面图所注的各种尺寸，并通过这些尺寸了解房屋的占地面积、建筑面积、房间的净面积、居住面积、平面利用系数 K。建筑占地面积为首层外墙外边线所包围的面积。如本住宅占地面积为 $33.20\times10.40=345.28m^2$

居住面积＝居室及厅的净面积。

建筑面积＝每层建筑面积之和。

平面利用系数 $K=\dfrac{居住面积}{建筑面积}\times100\%$

平面图上注有外部尺寸和内部尺寸。

内部尺寸：说明房间的净空大小和室内的门窗洞、孔洞、墙厚和固定设备（如厕所、盥洗室等）的大小与位置。如图中进户门（M1）门洞宽 900；所有外墙、楼梯间墙墙厚 370 等。

外部尺寸：为便于读图和施工，一般在图形的下方及左侧注写三道尺寸，如有不同时其他方向也需标注。

第一道尺寸：表示外轮廓的总尺寸，从一端外墙边到另一端外墙边的总长和总宽尺寸，如图中长为 33.2m、宽为 10.4m。

第二道尺寸：表示定位轴线之间的尺寸。一般称相邻横向定位轴线之间的尺寸为开间，相邻纵向定位轴线之间的尺寸为进深。如本例卧室的开间有 3300mm、3600mm、3900mm 等，进深有 4200mm、3600mm 等。

第三道尺寸：表示门洞窗洞等各细部位置的大小及定位尺寸。如门窗洞口的大小、位置及洞间墙的长度。如图中 C1 洞口为 1800mm，离定位轴线距离为 900mm，洞间墙长度为 1800mm 等。还应注明散水、台阶等细部尺寸，如图中散水宽图为 1000mm。

4. 了解建筑中各组成部分的标高情况

在平面图中，对于建筑物各组成部分，如地面、楼面、楼梯平台面，室外台阶顶面、阳台面处，一般都分别注明标高，这些标高均采用相对标高形式；如有坡度时，应注明坡度方向和坡度值，如图中卧室标高为 ±0.000，卫生间为 −0.020，表明卫生间比卧室地面低 20mm。

5. 了解门窗的位置及编号

在平面图中，能表示出门窗的位置、数量和洞口宽度尺寸，为了便于识读，门采用代号 M 表示，窗采用代号 C 表示，加编号以便区分。读图时想了解门窗的类型、数量及洞口尺寸时应与门窗表对照，如欲知 C1 窗洞高，可查表 3-3-2，可知高为 1600mm。

6. 了解建筑剖面图的剖切位置

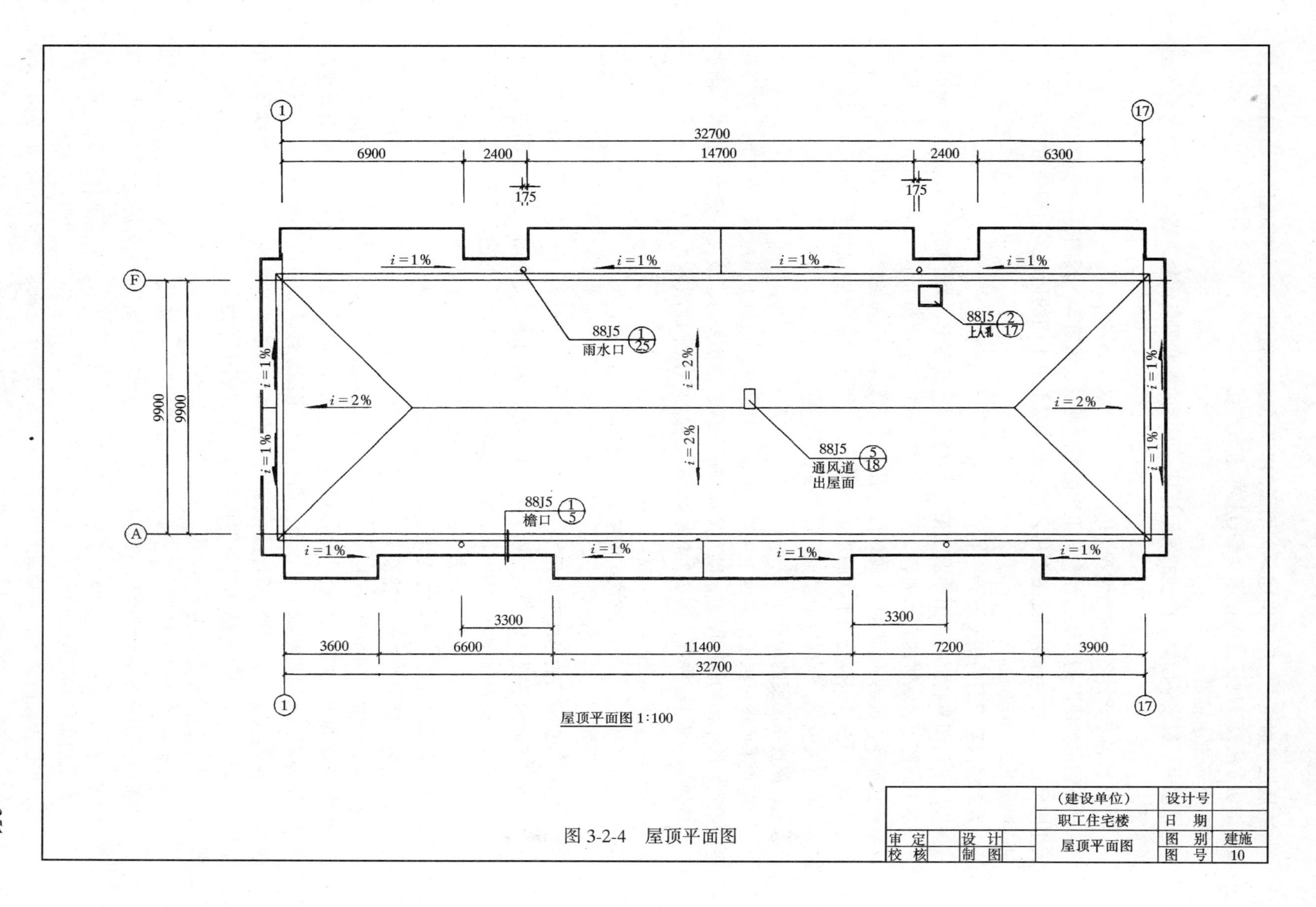

32700
6900
2400
14700
2400
6300
175
175
i=1%
i=1%
i=1%
i=1%
i=2%
i=2%
i=2%
i=2%
88J5 1/25
雨水口
88J5 2/17
上人孔
88J5 5/18
通风道
出屋面
88J5 1/5
檐口
9900
9900
3300
3300
3600
6600
11400
7200
3900
32700
屋顶平面图 1:100
(建设单位)
职工住宅楼
屋顶平面图
设计号
日 期
图 别
建施
图 号
10
审 定
校 核
设 计
制 图

图 3-2-4 屋顶平面图

在底层平面图中，应绘出建筑剖面图的剖切位置及符号，以便明确剖面图的剖切位置，剖切方法以及剖视方向，通常经过楼梯进行剖切。

7. 了解索引符号

从图中了解该平面图中出现的索引符号，采用的标准图集代号，表示的部位及与周围的联系。

8. 了解各专业设备的布置情况

建筑物内如厨房的水池、灶台，卫生间的洁具及通风道等，读图时注意其位置、形式及相应尺寸。有时会选用标准图表达，如⑨轴线墙上卫生间的通风道，即采用 88J2（一）中通风道 FD20 的做法。

六、楼层平面图的识读

楼层平面图与底层平面图的形成相同，在楼层平面图上，为了简化作图，已在底层或下一层平面图上表示过的室外内容，不再表示。如二层平面图上不再画一层的散水、明沟及室外台阶等；三层平面图上不画二层已表示的雨篷等。中间各楼层平面相同，可只画一个标准层平面图。识读楼层平面图重点应与下层平面图对照异同，如平面布置有无变化、墙体厚度有无变化；同时注意楼面标高的变化等。

七、屋顶平面图的识读

从屋顶平面图可以了解屋面上天窗、水箱、铁爬梯、通风道出屋顶、女儿墙、变形缝等的位置、所采用的详图图集，以及屋面排水分区、排水方向、坡度、檐沟、泛水、雨水下水口位置、尺寸等内容。图 3-2-4 为某厂住宅楼的屋顶平面图。

第三节　建 筑 立 面 图

一、建筑立面图的形成与作用

在与建筑立面平行的铅直投影面上所作的投影图称为建筑立面图，简称立面图。一座建筑物是否美、是否与周围环境协调，很大程度上决定于立面上的艺术处理，包括建筑造型与尺度、装饰材料的选用、色彩的选用等内容，在施工图中立面图主要反映房屋各部位的高度、层数等外貌和外墙装修要求，是建筑外装修的主要依据。

二、建筑立面图的图示方法及其命名

为了使建筑立面图主次分明、表达清晰，通常将建筑物外轮廓和有较大转折处的投影线用粗实线表示；外墙上突出凹进的部位如壁柱、窗台、楣线、挑檐、门窗洞口线用中粗实线表示；而门窗细部分格以及外墙装饰线用细实线表示；室外地坪线用加粗实线表示。门窗形式及开启符号、阳台栏杆花饰和墙面复杂的装修等细部，往往难以详细表示清楚，习惯上对相同的细部只分别画出其一个或两个作为代表，其他均可简化画出，即只需画出它们的轮廓及主要分格。

房屋立面如果一部分不平行于投影面，例如成圆弧形、折线形、曲线形等，可将该部分展开到与投影面平行，再用正投影法画出其立面图，但应在图名后注写“展开”两字。

立面图的命名方式有三种：

（1）可以用朝向命名，立面朝向那个方向就称为某面立面图，如朝南，则称南立面图；朝北，称北立面图。

(2) 可以外貌特征命名，其中反映主要出入口或比较显著地反映房屋外貌特征的那一面的立面图，称为正立面图，其余的立面图称为背立面图和侧立面图等。

(3) 可以首尾轴线命名，如图 3-2-5～6 中的南、北立面图可改称为①～⑰立面图和⑰～①立面图。

立面图的比例与平面图比例一致。

三、立面图的图示内容

1. 画出室外地面线及房屋的勒脚、台阶花台、门、窗、雨篷、阳台、室外楼梯、墙柱、檐口、屋顶、雨水管、墙面分格线等内容。

2. 注出外墙各主要部位的标高。如室外地面、台阶、窗台、各层门窗过梁下皮、阳台、雨篷、檐口、女儿墙顶、屋顶水箱间及楼梯间屋顶等的标高。

3. 注出建筑物两端的定位轴线及其编号。

4. 标出需详图表示的索引符号。

5. 用文字说明外墙面装修的材料及其做法。

四、建筑立面图的识读

下面以图 3-2-5、3-2-6 为例说明建筑立面图的识读方法和步骤。

1. 了解图名和比例

从图 3-2-5 和 3-2-6 中可以看出这两个立面图分别为南立面图和北立面图。比例为 1∶100，如果用轴线来命名，应分别为①～⑰立面图和⑰～①立面图（以尾数轴号在立面图中从左向右的顺序来命名）。

2. 了解建筑的外貌

从图 3-2-5 中可以看到该住宅楼为六层，下面带有地下室，地下室为半地下室，地下室的外窗在室外地面以上。该楼有两个单元门。与平面图结合识读可知楼梯间就在外门部位，因此外门上的小窗为楼梯间平台上方的窗户，与各屋的外窗正好错开。若该楼每层都有圈梁，且设在各层窗洞上方与过梁重合，则楼梯间窗洞会将圈梁断开，此时应注意附加圈梁的设置。在各个楼梯间的左右两侧以及中部各有连通阳台。两楼梯间一侧各有一雨水管。檐口为挑檐形式。从图 3-2-6 中可以看出，该建筑的南立面上分别画出了各层的窗及阳台的形式。

3. 了解建筑外装修

从图中可知该建筑外墙面装修做法。图中全部用文字加以注明，有时也用代号表示，在工程做法中详细说明墙面的装修方法，如前述的工程做法。

4. 了解建筑高度

从图 3-2-5～3-2-6 可知，该建筑屋顶标高为 18.300m，与室外地坪标高 −1.000m 相差 18.300 − （−1.000） = 19.300m，各层窗洞的高度为窗顶标高与窗台标高的差值，如 2.500 − 0.900 = 1.600m，表示窗洞高 1.6m。楼梯间窗洞 4.200 − 3.000 = 1.200m，雨篷顶标高为 1.6m。

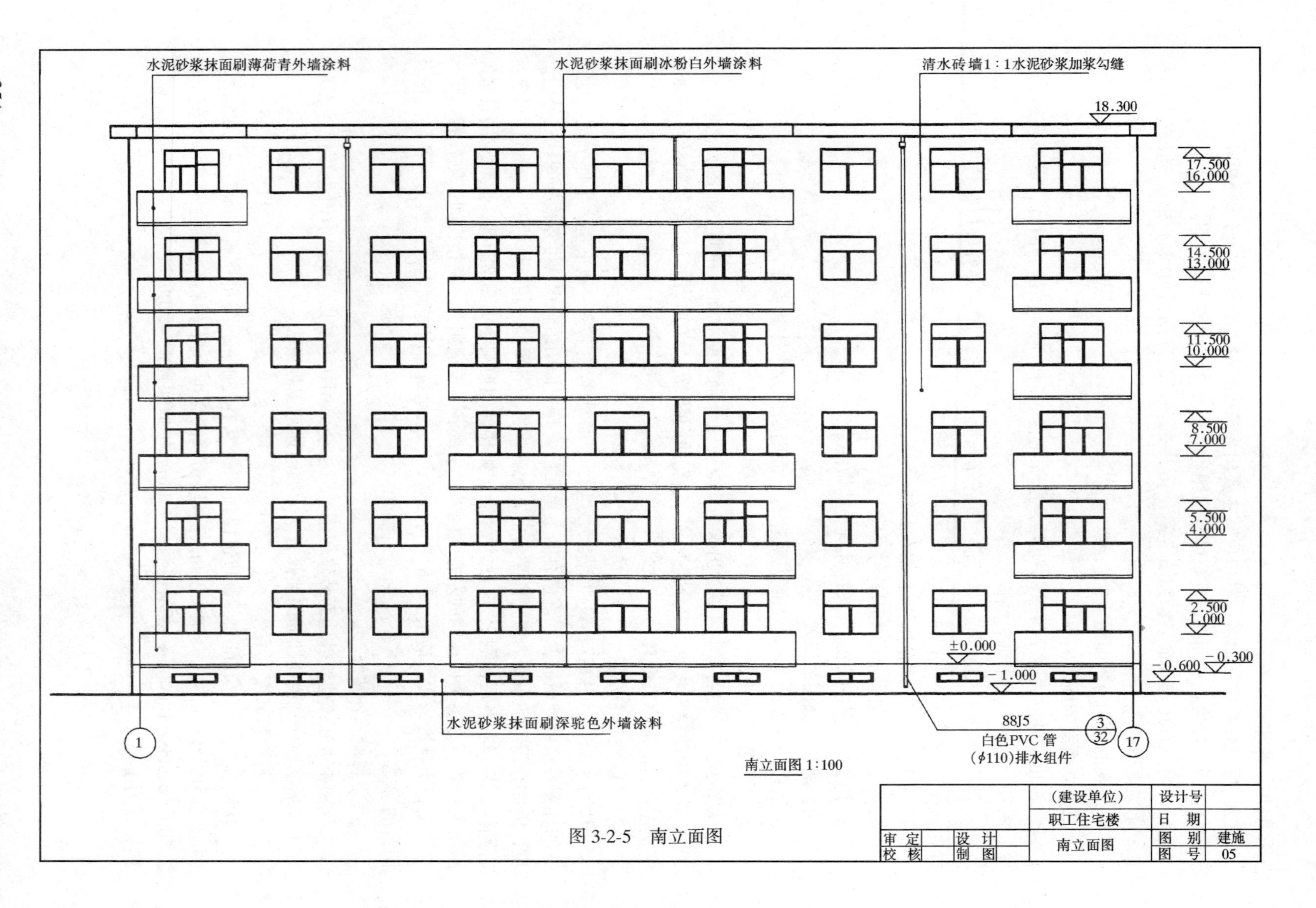
水泥砂浆抹面刷薄荷青外墙涂料
水泥砂浆抹面刷冰粉白外墙涂料
清水砖墙1:1水泥砂浆加浆勾缝
18.300
17.500
16.000
14.500
13.000
11.500
10.000
8.500
7.000
5.500
4.000
2.500
1.000
±0.000
-1.000
-0.600
-0.300
水泥砂浆抹面刷深驼色外墙涂料
1
88J5
3
32
17
白色PVC管
(ϕ110)排水组件
南立面图 1:100
(建设单位)
设计号
职工住宅楼
日 期
审 定
设 计
南立面图
图 别
建施
校 核
制 图
图 号
05

图 3-2-5 南立面图

水泥砂浆抹面刷薄荷青外墙涂料
水泥砂浆抹面刷冰粉白外墙涂料
清水砖墙 1:1 水泥砂浆加浆勾缝
18.300
16.200
15.000
13.200
12.000
10.200
9.000
7.200
6.000
4.200
3.000
1.200
−0.900
1.600
±0.000
17.500
16.000
14.500
13.000
11.500
10.000
8.500
7.000
5.500
4.000
2.500
1.000
−0.300
−0.600
−1.000
17
1
水泥砂浆抹面刷深驼色外墙涂料
88J5
3
23
白色PVC管(ϕ110)排水组件
(建设单位)
设计号
职工住宅楼
日 期
审 定
设 计
北立面图
图 别
建施
校 核
制 图
图 号
06
北立面图 1:100

图 3-2-6　北立面图

第四节　建 筑 剖 面 图

一、建筑剖面图的形成与作用

假想用一个或一个以上的铅直平面剖切房屋，所得到的剖面图称为建筑剖面图，简称剖面图。建筑剖面图用以表达建筑内部的结构、分层情况，各层楼地面、屋顶的构造及相关尺寸及标高。

剖面图的数量及其位置应根据建筑自身的复杂程度而定，一般剖切位置选择房屋的主要部位或构造较为典型的地方，如楼梯间等，并应通过门窗洞口。剖面图的图名应与底层平面图上的剖切符号相对应。

二、建筑剖面图的图示内容

1. 表示被剖切到的墙、柱及其定位轴线。剖面图的比例应与平面图、立面图的比例一致，因此在剖面图中一般也不画材料图例，而用粗实线表示被剖切到的墙、梁、板等轮廓线，被切断的钢筋混凝土梁板等应涂黑。

2. 表示室内底层地面、各层楼面、屋顶、门窗、楼梯、阳台、雨篷、防潮层、踢脚板、室外地面、散水、明沟及室内外装修等剖到或能见到的内容。

3. 标出尺寸和标高。

在剖面图中要标注相应的标高及尺寸。

（1）标高：应标注被剖切到的外墙门窗口的标高，室外地面的标高，檐口、女儿墙顶的标高以及各层楼地面等的标高。

（2）尺寸：应标注门窗洞口高度，层间高度及总高度，室内还应注出内墙体上门窗洞口的高度以及内部设施的定位、定形尺寸。

4. 楼地面、屋顶各层的构造

一般用引出线说明楼地面、屋顶的构造做法。如果另画详图或已有构造说明，则在剖面图中可用索引符号引出说明。

三、建筑剖面图的识读方法和步骤。

以图 3-2-7 为例说明建筑剖面图的阅读方法。

1. 了解图名、比例

首先应将剖面图的图名与底层平面图上的剖切符号对照阅读，搞清楚剖切位置及剖视方向。从图 3-2-7 中可以看到该剖面图为 1—1 剖面图与底层平面图剖切符号对照可以看到剖切位置在⑪～⑫轴线之间，将 C1、M2、C2 以及该处的墙体楼板等剖切开并向左看。

2. 了解建筑构造

从图 3-2-7 中 1—1 剖面图可以看到该住宅的垂直方向承重构件是实心砖墙，水平方向承重构件从地下室底板、各层楼板到屋顶全部是现浇钢筋混凝土（如果用预制楼板，通常用两条中粗实线表示楼板的轮廓中间不涂黑来画）。所以该住宅是砖混结构，阳台与楼板浇筑成一体。

3. 了解建筑的高度尺寸

首层室内地面标高为 ±0.000，地下室标高为 −2.20m，地下室的层高为 2.2m，一层、二层一直至六层层高全部是 3m。窗洞的高度为 2.500 − 0.900 = 1.700m，地下室窗洞

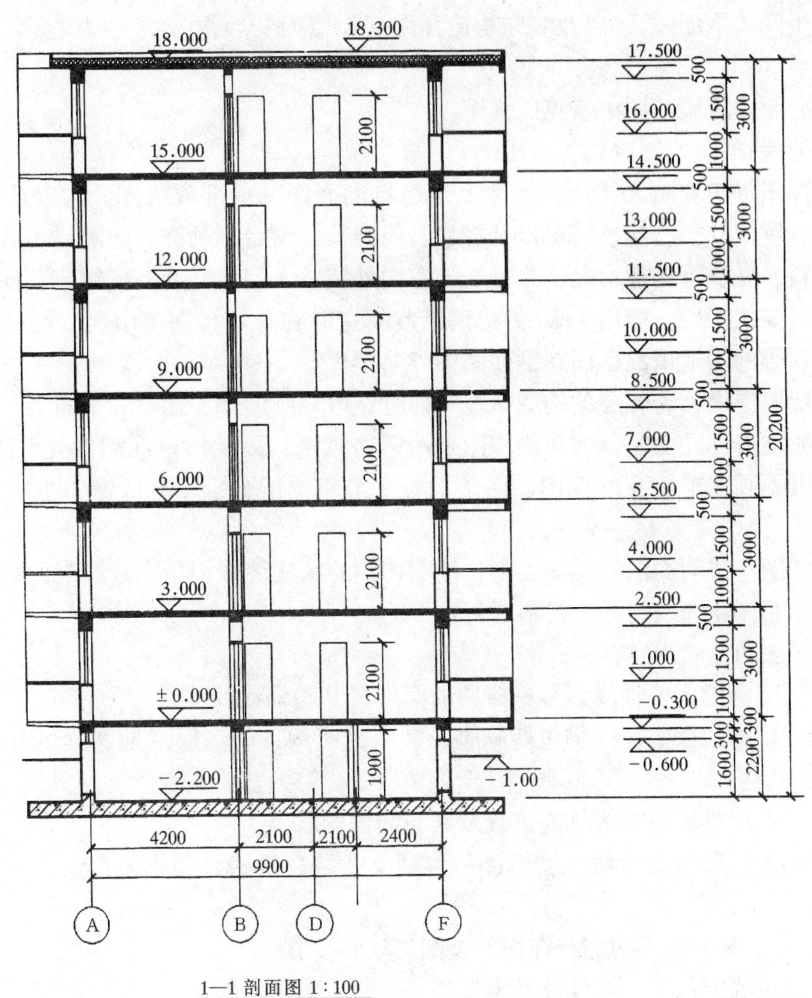

图 3-2-7　建筑剖面图（1—1 剖面图）

高为－0.300－（－0.75）＝0.450m。建筑室内外高差为 1.0m（指室外地面与一层地面之间的高差）。

4. 了解建筑屋面坡度

从图中可知该建筑屋面坡度是 2%，且为保温屋面。图中标高 18.000 为屋面板的上皮标高。

第五节　建　筑　详　图

建筑平面图、立面图、剖面图表达出建筑的外形、平面布置和主要尺寸，但因反映的内容范围大，使用的比例就较小，因此对建筑的细部构造就难以表达清楚。为了满足施工要求，对房屋的细部构造用较大的比例详细地表达出来，这样的图叫做建筑详图，有时也叫做大样图。详图的特点就是比例大，反映的内容详尽，使用的比例有 1:20、1:10、1:5、1:2、1:1 等。通常有局部构造详图（如墙身、楼梯等详图）、局部单面图（如住宅楼的厨房卫生间等平面图），以及装饰构造详图（如墙面的墙裙做法、门窗套装饰做法等详图）三大类详图。

下面介绍建筑施工图中常见的详图。

一、外墙详图

外墙详图也叫外墙大样图，实际上是建筑剖面图的局部放大图。它表达了外墙与地面、楼面、屋面的构造连接情况以及檐口、门窗顶、窗台、勒脚、防潮层、散水、明沟的尺寸、材料、做法等构造情况，是砌墙、室内外装修、门窗安装、编制施工预算以及材料估算等的重要依据。一般用1:20的比例绘制。有时在外墙详图上引出分层构造，注明楼地面、屋顶等的构造情况，而在剖面图中省略不标。

在多层房屋中，若各层的构造情况一样时，可只画墙脚、檐口和中间层三个节点，由于门窗一般均有标准图集，为简化作图采用简略画法，因此门窗在洞口处采用断开画法。有时，也可不画整个墙身的详图，而是把各个节点详图分别单独绘制，也叫外墙节点详图。

外墙详图应按剖面图的画法绘制，被剖切到的结构墙体用粗实线绘制，装饰层用细实线绘制，在断面轮廓线内画上材料图例。

墙身详图的主要内容有：

1. 表明墙身的定位轴线编号，砖墙的厚度及其与轴线的关系。

2. 表明墙脚的做法，墙脚包括勒脚、散水或明沟、防潮层或地圈梁以及地面等的构造。

3. 表明各层梁、板等构件的位置及其与墙体的联系。

4. 表明檐口部位的做法。檐口部位包括女儿墙、挑檐、圈梁、过梁、屋顶、泛水等做法。

现以图3-2-8为例说明墙身详图的读图方法和步骤。

1. 了解该墙的位置、厚度及其定位

从图中可知该墙为外纵墙，轴线编号是Ⓐ，墙厚370mm，定位轴线与墙外皮相距250mm，与墙内皮相距120mm。

2. 了解墙脚构造

从图中可知该住宅楼下面有地下室，底板是钢筋混凝土，既起承重作用，又可防潮。外墙外表面进行防潮处理：1:2.5水泥砂浆找平，刷一道冷底子油，浇两遍热沥青，并在外侧0.50m范围内回填2:8灰土夯实。地下室顶板即首层地板与阳台现浇钢筋混凝土，地面20mm厚1:3水泥砂浆找平层，上面铺20mm厚1:4干硬性水泥砂浆找平层，抹一层素水泥浆铺8～10mm厚地砖面层，干水泥擦缝。散水的做法是下面素土夯实并垫坡4%，上面150mm厚3:7灰土，最上面50mm厚C15混凝土撒1:1水泥砂子压实赶光。窗线脚的做法见88J3第18页的第2个图样。

3. 了解各层梁、板、墙的关系

如图中所示，各层楼板下方都设有现浇钢筋混凝土圈梁，与楼板成为一体，梁截面宽度为240mm，下方做截面为L形的过梁。

4. 了解檐口部位的构造

如图所示，该住宅挑檐与圈梁、屋盖现浇成为一体。挑檐挑出长度为600mm，压毡

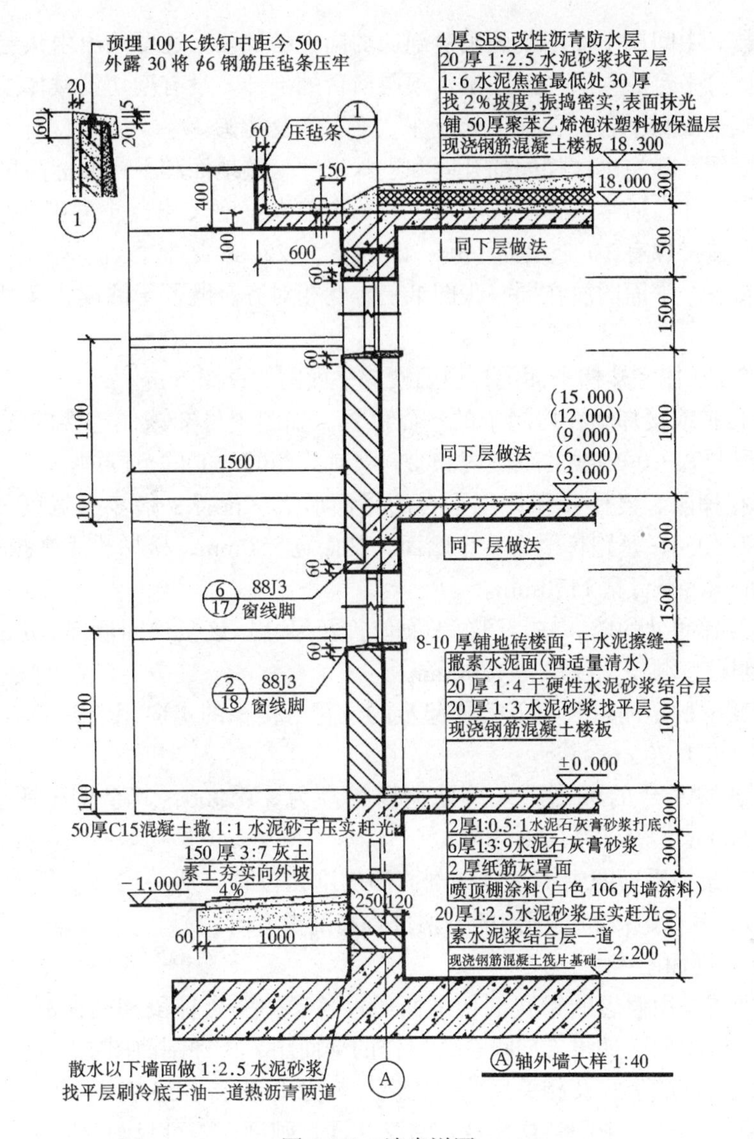

图 3-2-8 墙身详图

的做法如其左上角详图①所示。屋顶的做法是：现浇钢筋混凝土屋面板，上面铺50mm厚聚苯乙烯泡沫塑料板保温层，1:6水泥焦渣找坡2%，最低处厚30mm，在找坡层上做20mm厚1:2.5水泥砂浆找平层，上做4mm厚SBS改性沥青防水层。

二、楼梯详图

楼梯是建筑中构造比较复杂的部位，其详图一般包括楼梯平面图，楼梯剖面图和节点详图三部分内容。

(一) 楼梯平面图

楼梯平面图就是建筑平面图中楼梯间部分的放大，一般用1:50的比例绘制，通常只画底层、中间层和顶层三个平面图。

底层平面图是从第一个平台下方剖切的，将第一跑楼梯段断开（用倾斜成30°、45°的折断线表示），因此只画半跑楼梯，用箭头表示上或下的方向，以及底层和二层之间的楼梯的踏步级数。中间层平面图既画出被剖切的向上的梯段，还要画出由该层向下行的完整梯段、以及休息平台。顶层平面图是从顶层窗台处剖开，没有剖切到楼梯段，因此图中应画出完整的楼梯段和平台，在梯口处应注“下”字及箭头。

楼梯平面图，除注出楼梯间的开间和进深尺寸，楼地面和平台面标高尺寸，还需注出各细部的详细尺寸。通常把梯段长度尺寸与每个踏步宽度尺寸合并写在一起，如 10×250＝2500，表示该楼梯有 10 个踏面，每一踏面宽为 250mm，梯段水平投影长为 2500mm。画图时，应将三个平面图放在同一张图纸上，互相对齐，既便于阅读，又可省略标注一些重复尺寸。

现以图 3-2-9 住宅楼梯平面图，说明楼梯平面图的读图方法。

1．了解楼梯或楼梯间在房屋中的平面位置。如图中可知该住宅楼的两部楼梯分别位于④～⑤轴线与Ⓔ～Ⓕ轴线的范围内和⑫～⑭轴线与Ⓔ～Ⓕ的范围内。

2．了解楼梯段、楼梯井和休息平台的平面形式、位置、踏步的宽度和踏步的数量。该楼梯段宽为 1050，每跑梯段有 9 个踏面，踏面宽 280mm，楼梯段水平投影长 2520mm。楼梯井宽 60mm，平台宽 1170mm。

3．了解楼梯间处的墙、柱、门窗平面位置及尺寸。该楼梯间墙厚 370mm，平台上方分别设门窗洞口，洞口宽度都为 1200mm。

4．了解楼梯的走向以及上下楼梯起步的位置。楼梯的走向用箭头表示。每跑楼梯起步距Ⓔ轴线墙边 1170mm。

5．了解各层平台的标高。入口处地面标高为－0.900，其余四个平台标高分别为 1.500m、4.500m、7.500m、10.500m。

6．在底层楼梯平面图中了解楼梯剖面图的剖切位置。从一层楼梯平面图中可以看到 2-2 剖切符号，表达出楼梯剖面图的剖切位置和剖视方向。

（二）楼梯剖面图

楼梯剖面图是用假想的铅直剖切平面通过各层的一个梯段和门窗洞口将楼梯垂直剖开，向另一未剖到的楼梯段方向投影，所作的剖面图。楼梯剖面图主要表达楼梯踏步、平台的构造以及栏杆的形式及相关尺寸。比例一般为 1∶50、1∶30 或 1∶40，习惯上，如果各层楼梯都为等跑楼梯，中间各层楼梯构造又相同，则剖面图可只画出底层、顶层剖面，中间部分用折断线省略。

在楼梯剖面图中应注明各层楼地面、平台、楼梯间窗洞的标高、踢面的高度、踏步的数量以及栏杆的高度等。

如图 3-2-9 中楼梯剖面图，识读时应从以下几个方面进行。

1．了解楼梯的构造形式。从图中可以看出该楼梯为板式楼梯，并为双跑式。

2．了解楼梯在竖向和进深方向的有关标高、尺寸和详图索引符号。该楼梯间层高 3 米，进深 5.1 米。在顶层扶手上有一索引符号。

3．了解楼梯段、平台、栏杆、扶手等构造和用料说明。该楼梯为现浇钢筋混凝土板式楼梯，梯段板放在平台梁上，平台梁将力传至楼梯间横墙上。栏杆、扶手构造在详图中表示。

4．了解踏步的宽度、高度及栏杆的高度。该楼梯踏步宽 280mm，高 150m，每跑楼梯垂直高度 1500mm。

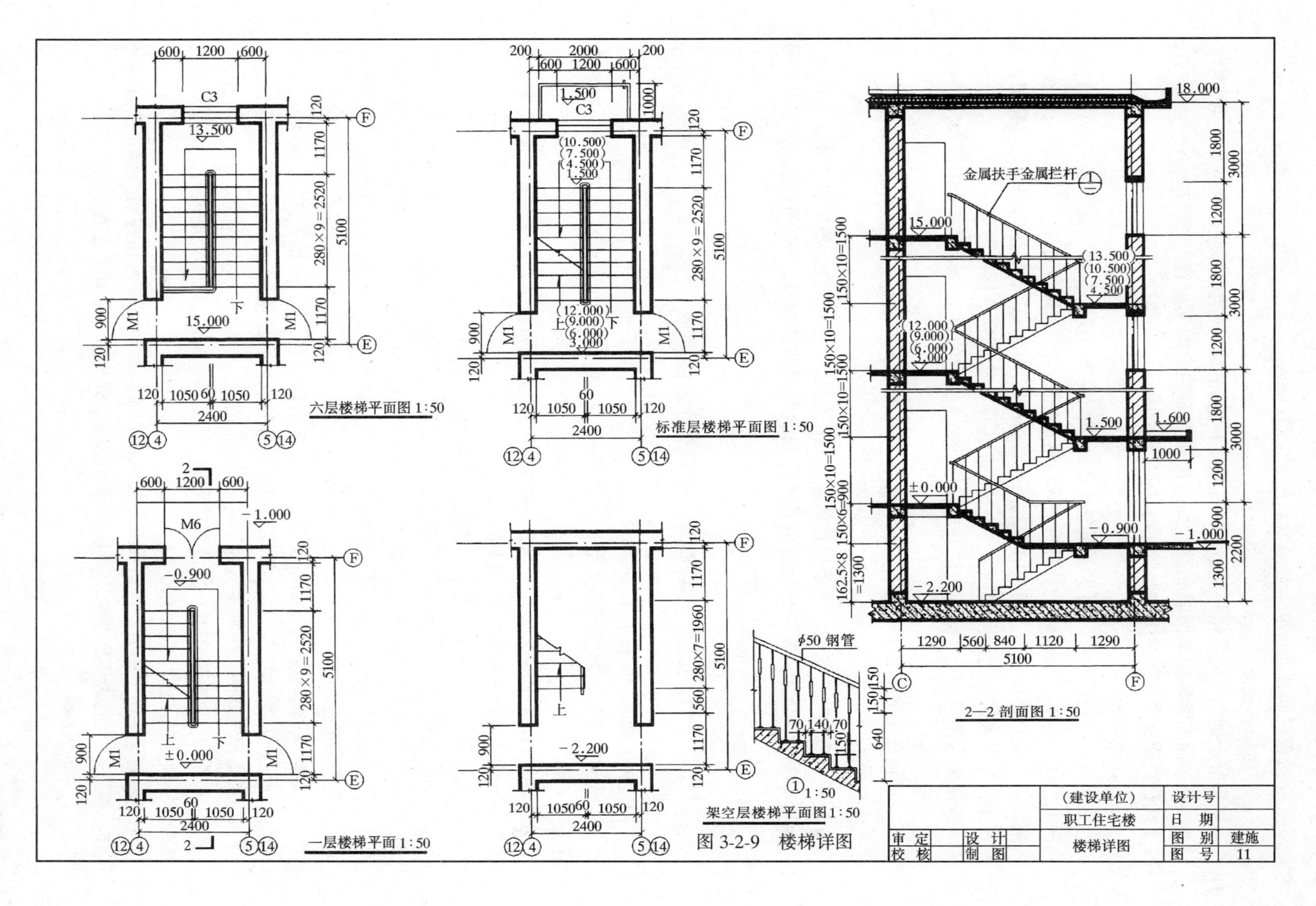
六层楼梯平面图 1:50
标准层楼梯平面图 1:50
一层楼梯平面 1:50
架空层楼梯平面图 1:50
2—2 剖面图 1:50
金属扶手金属拦杆
ϕ50 钢管
(建设单位)
职工住宅楼
楼梯详图
设计号
日 期
图 别
建施
图 号
11
审 定
设 计
校 核
制 图
图 3-2-9 楼梯详图

5. 了解楼梯间其他情况，如门窗洞尺寸、墙厚等。

（三）楼梯节点详图

楼梯节点详图主要指栏杆构造详图、扶手构造详图以及踏口详图。它们分别用索引符号与楼梯平面图和楼梯剖面图联系。如在楼梯剖面图中的索引符号 88J7 $\frac{2}{36}$，表示栏杆、扶手构造查阅标准图集 88J 第七册 36 页的第 2 个图。

三、其他详图

在建筑、结构设计中，对大量重复出现的构配件如门窗、台阶、面层做法等，通常采用标准设计，即由国家或地方编制的一般建筑常用的构件和配件详图，供设计人员选用，以减少不必要的重复劳动。如中国建筑工业出版社出版的《建筑构造资料集》、《建筑设计资料集》、《建筑构造通用图集》等。在读图时要学会查阅这些标准图集。

查阅标准图集和查字典的方法一样，根据施工图中的说明或索引符号进行查找，查找步骤如下：

1. 根据施工图中有多少配件、构件是使用标准图，看清标准图的名称、编号，找到所选用的图集。

2. 看标准图集的说明，了解设计依据、适用范围、选用条件、施工要求及注意事项。

3. 根据标准图集内配件、构件的代号、找到所需要的配件、构件详图，看懂做法及尺寸。

第六节　施工图的识读要点

阅读施工图时，应按如下步骤进行：

1. 先看目录，了解建筑的类型、建筑面积、占地面积、结构形式、层数等，对建筑有初步了解。

2. 按照目录查阅图纸是否齐全，图纸编号与图名是否符合。如采用标准图则要了解标准图的代号、准备标准图集，以备查看。

3. 阅读设计总说明，了解建筑概况、技术要求、工程做法等。

4. 阅读总平面图，了解建筑的定位位置、朝向、周围的环境、地形和地貌。

5. 阅读平面图、立面图、剖面图。读图时应先看底层平面图，了解建筑的平面形状、内部布置，再看其他平面图。从立面图上了解建筑的外貌、高度以及装修要求；从剖面图上了解建筑的分层情况、楼地面、屋顶的构造做法，再把这三大图样联合起来，在大脑中“组建”该建筑的形状。对建筑的主要部位尺寸及做法应记住，如建筑总长、总宽、总高，房间的开间、进深、层高、墙体厚度，材料的标号及配合比等。

6. 阅读建筑详图，更加深入地了解建筑细部构造。

7. 边看边记。在看图时，应养成边看边记笔记的习惯，记下关键内容，以便工作时备查，特别是自己比较生疏的地方。

8. 随着识图能力的不断提高和专业知识的积累，在看图中间还应对照建筑图查阅与结构施工图、设备施工图是否有矛盾，同时也要了解其他专业对土建的要求。

第七节　绘制建筑施工图的目的和步骤

通过绘制建筑施工图，一方面能培养学生认真、一丝不苟的工作作风，另一方面能进一步加强学生识读施工图的能力，使学生更深入地了解施工图中每条线、每个图例的意义，学会施工图的图示表达。

现以某住宅楼为例，说明绘制建筑施工图的步骤。

一、建筑平面图的画图步骤

如图 3-2-10 所示。

1. 画墙身定位轴线，如图 3-2-10（*a*）。

2. 画墙身投影，如图 3-2-10（*b*）。

3. 开门窗洞口、画楼梯、散水等细部。如图 3-2-10（*c*）。

4. 检查全图无误后，擦去多余线条，按建筑平面图的要求加深加粗，并标注轴线、尺寸、门窗编号、剖切位置线等。

5. 写图名、比例及其他文字内容。汉字写长仿宋字：图名字高一般为 7～14 号字，图内说明字一般为 5 号字，写前最好打格或垫字格，以求匀称、美观。阿拉伯数字字高通常用 3.5 号，字形要工整、清晰不潦草。

二、建筑立面图的画法

如图 3-2-11 所示。

1. 画室外地坪线、外墙边线和屋檐线，如图 3-2-11（*a*）。

2. 画各层门窗洞口线，如图 3-2-11（*b*）。

3. 画墙面细部，如阳台等。如图 3-2-11（*c*）。

4. 画门窗细部分格，墙面装修分格线等。

5. 检查无误后，按建筑立面图所要求的图线加深、加粗、并标注标高、首尾轴线、墙面装修说明文字、图名和比例。说明文字可用 5 号字，图名 7～10 号字。

三、建筑剖面图的画法

根据底层平面图上剖切符号确定剖面图的图示内容，做到心中有数。

1. 画被剖切到的墙体定位轴线、墙体、楼板面及阳台，如图 3-2-12（*a*）。

2. 在被剖切的墙上开门窗洞口以及画可见的门窗投影，如图 3-2-12（*b*）。

3. 按建筑剖面图的图示方法加深加粗图线，标注标高和尺寸。最后给定位轴线编号，并写图名和比例，如图 3-2-12（*c*）。

四、楼梯详图的画法

（一）楼梯平面图的画法　如图 3-2-13 所示。

1. 根据楼梯间的开间、进深尺寸，画楼梯间定位轴线、墙身以及楼梯段、楼梯平面的投影，如图 3-2-13（*a*）。

2. 用平行线等分楼梯段，画出各踏面的投影，如图 3-2-13（*b*）。

3. 画出栏杆、楼梯折断线、门窗等细部内容，并画出定位轴线，标出尺寸、代号和楼梯剖切符号等，如图 3-2-13（*c*）。

（二）楼梯剖面图的画法　如图 3-2-14 所示。

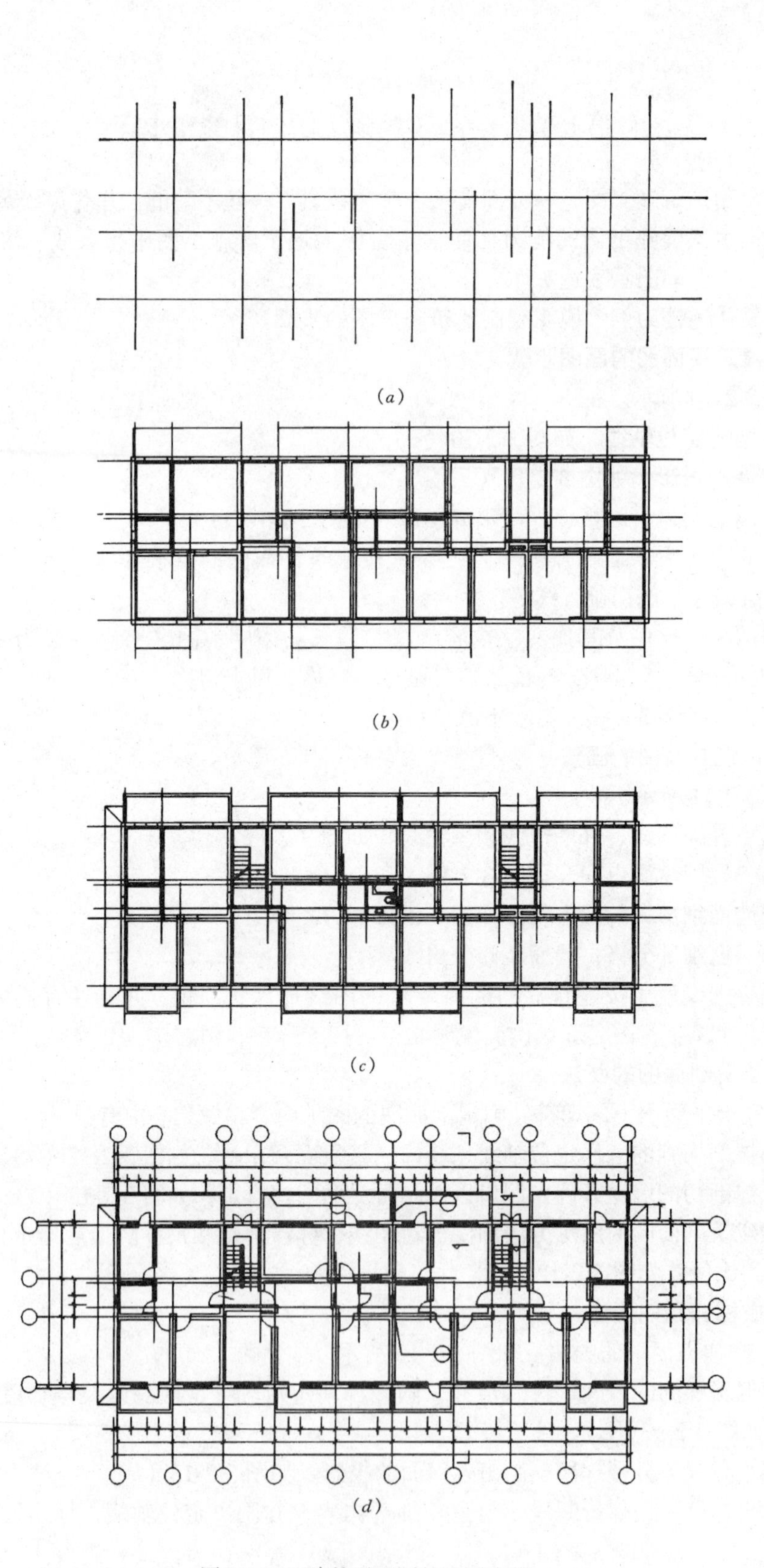

图 3-2-10　建筑平面图的画图步骤

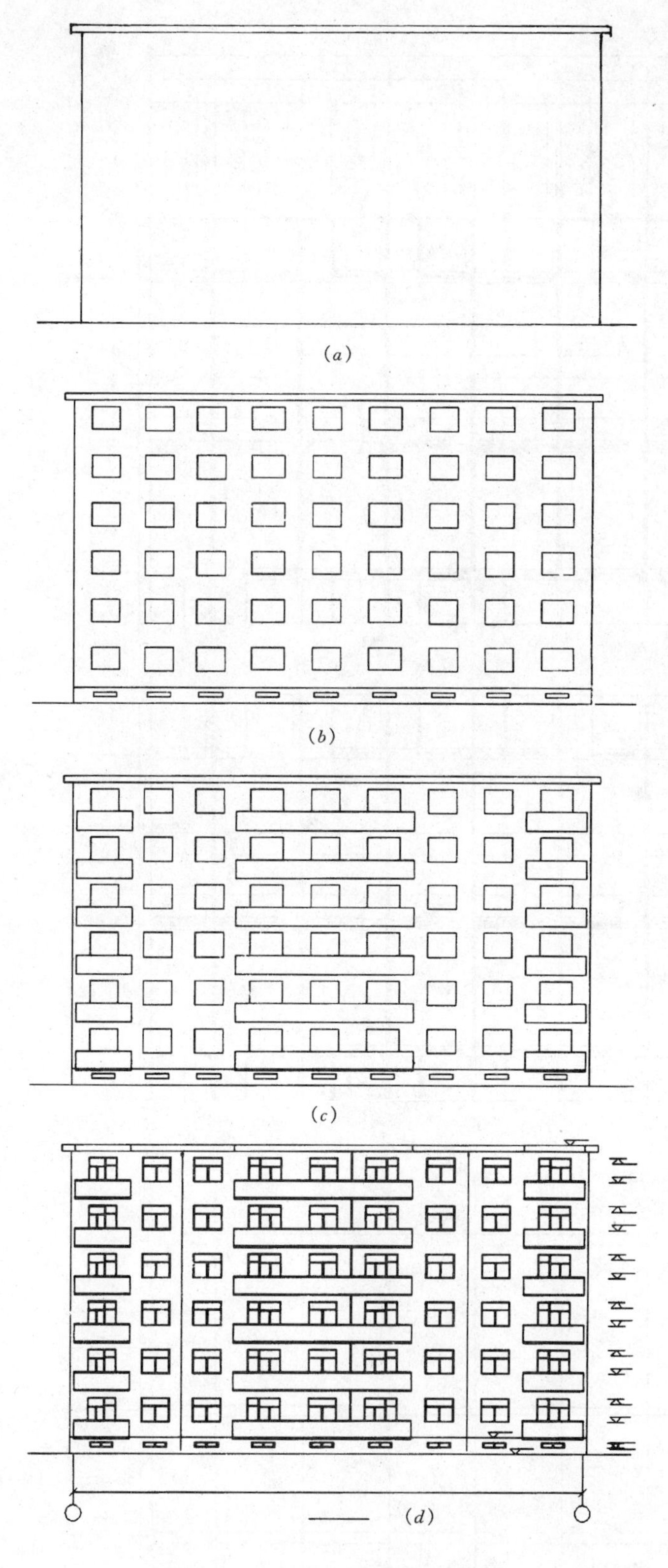

图 3-2-11　建筑立面图的画图步骤

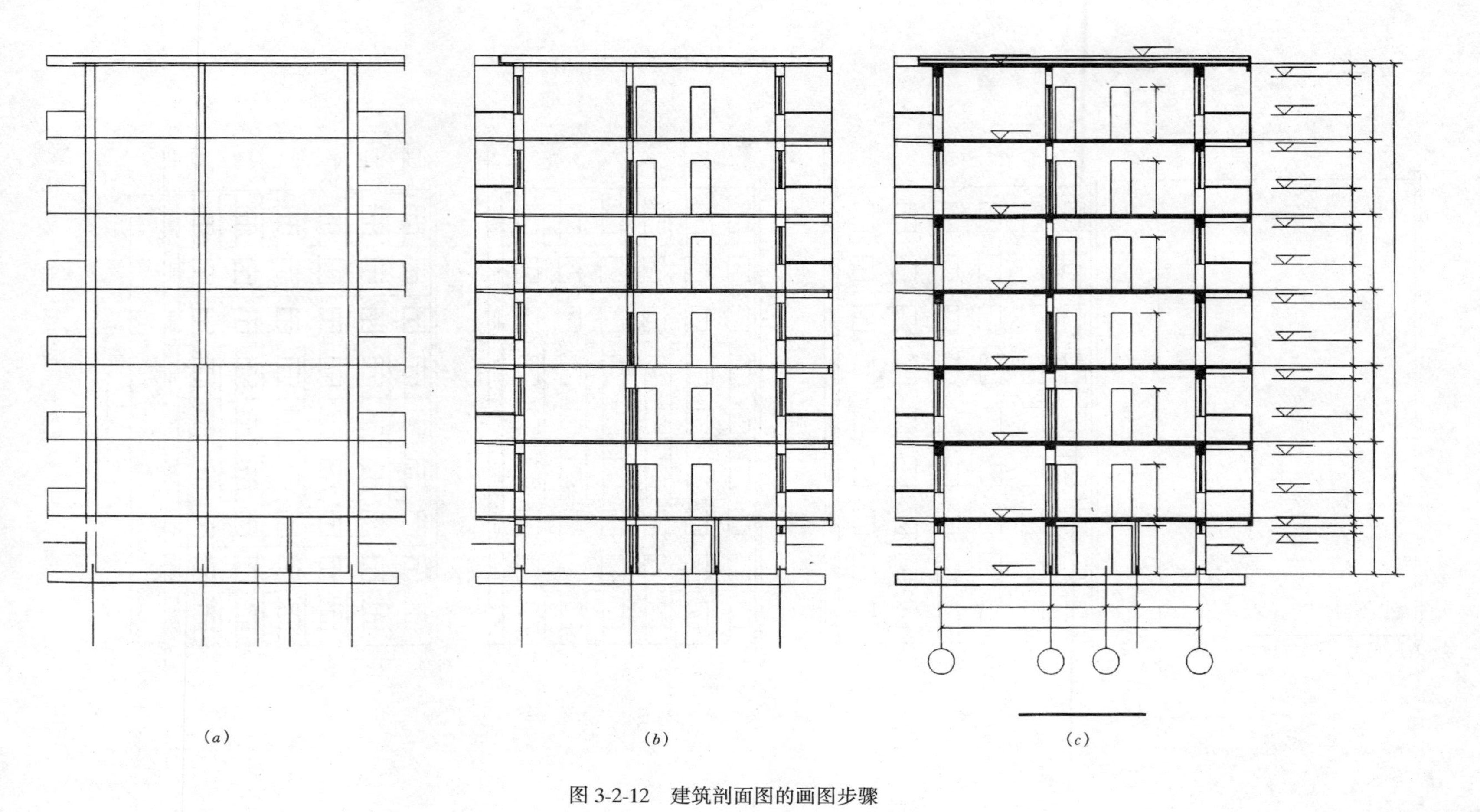

图 3-2-12　建筑剖面图的画图步骤

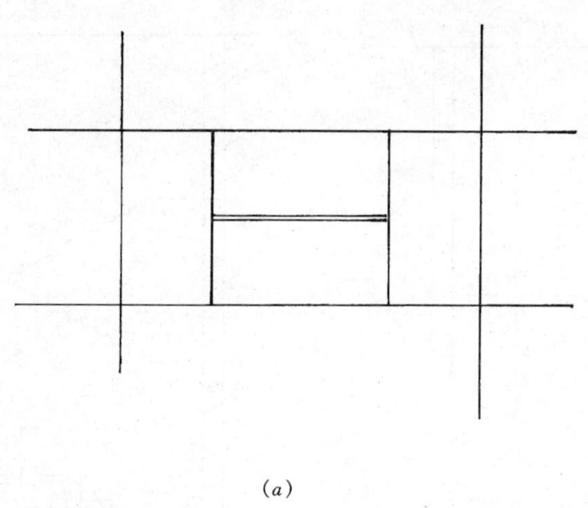

(*a*)

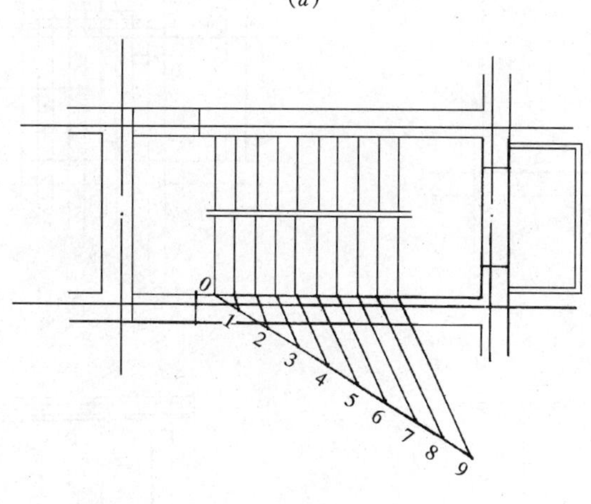

(*b*)

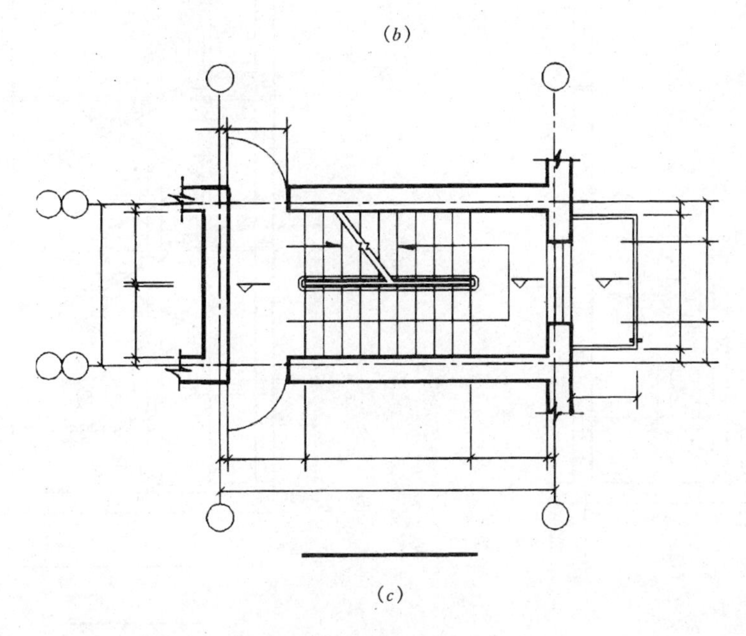

(*c*)

图 3-2-13　楼梯平面图的画图步骤

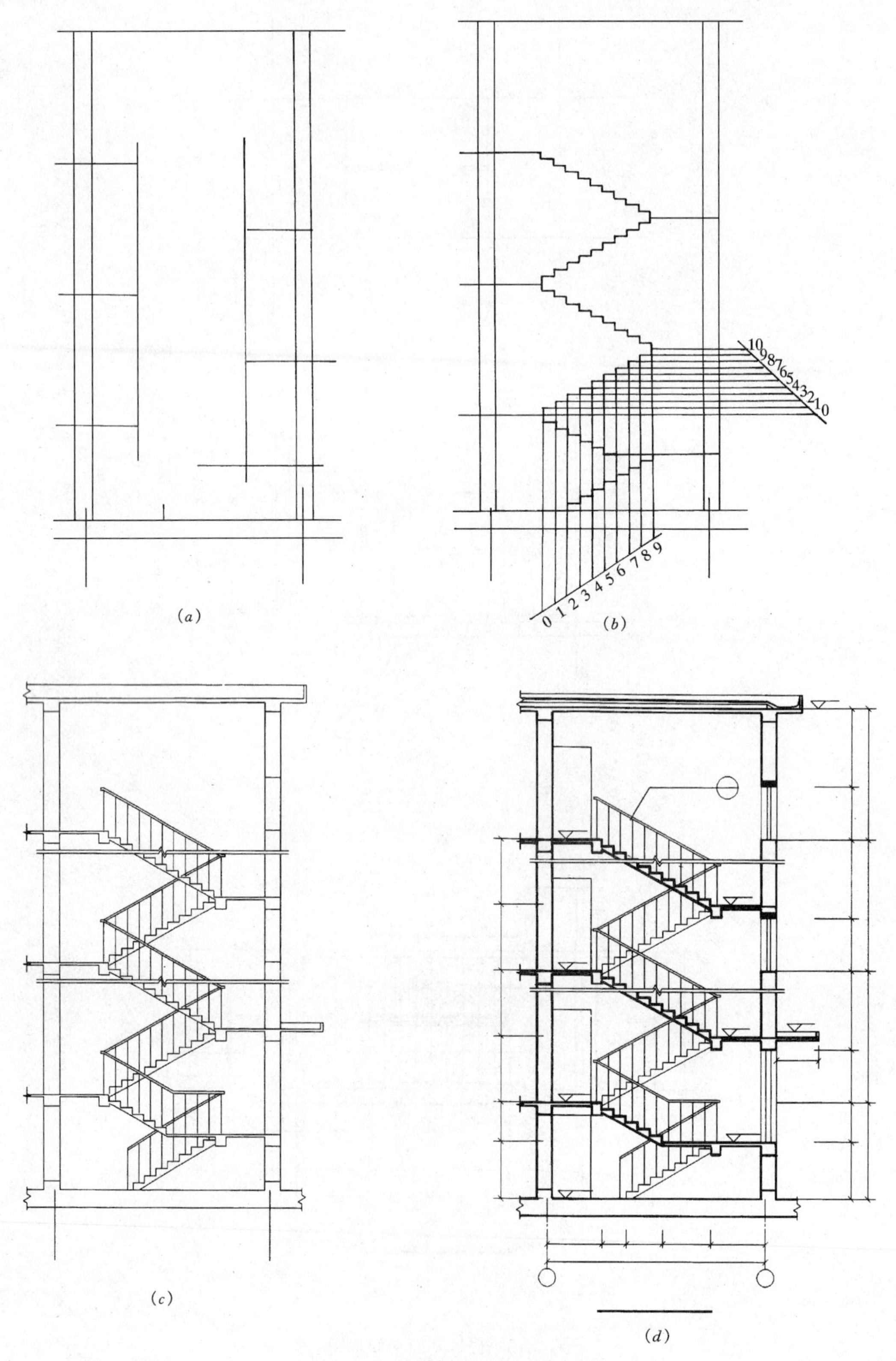

图 3-2-14　楼梯剖面图的画图步骤

1. 画定位轴线及各楼面、休息平台、墙身等高线，如图 3-2-14（a）。

2. 用平行线等分的方法，画出梯段剖面图上各踏步的投影，如图 3-2-14（b）。

3. 画楼地面、平台的厚度以及其他细部内容，如图 3-2-14（c）。

4. 检查无误后，加深、加粗并画详图索引符号，最后标注尺寸和图名。

复 习 思 考 题

1. 建筑施工图包括哪些图样？

2. 总平面图的作用是什么？

3. 建筑平面图是如何形成的？应标注哪些尺寸和标高？什么是标准层平面图？

4. 阅读图 3-2-3，试述该建筑的平面形状、开间、进深、层高及墙体类型、厚度等。

5. 阅读图 3-2-3，试计算该楼占地面积、建筑面积、每套住户建筑面积、使用面积以及平面利用系数 K。

6. 建筑立面图是如何形成的？主要反映哪些内容？有哪几种命名方式？

7. 什么是建筑剖面图？它表达哪些内容？

8. 墙身详图主要反映哪三部分内容？

9. 楼梯详图包括哪些内容？楼梯平面图是如何得到的？阅读时能了解哪些内容？

10. 建筑平面图、立面图、剖面图的主要绘图步骤有哪些？图中的线宽各有哪些要求？

第三章　结 构 施 工 图

第一节　结构施工图概述

在设计一幢建筑时，除了进行建筑设计，画出建筑施工图外，还要进行结构设计。也就是根据各工种（如建筑、设备等）对结构的要求，经过结构选型和构件布置及力学计算，决定建筑物各承重构件（如梁、柱、板、墙、基础等）的材料、形状、大小和内部构造等，把这些设计成果绘制成图样，用以指导施工，这种图样叫做结构施工图。结构施工图是放灰线、挖基槽、支模板、绑钢筋、设置预埋件、浇捣混凝土、安装梁、板、柱及编制预算和施工进度计划的重要依据。

一、结构施工图的内容

结构施工图一般包括以下内容：

1. 结构设计说明

包括结构材料的类型、规格、强度等级；地基情况；施工注意事项；选用标准图集和对新结构、新工艺及特殊部位的施工顺序、方法及质量的标准和要求。

2. 结构平面图

包括：①基础平面图；②楼层结构布置平面图；③屋面结构平面图等。

3. 构件详图

包括：①梁、板、柱、基础结构详图；②屋架结构详图；③楼梯结构详图；④其他详图，如天沟、雨篷、过梁等。

二、常用结构构件的代号

结构构件在施工图中的代号是用其名称的汉语拼音第一个字母来表示，“国标”规定常用结构构件的代号见表 3-3-1。

常用构件代号（GBJ 105—87）　　**表 3-3-1**

名　称	代　号	名　称	代　号	名　称	代　号
板	B	吊车梁	DL	基　础	J
屋面板	WB	圈　梁	QL	设备基础	SJ
空心板	KB	过　梁	GL	桩	ZH
槽形板	CB	连系梁	LL	柱间支撑	ZC
折　板	ZB	基础梁	JL	垂直支撑	CC
密肋板	MB	楼梯梁	TL	水平支撑	SC
楼梯板	TB	檩　条	LT	梯	T
盖板或沟盖板	GB	屋　架	WJ	雨　篷	YP
挡雨板或檐口板	YB	托　架	TJ	阳　台	YT
吊车安全走道板	DB	天窗架	CJ	梁　垫	LD
墙　板	QB	框　架	KJ	预埋件	M
天沟板	TGB	刚　架	GJ	天窗端壁	TD
梁	L	支　架	ZJ	钢筋网	W
屋面梁	WL	柱	Z	钢筋骨架	G

预应力钢筋混凝土构件的代号，应在上列构件代号前加注“Y—”，例如 Y—KB 表示预应力钢筋混凝土空心板。

三、钢筋混凝土构件中的钢筋

（一）钢筋的分类和作用

1．钢筋的分类

钢筋按强度不同，可分为四级，见表 3-3-2。目前最常用的为Ⅰ级和Ⅱ级钢筋，Ⅲ级钢筋较少采用。Ⅳ级以及高强钢丝只用在预应力混凝土构件中，钢筋的级别越高，其强度、硬度则越高，但脆性增加。

钢筋按强度分类　　表 3-3-2

钢筋种类	代　号	钢筋种类	代　号
Ⅰ级钢（Q235 光圆钢筋）	ϕ	冷拉Ⅰ级钢筋	ϕ^L
Ⅱ级钢（20MnSi 月牙纹钢筋）	虫	冷拉Ⅱ级钢筋	虫^L
Ⅲ级钢（25MnSi 月牙纹钢筋）	虫	冷拉Ⅲ级钢筋	虫^L
Ⅳ级钢（圆或螺纹钢筋）	亚	冷拉Ⅳ级钢筋	亚^L
		冷拔低碳钢丝	ϕ^b

2．钢筋的作用

钢筋按其在构件中的作用不同可分以下几种：

（1）受力筋　主要承受拉应力，在受弯与偏心受压构件中，有时亦用它来协助混凝土承受压应力或收缩温度应力，根据构件的受力计算钢筋的断面面积，受力筋有直筋和弯起筋两种，如图 3-3-1。弯起筋主要承受梁靠近支承处的垂直剪力。弯起钢筋一般由梁内受力筋弯起而成，弯角多为 45°。

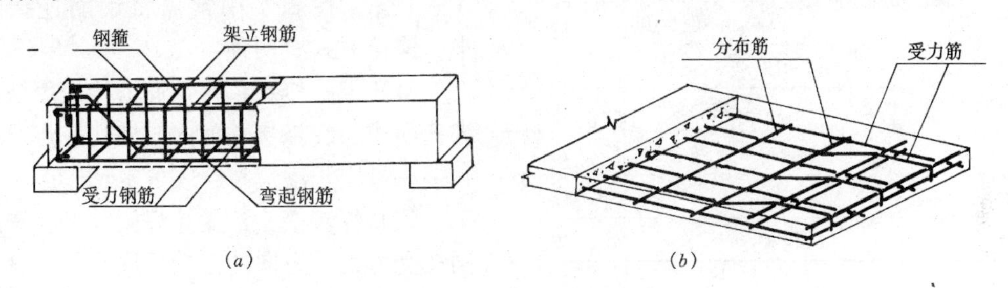

图 3-3-1　梁板内配筋

（*a*）梁内配筋；（*b*）板内配筋

（2）架立筋　用以固定梁内箍筋的位置，形成梁内骨架，如图 3-3-1（*a*）。

（3）箍筋　固定受力筋的位置，并承受一部分斜拉应力，应用在梁和柱内，如图 3-3-1（*a*）。

（4）分布筋　固定板内受力筋的位置，并承担垂直于板跨方向的收缩及温度应力，一般与受力筋垂直放置，如图 3-3-1（*b*）。

（5）其他钢筋　因构造或施工需要而设置在混凝土构件中，如锚固钢筋、腰筋、构造筋、吊钩等。

（二）钢筋的弯钩及保护层

1．钢筋的弯钩

为了增加钢筋与混凝土的粘着力，绑扎骨架中的钢筋，尤其是Ⅰ级受力筋，应在两末端做成弯钩，如图 3-3-2。

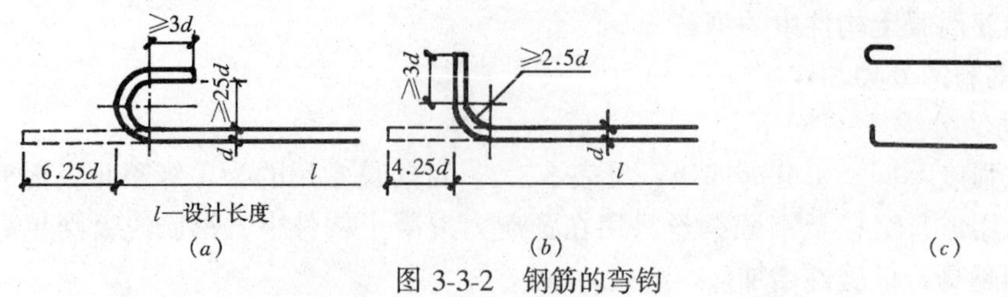

图 3-3-2　钢筋的弯钩

(a) 半圆形弯钩；(b) 直角形弯钩；(c) 弯钩简化画法

但下列钢筋的末端可不做弯钩：

(1) 螺纹、月牙纹表面的钢筋；

(2) 焊接骨架和焊接网中的光圆钢筋；

(3) 绑扎骨架中轴心受压构件中的光圆钢筋。

2. 钢筋的保护层

为了防止钢筋在空气中锈蚀，并使钢筋有足够的握裹力以及防火的需要，钢筋外边缘到混凝土构件外表面要有一定的厚度。这一层混凝土叫做钢筋的保护层。保护层的厚度如表 3-3-3。

钢筋混凝土构件的保护层（mm）　表 3-3-3

钢筋	构件名称		保护层厚度
受力筋	墙、板和环形构件	截面厚度≤100	10
		截面厚度>100	15
	梁和柱		25
	基　础	有垫层	35
		无垫层	70
箍筋	梁和柱		15
分布筋	板和墙		10

(三) 钢筋的接头及图示方法

1. 钢筋的接头

钢筋除盘圆钢筋外，其长度一般在 10～12m，在施工中常需将钢筋连接起来，连接方式有两种：

(1) 绑扎接头　将钢筋搭接处用铁丝绑扎而成，在搭接长度内应绑扎三点，绑扎接头最小长度应符合表 3-3-4 规定。

(2) 焊接接头　受拉焊接骨架和焊接网在受力钢筋方向的搭接长度，见表 3-3-5。受压焊接骨架和焊接网在受力钢筋方向的搭接长度，为表中数值的 0.7 倍。

受拉钢筋绑扎接头的最小搭接长度　表 3-3-4

<table>
<tr><th rowspan="2">项次</th><th rowspan="2" colspan="2">钢筋种类</th><th colspan="3">混凝土强度等级</th><th rowspan="2">备　注</th></tr>
<tr><th>C20</th><th>C25</th><th>≥C30</th></tr>
<tr><td>1</td><td colspan="2">Ⅰ级钢筋</td><td>35d</td><td>30d</td><td>25d</td><td rowspan="4">1. 当Ⅱ、Ⅲ级钢筋直径 d>25mm 时，其受拉钢筋的搭接长度应按表中数值增加 5d 采用
2. 当混凝土在凝固过程中受力钢筋易受扰动（如滑模施工）时，其搭接长度宜适当增加
3. 在任何情况下，纵向受拉钢筋的搭接长度不应小于 300mm，受压钢筋搭接长度不应小于 200mm
4. 轻骨料混凝土的钢筋绑扎搭接长度应按普通混凝土搭接长度增加 5d（冷拔低碳钢丝增加 50mm）
5. 当混凝土强度等级低于 C20 时，Ⅰ、Ⅱ级钢筋最小搭接长度按表中 C20 的相应数值增加 10d。Ⅲ级钢筋不宜采用
6. 有抗震要求的框架梁的纵向钢筋，其搭接长度应相应增加。对一级抗震等级相应增加 10d；对二级抗震等级相应增加 5d
7. 两根直径不同钢筋的搭接长度，以细钢筋的直径为准
8. 受压钢筋绑扎接头的搭接长度应为表中数值的 0.7 倍</td></tr>
<tr><td>2</td><td rowspan="2">月牙肋</td><td>Ⅱ级钢筋</td><td>45d</td><td>40d</td><td>35d</td></tr>
<tr><td>3</td><td>Ⅲ级钢筋</td><td>55d</td><td>50d</td><td>45d</td></tr>
<tr><td>4</td><td colspan="2">冷拔低碳钢丝</td><td colspan="3">300mm</td></tr>
</table>

受拉焊接骨架和焊接网绑扎接头的搭接长度 **表 3-3-5**

项次	钢筋类型		混凝土强度等级		
			C20	C25	≥C30
1	Ⅰ级钢筋		30d	25d	20d
2	月牙肋	Ⅱ级钢筋	40d	35d	30d
		Ⅲ级钢筋	45d	40d	35d
3	冷拔低碳钢丝		250mm		

注：1. 搭接长度除应符合本表规定外，在受拉区不得小于 250mm，在受压区不得小于 200mm。
2. 当混凝土强度等级低于 C20 时，对Ⅰ级钢筋最小搭接长度不得小于 40d；表中Ⅱ级钢筋不得小于 50d；Ⅲ级钢筋不宜采用。
3. 当月牙肋钢筋直径 $d>25$mm 时，其搭接长度应按表中数值增加 5d 采用。
4. 当混凝土在凝固过程中易扰动时（如滑模施工），搭接长度宜适当增加。
5. 轻骨料混凝土的焊接骨架和焊接网绑扎接头的搭接长度应按普通混凝土搭接长度增加 5d（冷拔低碳钢丝增加 50mm）。
6. 有抗震要求时，对一级抗震等级相应增加 10d，二级抗震等级相应增加 5d。

2. 钢筋的图示及钢筋标注

结构施工图中通常用粗实线表示钢筋，用黑圆点表示钢筋的横断面，具体如表 3-3-6 所示。

钢筋的直径、根数及相邻钢筋的中心间距，一般采用引出线的方式加之标注，其标注形式有下面两种：

（1）标注钢筋的根数和直径（如梁内的受力筋和架立筋）

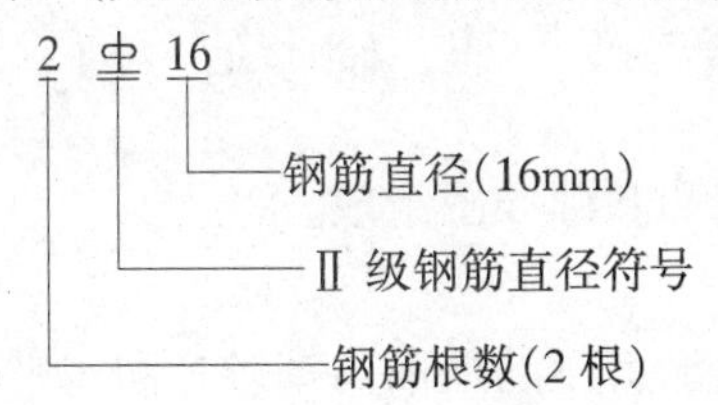

（2）标注钢筋的直径和相邻钢筋的中心距（如梁内箍筋和板内钢筋）

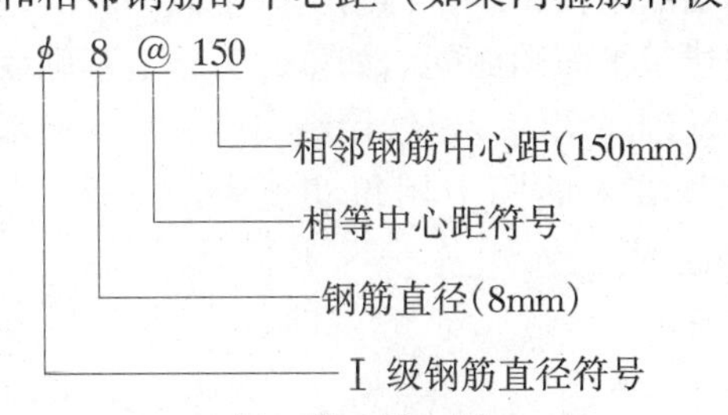

钢 筋 图 例 **表 3-3-6**

名称	图例	说明
钢筋横断面	●	
无弯钩的钢筋端部		下图表示长短钢筋投影重叠时，可在短钢筋的端部用 45°短划线表示
预应力钢筋横断面	+	

续表

名　称	图　例	说　明
预应力钢筋或钢铰线		用粗双点划线
无弯钩的钢筋搭接		
带半圆形弯钩的钢筋端部		
带半圆弯钩的钢筋搭接		
带直弯钩的钢筋端部		
带直弯钩的钢筋搭接		
带丝扣的钢筋端部		
接触对焊（闪光焊）的钢筋接头		
单面焊接的钢筋接头		
双面焊接的钢筋接头		
焊接网		一张网平面图

第二节　基　础　结　构　图

基础结构图由基础平面图和基础详图组成。

一、基础平面图

假想用一个水平剖切平面沿房屋的地面与基础之间水平全剖切，将房屋上部和基础四周的土层移开后所作的基础水平投影图，称为基础平面图。

基础平面图的比例与建筑平面图相同。如基础为条形基础或独立基础，被剖切开的基础墙和柱用粗实线表示，基础底宽的投影线用细实线表示。如基础为板式基础，则用细实线表示墙、梁等位置，在基础平面图中用粗实线表示钢筋，用粗点划线表示梁。如图3-3-3所示为某住宅基础平面图。

阅读平面图主要内容有：

1. 图名、比例。

2. 纵横定位轴线、基础平面图中的定位轴线与建筑平面图中的定位轴线一致。

3. 基础的平面布置，从图3-3-3中可以看出该住宅的基础为现浇钢筋混凝土板式基础，基础梁用阴影表示，并注明代号“JL”。

4. 在基础平面图中注有剖切符号及编号，以便与基础详图对照阅读。剖切编号不同，表示基础的构造及尺寸不同。如图中的“A-A”与“B-B”。

5. 基础平面图中的尺寸，分为内部尺寸和外部尺寸。外部尺寸只标注定位轴线的间距以及首尾轴线间的尺寸，内部尺寸则要注明基础墙的厚度，基底的宽度等细部尺寸。

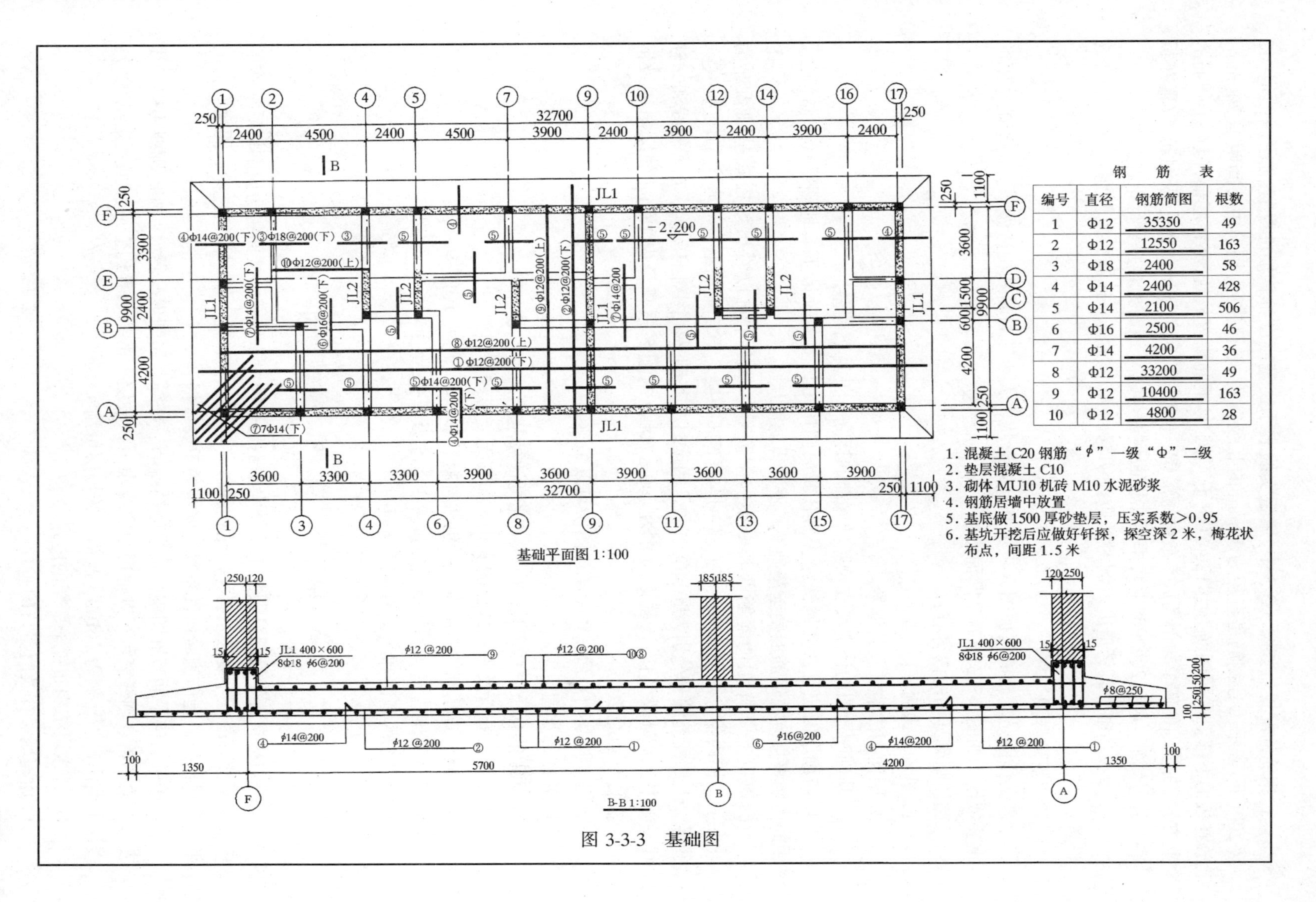

钢　筋　表

编号	直径	钢筋简图	根数
1	Φ12	35350	49
2	Φ12	12550	163
3	Φ18	2400	58
4	Φ14	2400	428
5	Φ14	2100	506
6	Φ16	2500	46
7	Φ14	4200	36
8	Φ12	33200	49
9	Φ12	10400	163
10	Φ12	4800	28

1. 混凝土 C20 钢筋"ϕ"一级"Φ"二级
2. 垫层混凝土 C10
3. 砌体 MU10 机砖 M10 水泥砂浆
4. 钢筋居墙中放置
5. 基底做 1500 厚砂垫层，压实系数>0.95
6. 基坑开挖后应做好钎探，探空深 2 米，梅花状布点，间距 1.5 米

图 3-3-3　基础图

6. 钢筋的配置。如图 3-3-3 中，用粗实线表示出基础底部钢筋的配置，如图中①⊈ 12@200(下)表示①号钢筋是直径为 12mm 的Ⅱ级钢筋，平行排列，钢筋中心间距是 200mm，放在板的下部。②号钢筋为⊈ 12@200(下)与①号钢筋垂直放置(亦在底部，但在①号筋的上方)。在基础的四个角部还放有放射钢筋⑦，是 7 根直径为 14mm 的Ⅰ级钢筋，放置在板底。⑧号钢筋为⊈ 12@200(上)，排列在板面附近与①号钢筋相对并平行布置。

7. 如在基础中有管道出入洞时，应注明洞的大小及洞底标高，以及洞口上方过梁的设置。

二、基础详图

基础详图是基础的断面图，表示基础的形状、大小、材料和构造做法，是基础施工的重要依据，如图 3-3-3 的 B-B 断面图。

阅读基础详图的内容有：

1. 图名、比例。

2. 断面图的轴线及其编号。

3. 基础断面图的详细尺寸及基础底部的标高，计算工程量。

4. 防潮层的位置及其做法。从 B-B 断面图中可以看到外墙下有地圈梁代替防潮层，中间内墙直接砌在钢筋混凝土基础上，不需设防潮层。

5. 基础底部详细的配筋及基础梁的配筋等。从图中可以看出该板式基础板厚为 400mm，板内配有双层钢筋，即上部一层，下部一层。下部配筋编号分别为①、②、④、⑥号，上部配筋编号分别为⑧、⑨、⑩，阅读时与基础平面图对照阅读。在Ⓐ轴线和Ⓕ轴线基础中有基础梁（JL_1）截面尺寸为 400×600，内配 8 根直径为 18mm 的纵向一级钢筋，箍筋为 ϕ6@200。

总之，从基础平面图和基础详图中可以了解到：

1. 基础的类型。

2. 基础的总长、总宽及深度，由此可计算基槽的土方量。

3. 基础的布置及不同部位的变化，如有无变形缝等。

4. 不同位置基础的详细做法（包括材料、形状、强度、配筋等内容）。

5. 基础范围管道沟槽及留洞的位置、大小及具体做法。

基础详图的画法和线宽要求同剖面图。

第三节　楼、屋、盖结构图

楼层结构布置平面图是假想用一个水平剖切平面沿未抹灰的楼面将房屋剖切后所作的楼层水平投影图。主要表示各楼层结构构件（如梁、板、柱、墙、门窗过梁、圈梁等）的平面布置情况，是施工时构件布置、安装的重要依据。

在楼层结构平面布置图中被楼板遮挡的墙、柱等，用细虚线表示；外轮廓线用中实线表示，梁用粗点划线表示；其他用细实线表示，楼层上的梁板等构件应注上规定的代号。楼层平面图常用比例为 1∶100，较简单的楼层可用 1∶150。

（一）楼层结构布置平面图的内容

1. 所有墙、柱及门窗口的布置。

2. 房屋的定位轴线尺寸及构件定位尺寸。

3. 楼层结构构件的平面布置，现浇板与预制板应采用不同的表示方式（现浇板代号为XB，预制多孔板代号为YKB)。

4. 有关结构断面图的剖切位置及编号。

5. 图名、比例和施工说明，主要有材料的等级、强度和要求等。

（二）楼层结构平面图的图示方法

1. 预制楼板

常采用如图3-3-4中的两种方法表示。一为画出房间板的布局投影，然后在对角线上标注板的数量及规格代号；另一种为简化画法，省略板的投影内容，但相同布置的房间楼板应至少画出一间板的布局投影，以利于理解板的搁置方向，如图中板为左右搁置。被板压住的墙用虚线画出。

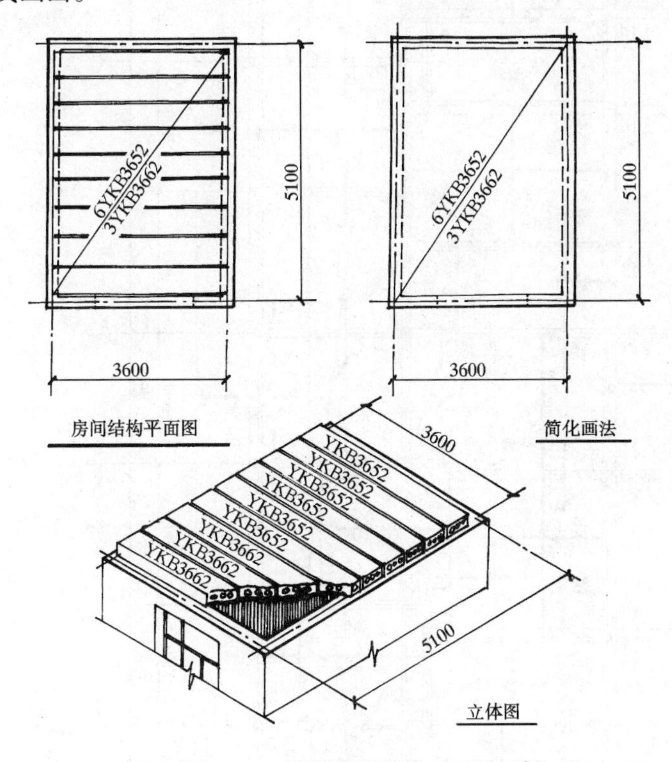

图 3-3-4　预制楼板结构平面图示例

图中6YKB3652表示：

6：板的数量为6块；

YKB：预应力空心楼板；

36：预制板长3600mm；

5：预制板宽500mm；

2：预制板的荷载等级为Ⅱ级。

2. 现浇楼板

如果楼板是现浇钢筋混凝土楼板，则应在结构平面图中直接将板内钢筋表示出来。如现浇楼板中的肋形楼板，通常几块板的配筋完全相同，相同的现浇板中，只取一块详细地

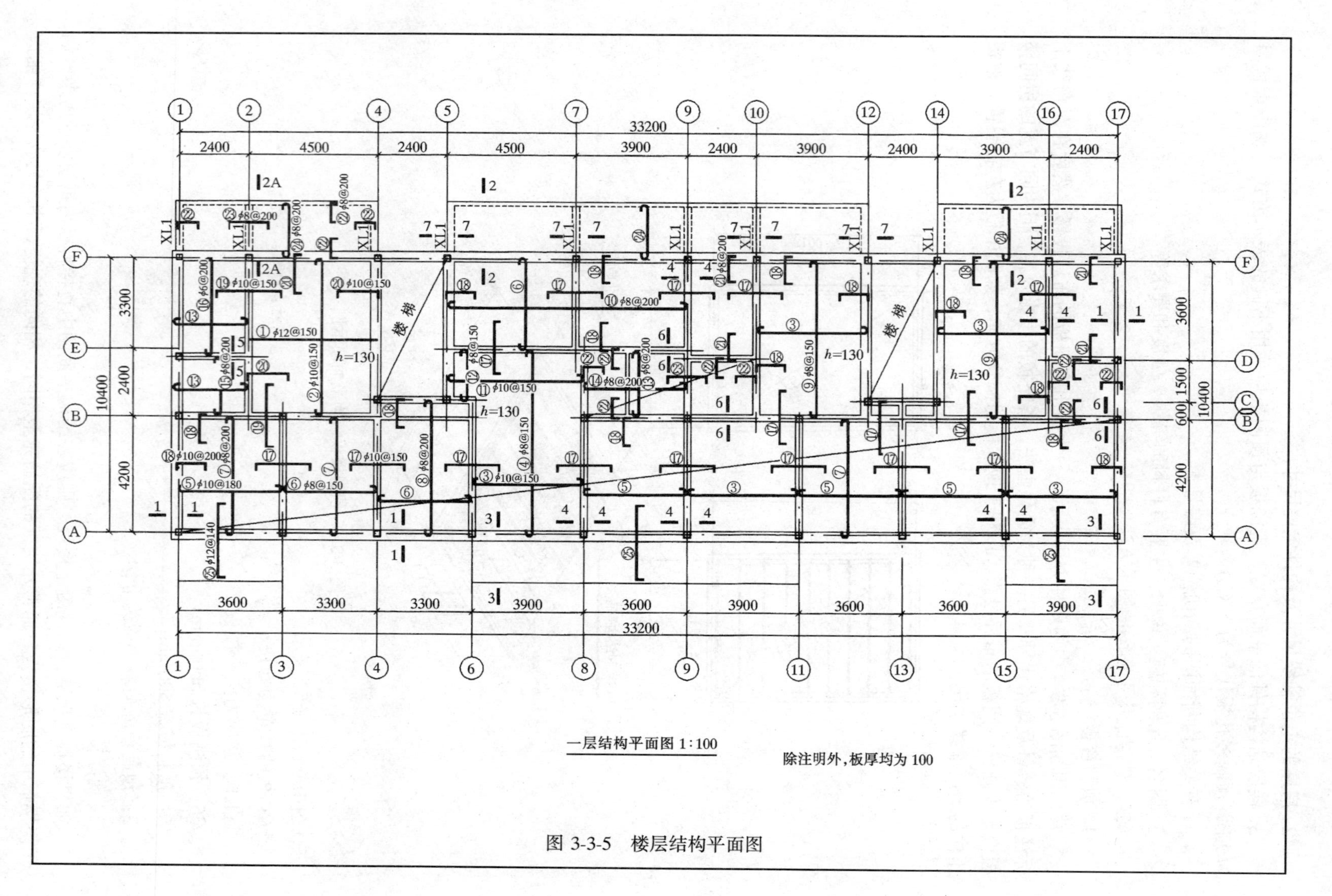

图 3-3-5 楼层结构平面图

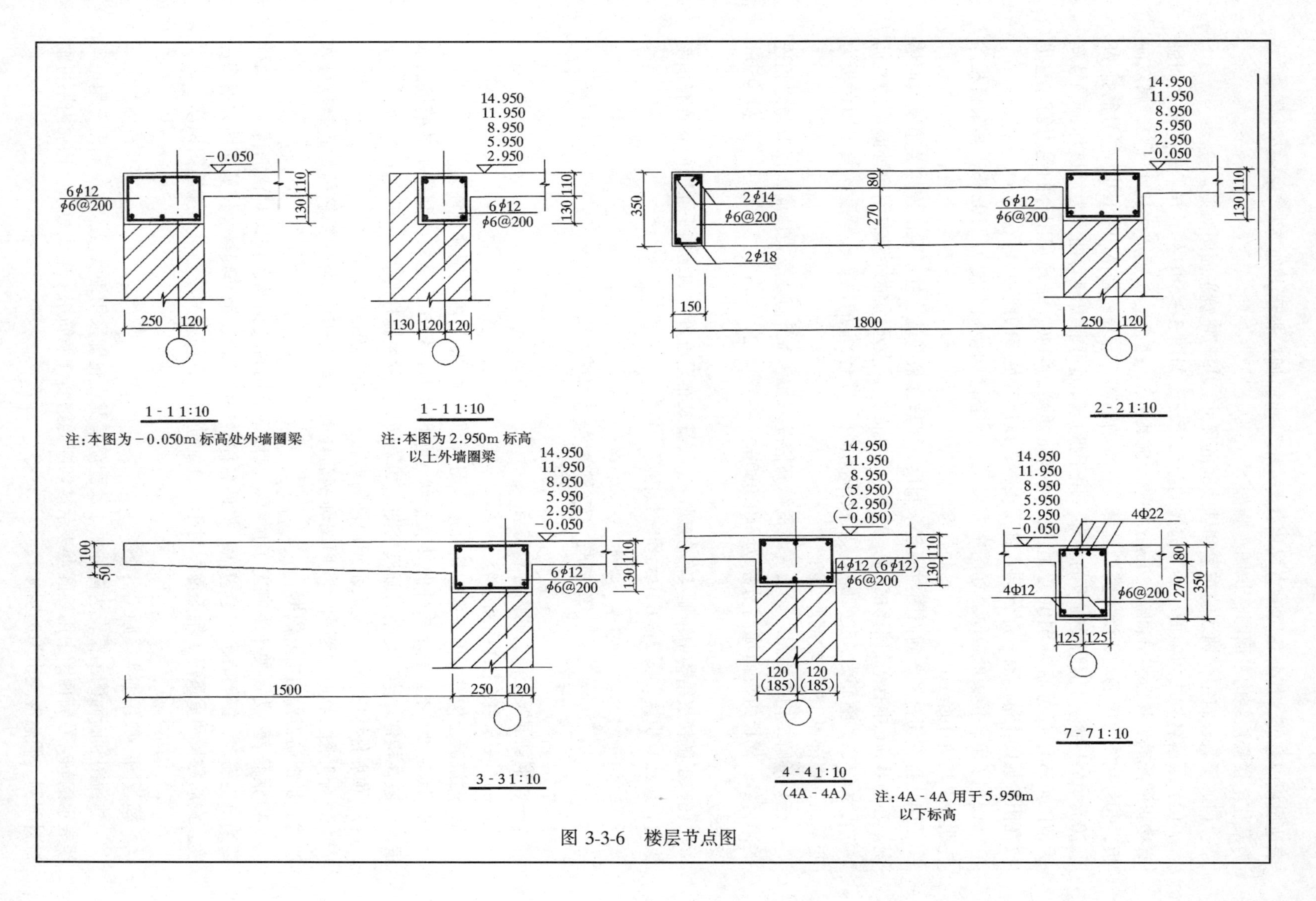

-0.050
6φ12
φ6@200
110
130
250
120
1-1 1:10
注:本图为-0.050m标高处外墙圈梁
14.950
11.950
8.950
5.950
2.950
6φ12
φ6@200
110
130
130
120
120
1-1 1:10
注:本图为2.950m标高以上外墙圈梁
14.950
11.950
8.950
5.950
2.950
-0.050
350
2φ14
φ6@200
2φ18
80
270
6φ12
φ6@200
110
130
150
1800
250
120
2-2 1:10
14.950
11.950
8.950
5.950
2.950
-0.050
100
50
6φ12
φ6@200
110
130
1500
250
120
3-3 1:10
14.950
11.950
8.950
(5.950)
(2.950)
(-0.050)
4φ12 (6φ12)
φ6@200
110
130
120
(185)
120
(185)
4-4 1:10
(4A-4A)
注:4A-4A用于5.950m以下标高
14.950
11.950
8.950
5.950
2.950
-0.050
4Φ22
4Φ12
φ6@200
80
270
350
125
125
7-7 1:10

图 3-3-6 楼层节点图

表达出板内配筋，其余几块板直接用代号“B”并加脚标表示，如 B_1、B_2……。图 3-3-5 为某住宅楼楼层结构平面图，识图步骤如下：

（1）了解建筑定位轴线的布置和轴线间的尺寸，并与建筑平面图对照。

（2）了解各轴线间楼板、梁等构件的配筋情况。如图 3-3-6 中左下方①～③轴之间卧室楼板的配筋，该卧室开间 4320mm，进深 5040mm，楼板的长短边之比小于 2，属双向板，⑤号和⑦号钢筋均为受力筋，且都设在板的下部，⑤号筋是 ϕ10@180，⑦号筋是 ϕ8@200。⑰号和⑱号钢筋设在板的上部，用于抵抗板面可能出现弯曲受力而破坏，⑰号筋为 ϕ10@150，⑱号筋为 ϕ10@200。25 号钢筋（ϕ12@140）是现浇阳台的受力筋，它也放在阳台板的上部，有一部分伸入卧室楼板，以形成足够的锚固力。

（3）了解各楼板的板厚。如图中左侧②～④轴之间楼板厚度为 130mm，其余楼板除注明外，均为 100mm。

（4）将剖切符号与断面图对照起来阅读，了解楼板与墙、柱、梁的连接关系及截面情况。在图 3-3-6 中有七组剖切符号，其中 3-3 断面图，表示Ⓐ轴外墙有阳台处圈梁的配筋（主筋为 6ϕ12，箍筋为 ϕ6@200），以及现浇楼板、阳台板的位置、厚度，其中阳台板为变截面，根部厚 150、端部厚 100。

（5）了解结构平面图中梁板等结构标高情况。如 3-3 断面处圈梁顶面，以及与之相连的阳台数、楼板的板面标高分别为 − 0.050m（一层）、2.950m（二层）……、14.950m（六层）。

（6）了解楼层结构中预制构件的规格、数量及布置位置。如结构平面图中布置有预制板时，应注意识读，图 3-3-6 中无预制板内容。

第四节　钢筋混凝土构件详图

一、钢筋混凝土详图的内容和特点

（一）钢筋混凝土详图的内容

钢筋混凝土构件详图一般包括有模板图、预埋件详图、配筋图和钢筋表。

1．模板图　主要表示构件的外表形状、预埋件的位置等，是构件制作中支模板的依据，一般在构件外形较复杂时画模板图。如单层厂房的牛腿柱等。

2．预埋件详图　主要是表示预埋件的形状、大小、规格等。

3．配筋图　包括立面图、断面图和钢筋详图，具体表达构件中钢筋的位置、数量和形状。是钢筋工程的主要依据。

4．钢筋表　为了便于编制施工预算、统计钢筋用料及钢筋制作，对钢筋混凝土构件要列出钢筋表，钢筋表的内容包括：构件名称、构件数量、钢筋编号、钢筋简图、钢筋长度、钢筋数量和重量等。钢筋简图对于识读配筋图很有用处，注意对照配筋图识读。

（二）图示特点

模板图一般用细实线画出。

立面图和断面图主要表达构件大小及配筋情况。轮廓采用细实线，在立面图上用粗实线表示钢筋，在断面图中用黑圆点表示被切断的钢筋，箍筋用中粗线表示，轮廓内不再画材料图例（假想混凝土为透明体）。

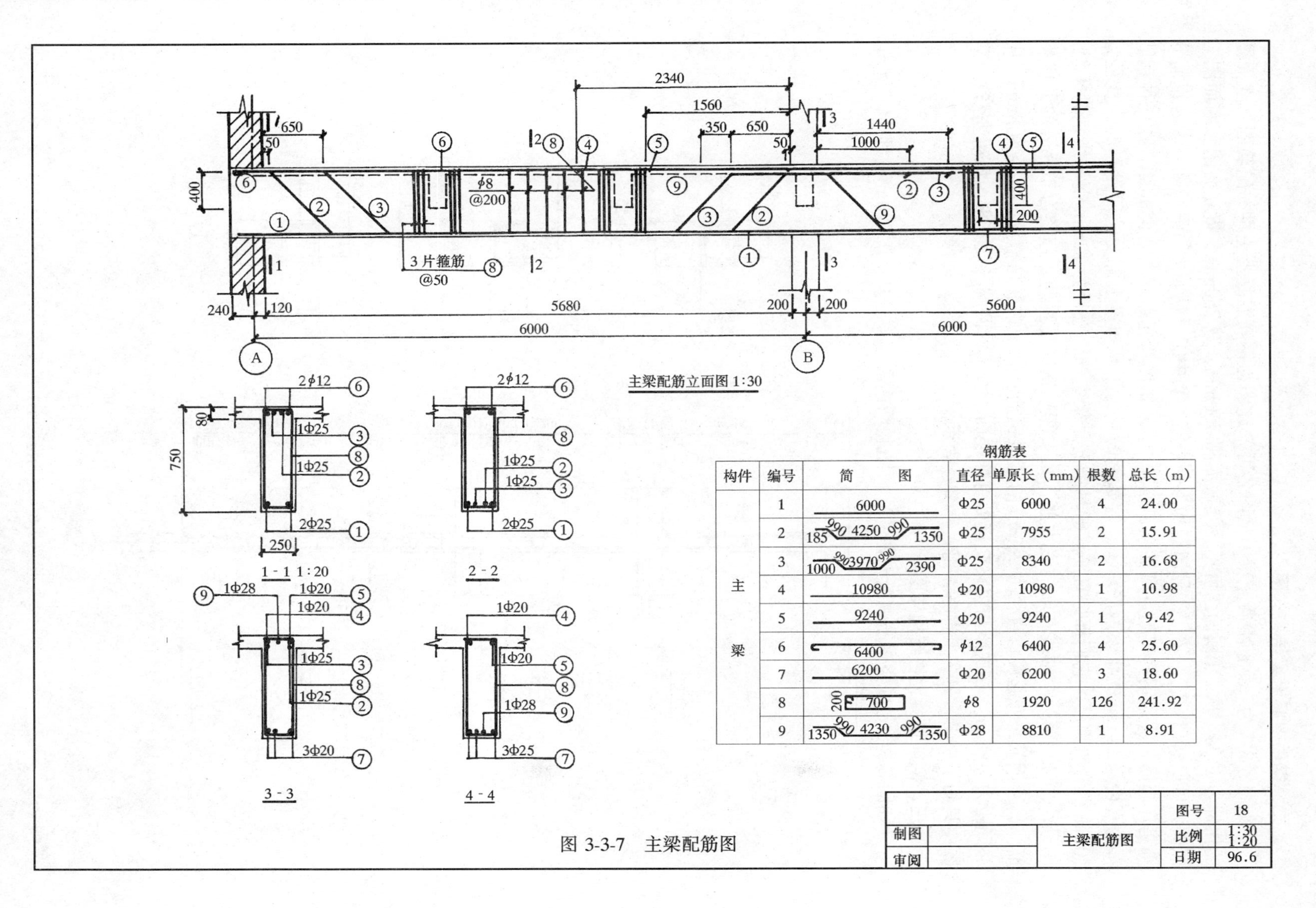

钢筋表

构件	编号	简图	直径	单原长（mm）	根数	总长（m）
主梁	1	6000	Φ25	6000	4	24.00
	2	185 990 4250 990 1350	Φ25	7955	2	15.91
	3	1000 990 3970 990 2390	Φ25	8340	2	16.68
	4	10980	Φ20	10980	1	10.98
	5	9240	Φ20	9240	1	9.42
	6	6400	ϕ12	6400	4	25.60
	7	6200	Φ20	6200	3	18.60
	8	200 700	ϕ8	1920	126	241.92
	9	1350 990 4230 990 1350	Φ28	8810	1	8.91

		图号	18
制图	主梁配筋图	比例	1:30 1:20
审阅		日期	96.6

图 3-3-7　主梁配筋图

二、钢筋混凝土梁结构详图

如图3-3-7为一钢筋混凝土梁，从图名可知此图为钢筋混凝土主梁的配筋图，立面图的比例为1∶30。从1-1断面图可见：梁截面高750mm，宽250mm。将立面图和断面图对照阅读可以看出：①、②、③号钢筋都为受力筋。其中①号钢筋为直筋，②、③号钢筋分别是弯起筋；②号钢筋弯起点离支座50mm；③号钢筋弯起点离支座650mm，这三种钢筋都为直径是25mm的Ⅱ级钢筋。④、⑤号钢筋是为了承担梁上部受拉而设置的，直径为20mm的Ⅱ级钢筋，它们都是直筋。⑥号钢筋是架立筋，直径为12mm钢筋级别为Ⅰ级。⑦号、⑨号钢筋为Ⓑ轴线右端的受力筋，其中⑦号钢筋是直筋，直径为20mm的Ⅱ级钢筋。⑨号钢筋是弯起筋，直径为28mm的Ⅱ级钢筋。⑧号钢筋是箍筋，直径为8mm，中心间距为200mm。在次梁与主梁交接处有加强筋，次梁的两端各放三根。该梁左右对称，图中只画了一半，另一半省略，用对称符号表示。

三、钢筋混凝土柱结构详图

如图3-3-8是现浇钢筋混凝土柱的立面图和断面图，该柱从－0.030m直到11.100m。

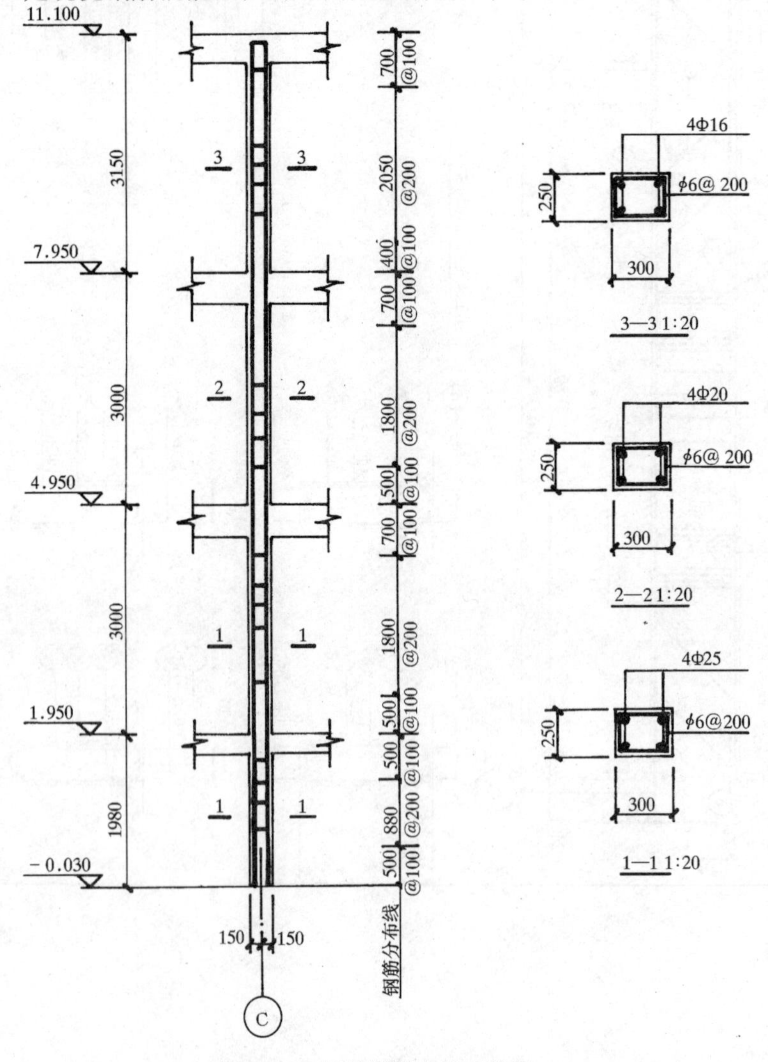

图3-3-8　钢筋混凝土柱配筋图

从图中可以看出该建筑层高3m，柱断面为矩形，截面尺寸是300mm×250mm。从1-1断面图中可见柱内配有4根直径为25mm的Ⅱ级钢筋，箍筋是直径为6mm，中心间距200mm。从箍筋分布线上可以了解到整根柱子上的箍筋分布情况，在每层地面标高处，上面500mm和下面600mm处，箍筋都要加密，此处箍筋间距为100mm，其余全部为200mm。

第五节　钢结构施工图简介

钢结构是用各种型钢拼装而成的一种结构型式，由于钢材强度大、自重轻、耐高温、抗振动，因此在民用建筑中，超高层和大空间的建筑常采用。而在工业厂房中，当厂房跨度大、有吊车起重，且起重吨位较大时，也常采用钢结构的形式。下面简单介绍钢结构图的基本知识和读图方法。

一、型钢及其连接

型钢主要有角钢、工字钢、槽钢、圆钢等，常用型钢及其标注见表3-3-7。

型钢的标注　　**表3-3-7**

名　称	截面代号	标注方法	立体图
等边角钢	L	$\angle b \times d$ / l	d, b, b, l
不等边角钢	L	$\angle B \times b \times d$ / l	d, B, b, l
工字钢	I	QIN / l (轻型钢时才加注Q)	N, l
槽　钢	[	$Q[N$ / l (轻型钢时才加注Q)	N, l

续表

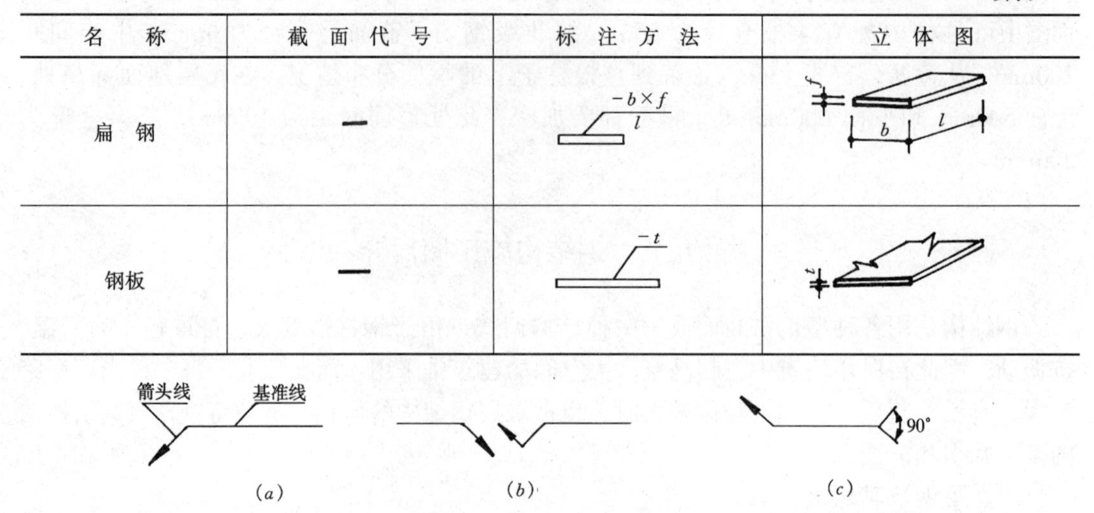

名　称	截面代号	标注方法	立体图
扁　钢	—	$-b\times f$ l	f　b　l
钢板	—	$-t$	t

图 3-3-9　焊缝引出线

（a）引出线的组成；（b）箭头线的转折；（c）引出线的尾部

型钢的连接有三种方式，焊接、螺栓连接与铆接。

（一）焊接和焊缝代号

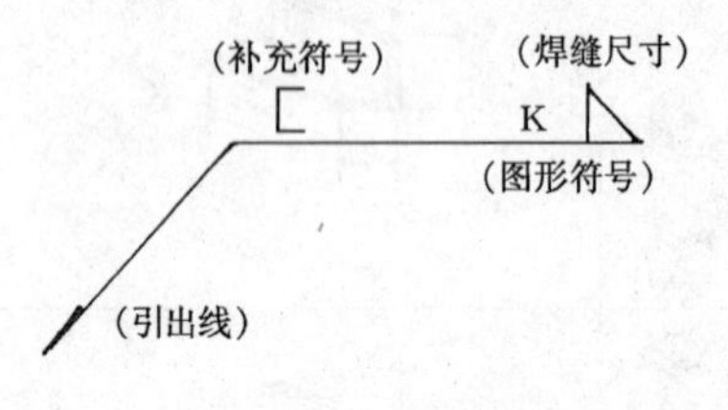

图 3-3-10　焊缝代号

在钢结构施工图上，由于设计时对连接有不同要求，产生不同的焊缝形式，在钢结构图上，必须把焊缝的位置、型式和尺寸标注清楚。焊缝代号按国家标准《焊缝符号表示法》（GB324—88）规定，主要由图形符号、补充符号和引出线部分组成，如图 3-3-10。图形符号表示焊缝断面的基本形式，补充符号表示焊缝某些特征的辅助要求，引出线表示焊缝的位置，见图 3-3-9。表 3-3-8 表示焊接的图形符号、辅助符号和补充符号。

焊缝图形符号和补充符号　　　**表 3-3-8**

焊缝名称	示　意　图	图形符号	焊缝名称	示　意　图	图形符号
V 型焊缝		V	I 型焊缝		‖
单边 V 型焊缝		V	点焊缝		○
角焊缝		◺			

续表

符号名称	示意图	补充符号	标注方法	符号名称	示意图	补充符号	标注方法
周围焊缝符号				现场焊接符号			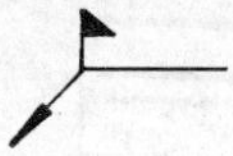
三面焊缝符号	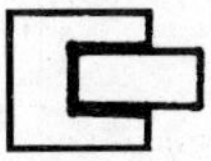		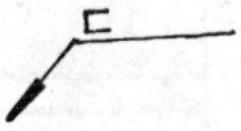	相同焊接符号			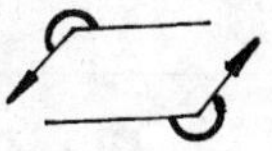
带垫板符号			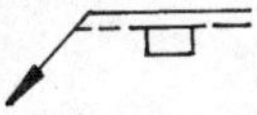	尾部符号			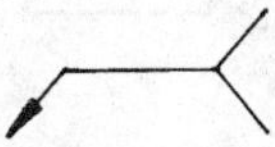

（二）焊接的标注

焊缝的标注方法如表 3-3-9，当焊缝分布不规则时，在标注焊缝的代号的同时，宜在焊缝处加粗线（表示可见焊缝）或栅线（表示不可见焊缝），如图 3-3-11。

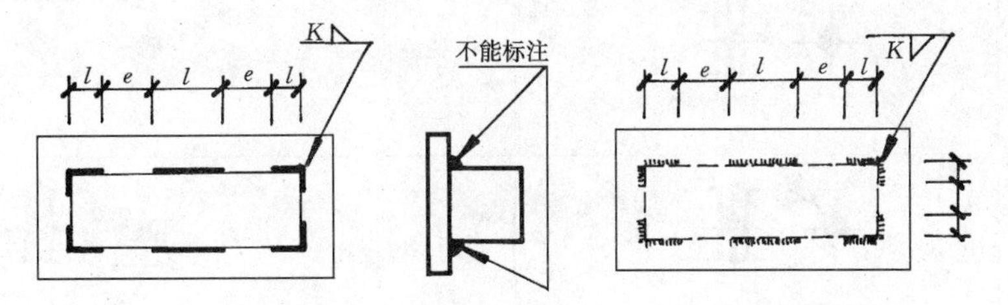

图 3-3-11　焊缝不规则时的画法和标注

焊缝标注方法的示例　　**表 3-3-9**

示意图	标注方法	说明	示意图	标注方法	说明
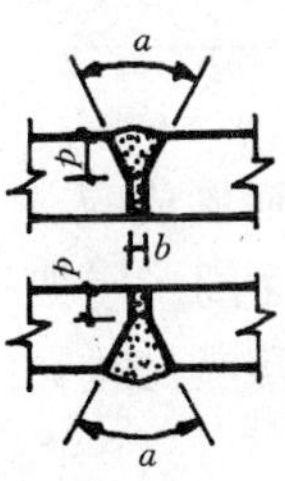	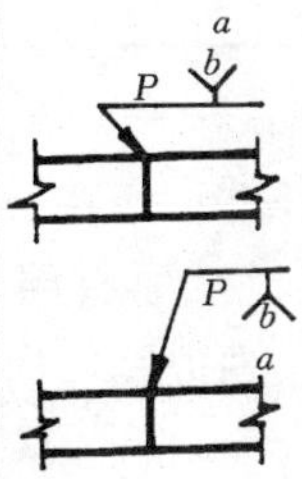	单面焊缝的标注	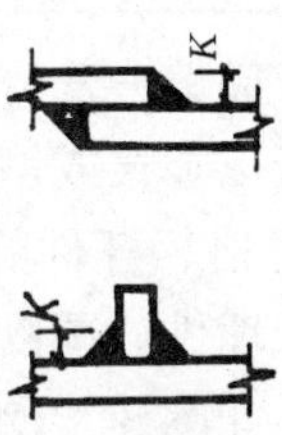	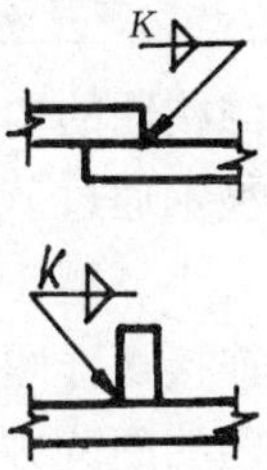	1．双面焊缝的标注 2．当两面尺寸不相同时，横线上方表示箭头一面的符号和尺寸，下方表示另一面的符号和尺寸 3．当两面尺寸相同时，只需在横线上方标注尺寸
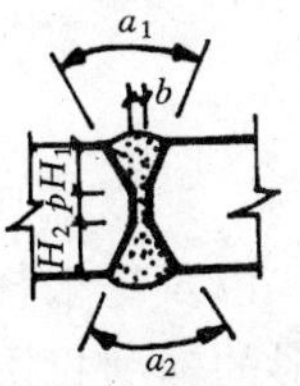	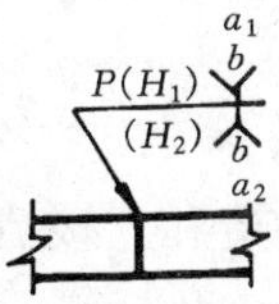	1．双面焊缝的标注 2．当两面尺寸不相同时，横线上方表示箭头一面的符号和尺寸，下方表示另一面的符号和尺寸 3．当两面尺寸相同时，只需在横线上方标注尺寸	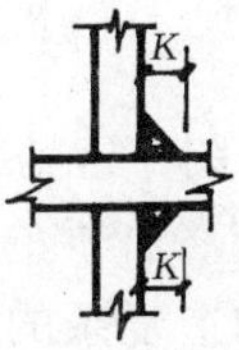	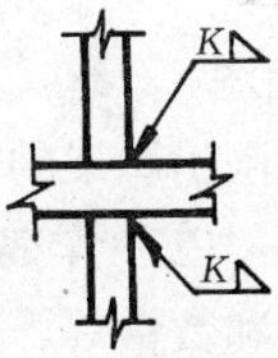	三个和三个以上的焊件焊缝，不得作为双面焊缝，其符号和尺寸应分别标注

续表

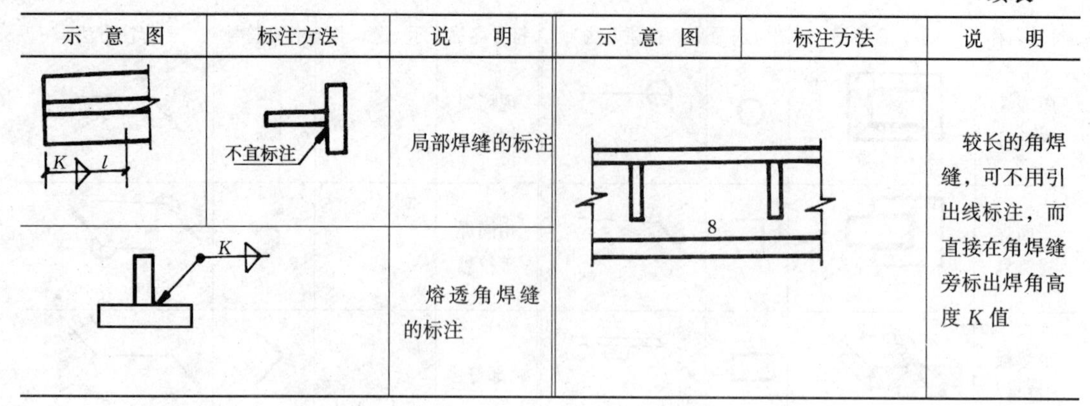

示 意 图	标注方法	说 明	示 意 图	标注方法	说 明
K l	不宜标注	局部焊缝的标注	8		较长的角焊缝，可不用引出线标注，而直接在角焊缝旁标出焊角高度 K 值
	K	熔透角焊缝的标注			

（三）螺栓孔、电焊铆钉图例（表 3-3-10）

螺栓、孔、电焊铆钉图例 **表 3-3-10**

名 称	图 例	名 称	图 例
永久螺栓		圆形螺栓孔	
高强螺栓	ϕd	长圆形螺栓孔	b a
安装螺栓		电焊铆钉	

二、钢屋架结构图的内容及阅读方法

钢屋架是用型钢通过节点板以焊接或铆接的方法将各个杆件汇集在一起而制成的。表示屋架的形式、大小、型钢的规格、杆件的组合和连接情况，主要有屋架简图、屋架详图、杆件详图、连接板详图、预埋件详图以及钢材用量表等。现以某厂房钢屋架结构详图为例说明钢结构图的阅读方法，如图 3-3-12 所示。

1. 屋架简图

屋架简图又称屋架示意图，用以表达屋架的结构形式、各杆件的计算长度，作为放样的一种依据。

2. 屋架立面图

用较大比例画出屋架的立面图，这是屋架的主视图。由于该屋架完全对称，所以只画半个屋架。图 3-3-12 中详细画出各杆件的组合、各节点的构造和连接情况，以及每根杆件的型号、长度和数量等，对构造复杂的上弦杆还补充画出上弦杆斜面实形的辅助投影图。该图详细表明檩条⑱和两安装屋架支撑所用的螺栓孔（ϕ13）的位置。对支座节点，另做出 1-1 剖面图和 2-2 剖面图。这个屋架支承在钢筋混凝土柱上，屋架与柱子之间用锚

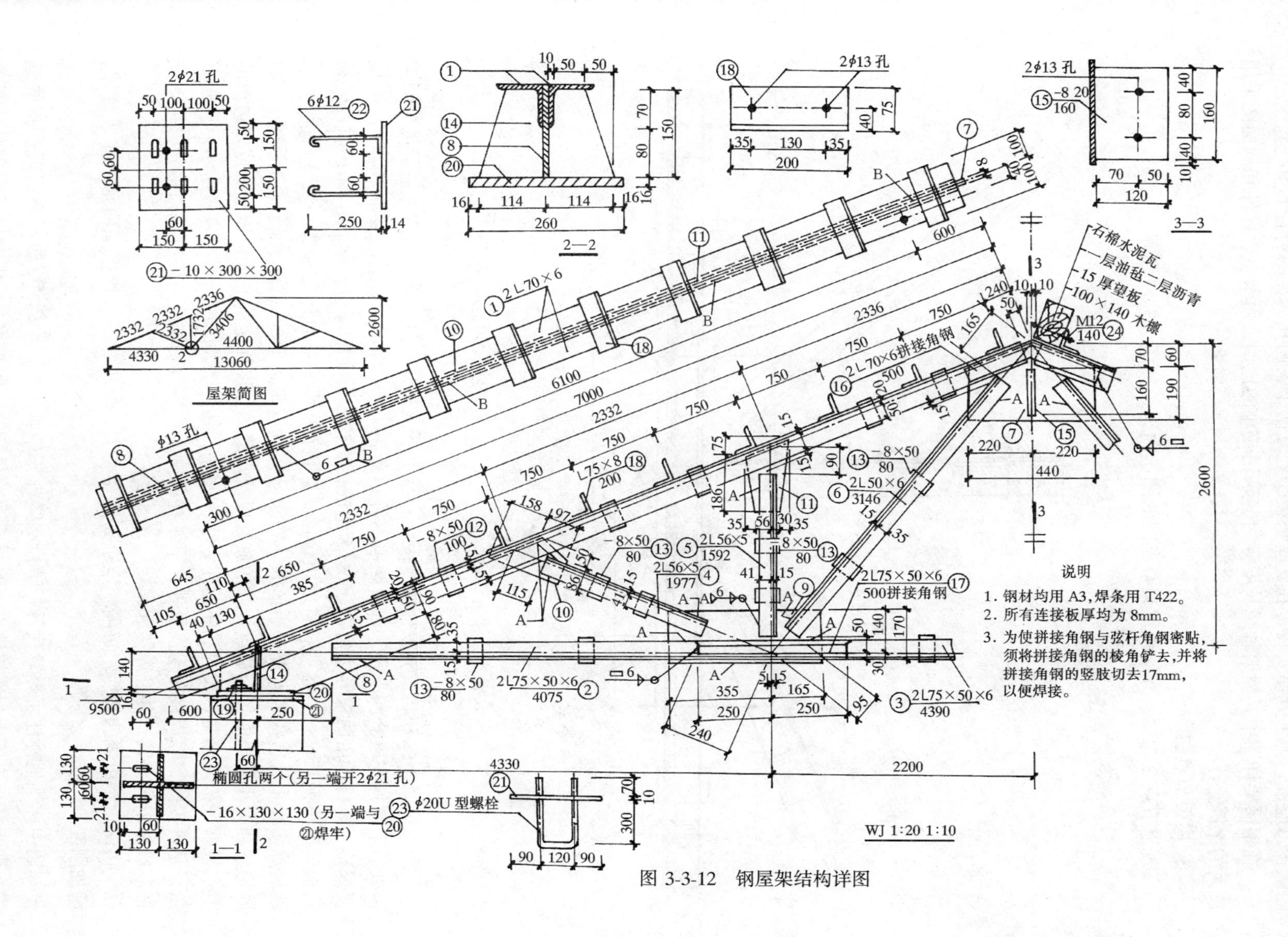

图 3-3-12　钢屋架结构详图

固螺栓㉓连接，为了方便安装，在支座垫板⑳处开两个长圆孔（在图的右下角处）。

在钢屋架详图中，屋架轴线长度等内容采用较小的比例；而节点、杆件和剖面图采用较大的比例。

3. 屋架节点图

现以节点 2 为例，介绍钢屋架节点图的图示内容，如图 3-3-13 所示。

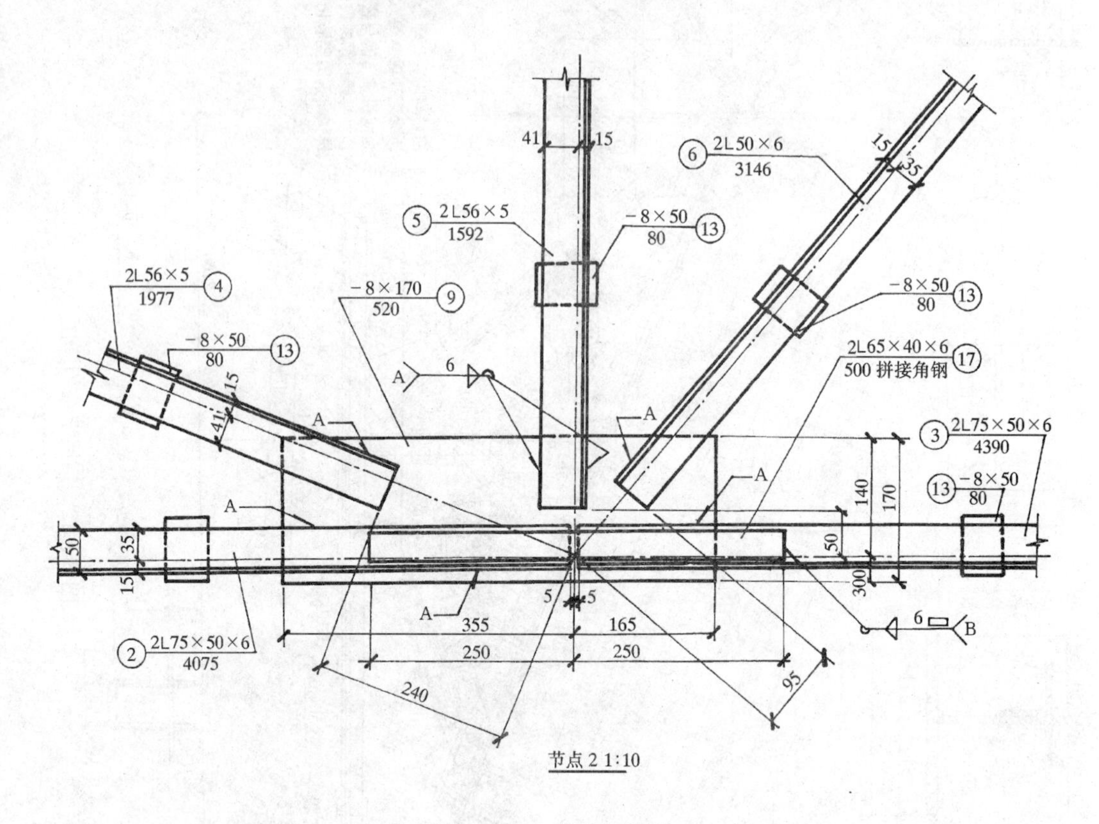

图 3-3-13 节点 2 详图

节点 2 是下弦杆和三根腹杆的连接点。整个下弦共分三段，这个节点在左段的中间连接处。下弦杆左段②和中段③都由两根不等边角钢 L75×50×6 组成，接口相隔 10mm 以便焊接。竖杆⑤由两根等边角钢 L56×5 组成；斜杆⑥是两根等边角钢 L50×6；斜杆④是两根等边角钢 L56×5。这些杆件的组合形式都是背向背，并且同时夹在一块节点板⑨上，然后焊接起来。这些节点板有矩形的（如⑨号）也有多边形的（如上弦节点的⑩号）。它的形状和大小是根据每个节点杆件的放置以及焊缝的长度而定的。无论矩形的或多边形的节点板都按板厚、宽、长的顺序标注大小、尺寸，其注法如图中⑨号节点板所示。由于下弦杆是拼接的，除焊接在连接板外，下弦杆两侧面还要分别加上一块拼接角钢⑰，把下弦杆左段和中段夹紧，并且焊接起来。

由两角钢组成的杆件，每隔一定距离还要夹上一块填板⑬，以保证两角钢连成整体；增加刚度。

图中详细地标注了焊缝代号。节点2竖杆⑤中画出 A＞—6—▷—○ 表示指引线所指的地方，即竖杆与连接板相连的地方，要焊双面贴角焊缝，焊缝高 6。焊缝代号尾部的字母 A

是焊缝分类编号。在同一图样上，可将其中具有共同焊缝形式、剖面尺寸和辅助要求的焊缝分别归类，编号 A、B、C……。每类只标注一个焊缝代号，其他与 A ≻—6—▷—○↘ 相同的焊缝，则只需画出指引线，并注一个 A 字，如 A⟶。

此外，还要详细标注杆件的编号、规格和大小（如图中的②$\frac{2L75\times50\times6}{4075}$），以及节点中心至杆件端面的距离，如图中 240、95 和 50 等。

第六节　结构施工图平面整体表示方法简介

我国在 1996 年颁布了建筑结构施工图平面整体表示方法（简称平法）的国家标准图集，是对以往混凝土结构施工图设计方法的重大改革，业已广泛使用。本节就《混凝土结构施工图平面整体表示方法制图规则和构造详图》（96G101）作简单介绍。

平法的表达形式，概括来说就是把结构构件的尺寸、配筋等按相应的制图规则，整体直接表达在各类构件的结构平面布置图上，再与标准构造详图相结合，即成一套完整的结构施工图。这种方法改变了传统的那种将构件从结构平面布置图上索引出来，再逐个绘制配筋详图的繁琐方法，施工图的图纸量和 CAD 设计成本约为传统方法的 1/3，有利于设计和识图，提高工作效率。

在平面图上表示各构件的尺寸和配筋值的方式有：平面注写方式、列表注写方式、截面注写方式。无论何种方式，构件尺寸均以毫米、标高均以米为单位。现以平面注写和截面注写两种平法，介绍梁柱构件的识读。

一、梁平面整体配筋图的识读

在结构平面布置图中以表达梁的编号、位置、尺寸及配筋的图样称为梁平面整体配筋图。如图 3-3-14 为其注写方法的示例，图中有集中标注与原位标注两个内容。

集中标注是指梁的结构编号、截面尺寸（宽×高）、箍筋、贯通筋和架立筋数值，以及梁的上表面结构标高等五项通用内容。集中标注选用一根细实线从梁中引出（如果多跨连续梁的五项通用内容均相同，可从梁的任一跨引出），图 3-3-14 上方“KLZ（ZA)”表示框架梁编号为 2，括号中的数字“2”表示该框架为两跨、“A”表示框架一端有悬挑梁（如写“B”则表示两端均有悬挑梁）；另起一行的“ϕ8-100/200（2)”表示沿梁的箍筋值，意为Ⅰ级钢筋、直径为 8mm、加密区中心距为 100（在每跨梁的两端），非加密区为 200mm（在梁的跨中区域）；后面的“（2)”表示该梁箍筋为双肢箍，而后面的“2 Φ 25”表示各梁跨中的架立筋数值；集中标注的最末一行“（-0.100)”表示梁顶结构标高低于本层楼面结构标高 0.100m（如果梁顶面高于楼板面时该值写“+”号、高差为零时不写)。

图 3-3-14 中的原位标注是指梁在它具体位置上的配筋值，写在梁上部的表示该处截面上部配筋，写在下方的表示下部配筋。当上部配筋（梁的纵向筋）多于一排时，用斜线“/”将各排钢筋自上而下分开。例如图 3-3-14 中的“6 Φ 25　4/2”表示梁支座处上排纵筋为“4 Φ 25”，下排纵筋为“2 Φ 25”。当同排纵筋有两种直径时，用加号“+”相连，注写时梁截面角上的钢筋写在前面，如图左上侧的“2 Φ 25+2 Φ 22”表示梁支座上部有四根纵筋伸入支座，“2 Φ 25”放在角部、“2 Φ 22”放在中部。图内中间跨下方的“4 Φ

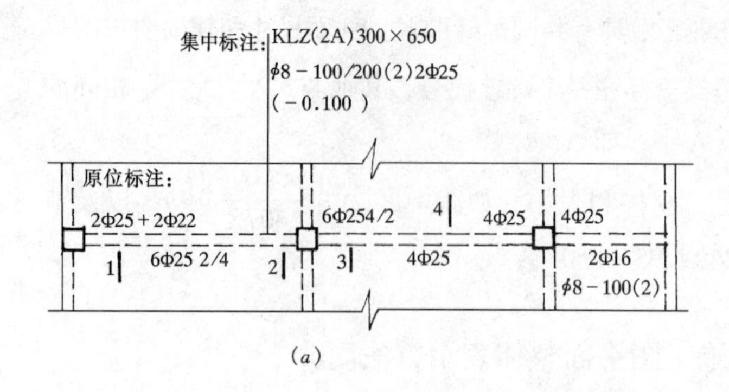

(a)

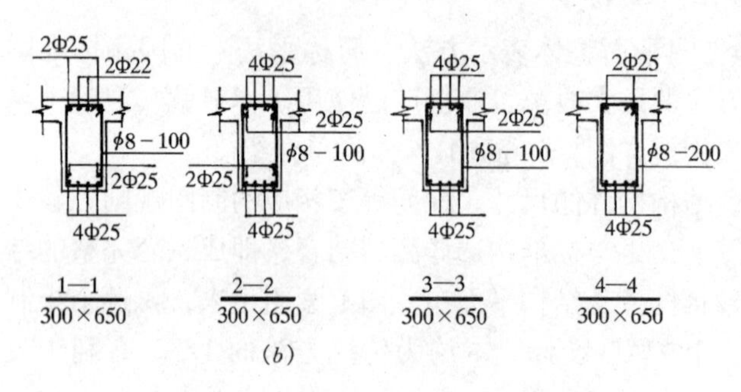

(b)

图 3-3-14　梁的平面注写方式及对照

(a) 平面注写方式示例；(b) 对应的配筋断面图

注：本图四个梁截面系采用传统的表示方法绘制，用于比较平面注写方式的同样内容。实际应用时，不需绘制梁截面图及 (a) 图中的相应截面符号。

25”表示梁下部纵筋 4 ⊈ 25 伸入左右支座内。

当梁中间支座两侧的上部纵筋相同时，可仅在支座的一边标注配筋值，另一边省去不标。当梁的上、下部纵筋均为贯通筋，且各跨配筋相同时，此项可加注下部纵筋的配筋值，用分号“;”将上部与下部纵筋的配筋值分隔开来。例如“3 ⊈ 22；3 ⊈ 20”表示梁的上部配置 3 ⊈ 22 的贯通筋，梁的下部配置 3 ⊈ 20 的贯通筋。当梁高大于 700 时，需设置侧面的纵向构造钢筋，按标准构造详图配置，设计图中不注，但梁侧面有抗扭纵筋时，须在该跨的适当位置标注抗扭纵筋的总配筋值，并在其前面加“ * 号”，如图 3-3-15 下方圆弧梁下标注的“ * 4 ⊈ 20”表示该梁两侧各有 2 ⊈ 20 抗扭钢筋伸入支座。

附加箍筋或吊筋，将其直接画在平面图中的主梁上，用引线注总配筋值，如图 3-3-15 ②轴线上“ ⌒ 2 ⊈ 18”即为附加的 2 ⊈ 18 吊筋；Ⓑ、②轴线相交处的“╫-╫ 8ϕ10”表示两侧各加 4ϕ10 箍筋。

图 3-3-15 为采用平面注写方式表达的梁平面整体配筋图示例。

二、柱平面整体配筋图的识读

柱平面整体配筋图是在柱平面布置图上采用列表注写或截面注写方式表达柱的位置、编号、截面尺寸及配筋值的图样。如图 3-3-16 为截面注写方式画出的柱平面整体配筋图，即柱平面布置图上分别在不同编号的柱中各选一个截面注写截面尺寸、配筋值来表达柱平面的整体配筋。

从图 3-3-16 中可见几个画得较大的柱截面，即为其位置轴线相交点柱子的配筋图，它采用放大的比例画出。图中⑤轴线下方的柱截面，标注了它的平面尺寸，打括号的适用于图名中写出的“(37.470～59.070)”米标高的平面尺寸，不打括号的适用于“19.470～37.470”米标高的平面尺寸；在该截面的右上引出中“KZ3”表示框架柱编号为 3，“650×600 (550×500)”表示适用于两种前述标高的柱截面尺寸，“24 ⊈ 25 (24 ⊈ 22)”是用于两种前述标高的柱纵筋值；“ϕ10-100/200 (ϕ10-100/200) 为不同标高处柱的箍筋值：“100”为每层柱两端距楼板 500mm 范围内箍筋加密的中心距，“200”为柱的非加密区箍筋中心距。

在图 3-3-16 左侧有一表格，反映楼层结构标高及层高情况。表中粗实线范围为本平

楼层结构标、层高

层号	标高 (m)	层高 (m)
−2	−9.030	4.50
−1	−4.530	4.50
1	−0.030	4.50
2	4.470	4.20
3	8.670	3.60
4	12.270	3.60
5	15.870	3.60
6	19.470	3.60
7	23.070	3.60
8	26.670	3.60
9	30.270	3.60
10	33.870	3.60
11	37.470	3.60
12	41.070	3.60
13	44.670	3.60
14	48.270	3.60
15	51.870	3.60
16	55.470	3.60
屋面 1 (塔层 1)	59.070	3.30
塔层 2	62.370	3.30
屋面 2	65.670	

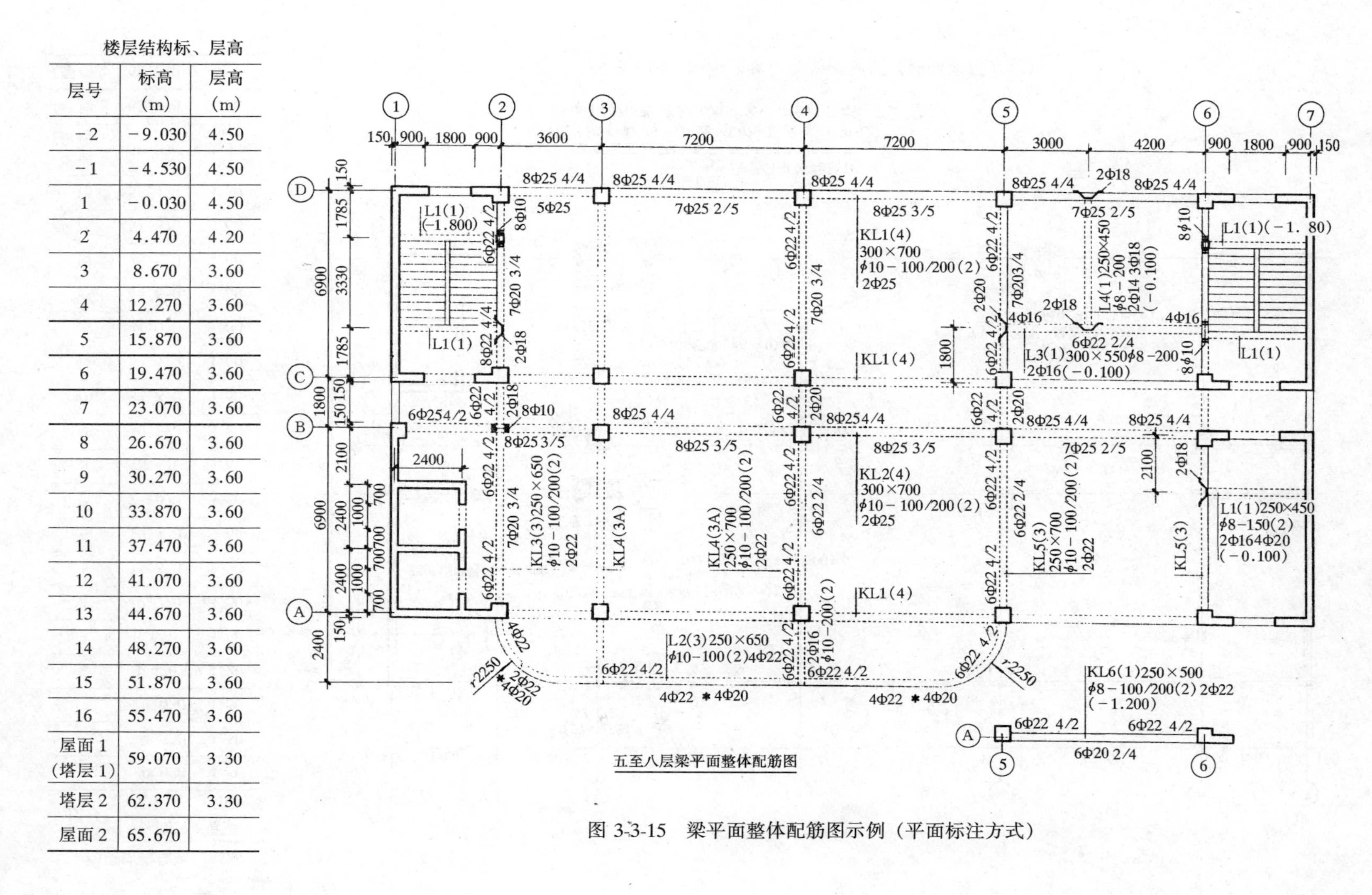

图 3-3-15 梁平面整体配筋图示例（平面标注方式）

楼层结构标高、层高

层号	标高 (m)	层高 (m)
−2	−9.030	4.50
−1	−4.530	4.50
1	−0.030	4.50
2	4.470	4.20
3	8.670	3.60
4	12.270	3.60
5	15.870	3.60
6	19.470	3.60
7	23.070	3.60
8	26.670	3.60
9	30.270	3.60
10	33.870	3.60
11	37.470	3.60
12	41.070	3.60
13	44.670	3.60
14	48.270	3.60
15	51.870	3.60
16	55.470	3.60
屋面 1 (塔层 1)	59.070	3.30
塔层 2	62.370	3.30
屋面 2	65.670	

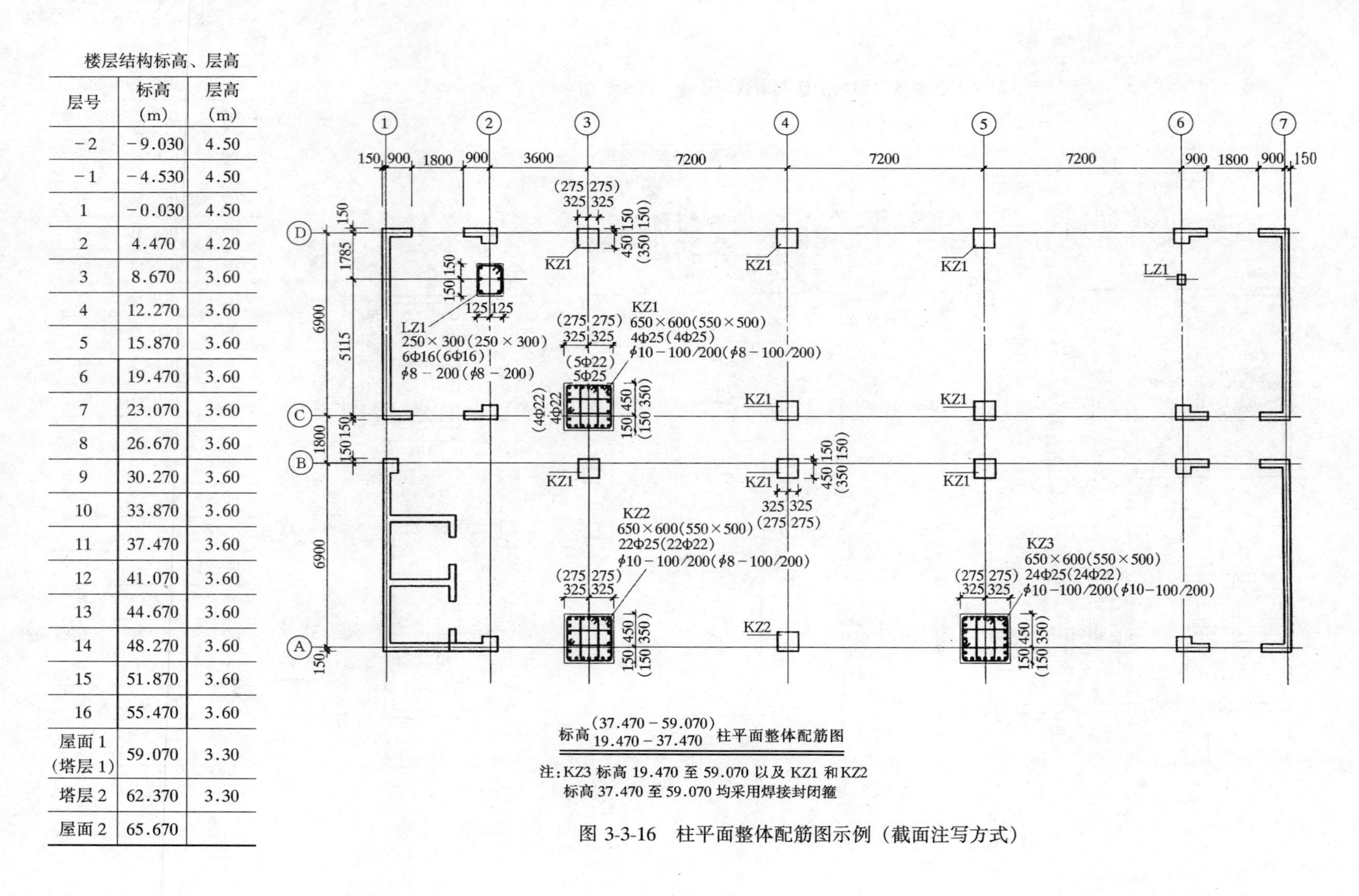

标高 $\frac{(37.470-59.070)}{19.470-37.470}$ 柱平面整体配筋图

注：KZ3 标高 19.470 至 59.070 以及 KZ1 和 KZ2 标高 37.470 至 59.070 均采用焊接封闭箍

图 3-3-16 柱平面整体配筋图示例（截面注写方式）

法图适用部分，层号为“—”者为地下室。

制图规则规定，用“/”区分箍筋加密与非加密区的中心距，当箍筋沿柱高只一种中心距时，不用“/”线；在圆柱中，当采用螺旋箍时，需在箍筋前加“L”。

三、结构构件在平法中的编号要求

平法制图规则还制定了梁柱墙等结构件的编号规则，见表3-3-11～3-3-14。

梁　编　号　　**表 3-3-11**

梁的类型	代号	序号	跨数及是否带悬挑	梁的类型	代号	序号	跨数及是否带悬挑
楼层框架梁	KL	××	(××)或(××A)或(××B)	非框架梁	L	××	(××)或(××A)或(××B)
屋面框架梁	WKL	××	(××)或(××A)或(××B)	悬挑梁	XL	××	
框支梁	KZL	××	(××)或(××A)或(××B)				

注：(××A) 为一端有悬挑，(××B) 为两端有悬挑，悬挑不计入跨数。

例：KL7 (5A) 表示第7号框架梁，5跨，一端有悬挑；L9 (7B) 表示第9号非框架梁，7跨，两端有悬挑。

柱　编　号　　**表 3-3-12**

柱类型	代号	序号	柱类型	代号	序号
框架柱	KZ	××	梁上柱	LZ	××
框支柱	KZZ	××	剪力墙上柱	QZ	××

墙柱编号　　**表 3-3-13**

墙柱类型	代号	序号
暗柱	AZ	××
端柱	DZ	××
小墙肢	XQZ	××

墙梁编号　　**表 3-3-14**

墙梁类型	代号	序号
连梁	LL	××
暗梁	AL	××
边框梁	BKL	××

四、钢筋混凝土标准构造详图

一套平法施工图必须配有结构标准构造图或相应的设计详图，来反映其具体构造，如钢筋形式、搭接、锚固、弯折等施工要求及尺寸。如图3-3-17表示一级抗震等级KL、WKL纵向钢筋构造要求。图内上部为屋盖、下部为楼盖处框架梁，左侧为边跨、中间为中跨，右跨省略（构造形式同左跨）。图中 l_n 为左跨 l_{n+1}、中跨 l_{n2} 及向右的 l_{ni+1} 各跨中的较大值，h_c 为沿框架梁方面的柱截面尺寸，d 为钢筋直径，l_{aE} 为抗震设防的纵向受拉筋最小锚固长度，其值见表3-3-15。有时还需根据设计图中的相关说明来理解构件中的钢筋构造做法及其他要求。

纵向受拉钢筋的最小锚固长度 l_{aE} 及 l_a（mm）　　**表 3-3-15**

钢筋种类		一、二级抗震时 l_{aE}				三、四级抗震与非抗震时 $l_{aE}=l_a$				
		混凝土强度等级				混凝土强度等级				
		C20	C25	C30	≥C40	C15	C20	C25	C30	≥C40
Ⅰ级钢筋		35d	30d	25d	25d	40d	30d	25d	20d	20d
月牙筋	Ⅱ级钢筋	45d/50d	40d/45d	35d/40d	30d/35d	50d/55d	40d/45d	35d/40d	30d/35d	25d/30d
月牙筋	Ⅲ级钢筋	50d/55d	45d/50d	40d/45d	35d/40d	—	45d/50d	40d/45d	35d/40d	30d/35d

注：表中Ⅱ、Ⅲ级钢筋栏中横线以上的数字为钢筋直径 d≤25mm时的锚固长度，横线以下的数字为 d>25mm时锚固长度。

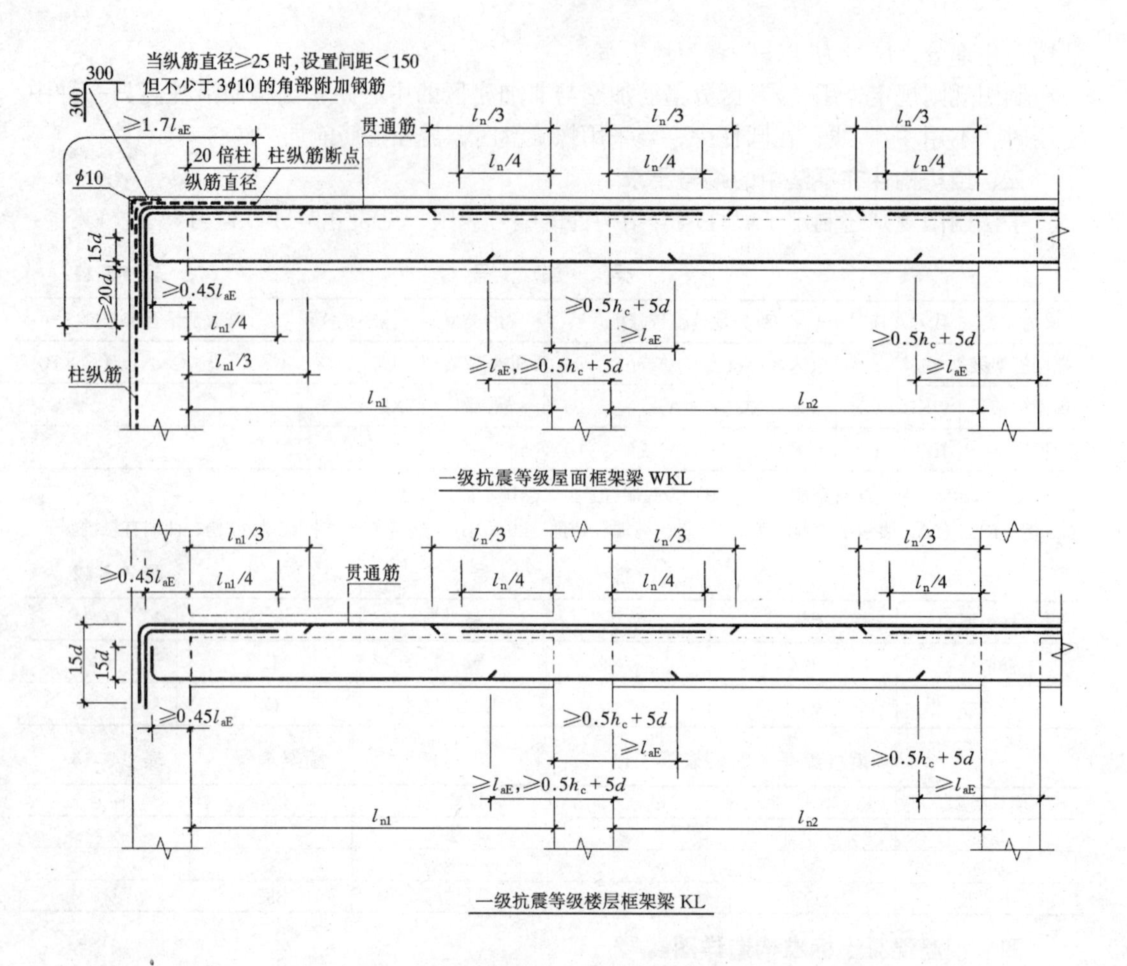

图 3-3-17　一级抗震等级 KL、WKL 纵向钢筋构造要求

复习思考题

1. 结构施工图应包括哪些内容？其作用是什么？

2. 钢筋在混凝土构件中有哪些作用？为什么要有保护层？

3. 基础平面图是如何形成的？它有什么作用。

4. 基础详图的作用是什么？

5. 楼层结构平面图是如何形成的？现浇钢筋混凝土楼板与预制钢筋混凝土楼板应如何表示？

6. 阅读图 3-3-5 楼层结构平面图，计算该楼层的钢筋用量。

7. 钢筋混凝土构件详图应包括哪些内容？各自作用如何？

8. 阅读图 3-3-7，画出该梁的钢筋详图。

9. 试述钢结构焊缝代号的组成和焊缝用图线表示的方法，并画出常用几种焊缝的图形符号、辅助符号。

10. 什么是结构施工图平面整体表示方法？

11. 在梁平面整体配筋图上钢筋的注写方法有哪两种？要表达什么内容？

12. 在柱平面整体配筋图采用截面注写方式时，柱截面及配筋如何标注？

第四章 建筑装饰及设备施工图的识读

第一节 概 述

建筑物是满足人们生产、生活、学习、工作等的场所。为了达到相应的使用要求，除了建筑本身功能合理、结构安全、外形美观外，还必须有相应设施、设备来保证。也可以说有相应的设施、设备才能更好地发挥建筑物的功能、改善和提高使用者的生活质量（或生产者的生产环境），所以建筑工程中还包括有给水排水、采暖通风和电气照明等设备工程。一些建筑物还应进行相应的装饰来完善其功能、创造美的意境，如住宅、宾馆的室内装饰等。所以，设备工程是建筑工程中不可缺少的组成部分，装饰工程也成为民用建筑中越来越受重视的内容。学习装饰施工图、设备施工图是很有意义的。

装饰施工图是建筑施工图内容的延伸，是建筑在功能细节、满足使用、构造做法上的细化。它在图示方法、特点上与建施图相同。

设备施工图涉及范围也很广、专业性强。其图纸的内容主要是：系统图（反映设备系统走向的轴测图或原理图等）、平面布置图及安装详图。图示特点是以建施图为依据采用正投影及轴测投影等投影法，借助于图例、代号来反映设备施工的内容。本章主要介绍室内设备施工图的识读。

第二节 装 饰 施 工 图

随着我国经济的发展及人民生活水平的提高，建筑装饰越来越受到人们的重视，成为建筑工程中不可忽视的内容。所以，识读装饰施工图也是学习建筑识图的任务之一。

一、装饰施工图的组成

装饰施工图是用于表达建筑物室内外装饰美化的做法和要求的施工图样。它是以透视效果图（一种着色的立体效果的设计图）为主要依据，采用正投影等投影法，反映建筑的装饰造型、装饰构造、饰面处理，以及反映家具、陈设、绿化等布置的内容。图纸分室内、室外两部分，图纸的组成一般有平面布置图、顶棚平面图、装饰立面图、装饰剖面图和节点构造详图等图纸。

二、装饰施工图的特点

装饰施工图与建筑施工图的图示方法、尺寸标注、图例代号等完成相同。因此，其制图与表达应遵守建筑制图的规定。装饰施工图是在建筑施工图的基础上，结合环境艺术设计的要求，更详细地表达了建筑内外装饰做法及整体效果，它既反映了墙、地、顶棚三个界面的装饰构造、造型处理，又图示了家具、织物、陈设、绿化等的布置，乃至它们的制作图。常用的装饰平面图例，如表 3-4-1 所示。

装饰平面图例　　表 3-4-1

图例	名称	图例	名称	图例	名称
	单扇门		其它家具（写出名称）		盆花
	双扇门		双人床及床头柜		地毯
	双扇内外开弹簧门				嵌灯
					台灯或落地灯
	四人桌椅		单人床及床头柜		吸顶灯
					吊灯
	沙　发		电视机		消防喷淋器
					烟感器
	各类椅凳		帘布		浴缸
	衣柜		钢琴		脸面台
					坐式大便器

三、装饰施工图的内容

现以室内装饰施工图为例，说明其内容

（一）平面布置图

1. 形成

平面布置图是假想用一个水平的剖切平面，沿需要装饰的房间的门窗洞口处作水平全剖切，移去上面部分，对剩下部分所作的水平正投影图。它与建筑平面图的形成及反映的结构体（如墙、柱、楼梯等）内容相同，所不同的是增加了装饰、家具、陈设等营造空间氛围的布局内容。

平面布置图的比例一般采用1:100、1:50。剖切到的结构体轮廓，用粗实线表示，其他内容均用细实线表示。

2. 图示内容

现以某单位会议室装饰施工图为例，说明平面布置图的内容，如图 3-4-1 所示。

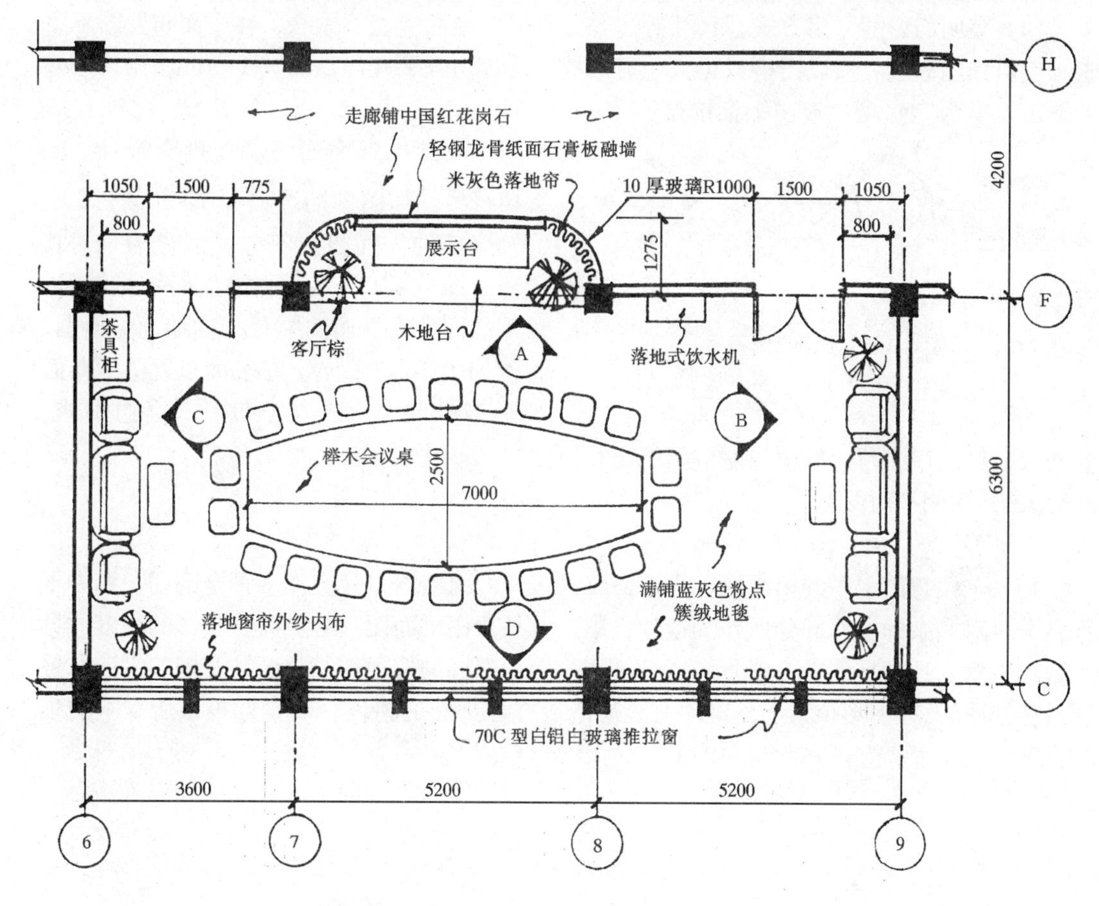

图 3-4-1　平面布置图

（1）图上尺寸内容有三种：一是建筑结构体本身的尺寸；二是装饰布局及装饰结构的尺寸；三是家具、设备等尺寸。如会议室平面为三个开间，长自⑥～⑨轴线共 14m，宽自Ⓒ～Ⓕ轴线共 6.3m；Ⓕ轴线向上会议室平面有局部突出，这是装饰设计时将柱间的框架填充墙拆去后扩展出来的空间，尺寸见图；室内主要家具有红榉木制作的船形会议桌、左右两侧的布艺沙发，及局部突出平面处的展示台等；室内设备有落地饮水机。

（2）表明装饰结构的布置、具体形状、材料要求及尺寸。一般装饰体随建筑结构而做，如本图的墙面、柱面，但有时为了丰富空间、增加变化和情趣，而将建筑平面在不违反结构要求的前提下进行调整。本图上方就作了向外突出的调整，划出了展示台空间，装饰结构的做法是：两角做成 10mm 厚、半径为 1m 的圆弧玻璃，中间平直部分作 100 厚轻钢龙骨纸面石膏板墙，表面饰红榉装饰板。

（3）室内家具、设备、陈设、织物、绿化的摆放及说明。本图中的船形会议桌是家具中的主体，位置居中，其他家具环绕布置，为主要功能服务。平面图圆角突出处有两盆客厅棕（绿色观赏植物）起点缀作用，圆弧玻璃处有米色落地帘、地面采用满铺蓝灰粉点簇绒地毯。

(4) 表明门窗的开启方式、尺寸等内容。有关门窗的造型、做法，在平面布置图不反映，交由详图表达。所以图中只见大门有两樘，均为内开平开门，洞宽1.50m，洞口距柱800mm。窗为70C型白玻白铝推拉窗。

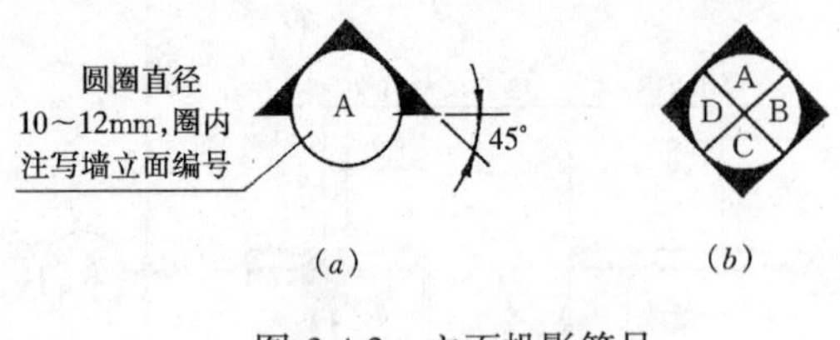

图 3-4-2 立面投影符号

(a) 单独标注；(b) 集中标注

(5) 画出各墙面的立面投影符号，或剖切符号。如图中的Ⓐ，即为向上观察Ⓕ轴墙面的立面投影符号、编号为A，其画法如图3-4-2所示。画出立面投影符号，表示后面装饰立面图中有A向墙面立面图，本例如图3-4-2所示。在平面布置图中立面投影符号内A、B、C、D……等的编号，宜按顺时针顺序注写，以便与对应图纸配合识读。

(二) 顶棚平面图

1. 形成

用一个假想的水平剖切平面，沿着需装饰房间的门窗洞口处，作水平全剖切，移去下面部分，对剩余的上面部分所作的镜像投影，就是顶棚平面图。有关镜像投影的内容详见本篇第一章。顶棚平面图一般不画成仰视图，因为顶棚的仰视图与该装饰范围的平面布置图（俯视图），在图形位置上不对应，容易造成方位判断的错误，而镜像投影所反映的顶棚平面图与平面布置图在前后左右的方位及图形对应上是一致的。如图3-4-3所示。

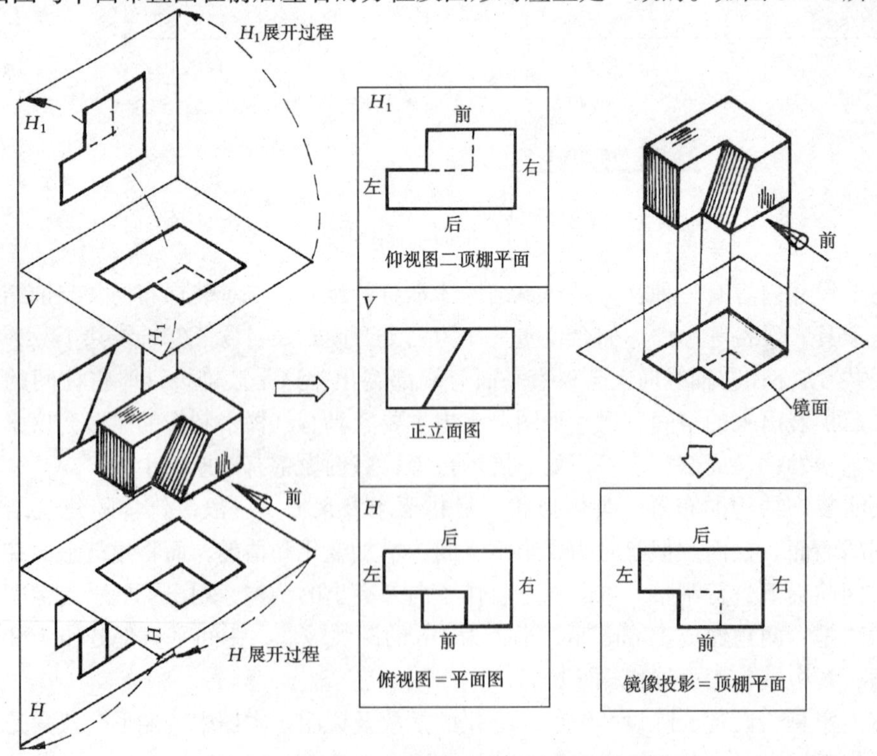

图 3-4-3 顶棚平面图选用镜像投影为好

顶棚平面图用于反映房间顶棚的装饰造形、材料做法及所属设备的位置、尺寸等内容。常用比例同平面布置图。

2. 图示内容

现结合图 3-4-4 说明：

（1）反映顶棚范围的装饰造型及尺寸。本图所示为一吊顶的顶棚，因房屋结构中有钢筋混凝土大梁外露，所以⑦、⑧轴处随梁而做的吊顶就有下落，下落处吊顶饰面的标高为 2.35m，而未下落处吊顶的标高为 2.45m，故吊顶高差为 0.10m。图的中间水平贯通的粗实线，为顶棚在左右方向的重合断面图，其粗线的转折处即为两根大梁处的吊顶的下落形式。在图的中间上下贯通的也有一根粗实线，反映了这一方向吊顶最低 2.25m（在展示台处），最高为 2.45m（在船形会议桌上方），高差为 0.2m。图中可见，梁的底面处装饰造型的宽度为 400mm，高为 100mm。

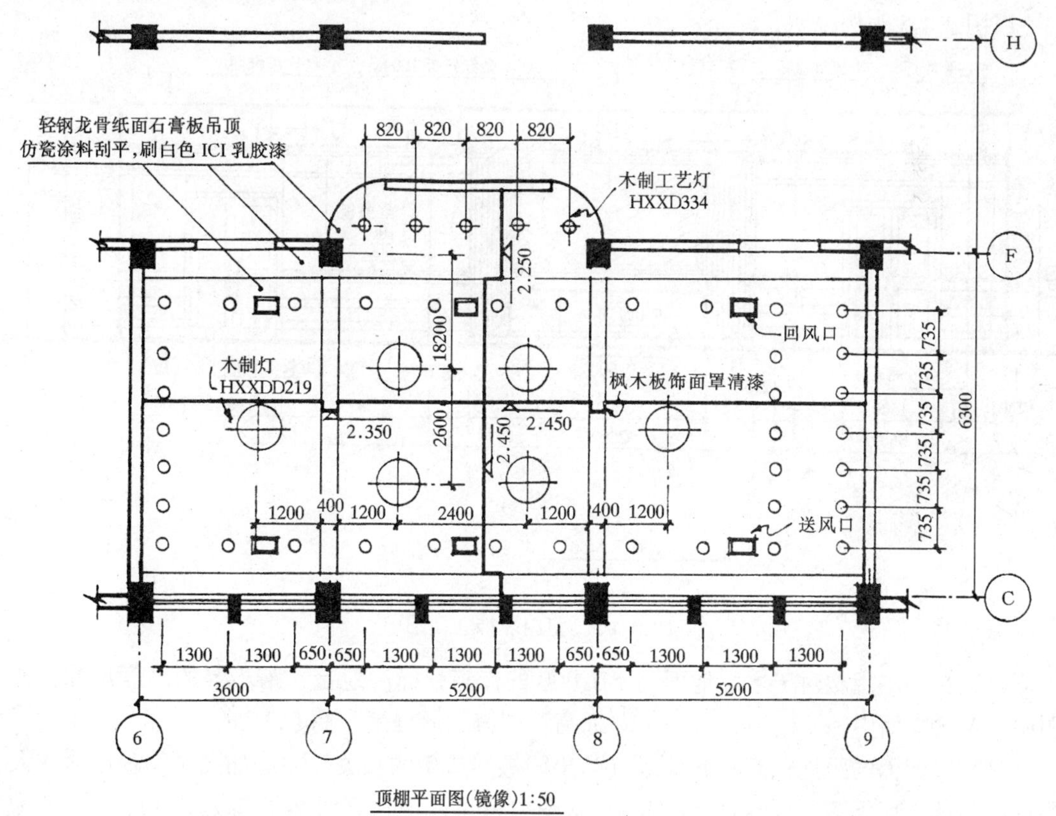

图 3-4-4　顶棚平面图

（2）反映顶棚所用材料规格、灯具灯饰、空调风口及消防报警等装饰内容及设备的位置等。本图向下突出的梁底造型采用木龙骨架，外包枫木装饰板、面罩柔光聚酯清漆。其他位置采用轻钢龙骨纸面石膏板吊顶，表面用仿瓷涂料刮白找平后再刷白色 ICI 乳胶漆罩面。图中还标注了各种灯饰的位置及其相互间的尺寸：中间吊顶（即会议桌正上方）设有四盏木制圆形吸顶灯，左右两侧选用同类型吸顶灯，代号为 HXDD219；此外，周边还设有嵌装筒灯 HXDY602，水平间距为 735mm 和 1000mm 两种，以及在展示台上方顶棚上安装的间距为850mm的五盏木制工艺灯，作为点缀并作局部照明用。另外，在图的左、中、右有三组空调送风和回风口（均为成品）。

（三）装饰立面图

1. 形成

将建筑装饰的外观墙面或内部墙面向铅直的投影面所作的正投影图，就是装饰立面图。图上主要反映墙面的装饰造型、饰面处理，以及上方与顶棚接触的顶棚截面的形状（如有无叠级造型等），投影到的灯具、风管等内容，以及墙与地面接触后地面的起伏变化情况（如有无台阶、坡道或地台等）。

装饰立面图的常用比例为1:100，1:50。外立面图一般选用1:100，室内立面图常选用1:50等较大比例，以利清晰完整地表达。

2. 图示内容

以图3-4-5为例说明：

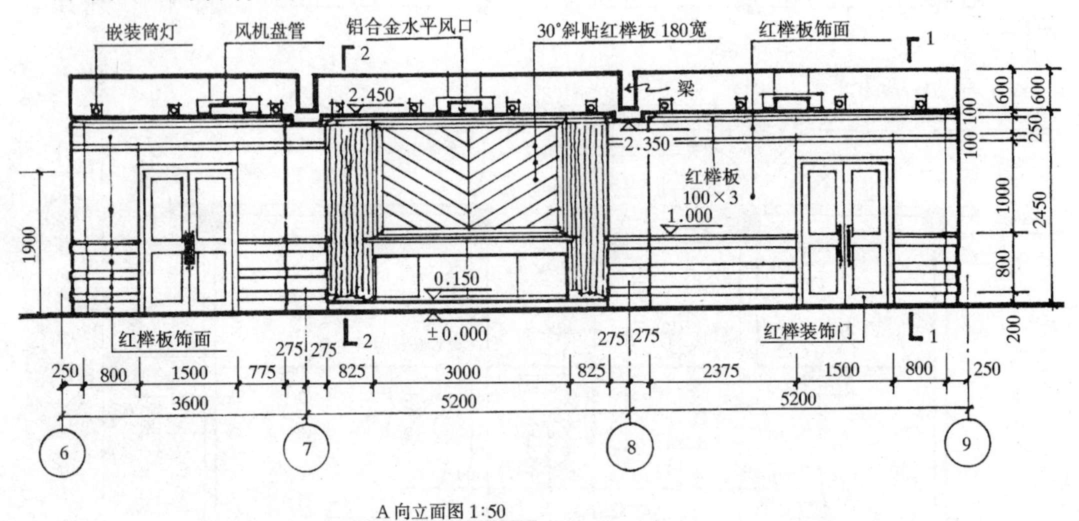

图3-4-5 室内装饰立面图

（1）在图中用相对于木层地面为±0.000的标高，标注地台、踏步等的高度尺寸。如图中（A向立面中间）的地台有0.150标高，即表示此处地台高0.15m。

（2）顶棚面的距地标高及其叠级（凸出凹进）造型的相关尺寸。如图中的顶棚面在大梁处有凸出（即下落），凸出为0.10m，从图中可见，该顶棚距地最高为2.45m、最低为2.35m，净高很小，原因是梁低并且要走电气及空调管道等设备。

（3）墙面造型的样式、风格及相应饰面的材料、规格及做法。本图墙体（除圆弧玻璃墙）用红榉板装饰，分墙裙、墙面及门三部分，门为全玻红榉装饰门，墙裙高1m，其中踢脚线高0.20m。图的上方还反映了顶棚的起伏变化及其离结构顶棚（板底或梁底）的尺寸。

（4）墙面、顶棚面上的灯具及其它设备的形状、位置和大小。如图中顶棚上装有吸顶灯和筒灯，顶棚内部（闷顶）中装有风机盘管设备（只画外轮廓），以利与相关专业配合，做好收口处理。

(5) 固定家具（如壁柜等）在墙面上的位置、立面形式、材料及做法尺寸等。活动家具可不画出，如需现场制作时，另出家具制作图。

(6) 墙面装饰的长度、高度，以及依附的结构体的定位轴线尺寸、剖切符号等。以利于墙面各造型的定位和参看其他图纸。

(7) 建筑结构体的主要轮廓，用粗实线画出。

(四) 装饰剖面图及节点详图

1. 形成

装饰剖面图是将装饰面（或装饰体）整体剖开后，得到的反映内部装饰构造与饰面材料之间关系和做法的正投影图。一般采用 1:10～1:50 的比例。

节点详图是前述各种图样中未明之处，用较大比例画出的用于施工制作的图样（也称为大样图）。比例常用 1:1～1:30。

2. 图示内容

现以图 3-4-6 所示为例说明：

1-1 剖面图是由 A 向立面图上竖向剖切而得到的，图中反映该墙结构的材料与做法、两侧面层的饰面处理及相关尺寸，墙的主体结构采用 100 宽轻钢龙骨，中间填以矿棉隔

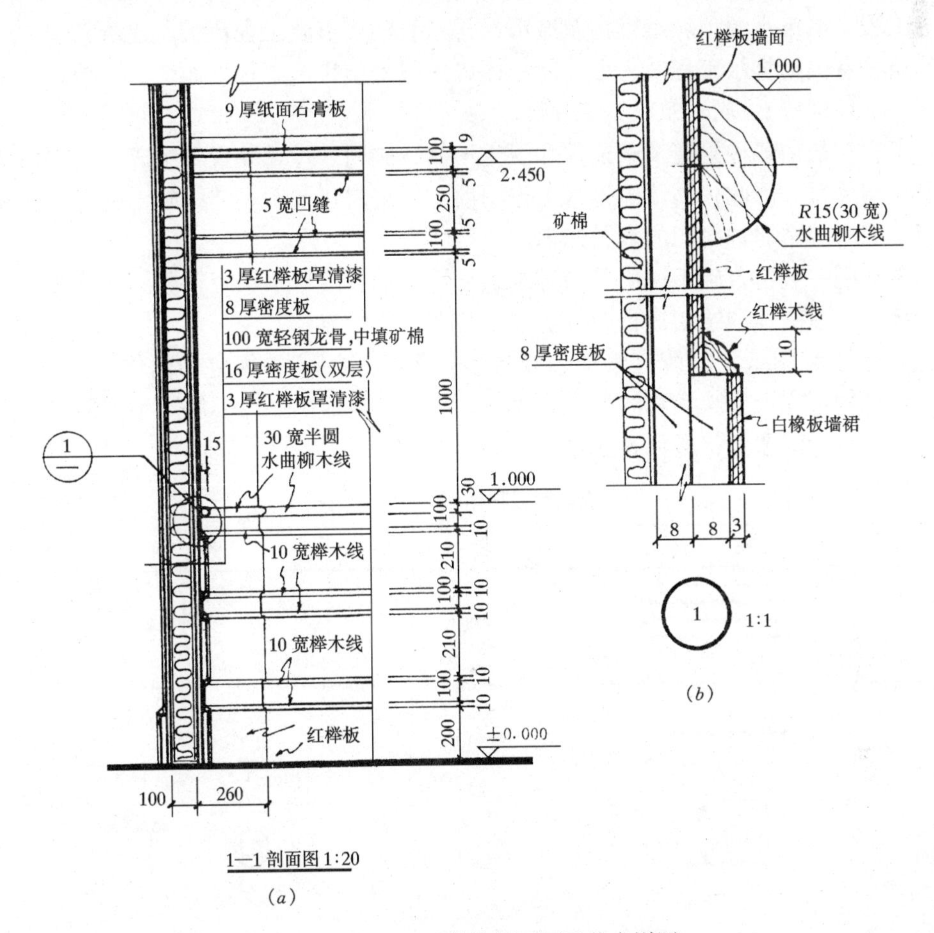

图 3-4-6 装饰剖面图及节点详图

(a) 装饰剖面图；(b) 节点详图

音，两侧再用自攻钉钉以8mm厚的微粒板（一种低密度纤维板），然后再用万能胶粘贴红榉饰面板，最后罩柔光聚脂清漆。

在1-1剖面图中还有一个详图在本页的索引符号，所指位置为墙裙上沿，对照详图可知该图详细反映了墙裙上沿半圆水曲柳木线（30宽）及其下方墙裙板凸出造型（两层8厚微粒板）封边线的形式、材料和尺寸，封边线采用的是10mm宽红榉阴角线。有时各种木线还需另出详图。

四、装饰施工图的绘制

装饰施工图的绘图步骤、要求同建筑施工图，这里不再赘述。

第三节　设备施工图的识读

一、室内外给排水施工图的识读

（一）概述

给排水工程包括给水工程和排水工程两个方面。给水工程是指水源取水、水质净化、净水输送、配水使用等工程。排水工程是指各种污水（生活、粪便、生产、雨水）排除、污水处理等工程。城市水源、城市排污及城市给排水管网属市政工程范畴。建筑工程中一般仅完成建筑物室内给排水工程及一个功能小区内的室外给排水工程（如一个学校或一个住宅小区、一个厂区等），属建筑设备工程。

给排水工程一般由各种管道及其配件和卫生洁具、阀门、计量装置等组成，与房屋建筑工程有着密切关系。因此，阅读给排水工程图前，对房屋建筑图、结构施工图等都应有一定的认识，同时应掌握轴测图的有关知识。

给排水工程图一般包含施工说明、给排水工程平面图、给排水系统轴测图和给排水工程详图四个部分。在阅读和绘制过程中，要注意掌握以下特点：

1. 在给排水工程图纸上，所有管道、设备装置等都采用统一规定的图例符号表示。由于这些图例符号不完全反映实物的形状，因此，我们首先应熟悉、了解这些图例符号及所代表的内容，常用的图例符号见表3-4-2。

给排水工程图例　　**表3-4-2**

名　称	图　例	名　称	图　例
管　道		存水弯	
交叉道		检查口	
三通连接		清扫口	
坡　向		通气帽	

续表

名　称	图　例	名　称	图　例
圆形地漏		污水池	
自动冲洗水箱		蹲式大便器	
放水龙头		坐式大便器	
室外消火栓		淋浴盥头	
室内消火栓		矩形化粪池	HC
水盆水池		圆形化粪池	HC
洗脸盘		阀门井、检查井	
浴　盘		水表井	

2. 给排水工程中的管道敷设是纵横交错的，为把整个管道网的连接关系表达清楚，需用轴测图来绘制给排水工程系统图。一般采用斜等轴测图，把垂直于纸面的前后尺寸方向的线画成与水平线成小于等于45°的斜线表示。

3. 给排水工程属建筑的配套设备工程，因此，要对土建施工图中各种房间的功能用途、有关要求、相关尺寸、位置关系及标高等，有足够了解，以便互相配合，做好预埋件、预留洞口等工作。

（二）室内给排工程施工图

1. 给排水平面图

给排水平面图应按建筑层数分层绘制平面图，若干层相同时，可用一个标准层平面图表示，一般包含如下内容：

（1）建筑物平面轮廓线及轴线网，反映建筑的平面布置及相关尺寸，用细实线绘制。

（2）用不同图例符号和线型所表示的给排水设备和管道的平面位置。

（3）给排水立管和进、出户管的编号（标明与室外管网的关系）。

（4）必要的文字说明，如房间名称、地面标高、设备定位尺寸详图索引等。

阅读平面图时，可依用水设备、支管、竖立干管、水平干管、室外管线，这样的顺序，沿给水或排水管线迅速了解管路的位置走向、管径大小、坡度及管路上各种配件、阀

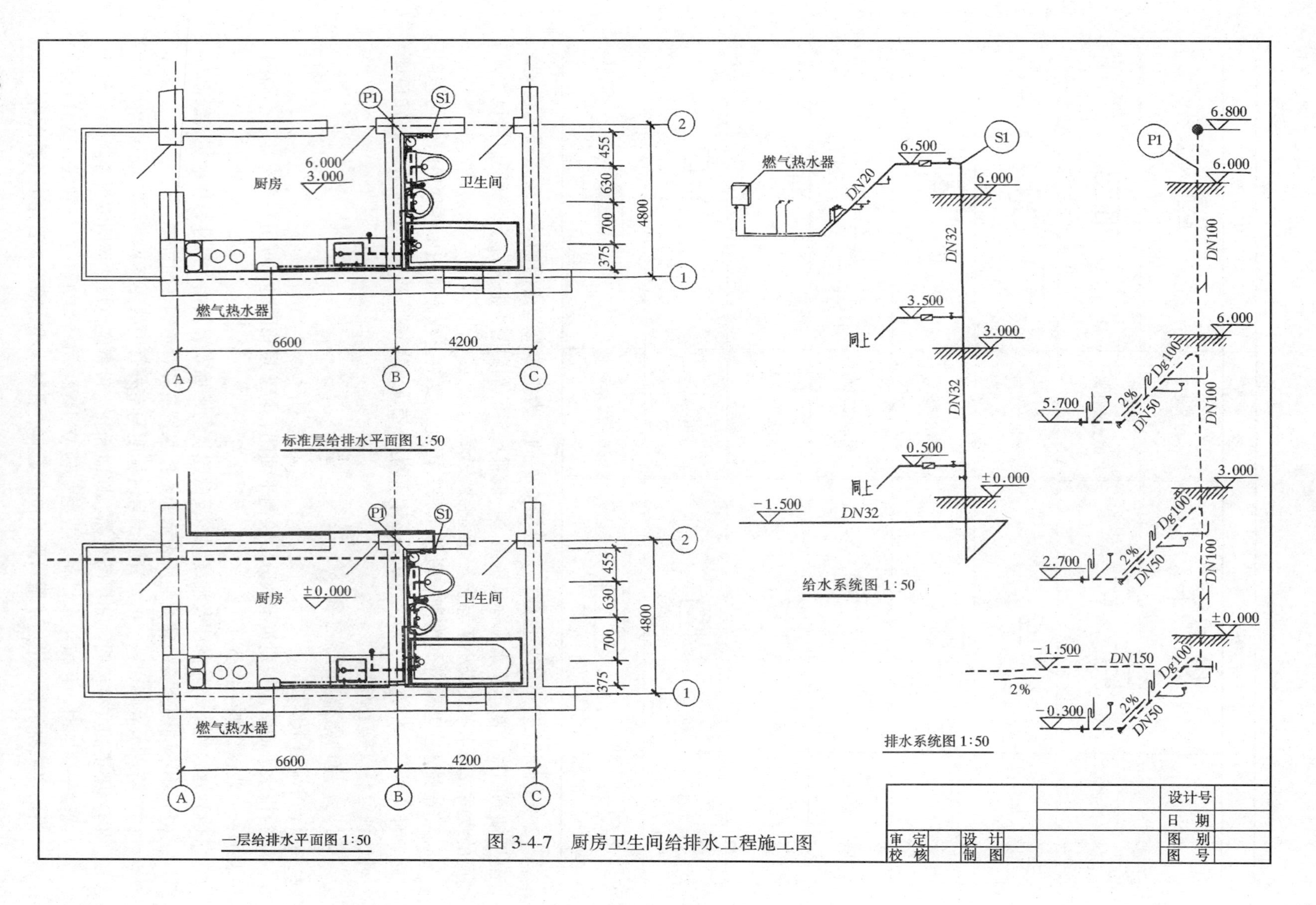

图 3-4-7 厨房卫生间给排水工程施工图

门、仪表情况，如图 3-4-7 为某职工住宅厨房和卫生间的给排水平面图，由于设备集中，采用 1:50 比例绘制。

卫生间内有浴盆、洗手池、坐便器三件卫生设备和一个地漏、厨房内有洗菜池和燃气热水器两件设备和一个地漏。燃气热水器、洗菜池、浴盆、洗脸盆、坐便器共用一根水平给水干管，水平干管通过水表和阀门与竖立干管 S1 相接（图中用实线画出）。洗菜池、浴盆、洗手池共用一根给水热水干管，如图中双点划线所示，热水干管接至燃气热水器引出管。排水水平干管最前端为洗菜池、依次为厨房地漏、浴盆、洗手池、卫生间地漏、坐便器，最后接至排水竖立干管 P1，管线用粗虚线表示。

给排水竖向立干管贯通建筑的各层，之后由一层埋入地下后引出至室外给排水管网，见图 3-4-7 中一层给排水平面图。

给排水平面图中不反映水平管高度位置及楼层间管线连接关系，也不反映管线上如存水弯、清扫口等配件，这些一般均在系统图中表达。

2. 给排水系统图

给排水系统图按给水系统、排水系统分别绘制。采用斜轴测投影方法，管线采用单线表示，各种配件采用图例表示，相同层可仅画一层，在未画出处标明同某层即可。

给排水系统图一般包含如下内容：

（1）整个管网的相互连接及走向关系，以及管网与楼层之间的关系。

（2）管线上各种配件的位置及形式如存水弯形式，检查口位置、阀门、水表及其他设备等。

（3）管路编号、各段管径、坡度及标高等标注。

阅读系统图时，可通过立管编号找出它与平面图的联系，并对照阅读，从而形成对整个管线的空间整体认识。如图 3-4-7 中的给水系统图。给水水平干管管径为 *DN*32（*DN* 为公称直径符号），在标高为 −1.500m（均指管心标高）经转折引至竖立干管，由竖立干管引上至各层水平干管，再由分支管引至各用水设备，竖管管径为 *DN*32，楼层水平管距楼面高 500mm，管径为 *DN*20。管线在一层设一个总阀门，在每层水平管上设用户阀门并设一个水表作计量用，洗菜池、浴盆、洗手池均设冷热水，热水管由燃气热水器引出至各设备。现在来看图 3-4-7 中的排水系统图；各层均设一条水平干管，末端管径为 *DN*50，坐便器至竖立干管采用管径 *DN*100，水平干管均做 2% 坡度坡向立管以方便出水，竖立干管采用管径 *DN*100，顶部做通气管伸出屋面 0.8m 高，端部设通风帽，竖立干管上检查口隔层设置，检查口做法及距地高度均有标准图集可供选用，所以不做标注，水平管端部均设清扫口，以方便检修。

3. 给排水设备安装详图

给排水工程中所用配件均为工业定型产品，其安装做法国家已有标准图集和通用图集可供选用，一般不须绘制。阅读设备安装详图时，应首先根据设计说明所述图集号及索引号找出对应详图，了解详图所述节点处的安装做法，图 3-4-8 为浴盆安装详图，本图用 4 个图样表达了浴盆的安装方法。

4. 室外给排水工程施工图

室外给排水工程图用以表示建筑物给排水管与城市管网的连接关系，一般依据建筑总平面图绘制。室外给排水工程图，由管网平面图、管道纵剖面图及详图、施工说明组成。管网平面图表示管道、管道井，化粪池等设施的平面布置，管道剖面图表示管道高程（即高度方向的）变化关系。简单中小型工程，可只绘管网平面图，用加注各控制点标高的方

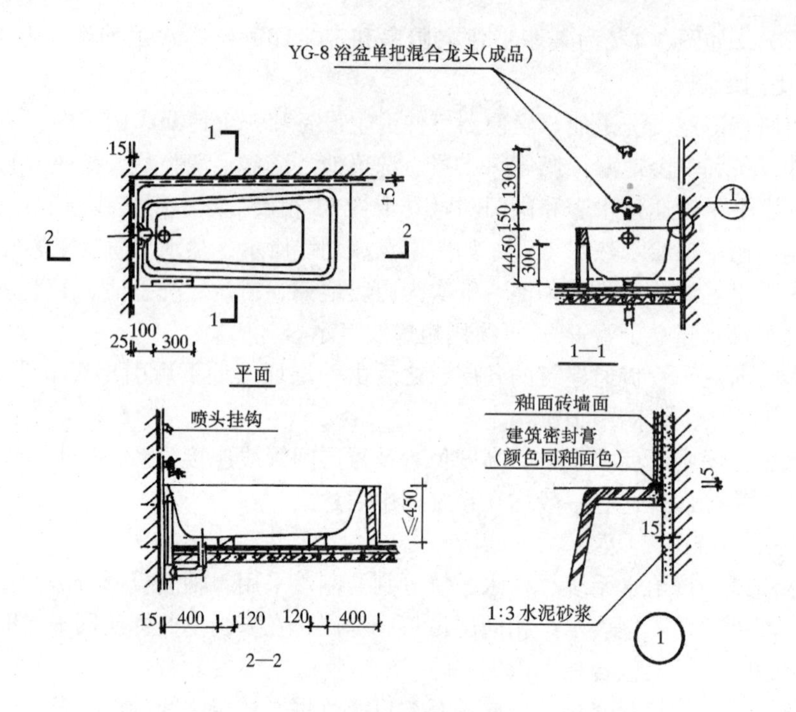

图 3-4-8　浴盆安装详图

法说明管网的高程变化。如图 3-4-9 为某单位住宅区室外给排水平面图。

图中虚线表示排水管网，实线表示给水管网。每个楼座的给水管均由山墙引入，引入管管径为 *DN*50，每两座楼的给水管合用一个检查井、给水干管管径依用水量设计确定，接 1、2 号楼的管道管径为 *DN*75，其余段均为 *DN*100，给水水平干管做 0.2% 的坡度以利检修时排水方便，给水干管最前端通过水表阀门等设备与城市给水管相连接。

排水管从楼座内分单元向外引出，之后向两排楼中部汇合经过化粪池后，接入城市排水管网。排水管在所有管道交叉处及转折处均设有检查井，排水干管管径为 *DN*300，其余为 *DN*200，管路以 0.5% 的坡度，坡向城市管网的检查井，该检查井处干管管心标高为 ±0.000 相当于绝对标高 780.00，其余检查井处管心标高可依次推出。

化粪池选 8 号化粪池，标高由出水口管心标高即可确定，有关要求通过施工说明表达，如采用砖化粪池还是钢筋混凝土化粪池等。

二、采暖与空调施工图的识读

（一）概述

1. 采暖工程

在天气寒冷的时候，为使室内保持适当的温度，人们采用各种能产生热量的设施如火炉、火坑、火墙、壁炉等给房间提供温暖，这一过程就称为采暖。在现代建筑中上述传统的采暖方式已不能适用。取而代之的是一种集中供暖系统，由热源、供暖管道和散热器等组成。热源可由城市供热管网提供或由区域热源锅炉提供。热源产生的热量通过供暖管道中“热媒”的流动传至散热器，散热器把热量散发出来，使室内气温升高，达到采暖的目的。给建筑物安装供暖管道和散热器的工程称为采暖工程，属建筑设备安装工程。

采暖工程中传热的介质称为“热媒”，有热水和蒸汽两种。以热水作为“热媒”时称

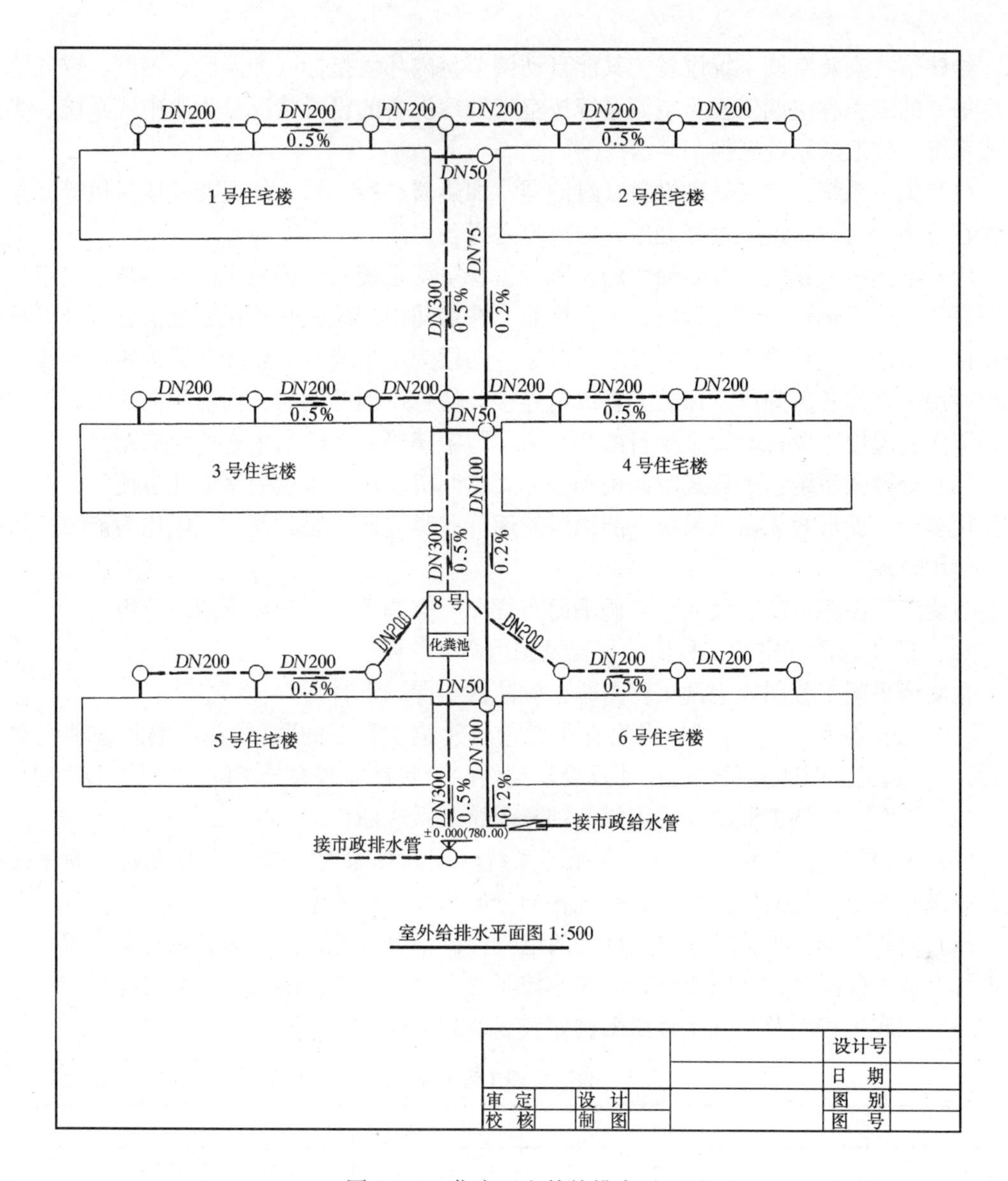

图 3-4-9 住宅区室外给排水平面图

热水采暖，以蒸汽作为“热媒”时称蒸汽采暖。一般民用建筑以热水采暖方式居多。

采暖系统的工作过程为：热源把“热媒”加热，“热媒”通过供热管道送入建筑物内的散热器中把热量散发出来，以加热室内空气。放热后的“热媒”沿回水管道流回热源再加热，循环往复，使建筑物内得到连续不断的热量，从而保证适宜的温度，以满足人们需要。

采暖工程较传统采暖方式有如下优点：①不用自己管理热源；②空气温度适宜稳定；③卫生条件好，污染少。

采暖工程施工图是安装与敷设采暖设备及管道的依据，一般包括施工说明、采暖平面图、采暖系统图和详图四部分内容。

2. 空调工程

随着人民生活水平的不断提高，对房间内温度、湿度、空气清新程度的要求亦日益提高。某些工业生产车间由于产品生产工艺的需要，亦必须控制车间内的温度、湿度等指标。给建筑物安装空调系统设备使其能自动调节室内环境指标（如温度、湿度、空气清新程度等）的工程称空调工程。空调系统按空气处理设备的设置情况分为集中式系统、半集中式系统、分散式系统三类。

（1）集中系统：空气处理设备（过滤器、加热器、冷却器、加温器及通风机等）集中设置在空调机房内，空气经处理后，由风道送入各房间。

（2）半集中式系统：较多使用的是风机盘管空调系统，空调机房内设冷热水机组，用循环泵把冷水或热水沿循环管路送入各房间，在房间内用风机盘管设备把盘管（与循环管路相接）中的冷或热量吹入房间，亦可以某一楼层为单位或某一功能分区为单位设置新风机组并用风管与各房间风机盘管上新风口连接，使在调温的同时，向房间内送入新鲜空气并调节空气湿度。风机盘管系统目前在宾馆、写字楼等公共建筑中有广泛应用。

（3）分散式系统：如窗式空调机和分体式空调机，可一机供一室或几室使用，也可一室使用多台，此形式无新风系统仅能调温使用。此类空调安装方便，以电作为能源，目前住宅使用较多。

空调工程图亦由施工说明、空调平面布置图、空调系统图和详图四部分组成。

3．采暖工程图和空调工程图的特点及图例

在阅读采暖工程图或空调工程图时，应注意掌握以下特点：

（1）二者均为设备工程图，因此应注意它与建筑工程图的联系，并应熟悉各种图例符号，对于空调工程图还应对风管尺寸及设备配件的形状尺寸有充分了解，以便与土建配合。

（2）采暖、空调工程图均采用斜等轴测图绘制系统图。

（3）采暖、空调工程均为一闭合循环系统，阅读图纸时应按一定的方向、顺序去阅读，如采暖热媒的流向等，以了解系统各部分的相互联接关系。

（4）对于空调工程，还应对系统上的电气控制部分与电气工程的关系有所了解，以便与电气专业做好配合，如风机盘管的风速控制、各种防火阀门的控制等都为电气控制。

（5）采暖工程图及空调工程图图例如表 3-4-3 所示。

采暖空调工程图例 **表 3-4-3**

名　称	图　例	名　称	图　例
管　道	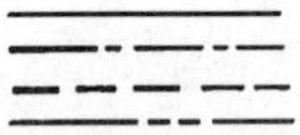	温度计	
截止阀	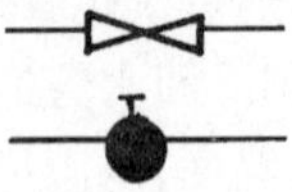	止回阀	
回风口	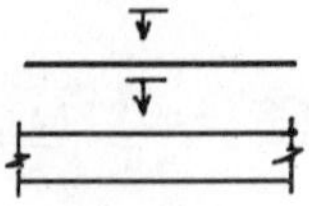	散热器	
保温管		集气罐	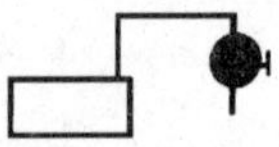

续表

名　称	图　例	名　称	图　例
风管检查孔		对开式多叶调节阀	
弯　头		空气过滤器	
矩形三通		加湿器	
防火阀		风机盘管	
风　管		窗式空调器	
送风口		风　机	
方型散流器		压缩机	
风管止回阀		压力表	

（二）采暖工程施工图的识读

1. 采暖工程平面图

采暖工程平面图一般应表达如下内容：

（1）定位轴线及尺寸，建筑平面轮廓、轴线、主要尺寸、楼面标高、房间尺寸。

（2）采暖系统中各干管支管、散热器及其他附属设备的平面布置。

（3）各主管的编号，各段管路的坡度等。

如图 3-4-10 中某单位职工住宅楼的一至三层采暖平面图，本工程采用同程式上给下回热水采暖系统，水平供热管布置在三层顶部。水平回水管布置在地下架空层内窗口下部，散热器一般布置在窗或门边，以利于室内热对流。散热器为四柱式铸铁散热片，每组由多片组合而成。散热器前的数字表示片数。顶层、底层散热器考虑到他们的散热量大，所以选用暖气片数亦略多。

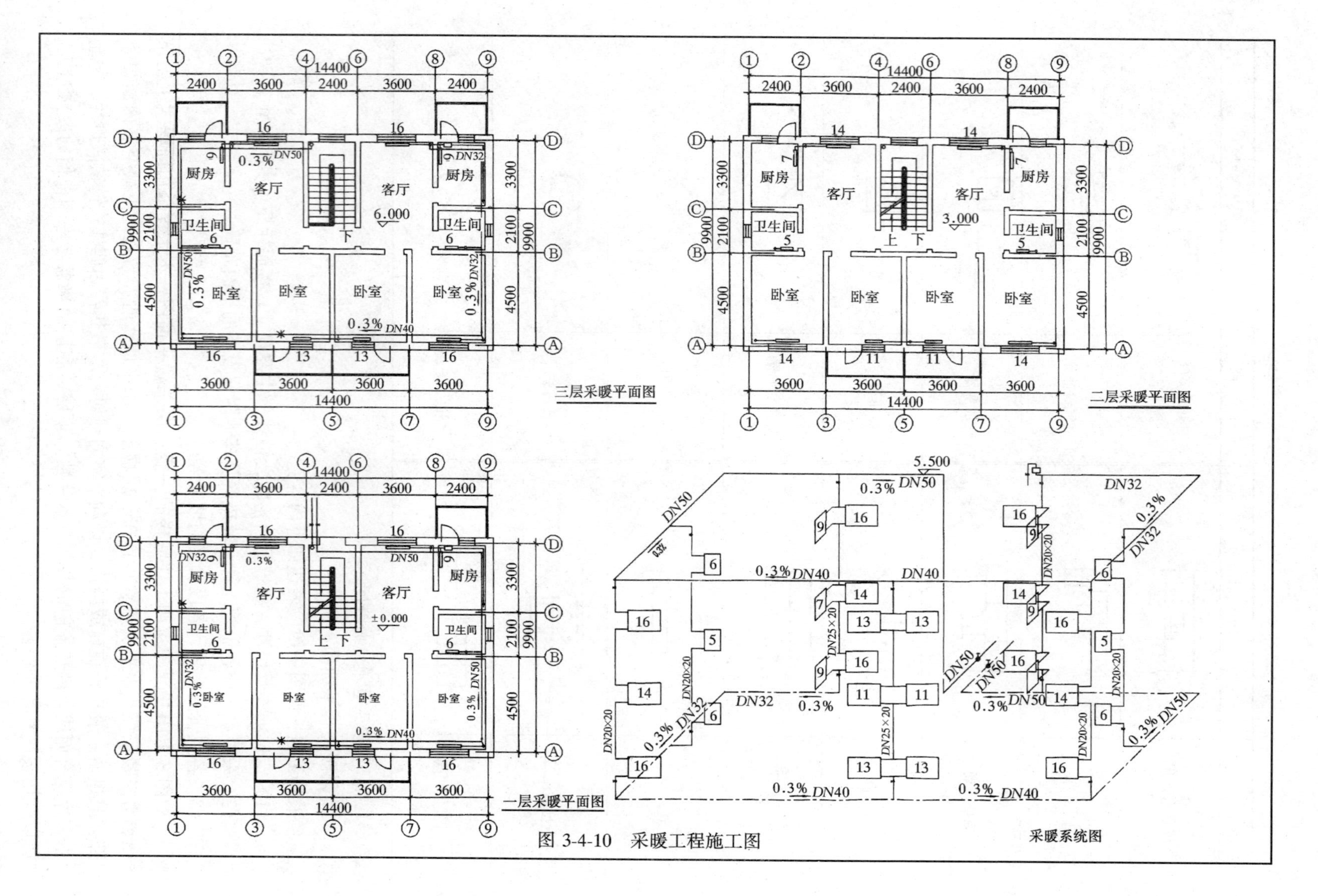

图 3-4-10 采暖工程施工图

在水平管上应注有各段管径如 $DN50$ 表示管的公称直径为 50，＊表示管路支架；支架一般仅做示意，具体间距等由施工规范确定，或在施工说明中予以说明；水平管上一般要注明管路坡度，坡度一般为 3‰且应坡向进水口处；供热管最末端即管路最高点处设有一个集气灌做系统内气体排放用。平面图上—◦—表示立管的位置，但详细尺寸如距墙距离等均由施工说明及施工规范来确定，一般不做标注。

2. 采暖工程系统图

采暖工程系统图采用斜轴测方式绘制，如图 3-4-10 中的采暖系统图。系统图反映了采暖系统管路连接关系空间走向及管路上各种配件及散热器在管路上的位置，并反映管路各段管径和坡度等。读采暖系统图应与采暖平面图对照阅读，由平面图了解散热器、管线等的平面位置，再由平面图与系统图对照找出平面上各管线及散热器的连接关系，了解管线上如阀门等配件的位置。散热器片数或规格在系统图中亦有反映，如散热器上数字即反映该组散热器的片数。通过系统图的阅读应了解，以供热上水口至出水口中每趟立管回路的管路位置、管径及回路上配件位置等。

3. 采暖工程详图

采暖设备详图按正投影法绘制，有时亦配有轴侧图以求表达清楚，一般亦有大量国标及地区性标准可供选用，仅需熟练识读即可，如图 3-4-11 为散热器安装详图及有关尺寸，由图可看出管线连接管穿墙穿板做法及散热器距墙距地尺寸，散热器形式及固定构造等亦一目了然。采暖工程图中有许多不易图示的做法，如表示刷漆、接口方式等一般用文字在施工说明中叙述。

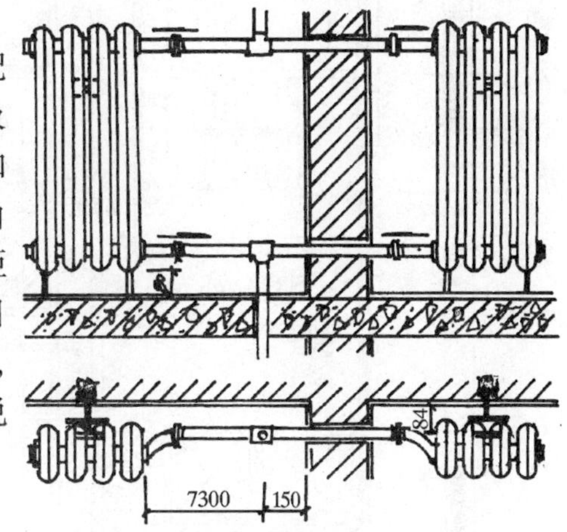

图 3-4-11　散热器安装详图

（三）空调工程施工图

1. 空调工程平面图

空调工程平面图一般应表达如下内容：

（1）建筑平面轮廓、定位轴线及尺寸，楼面标高、房间名称等。

（2）空调系统中各种管线、风道、风口、盘管风机及其他附属设备的平面布置。

（3）各段管路的编号、风道尺寸、控制装置型号、坡度等标注。

如图 3-4-12～13 为某办公楼的空调平面图，本工程为半集中式中央空调，中央空调机房及新风机房均设在地下一层，空调采用风机盘管加送新风系统，即制冷（热）机在使水产生低（高）温后，用循环泵把水送入水系统中，流动冷（热）水流经风机盘管散发冷（热）量到房间内，之后经回水管再流回空调制冷（热）设备中，与此同时由新风机产生新风沿风管送入各房间，使空气保持清新。

为使图面清晰，本工程把新风系统平面与风机盘管的循环水系统平面分画在两个图样中。并在图中注出了各段风管和水管的管径，如 3-4-12 所示风管边上注 250×160 表示此段风管为矩形管宽 250mm、高 160mm，水管上 $DN50$ 为水管直径 50mm。

图中所注 FP-6.3WA-[Z]-Ⅱ为风机盘管的型号及规格，新风管的立管设在电梯井下侧。循环水管的主管设在卫生间下侧墙上，如图 3-4-13 中卫生间的 D 轴墙处。

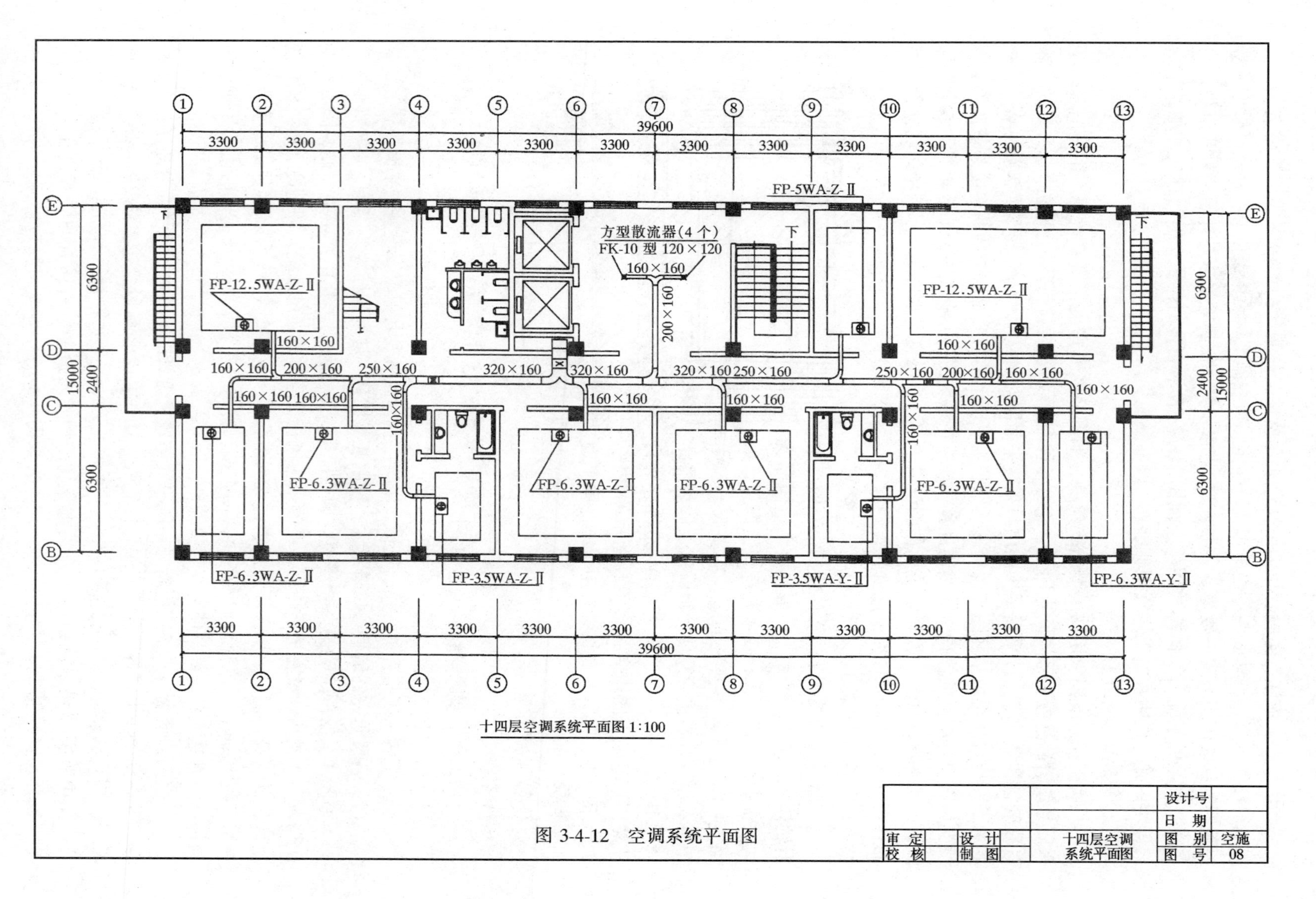

图 3-4-12 空调系统平面图

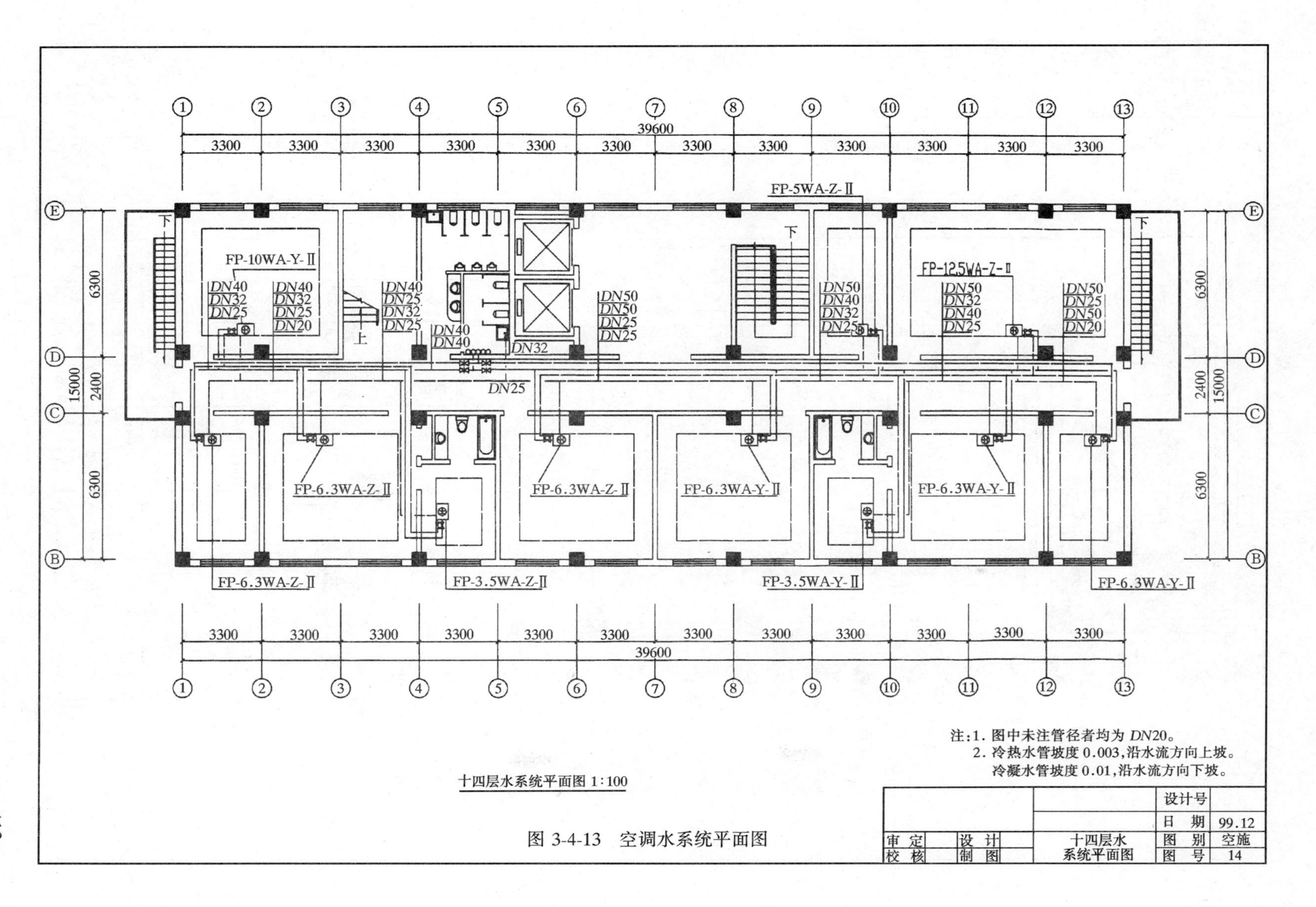

图 3-4-13 空调水系统平面图

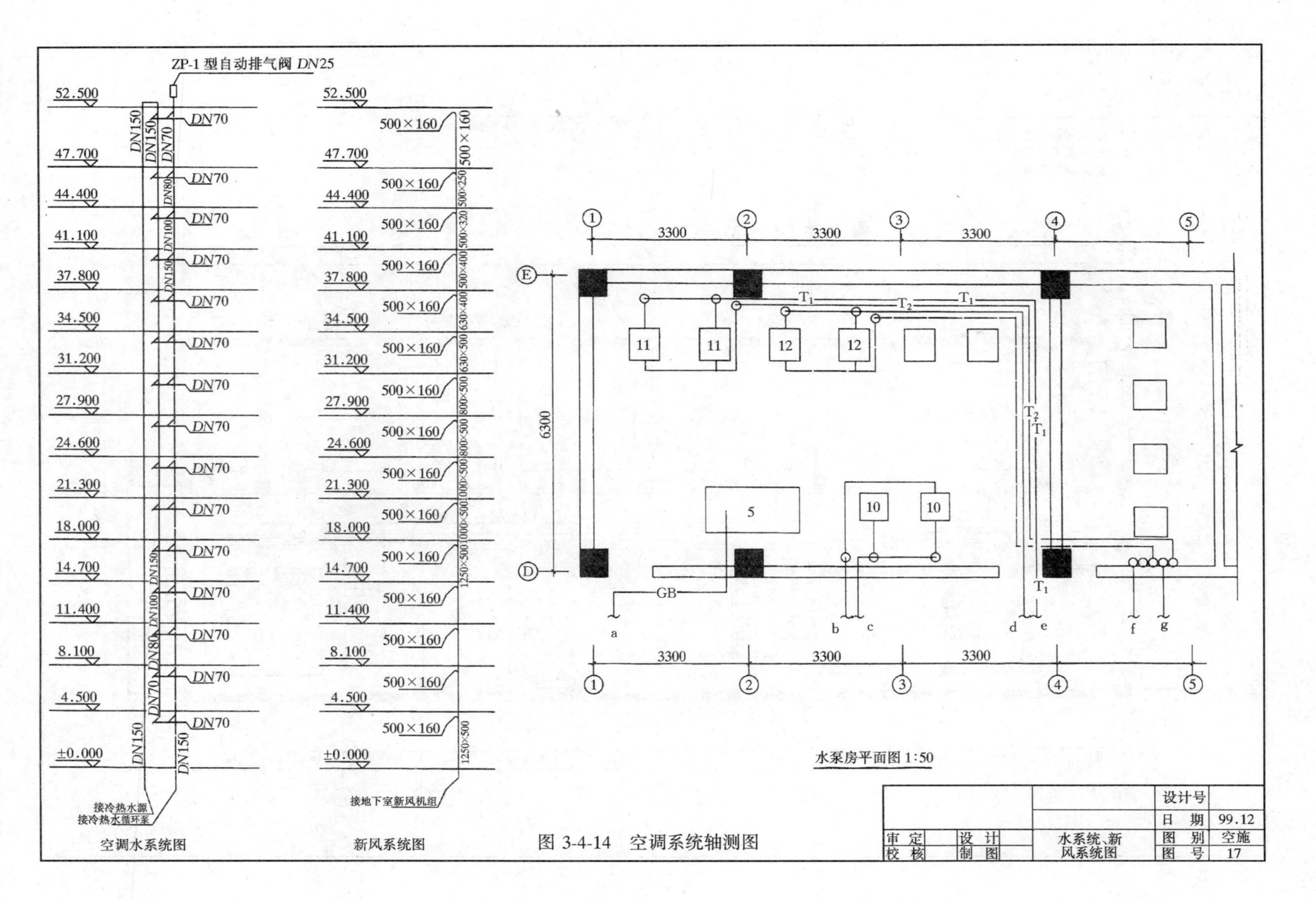

图 3-4-14 空调系统轴测图

2. 空调工程系统图

空调工程系统图，也分新风系统和循环水系统两部分，如图 3-4-14。本工程系统以立管为主干，水平管及风道在平面已能表示清楚，所以仅绘制了立管系统及与各层水平管接口关系，并标注了各层标高及各层接口管径及风道尺寸。

3. 空调工程详图

空调工程的详图较为复杂，有厂家提供的设备图纸、空调机房安装工程图纸、设备基础图纸、设备布置平面图、剖面图等等，一般均为正投影方式绘制。但设备图纸是依机械制图标准所绘，识读时应予注意。

三、电气施工图的识读

(一) 概述

由于电能的广泛使用，建筑中需设置各种电气设施来满足人们生产和生活的需要，如照明设施、动力电源设施、电热设施、电信设施等，给建筑安装电气设施的工程称为电气安装工程，属建筑设备安装工程。

电气工程，根据用途分两类：一类为强电工程，它为人们提供能源及动力和照明；另一类为弱电工程，为人们提供信息服务，如电话和有线电视等。不同用途的电气工程应独立设置为一个系统，如照明系统、动力系统、电话系统、电视系统、消防系统、防雷接地系统等等。同一个建筑内可按需要同时设多个电气系统。

电气工程施工图由电气工程平面图、电气系统图、施工说明及详图组成。

电气工程图有如下特点：

1. 电气工程图为设备工程图，平面画在建筑轮廓上，应注意它与土建工程图的关系。

2. 大量采用图例符号来表示电气设施，因此应熟悉各种图例符号见表 3-4-4。

电气工程图例 **表 3-4-4**

名　称	图　例	名　称	图　例
电力配电箱〈板〉		交流配电线路（4 根导线）	
照明配电箱〈板〉		壁　灯	
母线和干线		吸顶灯	
接地装置（有接地极）		灯具一般符号	
接地重复接地		单管荧光灯	
交流配电线路（3 根导线）	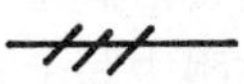	明装单相两线插座	

续表

名　称	图　例	名　称	图　例
暗装单相 两线插座		双联控制开关	
暗装声光 双按开关		三联控制开关	
暗装单极开关 （单相二线）		门　铃	
管线引线符号		门铃按钮	
镜　灯		电视天线盒	T
插　座		电话插孔	H
漏电开关	LD	熔断器	

3. 电气系统图以电路原理为基础，依电路连接关系绘制，因此应掌握一定的电气基础知识。

4. 电气详图一般采用国家标准图集，因此，应掌握根据图纸提供索引号去查阅标准图的方法，才能了解各电气设施的安装方法。

（二）电气工程施工图

1. 电气工程平面图

电气工程平面图一般应表达如下内容：

（1）配电线路的方向、相互连接关系。

电源进户线处虚线上画有接地地符号≡，表示进户线处零线，应做重复接地，且接地电阻不应大于10Ω。

（2）线路编号、敷设方式、规格型号等。

（3）各种电器的位置、安装方式。

（4）进线口、配电箱及接地保护点等。

如图3-4-15为某住宅电气平面图和系统图。

电源由一层左侧山墙引入至楼梯间电表箱，由电表箱内分两个回路供各户用电。在电表箱处干线引上至各层电表箱。

室内电气有：灯具和插座两部分，位置一般按标准图或常规施工，不做标注。图上仅画出大致位置。高度一般用文字予以说明，如插座可在说明中写上其型号规格，如2孔加3孔暗插座，容量为380V/10A距地0.3m等。本工程照明与插座的管线分别敷设，灯具

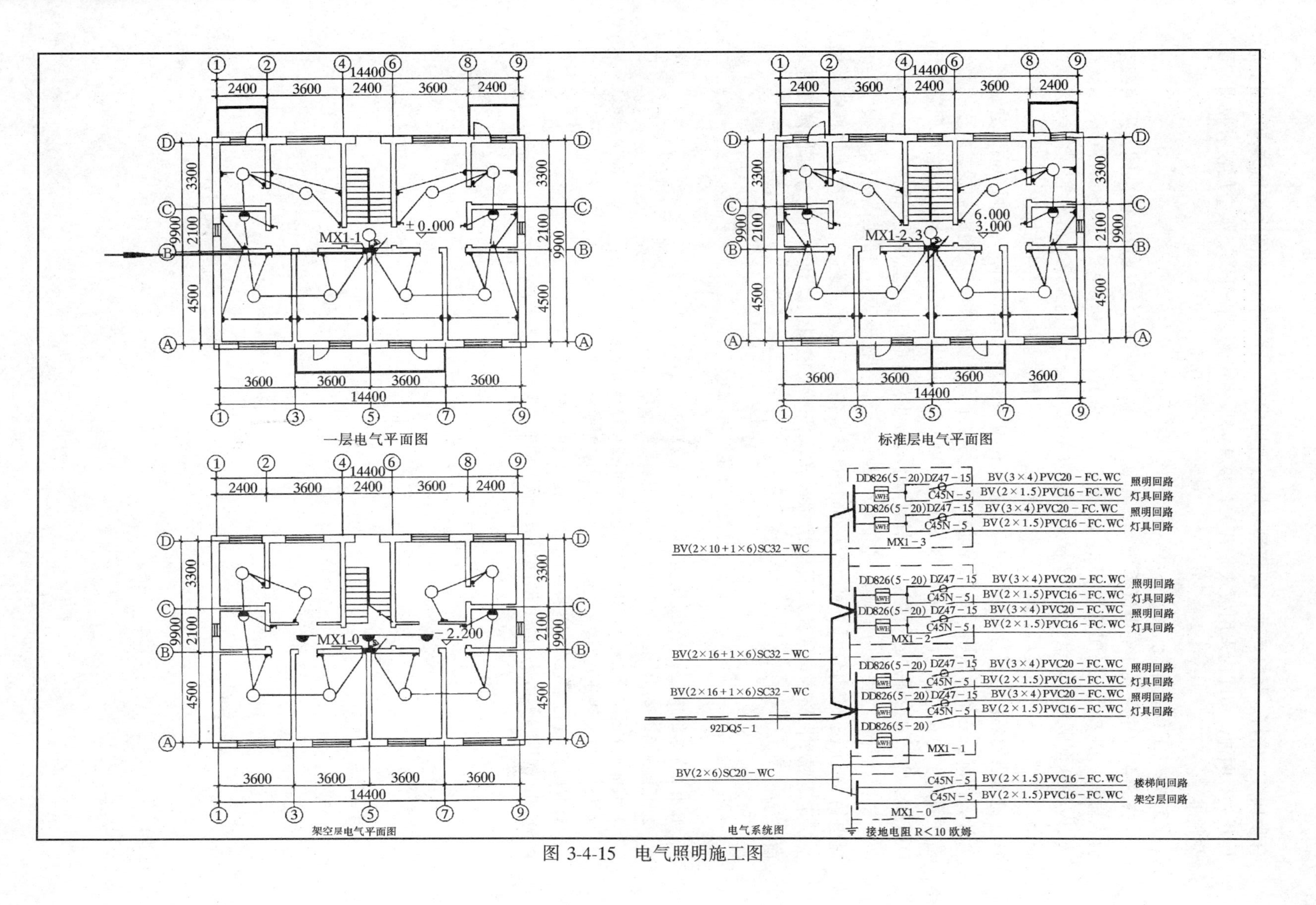

图 3-4-15 电气照明施工图

有吸顶灯、壁灯、吊灯三种，规格型号均在说明中统一注写，平面图上不做表示，图上灯具开关有两种，房间内采用板式暗开关，楼梯间采用声光双控开关。架空层仅有照明，不设插座。

2. 电气工程系统图

图3-4-14中的某住宅电气系统图，电源引入做法见国标92DQ5-1标准图，采用架空引入做法，引入至一层配电箱MX1-1，进户线标注BV（2×16+1×6）SC32FC表示导线选BV-500型塑料绝缘铜导线，2根16mm²+1根6mm²穿直径32mm钢管，沿一层顶面暗敷设导线进入一层表箱后向上沿墙引至二、三层电表箱内，线路见标注。

进入表箱后，电路分两路供两户电表，在电表后面把每户电路又分两个回路分别用两个开关控制，一个为照明回路无接地保护，另一个为插座回路有接地保护线，户内线路规格在线路上均有标注，电表采用DD826（5-20）型电度表，记录每户用电，插座回路采用DZ47-15型开关控制并起短路过流保护作用，照明采用C45N-5型开关控制。

楼梯间与架空层共用一只公用电表，设在一层，由该电表引出的回路引下至架空层的配电箱MX1-0，箱内分两个回路，一个为架空层各房间照明回路，另一个为楼梯间及架空层走道照明回路，该回路灯具均采用声光双控开关控制，以利节电，并延长楼梯灯寿命。

复习思考题

1. 什么是装饰施工图？它由哪些图纸组成？各反映什么内容？
2. 顶棚平面图是用什么投影方法画出的？反映哪些内容？
3. 装饰施工图的尺寸、单位如何？墙身的立面投影符号如何绘制？
4. 给排水工程图分为几类？它们各包括哪些内容？图示上有什么特点？
5. 采暖及空调工程图有哪些特点？采暖工程系统图反映哪些内容？
6. 电气工程分哪两类？电气工程施工图由哪些图纸组成？有哪些特点？

第五章　工业厂房施工图的识读

工业厂房施工图的识读与民用建筑施工图的识读一样，但由于工业建筑与民用建筑在构造组成上有较大的不同，图样形式上也有一些不同之处，识读时应结合其构造知识和特点，认真识读。下面以某金属加工车间（金工车间）的施工图为例说明其阅读方法，并通过识读，提高对厂房构造知识的掌握。

第一节　工业厂房建筑施工图（见插图）

一、建施1为首页图，由设计说明、材料做法、门窗表、目录表及总平面图所组成。总平面图表示出新建工程（金工车间）坐落的位置，距离总装车间20m、两侧围墙12m。室内地面±0.000处相当于绝对标高的782m，东西向为其长轴方向。

二、建筑平面图

建筑平面图识读时应重点注意以下几点：

1. 从建施2图中可以知道，该厂房为坐北朝南的建筑，平面形状为矩形，采用钢筋混凝土工字形截面的柱子。①～⑨为横向定位轴线，Ⓐ～Ⓑ为纵向定位轴线，其中Ⓐ轴线后有2根附加轴线(1/A)和(2/A)。纵向定位轴线Ⓐ、Ⓑ分别在边柱的内缘，与围护墙内缘重合（称为封闭结合），横向定位轴线②～⑧分别与柱中心线重合，而①轴线与⑨轴线和端部柱中心线相距600mm。(1/A)、(2/A)与抗风柱中心线重合，该厂房围护墙厚240mm。

2. 从图中可知该厂房柱距为6m，但两端部柱距为5.4m，跨度21m。由于生产的需要，车间内设置一台桥式吊车（图中用虚线画出带有对角线的长方形），$Q=50\text{kN}$，$L_k=19.5\text{m}$表示吊车的起重量为50kN，吊车的轨道距离为19.5m，柱内侧的粗点划线表示吊车梁的位置，横轴点划线表示屋架位置。

3. 从图中标注的门、窗编号可知：该车间有上、中、下三排侧窗，在每两个柱子中有两列侧窗，窗的编号分别为C1和两个C2，在窗代号中，位置在上的为上层窗，位置在下的为下层窗。在②～③轴线和⑦～⑧轴线间有M1，洞宽2.4m，在山墙上各设有侧门M2，洞宽3.3m。

4. 从图中可知该车间外设散水，散水宽800mm，M1，M2外各设坡道，坡道宽分别是3m和4.2m，长1.2m和1.8m，室内外高差为0.15m。剖切符号在⑦～⑧轴线间，车间总长48.48m，总宽21.48m。

5. 屋顶平面图在建施4上，从图中可知该厂房屋顶为有组织排水，采用女儿墙内檐沟、外排水形式，屋面排水坡度随屋架上弦，檐沟排水坡度是1%，排水管采用88J5标准图集图样，在⑨轴线山墙上设有铁爬梯，屋顶上无天窗。

	材料做法表
屋面	3mm厚SBS改性沥青防水层
	冷底子油一道
	25厚1:2.5水泥砂浆找平层
	100厚蛭石板保温层
	25厚1:2.5水泥砂浆找平层
	钢筋混凝土预制板
天棚	钢筋混凝土预制板板底勾缝
	钢筋混凝土预制板板底刷106白色涂料
外墙	清水砖墙1:1水泥砂浆勾缝
	抹灰部分20厚1:2.5水泥砂浆抹面
内墙	清水砖墙1:1水泥砂浆勾缝
	刷106白色涂料
坡道	25厚1:2.5水泥砂浆锵蹉
	100厚C10混凝土
	200厚3:7灰土垫层
	素土夯实
散水	50厚C10细石混凝土随打随抹
	100厚3:7灰土垫层
	素土夯实
防潮层	1:2.5水泥砂浆加3%防水粉
	砌三皮砖，下皮标高−0.050
勒脚	600高20厚1:2.5水泥砂浆
	抹面，水平分格间距1200

门窗表				
代号	洞口尺寸（宽×高）	数量	标准图集（83MC-01）代号	备注
M-1	2400×3300	2	7M811	木制刷灰色调和漆二遍
M-2	3300×3300	2	7M111	木制刷灰色调和漆二遍
C-1	1800×2400	28	$C_4$68	木制刷灰色调和漆二遍
C-2	1800×1200	64	$C_4$63	木制刷灰色调和漆二遍

图纸目录		
图号	图纸名称	图纸幅面
建施-01	总平面图　设计说明　门窗表　工程做法	A2
建施-02	金工车间平面图	A2
建施-03	南立面图　北立面图	A2
建施-04	正东立面图 1-1剖面图　屋顶平面图　详图	A2
建施-05	墙身详图　大门节点详图　详图	A2
结施-01	基础平面图　基础详图	A2
结施-02	柱　吊车梁　柱间支撑布置	A2
结施-03	屋顶结构布置	A2
结施-04	Z1柱模板图　Z1柱配筋图	A2
结施-05	Z2柱模板图　Z2柱配筋图	A2
结施-06	ZC-1ZC-2　柱支撑详图	A2

设计说明
1. 本工程依据省计委1996建字(063)号批准文件及甲方设计任务书要求进行设计，本项目为该厂新建金工车间
2. 本工程地质情况以勘探报告为依据，场地土为2类，地基承载力 $R=165\text{kN/m}^2$
3. 本工程抗震设防按7°考虑
4. 建筑面积1041.35m^2
5. 设计标高±0.000=绝对标高782.000
6. 构配件使用标准图集详见各张图纸说明
7. 施工时应注意各专业之间的配合，做好预埋件及预留孔设置工做
8. 全部工程均应符合现行施工验收规范的要求

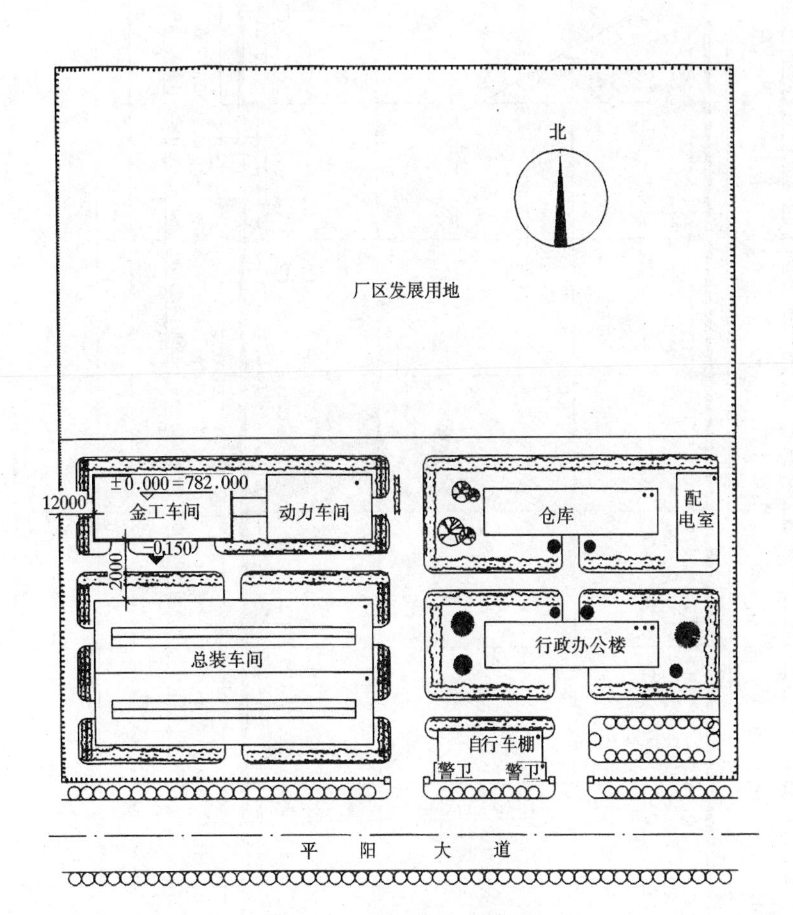

总平面图 1:100

				(建设单位)	设计号	
				金工车间	日 期	
审 定		设 计		总平面图 门窗表	图 别	建施
校 核		制 图		设计说明 工程做法	图 号	01

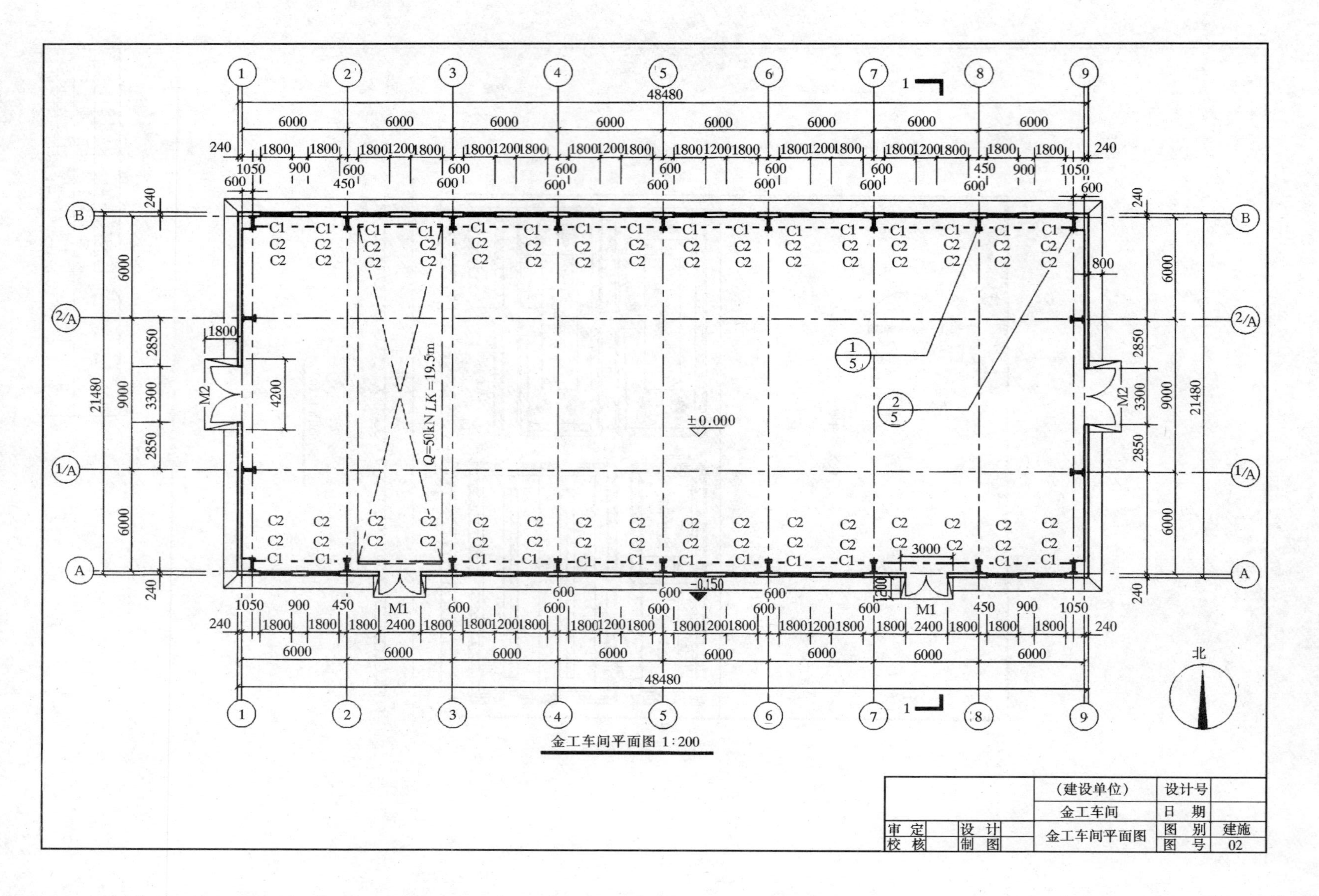

金工车间平面图 1:200

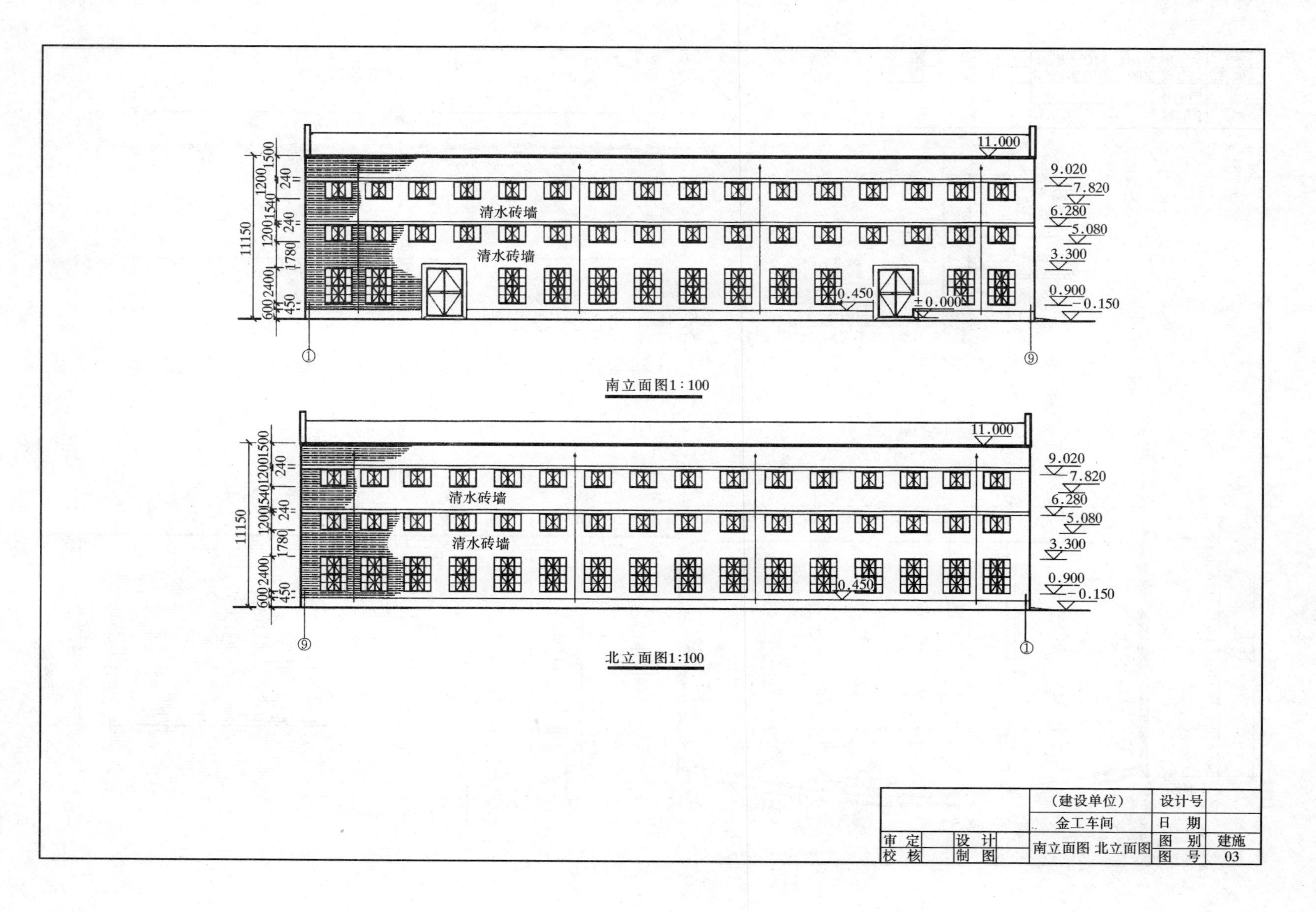

南立面图1∶100

北立面图1∶100

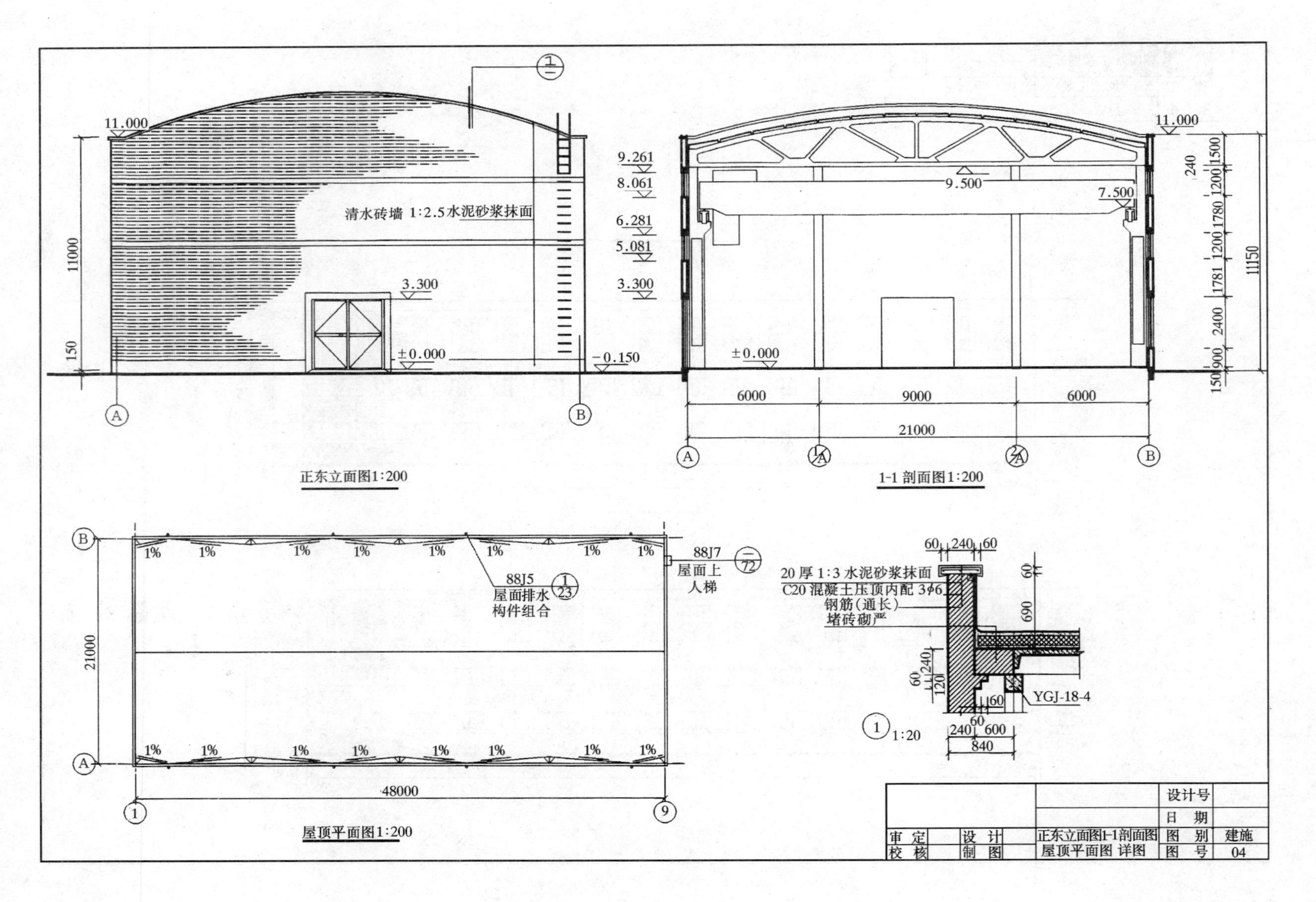
11.000
清水砖墙 1:2.5水泥砂浆抹面
9.261
8.061
6.281
5.081
3.300
3.300
±0.000
-0.150
11000
150
正东立面图1:200
11.000
9.500
7.500
±0.000
6000
9000
6000
21000
1500
1200
1780
1200
1781
2400
900
150
240
11150
1-1 剖面图1:200
1%
88J5
屋面排水
构件组合
88J7
屋面上
人梯
21000
48000
屋顶平面图1:200
60 240 60
20厚 1:3 水泥砂浆抹面
C20 混凝土压顶内配 3φ6
钢筋(通长)
堵砖砌严
690
YGJ-18-4
240 600
840
1:20
设计号
日 期
审 定
设 计
正东立面图1-1剖面图
图 别
建施
校 核
制 图
屋顶平面图 详图
图 号
04

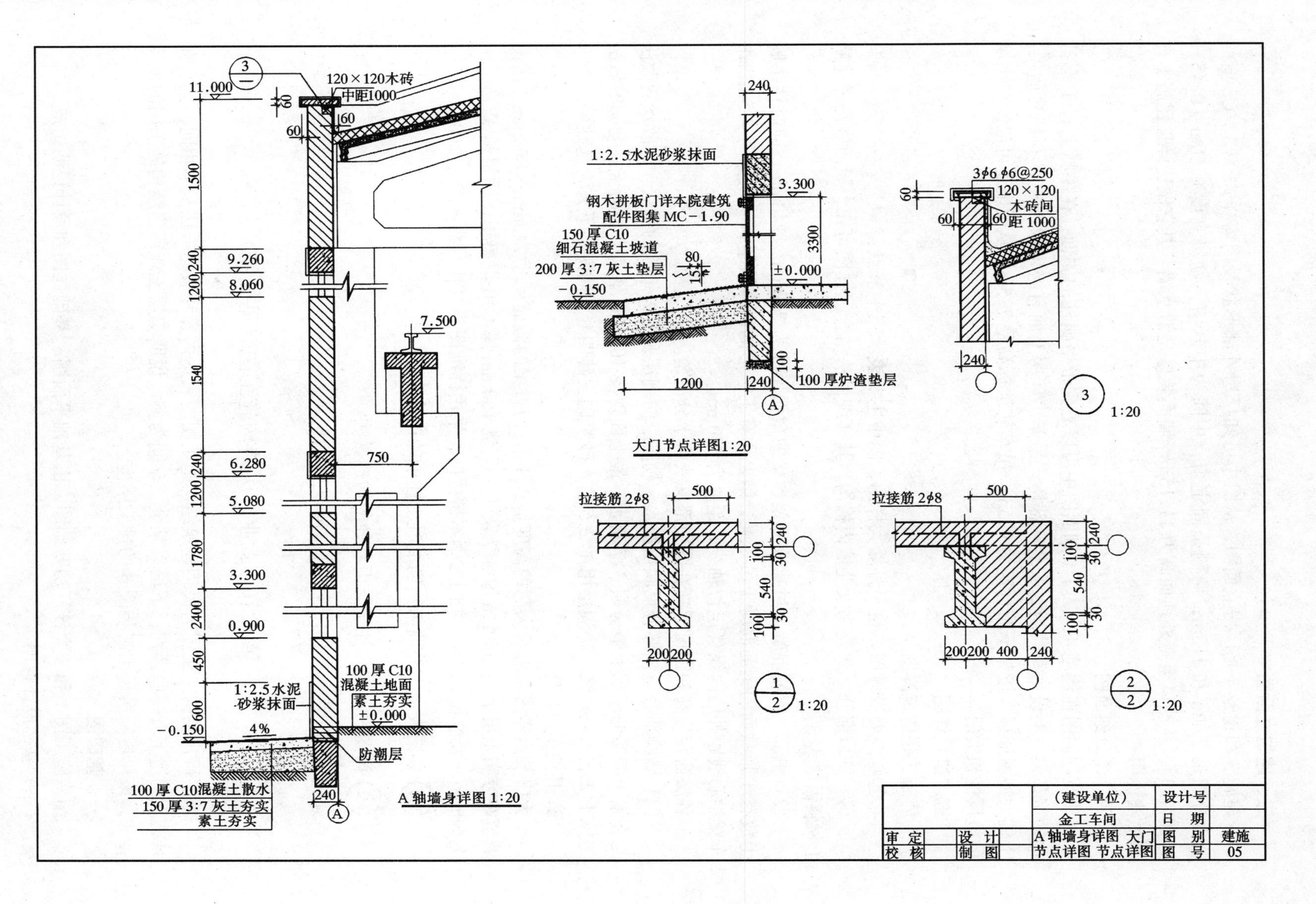

120×120木砖
中距1000
11.000
9.260
8.060
7.500
6.280
5.080
3.300
0.900
±0.000
−0.150
1500
240
1200
1540
1780
2400
450
600
750
60
1:2.5水泥
砂浆抹面
4%
100厚C10
混凝土地面
素土夯实
防潮层
100厚C10混凝土散水
150厚3:7灰土夯实
素土夯实
A轴墙身详图 1:20
1:2.5水泥砂浆抹面
钢木拼板门详本院建筑
配件图集MC−1.90
150厚C10
细石混凝土坡道
200厚3:7灰土垫层
3300
100厚炉渣垫层
大门节点详图1:20
3φ6 φ6@250
120×120
木砖间
距1000
1:20
拉接筋2φ8
500
540
200200
400
(建设单位)
设计号
金工车间
日期
审定
校核
设计
制图
A轴墙身详图 大门
节点详图 节点详图
图别 建施
图号 05

三、建筑立面图

建施 3 和建施 4 是厂房立面图，从图中可知厂房外部形状及门窗样式，C1、C2 窗的高度分别是 2.4m 和 1.2m，两侧是固定窗，中间为中悬窗，勒脚高度 0.60m［0.45－(－0.15)］，从檐口至室外地面高为 11.15m。墙面装修是清水墙，其它做法详见建施 1 材料做法说明。

四、建筑剖面图

建筑剖面图在建施 4，从 1-1 剖面图中可以看到带牛腿柱的侧面，在牛腿上有 T 形截面的吊车梁，上设吊车轨道，安装一部桥式吊车。厂房上面有跨度为 21m 的折线形屋架，上铺大型屋面板，屋架下弦标高为 9.5m，吊车轨顶标高是 7.5m，从图中还可以看到山墙的抗风柱和大门。

五、建筑详图

建施 5 是建筑详图。

1.Ⓐ轴线墙身详图，也是外墙大样图，图中主要表示三个节点：

（1）檐口部分　此处为女儿墙内檐沟，其详细做法结合③详图可知，屋面做法详建施 1 材料做法表。

（2）中部　钢筋混凝土过梁兼圈梁，梁的截面尺寸为 240mm×240mm，同时柱牛腿上放有 T 形截面的钢筋混凝土吊车梁，梁上设有工字形的吊车轨道，轨顶标高 7.5m，吊车梁中心线距外墙内缘（定位轴线）距离为 750mm。

各层窗台标高和窗顶标高在图中都反映得十分清楚。

（3）墙脚部分　该部分反映出散水、勒脚、防潮层及室内地面的做法。如散水的做法是在素土夯实的基础上垫一层 3∶7 灰土，最上面现浇 100mm 厚 C10 混凝土。勒脚的做法是抹 1∶2.5 水泥砂浆。防潮层用 1∶2.5 防水砂浆砌三砖四缝，防潮层下方为基础梁。

2. 其他节点详图

大门节点详图：表示大门的高度是 3.3m，门过梁的截面尺寸 240mm×800mm，防滑坡道在夯实土层上垫 200mm 厚 3∶7 灰土，上浇 150mm 厚 C10 混凝土，防滑槽深 15mm、宽 80mm，坡道长 1.2m。大门为钢木拼板门，采用标准图集（代号为 MC—1.90）。

(1/2) 详图表示出外墙与钢筋混凝土柱子的连接。

(2/2) 详图表示端部柱子与山墙处的构造做法。

建施 4①详图表示出山墙上部与屋顶的连接。

第二节　工业厂房结构施工图（见插图）

单层厂房结构施工图与民用建筑结构施工图的表达内容和表达方法基本相同，但它在结构上构造上有一些区别，下面以某金工车间为例，说明单层工业厂房结构施工图的识读方法，该单层厂房是预制装配式的排架结构。

一、基础图

结构施工图 1 和 2 为该厂房基础图，由基础平面图、基础详图和设计说明组成。

（一）基础设计说明

主要说明地基的土质及承载能力（$f=165kN/m^2$）、室内±0.000与绝对标高的关系、基础采用的混凝土及钢筋的强度等级和构件采用标准图集的代号。

（二）基础平面图

基础平面图主要是表明该厂房室内地面下的基础及基础梁等结构构件的位置、尺寸、编号、标高等，从图中可知该厂房基础为独立基础。

读图时主要从以下几点了解所表达内容。

1．了解基础及定位轴线的平面布置、相互关系以及定位轴线间的尺寸。图中J1、J2均独立基础（杯形基础）。J1基础的长向中心线与②～⑧及(1/A)、(2/A)轴重合，J2基础的长向中心线偏离①轴和⑨轴600。位于(1/A)、(2/A)轴线的J1为抗风柱基础。柱子位于各基础的中心位置。纵向柱距为6m，横向柱距有6m、9m两种。

2．图中沿定位轴线外侧所画粗点划线是基础梁，代号为JL-1和JL-2。

3．弄清基底平面尺寸与定位轴线的关系。基础平面尺寸均为2400mm×3400mm。基础的定位可由图中③和(2/A)轴处基础的1200、1400确定。

（三）基础详图

结施2表达基础详图，即J1和J2的详细构造。从图中可知J1的底面尺寸为2400mm×3400mm，底部的标高是－1.60m，则该基础的埋深为1.45m。基础底部配筋为ϕ10@150mm双向配筋。

J2除与J1上部形状略有不同外，其余如基底尺寸、配筋等都相同。J1为杯形基础，J2整体外观为长方体，中间为柱孔。

二、结构布置平面图

单层厂房结构布置平面图主要表示柱、吊车梁、屋架、柱间支撑、屋面板、天沟板等构件的平面布置、如结施3、结施4。

从结施3可以看到，定位轴线①～⑨轴线，每轴线上下各排列2根Z1，Z2为工字形截面，Ⓐ、Ⓑ轴内侧的粗点划线表示吊车梁，代号分别为DL-3Z和DL—3B（在两边），其中DL表示吊车梁，Z表示中间位置，B表示边上位置。轴线(1/A)和(2/A)上的柱子Z2为抗风柱，位于山墙内侧。右下角①详图表示柱子与基础的连接构造，读图时与本页说明联合识读。

结施4表示屋顶结构平面图，表示出屋顶上承重构件的位置。①～⑨轴线的粗点划线表示预应力钢筋混凝土屋架（YWJ—21—4）。中间粗实线为水平系杆，代号为HX-1。用对角线的形式表示出屋面板的布置，8×14YWB-3表示①～⑨轴线共8个柱距，每柱距放有14块预应力屋面板。图中A-A断面反映屋盖结构的纵向断面，B-B断面反映横向的屋架形式及屋面板位置。

三、结构构件详图

工业厂房结构构件详图与民用建筑结构构件图的表达方式一样，也是由模板图、配筋图和钢筋表组成，如结施5和结施6所示。结施5是表示Z1和Z2的模板图和配筋图。

1．模板图及预埋件详图

柱的模板图主要表示柱的外形、尺寸、标高及预埋件的位置等。从Z1模板图上可以看到，上柱顶部有焊接屋架用的预埋件M-1，中部牛腿有焊接吊车梁用的预埋件M-2和

M-3，上柱上还有与柱间支撑连接的预埋件M-4，下柱有与下柱柱间支承连接的预埋件M-5，柱总高10700mm，结合左面断面图，可以得知上柱矩形截面尺寸为400mm×400mm，牛腿为矩形截面，尺寸是400mm×1050mm，下柱工字形截面，尺寸为400mm×800mm。

预埋件详图在结施6，从图中可知预埋件的形状、具体尺寸。如M-1为400mm×400mm×10mm的钢板，下焊有两根直径为12mm的Ⅱ级钢筋，呈板凳状。M-2、M-3、M-4、M-5与M-1类似。

2. 配筋图

这里以Z1配筋图为例说明识读配筋图的方法，Z1配筋图由立面图和四个断面图组成。

（1）了解柱内纵向钢筋的编号、数量、钢筋接头的位置、尺寸和要求。从立面图和1-1断面图可知：上柱配有①、②和③号纵向钢筋，其中①号钢筋是4根直径为16mm的Ⅱ级钢、②号钢筋为4根直径为16mm的Ⅱ级钢、③号钢筋为2根直径为10mm的Ⅱ级钢。从立面图和3-3断面图可知下柱工字形截面部分的配筋。该部分配有①、⑤、⑩号纵向钢筋，其中①号钢筋为4根直径为16mm的Ⅱ级钢、⑤号钢筋为12根直径为16mm的Ⅱ级钢、⑩号钢筋为2根直径为10mm的Ⅱ级钢。其具体位置如3-3断面图。从4-4断面图可知下柱下部矩形部分的纵向配筋：①号钢筋为4根直径为16mm的Ⅱ级钢，⑤号钢筋为12根直径为16mm的Ⅱ级钢，⑬号钢筋为2根直径为10mm的Ⅱ级钢。由立面图和2-2断面图可知牛腿部分的配筋：上柱、下柱的钢筋全部伸入牛腿，其中上柱钢筋至牛腿根部，下柱钢筋至牛腿顶部。另外在牛腿处分别配有⑥号钢筋和⑦号钢筋，⑥号钢筋是4根直径为16mm的Ⅱ级钢，⑦号钢筋为2根直径为16mm的Ⅱ级钢，具体形状见钢筋表。

（2）了解柱内箍筋的编号、直径、形状、间距等要求。箍筋分布是用尺寸形式标注，如图中可知，在上柱顶底两端400mm和700mm内，箍筋间距是100mm，箍筋的形状为矩形，编号为④号，上柱中间部分箍筋间距为150mm。牛腿部分箍筋的编号是⑧号，形状也是矩形，间距100mm，同时在牛腿根部另加一根，与上根间距为50。下柱工字形截面处箍筋编号为⑪号和⑫号，构成工字形箍筋，间距为150mm，直径为6mm，在矩形截面处箍筋的形状为矩形，编号是⑭，直径仍为6mm，间距250mm。

（3）了解柱与围护墙或连系梁的连接形式。从5-5断面图可以看到，柱外侧预埋⑮号钢筋为2根ϕ6@500mm，呈"L"形，其作用是加强柱与外墙的连接，砌在砖墙灰缝中。

Z1、Z2钢筋表如结施6，读者可对照配筋图识读，这里不再赘述。

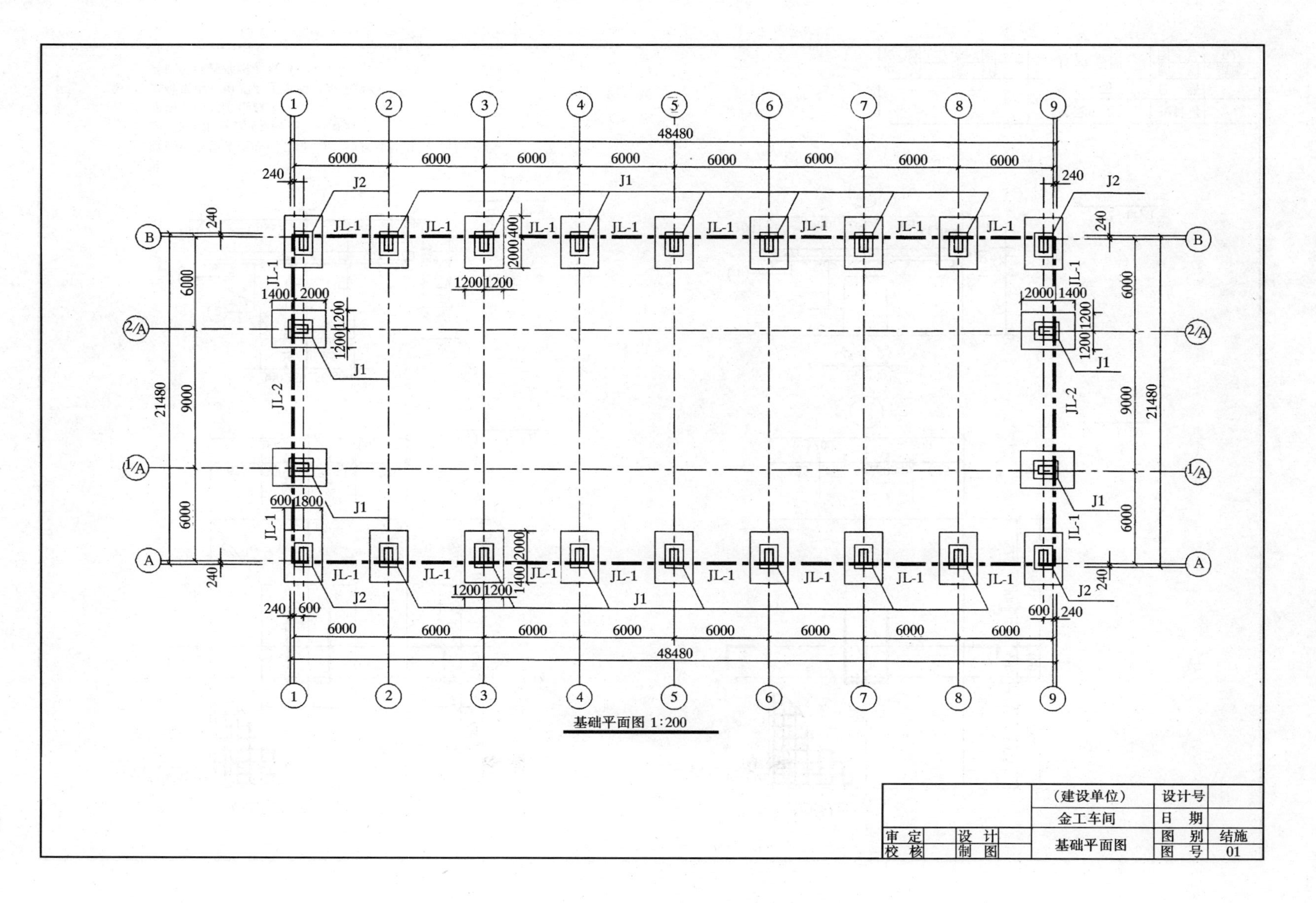

48480
6000
240
J1
J2
JL-1
JL-2
2000
400
1400
1200
600
1800
9000
21480
1
2
3
4
5
6
7
8
9
A
B
1/A
2/A
基础平面图 1:200
(建设单位)
设计号
金工车间
日 期
审 定
设 计
基础平面图
图 别
结施
校 核
制 图
图 号
01

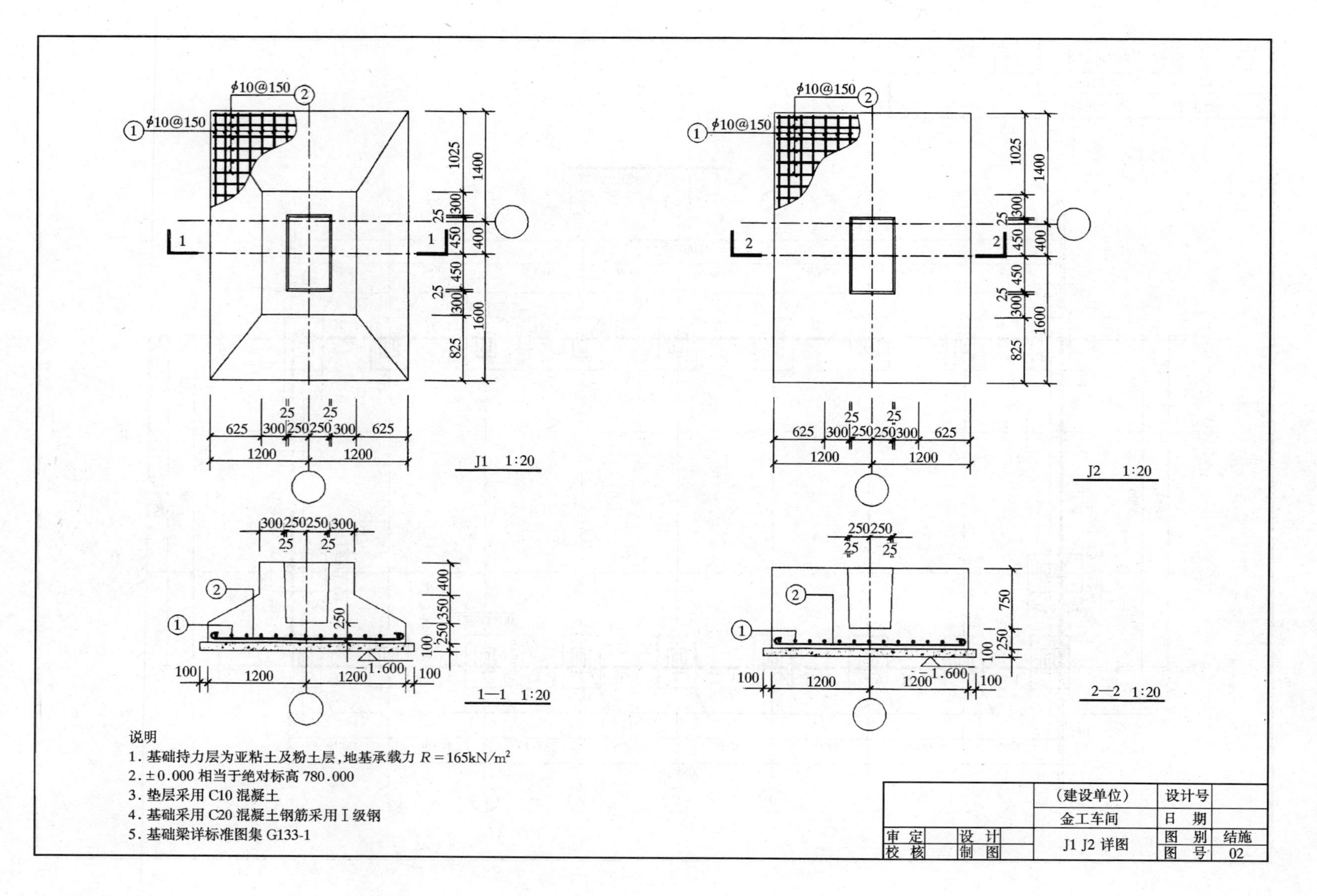

说明

1. 基础持力层为亚粘土及粉土层，地基承载力 $R = 165\text{kN/m}^2$
2. ±0.000 相当于绝对标高 780.000
3. 垫层采用 C10 混凝土
4. 基础采用 C20 混凝土钢筋采用Ⅰ级钢
5. 基础梁详标准图集 G133-1

		（建设单位）	设计号	
		金工车间	日 期	
审 定	设 计	J1 J2 详图	图 别	结施
校 核	制 图		图 号	02

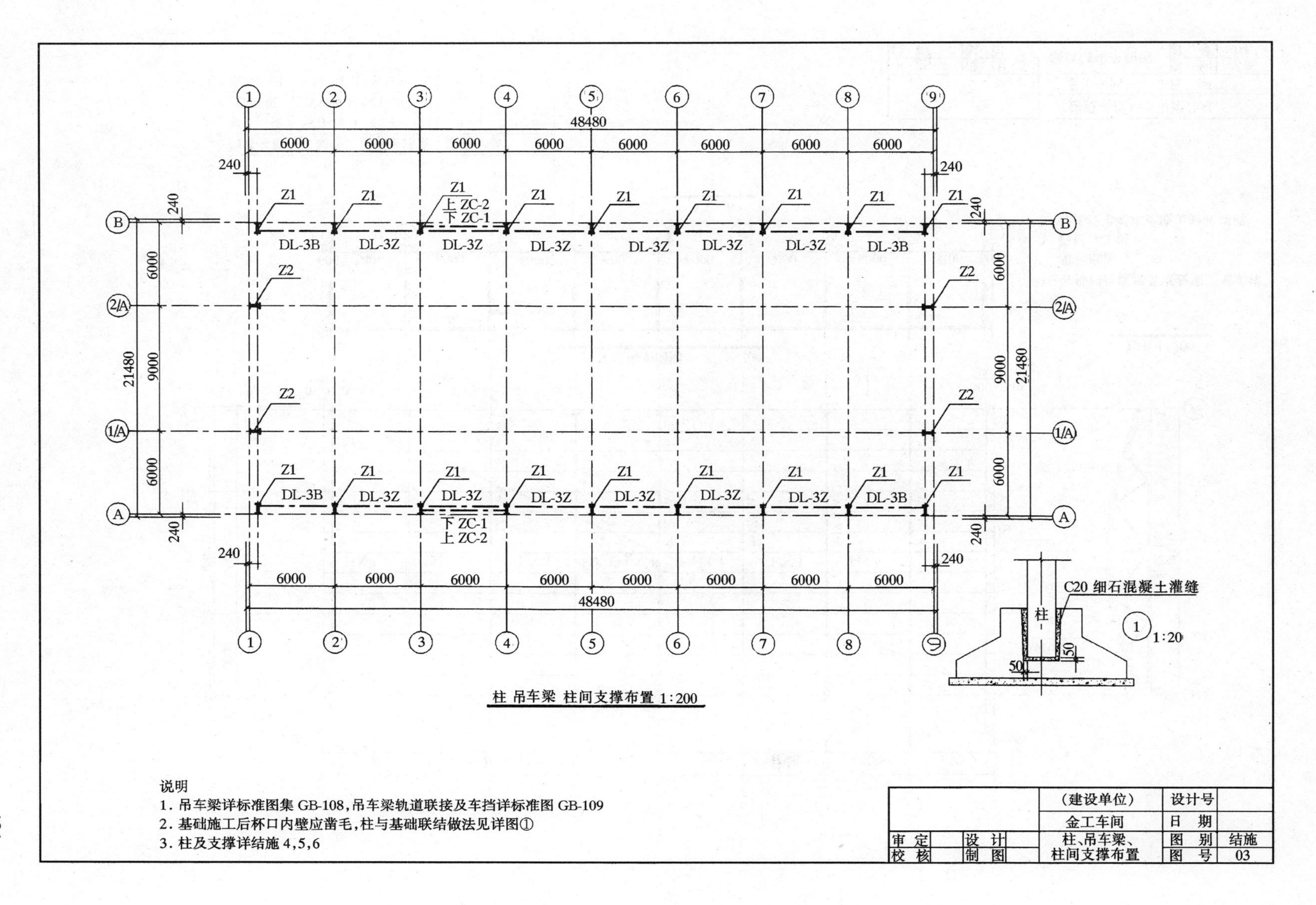

柱 吊车梁 柱间支撑布置 1:200
48480
6000
240
Z1
Z2
上 ZC-2
下 ZC-1
下 ZC-1
上 ZC-2
DL-3B
DL-3Z
21480
9000
C20 细石混凝土灌缝
柱
50
1:20
说明
1. 吊车梁详标准图集 GB-108,吊车梁轨道联接及车挡详标准图 GB-109
2. 基础施工后杯口内壁应凿毛,柱与基础联结做法见详图①
3. 柱及支撑详结施 4,5,6
(建设单位)
设计号
金工车间
日 期
审 定
设 计
柱、吊车梁、
柱间支撑布置
图 别
结施
校 核
制 图
图 号
03

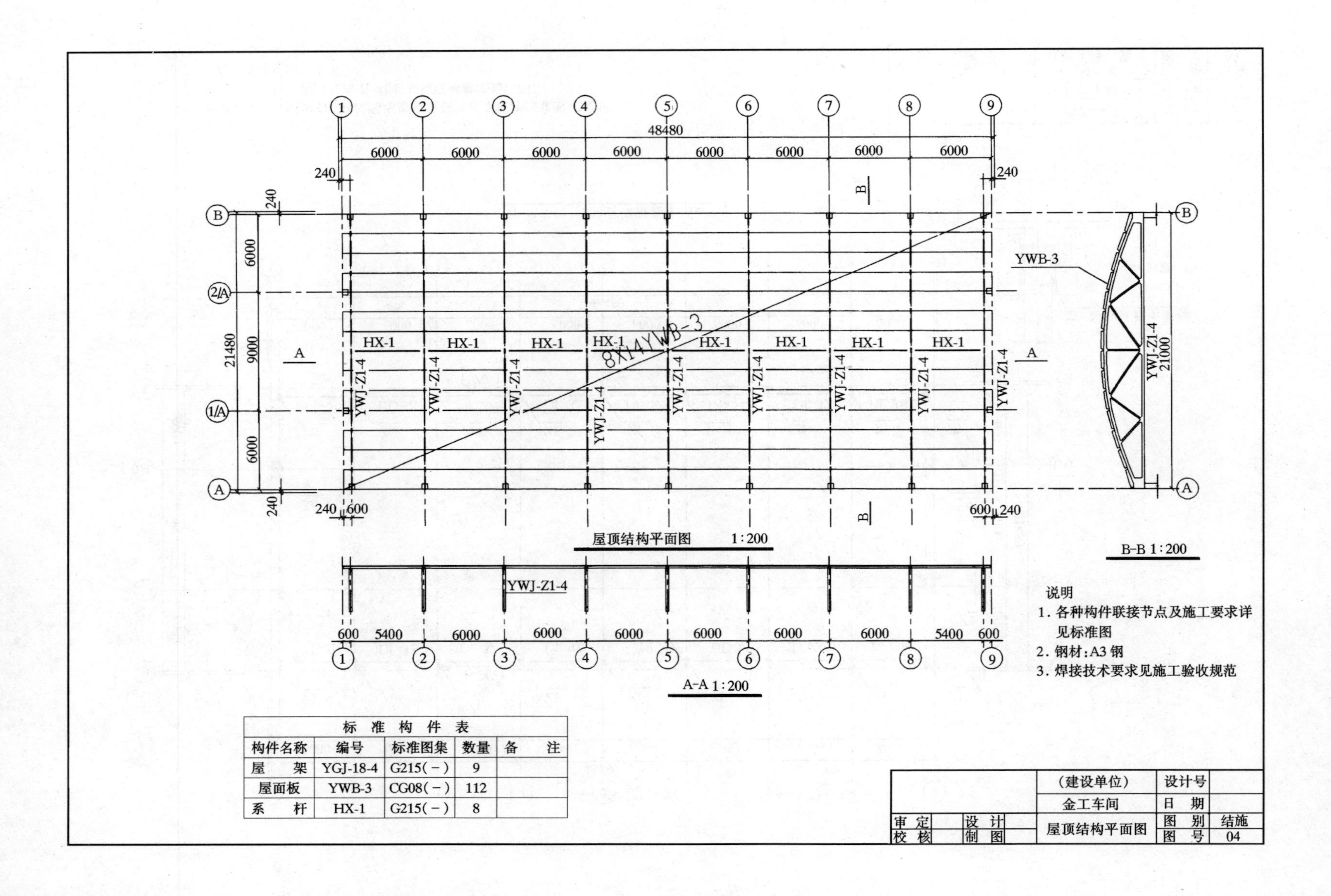

标准构件表

构件名称	编号	标准图集	数量	备注
屋架	YGJ-18-4	G215(-)	9	
屋面板	YWB-3	CG08(-)	112	
系杆	HX-1	G215(-)	8	

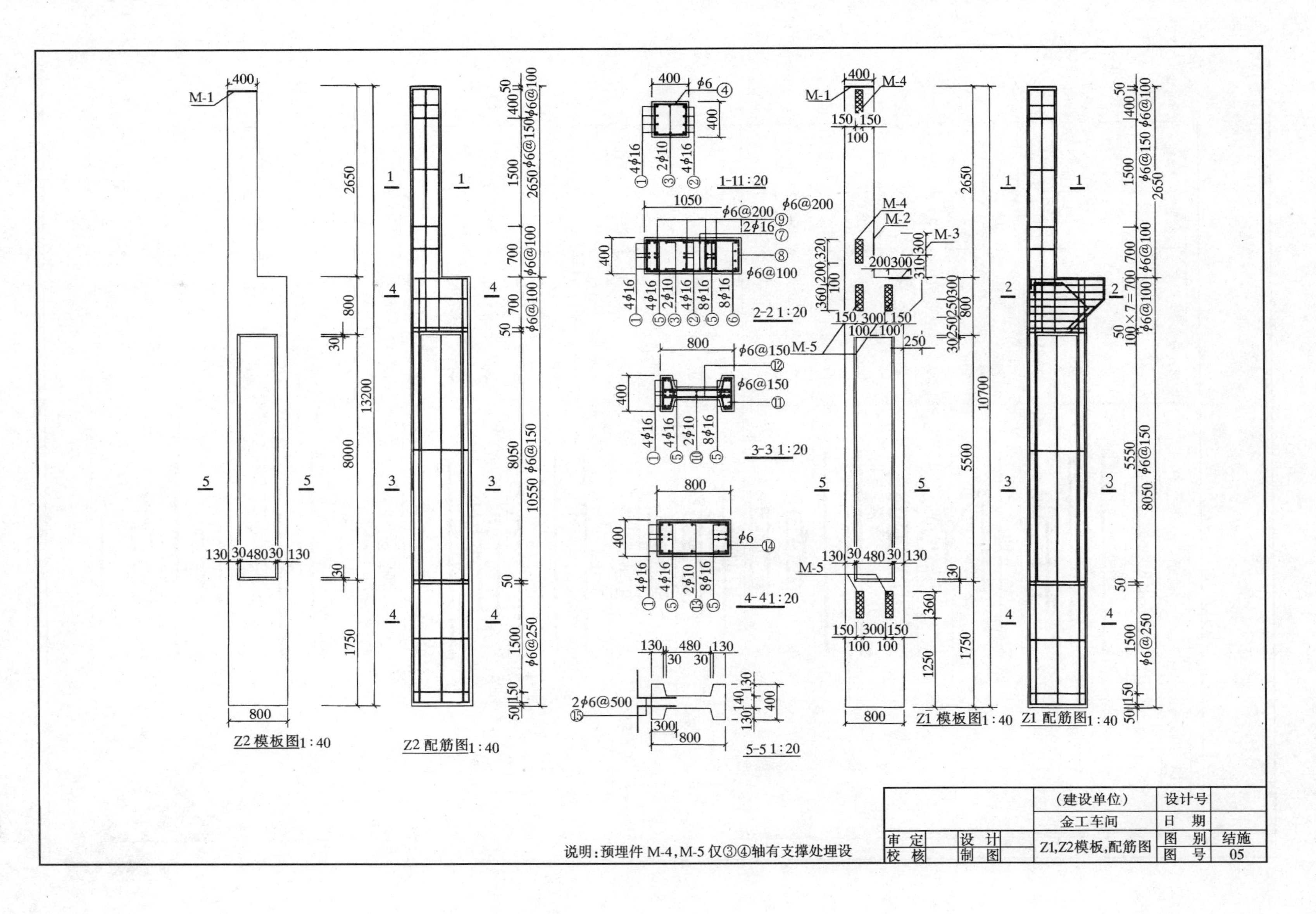
Z2 模板图1:40
Z2 配筋图1:40
1-1 1:20
2-2 1:20
3-3 1:20
4-4 1:20
5-5 1:20
Z1 模板图1:40
Z1 配筋图1:40
M-1
M-2
M-3
M-4
M-5
(建设单位)
金工车间
Z1,Z2模板,配筋图
设计号
日 期
图 别 结施
图 号 05
审 定
校 核
设 计
制 图
说明:预埋件 M-4,M-5 仅③④轴有支撑处埋设

钢　筋　表

构件编号	钢筋编号	钢 筋 简 图	规格尺寸	长　度	数量	备注
Z1	①	10650	Φ16	10650	4	
	②	3350	Φ16	3350	4	
	③	3350	ϕ10	3350	2	
	④	350 350	ϕ6	1550	22	
	⑤	8000	Φ16	8000	12	
	⑥	150 950 670 250	Φ16	2020	4	
	⑦	250 500 550 670	Φ16	1970	2	
	⑧	750－1000 350	ϕ6	2350－2850	8	
	⑨	370	ϕ6	450	12	
	⑩	6500	ϕ10	6500	2	
	⑪	350 80	ϕ6	1050	54	
	⑫	750 90	ϕ6	1850	54	
	⑬	1700	Φ10	1700	2	
	⑭	750 350	ϕ6	2250	7	
	⑮	500 420	ϕ6	920	32	
构件编号	钢筋编号	钢 筋 简 图	规格尺寸	长　度	数量	备注
Z2	①	13150	Φ16	13150	4	
	②	3350	Φ16	3350	4	
	③	3350	ϕ10	3350	2	
	④	350 350	ϕ6	1550	22	
	⑤	10500	Φ16	10500	12	
	⑥	150 950 670 250	Φ16	2020	4	
	⑦	250 500 550 670	Φ16	1970	2	
	⑧	750－1000 850	ϕ6	2350－2850	8	
	⑨	370	ϕ6	450	12	
	⑩	9000	ϕ10	9000	2	
	⑪	350 80	ϕ6	1050	54	
	⑫	750 90	ϕ6	1850	54	
	⑬	1700	Φ10	1700	2	
	⑭	750 350	ϕ6	2250	7	
	⑮	500 420	ϕ6	920	32	

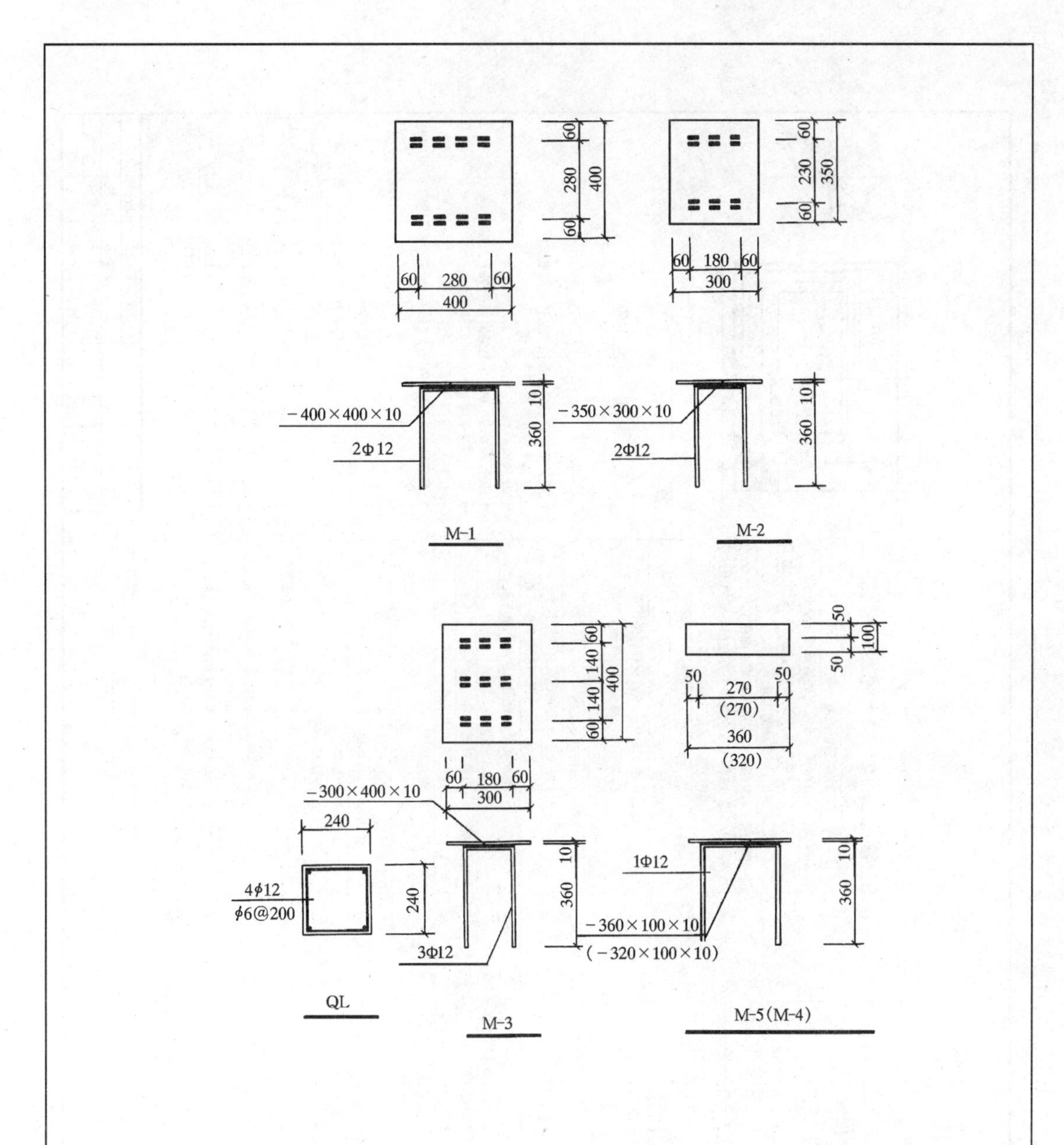

说明

1. 结构混凝土为C30,钢筋“ϕ”为Ⅰ级,“Φ”为Ⅱ级
2. 墙体采用MU10粘土砖,M7.5混合砂浆,圈梁混凝土为C20
3. 焊条为E4311,焊缝厚度8mm

				(建设单位)	设计号	
				金工车间	日　期	
审　定		设　计		M－1M－2M－3	图　别	结施
校　核		制　图		M－4 M－5钢筋表	图　号	06

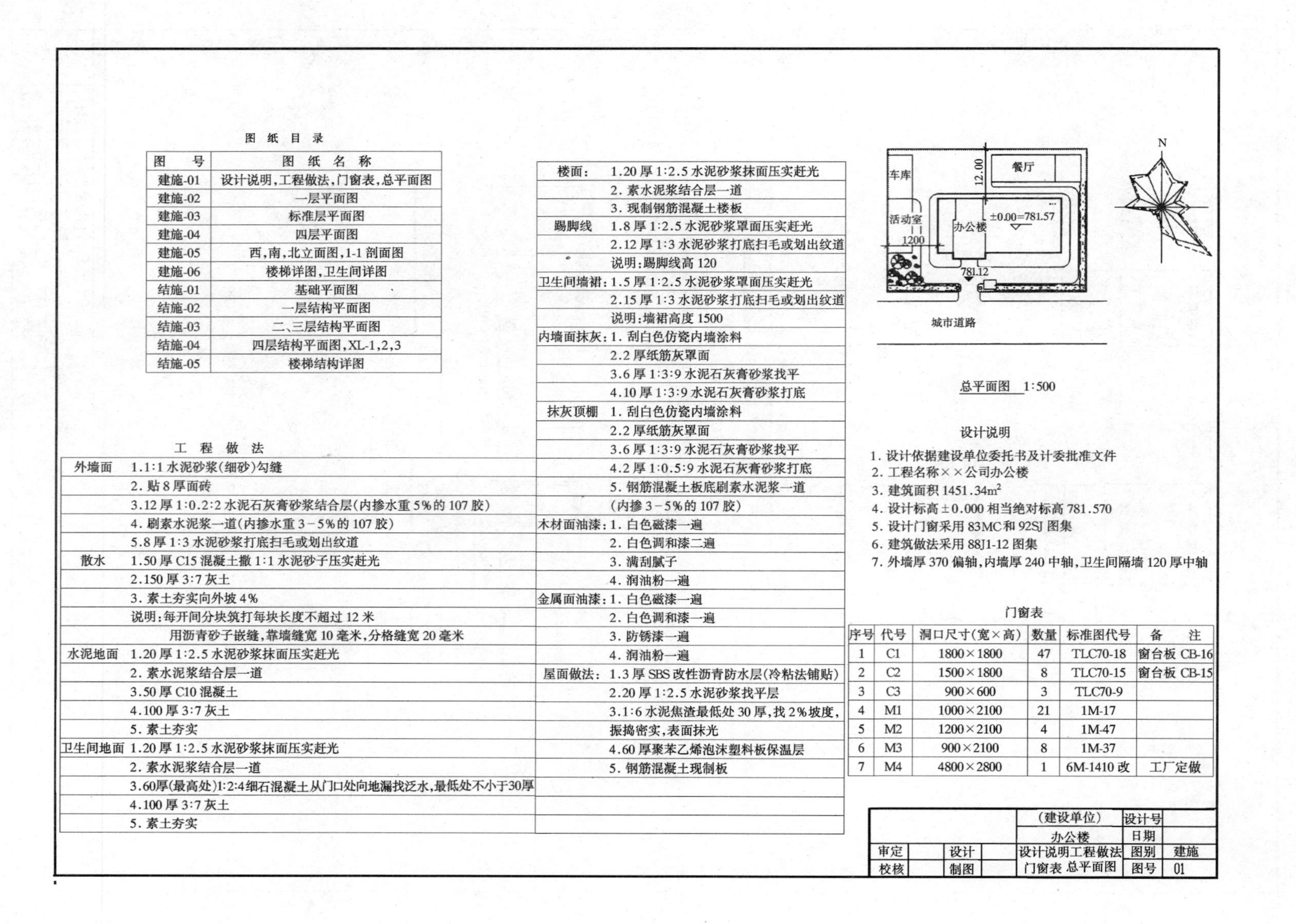

图 纸 目 录

图 号	图 纸 名 称
建施-01	设计说明,工程做法,门窗表,总平面图
建施-02	一层平面图
建施-03	标准层平面图
建施-04	四层平面图
建施-05	西,南,北立面图,1-1 剖面图
建施-06	楼梯详图,卫生间详图
结施-01	基础平面图
结施-02	一层结构平面图
结施-03	二、三层结构平面图
结施-04	四层结构平面图,XL-1,2,3
结施-05	楼梯结构详图

工 程 做 法

外墙面	1.1:1 水泥砂浆(细砂)勾缝
	2. 贴 8 厚面砖
	3.12 厚 1:0.2:2 水泥石灰膏砂浆结合层(内掺水重 5%的 107 胶)
	4. 刷素水泥浆一道(内掺水重 3－5%的 107 胶)
	5.8 厚 1:3 水泥砂浆打底扫毛或划出纹道
散水	1.50 厚 C15 混凝土撒 1:1 水泥砂子压实赶光
	2.150 厚 3:7 灰土
	3. 素土夯实向外坡 4%
	说明:每开间分块筑打每块长度不超过 12 米
	用沥青砂子嵌缝,靠墙缝宽 10 毫米,分格缝宽 20 毫米
水泥地面	1.20 厚 1:2.5 水泥砂浆抹面压实赶光
	2. 素水泥浆结合层一道
	3.50 厚 C10 混凝土
	4.100 厚 3:7 灰土
	5. 素土夯实
卫生间地面	1.20 厚 1:2.5 水泥砂浆抹面压实赶光
	2. 素水泥浆结合层一道
	3.60厚(最高处)1:2:4细石混凝土从门口处向地漏找泛水,最低处不小于30厚
	4.100 厚 3:7 灰土
	5. 素土夯实

楼面:	1.20 厚 1:2.5 水泥砂浆抹面压实赶光
	2. 素水泥浆结合层一道
	3. 现制钢筋混凝土楼板
踢脚线	1.8 厚 1:2.5 水泥砂浆罩面压实赶光
	2.12 厚 1:3 水泥砂浆打底扫毛或划出纹道
	说明:踢脚线高 120
卫生间墙裙:	1.5 厚 1:2.5 水泥砂浆罩面压实赶光
	2.15 厚 1:3 水泥砂浆打底扫毛或划出纹道
	说明:墙裙高度 1500
内墙面抹灰:	1. 刮白色仿瓷内墙涂料
	2.2 厚纸筋灰罩面
	3.6 厚 1:3:9 水泥石灰膏砂浆找平
	4.10 厚 1:3:9 水泥石灰膏砂浆打底
抹灰顶棚	1. 刮白色仿瓷内墙涂料
	2.2 厚纸筋灰罩面
	3.6 厚 1:3:9 水泥石灰膏砂浆找平
	4.2 厚 1:0.5:9 水泥石灰膏砂浆打底
	5. 钢筋混凝土板底刷素水泥浆一道
	(内掺 3－5%的 107 胶)
木材面油漆:	1. 白色磁漆一遍
	2. 白色调和漆二遍
	3. 满刮腻子
	4. 润油粉一遍
金属面油漆:	1. 白色磁漆一遍
	2. 白色调和漆一遍
	3. 防锈漆一遍
	4. 润油粉一遍
屋面做法:	1.3 厚 SBS 改性沥青防水层(冷粘法铺贴)
	2.20 厚 1:2.5 水泥砂浆找平层
	3.1:6 水泥焦渣最低处 30 厚,找 2%坡度,
	振捣密实,表面抹光
	4.60 厚聚苯乙烯泡沫塑料板保温层
	5. 钢筋混凝土现制板

总平面图 1:500

设计说明

1. 设计依据建设单位委托书及计委批准文件
2. 工程名称××公司办公楼
3. 建筑面积 1451.34m²
4. 设计标高 ±0.000 相当绝对标高 781.570
5. 设计门窗采用 83MC 和 92SJ 图集
6. 建筑做法采用 88J1-12 图集
7. 外墙厚 370 偏轴,内墙厚 240 中轴,卫生间隔墙 120 厚中轴

门窗表

序号	代号	洞口尺寸(宽×高)	数量	标准图代号	备 注
1	C1	1800×1800	47	TLC70-18	窗台板 CB-16
2	C2	1500×1800	8	TLC70-15	窗台板 CB-15
3	C3	900×600	3	TLC70-9	
4	M1	1000×2100	21	1M-17	
5	M2	1200×2100	4	1M-47	
6	M3	900×2100	8	1M-37	
7	M4	4800×2800	1	6M-1410 改	工厂定做

				(建设单位)	设计号	
				办公楼	日期	
审定		设计		设计说明工程做法	图别	建施
校核		制图		门窗表 总平面图	图号	01

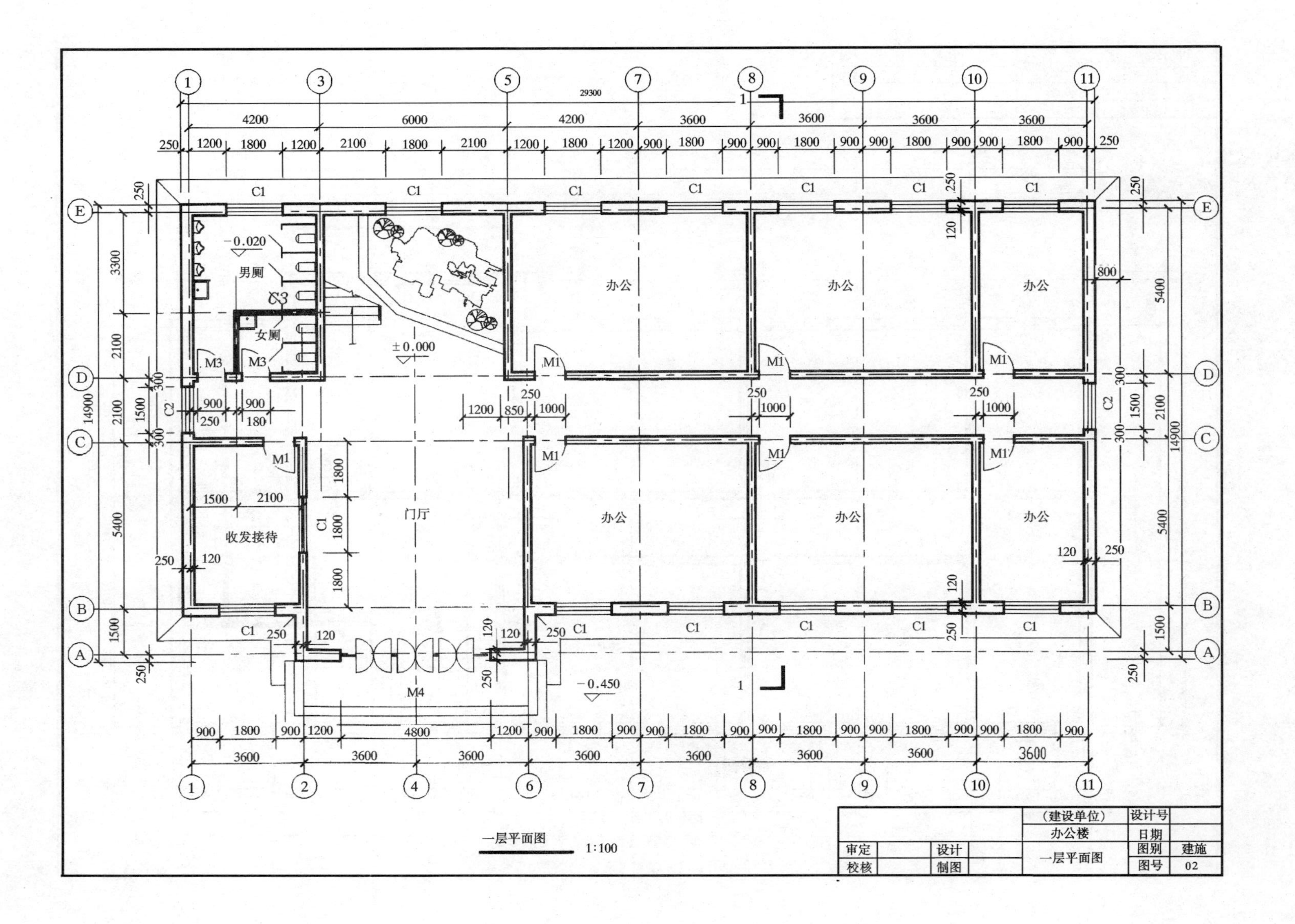

办公
门厅
收发接待
男厕
女厕
±0.000
-0.020
-0.450
M1
M3
M4
C1
C2
C3
一层平面图
1:100
(建设单位)
办公楼
一层平面图
设计号
日期
图别
建施
图号
02
审定
校核
设计
制图

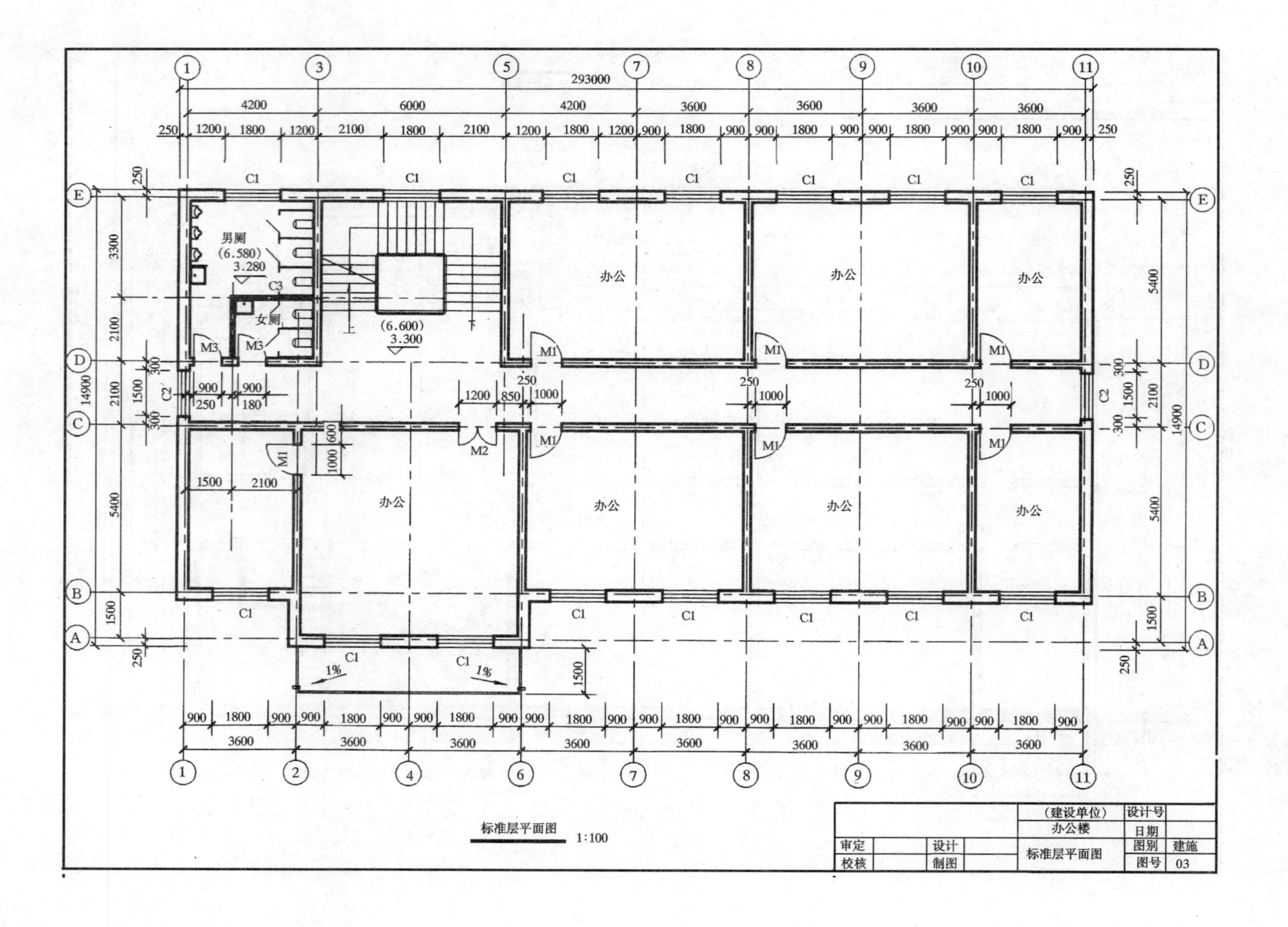
办公
男厕
(6.580)
3.280
女厕
(6.600)
3.300
上
C1
C2
C3
M1
M2
M3
1%
293000
14900
(建设单位)
办公楼
标准层平面图
设计号
日期
图别
建施
图号
03
审定
校核
设计
制图
标准层平面图 1:100

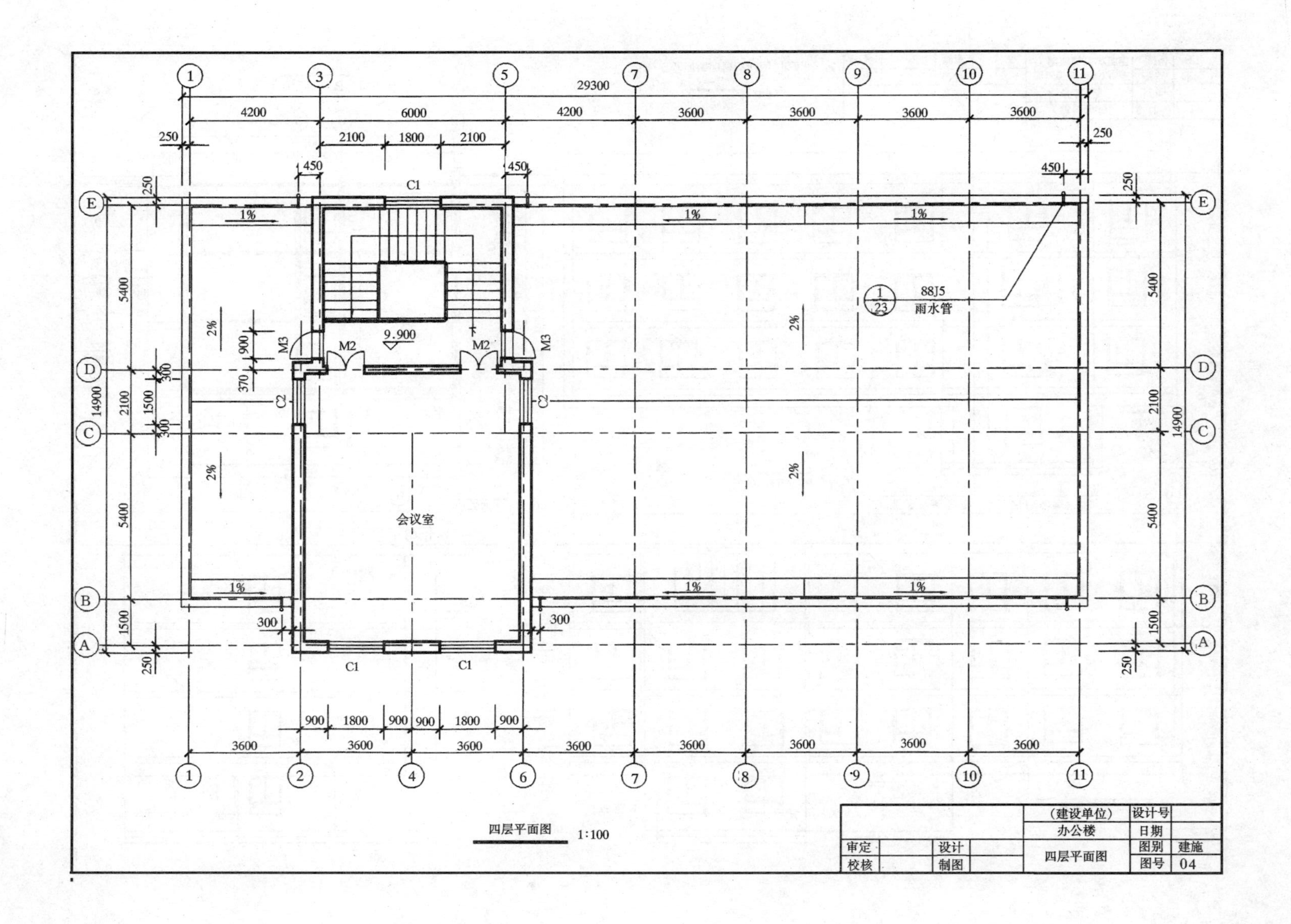
29300
会议室
9.900
M2
M3
C1
C2
88J5
雨水管
1%
2%
14900
（建设单位）
设计号
办公楼
日期
审定
设计
图别
建施
校核
制图
四层平面图
图号
04

四层平面图 1:100

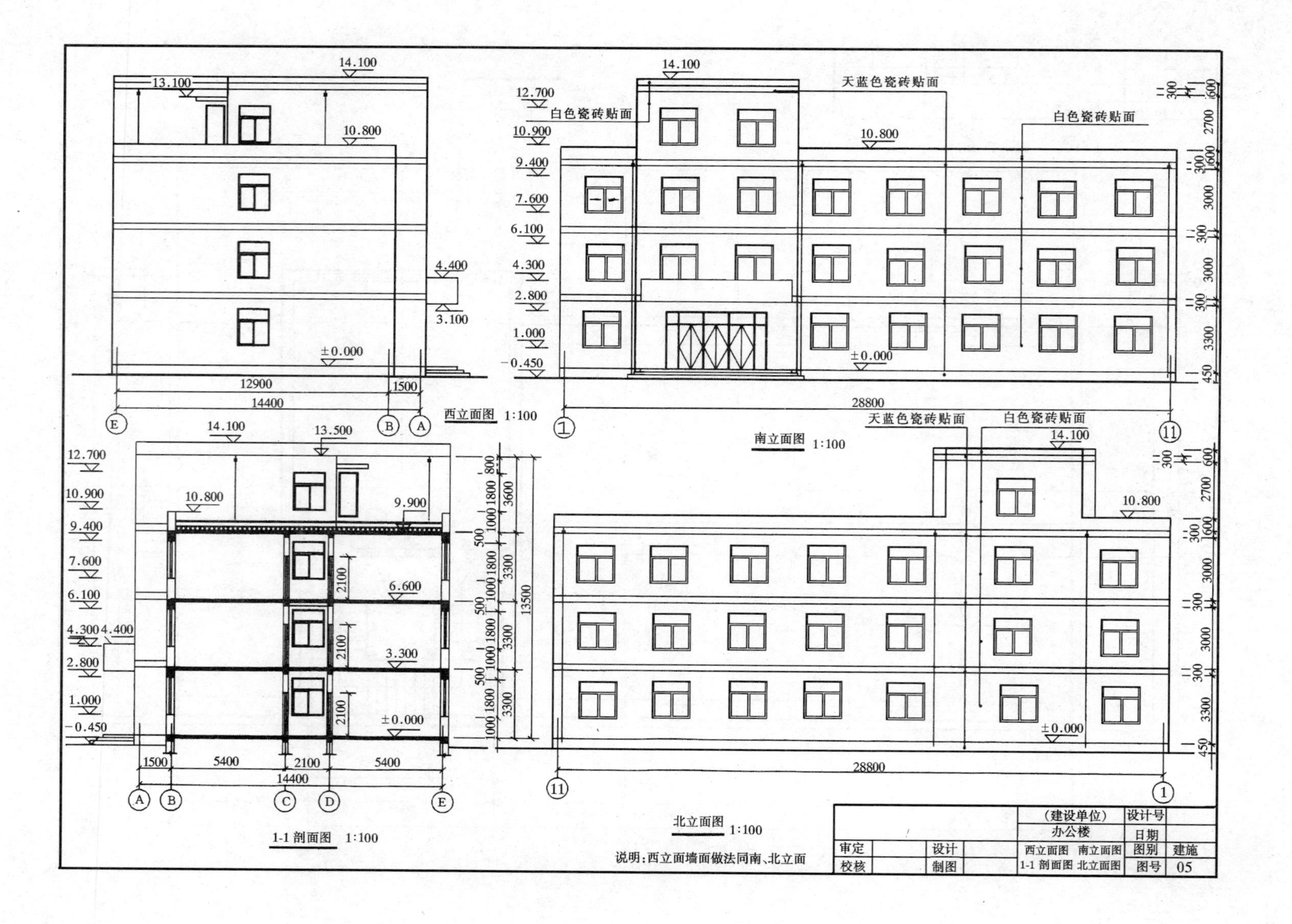

天蓝色瓷砖贴面
白色瓷砖贴面
西立面图 1:100
南立面图 1:100
1-1 剖面图 1:100
北立面图 1:100
说明：西立面墙面做法同南、北立面
（建设单位）
办公楼
设计号
日期
审定
校核
设计
制图
西立面图 南立面图
1-1 剖面图 北立面图
图别 建施
图号 05

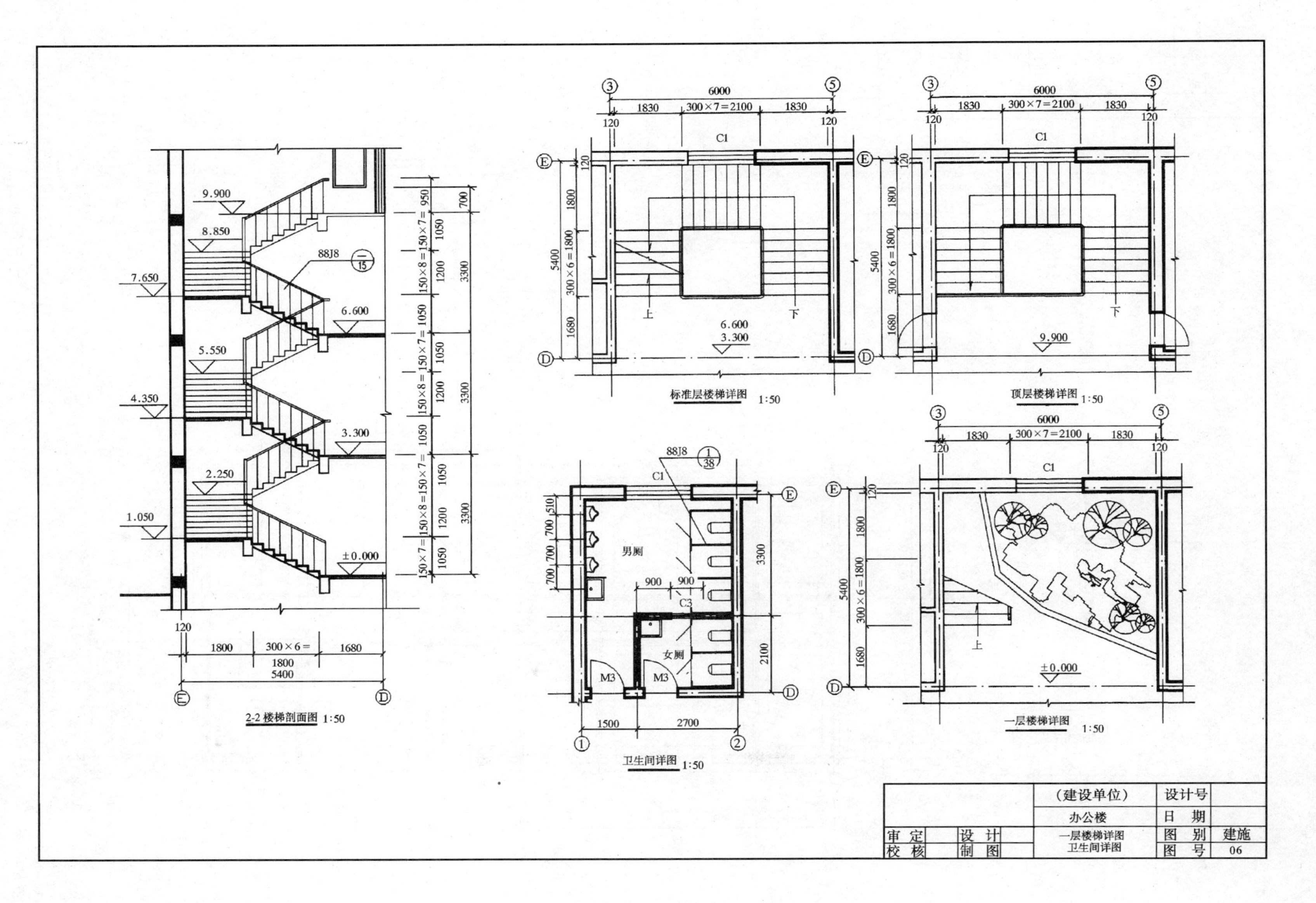

2-2楼梯剖面图 1:50
9.900
8.850
7.650
6.600
5.550
4.350
3.300
2.250
1.050
±0.000
88J8
150×7=950
150×8=1200
150×7=1050
3300
700
120
1800
300×6=1800
1680
5400
标准层楼梯详图 1:50
顶层楼梯详图 1:50
一层楼梯详图 1:50
6000
1830
300×7=2100
C1
上
下
卫生间详图 1:50
男厕
女厕
M3
C3
C1
88J8
900
1500
2700
3300
2100
（建设单位）
设计号
办公楼
日期
审定
设计
一层楼梯详图
卫生间详图
图别
建施
校核
制图
图号
06

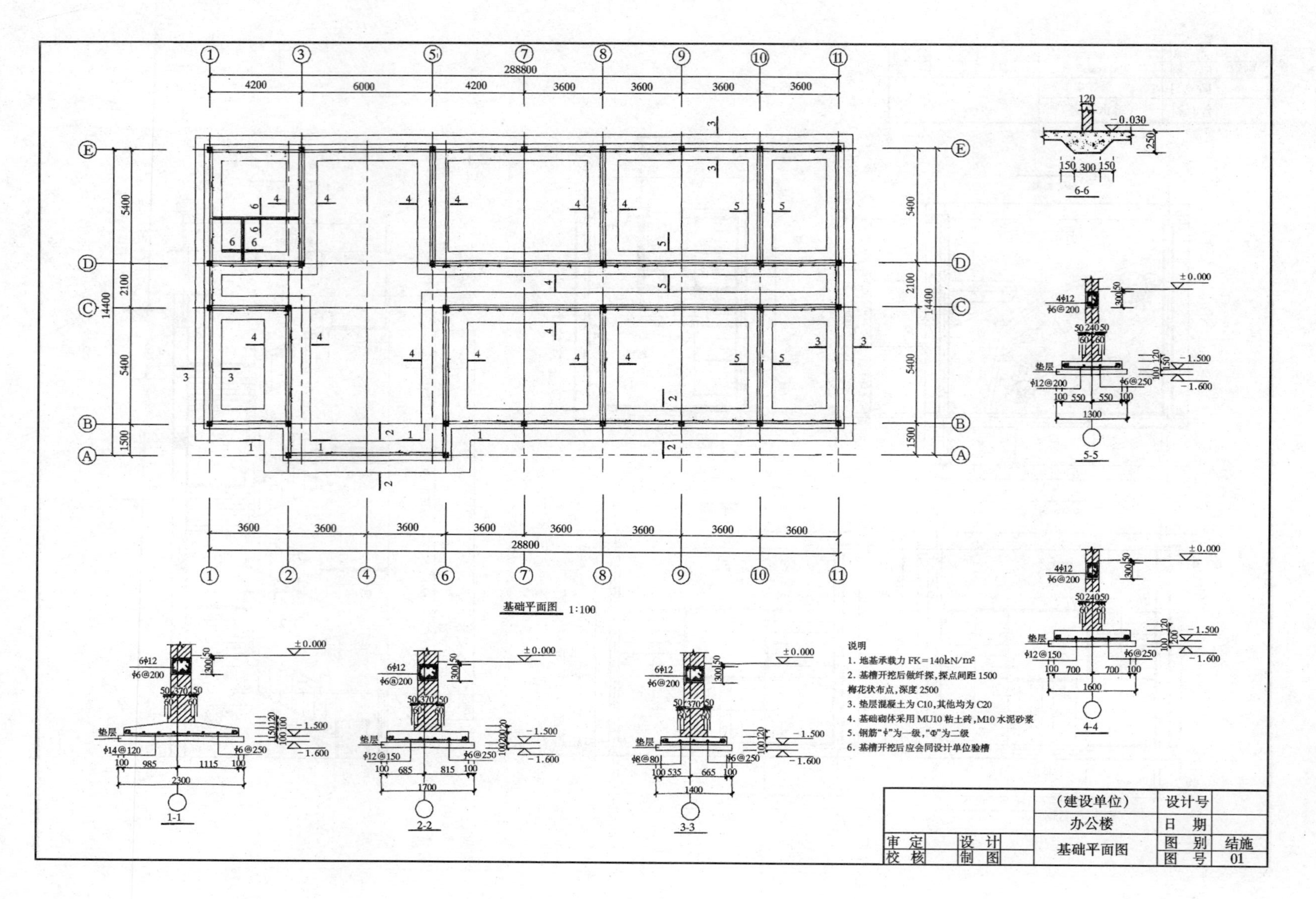
基础平面图 1:100
说明
1. 地基承载力 FK=140kN/m²
2. 基槽开挖后做纤探,探点间距 1500
梅花状布点,深度 2500
3. 垫层混凝土为 C10,其他均为 C20
4. 基础砌体采用 MU10 粘土砖,M10 水泥砂浆
5. 钢筋"ϕ"为一级,"Φ"为二级
6. 基槽开挖后应会同设计单位验槽
1-1
2-2
3-3
4-4
5-5
6-6
(建设单位)
办公楼
基础平面图
设计号
日 期
图 别 结施
图 号 01
审 定
校 核
设 计
制 图

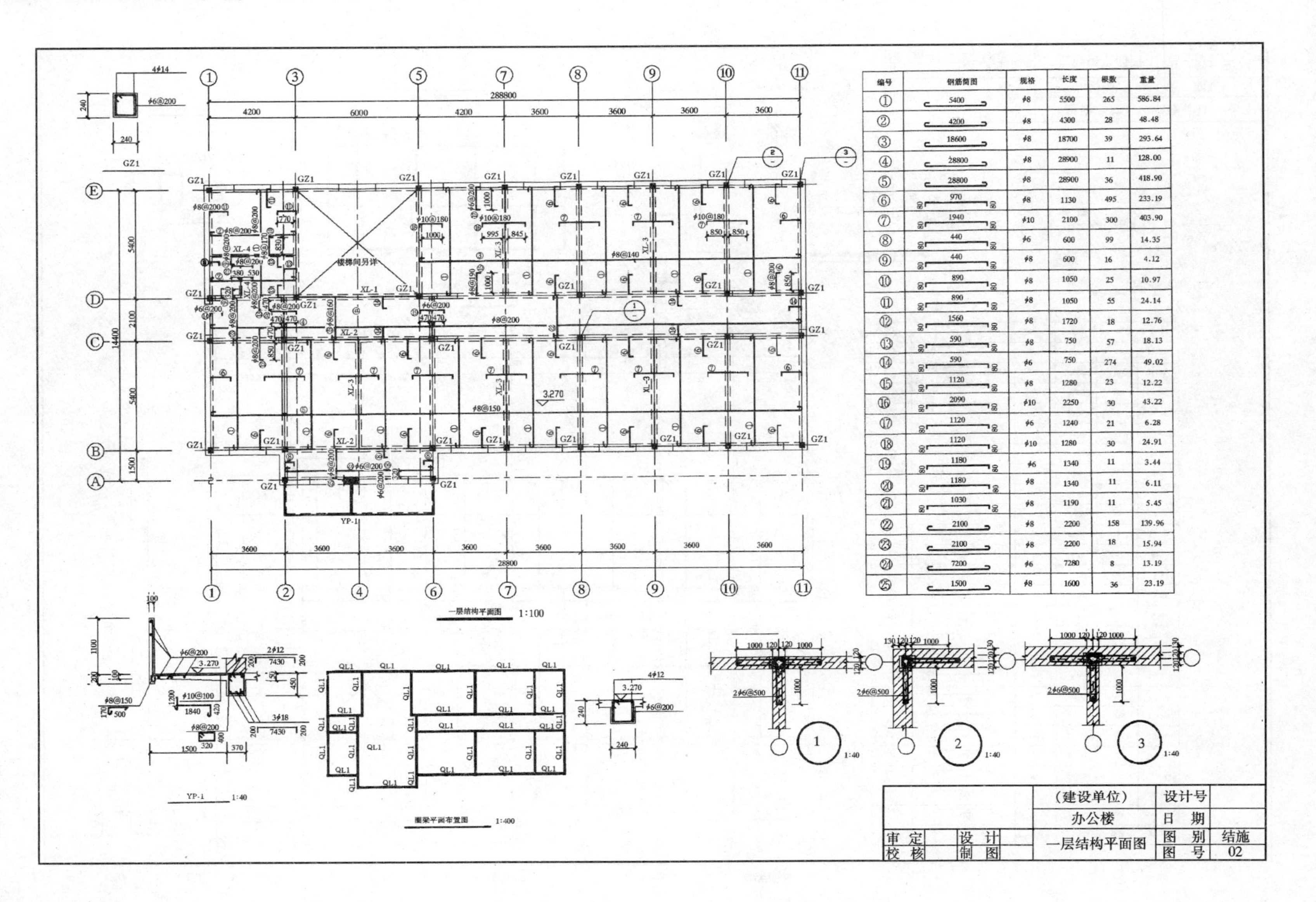

编号	钢筋简图	规格	长度	根数	重量
①	5400	φ8	5500	265	586.84
②	4200	φ8	4300	28	48.48
③	18600	φ8	18700	39	293.64
④	28800	φ8	28900	11	128.00
⑤	28800	φ8	28900	36	418.90
⑥	80 970 80	φ8	1130	495	233.19
⑦	80 1940 80	φ10	2100	300	403.90
⑧	80 440 80	φ6	600	99	14.35
⑨	80 440 80	φ8	600	16	4.12
⑩	80 890 80	φ8	1050	25	10.97
⑪	80 890 80	φ8	1050	55	24.14
⑫	80 1560 80	φ8	1720	18	12.76
⑬	80 590 80	φ8	750	57	18.13
⑭	80 590 80	φ6	750	274	49.02
⑮	80 1120 80	φ8	1280	23	12.22
⑯	80 2090 80	φ10	2250	30	43.22
⑰	80 1120 80	φ6	1240	21	6.28
⑱	80 1120 80	φ10	1280	30	24.91
⑲	80 1180 80	φ6	1340	11	3.44
⑳	80 1180 80	φ8	1340	11	6.11
㉑	80 1030 80	φ8	1190	11	5.45
㉒	2100	φ8	2200	158	139.96
㉓	2100	φ8	2200	18	15.94
㉔	7200	φ6	7280	8	13.19
㉕	1500	φ8	1600	36	23.19

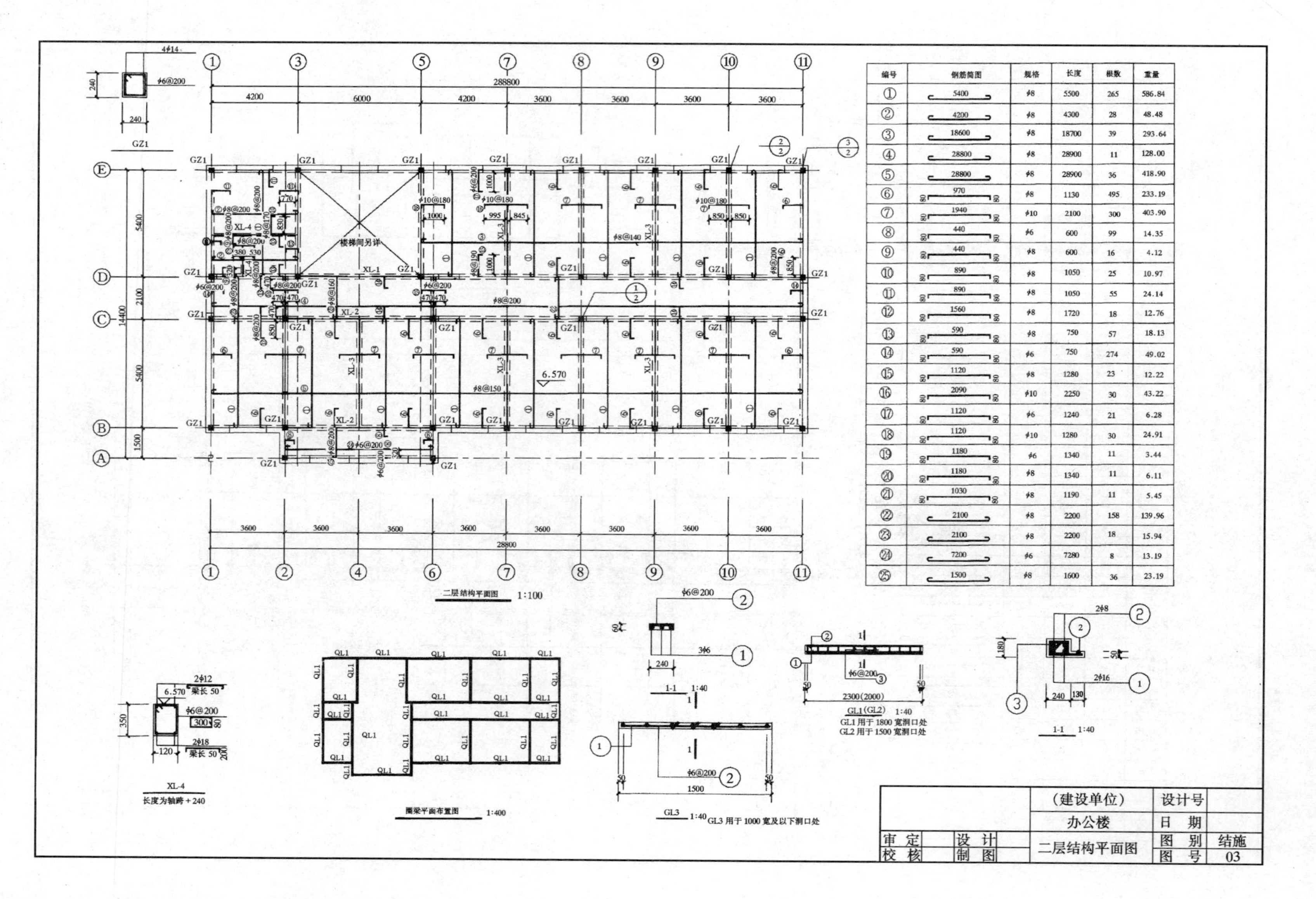

编号	钢筋简图	规格	长度	根数	重量
①	5400	φ8	5500	265	586.84
②	4200	φ8	4300	28	48.48
③	18600	φ8	18700	39	293.64
④	28800	φ8	28900	11	128.00
⑤	28800	φ8	28900	36	418.90
⑥	80 970 80	φ8	1130	495	233.19
⑦	80 1940 80	φ10	2100	300	403.90
⑧	80 440 80	φ6	600	99	14.35
⑨	80 440 80	φ8	600	16	4.12
⑩	80 890 80	φ8	1050	25	10.97
⑪	80 890 80	φ8	1050	55	24.14
⑫	80 1560 80	φ8	1720	18	12.76
⑬	80 590 80	φ8	750	57	18.13
⑭	80 590 80	φ6	750	274	49.02
⑮	80 1120 80	φ8	1280	23	12.22
⑯	80 2090 80	φ10	2250	30	43.22
⑰	80 1120 80	φ6	1240	21	6.28
⑱	80 1120 80	φ10	1280	30	24.91
⑲	80 1180 80	φ6	1340	11	3.44
⑳	80 1180 80	φ8	1340	11	6.11
㉑	80 1030 80	φ8	1190	11	5.45
㉒	2100	φ8	2200	158	139.96
㉓	2100	φ8	2200	18	15.94
㉔	7200	φ6	7280	8	13.19
㉕	1500	φ8	1600	36	23.19

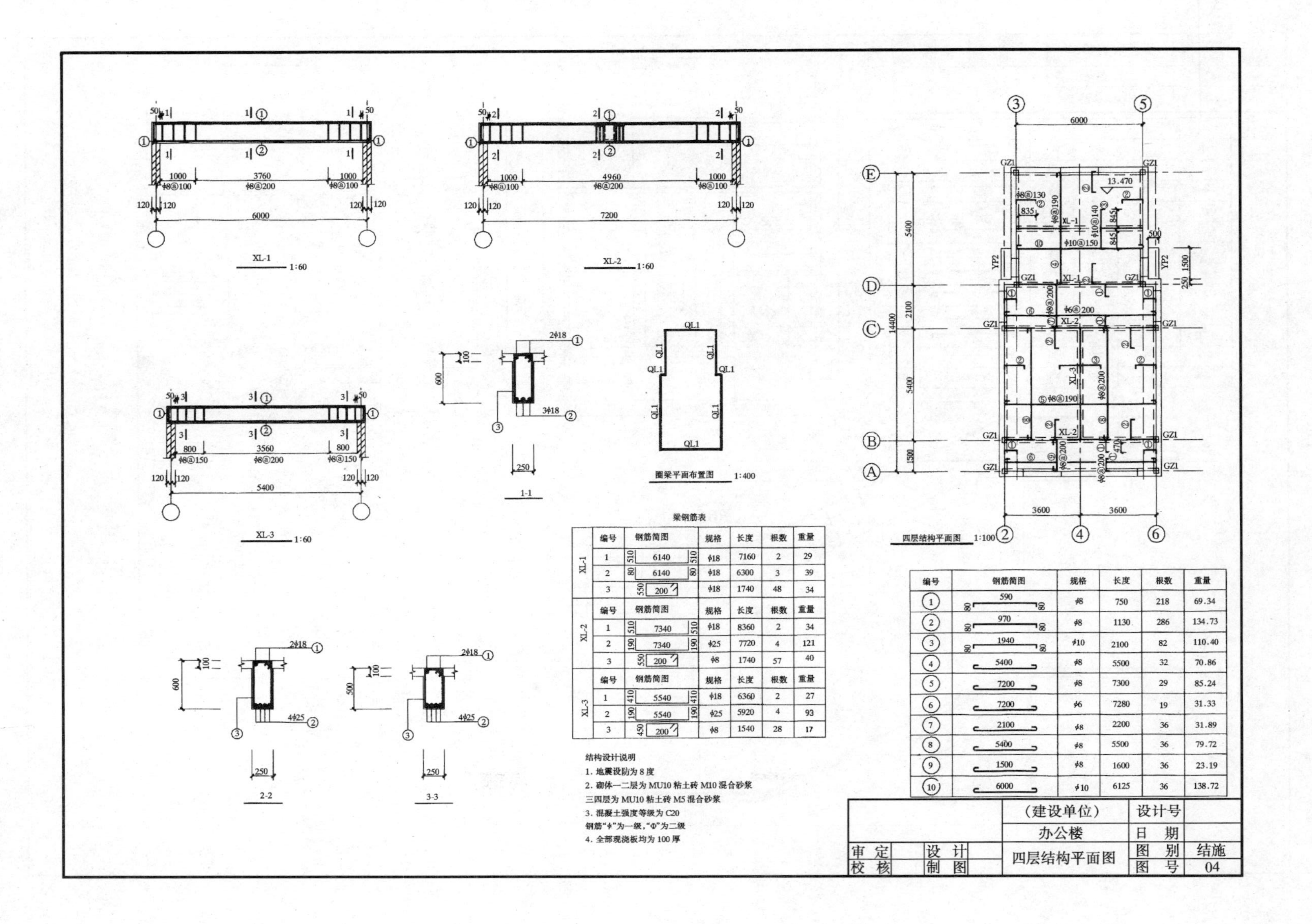

梁钢筋表

	编号	钢筋简图	规格	长度	根数	重量
XL-1	1	510 6140 510	ϕ18	7160	2	29
	2	80 6140 80	ϕ18	6300	3	39
	3	550 200	ϕ18	1740	48	34
XL-2	编号	钢筋简图	规格	长度	根数	重量
	1	510 7340 510	ϕ18	8360	2	34
	2	190 7340 190	ϕ25	7720	4	121
	3	550 200	ϕ8	1740	57	40
XL-3	编号	钢筋简图	规格	长度	根数	重量
	1	410 5540 410	ϕ18	6360	2	27
	2	190 5540 190	ϕ25	5920	4	93
	3	450 200	ϕ8	1540	28	17

结构设计说明
1. 地震设防为 8 度
2. 砌体一二层为 MU10 粘土砖 M10 混合砂浆
三四层为 MU10 粘土砖 M5 混合砂浆
3. 混凝土强度等级为 C20
钢筋"ϕ"为一级,"Φ"为二级
4. 全部现浇板均为 100 厚

编号	钢筋简图	规格	长度	根数	重量
①	80 590 80	ϕ8	750	218	69.34
②	80 970 80	ϕ8	1130	286	134.73
③	80 1940 80	ϕ10	2100	82	110.40
④	5400	ϕ8	5500	32	70.86
⑤	7200	ϕ8	7300	29	85.24
⑥	7200	ϕ6	7280	19	31.33
⑦	2100	ϕ8	2200	36	31.89
⑧	5400	ϕ8	5500	36	79.72
⑨	1500	ϕ8	1600	36	23.19
⑩	6000	ϕ10	6125	36	138.72

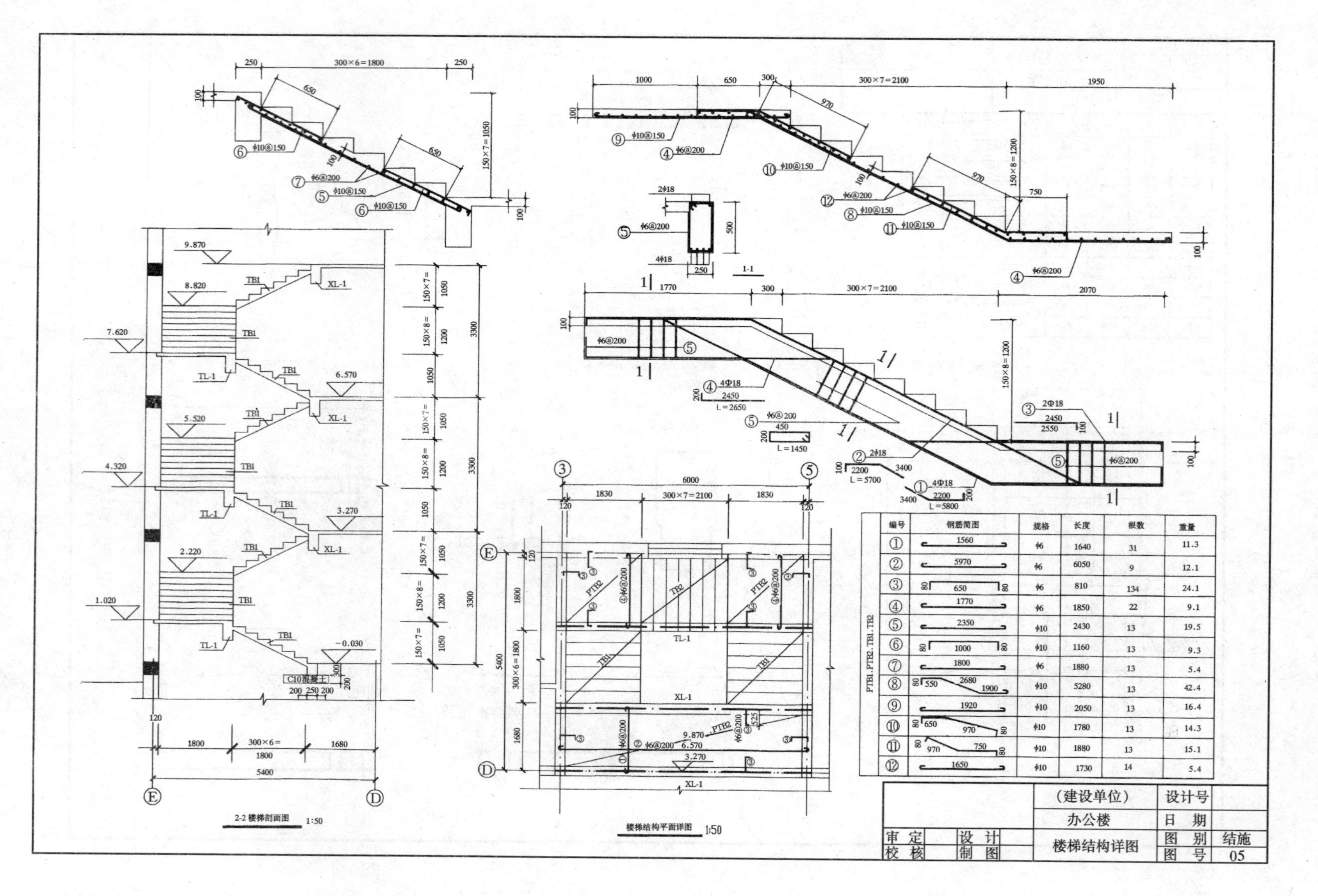

PTB1.PTB2.TB1.TB2

编号	钢筋简图	规格	长度	根数	重量
①	1560	ϕ6	1640	31	11.3
②	5970	ϕ6	6050	9	12.1
③	80 650 80	ϕ6	810	134	24.1
④	1770	ϕ6	1850	22	9.1
⑤	2350	ϕ10	2430	13	19.5
⑥	80 1000 80	ϕ10	1160	13	9.3
⑦	1800	ϕ6	1880	13	5.4
⑧	80 550 2680 1900	ϕ10	5280	13	42.4
⑨	1920	ϕ10	2050	13	16.4
⑩	80 650 970 80	ϕ10	1780	13	14.3
⑪	80 970 750 80	ϕ10	1880	13	15.1
⑫	1650	ϕ10	1730	14	5.4